Kosmos Himmels-Jahr 2019

SONNE, MOND UND STERNE IM JAHRESLAUF

Herausgegeben von Hans-Ulrich Keller
unter Mitarbeit von Erich Karkoschka

KOSMOS

Inhalt

Sven Melchert

Inhalt

Die Monatsthemen Juli – Dezember

Wichtige Abbildungen und Tabellen

Das Kosmos Himmelsjahr – die Welt der Sterne im Jahreslauf

Tempus fugit, aeternitas advenit.
Die Zeit flieht, die Ewigkeit kommt.

Sonnenuhrspruch

Ewigkeit – Zeit ohne Grenze! Der Begriff „Ewigkeit" entzieht sich völlig unserem Anschauungsvermögen. Eine unendliche Zeitspanne ist schlicht nicht vorstellbar. Bei Begriffen, die der beschränkte menschliche Verstand nicht voll erfassen kann, hilft man sich mit Gleichnissen: Man stelle sich einen tausend Meter hohen Berg aus purem Diamant vor. Alle tausend Jahre kommt ein kleiner Kolibri und wetzt kurz seinen Schnabel an diesem Berg. Und wenn der Berg dadurch völlig abgetragen ist, dann ist erst eine einzige Sekunde der Ewigkeit vergangen.
Das Vergehen der Zeit bekommen wir hingegen recht deutlich mit. Rein gefühlsmäßig erleben wir den Zeitablauf recht subjektiv. Manchmal verfliegen die Tage, ja selbst die Jahre im Nu. Kaum hat eine Woche begonnen, schon naht das Wochenende. Manchmal wiederum scheint die Zeit nicht vergehen zu wollen. Tatsächlich schleichen die Minuten endlos langsam dahin, wenn man auf etwas warten muss.
Doch es gibt offensichtlich auch einen objektiven Zeitablauf, was aus den Bewegungen der Gestirne deutlich wird. Die Drehung der Erde beschert uns den permanenten Wechsel von hellem Tag und dunkler Nacht. Der Lauf der Erde um die Sonne führt in Verbindung mit der Schrägstellung der Erdachse zu den Jahreszeiten mit periodischem Wechsel von kurzen Tagen und langen Nächten mit langen Tagen und kurzen Nächten.

V.1 Der Ringplanet Saturn. Aufnahme des Saturnorbiters Cassini.

Mal erhellt der glänzende Vollmond die Nacht, mal hält sich der Erdtrabant in Neumondposition unsichtbar mit der Sonne am Taghimmel auf.
Schon in grauer Vorzeit hat der Lauf von Sonne, Mond und Sternen den Astronomen ermöglicht, das Vergehen der Zeit zu messen, die Zeit in Abschnitte wie Tag, Monat und Jahr einzuteilen, Kalender aufzustellen und zukünftige Himmelsereignisse wie Sonnen- und Mondfinsternisse auf lange Zeit präzise vorherzusagen. Es ist daher verständlich, wenn Astronomen als Hüter der Zeit angesehen werden.
Den Lauf der Gestirne bewusst zu verfolgen und interessante Himmelsereignisse zu beobachten, zählt zu den schönsten und befriedigendsten Beschäftigungen. Was sich wann und wo am Sternenhimmel ereignet, ist daher im *Kosmos Himmelsjahr* vermerkt.

Jahrbuch mit Tradition

Auch der **109. Jahrgang** des vorliegenden Jahrbuches soll sowohl dem Einsteiger in die Himmelskunde als auch dem kundigen Amateurastronomen die erforderlichen Hinweise und Daten für eigene astronomische Beobachtungen bieten.
Der erfahrene Himmelsbeobachter findet auf der inneren Umschlagklappe Kurzhinweise zum Gebrauch dieses Jahrbuches. Ausführliche Erläuterungen zu den wichtigsten Grundtatsachen der Astronomie findet der Einsteiger in die Himmelskunde ab Seite 9.
Eine kalendarische Übersicht enthält das Kapitel „**Das Jahr 2019 auf einen Blick**" auf Seite 7.
Dem Hauptteil vorangestellt ist die Beschreibung der Sonnen- und Mondfinsternisse, die sich im Jahr 2019 ereignen (siehe Seite 24).
Der Anhang enthält ein Verzeichnis von Planetarien und Sternwarten sowie eine Liste von amateurastronomischen Einrichtungen, die den Kontakt zu Gleichgesinnten erleichtern soll.

V.2 Wintersternenhimmel über der Sternwarte Welzheim. Aufnahme von Martin Gertz.

Um möglichst allen Leserinnen und Lesern – vom Einsteiger bis zum versierten Beobachter – zu dienen, wird in den Monatsübersichten eine einfache, beschreibende Darstellung aller interessanten Himmelsvorgänge gegeben, während im Tabellenteil am Schluss wichtige Beobachtungsdaten in Form von Zahlentafeln vermerkt sind. Eine ausführliche Erläuterung zu den einzelnen Fachbegriffen findet man im *Wörterbuch der Astronomie*, in dem alle wichtigen Begriffe verständlich erklärt werden. Das *Wörterbuch der Astronomie* ist im Kosmos-Verlag erschienen und überall im Buchhandel erhältlich.

Professionelle Daten

Die Daten für das vorliegende Jahrbuch stammen, soweit nicht nachstehend besonders vermerkt, vom Planetarium Stuttgart. Das Institut de Mécanique Celeste et de Calcul des Éphémerides (IMCCE), Observatoire de Paris, lieferte die Daten für die Jupitermonderscheinungen, die Sonnenfleckenrelativzahlen das Observatoire Royal de Belgique, Brüssel, und die Daten für die Sternschnuppenströme die International Meteor Organization (IMO), wofür Herrn Dr. Jürgen Rendtel (Leibniz-Institut für Astrophysik, Potsdam) zu danken ist. Mein besonderer Dank gilt meinem Mitarbeiter, Herrn Dr. Erich Karkoschka (Lunar and Planetary Laboratory, University of Arizona, Tucson) für seine Ephemeridenberechnungen und Anfertigung vieler Skizzen und Abbildungen.
Dank schulde ich auch Herrn Gerhard Weiland, der mit großer Sorgfalt und Umsicht die Reinzeichnungen der Grafiken angefertigt hat, sowie Herrn Wil Tirion für die Herstellung der monatlichen Sternkarten und Übersichten des Planetenlaufs. Dankbar bin ich auch Herrn Michael Vogel, der sorgfältig Korrektur gelesen hat.
Zu danken habe ich ferner Herrn Martin Gertz für die hervorragenden Astroaufnahmen, die er auf der Sternwarte Welzheim gewonnen hat. Dank gebührt auch Frau Claudia Dintner für die sorgfältige Reinschrift des Manuskripts sowie den Mitarbeiterinnen und Mitarbeitern des Verlages, namentlich den Herren Siegfried Fischer und Sven Melchert, für die hervorragende Zusammenarbeit, ohne die dieses Jahrbuch nicht pünktlich erscheinen könnte.

Stuttgart, im März 2018
Hans-Ulrich Keller

Das Jahr 2019 auf einen Blick

Das Jahr 2019 ist nach dem Gregorianischen Kalender ein **Gemeinjahr** mit **365** Tagen.

Beginn der Jahreszeiten:
FRÜHLING (Tagundnachtgleiche): 20. März, 22^h58^m
SOMMER (Sonnenwende): 21. Juni, 16^h54^m
HERBST (Tagundnachtgleiche): 23. September, 8^h50^m
WINTER (Sonnenwende): 22. Dezember, 5^h19^m
SOMMERZEIT: Die Mitteleuropäische Sommerzeit (MESZ) geht gegenüber der Mitteleuropäischen Zeit (MEZ) um eine Stunde vor. Sie soll vom **31. März** bis **27. Oktober** 2019 gelten. Kurzfristige Änderungen sind möglich.

FEST- UND FEIERTAGE 2019

Neujahrstag:	**Dienstag,**	1. Januar
Aschermittwoch:		6. März
Karfreitag:		19. April
Ostersonntag:		**21. April**
Ostermontag:		22. April
Maifeiertag	**Mittwoch,**	1. Mai
Christi Himmelfahrt:	Donnerstag,	30. Mai
Pfingstsonntag:		9. Juni
Pfingstmontag:		10. Juni
Fronleichnam:	Donnerstag,	20. Juni
Allerheiligen:	**Freitag,**	1. November
Buß- und Bettag:	Mittwoch,	20. November
Totensonntag:		24. November
1. Advent:	**Sonntag,**	1. Dezember
Heiliger Abend:	Dienstag,	24. Dezember
1. Weihnachtstag:	**Mittwoch,**	25. Dezember
2. Weihnachtstag:	Donnerstag,	26. Dezember
Silvester:	**Dienstag,**	31. Dezember

STAATSFEIERTAGE 2019

Tag der deutschen Einheit:	Donnerstag,	3. Oktober
Österreichischer Nationalfeiertag:	Samstag,	26. Oktober
Schweizer Bundesfeier:	Donnerstag,	1. August
Liechtensteiner Staatsfeiertag:	Donnerstag,	15. August

KALENDERÄREN 2019

Das **jüdische Jahr** 5780 beginnt am 29. September mit Sonnenuntergang. Der jüdische Neujahrstag fällt daher auf den 30. September 2019.

Das **islamische Jahr** 1441 beginnt am 31. August mit Sonnenuntergang. Der erste Tag des islamischen Jahrs 1441 korrespondiert mit dem 1. September 2019.

Am 5. Februar 2019 beginnt das 36. Jahr im 79. Zyklus des **traditionellen chinesischen Kalenders**. Es ist das Jahr des Schweines (ji-hai).

Am 14. September beginnt in der **byzantinischen Ära** das Jahr 7528.

Am 1. Januar beginnt das **japanische Jahr** 2679.

Am 12. September beginnt das Jahr 1736 der **Ära Diokletians** (Koptische Ära).

Am 14. September beginnt das Jahr 2331 der **Seleukidenära**.

Am 14. Januar beginnt das Jahr 2772 der **römischen Ära a.u.c**.

Der 14. Januar 2019 des **Gregorianischen** Kalenders korrespondiert mit dem 1. Januar 2019 des **Julianischen** Kalenders.

Das Jahr 2019 entspricht dem Jahr 6732 der **Julianischen Periode**.

Der 1. Januar 2019 (0^h Weltzeit = 1^h Mitteleuropäische Zeit) hat die **Julianische Tagesnummer** 2 458 484,5

Das **astronomische Jahr** 2019 (Bessel-Jahr) beginnt bereits am 31. Dezember 2018 um 16^h14^m MEZ (B2019.0 = 2 458 484,135). Der Dies Reductus (J2019.0 – B2019.0) beträgt somit 7^h46^m.

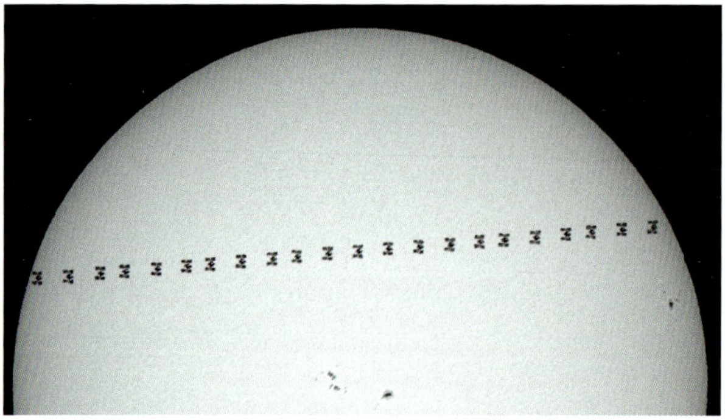

Sven Melchert

V.3 Transit der Internationalen Raumstation vor der Sonne am 26.8.2017

CHRONOLOGIE 2019

Sonnenzirkel: 12
Goldene Zahl (Mondzirkel): VI
Sonntagsbuchstabe: F
Indiktion (Römerzinszahl): 12
Epakte: 24
Jahresregent: Merkur

FINSTERNISSE 2019

Im Jahr 2019 finden fünf Finsternisse und ein Merkurtransit statt. Die partielle Sonnenfinsternis vom 5./6. Januar, die totale Sonnenfinsternis vom 2. Juli und die ringförmige Sonnenfinsternis vom 26. Dezember bleiben von Mitteleuropa aus unbeobachtbar. Die totale Mondfinsternis am 21. Januar kann in den frühen Morgenstunden und die partielle Mondfinsternis am 16. Juli kann abends von Mitteleuropa aus beobachtet werden. Der Merkurtransit am 11. November ist nachmittags bis zum Sonnenuntergang zu verfolgen.

Ausführliche Erläuterungen zu den Finsternissen findet man im Kapitel „Sonnen- und Mondfinsternisse 2019“ auf Seite 24.

PLANETEN 2019

MERKUR zeigt sich Mitte Februar bis Anfang März sowie im Juni am Abendhimmel. Mitte August und Ende November bis Anfang Dezember bietet der sonnennahe Planet eine Morgensichtbarkeit.

VENUS kommt am **6. Januar** in **größte westliche Elongation** (47°) von der Sonne. Von Januar bis Ende Juni ist sie am Morgenhimmel vertreten. Am **14. August** erreicht sie ihre **obere Konjunktion** mit der Sonne. Von Ende Oktober bis Mai 20**20** spielt sie Ihre Rolle als Abendstern.

MARS ist von Jahresbeginn bis Anfang Juni am Abendhimmel vertreten. Am **2. September** steht der rote Planet in **Konjunktion** mit Sonne. Ende Oktober bis Jahresende ist Mars am **Morgenhimmel** sichtbar.

JUPITER kommt am **10. Juni** im Sternbild Schlangenträger in **Opposition** zur Sonne. Bis Anfang November kann der Riesenplanet am Abendhimmel gesehen werden. Am 27. Dezember steht er in Konjunktion mit der Sonne. Gegen Ende Januar 20**20** taucht Jupiter am Morgenhimmel auf.

SATURN erreicht am 2. Januar seine Konjunktion mit der Sonne. Er steht am **9. Juli** im Sternbild Schütze in **Opposition** zur Sonne. Bis Ende November ist der Ringplanet am Abendhimmel vertreten. Am 13. Januar 20**20** wird er von der Sonne eingeholt und steht in Konjunktion mit ihr. Mitte März 20**20** erscheint der Ringplanet wieder am Morgenhimmel.

URANUS kommt am **28. Oktober** im Sternbild Widder in **Opposition** zur Sonne. In Konjunktion mit der Sonne steht Uranus am 23. April.

NEPTUN erreicht seine **Opposition** am **10. September** im Sternbild Wassermann. In Konjunktion mit der Sonne steht Neptun am 7. März.

PLUTO, der prominenteste Zwergplanet unseres Sonnensystems, steht am **14. Juli** im Sternbild Schütze in **Opposition** zur Sonne. Seine Konjunktion mit der Sonne erreicht Pluto schon am 11. Januar 2019.

Ausführliche Angaben über die Sichtbarkeit der Planeten entnehme man der Rubrik „Planetenlauf“ in den Monatsübersichten.

Erläuterungen zum Gebrauch

Wer zum ersten Mal dieses Jahrbuch in Händen hält, dem bieten nachstehende Erläuterungen eine erste Einführung in seine Benutzung. Wer jedoch schon mit den Grundlagen der Himmelskunde vertraut ist, kann sofort die „Kurzhinweise zum Gebrauch" dieses Jahrbuches auf der vorderen Umschlagklappe aufschlagen.

Im *Kosmos Himmelsjahr* ist das Bild des abendlichen Fixsternhimmels für jeden Monat beschrieben. Eine Sternkarte erleichtert die Übersicht. Außerdem ist die Stellung des Großen Wagens und des Himmels-Ws um 22^h MEZ für jeden Monat aus einer Grafik ersichtlich. Der Große Wagen und das Himmels-W sind in jeder klaren Nacht zu beobachten, da sie bei uns zirkumpolar sind, also niemals untergehen.

Während die Fixsterne ihre Stellungen zueinander nicht ändern, sondern nur gemeinsam infolge der Erdrotation über das Firmament ziehen, gibt es Gestirne, die ihre Position im Laufe von Wochen und Monaten ändern. Man nennt sie Wandelsterne oder Planeten. Sie sind die Geschwister unserer Erde, die ebenfalls ein Planet ist. Mit freiem Auge sind fünf Planeten zu sehen: Merkur, Venus, Mars, Jupiter und Saturn.

Von der Erde aus gesehen wandert somit die Sonne in einem Jahr durch die bekannten Sternbilder des Tierkreises. Der Wanderweg der Sonne heißt Ekliptik. Mond und Planeten bewegen sich ebenfalls in der Nähe der Ekliptik. Sie sind daher stets in den Tierkreissternbildern zu finden.

STERNE, STERNBILDER UND STERNKARTEN

Je nach Fantasie und Kultur haben die einzelnen Völker Sterne und Sternbilder unterschiedlich benannt. Die Internationale Astronomische Union (IAU) hat für die gesamte Himmelskugel 88 Sternbilder festgelegt, die für alle Astronomen und Sternfreunde verbindlich sind. Diese 88 Sternbilder haben lateinische Namen und jeweils eine Abkürzung von drei Buchstaben; Beispiel: der Krebs, lat.: Cancer, Abkürzung: Cnc.

Speziell für die Benutzer des Himmelsjahres empfehlen sich zur ersten Orientierung die Sternkarten im *Atlas für Himmelsbeobachter* von Erich Karkoschka. Neben den klassischen Sternatlanten gibt es heute auch gute Computerprogramme, die einen gewünschten Himmelsausschnitt am Monitor erscheinen lassen.

Nur die hellsten oder auffällige Sterne, die beispielsweise periodisch ihre Helligkeit ändern, haben Eigennamen erhalten. So heißen die beiden hellsten Sterne im Wintersternbild Orion Beteigeuze und Rigel, der berühmte veränderliche Stern im Perseus Algol.

Etwas systematischer hat Johannes Bayer im Jahre 1603 die Sterne bezeichnet, nämlich mit griechischen Buchstaben und dem Genitiv des lateinischen Sternbildnamens. So bekam der hellste Stern in der Leier die Bezeichnung α Lyrae (oder kurz

E.1 Die Leier mit ihrem Hauptstern Wega ist ein Sommersternbild.

α Lyr), der zweithellste β Lyrae, der dritthellste γ Lyrae usw. Die Helligkeitsfolge ist aber nicht immer streng eingehalten, manchmal hat die Mythologie Vorrang; von den beiden hellen Zwillingssternen trägt der hellere Pollux die Bezeichnung β Geminorum, der etwas schwächere Kastor α Geminorum. Bei Doppelsternen wird gelegentlich noch ein Index an den griechischen Buchstaben angehängt. Beispiel: ε_1 und ε_2 Lyrae, der berühmte Vierfachstern in der Leier (jede Komponente ist ihrerseits ebenfalls ein Doppelstern). Die 24 griechischen Buchstaben (siehe Seite 21) pro Sternbild reichen natürlich nicht aus, um alle Sterne zu benennen.

Den ersten umfangreichen Sternkatalog nach Erfindung des Fernrohrs hat John Flamsteed (1646–1719) im Jahre 1712 herausgegeben. Flamsteed hat die Sterne in einem Sternbild durchnummeriert. So hat ω Aurigae beispielsweise bei Flamsteed die Bezeichnung 4 Aurigae. Viele Sterne, die keine Bayer-Bezeichnung haben, sind jedoch mit Flamsteed-Nummern gekennzeichnet.

Bei schwächeren Sternen gibt man die Katalognummer an, unter der sie verzeichnet sind, oder einfach die genauen Koordinaten. Beispiele für Katalognummern: BD +52°1312 bedeutet Stern Nummer 1312 in der Deklinationszone von +52° bis +53° der sogenannten *Bonner Durchmusterung*. HD 128974, Stern aus dem *Henry-Draper-Katalog*, SAO 146912, Stern aus dem *Smithsonian Astrophysical Observatory Star Catalogue*, FK5: 1051, Stern aus dem *5. Fundamental-Katalog*.

Sterne, deren Helligkeit variiert, werden häufig mit großen lateinischen Buchstaben und ihren Sternbildnamen versehen: RR Lyrae, T Coronae Borealis. Man kann somit aus der Bezeichnung auf die Eigenart dieser Sterne schließen.

STERNHAUFEN UND NEBEL

Man unterscheidet offene und kugelförmige Sternhaufen. Offene Sternhaufen enthalten Dutzende bis einige hundert Sterne, die alle einzeln als Lichtpunkte erkennbar sind. Kugelhaufen haben Hunderttausende bis Millionen Mitgliedssterne und sind als verwaschene, kreisrunde Lichtfleckchen zu sehen. Nur die Randpartien sind in Einzelsterne auflösbar, im Zentrum stehen die Sterne zu dicht, um als einzelne Lichtpunkte erkannt zu werden. Zwischen den punktförmigen Sternen zeigen sich auch nebelhafte Gebilde. Bei den „Nebeln" gilt es zwei Kategorien zu unterscheiden: Einmal beobachtet man tatsächlich Staub- und Gasmassen zwischen den Sternen unserer Milchstraße, wie zum Beispiel im Sternbild Orion den berühmten Orionnebel. Andere nebelhafte Lichtfleckchen lassen sich jedoch mit sehr großen Teleskopen in einzelne Sterne auflösen. Hier sieht man fremde, ferne Milchstraßensysteme. Das Licht von Milliarden Sternen wird von uns nur als schwaches Nebelfleckchen registriert, wie bei-

Martin Gertz / Sternwarte Welzheim

E.2 Der große Andromedanebel ist unsere nächste Nachbargalaxie.

spielsweise beim Andromedanebel. Wegen ihrer häufig spiraligen Gestalt spricht man auch von Spiralnebeln oder Galaxien. Der französische Astronom Charles Messier (1730–1817) hat einen Katalog mit über hundert Sternhaufen und Nebeln zusammengestellt. Der Orionnebel wird z. B. mit M 42, der Andromedanebel mit M 31, der Kugelhaufen im Herkules mit M 13 bezeichnet. Wesentlich umfangreicher ist der Katalog von John L. E. Dreyer mit dem Namen *New General Catalogue of Nebulae and Clusters of Stars*, abgekürzt NGC. Später erschienen noch zwei Ergänzungen (*Index-Catalogue I and II*, kurz IC I und IC II) und schließlich der überarbeitete *Revised New General Catalogue* (RNGC). Daher trägt der Andromedanebel M 31 auch die Bezeichnung NGC 224.

DIE HELLIGKEIT DER STERNE

Man teilt die Sterne in Größenklassen ein. Diese Größenklassen geben nicht den Durchmesser oder die wahre Leuchtkraft der Sterne an, sondern ihre scheinbare Helligkeit am Himmel. Sterne erster Größe sind dabei heller als solche zweiter Größe. Ein schwaches Sternpünktchen sechster Größe ist eben noch mit bloßen Augen zu erkennen. Ein Stern erster Größe ist dabei hundertmal heller als ein Stern sechster Größe. Daraus folgt, dass ein Stern zweiter Größe 2,512-mal lichtschwächer ist als ein Stern erster Größe. Ein Stern dritter Größe wiederum ist 2,512-mal lichtschwächer als ein Stern zweiter Größe, denn $2{,}512^5 = 100$. Die Größenklassenskala ist somit ein logarithmisches Maß. Als Abkürzung verwendet man ein kleines hochgestelltes ^{m} für magnitudo (lat.) = Größe. Sterne, die heller als 1^m sind, bezeichnet man mit 0^m, -1^m, -2^m usw. Die Venus kann -4^m hell sein. Das bedeutet, dass sie dann hundertmal heller strahlt als ein Stern erster Größe, also mit 1^m! In manchen Schriften findet man gelegentlich die Abkürzung „mag" für Größenklasse. In der Fachastronomie ist sie jedoch nicht in Gebrauch. Mit Teleskopen lassen sich auch Sterne beobachten, die schwächer sind als 6^m. In einem guten Fernglas sind Sterne bis 10^m erkennbar. In großen Teleskopen werden Sterne

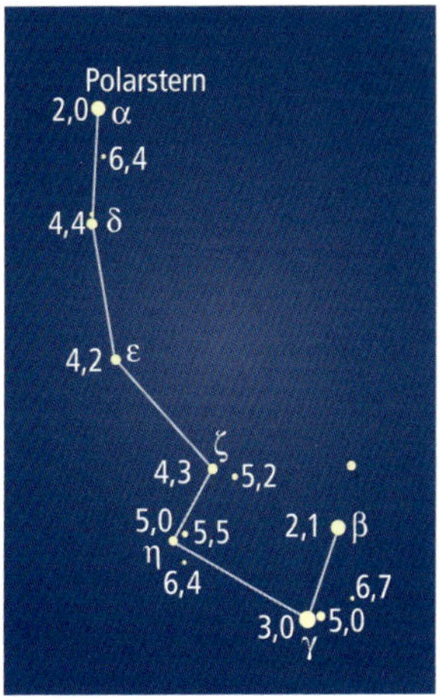

E.3 Sternbild Kleiner Wagen mit Helligkeitsangaben in Größenklassen für die einzelnen Sterne.

bis 26^m beobachtet, also Objekte, die hundert Millionen Mal lichtschwächer sind als die schwächsten, dem menschlichen Auge zugänglichen Sterne mit 6^m. Die Helligkeiten der Sterne zu schätzen, sollte man üben.

Abb. E.3 zeigt den Kleinen Wagen, wobei die Helligkeiten der einzelnen Sterne vermerkt sind. Da das Sternbild Kleiner Wagen zirkumpolar ist, kann es in jeder klaren Nacht zu jeder Uhrzeit gesehen werden.

Stünden alle Sterne gleich weit entfernt, sozusagen in einer Normentfernung, dann entspräche die beobachtete scheinbare Helligkeit auch ihrer wirklichen Leuchtkraft. Eine solche Normentfernung wurde mit 10 Parsec (knapp 33 Lichtjahre) festgelegt. Man rechnet nun die Helligkeit aus, die ein Stern in 10 Parsec Entfernung hätte, und bezeichnet diese Größe als „absolute Helligkeit" oder „wahre Leuchtkraft" eines Sterns.

Um die absolute nicht mit der scheinbaren Helligkeit zu verwechseln, wird sie mit einem großen M (Magnitudo) abgekürzt. Beispiel: Unsere Sonne hat die enorme scheinbare Helligkeit von -27^m am Firmament und eine absolute Helligkeit von $+4{,}8^M$. Das heißt, in 33 Lichtjahren Entfernung erschiene uns die Sonne nur noch als Sternchen 5. Größe. Anmerkung: Da ^{m} auch für Minute steht, ist aus dem Textzusammenhang zu entnehmen, ob Helligkeiten oder Zeiten beziehungsweise Koordinaten gemeint sind.

ENTFERNUNGSANGABEN

In der Astronomie verwendet man, um große Zahlenungetüme zu vermeiden, für die Distanzen im Sonnensystem als Längenmaß die Astronomische Einheit (AE). Eine Astronomische Einheit entspricht der mittleren Entfernung der Erde von der Sonne, das sind rund 150 Millionen Kilometer.

Es gilt: 1 AE = 149 597 870 km

Diese Strecke legt das Licht in 8^m20^s zurück. Man spricht von der Lichtlaufzeit der Astronomischen Einheit. Jupiter ist beispielsweise 5,2 AE von der Sonne und Neptun rund 30 AE von ihr entfernt. Die Lichtlaufzeiten der Planetendistanzen betragen Minuten bis wenige Stunden. Die Sterne sind jedoch so weit entfernt, dass ihr Licht Jahre, Jahrhunderte und Jahrmillionen zur Erde unterwegs ist. Man gibt daher ihre Distanzen in Lichtlaufzeiten an, wobei man ein Lichtjahr (LJ) als Einheit nimmt. In einem Jahr legt ein Lichtstrahl im Vakuum rund zehn Billionen Kilometer zurück.

Es gilt: 1 LJ = $9{,}46 \times 10^{12}$ km
= 63 240 AE

Ein Lichtjahr ist somit keine Zeit-, sondern eine Entfernungsangabe. In der Stellarastronomie wird ferner das Parsec (Parallaxensekunde) verwendet. Ein Parsec entspricht 3,26 Lichtjahren. Die Definition des Parsec findet man im Begleitbuch zum *Himmelsjahr*, dem *Kompendium der Astronomie* im Abschnitt „Entfernungseinheiten in der Astronomie".

Im *Himmelsjahr* werden die Entfernungen im Sonnensystem in AE und die Fixsterndistanzen in Lichtjahren angegeben. Parsec werden nicht verwendet.

ZEITANGABEN

ALLE UHRZEITEN im *Himmelsjahr* sind grundsätzlich in Mitteleuropäischer Zeit (MEZ) angegeben. Die Mitteleuropäische Zeit ist die mittlere Sonnenzeit des Meridians 15° östlich von Greenwich (Nullmeridian der Erde). Sie geht gegenüber der Weltzeit (UT = Universal Time) um eine Stunde vor. Es gilt: Weltzeit plus eine Stunde = MEZ.

Wenn es in Greenwich Mitternacht (0^h) ist, dann haben wir schon 1^h (MEZ) morgens. Für ortsabhängige Angaben (z. B. Auf- und Untergänge) gelten alle Zeiten genau für den Ort 10° östlich von Greenwich und 50° nördlicher Breite. Dieser

Punkt liegt für Mitteleuropa ziemlich zentral.

DIE SOMMERZEIT ist eine willkürliche Verschiebung der Zonenzeit um eine Stunde, um die Tageshelligkeit besser auszunutzen und (angeblich) Energie einzusparen. Sie beruht nicht auf astronomischen Grundlagen und ist außerdem von Staat zu Staat verschieden. Um die Benutzer des Himmelsjahres nicht zu verwirren und die Daten konsistent zu halten, sind alle Angaben das ganze Jahr durchgehend in MEZ vermerkt. Es gilt: MEZ plus eine Stunde = MESZ (Mitteleuropäische Sommerzeit). Gilt in einem Land die Sommerzeit, so ist zu den Zeitangaben im *Himmelsjahr* einfach eine Stunde zu addieren. **Achtung:** Fällt ein Ereignis in die letzte Stunde vor Mitternacht, so ändert sich auch das Datum um einen Tag. Während der Dauer der Sommerzeit sind alle Zeitangaben in den Tabellen in einem dunkleren Farbton unterlegt.

AUF- UND UNTERGANGSZEITEN: Alle Auf- und Untergangszeiten (MEZ) gelten exakt für 10° östlicher Länge und 50° nördlicher Breite. Für andere Orte in Mitteleuropa können diese Zeiten erheblich differieren (bis etwa eine halbe Stunde). Um schnell auch für andere Orte die Auf- und Untergänge ermitteln zu können, ist das Nomogramm auf Seite 292 gedacht.

Im Nomogramm sind die wichtigsten Städte in Mitteleuropa eingetragen. Man wähle eine Stadt, die dem eigenen Standpunkt am nächsten kommt. Dann lege man ein Lineal so auf das Nomogramm, dass es mit der Deklination des Gestirns beziehungsweise der Uhrzeit laut Tabelle „Sonnenlauf" am oberen Bogen übereinstimmt. Dabei gilt das obere Vorzeichen für den Aufgang, das untere für den Untergang. Die Verbindungslinie (Lineal) gibt dann am unteren Bogen die Korrektur für die Auf- bzw. Untergangszeit an. Positive Werte bedeuten eine Verspätung, ein negativer Wert deutet an: Der Auf- oder Untergang erfolgt entsprechend früher. Die Zahlen geben die Minuten an. Beispiel: Wann geht in Wien am 31. März die Sonne auf? Man verbinde mit einem Lineal den Punkt „Wien" mit der 6-Uhr-Marke am oberen Bogen. Denn laut Tabelle „Sonnenlauf" auf Seite 76 erfolgt der Sonnenauf-

SOMMERZEIT (MESZ) IN DER BUNDESREPUBLIK DEUTSCHLAND

	Beginn Sonntag	Ende Sonntag		Beginn Sonntag	Ende Sonntag
1980	06. April	28. September	2000	26. März	29. Oktober
1981	29. März	27. September	2001	25. März	28. Oktober
1982	28. März	26. September	2002	31. März	27. Oktober
1983	27. März	25. September	2003	30. März	26. Oktober
1984	25. März	30. September	2004	28. März	31. Oktober
1985	31. März	29. September	2005	27. März	30. Oktober
1986	30. März	28. September	2006	26. März	29. Oktober
1987	29. März	27. September	2007	25. März	28. Oktober
1988	27. März	25. September	2008	30. März	26. Oktober
1989	26. März	24. September	2009	29. März	25. Oktober
1990	25. März	30. September	2010	28. März	31. Oktober
1991	31. März	29. September	2011	27. März	30. Oktober
1992	29. März	27. September	2012	25. März	28. Oktober
1993	28. März	26. September	2013	31. März	27. Oktober
1994	27. März	25. September	2014	30. März	26. Oktober
1995	26. März	24. September	2015	29. März	25. Oktober
1996	31. März	27. Oktober	2016	27. März	30. Oktober
1997	30. März	26. Oktober	2017	26. März	29. Oktober
1998	29. März	25. Oktober	2018	25. März	28. Oktober
1999	28. März	31. Oktober	2019	31. März	27. Oktober

gang am 31. März um 6^h00^m. Die Verbindungslinie schneidet den unteren Bogen bei -24^m. Der Sonnenaufgang erfolgt in Wien somit 24 Minuten früher, also um 5^h36^m MEZ bzw. 6^h36^m Sommerzeit. Wem die Verwendung des Nomogramms zu kompliziert erscheint, der kann auch die Tabelle zur Auf- und Untergangskorrektur auf Seite 293 benutzen. Man suche die seinem Wohnort nächstliegende Stadt und lese einfach die Korrekturzeit in Minuten ab, wobei für Mond, Planeten oder Sterne noch vorher die Deklination zu ermitteln ist. Bei der Sonne beachte man das Datum.

DIE STERNZEIT: Um mit einem Fernrohr ein bestimmtes Gestirn zu finden, muss man die Stellung des Beobachters auf der Erde zu einer bestimmten Uhrzeit des Tages relativ zur Fixsternwelt kennen. Man braucht dazu einen Referenzpunkt unter den Sternen. Dies ist der Frühlingspunkt. Er ist der Schnittpunkt der aufsteigenden Sonnenbahn mit dem Himmelsäquator. Im Frühlingspunkt steht die Sonne zu Frühlingsbeginn. Er ist auch der Nullpunkt der äquatorialen Himmelskoordinaten. Nimmt man statt der Sonne den unter den Fixsternen (fast) feststehenden Frühlingspunkt, erhält man statt der Sonnenzeit die Sternzeit.
Steht der Frühlingspunkt im Süden (Meridian), spricht man von 0^h Sternzeit, eine Stunde später von 1^h Sternzeit, usw. Es gilt:
Sternzeit = Stundenwinkel des Frühlingspunktes.

Im *Himmelsjahr* ist die Sternzeit jeweils für 1^h MEZ (= 0^h Weltzeit) von zehn zu zehn Tagen für den Meridian von Greenwich (Nullmeridian) angegeben (siehe Tabelle auf Seite 286).
Die Tabelle auf Seite 290 erlaubt eine schnelle Bestimmung der Sternzeit zur abendlichen Beobachtungsstunde. Die Tabelle „Sternzeit" gibt die Sternzeit um 20^h MEZ (= 21^h MESZ) am Ortsmeridian 10° östlicher Länge für jeden Tag des Jahres an.
Um den Stundenwinkel eines Gestirns zu ermitteln, bilde man die Differenz: Sternzeit minus Rektaszension des Gestirns, dann hat man den Stundenwinkel zum Beobachtungszeitpunkt und kann das Teleskop entsprechend einstellen.
Für die Bestimmung des Stundenwinkels eines Planeten kann man auch seine Kulminationszeit (Zeit des Meridiandurchganges) benutzen, wenn man keine Sternzeituhr zur Verfügung hat und sich die Berechnung der Sternzeit zum Beobachtungszeitpunkt ersparen will. Die Kulminationszeiten der Planeten und Kleinplaneten sind auf den Seiten 280 bis 284 angegeben. Die Kulminationszeit gilt für 10° östlicher Länge. Zunächst ist die Korrektur für die Längendifferenz des Beobachtungsortes anzubringen (siehe Seite 291, Spalte Zeitkorrektur gegen 10° östlicher Länge). Um diese so erhaltene Zeit geht der Planet durch den Meridian des Beobachters und hat somit den Stundenwinkel Null. Man bilde nun die Zeitdifferenz zwischen der Beobachtungszeit und der Zeit des Meridiandurchganges. Sie entspricht direkt dem Stundenwinkel (im Zeitmaß).

DIE DYNAMISCHE ZEIT: In der Astronomie wird seit 1984 eine Dynamische Zeit verwendet, die die vorher verwendete Ephemeridenzeit abgelöst hat. Nähere Erläuterungen zu den Dynamischen Zeitskalen finden sich in dem Buch *Kompendium der Astronomie*. Die genaue Differenz der Dynamischen Zeit (TT = Terrestrial Time) zur Weltzeit (UT = Universal Time) kann erst im Nachhinein aus Beobachtungen der Gestirnspositionen bestimmt werden. Der extrapolierte Wert für das Jahr 2019 lautet:
$\Delta TT = +69$ Sekunden, wobei
$\Delta TT = TT - UTC$ gilt. Die koordinierte Weltzeit (UTC) hinkt somit der Dynamischen Zeit (TT) um mehr als eine Minute nach.
Der beobachtende Sternfreund kann die TT unberücksichtigt lassen, wenn er nicht hohe Genauigkeitsansprüche hat. Wer jedoch die Angaben im *Himmelsjahr* mit anderen Jahrbüchern vergleicht, muss beachten, dass alle Zeitangaben hier in
MEZ = UTC + 1^h und nicht in TT vermerkt sind.
Seit dem 1. Januar 2017 beträgt die Differenz der UTC zur Internationalen Atomzeitskala (TAI) $\Delta AT = +37{,}00$ Sekunden ($\Delta AT = TAI - UTC$) bis zum Einschub einer weiteren Schaltsekunde, die relativ kurzfristig vom International Earth Rotation and Reference Systems Service (IERS) in Paris bekannt gegeben wird.

E.4 Das Siebengestirn: die Plejaden sind ein offener Sternhaufen. Aufnahme von M. Gertz / Sternwarte Welzheim.

BEGINN DES ASTRONOMISCHEN JAHRES: Nach Definition von Friedrich Wilhelm Bessel beginnt das astronomische Sonnenjahr, wenn die mittlere Sonne zum mittleren Äquinoktium die Länge von 280° ($\alpha = 18^h40^m$) unter Berücksichtigung der Aberration (–20,″5) erreicht (auch Besselscher Jahresbeginn genannt). Die Länge des **Besselschen Jahres** (auch Annus Fictus) entspricht der Länge des tropischen Jahres 1900 (365,242198781 mittlere Sonnentage = $365^d05^h48^m45^s\!,975$). Die Länge des tropischen Jahres nimmt infolge der säkularen Akzeleration der Rektaszension der mittleren Sonne um 0,148 × T Sekunden zu (T in Julianischen Jahrhunderten zu 36 525 mittlere Sonnentage), während die Länge das Annus Fictus konstant bleibt. Der Beginn des Annus Fictus wird mit „B+Jahreszahl Punkt Null" bezeichnet (z. B. B2000.0) im Gegensatz zum Gregorianischen bzw. Julianischen Jahresbeginn (J) jeweils am 1. Januar um 0^hUTC. Die Differenz beider Äquinoktien (z. B.: k = J2000.0–B2000.0) wird Dies Reductus (reduzierter Tag) genannt und ist stets kleiner als 24^h.

KALENDERZYKLEN

SONNENZIRKEL: Ordnungszahl (1 bis 28) im Zeitintervall von 28 Jahren, nach dem die Wochentage wieder auf dieselben Daten (dieselben Monatstage) fallen. Da es sieben Wochentage gibt, aber jedes vierte Jahr ein Schaltjahr ist, so fallen nach 7 × 4 = 28 Jahren die Wochentage wieder auf dieselben Monatstage. Der Sonnenzirkel gibt an, welcher Sonntagsbuchstabe im betreffenden Jahr gilt.

SONNTAGSBUCHSTABE: Gibt im ewigen Kalender den Tag des ersten Sonntags im Jahr an. In Schaltjahren gelten zwei Sonntagsbuchstaben (der zweite ist ab dem 1. März zu benutzen).

1. Januar A 2. Januar B
3. Januar C 4. Januar D
5. Januar E 6. Januar F
7. Januar G

EPAKTE: Gibt das Mondalter vermindert um 1 zu Beginn des Kalenderjahres an, also die Zahl der Tage, die am 31. Dezember des Vorjahres seit dem letzten Neumondtermin verflossen sind (1–29). Für Neumond am 31. Dezember steht meist ein * statt 0. Die Epakte spielt eine Rolle bei der Festlegung des Ostertermins.

GOLDENE ZAHL: Lateinisch Numerus Aureus oder auch Mondzirkel genannt, ist die Ordnungszahl (I bis XIX) der Jahre im Metonschen Mondzyklus. Da 235 Lunationen (synodische Monate) ziemlich genau 19 Jahren entsprechen, fallen nach 19 Jahren die Mondphasen (nahezu) auf dieselben Tage im Sonnenjahr. Die Goldene Zahl diente im Julianischen Kalender zur Bestimmung des Ostertermins. Im Gregorianischen Kalender ist sie durch die Epakte ersetzt. Die Goldene Zahl wird in römischen Ziffern geschrieben, um eine Verwechslung mit dem Sonnenzirkel auszuschließen.

INDIKTION (Römerzinszahl): Zyklus von 15 Jahren im Besteuerungssystem des Römischen Reiches, das von Kaiser Augustus eingeführt wurde. Der Start (Epoche) des Zyklus erfolgte im Jahr 3 vor Chr. Heute dient die Indiktion (von lat.: indictio = Ankündigung) nur noch als chronologische Prüfzahl für das laufende Jahr. Die Indiktion läuft von 1 bis 15.

JAHRESREGENT: Gehört traditionsgemäß ebenfalls zu den Kalenderzyklen, hat aber keine chronologische Bedeutung mehr. Aus kulturhistorischen Gründen und da er in der Numismatik eine gewisse Rolle spielt sowie schlicht der Vollständigkeit halber ist er in der Rubrik „Kalenderzyklen" mit aufgeführt. Jahresregent können sein: Sonne, Mond, Merkur, Venus, Mars, Jupiter und Saturn, also die klassischen sieben „Planeten" des Ptolemäischen Weltsystems.

DER HIMMELS-KALENDER

Jede Monatsübersicht beginnt mit dem zweiseitigen Himmelskalender. Auf der ersten Seite wird in kurzen Stichworten auf aktuelle Ereignisse im betreffenden Monat hingewiesen. Eine kleine Grafik zeigt die Stellung von Großem Wagen und Himmels-W jeweils um 22 Uhr MEZ relativ zum Nordhorizont.
Die zweite Seite des Himmelskalenders enthält eine Tabelle mit den Wochentagen und für jeden Tag die entsprechende Mondphase in einer kleinen Grafik. Vermerkt sind in der Tabelle ferner Feiertage, die Hauptphasen des Mondes, sichtbare Konstellationen von Mond und Planeten sowie die bei uns beobachtbaren Finsternisse.

DER SONNENLAUF

Die Bewegung der Sonne durch den Tierkreis ist zu Beginn jeder Monatsübersicht aus einer kleinen Grafik zu entnehmen.
Die Tages- und Nachtstunden sowie Dämmerungslängen werden durch eine dreiteilige Zeichnung (Uhrensymbole) veranschaulicht. Diese soll einen groben und schnellen Überblick über die Länge der Tages- und Nachtzeit geben. Für die Dämmerungszeiten wurde die nautische Dämmerung (Sonne 12° unter dem Horizont) eingesetzt.
Die Tabelle „Sonnenlauf" gibt die Auf- und Untergangszeiten, Meridiandurchgang (Kulmination), Zeitgleichung und die Mittagshöhe der Sonne an sowie die äquatorialen Koordinaten Rektaszension und Deklination für 1^h MEZ jeweils von fünf zu fünf Tagen.
Die Zeiten gelten exakt für einen zentralen Ort mit 10° östlicher Länge und 50° nördlicher Breite. Für diesen Ort gelten auch die Dämmerungszeiten. Angegeben ist jeweils der Beginn und das Ende der nautischen Dämmerung.

DIE SONNENHÖHE ZU MITTAG: Sie ist in der Tabelle „Sonnenlauf" für 50° nördlicher Breite angegeben. Für andere Breiten ist sie einfach zu ermitteln: 90° minus geografische Breite des Beobachters plus Sonnendeklination. Beispiel: Wie hoch steht die Sonne am 10. Juni zu Mittag (Kulmination) in Düsseldorf (geografische Breite: +51°)? 90° – 51° + 23° = 62° (Im Winterhalbjahr die negativen Deklinationen der Sonne beachten!). In der Grafik „Sonnenlauf" jeweils zu Monatsbeginn ist die scheinbare Sonnenbahn (Ekliptik) durch die Sternbilder des Tierkreises für den jeweiligen Monat eingezeichnet. Ferner sind die Eintritte der Sonne sowohl in die einzelnen Tierkreissternbilder als auch in die Tierkreiszeichen vermerkt sowie die Äquinoktien (Tagundnachtgleichen) und Solstitien (Sommer- und Winterbeginn).

DIE ZEITGLEICHUNG: Die Sonnenzeit wird nach einer fiktiven „mittleren Sonne" gerechnet. Die wahre Sonne läuft nämlich ungleichförmig. So geht sie einmal vor, dann wieder nach. Die Differenz kann bis zu einer Viertelstunde plus oder minus betragen. Diese Differenz wird Zeitgleichung (ZGL) genannt. Sie ist definiert zu:
ZGL = Wahre Sonnenzeit minus Mittlere Sonnenzeit.

Die Zeitgleichung und die Kulmination der wahren Sonne sind tabellarisch aufgeführt. Ein negativer Wert der Zeitgleichung bedeutet, die wahre Sonne geht nach der mittleren durch den Meridian.

DER MONDLAUF

Auf- und Untergangszeiten (MEZ) gelten genau für 10° östlicher Länge und 50° nördlicher Breite (siehe Zeitangaben). Ferner sind die Kulminationszeiten (Meridiandurchgänge) für 10° östlicher Länge tabelliert.

Der Mond bewegt sich recht schnell durch den Tierkreis. Deshalb sind für jeden Tag des Jahres seine Koordinaten angegeben. Sie gelten jeweils für 1^h MEZ (= 0^h Weltzeit). Wem diese Zahlen nichts sagen, der findet in der Spalte „Sterne und Sternbilder" die Position des Mondes im Tierkreis vermerkt. Ein Sternchen (*) deutet auf eine Sternbedeckung hin.

Die Position des Mondes gilt wie erwähnt für 1^h MEZ. Wer also abends beobachtet, sollte die Stellung des Mondes im Tierkreis aus der Zeile des folgenden Tages entnehmen, denn der Mond läuft recht rasch. Nähere Angaben zu den Sternbedeckungen finden sich in der Tabelle „Sternbedeckungen durch den Mond" auf Seite 288. Die letzte Spalte enthält die Mondphasen sowie wichtige Punkte in der Bahn.

Die Mondbahn ist rund 5° gegen die Ekliptik (scheinbare Sonnenbahn) geneigt. Aufsteigender Knoten bedeutet, der Mond überschreitet die Ekliptik nach Norden; absteigender Knoten, er wechselt wieder nach Süden. Größte Nordbreite: Der Mond steht am weitesten in nördlicher Richtung von der Ekliptik entfernt; analog dazu heißt größte Südbreite: Der Mond hat maximalen südlichen Abstand von der Ekliptik.

Im Tabellenteil findet man auf Seite 278/279 die Mondbahn relativ zur Ekliptik eingetragen. Wegen der Rückläufigkeit der Mondbahnknoten verläuft die Mondbahn unter den Sternen in jedem Jahr anders.

DIE LIBRATION: Bei größter Südbreite ist die Nordhalbkugel des Mondes uns ein wenig mehr zugekehrt, man spricht von maximaler Libration Nord; entsprechend sieht man bei größter Nordbreite mehr vom Südpolgebiet des Mondes. Libration West: Westrand des Mondes, Libration Ost: Ostrand des Mondes ist uns zugekehrt (astronomische Definition West/Ost siehe auch *Kompendium der Astronomie*, Kapitel „Der Mond der Erde").

„Libration West" bedeutet, das Mare Crisium zeigt sich randfern, das Mare Smythii wird sichtbar. „Libration Ost" heißt, das Mare Crisium rückt an den Westrand, im Osten zeigt sich der Ringwall Grimaldi randfern und das Mare Orientale wird gut sichtbar.

Bei Erdnähe und Erdferne ist die Distanz des Mondes jeweils in tausend Kilometer vermerkt. Außerdem ist der scheinbare Monddurchmesser in Bogenminuten angegeben. Neben der Phase „Neumond" steht die Brownsche Lunationsnummer. Eine Lunation ist die Zeitspanne, die der Mond benötigt, um einmal alle Phasen zu durchlaufen, also von einem Neumond bis zum nächstfolgenden. Diese Zeitspanne heißt „Synodischer Monat". Auf Vorschlag von Ernst William Brown werden die Lunationen seit dem Neumond vom 16. (17.) Januar 1923 fortlaufend nummeriert. Unterhalb der Tabelle „Mondlauf" findet sich jeweils eine Grafik, aus der die schnelle Wanderung des Mondes innerhalb einer Nacht an einem hellen Fixstern oder Planeten ersichtlich wird.

DER PLANETENLAUF

Planeten sind Geschwister der Erde. Sie laufen gemeinsam mit ihr um die Sonne. Je näher ein Planet der Sonne steht, desto schneller wandert er um sie. Wir beobachten die Planeten nicht von einem ruhenden Punkt aus, sondern vom Raumschiff Erde, das ständig in Bewegung ist. Deshalb erscheinen uns von der Erde aus (geozentrisch) die Bewegungen der Planeten vor dem Hintergrund der fernen Fixsterne – dem Muster der Sternbilder also – recht kompliziert. Überholt die Erde einen weiter außen laufenden Planeten, so scheint er einige Wochen lang zurückzubleiben, er ist „rückläufig", wie man zu sagen pflegt. Anschließend bewegt er sich wieder in der ursprünglichen Richtung wie die Sonne von West nach Ost, er ist wieder „rechtläufig". Durch diesen Bewegungswechsel bildet

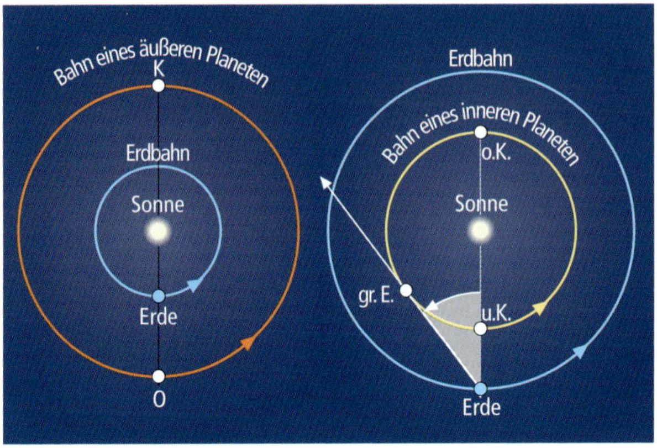

E.5 Die linke Zeichnung zeigt die Erdbahn und die Bahn eines äußeren Planeten. Bei O steht der Planet in Opposition, bei K in Konjunktion. Auf der rechten Seite der Abbildung sind die Erdbahn und die Bahn eines inneren Planeten dargestellt. Bei u. K. steht der Planet in unterer, bei o. K. in oberer Konjunktion mit der Sonne. Bei gr. E. steht er in größter Elongation (Winkel grau gerastert).

die Bahn des Planeten eine Schleife.

Ob ein Planet am Himmel zu sehen ist, hängt von der gegenseitigen Stellung von Sonne und Planet ab. Steht ein äußerer Planet von der Erde aus gesehen hinter der Sonne, Planet – Sonne – Erde bilden also eine Linie, so ist er nicht beobachtbar (siehe Abb. E.5). Da er in Sonnenrichtung steht, geht er mit der Sonne auf und unter, bleibt somit nachts unter dem Horizont verborgen. Diese Konstellation heißt Konjunktion.

Steht der Planet von der Erde aus gesehen der Sonne gegenüber, also in der Reihenfolge Sonne – Erde – Planet (Abb. E.5), so spricht man von Opposition oder Gegenschein. Der Planet ist die ganze Nacht über zu sehen, da er mit Sonnenuntergang aufgeht und morgens mit Sonnenaufgang unter dem Westhorizont verschwindet. Bilden Sonne – Erde – Planet ein rechtwinkliges Dreieck, so spricht man von einer Quadratur.

Die inneren Planeten Merkur und Venus können niemals in Oppositionsstellung kommen. Dafür unterscheidet man bei ihnen zwischen oberer und unterer Konjunktion (Abb. E.5). In diesen beiden Stellungen bleibt der Planet unsichtbar. Nur wenn der Planet westlich oder östlich der Sonne „in Elongation“ steht, kann er gesehen werden. Steht Venus in östlicher Elongation, so geht sie erst nach Sonnenuntergang unter, sie ist dann Abendstern. Steht sie in westlicher Elongation, so geht sie vor der Sonne auf und ist am Morgenhimmel zu sehen.

Ähnliches gilt für Merkur. Die größte Elongation (Winkelabstand von der Sonne) kann für die Venus 48° betragen, für den sonnennäheren Merkur aber nur 28°. Merkur ist daher schwierig zu beobachten – entweder abends kurz nach Sonnenuntergang tief im Westen oder kurz vor Sonnenaufgang tief am Osthimmel. Die Sichtbarkeiten der Planeten hängen nicht nur von den geometrischen Verhältnissen (Stellung des Planeten und der Sonne), sondern auch von meteorologischen Gegebenheiten ab. Eine starke Dunstglocke, hohe Luftfeuchtigkeit (Nebel) oder irdisches Streulicht (Neonreklame, Fahrzeugscheinwerfer, Lichtdom eines Stadions) beeinträchtigen die Beobachtung.

Eine Grafik vor der Rubrik „Planetenlauf“ ermöglicht einen schnellen Überblick, welche Planeten am Abend, die ganze Nacht über, am Morgen oder gar nicht zu sehen sind. Eine grafische Jahresübersicht der Stellung, Größe, Helligkeit und Sichtbarkeit der Planeten findet sich auf den Seiten 276–277.

DIE GROSSEN PLANETEN

MERKUR: Sonnennächster Planet, zwischen $+3^{m}$ und $-1\overset{m}{,}5$ hell; schwer zu beobachten, da nur kurze Sichtbarkeitsperioden und stets horizontnahe Stellung; chromgelbes Licht.

VENUS: Nach Sonne und Mond hellstes Gestirn, oft als Abend- bzw. Morgenstern bezeichnet. Helligkeiten von $-3\overset{m}{,}9$ bis $-4\overset{m}{,}9$; strahlend weißes Licht; entweder

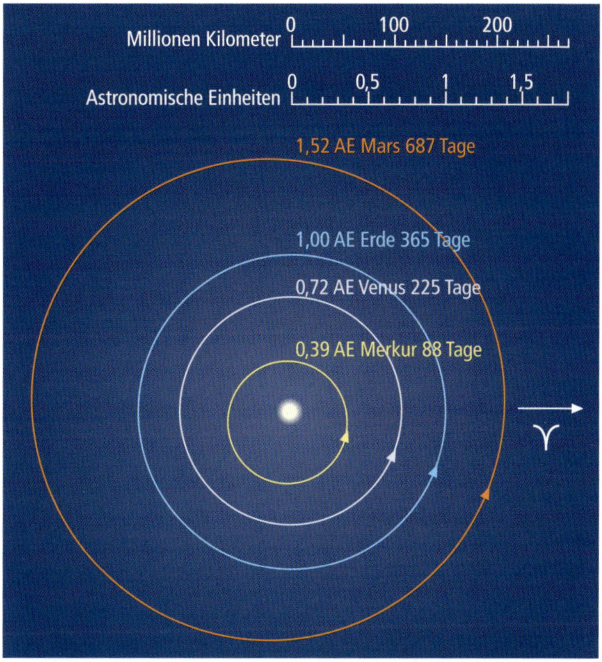

E.6 Die Bahnen der inneren Planeten um die Sonne (1 AE = 1 Astronomische Einheit = 149,6 Millionen Kilometer). Der Pfeil deutet die Richtung zum Frühlingspunkt an (Symbol: ♈).

abends am Westhimmel oder morgens in der östlichen Himmelshemisphäre zu sehen.
MARS: Äußerer Nachbarplanet der Erde, auffallend seine rötliche Farbe (der „rote Planet"); sehr unterschiedliche Helligkeiten von $+1^{\mathrm{m}},8$ bis $-2^{\mathrm{m}},9$.
JUPITER: Der größte aller Planeten, ein auffallend heller Planet, daher kaum zu übersehen; Helligkeit von $-1^{\mathrm{m}},7$ bis $-2^{\mathrm{m}},9$, weißlichgelbes Licht.
SATURN: Der sonnenfernste mit freiem Auge noch sichtbare Planet strahlt in einem fahlen Licht zwischen $+1^{\mathrm{m}},3$ und 0^{m}, in Ausnahmefällen bis $-0^{\mathrm{m}},5$. Den berühmten Ring kann man mit einem Fernrohr ab etwa 30-facher Vergrößerung erkennen.
URANUS: Ist theoretisch mit bloßem Auge gerade noch erkennbar (Oppositionshelligkeit $5^{\mathrm{m}},5$). Wohlgemerkt „theoretisch", es empfiehlt sich auf alle Fälle ein gutes Fernglas, um Uranus zu finden! Farbe: grünlich. Die im März 1977 entdeckten Ringe sind jedoch selbst in großen

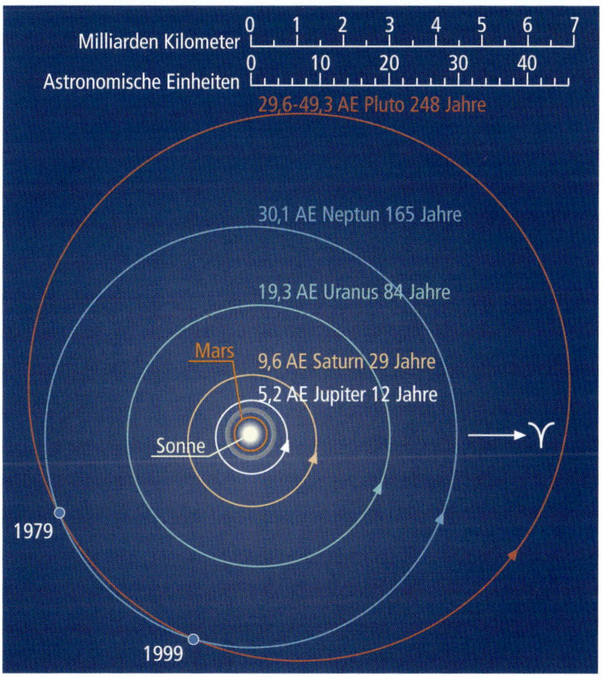

E.7 Die Bahnen der äußeren Planeten. Zwischen der Marsbahn und der Jupiterbahn laufen Abertausende Kleinplaneten (Planetoiden) um die Sonne. Wegen seiner stark exzentrischen Bahn war Pluto von 1979 bis Anfang Februar 1999 der Sonne näher als Neptun.

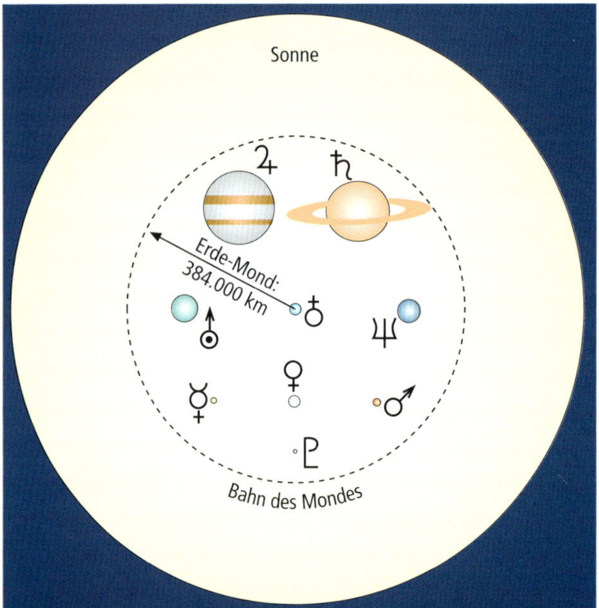

☉ Sonne	ø	1.392.000 km	♃ Jupiter	ø	142.796 km
☿ Merkur	ø	4.878 km	♄ Saturn	ø	120.536 km
♀ Venus	ø	12.104 km	⛢ Uranus	ø	51.118 km
♁ Erde	ø	12.756 km	♆ Neptun	ø	49.424 km
♂ Mars	ø	6.794 km	♇ Pluto	ø	2.300 km

E.8 Größenverhältnisse der Planeten und der Mondbahn im Vergleich zur Sonne. Darunter sind die astronomischen Symbole der Planeten vermerkt, die auch in den monatlichen Sternkarten des Himmelsjahres die Orte der betreffenden Planeten markieren.

Fernrohren für Hobbyastronomen nicht zu sehen.

NEPTUN: sonnenfernster Planet, Helligkeit um $7^{m}{,}9$; zeigt im Fernrohr ein winziges, grünblaues Scheibchen.

Die Angaben der scheinbaren Helligkeiten sind – wie international üblich – V-Helligkeiten (nach dem UBV-System von Johnson). Die früher gebräuchlichen „visuellen" (m_{vis}) Helligkeiten sind um ca. $0^{m}{,}2$ geringer, werden aber in manchen anderen Quellen noch verwendet.

KLEINPLANETEN UND ZWERGPLANETEN

Außer den acht großen Planeten schwirren noch Tausende kleiner und kleinster Planeten (Planetoiden oder Asteroiden) um die Sonne. Der erste wurde in der Neujahrsnacht des Jahres 1801 von Giuseppe Piazzi in Palermo entdeckt und auf den Namen Ceres getauft. Heute sind einige hunderttausend Planetoiden katalogisiert. Die meisten bewegen sich zwischen Mars und Jupiter um die Sonne. Einige haben jedoch sehr langgestreckte Bahnen, die die Bahnen anderer Planeten kreuzen. Sie können auch der Erde recht nahe kommen. Einige Planetoiden, die in diesem Jahr heller als 9^{m} werden, sind in der Rubrik „Planetenlauf" verzeichnet.

PLUTO: Seit IAU-Beschluss vom August 2006 als Zwergplanet eingestuft, ist sehr lichtschwach, Oppositionshelligkeit $14^{m}{,}2$. Nur gut ausgerüstete Amateurastronomen können ihn (fotografisch) beobachten.

DIE MONDE DER PLANETEN

Die beiden winzigen Marsmonde, die zahlreichen Uranusmonde, die Neptunmonde und die Plutomonde sind so lichtschwach, dass sie nicht mit den bescheidenen optischen Hilfsmitteln der Sternfreunde zu beobachten sind. Deshalb sind sie hier nicht aufgeführt.

JUPITER: Die vier hellsten Monde sind schon in kleinen Teleskopen leicht zu sehen: I Io, II Europa, III Ganymed und IV Kallisto. In den Monaten, in denen Jupiter zu beobachten ist, findet man jeweils eine Grafik, aus der die Positionen der Jupitermonde im umkehrenden Fernrohr ersichtlich sind. Sie lassen die gegenseitigen Stellungen und die Bewegungsabläufe der Jupitermonde erkennen.

Die waagerechten Linien in der Grafik beziehen sich auf 1^{h} MEZ des jeweiligen Datums, das links angegeben ist. Die Schnittpunkte der waagerechten Linien mit den Kurven der Jupitermonde geben somit deren Positionen jeweils um 1^h MEZ an. Am unteren Rand jeder Grafik findet man eine Darstellung der Jupitermondbahnen relativ zum Beobachter.

ERSCHEINUNGEN DER JUPITERMONDE: Für den Fernrohrbesitzer ist es reizvoll, Bedeckungen, Verfinsterungen, Durchgänge und Schattenwürfe der Monde des Riesenplaneten auf Jupiter selbst zu beobachten. Sofern diese Ereignisse von Mitteleuropa aus beobachtbar sind, findet man sie in der Rubrik „Jupitermonderscheinungen" verzeichnet. Es gelten folgende Abkürzungen:

B = Bedeckung, Mond verschwindet hinter der Jupiterscheibe
D = Durchgang, Mond geht vor der Planetenscheibe vorbei
S = Schattendurchgang, Mond wirft seinen Schatten auf Jupiter
V = Verfinsterung, Mond wird vom Jupiterschatten getroffen
A = Anfang der Erscheinung
E = Ende der Erscheinung
I: Io, II: Europa, III: Ganymed, IV: Kallisto.
Beispiel:

März: 11. 4 00 II SA

bedeutet: Am 11. März um 4^h00^m MEZ beginnt der Schatten von Mond II (Europa) über die Jupiterkugel zu wandern.

SATURNMONDE: Schon mit einem guten Fernglas ist der Riesenmond Titan zu erkennen. Im Fernrohr sind auch die Monde Rhea, Dione und Tethys sowie Japetus in westlicher Elongation (er ist dann rund 2^m heller) zugänglich. Für die Monate, in denen Saturn zu beobachten ist, findet man jeweils eine Grafik, aus der die Stellungen und die Bewegungsabläufe der Saturnmonde Tethys, Dione, Rhea, Titan und Japetus zu entnehmen sind. Die Bahnlagen der Saturnmonde relativ zum Beobachter sind jeweils darunter abgebildet.

STERNSCHNUPPEN

In jeder Nacht des Jahres sind Meteore zu beobachten, doch variiert ihre Anzahl erheblich. Neben sporadisch auftauchenden Sternschnuppen gibt es periodisch wiederkehrende Ströme. Die dazu gehörenden Meteore scheinen dann von einem Punkt am Himmel in alle Richtungen auszustrahlen, dem Radianten oder Fluchtpunkt. Nach Lage des Radianten in einem bestimmten Sternbild wird der Meteorstrom benannt.

E.9 Jupiter mit Schattenwurf des Mondes Io. Aufnahme: M. Weigand.

Sternschnuppen, die in Strömen periodisch auftreten, sind in den Monatsübersichten angegeben. Bei den verzeichneten Daten, vor allem, was die Häufigkeit betrifft, ist mit erheblichen Abweichungen zu rechnen. Die in vorliegendem Jahrbuch verwendeten Daten stammen von der International Meteor Organization (IMO) und werden jährlich aktualisiert.

Die angegebene Meteorrate bezieht sich auf die unter besten Sichtbedingungen (ohne Störung durch irdische Lichtquellen oder Mondlicht) mit bloßen Augen pro Stunde sichtbare Zahl der

DAS GRIECHISCHE ALPHABET

Α	α	Alpha	a	Η	η	Eta	e	Ν	ν	Ny	n	Τ	τ	Tau	t
Β	β	Beta	b	Θ	ϑ	Theta	th	Ξ	ξ	Xi	x	Υ	υ	Ypsilon	y
Γ	γ	Gamma	g	Ι	ι	Jota	i, j	Ο	ο	Omikron	o	Φ	φ	Phi	ph
Δ	δ	Delta	d	Κ	κ	Kappa	k	Π	π	Pi	p	Χ	χ	Chi	ch
Ε	ε	Epsilon	e	Λ	λ	Lambda	l	Ρ	ϱ	Rho	r	Ψ	ψ	Psi	ps
Ζ	ζ	Zeta	z	Μ	μ	My	m	Σ	σ	ς Sigma	s	Ω	ω	Omega	o

Sternschnuppen für den Idealfall, dass der Radiant im Zenit steht. Vor allem bei horizontnahen Radianten ist die pro Stunde zu beobachtende Sternschnuppenzahl erheblich geringer.
Der Begriff **Antihelion** bezieht sich auf den Oppositionspunkt zur Sonne in der Ekliptik. Er ist somit der Punkt, der eine ekliptikale Längendifferenz von 180° zur Sonne hat.

KONSTELLATIONEN UND EREIGNISSE

Diese Übersicht weist auf Konjunktionen (Begegnungen) zwischen den großen Planeten, mit Sonne und Mond sowie auf alle Oppositionen zur Sonne und die größten Elongationen der inneren Planeten hin. Auch Perihel- (Sonnennähe) und Aphelstellungen (Sonnenferne) der Planeten sind angegeben.
Sind Begegnungen des Mondes mit Planeten prinzipiell beobachtbar, so sind die Winkeldistanzen topozentrisch (für +50° Breite) angegeben und durch **Fettdruck** hervorgehoben.
Für die übrigen Konjunktionen sind die Abstandsangaben geozentrische Werte (Normaldruck). Denn durch die relative Erdnähe des Mondes ergibt sich eine große Parallaxe, das heißt, der Winkelabstand des Mondes von einem Planeten kann bis etwa 1° differieren zwischen einem (fiktiven) Beobachter im Erdmittelpunkt (geozentrisch) und einem Beobachter auf der Erdoberfläche (topozentrisch). Ferner sind wichtige Ereignisse durch **Fettdruck** hervorgehoben.

FIXSTERNHIMMEL

Da die Sonne täglich um rund 1° unter den Sternen nach Osten vorrückt, ändert sich der Anblick des Himmels im Laufe eines Jahres. Genauer: Täglich durchschreiten die Fixsterne den Meridian vier Minuten früher als am Vortag. In 30 Tagen, also einem Monat, macht das schon zwei Stunden!
Mitte Dezember steht das Sternbild Orion gegen Mitternacht im Süden. Mitte Januar schon um 22 Uhr, und Mitte Februar geht Orion um 20 Uhr durch den Meridian. Dadurch ändert sich zur gleichen Beobachtungsstunde die Himmelsszene mit dem Datum. Nach einem Monat ist der Anblick noch nicht allzu verschieden vom Vormonat, aber nach einem Vierteljahr (sechs Stunden!) hat sich die Szenerie völlig umgestellt.
Man spricht daher von einem typischen Frühlings-, Sommer-, Herbst- und Wintersternhimmel. Gemeint ist der Anblick des Fixsternhimmels in den Abendstunden der jeweiligen Jahreszeit.
Die Monatssternkarte dient der schnellen Orientierung. Sie zeigt den beobachtbaren Himmelsausschnitt für 50° nördlicher Breite zur Standardbeobachtungszeit (am Monatsersten um 23^h MEZ, am 15. um 22^h MEZ).
Ebenfalls in die Monatssternkarten eingetragen sind die fünf hellen Planeten (Merkur bis Saturn), sofern sie zur Monatsmitte um 22^h MEZ über dem Horizont stehen.
Zum Rand hin erscheint die Sternkarte aufgehellt. Es werden damit die Extinktion und die durch künstliche Lichtquellen fast immer aufgehellten Horizonte nachempfunden.
Die monatlichen Sternkarten können auch zur Beobachtung am Morgenhimmel herangezogen werden. Unter jeder Sternkarte finden sich die entsprechenden Datums- und Uhrzeitangaben.
Man beachte noch, dass für andere Monate der Planetenstand nicht aktuell ist. Man entnehme ihn der Grafik „Planetenlauf" im aktuellen Monat.

MONATSTHEMEN

Hier wird monatlich ein Kapitel aus der Himmelskunde kurz und bündig dargestellt, zum leichteren und allmählichen Eindringen in die Wissenschaft von den Sternen. Auch über neue Forschungsergebnisse aus der Astronomie wird berichtet.
Wer ältere Jahrgänge des Himmelsjahres besitzt, möchte gelegentlich in einem Monatsthema der letzten Jahre nachsehen. Im *Kosmos Himmelsjahr 2010* findet man auf Seite 273 ein Verzeichnis der Monatsthemen von 2001–2010. Ferner ist im *Kosmos Himmelsjahr 2001* auf Seite 249 ein Verzeichnis der Monatsthemen 1990–2000 und im *Himmelsjahr 1989* auf Seite 193 ein Verzeichnis der Monatsthemen 1982–1989 abgedruckt.

TABELLEN UND EPHEMERIDEN

Für den fortgeschrittenen Amateurastronomen sind im Anhang wichtige Beobachtungsgrundla-

gen vermerkt. Der Anfänger kann diese Angaben unberücksichtigt lassen. Ab Seite 278 findet man die **ekliptikalen Koordinaten** des Mondes, der Sonne und der großen Planeten von Merkur bis Neptun und Pluto.
Die **äquatorialen Koordinaten** der Planeten und Kleinplaneten sind für das Äquinoktium J2000.0 angegeben, damit man sie leichter in vorhandene Sternkarten einzeichnen kann. Die Aufsuchkärtchen gelten ebenfalls für J2000.0. Ferner sind Kulminationszeiten sowie die Auf- bzw. Untergangszeiten, Scheibchendurchmesser in Bogensekunden und beleuchteter Teil der Planetenscheibchen vermerkt. Bei Saturn ist noch die Ringöffnung zur Erde und zur Sonne sowie die scheinbare Ausdehnung der großen und der kleinen Ringachse angegeben. Für Sonne und Jupiter (System I und II) sind die **Zentralmeridiane** (Meridiane durch den Scheibenmittelpunkt) jeweils für 1^h MEZ vermerkt. Ferner gibt die Sonnenephemeride die Entfernung der Sonne von der Erde in AE sowie ihren scheinbaren Durchmesser, die Achsenlage und die Sternzeit an.
Sternbedeckungen durch den Mond sind für Berlin, Dresden, Hamburg, Hannover, Düsseldorf, Frankfurt (Main), Leipzig, München, Nürnberg, Stuttgart, Wien und Zürich angegeben. Aus Platzersparnisgründen ist jeweils nur ein Positionswinkel angegeben, der lediglich dem leichteren Aufsuchen des zu bedeckenden Sternes dienen soll. In den Monatsübersichten wird unter der Rubrik „Mondlauf" in der Spalte „Sterne und Sternbilder" durch ein Sternchen (*) auf eine Sternbedeckung hingewiesen.
Veränderliche Sterne sind im Anschluss an die Fixsternmonatsübersichten aufgeführt. Für Algol (β Perseï) und β Lyrae findet der Sternfreund jeweils die Minima-Zeiten, für δ Cepheï die Lichtmaxima und für den langperiodischen Veränderlichen Mira (ο Ceti) den jeweiligen Helligkeitszustand. Die Aufsuchkärtchen findet man auf der hinteren Umschlagklappe. Bei den Minima-Angaben für Algol ist die Lichtzeitkorrektur (heliozentrisch auf geozentrisch) berücksichtigt.
Eine **Sternzeittafel** soll die rasche Bestimmung der Sternzeit zur abendlichen Beobachtungsstunde ermöglichen. Die Sternzeit für 1^h MEZ, bezogen auf den Meridian von Greenwich (Nullmeridian), findet man in der Tabelle „Ephemeride der Sonnenscheibe" (letzte Spalte).
Das **Julianische Datum** ist jeweils für den Monatsersten in der Rubrik „Sonnenlauf" angegeben. Das Julianische Datum stellt eine fortlaufende Tageszählung dar, die mit dem 1. Januar des Jahres −4712 (= 4713 v. Chr.) beginnt.
Im Anhang finden sich **zwei Verzeichnisse astronomischer Institutionen**. Im Verzeichnis „Astronomische Institute, Planetarien und Sternwarten" findet man die professionellen Einrichtungen im deutschen Sprachraum. Das Verzeichnis „Amateurastronomische Vereinigungen, Beobachtungsstationen und Privatsternwarten" enthält astronomische Vereine, Schulsternwarten sowie ehrenamtlich betriebene Sternwarten mit Publikumsverkehr.
Dieses Verzeichnis soll dem Leser den Kontakt zu Gleichgesinnten erleichtern und die eigene Beobachtungstätigkeit fördern. Das Verzeichnis erhebt keinen Anspruch auf Vollständigkeit. Weitere Adressen nimmt der Herausgeber gerne auf (Anschrift: Planetarium Stuttgart, Willy-Brandt-Straße 25, 70173 Stuttgart).

LITERATURHINWEISE

Erklärung astronomischer Fachbegriffe:
H.-U. Keller,
Wörterbuch der Astronomie
H.-U. Keller,
Kompendium der Astronomie (5. Auflage 2016)

Sternkarten für eigene Beobachtungen:
H.-M. Hahn, G. Weiland,
Drehbare Kosmos-Sternkarte
E. Karkoschka,
Atlas für Himmelsbeobachter
E. Karkoschka,
Drehbare Welt-Sternkarte

Software:
United Soft Media
Redshift für PC, MacOS und als App für iOS und Android

Astronomie im Internet:
www.kosmos-himmelsjahr.de
www.astronomie.de
www.astrotreff.de
www.sternfreunde.de
www.sternwarte.de

Sonnen- und Mondfinsternisse 2019

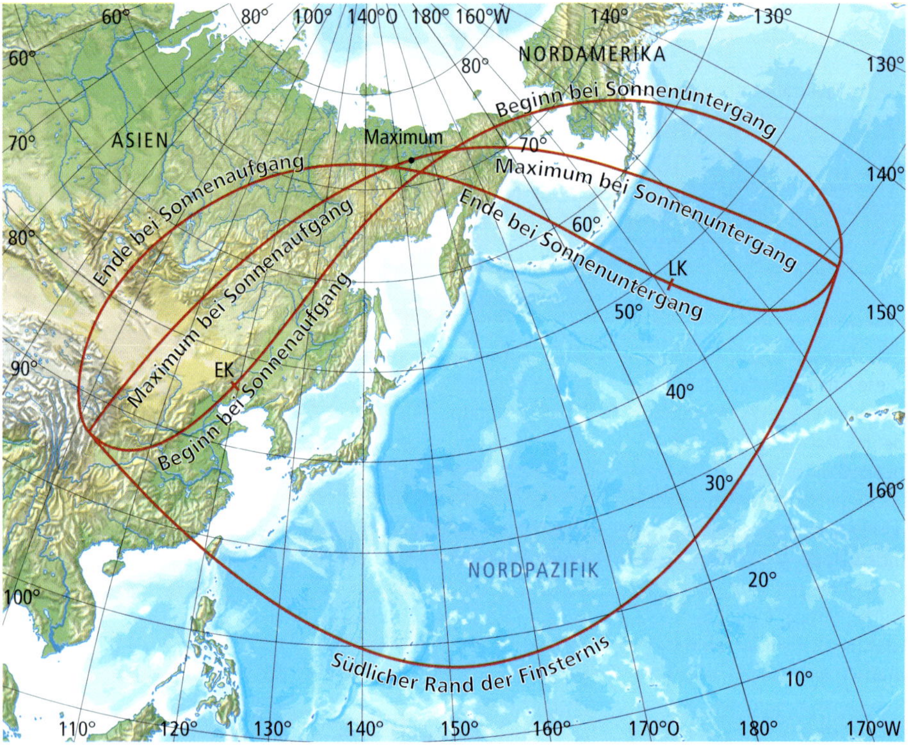

F.1 Globaler Verlauf der partiellen Sonnenfinsternis vom 6. Januar 2019.

Im Jahr 2019 ereignen sich fünf Finsternisse und ein Merkurdurchgang. Die partielle Sonnenfinsternis vom 6. Januar, die totale Sonnenfinsternis vom 2. Juli und die ringförmige Sonnenfinsternis vom 26. Dezember bleiben von Mitteleuropa aus unbeobachtbar. Die totale Mondfinsternis am 21. Januar kann in den frühen Morgenstunden und die partielle Mondfinsternis am 16. Juli kann abends von Mitteleuropa aus beobachtet werden. Der Merkurtransit am 11. November ist nachmittags bis zum Sonnenuntergang zu verfolgen.

PARTIELLE SONNENFINSTERNIS AM 6. JANUAR

Diese Finsternis findet in der Nacht vom Samstag, 5. auf Sonntag, 6. Januar statt. Sie bleibt von Mitteleuropa aus unbeobachtbar. Sie kann von nordöstlichen Teilen Asiens, von Japan und nordwestlichen Regionen des Pazifischen Ozeans sowie von westlichen Teilen Alaskas aus verfolgt werden.
Die Sonnenfinsternis beginnt um 0^h34^m MEZ am Ort 119°25′ östlicher Länge und 41°31′ nördlicher Breite. Dieser Punkt liegt im östlichen Asien nahe der Stadt Peking.
Die maximale Phase wird um 2^h42^m MEZ am Ort 153°34′ östlicher Länge und 67°26′ nörd-

F.2 Verlauf der totalen Mondfinsternis vom 21. Januar 2019.

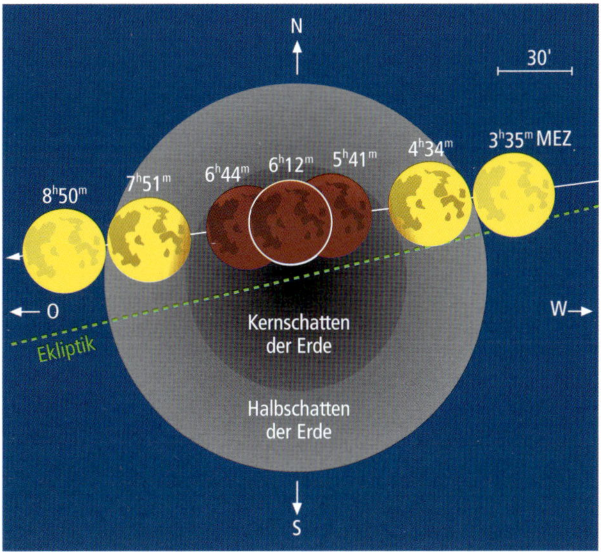

licher Breite erreicht. Dieser Ort liegt im nordöstlichen Sibirien (siehe Abb. F.1).

Zur maximalen Phase werden 71,5 % des scheinbaren Sonnendurchmessers vom Neumond bedeckt.

Die Finsternis endet um 4^h49^m MEZ am Ort 168°41′ westlicher Länge und 43°07′ nördlicher Breite. Dieser Ort befindet sich im nördlichen Pazifik fernab jeder Insel.

Diese Finsternis trägt die Nummer 58 im Saros-Zyklus Nr. 122, der insgesamt 70 Sonnenfinsternisse zählt.

TOTALE MONDFINSTERNIS AM 21. JANUAR

Diese Finsternis findet in den frühen Morgenstunden am Montag, 21. Januar statt. Sie ist von Mitteleuropa aus beobachtbar. Allerdings geht der Mond noch vor Austritt aus dem Halbschatten unter. Die Mondfinsternis nimmt folgenden Verlauf:

	MEZ
Eintritt des Mondes in den Halbschatten	3^h35^m
Eintritt des Mondes in den Kernschatten	4^h34^m
Beginn der Totalität	5^h41^m
Mitte der Finsternis	6^h12^m
Ende der Totalität	6^h44^m
Austritt des Mondes aus dem Kernschatten	7^h51^m

F.3 Sichtbarkeitsgebiet der totalen Mondfinsternis vom 21. Januar 2019. H1/H2 – Eintritt/Austritt Halbschatten, K1/K2 – Eintritt/Austritt Kernschatten, T1/T2 – Beginn/Ende der Totalität.

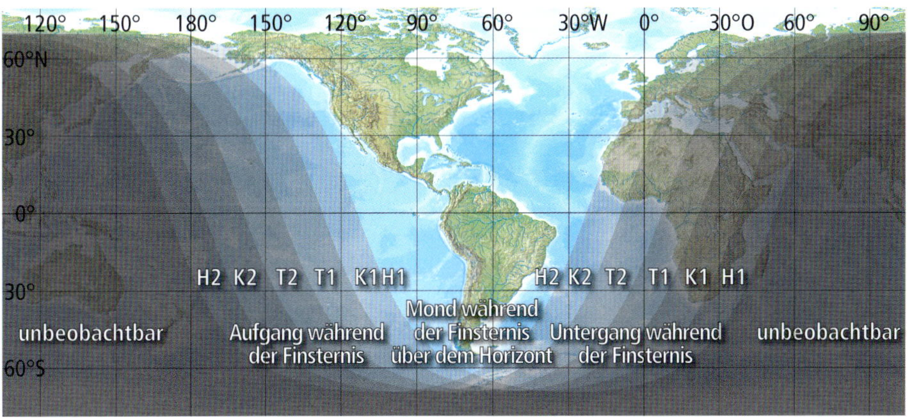

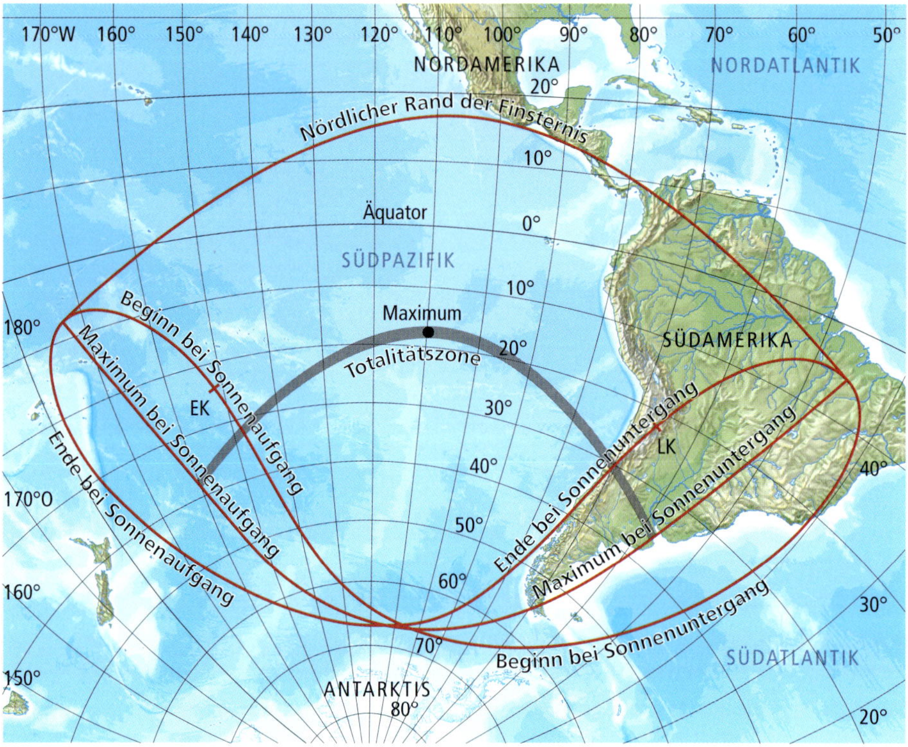

F.4 Globaler Verlauf der totalen Sonnenfinsternis vom 2. Juli 2019.

	MEZ
Austritt des Mondes aus dem Halbschatten	8^h50^m

Der Verlauf der Finsternis ist in Abb. F.2 dargestellt. Ein- und Austritt des Mondes in beziehungsweise aus dem Halbschatten der Erde bleiben prinzipiell unbeobachtbar.

Die Größe der Finsternis beträgt des 1,201-Fache des scheinbaren Monddurchmessers.

Der Monduntergang erfolgt am 21. Januar 2019 in 50° Nord und 10° Ost um 8^h19^m MEZ. Monduntergang am 21. Januar in folgenden Städten:

	MEZ
Berlin	8^h16^m
Dresden	8^h08^m
Hamburg	8^h35^m
Köln	8^h36^m
Leipzig	8^h15^m
München	8^h05^m
Nürnberg	8^h12^m
Stuttgart	8^h18^m
Wien	7^h46^m
Zürich	8^h15^m

Die Finsternis ist sichtbar in Europa, Afrika mit Ausnahme der östlichen Küstenregion, über dem Atlantik, in Nord- und Südamerika, Grönland sowie in der Nordpolarregion (siehe Abb. F.3). Die Finsternis ist die 27. im Saros-Zyklus Nr. 134, der insgesamt 73 Mondfinsternisse umfasst.

TOTALE SONNENFINSTERNIS AM 2. JULI

Diese Finsternis ereignet sich am Dienstag, 2. Juli in den Abendstunden. Sie bleibt von der gesamten östlichen Hemisphäre und somit auch von Europa aus unbeobachtbar. Das Sichtbarkeitsgebiet umfasst große Teile des Südpazifiks sowie Südamerikas mit Ausnahme nördlicher und östlicher Gebiete. Die Totalitätszone zieht sich fast aus-

schließlich über den Südpazifik. Sie beginnt östlich der Kermadecinseln bei Sonnenaufgang und endet in Südamerika bei Sonnenuntergang nahe Buenos Aires (siehe Abb. F.4).
Der Kernschatten des Mondes berührt die Erdoberfläche erstmals um 19^h02^m MEZ am Ort 160°26′ westlicher Länge und 37°40′ südlicher Breite.
Der Kernschatten verlässt die Erdoberfläche wieder um 21^h44^m MEZ am Ort 57°43′ westlicher Länge und 35°48′ südlicher Breite. Der Höhepunkt der Finsternis wird um 20^h22^m MEZ am Ort 109°24′ westlicher Länge und 17°24′ südlicher Breite erreicht. Dieser Punkt liegt mitten im Pazifik fernab jeder Insel.
Zum Höhepunkt steht die Sonne 50° hoch über dem Nordhorizont. Die Totalität dauert maximal 4^m38^s, wobei die Kernschattenzone eine Breite von 201 Kilometer aufweist.
Die Finsternis beginnt um 17^h55^m MEZ (1. Kontakt) am Ort 151°57′ westlicher Länge und 23°53′ südlicher Breite und endet um 22^h51^m MEZ (4. Kontakt) am Ort 66°30′ westlicher Länge und 21°57′ südlicher Breite.
Diese Finsternis ist die 58. im Saros-Zyklus 127, der insgesamt 82 Finsternisse umfasst.

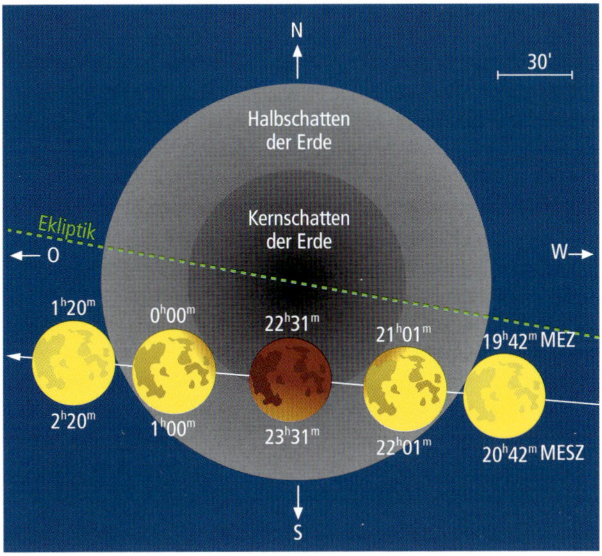

F.5 Verlauf der partiellen Mondfinsternis vom 16./17. Juli 2019.

PARTIELLE MONDFINSTERNIS AM 16./17. JULI

Diese Finsternis findet in der Nacht von Dienstag, 16. auf Mittwoch, 17. Juli statt. Sie ist von Mitteleuropa aus beobachtbar. Das Sichtbarkeitsgebiet umfasst Europa mit Ausnahme der nördlichsten Teile, Afrika, Asien ohne östliche Teile, Australien, Teile Südamerikas, die Antarktis und den Atlantik (siehe Abb. F.6).
Für Orte im deutschen Sprachgebiet erfolgt der Mondaufgang erst kurz nach Eintritt des Mondes in den Halbschatten der Erde.
Die Mondfinsternis nimmt folgenden Verlauf:

	MEZ	MESZ
Eintritt des Mondes in den Halbschatten	19^h42^m	20^h42^m
Eintritt des Mondes in den Kernschatten	21^h01^m	22^h01^m
Mitte der Finsternis	22^h31^m	23^h31^m
Austritt des Mondes aus dem Kernschatten	0^h00^m	1^h00^m
Austritt des Mondes aus dem Halbschatten	1^h20^m	2^h20^m

Der Verlauf der Finsternis ist aus Abb. F.5 ersichtlich. Ein- und Austritt des Mondes aus dem Halbschatten bleiben grundsätzlich unbeobachtbar.
Zum Höhepunkt der Finsternis um 22^h31^m (= 23^h31^m Sommerzeit) sind 66 % des scheinbaren Monddurchmessers im Kernschatten der Erde.
Der Mondaufgang erfolgt am 16. Juli in 50° Nord und 10° Ost um 20^h17^m MEZ (= 21^h17^m Sommerzeit). Mondaufgang in folgenden Städten:

	MEZ	MESZ
Berlin	20^h16^m	21^h16^m
Dresden	20^h07^m	21^h07^m
Hamburg	20^h41^m	21^h41^m
Köln	20^h34^m	21^h34^m
Leipzig	20^h20^m	21^h21^m

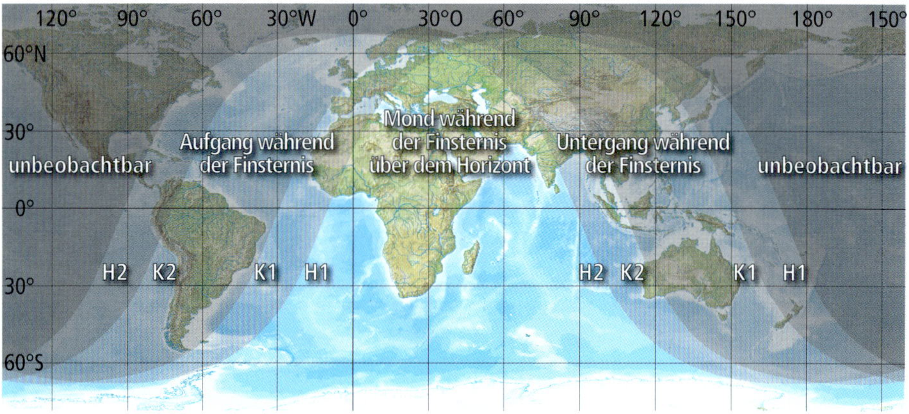

F.6 Sichtbarkeitsgebiet der partiellen Mondfinsternis vom 16./17. Juli 2019. H1/H2 – Eintritt/Austritt Halbschatten, K1/K2 – Eintritt/Austritt Kernschatten.

	MEZ	MESZ
München	20^h03^m	21^h03^m
Nürnberg	20^h11^m	21^h11^m
Stuttgart	20^h21^m	21^h21^m
Wien	19^h44^m	20^h44^m
Zürich	20^h12^m	21^h12^m

Diese Finsternis ist die 21. im Saros-Zyklus 139, der insgesamt 75 Mondfinsternisse in einem Zeitraum von 1334 Jahren umfasst.

RINGFÖRMIGE SONNENFINSTERNIS AM 26. DEZEMBER

Die Finsternis findet in den frühen Morgenstunden am Donnerstag, 26. Dezember statt. Sie bleibt von ganz Europa aus unbeobachtbar. Zu den Sichtbarkeitsgebieten gehören Asien ohne nördliche Teile, Arabien, nordöstliches Afrika, Indien, Ozeanien, Japan, nördliche Regionen Australiens sowie Regionen des Indischen Ozeans und westliche Partien des Pazifik.

Die Zone der ringförmigen Verfinsterung zieht sich vom Persischen Golf über die Südspitze Indiens, Sumatra und Borneo und endet im Pazifik. Sie beginnt am Ort 48°12′ östlicher Länge und 25°59′ nördlicher Breite um 4^h36^m MEZ und endet am Ort 156°42′ östlicher Länge und 18°54′ nördlicher Breite um 7^h59^m MEZ.

Der Höhepunkt der Finsternis tritt um 6^h15^m MEZ am Ort 101°25′ östlicher Länge und 1°07′ nördlicher Breite ein. Dieser Punkt liegt auf Sumatra nördlich von Padang. Die ringförmige Phase dauert hier 3^m34^s bei einer Sonnenhöhe von 66°. Die Breite der ringförmigen Phase beträgt dabei 118 Kilometer (siehe Abb. F.7).

Die Finsternis beginnt am 26. Dezember um 3^h30^m MEZ (1. Kontakt) am Ort 60°34′ östlicher Länge und 17°47′ nördlicher Breite und endet um 9^h06^m MEZ (4. Kontakt) am Ort 144°00′ östlicher Länge und 10°37′ nördlicher Breite.

Diese Sonnenfinsternis ist die 46. im Saros-Zyklus 132, der insgesamt 71 Finsternisse umfasst, davon sind sieben total, 33 ringförmig und zwei hybrid (ringförmig-total). Die übrigen 29 Finsternisse sind partielle Sonnenfinsternisse.

MERKURTRANSIT AM 11. NOVEMBER

Am Montag, 11. November 2019 findet wieder einmal das seltene Ereignis eines Merkurtransits oder -durchgangs statt. Der sonnennächste Planet zieht als winziger dunkler Punkt vor der Sonnenscheibe vorbei. Merkur kommt am 11. November um 16^h17^m MEZ in untere Konjunktion mit der Sonne. Am gleichen Tag passiert er um 14^h51^m MEZ seinen aufsteigenden Knoten. Er hält sich somit zur Konjunktion knapp nördlich der Ekliptik auf, weshalb er vor der

Sonnenscheibe vorbeiwandert und seine unbeleuchtete Seite der Erde zukehrt (Phase: Neumerkur).
Der gesamte Durchgang dauert von 13^h35^m bis 19^h04^m MEZ. Somit kann der diesjährige Merkurtransit von Europa aus beobachtet werden.
Allerdings geht für etliche Städte in Europa die Sonne noch vor Ende des Transits unter (siehe Abb. F.8 auf Seite 30 und Tabelle „Merkurtransit vom 11. November 2019 in Europa" auf Seite 251).
Der Merkurdurchgang vom 11. November nimmt folgenden Verlauf:

Geozentrisch UTC	50° Nord/10° Ost MEZ
1. Kontakt (Merkur berührt die Sonnenscheibe):	
$12^h35^m27^s$	$13^h35^m29^s$
2. Kontakt (Merkur löst sich vom Sonnenrand):	
$12^h37^m09^s$	$13^h37^m10^s$
Mitte (Merkur erreicht geringste Distanz vom Sonnenscheibenmittelpunkt):	
$15^h19^m48^s$	$16^h19^m39^s$
3. Kontakt (Merkur berührt den Sonnenrand von innen)	
$18^h02^m33^s$	($19^h02^m22^s$)*
4. Kontakt (Merkur berührt den Sonnenrand von außen)	
$18^h04^m15^s$	($19^h04^m03^s$)*

(* Der Sonnenuntergang erfolgt am 11. November 2019 für 50° Nord und 10° Ost um 16^h42^m MEZ.)
Die Tabelle enthält sowohl die Kontaktzeiten für das Geozentrum (Erdmittelpunkt) in Weltzeit (UT – Universal Time, Mittlere Sonnenzeit des Nullmeridians der Erde) als auch für den für Mitteleuropa zentralen Referenzpunkt 50° nördlicher Breite und 10° östlicher Länge in MEZ.
Die topozentrischen Kontaktzeiten für einige europäische

F.7 Globaler Verlauf der ringförmigen Sonnenfinsternis vom 26. Dezember 2019.

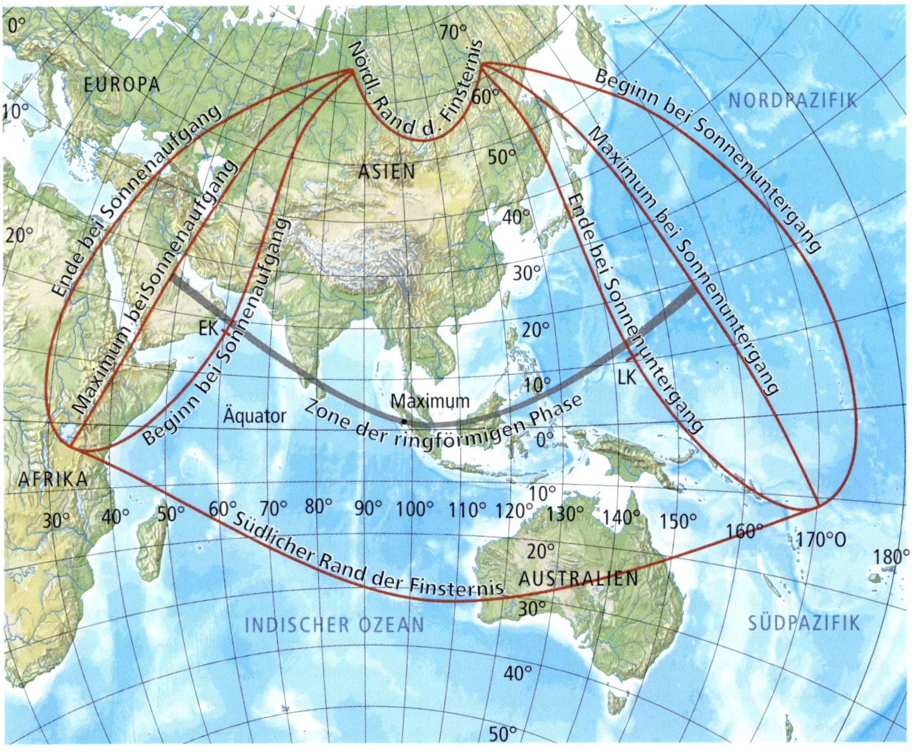

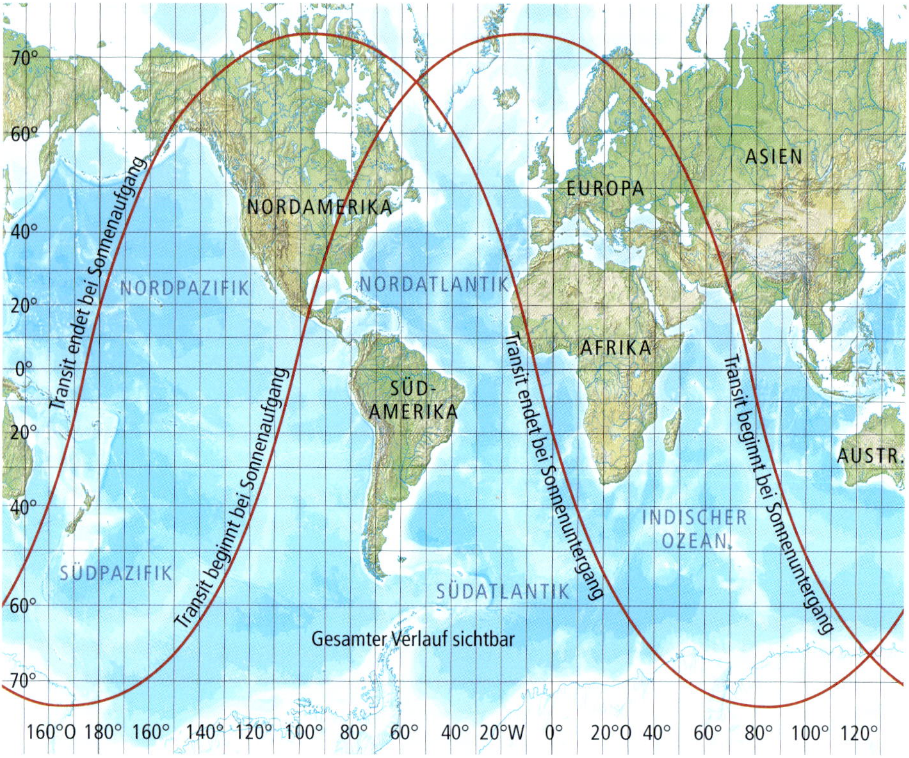

F.8 Globaler Verlauf des Merkurtransits vom 11. November 2019.

Städte sind in der erwähnten Tabelle auf Seite 251 angegeben. Zur Mitte des Transits um 16^h20^m MEZ erreicht Merkur den geringsten Abstand vom Sonnenscheibenmittelpunkt. Die Minimumsdistanz misst dabei nur 1′16″ bei einem scheinbaren Sonnenradius von 16′09″ am 11. November. Merkur legt dabei eine vergleichsweise lange Sehne auf der kreisförmigen Sonnenscheibe zurück (siehe auch Abb. 11.14 auf Seite 246). Die Wanderung von Merkur vor der Sonne erfolgt *rückläufig*, also von Ost nach West, da er sich in der Zeit um die untere Konjunktion befindet und somit die Erde auf der Innenbahn überholt. Da das Merkurscheibchen zum Transit nur 10″ scheinbaren Durchmesser aufweist, ist das schwarze Merkurpünktchen mit bloßen Augen nicht zu sehen. Um Merkur zu erkennen, ist ein Teleskop erforderlich. Vor **unvorsichtigen Sonnenbeobachtungen** ohne ausreichende Schutzmaßnahmen wird **dringend gewarnt**.

Nähere Erläuterungen zum Merkurtransit und die Möglichkeiten, ihn zu beobachten, findet man im Monatsthema November „Der Götterbote passiert die Sonne“ auf Seite 243.

omegon®
1000 FOTOS OHNE STROM
MiniTrack LX2: Die erste vollmechanische Fotomontierung
NEU
Weitfeld-Aufnahmen wie oben abgebildet können jetzt auch Ihnen gelingen. Die vollmechanische Omegon MiniTrack LX2 Montierung funktioniert allein mit einem Uhrwerk. Kein Strom. Kein Aufladen. Keine Akkus. Einfach auf ein Stativ setzen, Ihre Kamera montieren und aufziehen. Schon bannen Sie schöne Weitfeld-Aufnahmen des Himmels auf Ihre Kamera.
Uhrwerk Mechanik
Die Montierung arbeitet über eine Uhrwerk Mechanik mit einem 60 Minuten-Tracking – alles ist unabhängig von Strom und Batterie. Einfach wie eine Uhr aufziehen und loslegen.
Integriertes 1/4" Gewinde
Die MiniTrack passt auf jedes Fotostativ und besitzt zwei ¼" Anschlüsse. Sie können die MiniTrack zum Beispiel mit einem Kugelkopf verbinden und erreichen damit jede Himmelsregion, die Sie wollen.
Schlank und kompakt
Egal ob Flugreise oder nächtliche Exkursion: Die MiniTrack passt in jedes Gepäck und lässt noch Platz für ein schönes Stativ oder ein zweites Teleobjektiv.
Bis 2 kg Zuladung
Diese Montierung bietet Ihnen gelungene Weitfeld-Aufnahmen des Sternenhimmels. Von Weitwinkel bis zu leichten Teleobjektiven ist vieles möglich.
Starkes Federsystem
Die MiniTrack braucht kein Gegengewicht, das Federsystem unterstützt die Nachführung. Sparen Sie Gewicht und Ballast.
Polsucher-Rohr
Mit dem Polsucher-Rohr justieren Sie die MiniTrack schnell auf den Polarstern. Ausreichend für eine „grobe" Ausrichtung.
Kugelkopf, Kamera und Stativ nicht im Angebot enthalten!
129,-
Für mehr Informationen einscannen
Das sagt „Abenteuer Astronomie" dazu:
„Die MiniTrack LX2 hält, was sie verspricht und ermöglicht schnelle und spontane Weitwinkel-Astrofotografie auf Reisen ganz ohne lästige Stromversorgung."
MiniTrack LX2 | Art.-Nr. | Preis in €
Fotomontierung
BxTxH in mm 210x78x30, Gewicht 430g | 55040 | 129,-
Fotomontierung inkl. Kugelkopf
BxTxH in mm 210x78x130, Gewicht 730g | 56106 | 159,-
Erhältlich bei
Astroshop.de
Für Online-Bestellung Artikelnummer ins Suchfeld eingeben!
08191-94049-1

Januar 2019

- Am 21. findet eine bei uns beobachtbare totale Mondfinsternis statt.
- Venus eröffnet den Jahresreigen als strahlender Morgenstern.
- Mars ist Planet der ersten Nachthälfte.
- Jupiter kann am Morgenhimmel gesehen werden.
- Die Erde kommt am 3. mit 147 Millionen Kilometer in Sonnennähe.

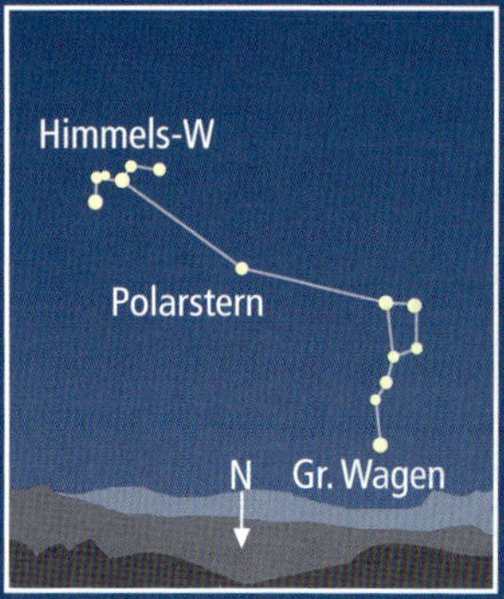

Großer Wagen und Himmels-W Anfang Januar um 22 Uhr

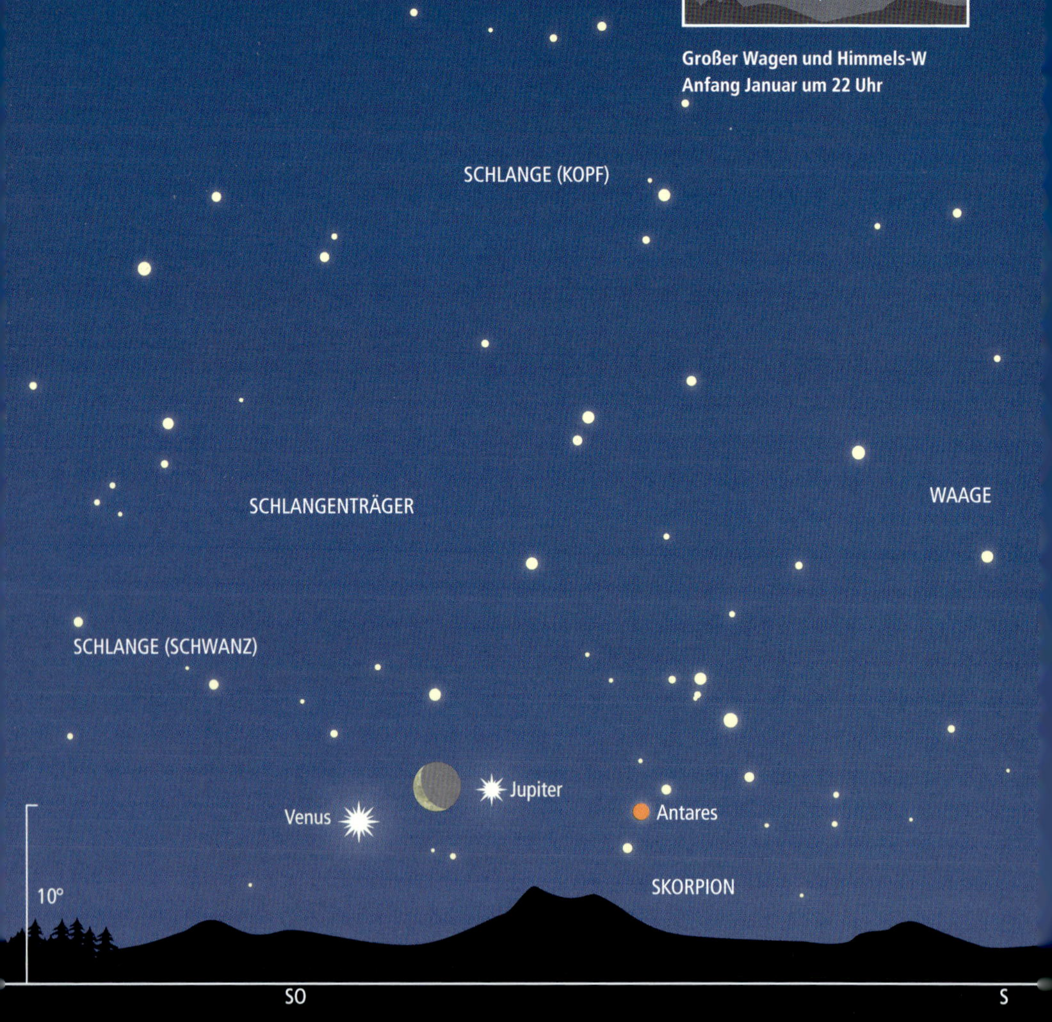

1.1 Himmelsanblick am 31. Januar gegen 6^h30^m MEZ. Über dem Südosthorizont stehen die Planeten Venus und Jupiter. Zwischen ihnen sieht man die Sichel des abnehmenden Mondes.

1 Di	Neujahr Mond bei Venus (Morgenhimmel)
2 Mi	
3 Do	Mond bei Jupiter (Morgenhimmel) Erde in Sonnennähe
4 Fr	
5 Sa	
6 So	Heilige drei Könige, **Neumond**, Venus gr. westl. Elongation (Morgenhimmel)
7 Mo	
8 Di	
9 Mi	
10 Do	
11 Fr	
12 Sa	Mond bei Mars (Abendhimmel)
13 So	
14 Mo	Mond im ersten Viertel
15 Di	
16 Mi	
17 Do	
18 Fr	
19 Sa	
20 So	
21 Mo	**Vollmond, Totale Mondfinsternis**
22 Di	Venus bei Jupiter (Morgenhimmel)
23 Mi	
24 Do	
25 Fr	
26 Sa	
27 So	Mond im letzten Viertel
28 Mo	
29 Di	
30 Mi	
31 Do	Mond bei Jupiter und Venus (Morgenhimmel)

SONNE – STERNBILDER

20. 1. 8h:
Sonne tritt in das Sternbild Steinbock
20. 1. 10h:
Sonne tritt in das Tierkreiszeichen Wassermann
Julianisches Datum am
1. Januar, 1h MEZ: 2 458 484,5

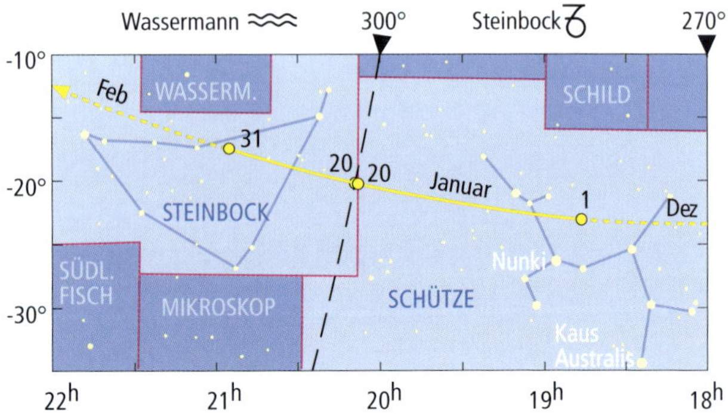

TABELLE SONNENLAUF

Tag	Dämmerg. Anfang	Aufgang MEZ	Kulmination	Untergang MEZ	Dämmerg. Ende	Mittagshöhe	Zeitgleichg.	Rektaszension	Deklination
	h m	h m	h m	h m	h m	°	m	h m	°
1.	6 59	8 19	12 23	16 29	17 48	17,0	– 3	18 44	–23,1
5.	6 59	8 18	12 25	16 33	17 52	17,4	– 5	19 01	–22,7
10.	6 58	8 16	12 27	16 39	17 57	18,0	– 7	19 23	–22,1
15.	6 56	8 13	12 29	16 46	18 04	18,9	– 9	19 45	–21,3
20.	6 52	8 09	12 31	16 54	18 10	19,9	–11	20 06	–20,3
25.	6 48	8 03	12 32	17 02	18 17	21,1	–12	20 27	–19,1
31.	6 42	7 56	12 33	17 12	18 26	22,6	–13	20 52	–17,6

TAGES- UND NACHTSTUNDEN

5. Januar

15. Januar

25. Januar

TABELLE MONDLAUF

Datum	Aufg. MEZ	Kulmination	Unterg. MEZ	Rektaszension	Deklination		Sterne und Sternbilder	Phase	MEZ
	h m	h m	h m	h m	°				
Di 1.	3 24	8 39	13 45	14 45	−10,6		Waage		
Mi 2.	4 33	9 27	14 14	15 35	−14,5		Waage		
Do 3.	5 40	10 16	14 47	16 26	−17,7		Schlangenträger		
Fr 4	6 43	11 06	15 26	17 18	−19,9		Schlangentrager		
Sa 5.	7 39	11 56	16 11	18 10	−21,3		Schütze		
So 6.	8 29	12 45	17 03	19 02	−21,6		Schütze, Nunki	**Neumond Nr. 1188**	**$2^h 28^m$**
Mo 7.	9 11	13 34	18 01	19 54	−20,9		Schütze	Absteigender Knoten	
Di 8.	9 46	14 21	19 01	20 44	−19,3		Steinbock		
Mi 9.	10 16	15 06	20 04	21 33	−16,8		Steinbock	Erdferne 406/29′,4	5^h
Do 10.	10 41	15 50	21 07	22 20	−13,7	*	Wassermann		
Fr 11.	11 04	16 33	22 11	23 06	−10,0		Wassermann		
Sa 12.	11 25	17 15	23 16	23 51	− 5,9		Wassermann		
So 13.	11 45	17 58	–	0 36	− 1,6		Walfisch		
Mo 14.	12 06	18 42	0 22	1 22	+ 2,9	*	Fische	**Erstes Viertel**	**$7^h 46^m$**
								Größte Südbreite	
Di 15.	12 29	19 28	1 30	2 09	+ 7,4	*	Walfisch	Libration Ost	
Mi 16.	12 56	20 18	2 41	2 59	+11,7		Widder		
Do 17.	13 29	21 13	3 54	3 52	+15,6		Stier		
Fr 18.	14 10	22 11	5 08	4 49	+18,7		Aldebaran		
Sa 19.	15 02	23 13	6 19	5 49	+20,8	*	Stier		
So 20.	16 07	–	7 24	6 53	+21,6	*	Alhena	Aufsteigender Knoten	
Mo 21.	17 22	0 16	8 19	7 57	+20,8		Zwillinge	**Vollmond**	**$6^h 16^m$**
								Erdnähe 357/33′,4	21^h
Di 22.	18 43	1 19	9 04	9 01	+18,5		Krebs, Krippe		
Mi 23.	20 06	2 19	9 40	10 03	+14,9		Löwe, Regulus		
Do 24.	21 27	3 16	10 10	11 02	+10,4		Löwe		
Fr 25.	22 46	4 09	10 36	11 57	+ 5,3		Jungfrau		
Sa 26.	–	5 00	11 01	12 51	+ 0,1		Jungfrau		
So 27.	0 01	5 49	11 25	13 42	− 4,9		Spica	**Letztes Viertel**	**$22^h 10^m$**
								Größte Nordbreite	
Mo 28.	1 14	6 37	11 50	14 33	− 9,6		Waage	Libration West	
Di 29	2 25	7 25	12 17	15 23	−13,6		Waage		
Mi 30.	3 33	8 14	12 49	16 14	−17,0	*	Skorpion		
Do 31.	4 36	9 03	13 26	17 05	−19,5	*	Schlangenträger		

DER MOND WANDERT AN ALDEBARAN VORBEI

MERKUR eilt der Sonne durch die Sternbilder Schütze und Steinbock rechtläufig nach. Am 30. schließlich holt er das Tagesgestirn ein und steht in oberer Konjunktion (siehe Abb. 1.3 auf Seite 37). Von der Erde aus betrachtet befindet sich dann Merkur hinter der Sonne. Am Tag der oberen Konjunktion ist Merkur 210 Millionen Kilometer (= 1,40 AE) von der Erde entfernt. Merkur hält sich am Taghimmel auf und bleibt nachts unbeobachtbar. Auch die Begegnung mit Saturn am 13. entgeht uns.
Seinen sonnenfernsten Bahnpunkt passiert der flinke Planet am 12., wobei ihn 69,8 Millionen Kilometer (= 0,467 AE) von der Sonne trennen.

1.2 Heliozentrischer Anblick des Planetensystems im ersten Jahresviertel 2019. Eingetragen sind im linken Teil die Positionen der inneren Planeten für den 1. Januar (1), 1. Februar (2), 1. März (3) und 1. April (4). Der rechte Teil zeigt das äußere Planetensystem und einige Planetoiden zu Anfang und Ende des ersten Jahresviertels. Die Pfeile deuten die Richtungen zu den ferneren Planeten sowie zum Frühlingspunkt an.

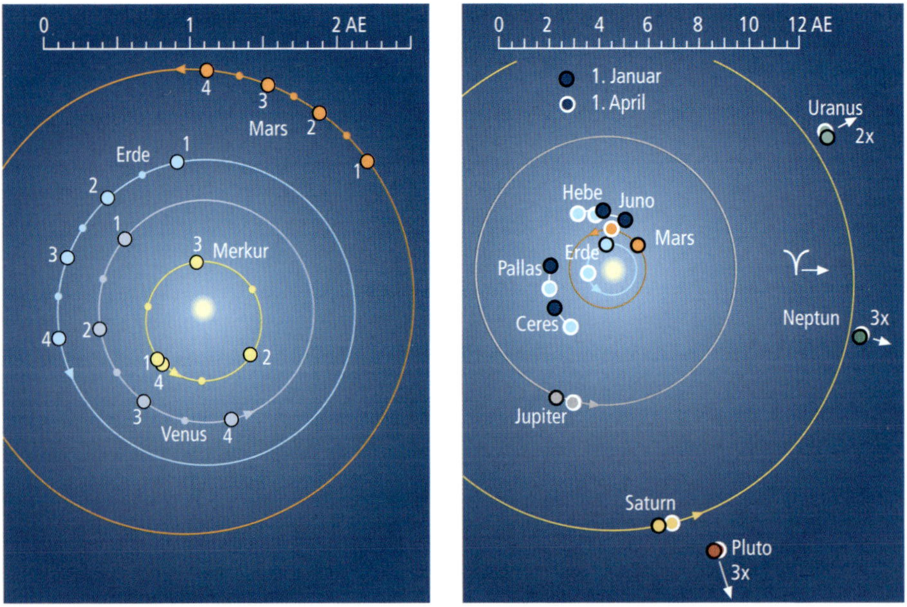

VENUS eröffnet den Jahresreigen als strahlender Morgenstern. Am Morgenhimmel ist sie über dem Südosthorizont zu sehen. Bereits am 6. erreicht sie mit 46°57′ ihre größte westliche Elongation von der Sonne. In größtem Glanz am Morgenhimmel erschien sie bereits Anfang Dezember des vergangenen Jahres.
Unser innerer Nachbarplanet wandert durch die Sternbilder Waage, Skorpion und Schlangenträger. Am 15. passiert sie Antares (α Sco), den rötlichen Hauptstern des Skorpions in 8° nördlichem Abstand (siehe Abb. 2.6 auf Seite 55). Am 2. sieht man nahe Venus die schmale Sichel des abnehmenden Mondes (siehe Abb. 1.6 auf Seite 39). Mit Jupiter liefert sich der Planet der Liebesgöttin ein Wettrennen – und gewinnt! Denn am 22. überholt Venus den Riesenplaneten in 2°26′ nördlichem Abstand (siehe Abb. 1.7 auf Seite 39). Ein spektakulärer Himmelsanblick bietet sich Sternfreunden am 31. gegen 6^h30^m morgens tief am Südosthimmel, wenn zwischen den beiden hellsten Planeten Venus und

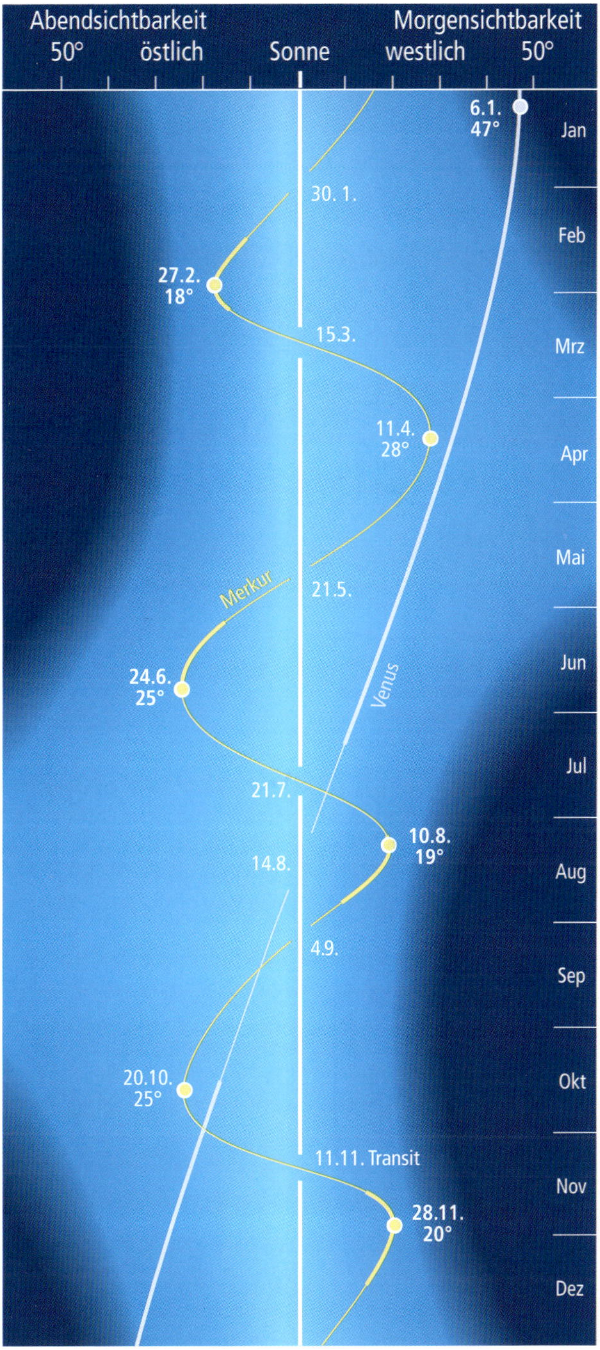

1.3 Elongationen und Konjunktionen der inneren Planeten Merkur und Venus von bzw. mit der Sonne im Jahre 2019. Die Datumsangaben beziehen sich jeweils auf die größten Elongationen sowie die Konjunktionen. Fettgedrucktes Datum bedeutet: in Mitteleuropa mit freiem Auge sichtbar. Unterbrochener Sonnenbalken weist auf eine untere Konjunktion hin, unterbrochene Planetenlinie auf eine obere Konjunktion.

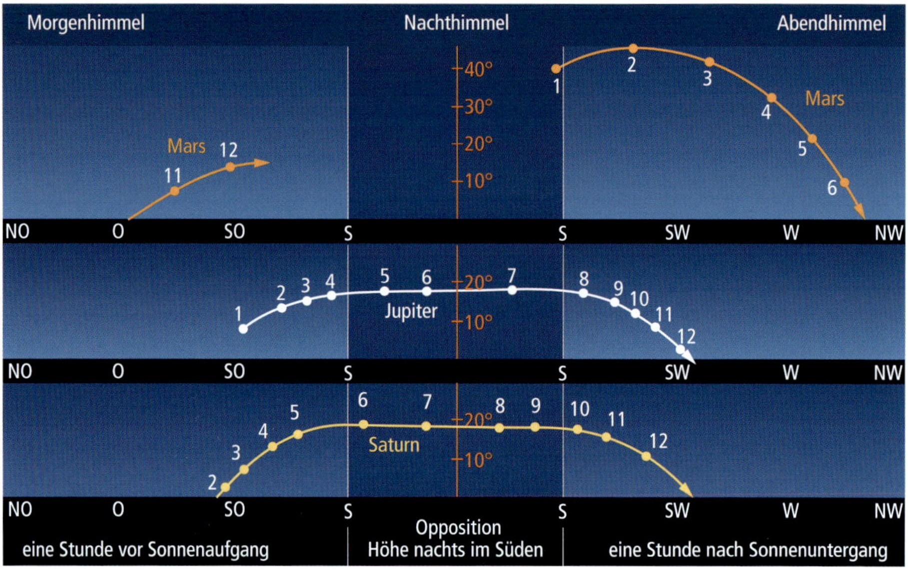

1.4 Stellungen der Planeten Mars, Jupiter und Saturn im Jahr 2019. Im linken Teil sind die Positionen am Morgenhimmel jeweils eine Stunde vor Sonnenaufgang eingetragen, im rechten Teil die Positionen am Abendhimmel jeweils eine Stunde nach Sonnenuntergang. Im Mittelteil sind die Stellungen zur Kulminationszeit angegeben sowie die Kulminationshöhe.

Jupiter die Sichel des abnehmenden Mondes zu sehen ist (siehe Abb. 1.1 auf Seite 32).
Der Aufgang der $-4\overset{m}{,}6$ hellen Venus erfolgt am 1. um 4^h19^m. Bis Monatsende verspäten sich die Venusaufgänge auf 5^h04^m und die Venushelligkeit sinkt etwas auf $-4\overset{m}{,}3$ ab. Die immer früher einsetzende Morgendämmerung und die Verspätung der Aufgänge führen zu einer Verkürzung der Morgensichtbarkeitsdauer von rund einer Stunde im Laufe des Januars.
Am 6. zeigt sich das 25″ große Venusscheibchen halb beleuchtet; Venus erscheint im Teleskop als winziger Halbmond. Diese Phase wird auch Dichotomie genannt. Danach wird Venus kleiner und rundlicher, ihr Beleuchtungsgrad nimmt zu

MARS ist Planet der ersten Nachthälfte. Ende Juli des Vorjahres kam er in extreme Erdnähe und zog als hellglänzendes Gestirn die Blicke auf sich.
Noch immer ist der rote Planet ein auffälliges Gestirn am Abendhimmel, wenn auch seine Helligkeit während des Monats von $0\overset{m}{,}4$ auf $0\overset{m}{,}8$ deutlich zurückgeht. Damit zählt er aber immer noch zu den hellsten Objekten am Nachthimmel. Am frühen Abend sieht man Mars hoch im Süden. Gegen 22^h ist er im Westen zu finden.
Mars wandert durch das Sternbild Fische und gewinnt nördlichere Deklination. Am 1. passiert er den Frühlingspunkt in $0\overset{\circ}{,}3$ südlichem Abstand. Am folgenden Tag überschreitet er den Himmelsäquator und wechselt auf die Nordhalbkugel des Firmaments (siehe Abb. 2.8 auf Seite 56). Wegen seines schnellen Laufes durch den Tierkreis und immer größere Tagbögen verfrühen sich die Untergänge nur wenig.
Am 1. geht der rote Planet um 23^h41^m unter und am 31. um 23^h37^m.
Am 15. geht Mars durch den aufsteigenden Knoten seiner Bahn und wechselt damit auf die Nordseite der Erdbahnebene (Ekliptikebene).
Für Fernrohrbeobachter sei angemerkt, dass das Marsscheibchen

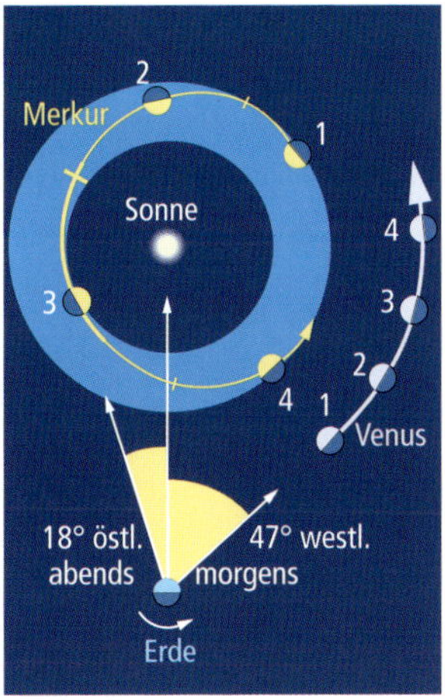

1.5 Heliozentrische Bewegungen von Merkur und Venus *relativ* zur Erde. In den dicker ausgezogenen Bahnteilen sind die Planeten beobachtbar. Die Zahlen markieren die Positionen jeweils zum Monatsersten. Östlicher Winkelabstand bedeutet Abendsichtbarkeit, westliche Elongation: Planet steht am Morgenhimmel.

von 7″,4 auf 6″,1 scheinbarem Durchmesser schrumpft. Damit ist Mars kein attraktives Beobachtungsobjekt mehr, da kaum Details auf seiner Oberfläche zu erkennen sind.

JUPITER, rechtläufig im Sternbild Schlangenträger, kann am Morgenhimmel für etwa zwei Stunden gesehen werden. Er hält sich nordöstlich von Antares im Skorpion auf (siehe Abb. 6.6 auf Seite 145).
Der leicht gelbliche Riesenplanet geht am 1. um 6^h08^m auf, am 15. um 5^h27^m und am 31. schon um 4^h39^m. Jeweils eine Viertelstunde nach seinem Aufgang kann man den horizontnahen Jupiter im Südosten erspähen. Die scheinbare Helligkeit von Jupiter nimmt im Laufe des Monats von $-1^m,8$ auf $-1^m,9$ leicht zu.
Im Fernrohr erkennt man, dass die Jupiterkugel infolge der schnellen Rotation abgeplattet ist. Jupiter ist nicht nur der größte Planet in unserem Sonnensystem, sondern auch derjenige, der sich am schnellsten dreht. Ein Jupitertag dauert nur knapp zehn Stunden. Der scheinbare Äquatordurchmesser des Riesenplaneten beträgt zu Jahresbeginn 32″, der Poldurchmesser hingegen nur 30″. Im Januar wachsen sie um 2″ an, denn der Abstand Erde – Jupiter verkürzt sich immer mehr bis zur Opposition im Juni.
Der Riesenplanet wird von Venus verfolgt, die ihn am 22. in 2°26′ nördlichem Abstand überholt (siehe Abb. 1.7 rechts). Zweimal erhält Jupiter im Januar Besuch vom abnehmenden Mond. Sowohl am 3. als auch am 31. zieht die Mondsichel am Riesenplaneten vorbei.
Besonders nett anzusehen ist der Anblick des Dreigestirns Venus – Mond – Jupiter am 31. gegen 6^h30^m: Knapp über dem Südosthorizont sieht man die beiden hellsten Planeten des irdischen Firmaments Venus und Jupiter; zwischen ihnen steht die abnehmende Mondsichel (siehe Abb. 1.1 auf Seite 32).

SATURN, rechtläufig im Sternbild Schütze, kommt am 2. in Konjunktion mit der Sonne. Er hält sich somit am Taghimmel auf und bleibt nachts unbeobachtbar. Auch die Begegnung mit Merkur am 13. entgeht uns. Am Tag der Konjunktion ist Saturn in diesem Jahr maximal von der Erde entfernt. Seine Distanz misst 1652 Millionen Kilometer (= 11,04 AE). Von der Sonne trennen ihn zu Jahresbeginn 1505 Millionen Kilometer (= 10,06 AE). Seine Opposition

1.6 Begegnung der abnehmenden Mondsichel mit Venus. Fernglasanblick bei 5° Gesichtsfelddurchmesser am 2. Januar gegen 5^h MEZ.

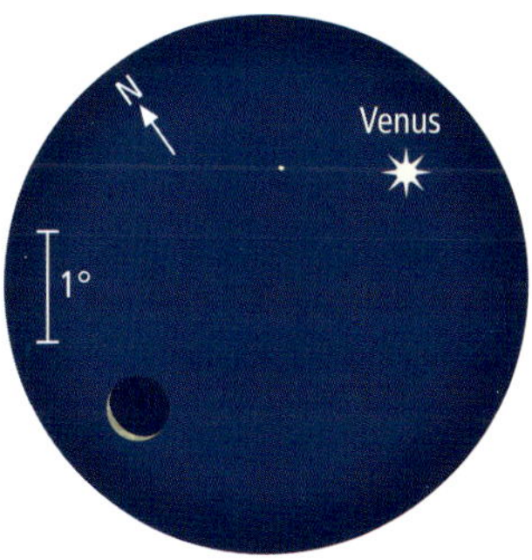

1.7 Venus zieht am 22. Januar an Jupiter vorbei. Fernglasanblick am Morgenhimmel bei 5° Gesichtsfelddurchmesser.

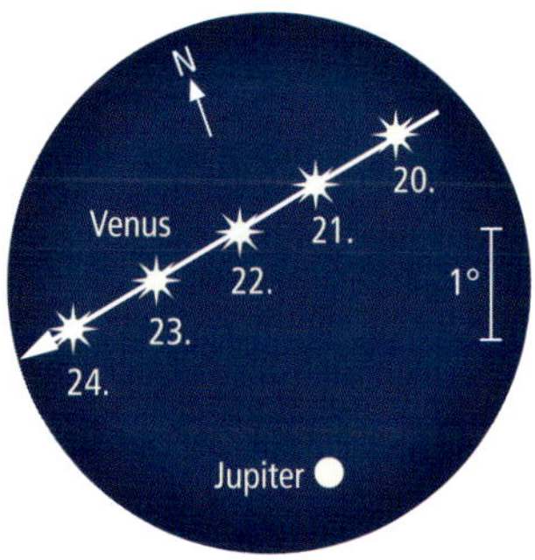

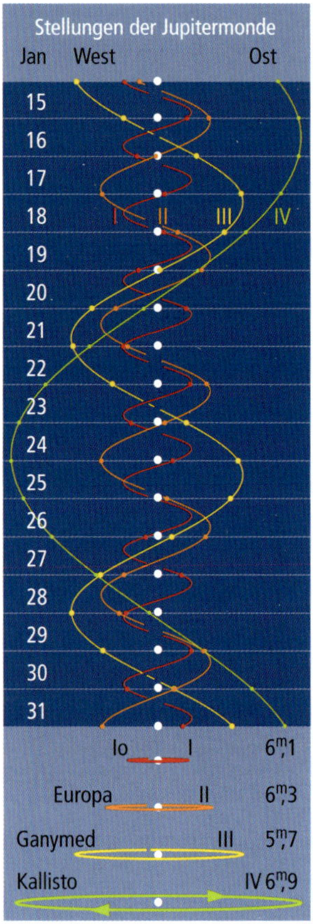

zur Sonne wird der Ringplanet Anfang Juli in diesem Jahr einnehmen.

URANUS wird am 7. im Sternbild Fische stationär und beendet damit seine Rückläufigkeit. Die anschließend rechtläufige Bewegung ist zunächst kaum zu bemerken, der grünliche Planet tritt fast auf der Stelle (siehe Abb. 10.6 auf Seite 219). Damit endet die Oppositionsperiode von Uranus. Der ferne Planet kann in der ersten Nachthälfte beobachtet werden. Am 1. kulminiert der $5^{\mathrm{m}}{,}8$ helle Uranus um $19^{\mathrm{h}}23^{\mathrm{m}}$ und geht um $2^{\mathrm{h}}20^{\mathrm{m}}$ unter. Am 15. passiert er um $18^{\mathrm{h}}28^{\mathrm{m}}$ den Meridian und sinkt um $1^{\mathrm{h}}25^{\mathrm{m}}$ unter die Horizontlinie. Am Monatsletzten passiert der grünliche Planet schon um $17^{\mathrm{h}}26^{\mathrm{m}}$ den Meridian und geht um $0^{\mathrm{h}}24^{\mathrm{m}}$ unter. Spätestens eine Stunde vor seinem Untergang ist Uranus kein Beobachtungsobjekt mehr. Das nur $3''{,}6$ große Uranusscheibchen zeigt im Teleskop auch bei stärkeren Vergrößerungen keinerlei Strukturen.

JUPITERMONDE

Tag	MEZ h m	Vorgang	
16.	6 04	I	SA
	6 52	I	DA
	7 33	III	VA
17.	6 24	I	BE
25.	5 33	I	DE
27.	7 11	III	DE
29.	6 59	II	VA
31.	6 19	II	DE
	7 10	I	VA

NEPTUN, rechtläufig im Sternbild Wassermann, nähert sich seiner Konjunktionsstellung mit der Sonne, die er am 7. März einnehmen wird. Zu Jahresbeginn kann der $7^{\mathrm{m}}{,}9$ lichtschwache und sonnenferne Planet noch am frühen Abendhimmel nach Einbruch der Dunkelheit mit geeigneter Optik erspäht werden.
Am 1. kulminiert Neptun um $16^{\mathrm{h}}39^{\mathrm{m}}$ und geht um $22^{\mathrm{h}}07^{\mathrm{m}}$ unter. Am 15. erfolgt sein Meridiandurchgang bereits um $15^{\mathrm{h}}45^{\mathrm{m}}$ und sein Untergang um $21^{\mathrm{h}}14^{\mathrm{m}}$. Spätestens eineinhalb Stunden vor dem Untergang verschlucken die horizontnahen Dunstschichten den Planeten des Meeresgottes. Um Neptun zu finden, kann die Aufsuchkarte Abb. 9.2 auf Seite 199 behilflich sein. Nach Mitte Januar wird man Neptun kaum mehr auffinden, die Sonne rückt diesem bläulichen Planeten zu nahe. Am 31. geht Neptun schon um $14^{\mathrm{h}}44^{\mathrm{m}}$ durch den Meridian und um $20^{\mathrm{h}}14^{\mathrm{m}}$ unter.

PLANETOIDEN UND ZWERGPLANETEN

PLUTO, der Zwergplanet (Planetoiden-Nr. 134 340), hält sich auch im Jahr 2019 im Sternbild Schütze auf. Am 14. Juli erreicht er seine Opposition zur Sonne. Mit $14^{\mathrm{m}}{,}2$ visueller Helligkeit ist er nur in größeren Teleskopen erkennbar. Am 11. Januar mittags kommt er in Konjunktion mit der Sonne. Von der Erde trennen ihn an diesem Tag 5191 Millionen Kilometer (= 34,70 AE), seine Sonnendistanz beträgt dabei 5044 Millionen Kilometer (= 33,72 AE). Bei seiner diesjährigen Konjunktion wird er von der Sonne bedeckt, die Sonne wandert vor ihm vorbei; ein Ereignis, das unbeobachtbar bleibt. Zur Bedeckung durch die Sonne kommt es, da sich Pluto noch nahe der Ekliptik befindet. Am 25. Oktober 2018 hat er den absteigenden Knoten seiner Bahn passiert.

JUNO – Planetoid Nr. 3 –, rechtläufig im Sternbild Fluss Eridanus, bietet zum Jahresauftakt noch eine Chance, sie im Gewimmel der Milchstraßensterne aufzufinden. Am 8. überschreitet sie die

Grenze zum Sternbild Stier (siehe Abb. 11.8 auf Seite 237 im Himmelsjahr 20**18**). Ihre Helligkeit geht weiter um $0\overset{m}{.}6$ zurück und beträgt am Januarende nur mehr $8\overset{m}{.}8$. Juno passiert ihren Ortsmeridian (10° östlich von Greenwich) am 1. um $21^{h}10^{m}$, am 15. um $20^{h}20^{m}$ und am letzten Tag des Monats schon um $19^{h}30^{m}$.

HEBE – Planetoid Nr. 6 – beschleunigt ihre rückläufige Bewegung in Richtung Nordwest durch die östlichen Bezirke des Orion und steuert auf Beteigeuze (α Ori) zu (siehe Abb. 12.6 auf Seite 257 im Himmelsjahr 20**18**). Ihre Helligkeit sinkt weiter von $8\overset{m}{.}5$ auf $9\overset{m}{.}2$ erheblich ab. Zu Monatsbeginn mag man noch nach ihr suchen.
Hebe kulminiert am 1. um $23^{h}54^{m}$, am 15. um $22^{h}46^{m}$ und am 31. schon um $21^{h}35^{m}$.

PERIODISCHE STERNSCHNUPPENSTRÖME

Vom 1. bis 10. Januar sind die **QUADRANTIDEN** (Ausstrahlungspunkt oder Radiant im Nordteil des Bootes) in der zweiten Nachthälfte zu erwarten. In der Nacht vom 3. auf 4. Januar tritt gegen 4^{h} das spitze Maximum ein. Bis zu hundert Objekte pro Stunde sind im Maximum zu erwarten. In manchen Jahren wurden sogar über 200 pro Stunde beobachtet. Helle Sternschnuppen kommen dabei nur selten vor. In diesem Jahr stört kein Mondlicht die Beobachtungen. Die einzelnen Meteoroide haben mittlere Eintrittsgeschwindigkeiten in die Erdatmosphäre um 40 Kilometer pro Sekunde.
Die Quadrantiden haben vermutlich Beziehungen zum Kometen 96P/Machholz und zum Kleinplaneten 2003 EH1. Da der Radiant im Sternbild Bootes liegt, wird dieser Strom auch **BOOTIDEN** genannt.
Ein wenig bekannter Strom sind die **DELTA-CANCRIDEN**. Sie tauchen zwischen dem 1. und 24. Januar auf. Die Meteore entströmen dem Sternbild Krebs. Der Schwerpunkt des breiten Radianten verlagert sich im Jahresverlauf entlang der Ekliptik und verursacht eine variable Aktivität. Im Januar wandert dieser als Antihelion-Quelle bezeichnete Radiant durch das Sternbild Krebs in Richtung Löwe. Es handelt sich um langsame Sternschnuppen mit Geschwindigkeiten um 30 Kilometer pro Sekunde. Pro Stunde ist lediglich mit etwa vier Meteoren zu rechnen.
Ein relativ neuer Strom sind die **GAMMA-URSAE-MINORIDEN**. Während die bisher bekannten Ursiden in der zweiten Dezem-

KONSTELLATIONEN UND EREIGNISSE

Datum	MEZ	Ereignis
1.	23^{h}	**Mond bei Venus**, Mond $1\overset{\circ}{.}3$ nördlich, **Abstand $3\overset{\circ}{.}4$ um 5^{h} am 2.**
2.	7	Saturn in Konjunktion mit der Sonne
3.	6	Erde im Perihel (Sonnennähe), Abstand Erde – Sonne 147,100 Millionen Kilometer
3.	9	**Mond bei Jupiter**, Mond 3° nördlich, **Abstand $2\overset{\circ}{.}5$ um 7^{h}**
4.	19	Mond bei Merkur, Mond $2\overset{\circ}{.}8$ nördlich
5.	20	Mond bei Saturn, Mond $0\overset{\circ}{.}9$ nördlich
6.	2	Partielle Sonnenfinsternis (siehe Seite 24)
6.	6	**Venus in größter westlicher Elongation** (47°)
7.	3	Uranus im Stillstand, anschließend rechtläufig
10.	23	Mond bei Neptun, Mond $3\overset{\circ}{.}1$ südlich
11.	13	Pluto in Konjunktion mit der Sonne
13.	12	Merkur bei Saturn, Merkur $1\overset{\circ}{.}7$ südlich
12.	9	Merkur im Aphel
12.	21	**Mond bei Mars**, Mond $5\overset{\circ}{.}3$ südlich, **Abstand $5\overset{\circ}{.}7$ um 23^{h}**
14.	13	Mond bei Uranus, Mond $5\overset{\circ}{.}1$ südlich
21.	6	**Totale Mondfinsternis** (siehe Seite 25)
22.	7	**Venus bei Jupiter**, Venus $2\overset{\circ}{.}4$ nördlich, **Abstand $2\overset{\circ}{.}4$ um 6^{h}**
30.	4	Merkur in oberer Konjunktion mit der Sonne
31.	1	**Mond bei Jupiter**, Mond $2\overset{\circ}{.}8$ nördlich, **Abstand $3\overset{\circ}{.}0$ um 5^{h}**
31.	19	**Mond bei Venus**, Mond $0\overset{\circ}{.}09$ nördlich, **Abstand $5\overset{\circ}{.}0$ um 7^{h}**

berhälfte aufflammen, sind die Gamma-Ursiden um den 18. Januar zu erwarten. Der Radiant dieses Stromes liegt nahe bei γ Ursae Minoris. Die Geschwindigkeiten der Gamma-Ursae-Minoriden streuen um 30 Kilometer pro Sekunde.

Der Fixsternhimmel

Am besten beginnt man seine Beobachtungen am nächtlichen Sternenhimmel, indem man den Polarstern sucht. Er weist die Nordrichtung. Blickt man zum Polarstern, so ist rechter Hand Osten, linker Hand Westen und im Rücken hat man Süden.
Als Objekt zweiter Sterngröße ist der Polarstern nicht besonders auffällig. Daher dient sowohl der Große Wagen als auch das Himmels-W, das Sternbild Kassiopeia, als Polfinder. Ihre Stellungen relativ zum Nordhorizont

1.8 Das Sternbild Kassiopeia (auch als Himmels-W bekannt) dient als Polweiser.

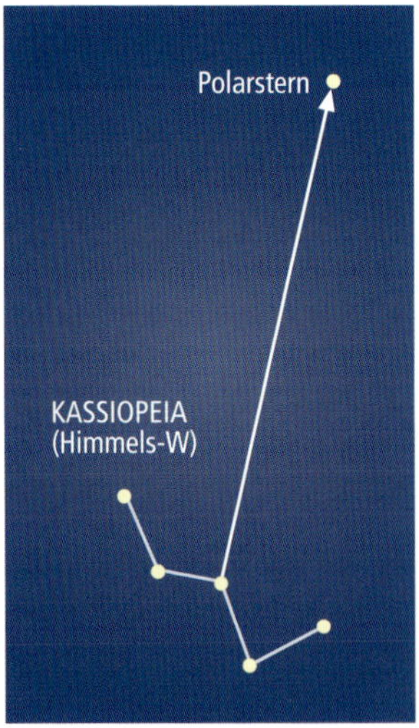

sind jeweils für den Monatsanfang um 22 Uhr MEZ in einer kleinen Grafik auf der Startseite zur Monatsübersicht festgehalten.
Das Sternbild Kassiopeia hilft bei der Orientierung. Seine Sterne sind in Form eines großen W angeordnet, das leicht erkannt werden kann. Man nennt es deshalb auch Himmels-W. Wie der Große Wagen, so ist auch das Himmels-W in unseren Breiten zirkumpolar. Es geht somit nie unter und ist in jeder klaren Nacht des Jahres zu sehen. Die mittlere Spitze des Himmels-W deutet ungefähr zum Polarstern, wie die Grafik Abb. 1.8 links zeigt.
Der Anblick des abendlichen Sternenhimmels zur gleichen Uhrzeit wechselt im Laufe des Jahres. Im Winter sieht man zur gleichen Abendstunde andere Sterne und Sternbilder als im Frühling, Sommer oder Herbst. Ein schneller Blick zum sternenübersäten Abendhimmel lässt die Jahreszeit erkennen. Im Winter sieht man in Südrichtung den Himmelsjäger Orion, im Frühjahr den mächtigen Löwen, im Sommer das einprägsame Sommerdreieck und im Herbst das Pegasusquadrat, auch als Herbstviereck bekannt. Das Aussehen des Sternenhimmels wechselt wie die Kulissen in einem Theaterstück. Im Westen verschwinden Sternbilder unter dem Horizont, im Osten tauchen neue auf und steigen zum Meridian, der Mittagslinie empor.
Die monatliche Beschreibung des abendlichen Fixsternhimmels gilt für die Standardbeobachtungszeit um 22^h MEZ (oder 23^h MESZ – Mitteleuropäische Sommerzeit) zur Monatsmitte (15.) und für die geografische Breite 50° Nord. Diesen Anblick zeigt auch die monatliche Übersichtskarte, die das Auffinden von Sternen und Sternbildern erleichtern soll.
Beobachtet man zu Monatsbeginn, so ist die Sternkarte um 23^h MEZ zu benutzen. Zu Monatsende zeigt die Sternkarte den sichtbaren Himmelsausschnitt bereits um 21^h MEZ. Pro Stunde dreht sich der Himmel um 15° weiter ($360°/24^h$). Nach einem Monat gehen die Sterne und Sternbilder daher jeweils zwei Stunden früher auf, kulminieren zwei Stunden früher und gehen zwei Stunden früher unter als am gleichen Tag des Vormonats.
Auch für andere Nachtstunden sind die Sternkarten zu verwenden. So zeigt die Januar-Sternkarte auch den Himmelsanblick, wie er dem Betrachter am 1. No-

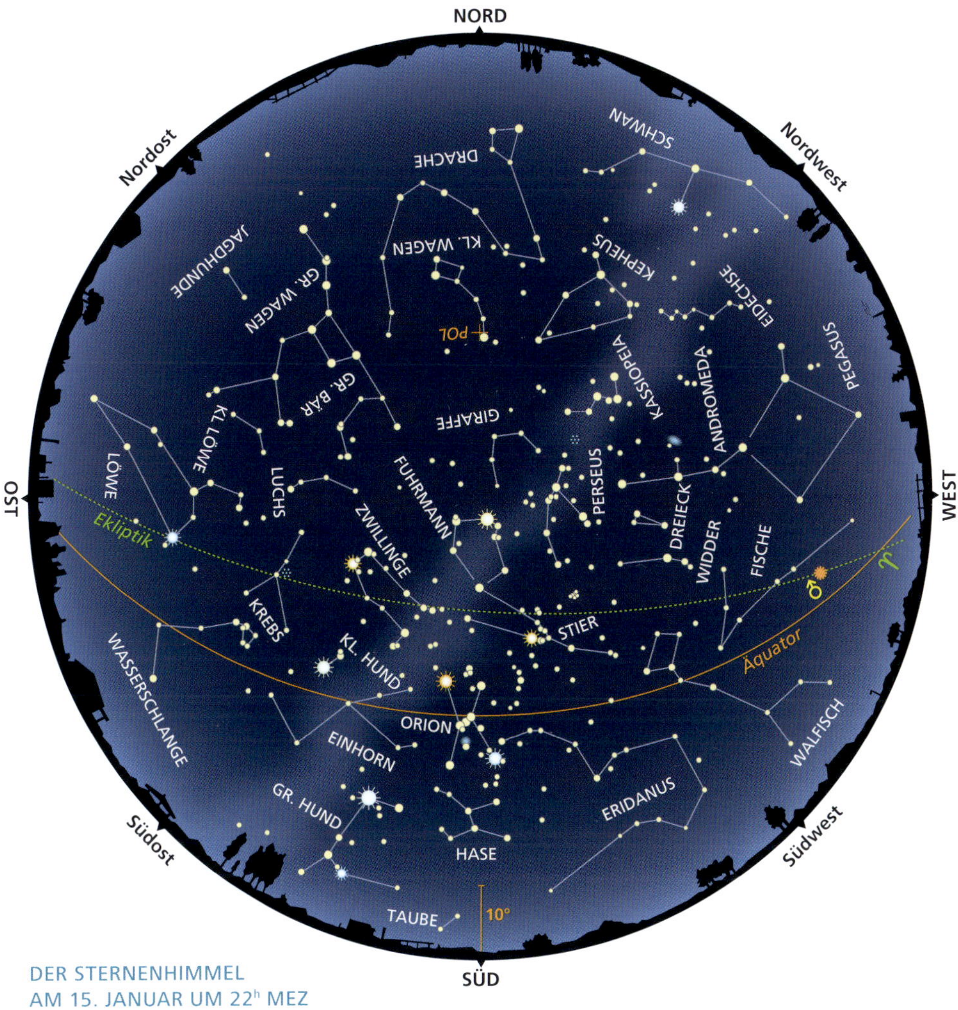

DER STERNENHIMMEL AM 15. JANUAR UM 22^h MEZ

Die Sternkarte ist auch gültig für:

	MEZ	MESZ
1.10.	5^h	6^h
15.10.	4	5
1.11.	3	
15.11.	2	
1.12.	1	
15.12.	0	
1. 1.	**23**	
15. 1.	**22**	
31. 1.	**21**	
15. 2.	20	

vember um 3^h MEZ erscheint. Für welches Datum und welche Uhrzeit die jeweilige Monatssternkarte genützt werden kann, ist in der Tabelle links unterhalb der Sternkarte vermerkt. Zu berücksichtigen ist, dass die eingetragenen Planetenpositionen nur für den aktuellen Monat gelten, in dem die Sternkarte platziert ist. Die jeweils gültigen Planetenpositionen entnimmt man der monatlichen Grafik zu Beginn der Rubrik „Planetenlauf".

In der Monatssternkarte markiert die rote Linie den Himmelsäquator, die gestrichelte grüne Linie die Ekliptik (scheinbare Sonnenbahn), die zum Himmelsäquator um 23,°4 geneigt ist. In der Nähe der Ekliptik sind die Planeten zu finden. Die hellen, mit freien Au-

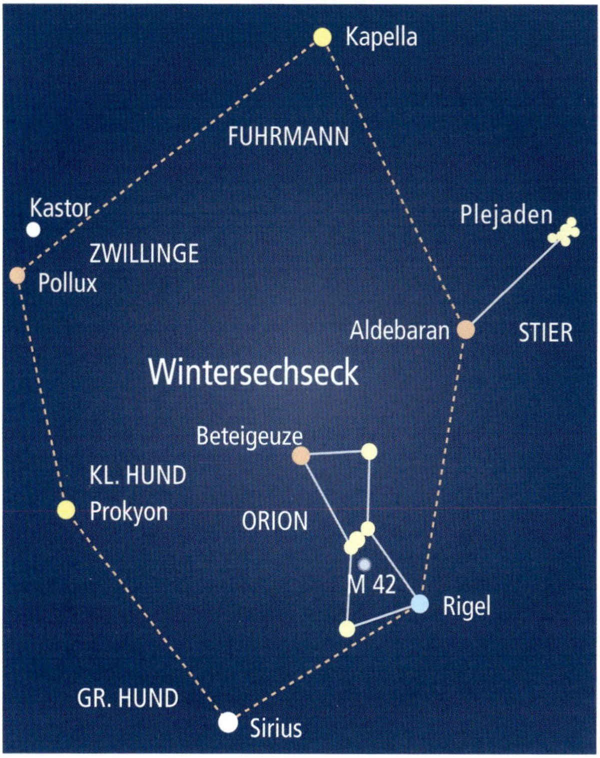

1.9 Das Wintersechseck setzt sich aus den sechs hellen Sternen Kapella im Fuhrmann, Aldebaran im Stier, Rigel im Orion, Sirius im Großen Hund, Prokyon im Kleinen Hund und Pollux in den Zwillingen zusammen.

gen sichtbaren Planeten (Merkur, Venus, Mars, Jupiter und Saturn) sind mit ihren Symbolen in der Sternkarte eingetragen, wenn sie zur Standardbeobachtungszeit über dem Horizont stehen.

Die Planetensymbole sind in der Umschlagklappe und aus Abb. E.8 auf Seite 20 zu ersehen. So ist schnell zu erkennen, ob in einem Tierkreissternbild eventuell ein heller Planet steht. Im Januar 2019 befindet sich beispielsweise am Abendhimmel der rötlichgelbe Planet Mars im Sternbild Fische. Die eingetragenen Planetenpositionen gelten jeweils exakt für die Monatsmitte.

Der abendliche Winterhimmel ist besonders reich an hellen Sternen. Zu keiner anderen Jahreszeit bietet er auf der Nordhalbkugel der Erde einen so schönen Anblick.

Auch die Milchstraße schmückt den Winterhimmel. Allerdings sieht man ihr zart schimmerndes Lichtband nur fernab irdischer Lichtquellen, die leider den Nachthimmel immer mehr aufhellen. Wer jedoch einen dunklen Beobachtungsplatz eingenommen hat, bemerkt, dass das Band der Milchstraße im Südosten emporsteigt, durch den Scheitelpunkt oder Zenit geht und zum Nordwesthorizont hinabsinkt.

Funkelnder Wintersternenhimmel

Das Leitsternbild des Winterhimmels ist der Orion. Er ist am auffallendsten und darum leicht zu finden. Der Mythologie nach ist Orion ein Jäger und Krieger. Seine einprägsame Sternenfigur steht im Januar zur Standardbeobachtungszeit halbhoch im Süden. Orion passiert eben die Mittagslinie, auch Meridian genannt. Ein heller, rötlicher Stern deutet die östliche Schulter an. Er heißt Beteigeuze (α Orionis). Der zweite helle Stern erster Größe markiert den westlichen

VERÄNDERLICHE STERNE IM JANUAR

Algol-Minima	3. 17^h47^m	15. 5^h05^m	18. 1^h55^m	20. 22^h44^m	23. 19^h33^m	
β-Lyrae-Minima	1. 0^hH	7. 12^hN	13. 24^hH	20. 11^hN	26. 23^hH	
δ-Cepheï-Maxima	1. 19^h	7. 3^h	12. 12^h	17. 21^h	23. 6^h	28. 15^h
Mira-Helligkeit	1. 3^m	10. 3^m	20. 4^m	31. 4^m		

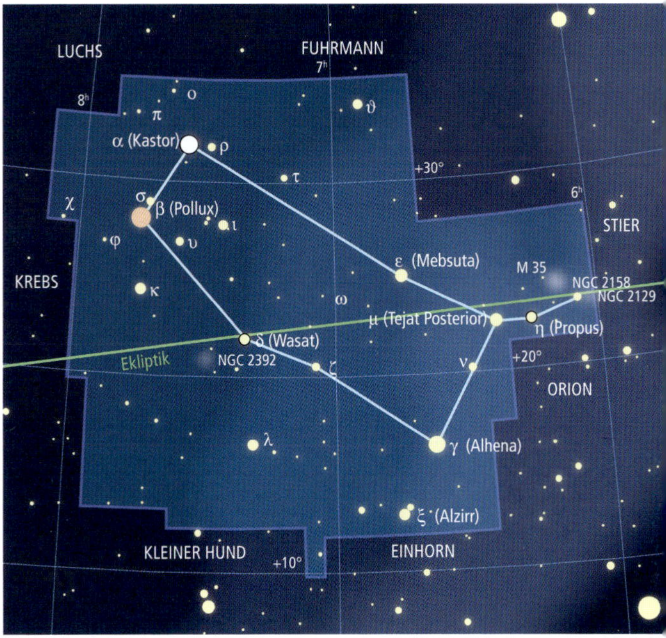

1.10 Skelettkarte des Sternbildes Zwillinge.

Fuß des Jägers. Er funkelt in einem bläulich-weißen Licht und heißt Rigel (β Orionis). Beteigeuze und Rigel sind arabische Namen und bedeuten „Schulter" beziehungsweise „Fuß". Zwischen Beteigeuze und Rigel stehen drei Sterne auffällig in einer Reihe. Sie sollen den Gürtel des Orion darstellen. Der westliche (rechte) Gürtelstern (δ Orionis) wird Mintaka genannt und sitzt fast genau auf dem Himmelsäquator. Somit erleichtert Mintaka das Abschätzen, wo am Firmament der Himmelsäquator verläuft. Der Himmelsäquator geht außerdem durch den Ost- und Westpunkt am Horizont.

Ein wichtiger Hinweis für den beginnenden Himmelsbeobachter: Am natürlichen Sternenhimmel erscheinen die Sternbilder viel größer als man vermutet, wenn man sie zuerst in der Sternkarte gesehen hat. Besonders deutlich wird dies beim Sternbild Orion. Man vergleiche seine Darstellung in der Monatssternkarte und am Himmel!

Tief im Südosten flackert unübersehbar der blauweiße Sirius. Er ist der Hauptstern des Sternbildes Großer Hund (α Canis Maioris). Mit –1,5 Größenklassen ist Sirius der hellste Fixstern am irdischen Himmel. Nur Venus und Jupiter sowie gelegentlich Mars übertreffen Sirius an Helligkeit.

Ein wenig höher als Sirius steht der gelbliche Stern Prokyon (α Canis Minoris) im Kleinen Hund. Prokyon kommt aus dem Griechischen und bedeutet so viel wie „Vorhund", denn Prokyon geht in unseren Breiten vor Sirius auf. Er kündigt mit seinem Auftauchen am Osthorizont den baldigen Aufgang des Sirius an.

Blickt man steil, fast senkrecht nach oben, so sieht man einen hellen, gelblichen Stern erster Größenklasse, die Kapella (α Aurigae), Hauptstern des Fuhrmanns. Der Sage nach ist der Fuhrmann (lat.: Auriga) der Erbauer des Himmelswagens.

Knapp südwestlich vom Fuhrmann ist der Stier beheimatet mit seinem orange-gelben Hauptstern Aldebaran (α Tauri) und den beiden offenen Sternhaufen Hyaden und Plejaden.

Dem Stier folgen im Tierkreis die Zwillinge, die im Wesentlichen von zwei Sternenketten dargestellt werden. An den östlichen Enden beider Ketten stehen zwei helle Sterne, nämlich Kastor (α Geminorum) und Pollux (β Geminorum).

An die Zwillinge schließt sich im Osten der unscheinbare Krebs an, in dem der bekannte offene Sternhaufen Krippe zu finden ist. Die sechs hellen Sterne Kapella, Aldebaran, Rigel, Sirius, Prokyon und Pollux bilden das sogenannte Wintersechseck. Es ist gewissermaßen das Gegenstück zum Sommerdreieck.

Tief am Osthimmel macht sich ein Vorbote des kommenden Frühlings bemerkbar: Der mächtige Löwe mit seinem Hauptstern Regulus ist eben aufgegangen. Der Löwe ist das markante Leitsternbild des Frühlings.

Wie laut war der Urknall?

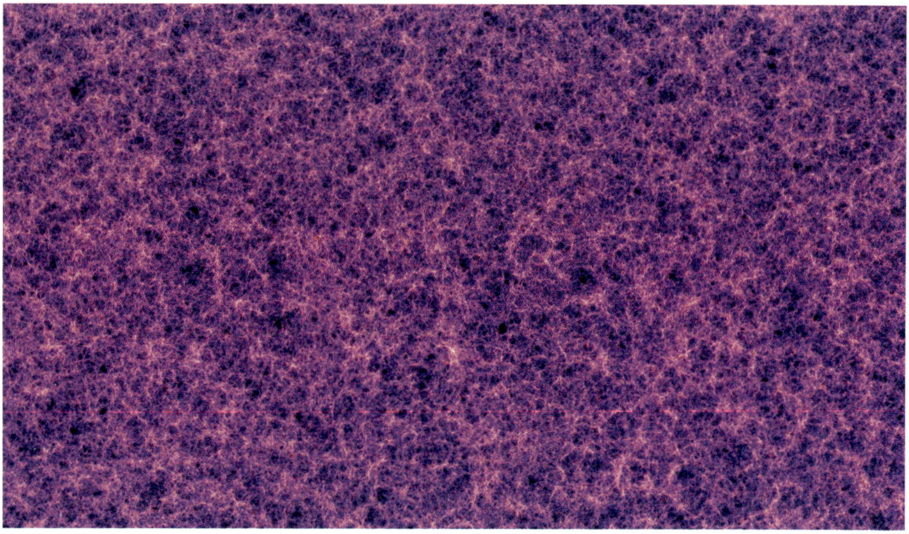

The Millenium Simulation, Volker Springel et al.

1.11 Primordiale Dichteschwankungen in der Frühphase des Universums.

Vor 13,8 Milliarden Jahren entstand unser Universum in einer gigantischen Explosion, die als Big Bang, als großer Knall oder Urknall bezeichnet wird. Doch wie laut war dieser allererste Knall in der Geschichte des Kosmos? Überraschenderweise war diese Urexplosion total lautlos, wenn man den Urknall als akustisches Ereignis auffasst, was naheliegend ist. Akustisch gesehen knallte es nicht bei der Geburt des Weltalls, denn der Start des Universums erfolgte nicht in einem bereits vorhandenen Raum wie eine gewöhnliche Explosion mit einer sich rasant ausbreitenden Druckwelle. Beim Urknall wurde der Raum selbst (und auch die Zeit) erst geschaffen. In ihm waren Materie und Energie eingebettet. Es gab keine Druckwelle „nach außen" und somit nicht den leisesten Ton.

Nichtsdestotrotz: Wenn auch der allererste Augenblick tonlos blieb, so war das Urknallszenario nicht völlig stumm. Langsam schwoll ein Ton an, zunächst leise, dann lauter werdend bis zu einem Höhepunkt nach knapp 400 000 Jahren, wobei das Geräusch die Lautstärke eines veritablen Rockkonzerts erreichte.

Woher weiß man etwas von den Schallwellen im extrem jungen Universum? Nun, man kann sie inzwischen direkt sehen. Beim Blick in die Tiefen des Universums und damit in die entfernte Vergangenheit stößt man auf die Feuerwand des extrem heißen Urknalls. Durch die Expansion des Weltalls hat sich diese Feuerwand so weit abgekühlt, dass sie noch im Mikrowellenbereich beobachtet werden kann. Man spricht daher vom kosmischen Mikrowellenhintergrund, abgekürzt als CMB (**C**osmic **M**icrowave **B**ackground). Diese Hintergrundstrahlung fällt aus allen Richtungen gleichmäßig ein. Sie entspricht der Strahlung eines „Schwarzen Körpers" (Planck-Strahler) mit einer Temperatur von nur drei Grad über dem absoluten Nullpunkt (3 Kelvin = –270 °C). Die Raumsonden WMAP (**W**ilkinson **M**icrowave **A**nisotropy **P**robe) der NASA und „Planck" der ESA

(Europäische Raumfahrtagentur) haben diese 3K-Strahlung aus der Frühzeit des Kosmos genauer untersucht. Dabei wurden winzige Abweichungen im Mikrokelvinbereich sichtbar. Sie sind die Spuren geringfügiger Dichteschwankungen, die sich auf die Energie der entfliehenden Photonen auswirkte. Die dabei auftretenden Frequenzvariationen der Photonen kann man direkt sichtbar machen.

Kleine Abweichungen mit großen Folgen

Die Keime der Dichteschwankungen finden sich in den primordialen Quantenvakuumfluktuationen, die in der inflationären Phase enorm vergrößert wurden. Nach einer sehr nützlichen Hypothese hat sich der Weltraum in der winzigen Zeitspanne von 10^{-35} bis 10^{-32} Sekunden nach dem Augenblick „Null" exponentiell aufgebläht. Das Volumen des Kosmos vergrößerte sich dabei um den Faktor 10^{90}. Inzwischen haben sich diese ursprünglichen Dichtefluktuationen zur honigwabenartigen Struktur des Alls entwickelt: Die Galaxienhaufen und deren Superhaufen bilden riesige Wände (Walls), die gewaltige Leerräume (Voids) umschließen, in denen so gut wie keine Galaxien vorhanden sind.

Die Muster im kosmischen Mikrowellenhintergrund deuten die Spitzen und Senken von Schallwellen an, die sich durch das glühende Gas ausbreiteten. Dieses superdichte Substrat setzt sich aus Baryonen (schwere Elementarteilchen wie Protonen und Neutronen), hochenergetischen Elektronen, Neutrinos, Photonen und einem erheblichen Anteil der nicht sichtbaren Dunklen Materie zusammen.

Durch dieses überdichte Gas wanderten Schallwellen mit einer Geschwindigkeit von 173 000 Kilometer pro *Sekunde*, das sind rund 60 % der Vakuumlichtgeschwindigkeit. Die Wellenlänge dieser Schallwellen erreichte dabei viele Tausend Lichtjahre bei einer Frequenz von Billionstel Schwingungen pro Sekunde. Die Tonhöhe lag dabei 50 Oktaven tiefer als menschliche Ohren hätten hören können. Diesem unglaublich tiefem, unhörbarem Brummen, einem breiten Grundton, überlagerten sich zahlreiche Obertöne bis in den akustisch hörbaren Frequenzbereich. Die relative Stärke der Töne und Variationen der Frequenzen lassen schließen: es waren Geräusche und musi-

1.12 Die kosmische Hintergrundstrahlung (CMB), aufgenommen von der Raumsonde Planck. Die Farben markieren die Energieschwankungen der Photonen im Mikrokelvinbereich.

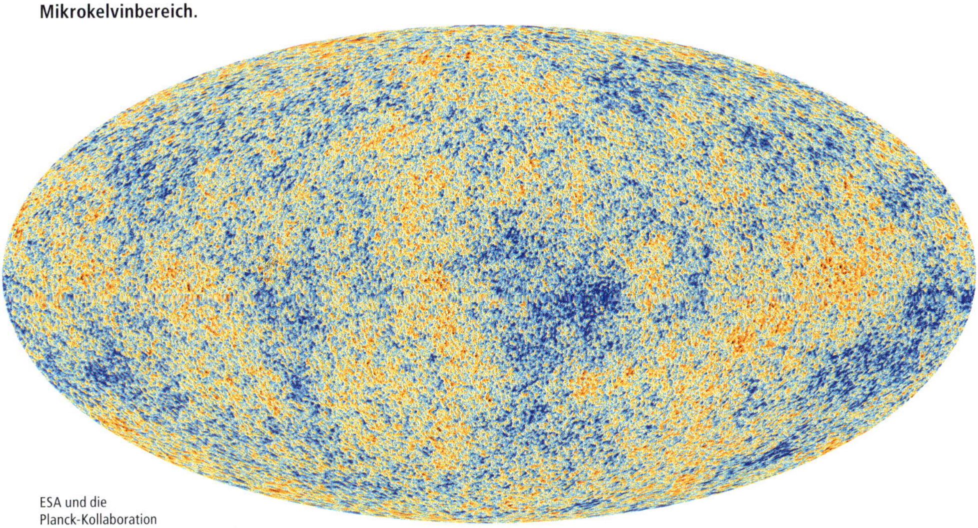

ESA und die Planck-Kollaboration

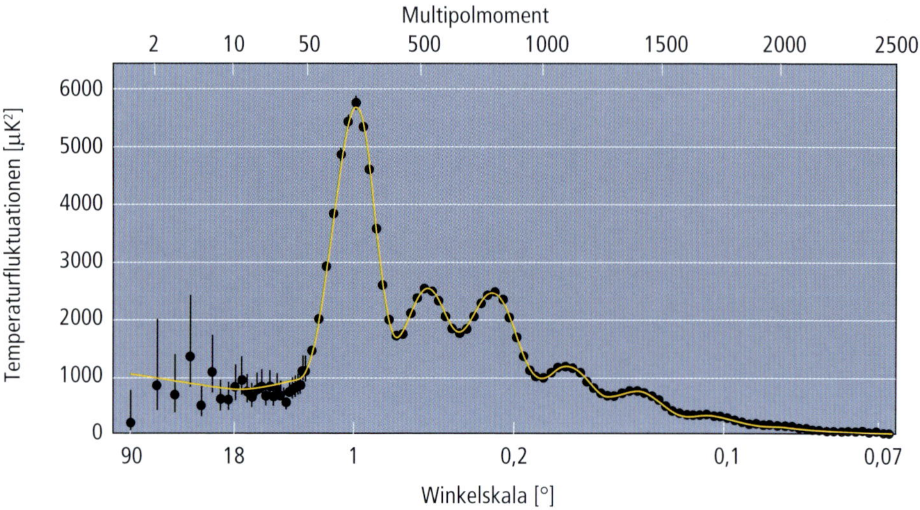

1.13 Verteilung der Temperaturschwankungen in Abhängigkeit von der Skalengröße (Power Spectrum, auch Leistungsspektrum genannt). In der Ordinate ist das Quadrat der Temperaturschwankungen in Mikrokelvin aufgetragen. Die Abszisse lässt die Raumdistanzen in Winkelgraden ablesen.

kalische Akkorde bis zu einer Lautstärke von 110 Dezibel, also fast an der Schmerzgrenze für menschliche Ohren. So laut erlebt man ein Rockkonzert in der ersten Reihe.

Ein Kampf der Kräfte führt zu Schwingungen

Da niemand in der Frühphase des Universums anwesend war und zuhören konnte, sprechen die Astronomen nicht von Schallwellen, sondern von baryonischen akustischen Schwingungen. Die Fachbezeichnung lautet daher: BAO (**B**aryonic **A**coustic **O**scillations).

Die Erklärung für das Zustandekommen solcher Schwingungen ist nicht ganz trivial. Selbst mit den üblichen Methoden der Plasmaphysik ist das Auftreten dieser BAO nicht vollständig zu beschreiben. Doch der grundlegende Mechanismus ist verstanden.

Das primordiale Plasma wird statt als superdichtes Gas auch als hochenergetische Flüssigkeit aus Baryonen, Elektronen und relativistischen Photonen beschrieben. Hinzu kommt die in höherer Dichte vorhandene Dunkle Materie, die weder thermischen Druck ausübt noch spürt, sondern lediglich über die Gravitation koppelt, also Schwerkraft ausübt. Die Verteilung der Dunklen Materie entsprach dabei den Dichtefluktuationen aus dem ursprünglichen Quantenvakuum. Die Gravitation der Dunklen Materie versuchte nun, der baryonischen Flüssigkeit ihre Strukturen aufzuzwingen. Dies aber versuchte die dominierende Energiedichte der relativistischen Photonen zu verhindern. Dieses Wechselspiel zwischen der Anziehungskraft der Dunklen Materie und der Dämpfung durch die relativistischen Photonen führte zu Schwingungen der baryonischen Materie.

Zum Erliegen kamen diese Oszillationen erst, als 380000 Jahre nach dem Urknall die strahlungsdominierte Ära zu Ende ging und das Universum durchsichtig und dunkel wurde. Denn zu dieser Zeit war die Temperatur so weit abgesunken (unter 3000 K), dass die Elektronen von den Atomkernen (H und He) eingefangen wurden, ein Vorgang, der häufig „Rekombination" genannt wird, obwohl es damals die allererste Kombination war. Photonen streuten nun nicht mehr an freien Elektronen und konnten sich von da an ungehindert ausbreiten.

1.14 Die Anordnung der Galaxienhaufen und Superhaufen in einer honigwabenartigen Struktur ist auf die primordialen Schallwellen zurückzuführen.

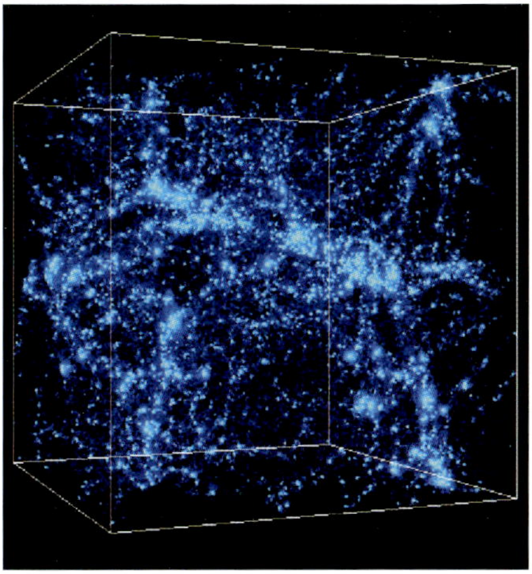

Andrey Kravtsov / Center for Cosmological Physics

Hoffnung auf Gravitationswellen

Mit dem Ende der Strahlungsära endete auch das kosmische Konzert des Urknalls, die Schallwellen verflüchtigten sich. Die maximale Länge der Schallwellen erreichte 220 000 Lichtjahre, eine Grenze, die auch akustischer Horizont oder Schallhorizont heißt. Es handelt sich dabei um jene Entfernung, die eine Schallwelle im primordialen Substrat bis zur Entkopplung von Strahlung und Materie zurücklegen konnte.

Die ersten 400 000 Jahre lieferte der Kosmos eine gigantische, spektakuläre Schau in Licht und Ton, die jedoch niemand erlebte. Das Schauspiel vollzog sich ohne jedes Publikum.

Primordiale Schallwellen interessieren die Kosmologen nicht, weil sie ein Konzert erleben wollen, sondern weil die Muster im CMB Aufschluss über viele grundsätzliche Eigenschaften des Universums geben. Es ist überraschend, wie gut die heutigen computergenerierten Modelle den Beobachtungsergebnissen Rechnung tragen. Das Standardmodell des Urknallszenarios hat sich weitgehend bestätigt. Noch ist nicht alles restlos geklärt. Die Inflation „schüttelte" das Raumzeitgefüge, der Kosmos begann zu „singen". Dabei müssen auch Gravitationswellen entstanden sein. Sie müssen Spuren hinterlassen haben, typische Polarisationsmuster in der kosmischen Hintergrundstrahlung. Nach ihnen wird gefahndet.

1.15 Während der inflationären Phase wurden die primordialen Dichtefluktuationen enorm vergrößert. Diese sorgten für die baryonischen akustischen Dichtefluktuationen („Schallwellen") und die großräumige Verteilung der Materie im Universum.

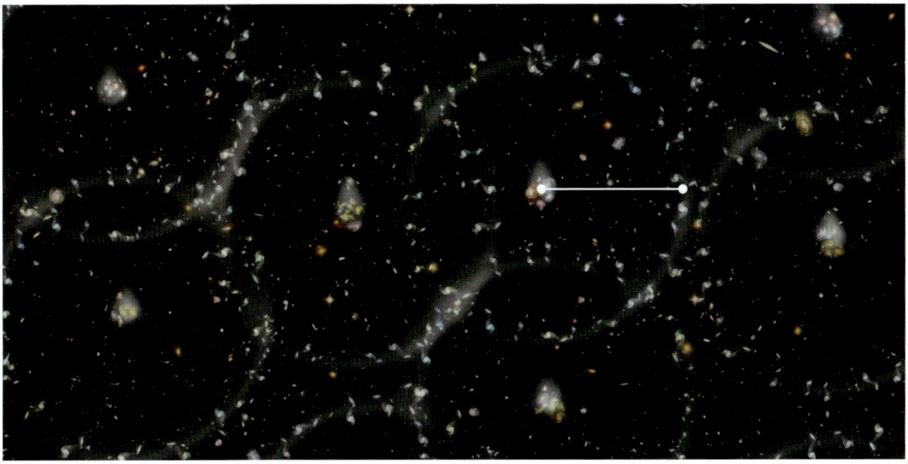

Zosia Rostomian / Lawrence Berkeley National Laboratory

Februar 2019

- Merkur zeigt sich ab Mitte Februar am Abendhimmel.
- Venus bleibt Morgenstern.
- Mars kann am Abendhimmel hoch im Westen gesehen werden.
- Jupiter baut seine Morgensichtbarkeit aus.
- Saturn taucht um die Monatsmitte am Morgenhimmel auf.

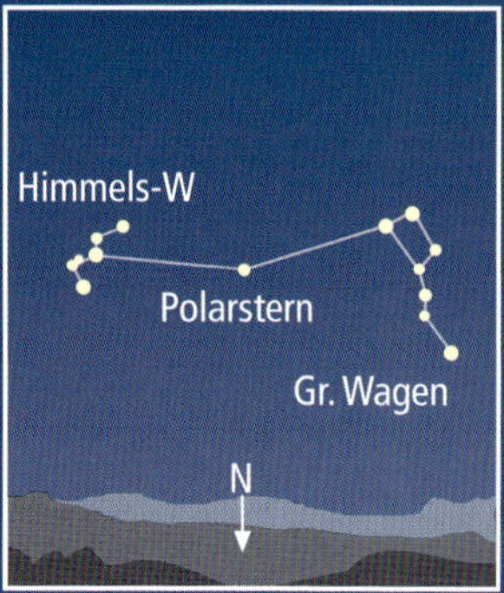

Großer Wagen und Himmels-W Anfang Februar um 22 Uhr

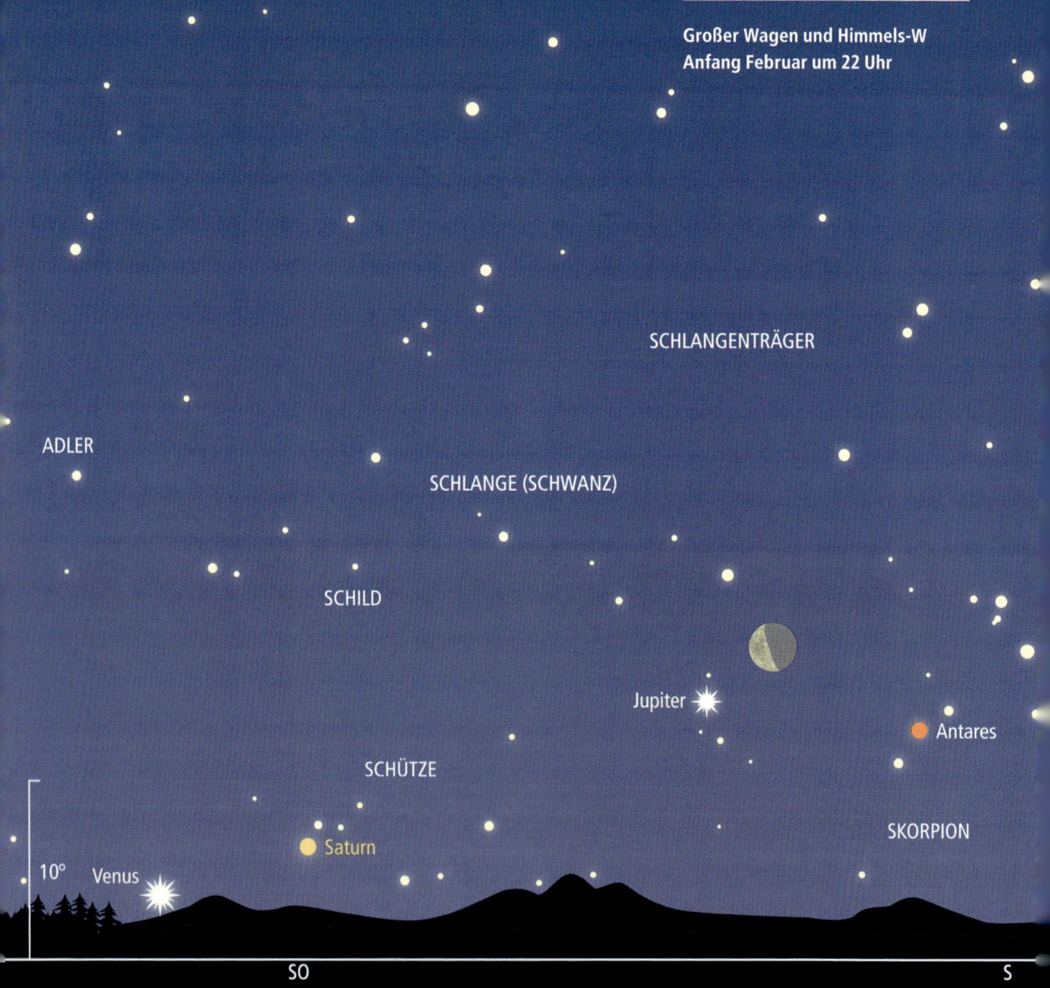

2.1 Anblick des morgendlichen Südhimmels gegen 6^h MEZ am 27. Februar. Zu Jupiter gesellt sich der abnehmende Halbmond. Knapp über dem Südosthorizont sind Venus und Saturn zu sehen.

1 Fr	
2 Sa	Mond bei Saturn (Morgenhimmel)
3 So	
4 Mo	Neumond
5 Di	
6 Mi	
7 Do	
8 Fr	
9 Sa	
10 So	
11 Mo	
12 Di	Mond im ersten Viertel
13 Mi	Mars bei Uranus (Abendhimmel)
14 Do	
15 Fr	
16 Sa	
17 So	
18 Mo	Venus bei Saturn (Morgenhimmel)
19 Di	Vollmond
20 Mi	
21 Do	
22 Fr	
23 Sa	
24 So	
25 Mo	
26 Di	Mond im letzten Viertel
27 Mi	Mond bei Jupiter (Morgenhimmel) Merkur in gr. östl. Elongation (Abendh.)
28 Do	

SONNE – STERNBILDER

16. 2. 19h:
Sonne tritt in das Sternbild Wassermann
19. 2. 10h:
Sonne tritt in das Tierkreiszeichen Fische
Julianisches Datum am
1. Februar, 1h MEZ: 2 458 515,5

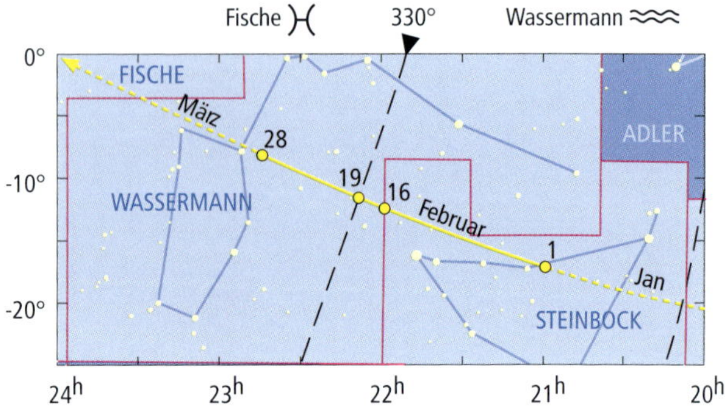

TABELLE SONNENLAUF

Tag	Dämmerg. Anfang	Aufgang MEZ	Kulmination	Untergang MEZ	Dämmerg. Ende	Mittagshöhe	Zeitgleichg.	Rektaszension	Deklination
	h m	h m	h m	h m	h m	o	m	h m	o
1.	6 40	7 54	12 34	17 14	18 27	22,9	–14	20 56	–17,3
5.	6 35	7 48	12 34	17 20	18 34	24,1	–14	21 12	–16,2
10.	6 28	7 40	12 34	17 29	18 41	25,6	–14	21 32	–14,6
15.	6 20	7 31	12 34	17 38	18 49	27,3	–14	21 52	–12,9
20.	6 11	7 22	12 34	17 46	18 57	29,1	–14	22 11	–11,2
25.	6 02	7 12	12 33	17 55	19 05	30,9	–13	22 30	– 9,4
28.	5 56	7 06	12 33	18 00	19 10	32,0	–13	22 42	– 8,3

TAGES- UND NACHTSTUNDEN

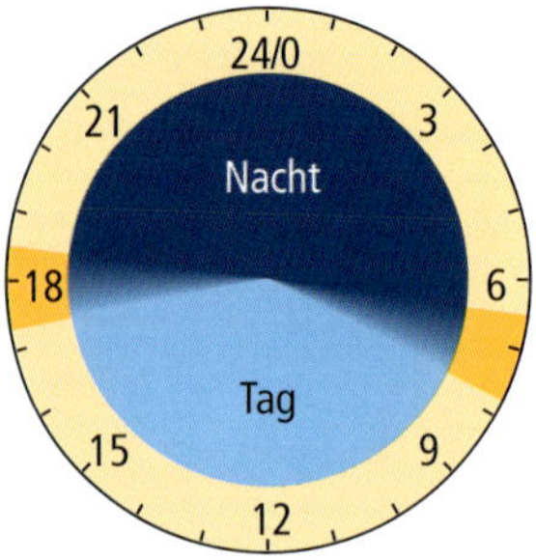

5. Februar

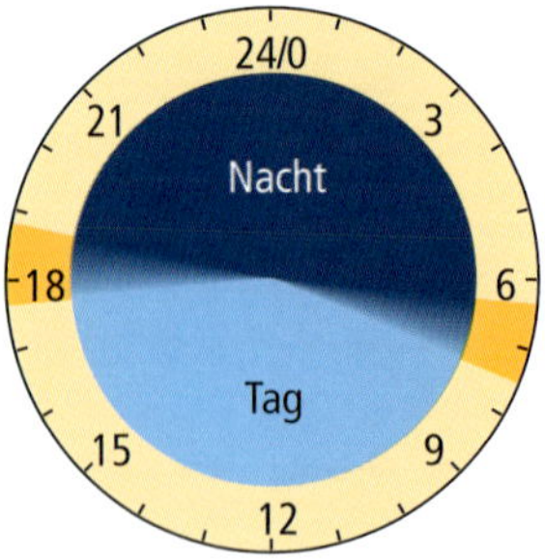

15. Februar

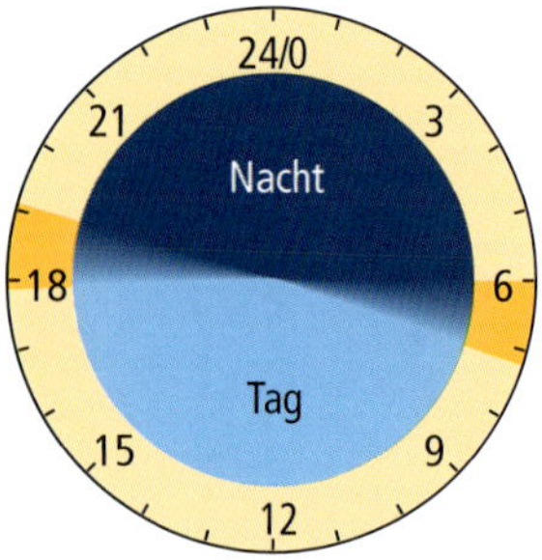

25. Februar

TABELLE MONDLAUF

Datum	Aufg. MEZ	Kulmination	Unterg. MEZ	Rektaszension	Deklination	Sterne und Sternbilder	Phase	MEZ
	h m	h m	h m	h m	°			
Fr 1.	5 35	9 52	14 09	17 57	−21,0	Schütze		
Sa 2.	6 26	10 42	14 58	18 49	−21,6	* Schütze, Nunki		
So 3.	7 10	11 30	15 53	19 40	−21,1	Schütze	Absteigender Knoten	
Mo 4.	7 48	12 18	16 53	20 31	−19,7	Steinbock	**Neumond Nr . 1189**	**$22^h 04^m$**
Di 5.	8 19	13 04	17 55	21 20	−17,5	Steinbock	Erdferne 407/29′,4	10^h
Mi 6.	8 45	13 48	18 59	22 08	−14,5	Wassermann		
Do 7.	9 09	14 31	20 03	22 54	−11,0	Wassermann		
Fr 8.	9 30	15 13	21 07	23 39	− 7,0	Wassermann		
Sa 9.	9 50	15 55	22 12	0 24	− 2,7	Fische		
So 10.	10 11	16 38	23 18	1 09	+ 1,8	Walfisch	Größte Südbreite	
Mo 11.	10 32	17 23	–	1 55	+ 6,2	* Fische		
Di 12.	10 57	18 10	0 26	2 43	+10,5	Walfisch	**Erstes Viertel**	**$23^h 26^m$**
Mi 13.	11 25	19 00	1 36	3 33	+14,4	Stier	Libration Ost	
Do 14.	12 01	19 54	2 47	4 27	+17,7	* Aldebaran		
Fr 15.	12 46	20 53	3 57	5 24	+20,2	Stier		
Sa 16.	13 42	21 54	5 04	6 24	+21,5	Alhena		
So 17.	14 51	22 56	6 03	7 27	+21,4	Zwillinge	Aufsteigender Knoten	
Mo 18.	16 09	23 58	6 52	8 31	+19,8	Krebs, Krippe		
Di 19.	17 32	–	7 32	9 34	+16,7	Löwe	**Vollmond**	**$16^h 54^m$**
							Erdnähe 357/33′,5	10^h
Mi 20.	18 57	0 57	8 06	10 35	+12,5	Löwe, Regulus		
Do 21.	20 19	1 53	8 35	11 33	+ 7,5	Löwe		
Fr 22.	21 40	2 47	9 01	12 29	+ 2,2	Jungfrau		
Sa 23.	22 57	3 39	9 25	13 23	− 3,2	Spica	Größte Nordbreite	
So 24.	–	4 29	9 51	14 16	− 8,2	Jungfrau		
Mo 25.	0 11	5 19	10 18	15 08	−12,6	Waage	Libration West	
Di 26.	1 22	6 09	10 49	16 00	−16,3	Waage	**Letztes Viertel**	**$12^h 28^m$**
Mi 27.	2 29	6 59	11 24	16 52	−19,0	Schlangenträger		
Do 28.	3 29	7 49	12 06	17 44	−20,8	Schütze		

DER MOND WANDERT IN DIE HYADEN

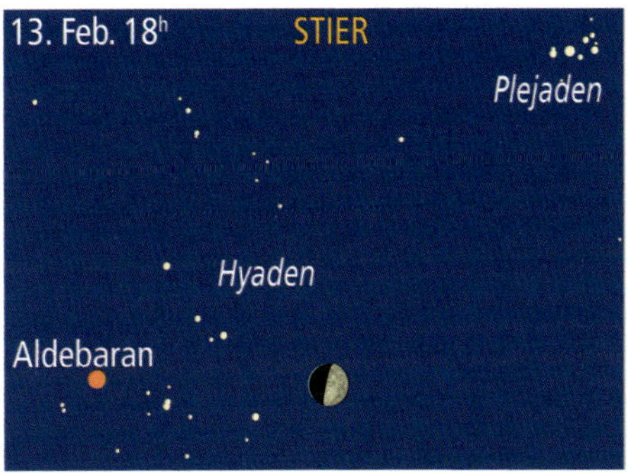

MERKUR hat seine obere Konjunktion mit der Sonne soeben hinter sich. Er gewinnt östlichen Vorsprung vor der Sonne, die ihm im Tierkreis nachfolgt. Am 27. erreicht er seine größte östliche Elongation von der Sonne. Mit 18°08′ Winkelabstand fällt sie relativ klein aus. Dies liegt daran, weil Merkur nur zwei Tage vorher durch sein Perihel rast, wobei ihn nur 46,0 Millionen Kilometer (= 0,307 AE) von der Sonne trennen.

Trotz des vergleichsweise kleinen Elongationswinkels kommt es dennoch zu einer guten Abendsichtbarkeit, denn Merkur hält sich rund 8° nördlicher als die Sonne im Tierkreis auf, was zu einem größeren Tagbogen führt. Ab der Monatsmitte kann Merkur knapp über dem Westhorizont in der Abenddämmerung erspäht werden. Am 15. erfolgt der Untergang des $-1{,}^{m}1$ hellen Merkur um $18^{h}45^{m}$. Kurz nach 18^{h} kann man den sonnennahen Planeten in der Abenddämmerung ausmachen. Bis zum Tag der größten Elongation verspäten sich die Merkuruntergänge auf $19^{h}42^{m}$. Die Merkurhelligkeit sinkt allerdings auf $-0{,}^{m}5$ deutlich ab. Etwa 20 Minuten vor dem Untergangstermin wird Merkur in den

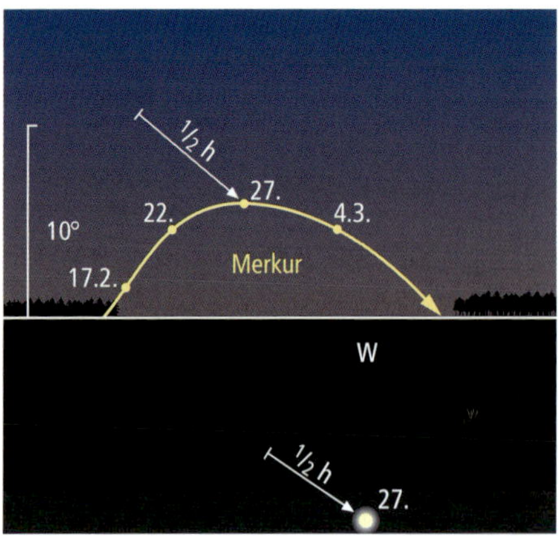

2.2 Stellung von Merkur über dem Westhorizont zu den angegebenen Daten. Die Pfeile geben die Bewegungen von Merkur und Sonne während der letzten halben Stunde an.

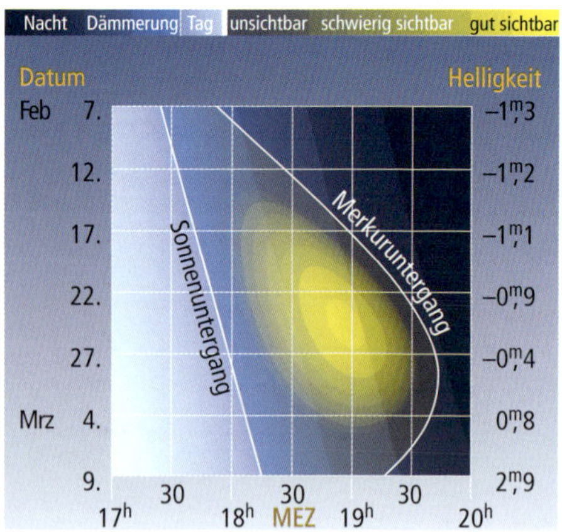

2.3 Sichtbarkeitsdiagramm für Merkur. Es gilt genau für 50° nördlicher Breite und 10° östlicher Länge. Dunkelgelbe Fläche: Unter günstigen Sichtbedingungen kann man Merkur mit bloßen Augen erkennen, hellgelbe Fläche: Merkur ist leicht zu sehen.

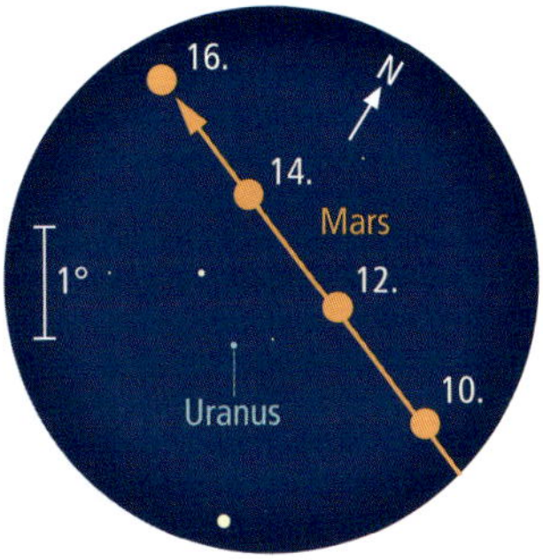

2.4 Mars überholt Uranus. Fernglasanblick nach Einbruch der Dunkelheit vom 10. bis 16. Februar.

horizontnahen Dunstschichten unsichtbar. Nach dem 27. verschlechtern sich die Sichtbedingungen. Bis 1. März sinkt die Helligkeit auf $0{,}^{m}0$ ab, der Merkuruntergang bleibt fast unverändert bei $19^{h}44^{m}$ (siehe auch Abb. 2.2 und 2.3 auf Seite 54). Im Fernrohr zeigt sich das nur $7{,}''1$ große Merkurscheibchen am Abend des 26. halb beleuchtet. Die Halbphase nennt der Astronom „Dichotomie“. Danach nimmt der scheinbare Merkurdurchmesser zu – bis 5. März auf $8{,}''8$. Der Beleuchtungsgrad geht auf 21 % zurück, Merkur zeigt eine recht kleine Sichel.
Die Begegnung mit Neptun am 19., wobei Merkur 0°46′ nördlich am Planeten des Meeresgottes vorbeizieht, lässt sich nur mit lichtstarker Optik beobachten. Am Tag der größten östlichen Elongation, dem 27., ist die Erde 139 Millionen Kilometer (= 0,93 AE) von Merkur entfernt. Dies entspricht einer Lichtlaufzeit von sieben Minuten und 44 Sekunden.

VENUS bleibt Morgenstern, allerdings verkürzt sich ihre Sichtbarkeitsdauer erheblich. Sie wandert durch das Sternbild Schütze und erreicht am Monatsende die Grenze zum Steinbock. Am 3. zieht Venus fünf Vollmondbreiten ($2{,}^{\circ}4$) nördlich am Winterpunkt der Ekliptik vorbei (siehe Abb. 2.6 unten).
Die Venushelligkeit geht im Laufe des Monats leicht auf $-4{,}^{m}1$ zurück. Die Aufgänge des inneren Nachbarplaneten verlagern sich von $5^{h}06^{m}$ zu Monatsanfang auf $5^{h}26^{m}$ zu Monatsende.
Am 18. überholt Venus den Ringplaneten Saturn in 1°05′ nördlichem Abstand (siehe Abb. 2.5 oben rechts).
Im Fernrohr zeigt sich Venus immer rundlicher, ihr scheinbarer Durchmesser schrumpft auf knapp 16″. Der beleuchtete Anteil des Venusscheibchens nimmt bis Monatsende auf 72 % zu.

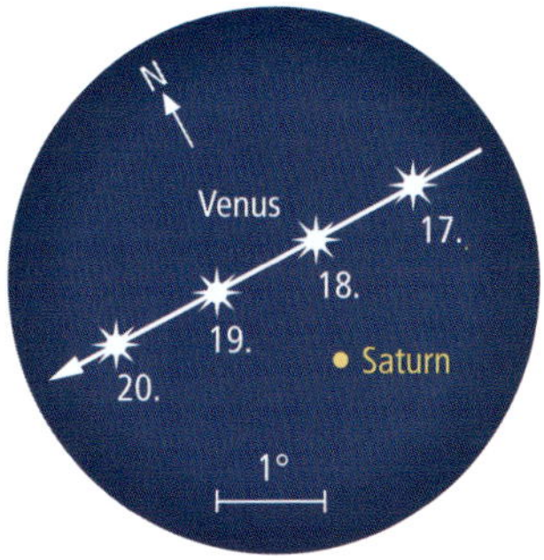

2.5 Venus zieht am 18. an Saturn vorbei. Morgendlicher Fernglasanblick bei 5° Gesichtsfelddurchmesser.

MARS kann am Abendhimmel hoch im Westen leicht gesehen werden. Noch immer zählt er zu den Objekten erster Größenklasse, wenn auch seine Helligkeit im Verlauf des Monats deutlich von $0{,}^{m}8$ auf $1{,}^{m}2$ abnimmt. Am 13. verlässt er das Sternbild Fische und wechselt in den Widder, wobei er im Tierkreis nach Norden strebt.
Dadurch werden seine Tagbögen größer und er bleibt den gesamten Februar über Planet der ers-

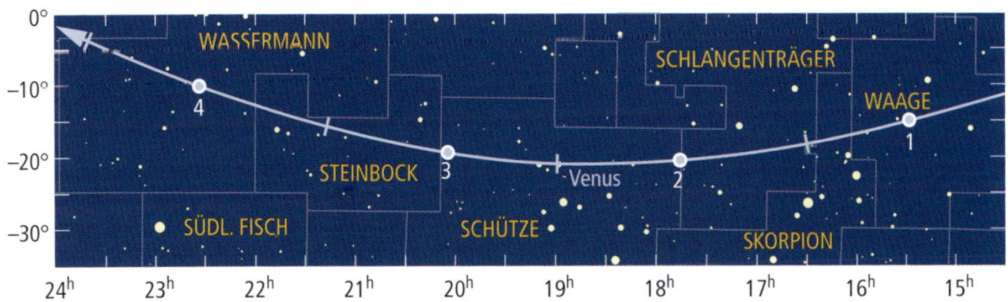

2.6 Scheinbare Bahn des Planeten Venus durch die Sternbilder Waage, Skorpion, Schütze, Steinbock und Wassermann. Die Zahlen geben die Venusposition zum jeweiligen Monatsbeginn an (2 = 1. Februar).

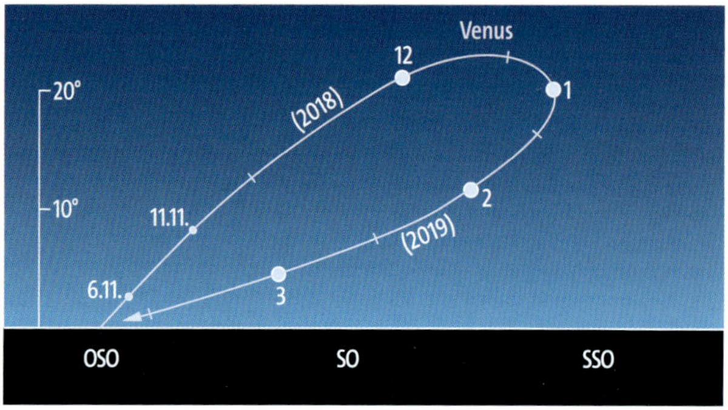

2.7 Stellung der Venus am morgendlichen Südhimmel eine Stunde vor Sonnenaufgang von November 2018 bis Mitte März 2019. Die Zahlen geben die Venusposition zum jeweiligen Monatsersten an (2 = 1. Februar).

ten Nachthälfte (siehe auch Abb. 2.8 unten).
Die Marsuntergänge verfrühen sich nur unwesentlich. Am 1. erfolgt sein Untergang um 23^h37^m, am Monatsletzten zwei Minuten früher. Am 13. überholt Mars den fernen und lichtschwachen Uranus 1°03′ nördlich (siehe Abb. 2.4 auf Seite 55). Um Uranus zu sehen, benötigt man ein Fernglas oder Teleskop.

JUPITER, rechtläufig im Sternbild Schlangenträger, baut seine Morgensichtbarkeit aus. Am 1. geht der Riesenplanet um 4^h35^m auf und am 15. um 3^h51^m. Am Monatsletzten erfolgt der Aufgang des $-2^m\!,0$ hellen Jupiter bereits um 3^h08^m. Der scheinbare Äquatordurchmesser nimmt weiter auf gut 36″ zu.
Am 27. sieht man gegen 6^h morgens den abnehmenden Halbmond bei Jupiter über dem Südhorizont. Auch Saturn und Venus schmücken die morgendliche Himmelsszene (siehe Abb. 2.1 auf Seite 50).

SATURN, rechtläufig im Sternbild Schütze, stand zu Beginn des Vormonats in Konjunktion mit der Sonne. Um die Monatsmitte taucht der Ringplanet tief am Südosthimmel in der Morgendämmerung auf. Am 15. geht der $0^m\!,6$ helle Saturn um 5^m42^m auf. Etwa 20 Minuten später setzt er sich im Horizontdunst durch und wird knapp über dem Südosthorizont als fahler, gelblicher Lichtpunkt sichtbar. Die in der Nähe stehende, wesentlich hellere Venus kann helfen, Saturn zu finden. Am 18. wird der Ringplanet von Venus überholt, die 1°05′ nördlich an ihm vorbeizieht (siehe Abb. 2.5 auf Seite 55). Bis Monatsende verfrüht sich der Saturnaufgang auf 4^h56^m.
Am 2. wird der Ringplanet in der Morgendämmerung von 6^h40^m

2.8 Scheinbare Bahn des Planeten Mars im Gebiet der Sternbilder Fische, Widder und Stier von Jahresbeginn bis Anfang Juni. Die Zahlen geben die Marsposition zum Monatsbeginn an (2 = 1. Februar).

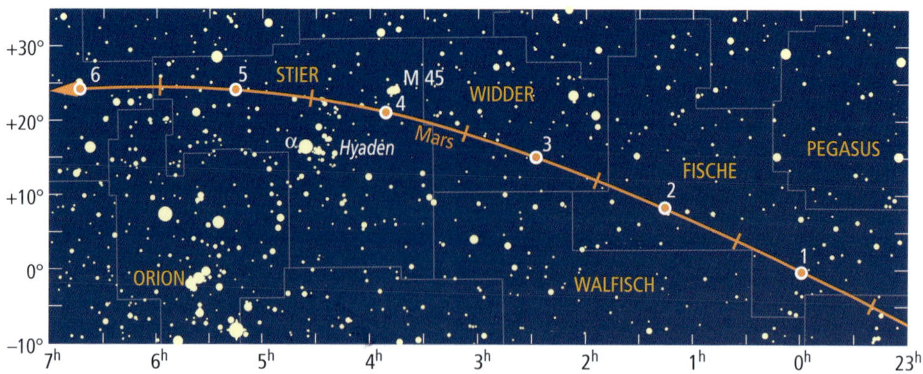

bis 7^h35^m vom Mond bedeckt. Da Saturn erst um 6^h28^m aufgeht, ist der Eintritt kaum beobachtbar. Der Austritt erfolgt kurz vor Sonnenaufgang, er ist nur mit geeigneter Optik beobachtbar. Ein- und Austrittszeiten sind ortsabhängig. Für einige Städte findet man die Kontaktzeiten in der Tabelle „Sternbedeckungen durch den Mond" auf Seite 288. Die hier angegebenen Zeiten gelten wie alle anderen ortsabhängigen Zeiten für 50° Nord und 10° Ost.

URANUS kann noch am Abendhimmel aufgefunden werden. Er wandert rechtläufig durch den Ostteil des Sternbildes Fische und wechselt am 6. in das Sternbild Widder (siehe Abb. 10.6 auf Seite 219). Vom 12. bis 14. zieht Mars an Uranus ein Grad nördlich vorbei. Um diese Konjunktion zu verfolgen, benötigt man ein Fernglas (siehe Abb. 2.4 auf Seite 55).

Am 1. geht Uranus um 0^h20^m unter, am 15. um 23^h23^m und am 28. um 22^h35^m. Seine Kulminationszeiten verlegt der grünliche Planet von 17^h22^m am 1. auf 15^h39^m Ende Februar. Die nautische Dämmerung endet am 28. erst um 19^h10^m. Ab diesem Zeitpunkt bis gegen 21^h30^m kann man mit Aussicht auf Erfolg nach dem inzwischen nur $5^m_,9$ hellen Planeten fahnden.

NEPTUN wandert rechtläufig durch das Sternbild Wassermann. Der sonnenfernste Planet wird von der Sonne verfolgt, die ihm immer näherkommt. Anfang nächsten Monats holt sie ihn ein und steht in Konjunktion mit ihm. Neptun hat sich vom Abendhimmel verabschiedet und bleibt unbeobachtbar. Auch die Begegnung mit Merkur, der am 19. in 0°46′ nördlichem Abstand am Planeten des Meeresgottes vorbeizieht, entgeht einer Beobachtung.

JUPITERMONDE

Tag	MEZ h m	Vorgang	
1.	5 20	I	DA
	6 30	I	SE
3.	5 13	III	SA
	7 14	III	SE
7.	6 38	II	DA
	6 52	II	SE
8.	6 14	I	SA
9.	6 48	I	BE
14.	6 07	III	BE
16.	5 24	I	VA
	6 13	II	BE
17.	4 46	I	SE
	5 56	I	DE
21.	5 25	III	VE
23.	6 26	II	VE
	6 29	II	BA
24.	4 29	I	SA
	5 41	I	DA
	6 40	I	SE
25.	5 09	I	BE

PERIODISCHE STERNSCHNUPPENSTRÖME

Im Februar sind die wenigsten Meteorströme bekannt. Allerdings sind im Februar schon recht helle Feuerkugeln oder Boliden gesichtet worden. Der spektakulärste Fall ereignete sich am 15. Februar 2013, als über der russischen Stadt Tscheljabinsk eine gewaltige Feuerkugel er-

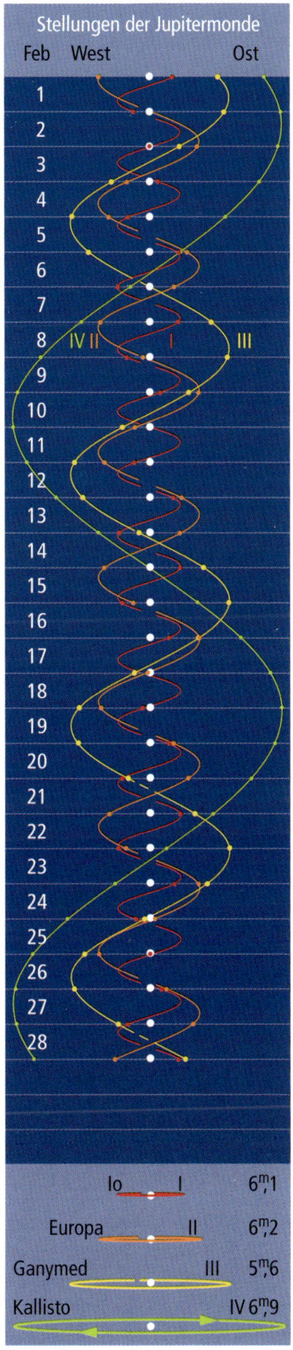

schien und schließlich explodierte mit all ihren Folgen.
Der Antihelion-Radiant verlagert sich weiter entlang der Ekliptik und erreicht zum Monatsende das Sternbild Jungfrau und damit geringere Höhen über dem Horizont.
Bisher haben allerdings systematischen Auswertungen keine weiteren Ströme im Februar erkennen lassen. Die in den 1980er-Jahren in der ersten Monatshälfte beobachteten Aurigiden sind gegenwärtig offensichtlich inaktiv.
Auch die **DELTA-LEONIDEN**, deren Maximum um den 24. Februar liegen soll und die stets als recht schwacher Strom galten, dürften von der Liste der periodischen Sternschnuppenströme zu streichen sein. In den letzten Jahren gab es jedenfalls keine signifikanten Beobachtungsdaten, die die Existenz dieses Stromes bestätigen könnten.
Zum Monatsende erscheinen die ersten **VIRGINIDEN** am Morgenhimmel.

KONSTELLATIONEN UND EREIGNISSE

Datum	MEZ	Ereignis
2.	8^h	**Mond bei Saturn**, Mond 0°,6 nördlich, **Abstand 0°,2 um 7^h, Bedeckung!** (siehe Seite 288)
2.	21	Mond bei Pluto, Mond 0°,6 nördlich
5.	8	Mond bei Merkur, Mond 0°,2 südlich
7.	7	Mond bei Neptun, Mond 3°,1 südlich
10.	17	Mond bei Mars, Mond 6°,1 südlich
10.	21	Mond bei Uranus, Mond 5°,1 südlich
13.	21	**Mars bei Uranus**, Mars 1°,1 nördlich, **Abstand 1°,0 um 19^h am 12.**
18.	15	**Venus bei Saturn**, Venus 1°,1 nördlich, **Abstand 1°,1 um 6^h**
19.	12	Merkur bei Neptun, Merkur 0°,8 nördlich
25.	8	Merkur im Perihel
27.	2	**Merkur in größter östlicher Elongation** (18°)
27.	15	**Mond bei Jupiter**, Mond 2°,3 nördlich, **Abstand 5°,0 um 6^h**

Der Fixsternhimmel

Der Große Wagen schiebt sich im Nordosten langsam höher, wobei der Wagenkasten vorangeht und die Deichsel folgt. Der Wagen wird also nicht gezogen, sondern geschoben. Die Kassiopeia, das Himmels-W, sinkt langsam zum Horizont hinab, erreicht ihn aber als Zirkumpolarbild nicht. Zirkumpolarbilder gehen nämlich nie unter. Welche Sterne zirkumpolar sind, bestimmt die geografische Breite des Beobachters. Sterne, die nicht weiter vom Himmelspol entfernt sind als es der geografischen Breite entspricht, kreisen um den Pol ohne unterzugehen. Sie sind daher in jeder klaren Nacht des Jahres zu sehen. An den Polen der Erde sind alle Sterne zirkumpolar, am Erdäquator gibt es keine Zirkumpolarsterne.
Die Wintersternbilder beherrschen noch eindeutig die Szene. Der Südhimmel ist bis in Zenitnähe reich an hellen Sternen. Sirius kulminiert eben. Unter „Kulminieren" versteht man „die höchste Stellung im Süden einnehmen". Das dazu gehörige Substantiv heißt „die Kulmination". Ein Gestirn kulminiert, wenn es den Meridian (die Mittagslinie) passiert.
Der Himmelsjäger Orion hat seinen Meridiandurchgang zur Standardbeobachtungszeit (22^h MEZ zur Monatsmitte) bereits hinter sich. Gegenüber dem Vormonat hat sich der Schwerpunkt des Wintersechsecks schon ein wenig nach Westen verlagert.
Von den Herbstbildern sind nur noch Andromeda und Perseus erwähnenswert. Die anderen Herbstbilder sind inzwischen

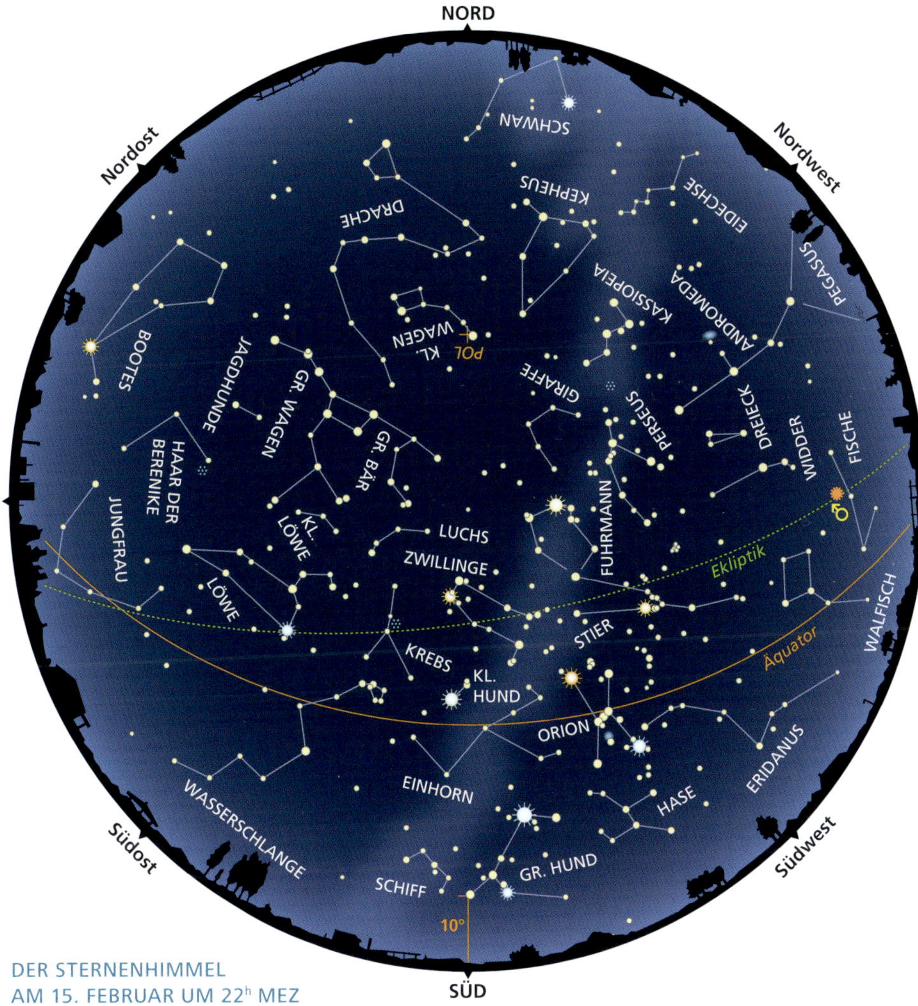

DER STERNENHIMMEL
AM 15. FEBRUAR UM 22h MEZ

Die Sternkarte ist auch gültig für:

	MEZ	MESZ
1.11.	5^h	
15.11.	4	
1.12.	3	
15.12.	2	
1. 1.	1	
15. 1.	0	
1. 2.	**23**	
15. 2.	**22**	
28. 2.	**21**	
15. 3.	20	

ganz oder teilweise unter dem Horizont verschwunden.

Im Osten ist bereits der Löwe vollständig aufgegangen. Sein Hauptstern Regulus steht als einzelner Stern erster Größenklasse einsam in dieser Region.

Zwischen dem Löwen und den Zwillingen, die hoch im Süden stehen, befindet sich der Krebs. Er gehört zum Tierkreis und ist daher gut bekannt, denn in Horoskopen wird er regelmäßig erwähnt. Den Krebs aber am Himmel zu entdecken, ist nicht ganz einfach; dieses Bild wird nur von lichtschwachen Sternen angedeutet. In mondloser Nacht kann man schon mit bloßen Augen im Krebs den offenen Sternhaufen Praesepe (lat., Krippe) erkennen. Die Amerikaner sehen in diesem Sternengewimmel einen Schwarm von Bienen und nen-

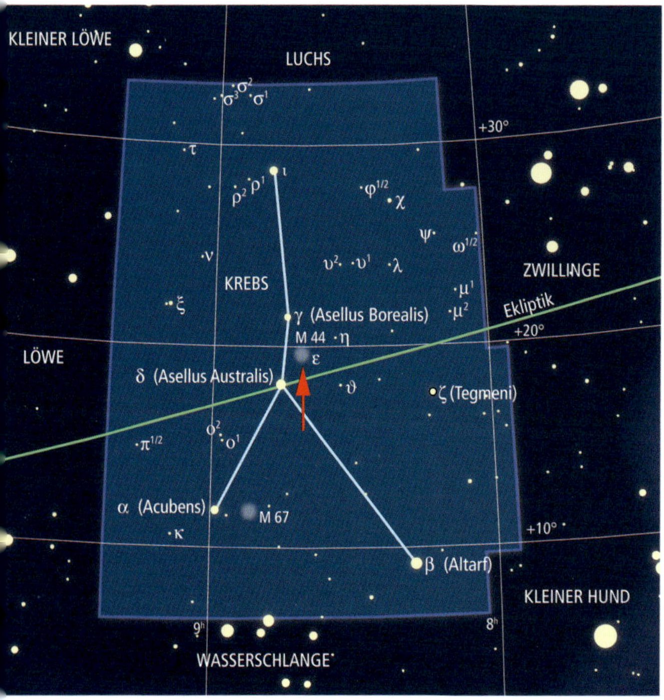

2.9 Das Sternbild Krebs mit der Position von M 44.

nen den Haufen „beehive" (engl., Bienenstock). Im Fernglas ist die Krippe (Katalogbezeichnung: M 44) leicht zu erkennen. Sie steht eingerahmt zwischen zwei Sternchen, die nördliches und südliches Eselchen genannt werden (lat.: Asellus Borealis oder γ Cnc und Asellus Australis oder δ Cnc). Weit im Westen ist noch das kleine Sternbild Widder auszumachen.

Hoch im Süden, ebenfalls gerade den Meridian durchschreitend, sieht man die beiden Sternenketten der Zwillinge. Die Hauptsterne der Zwillinge heißen Kastor und Pollux. Fast im Zenit leuchtet ferner die gelbliche Kapella, der nördlichste Stern erster Größenklasse.

OBJEKTE FÜR FELDSTECHER UND FERNROHR

Zu den prominenten Objekte des winterlichen Sternenhimmels zählen die beiden offenen Sternhaufen Hyaden und Plejaden im Stier, der große Orionnebel südlich der drei Gürtelsterne des Himmelsjägers und der offene Sternhaufen Krippe oder Praesepe im Sternbild Krebs. Alles Objekte, die schon mit bloßen Augen zu sehen sind, wenn man helles Mondlicht oder Stadtlicht meidet und sich in einer dunklen Gegend aufhält.

Aber erst im Fernglas kommen diese Juwelen des Himmels so richtig zur Geltung. Sie sollten bei keiner abendlichen Führung auf einer Sternwarte fehlen, denn auch für Laien sind diese „Wunder des Himmels" sehr beeindruckend.

Schon der beginnende Sternfreund oder der Gelegenheitsbeobachter findet oben erwähnte „Standardobjekte" relativ leicht am Himmel. Die Monatssternkarte dient dabei zur ersten Orientierung. In ihr findet man die Lage und Position der einzelnen Sternbilder in Abhängigkeit von Datum und Uhrzeit. Wo die nachstehend aufgeführten Beobachtungsobjekte in den einzelnen Sternbildern liegen, entnimmt man dem *Atlas für Himmelsbeobachter* von Erich Karkoschka.

VERÄNDERLICHE STERNE IM FEBRUAR

Algol-Minima	7. 3^h39^m	10. 0^h28^m	12. 21^h20^m	15. 18^h08^m	
β-Lyrae-Minima	2. 11^hN	8. 23^hH	15. 10^hN	21. 22^hH	28. 10^hN
δ-Cepheï-Maxima	2. 23^h	8. 8^h	13. 17^h	19. 2^h	24. 11^h
Mira-Helligkeit	1. 4^m	10. 4^m	20. 4^m	28. 5^m	

2.10 Der offene Sternhaufen Praesepe (M 44) im Sternbild Krebs, aufgenommen von Bernhard Hubl.

Ein bekannter und leicht zu trennender Doppelstern ist Algieba, γ Leonis, der Halsstern des Löwen. Zwei rötliche Sterne ($2^{m},3$ und $3^{m},5$) sind $4'',8$ voneinander getrennt. Algieba ist 126 Lichtjahre entfernt.

Ein weiterer schöner optischer Doppelstern ist Phurud im Großen Hund (ζ CMa). Die beiden Komponenten in 175″ Distanz zeigen einen netten Farbkontrast. Die bläulich-weiße Hauptkomponente ist $3^{m},0$ hell. Sie hat einen nur $7^{m},7$ lichtschwachen roten Begleiter. Jedes Fernglas trennt diesen Doppelstern. Der helle B3-Stern steht in 300 Lichtjahren Entfernung, der rote Begleiter jedoch ist 800 Lichtjahre entfernt. Man findet Phurud in der Sternkarte E6 im Atlas von Karkoschka.

Mindestens ein Teleskop mit 6 Zoll Öffnung (15 cm) sollte man benutzen, um im Sternbild Luchs den engen Doppelstern 38 Lyncis zu trennen. Die beiden $3^{m},9$ und $6^{m},2$ hellen Komponenten sind nur $2'',7$ voneinander getrennt. Von 38 Lyn ist das Licht seiner Sterne 122 Jahre zur Erde unterwegs (siehe Aufsuchkarte N8 im *Atlas für Himmelsbeobachter*).

Rund 4° südlich von Sirius stößt man auf den im Fernglas beeindruckenden offenen Sternhaufen M 41 im Sternbild Großer Hund. M 41 belegt ein Feld, dessen Fläche etwas größer als die des Vollmondes ist. Die etwa hundert Sterne nehmen einen Raum von

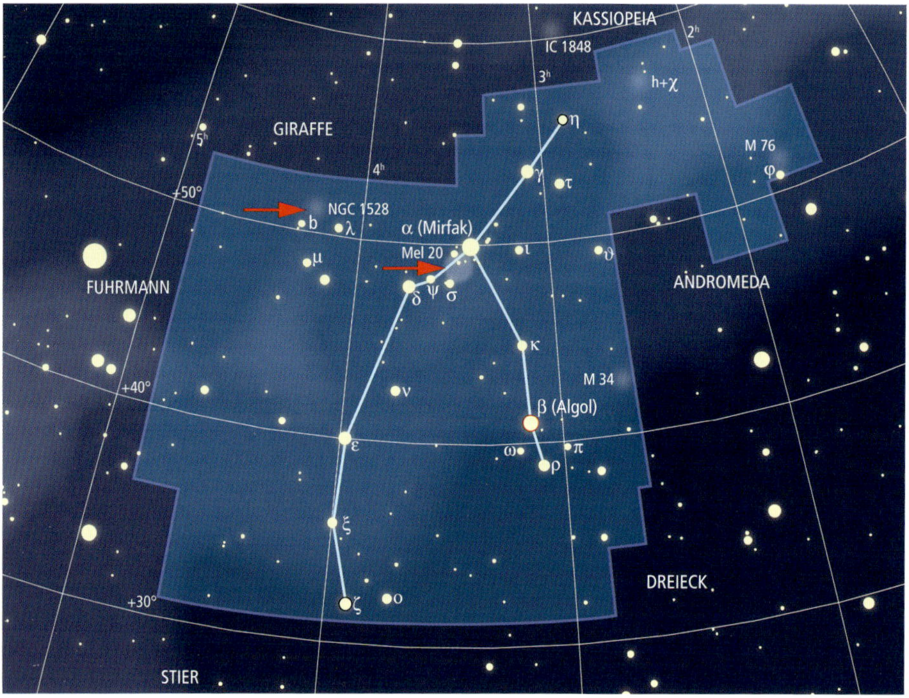

2.11 Der offene Sternhaufen Melotte 20 im Perseus liegt knapp südlich von Mirfak (α Per).

25 Lichtjahren Durchmesser ein. Im Zentrum des Haufens strahlt ein roter Riese mit $6\overset{m}{,}9$ als hellster Stern. Ein bläulich-weißer (B7 III), relativ heller Stern ($6\overset{m}{,}1$) mit der Katalogbezeichnung 12 CMa südöstlich von M 41 ist kein Haufenmitglied, sondern ein Feldstern, auch wenn er gleich weit entfernt ist. Das Licht der Sterne von M 41 ist 2300 Jahre zur Erde unterwegs. In dunkler, mondloser Nacht kann man M 41 sogar mit bloßen Augen als rundlichen Nebelfleck wahrnehmen.

Ein interessanter offener Sternhaufen ist ferner M 35 in den Zwillingen. In jedem Fernglas ist er leicht auszumachen. Er befindet sich etwa $2\overset{\circ}{,}5$ nordwestlich von η Geminorum, auch unter dem Namen Propus bekannt. M 35 erscheint etwas länglich. Erst im Teleskop wird die wahre Pracht seiner rund 300 Mitgliedssterne erkennbar, die 2800 Lichtjahre von uns entfernt sind. Knapp südwestlich von M 35 stößt man auf NGC 2158, ebenfalls ein offener Sternhaufen, aber mit 16 000 Lichtjahren fast sechsmal weiter als M 35 von uns entfernt. Selbst in einem Vierzöller erscheint NGC 2158 nur schwach, allerdings recht sternreich (über tausend Mitglieder). Sein scheinbarer Durchmesser beträgt 5′, die Koordinaten lauten: $\alpha = 6^{h}07\overset{m}{,}4$ und $\delta = +24°06′$ (J2000.0). Die wahre Größe von NGC 2158 misst 20 Lichtjahre.

Ein wenig beachteter offener Sternhaufen liegt knapp südlich von Mirfak (α Perseï), Melotte 20. Einige Dutzend Sterne von 4^{m} bis 7^{m} sind in einem Feld von 5° Durchmesser zu sehen. Der Sternhaufen ist nur 600 Lichtjahre entfernt und weist einen linearen Durchmesser von 50 Lichtjahren auf. Er ist damit recht groß für einen offenen Sternhaufen. Dieser Haufen ist ein typisches Fernglasobjekt. Denn im Fernglas wirkt er sehr beeindruckend, im Teleskop

kann man ihn wegen seiner Ausdehnung kaum erfassen. Bei diesem Sternhaufen handelt es sich um einen Bewegungshaufen. Die Sterne zeigen alle die gleiche Raumgeschwindigkeit.
Wer schon im Perseus die Gegend absucht, kann gleich den benachbarten offenen Haufen NGC 1528 ins Visier nehmen. Im Fernglas sind nur wenige Einzelsterne sichtbar. Im Fernrohr erkennt man die ungleichmäßige Verteilung der Sterne. Seine scheinbare Größe entspricht knapp dem Vollmonddurchmesser. Von diesem Haufen trennen uns 3500 Lichtjahre.
Als letzter offener Sternhaufen sei NGC 1662 empfohlen. Er liegt etwa auf der Strecke zwischen Aldebaran (α Tauri) und Bellatrix (γ Orionis), nordwestlich von π_1 Orionis.
Man gehe am besten von Bellatrix aus und schwenke zum Schild des Orion, gebildet von der bogenförmigen Sternenkette von π_1 bis π_6 Orionis (siehe Abb. 2.12 oben). Mit 420 Millionen Jahren ist NGC 1662 recht alt für einen offenen Sternhaufen. Zweimal hat er somit schon das Milchstraßenzentrum umrundet. Seine Entfernung misst 1400 Lichtjahre. Mit nur acht Lichtjahren linearem Durchmesser ist der Haufen recht klein im Vergleich mit anderen offenen Haufen, die meist zwischen 20 und 50 Lichtjahren groß sind.
Wer Galaxien beobachten möchte: Im Sternbild Löwe sieht man weit aus unserer Milchstraße hinaus in die Tiefen des intergalaktischen Raumes. Knapp südlich der Basislinie von Regulus (α Leo) bis Denebola (β Leo) stößt man auf die fünf helleren Galaxien M 95, M 96 und M 105 sowie M 65 und M 66, die je zwei Gruppen bilden. M 65 und M 66 liegen näher bei Denebola, knapp südlich von ϑ Leonis.
M 65 erscheint länglich mit einem hellen, rundlichen Kerngebiet. M 66 ist die relativ hellste Galaxie von den genannten und schon in einem lichtstarken Fernglas zu erkennen. Aber erst im Teleskop werden ihre Strukturen um den elliptischen Zentralbereich sichtbar.
M 95 erscheint eher kreisrund, während M 96 einen leicht länglichen Eindruck macht. M 105 erscheint ebenfalls rund. Nur 8′ östlich von M 105 liegt NGC 3384, eine etwas lichtschwächere Galaxie als M 105 mit länglicher Form. Die Entfernungen dieser Galaxien betragen zwischen 30 und 35 Millionen Lichtjahren.

2.12 Die Position des offenen Sternhaufens NGC 1662 im Sternbild Orion an der Grenze zum Stier, $\alpha = 4^h48^m_,5$ / $\delta = +10°56'$ (J2000.0)

Woher stammen gigantische Schwarze Löcher?

2.13 Schema eines Schwarzen Loches.

Schwarze Löcher faszinieren das breite Publikum. Eine der am häufigsten gestellten Fragen von Laien an einen Astronomen lautet: Was sind Schwarze Löcher und gibt es sie überhaupt?
Um von einem Himmelskörper auf Nimmerwiedersehen zu entfliehen, bedarf es einer Mindestgeschwindigkeit. Beschleunigt eine Rakete auf eine Geschwindigkeit von mindestens 11,2 km/s, so verlässt sie die Erde für immer. Um die Astronauten vom Mond wieder zur Erde zurückzubringen, musste ihr Raumfahrzeug auf 2,4 km/s Geschwindigkeit beschleunigt werden. Mit dieser Geschwindigkeit konnten sie dem Schwerefeld des Mondes entkommen. Bei einer geringeren Geschwindigkeit wäre das Raumfahrzeug nach Erreichen einer bestimmten Höhe über dem Mondboden zum Stillstand gekommen und anschließend auf den Mond gestürzt. Zukünftige Raumfahrer einer Marsexpedition müssen ihr Raumschiff auf mindestens 5,0 km/s beschleunigen, um den Mars zu verlassen und zur Erde zurückzukehren. Gasmassen, die bei einer Sonneneruption mit 618 km/s oder mehr emporgeschleudert werden, verlassen die Sonne und dringen in den interplanetaren Raum vor, wo sie gelegentlich auch auf die Erde treffen und Polarlichter sowie Funkstörungen hervorrufen.
Diese Mindestgeschwindigkeit, um ein Gravitationszentrum zu verlassen und ins Unendliche zu reisen (rein theoretisch), nennt man Entweich- oder Fluchtgeschwindigkeit. Sie ist umso höher, je mehr Masse ein Himmelskörper besitzt und je kleiner sein Radius ist. Würde unsere Erde auf die Größe einer Kirsche schrumpfen, so wüchse die Entweichgeschwindigkeit auf 300 000 km/s an. Dies entspricht der Lichtgeschwindigkeit. Die Sonne müsste man auf sechs Kilometer Durchmesser zusammenquetschen, um eine Fluchtgeschwindigkeit von 300 000 km/s zu erzielen. Das Licht der Sonne könnte uns nicht mehr erreichen, denn die Photonen (Lichtquanten) könnten dem gewaltigen Schwerefeld nicht mehr entrinnen. Die Sonne wäre somit unsichtbar.
Der Astrophysiker Karl Schwarzschild (1873–1916) hat als Erster den Radius einer Kugel berechnet, bei dem für eine bestimmte Masse die Entweichgeschwindigkeit gleich der Lichtgeschwindigkeit wird. In Erinnerung an ihn spricht man vom Schwarzschild-Radius, der gelegentlich auch „Gravitationsradius" genannt wird.
Kollabiert ein Himmelskörper auf die Größe des Schwarzschild-Radius, dann kann kein Licht, ja überhaupt nichts mehr von seiner Oberfläche entfliehen. Das Gestirn wird unsichtbar. Ursprünglich als Kollapsar (von engl.: collapsing star) bezeichnet, hat John Archibald Wheeler (1911–2008), Nachfolger von Albert Einstein auf dem Lehrstuhl für Physik in Princeton (New Jersey, USA), im Jahre 1968 den einprägsamen Begriff „Black Hole", zu Deutsch „Schwarzes Loch" geprägt.

Entscheidung am Ereignishorizont

Was im Inneren eines Schwarzen Loches passiert, weiß man (noch?) nicht. Denn es kann keine Information, kein Signal, rein gar nichts aus dem Bereich der Kugel mit dem Schwarzschild-Radius die Außenwelt erreichen. Was in das Schwarze Loch hineinfällt, ist für immer verschwunden. Daher der zutreffende Begriff „Loch". Und absolut schwarz ist es auch, da kein Lichtstrahl nach außen dringt. Daher nennt man die Oberfläche eines Black Hole auch Ereignishorizont. Er ist gewissermaßen ein kosmischer Zensor. Der Ereignishorizont stellt keine feste Oberfläche dar, sondern ist schlicht leer. Er ist lediglich die Grenzentfernung, bei der die Entweichgeschwindigkeit gleich der Lichtgeschwindigkeit wird.

In der Regel sind Sterne während der meisten Zeit ihrer Existenz stabile Gebilde. Der innere Gas- und Strahlungsdruck bietet der Schwerkraft Paroli, die den Stern zusammenpressen möchte. Doch dieses fein abgestimmte Gleichgewicht wird gestört, wenn ein Stern im Zentrum ausgebrannt ist. Ist das Atomfeuer erloschen, fehlt der Strahlungsdruck und der Sternenkern kollabiert bei massereichen Sonnen zu einem Neutronenstern (siehe Monatsthema März auf Seite 86). Dies passiert schlagartig in einer gewaltigen Explosion, wobei unter Abgabe gewaltiger Energiemengen die äußere Gashülle ins All geschleudert wird. Solche Explosionen massereicher Sterne werden als Supernovae bezeichnet. Für einige Tage werden sie so hell wie eine ganze Galaxie mit rund 100 Milliarden Sonnen. Supernovae sieht man weithin im Kosmos bis in Distanzen von Milliarden Lichtjahren. Man nutzt sie daher auch als Entfernungsindikatoren.

Für Neutronensterne, die Reste von Supernova-Detonationen, gibt es allerdings eine Massenobergrenze. Hat der zusammenbrechende Sternenkern mehr als drei Sonnenmassen, so kann auch der Druck des entarteten Neutronengases den Kollaps nicht stoppen, der Reststern stürzt immer weiter zusammen, bis er innerhalb seines Schwarzschild-Radius als Schwarzes Loch für die Außenwelt verschwindet. Nichts kann den finalen Kollaps mehr aufhalten – ein Sieg der Gravitation, der schwächsten der vier Naturkräfte.

Dieses Szenario folgt aus der Allgemeinen Relativitätstheorie (ART). Der beim Zusammenbruch

University of Texas

2.14 John Archibald Wheeler (1911 – 2008) prägte den Begriff „Black Hole" (Schwarzes Loch) für einen Kollapsar.

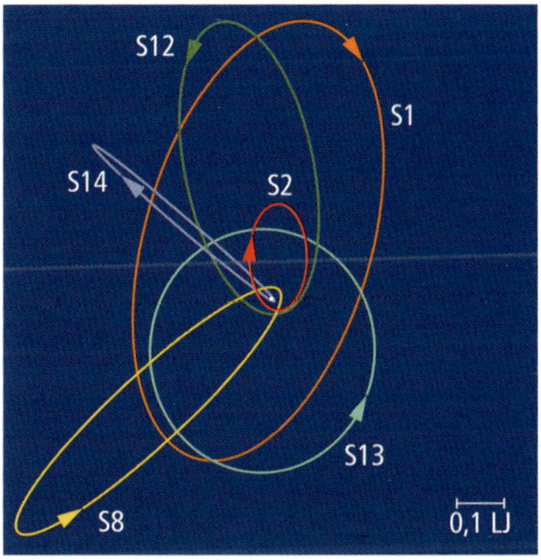

2.15 Sterne nahe dem Monster-Black-Hole im Milchstraßenzentrum umrunden es auf Kepler-Bahnen. Aus ihrem Lauf ergibt sich eine Masse von vier Millionen Sonnenmassen für das zentrale Schwarze Loch.

NASA/CXC/M. Weiss

2.16 Akkretionsscheibe um ein supermassereiches Schwarzes Loch mit zwei Jets (künstlerische Darstellung).

auftretende enorme Druck fördert ab einem bestimmten Punkt sogar noch den Kollaps, statt sich ihm entgegenzustemmen. Denn Druck ist pure Energie, die gemäß der aus der Speziellen Relativitätstheorie bekannten Formel $E = mc^2$ die gravitativ wirkenden Massen noch verstärkt. Nach der ART schrumpft der Stern zu einem ausdehnungslosen Punkt unendlich hoher Dichte. Eine solche Singularität ist jedoch reine Fiktion. In der Natur kommen Singularitäten nicht vor, sie sind nur mathematische Objekte.

Unsichtbar, aber nicht spurlos verschwunden

Schwarze Löcher kann man nicht sehen – sie senden kein Licht aus, überhaupt nichts kann ihnen entfliehen. Sie machen sich allerdings bemerkbar, wenn Materie in sie hineinstürzt. Dies passiert in Doppelsternsystemen, wenn sich der Partnerstern im Zuge seiner Entwicklung ausdehnt und dabei den Roche-Lobe (gravitative Stabilitätsgrenze) überschreitet. Dann reißt das Schwarze Loch mittels seiner Schwerkraft Masse an sich. Die Gasströme stürzen nicht senkrecht zum Ereignishorizont in das Black Hole, denn Stern und Schwarzes Loch kreisen um ihren gemeinsamen Schwerpunkt, der Drehimpuls bleibt erhalten. Die Materieströme spiralisieren sich in das Schwarze Loch hinein, einem gewaltigen Strudel gleich. Um das Black Hole bildet sich eine riesige, rotierende Scheibe aus Gas und Staub, eine sogenannte Akkretionsscheibe. Kollisionen zwischen den ionisierten Gasatomen, gewissermaßen eine Art Reibung, heizen die Akkretionsscheibe auf mehrere Millionen Grad auf, wobei sie eine intensive Röntgenstrahlung aussendet. Dabei flackert die Röntgenquelle in Bruchteilen von Sekunden. Nur ein winziges, aber massereiches Objekt kann eine solche Strahlung aussenden. Paradebeispiel für

NASA/JPL-Caltech/R. Hurt (SSC)

2.17 Der Quasar J1342+0928 beherbergt ein Monster-Black-Hole von 800 Millionen Sonnenmassen (künstlerische Darstellung).

ein solches Black Hole als Röntgenstrahler ist Cygnus X1 (X steht für X-ray, engl., Röntgenstrahlen). Auch im sichtbaren Bereich leuchtet eine solche Akkretionsscheibe.

Gigantische Gravitationsfallen …

Die meisten Schwarzen Löcher weisen Massen zwischen drei und zehn Sonnenmassen auf. Manche Exemplare, vor allem aus der Frühzeit des Kosmos, sind bis zu 100 Sonnenmassen schwer. Man spricht von stellaren Schwarzen Löchern. Doch außer stellaren Black Holes, Resten ausgebrannter Sterne, existieren Schwarze Löcher ganz anderer Kaliber mit millionenfacher Sonnenmasse. Solche wahren Monsterexemplare sitzen in den Zentren der meisten großen Milchstraßensysteme. Auch im Mittelpunkt unserer Milchstraße haust solch ein Monster von einem Black Hole. Seine Masse wurde zu vier Millionen Sonnenmassen bestimmt.

Die Vermutung, dass es Monster-Black-Holes mit millionenfacher, sogar milliardenfacher Sonnenmasse gibt, geht auf eine Entdeckung in den 1960er-Jahren zurück. Mit fortgeschrittener radioastronomischer Beobachtungstechnik entdeckte man punktförmige, also sternartige Radioquellen. Man bezeichnet sie als Quasare (Quasi stellar radio sources). Im sichtbaren Licht sehen die Quasare wie normale Sterne aus. Ihre Spektren gaben aber Rätsel auf, bis man erkannte, dass sie eine hohe Rotverschiebung aufweisen. Eine hohe Rotverschiebung im extragalaktischen Bereich bedeutet aber eine große Entfernung. Infolge der Expansion des Universums sind die Spektren der Galaxien und Quasare umso stärker nach dem roten Ende verschoben, je weiter sie entfernt sind. Ein Blick in die Ferne ist auch ein Blick in die Vergangenheit. Man beobachtet dabei Objekte in der Frühphase des Universums (siehe

Tabelle „Kosmologische Rotverschiebung und Entfernung" auf Seite 73).

Quasare strahlen in allen Frequenzen des elektromagnetischen Spektrums, vom Röntgenbereich über Ultraviolett, sichtbares Licht und Infrarot bis zu Radiowellen, mit denen sie erstmals aufgespürt wurden. Die große Rotverschiebung bei den Quasaren ließ auf eine enorme Entfernung im intergalaktischen Raum schließen. Auf Grund der gemessenen scheinbaren Helligkeiten der Quasare und deren Entfernungen konnte man ihre wahre Leuchtkraft ermitteln. Und da begann das Dilemma: Quasare entpuppten sich als die leuchtkräftigsten Objekte im Weltall. Ihre durchschnittliche Helligkeit entspricht der von 100 großen Galaxien. Da ihre Strahlungsstärke sowohl im Röntgenbereich als auch im sichtbaren Licht in relativ kurzer Zeit von wenigen Tagen variiert, können sie nicht größer sein als maximal eine Licht*woche* im Durchmesser – eine Winzigkeit gegenüber dem Durchmesser einer Galaxie von 100 000 Lichtjahren.

... in den Herzen von Galaxien

Wie aber kann in einem so kleinen Raumbereich eine solch gewaltige Energiemenge freigesetzt werden? Welche Objekte von bescheidener Größe können das sein? Die einzige plausible Lösung: Quasare sind Schwarze Löcher mit millionenfacher Sonnenmasse umgeben jeweils von einer gewaltigen, Millionen Grad heißen Akkretionsscheibe, die für enorme Leuchtkraft sorgt. Quasare sitzen in den Zentren von Galaxien in deren Jugendstadium. Wenn diese Monster-Black-Holes das Gas und die Sterne in ihrer Umgebung in einem gewaltigen Mahlstrom vollständig verschlungen haben, beginnen sie zu hungern – der Quasar leuchtet nicht mehr. Das Monster von einem Schwarzen Loch existiert aber weiterhin im Galaxienzentrum und flammt kurz auf, wenn Gaswolken oder Sterne ihm zu nahe kommen und gierig verschluckt werden.

Ein solch weitgehend verhungertes Monster-Black-Hole sitzt im Zentrum unseres Milchstraßensystems. Seine Masse von vier Millionen Sonnenmassen konnte nach dem 3. Kepler-Gesetz aus den Bahnen von Sternen bestimmt werden, die um das Monsterloch laufen. Im sichtbaren Licht ist der Blick auf zentrumsnahe Sterne durch interstellaren Staub in der Hauptebene der Galaxis versperrt. Aber im infraroten Spektralbereich kann man die Sterne in der Nähe unseres galaktischen Super-Black-Holes beobachten und ihre Raumgeschwindigkeiten messen.

Doch woher stammen diese riesigen Schwarzen Löcher? Sterne mit Millionen Sonnenmassen kön-

2.18 Massen von stellaren Schwarzen Löchern vor und nach dem Verschmelzen, von denen Gravitationswellen empfangen wurden.

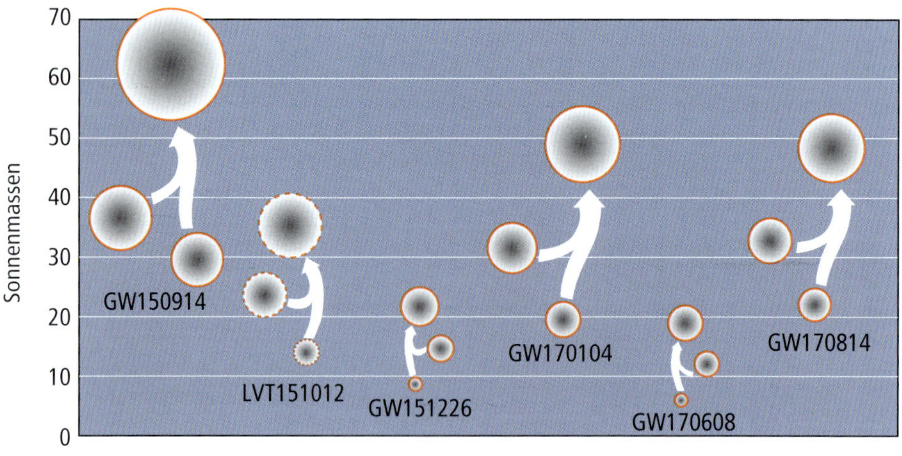

2.19 Die elliptische Riesengalaxie NGC 4889 (Coma B) im Sternbild Haar der Berenike beherbergt ein Black Hole von 20 Milliarden Sonnenmassen. Aufnahme: Hubble-Weltraumteleskop (NASA/ESA).

nen nicht existieren und es gibt sie auch nicht. Vermutlich haben sich zunächst kleine Black Holes von rund 100 Sonnenmassen gebildet. Im Laufe der knapp 14 Milliarden Jahre langen Geschichte des Universums haben sich diese „Keime" von Schwarzen Löchern so viel Gas und Sterne einverleibt, dass sie zu dicken Monstern von Schwarzen Löchern mit Millionen Sonnenmassen wurden.

Neue Entdeckung, neue Fragen

Doch diese „Anfress-Hypothese" stimmt wohl nicht, wie jüngste Beobachtungen erkennen lassen. Vor kurzem wurde im Gebiet der Sternbilder Bootes und Jungfrau ein Quasar (Katalog-Nummer: J1342+0928) mit einer Rotverschiebung von z = 7,54 entdeckt. Er ist damit der fernste Quasar, der je beobachtet wurde. Über 13 Milliarden Jahre war sein Licht zur Erde unterwegs. Als ihn sein Licht verließ, das wir heute empfangen, war das Universum erst 690 Millionen Jahre alt, das sind fünf Prozent des heutigen Weltalters. Die Masse seines Schwarzen Loches wird auf 800 Millionen Sonnenmassen geschätzt. Selbst wenn das ursprüngliche Black Hole 1000 Sonnenmassen hatte, erklärt sich die Masse von 800 Millionen Sonnenmassen nicht durch Akkretion, also Aufsammeln von Gas und Sternen in der Nachbarschaft des Schwarzen Loches. Dazu reichte einfach die Zeit nicht aus. Die Hypothese des allmählichen Anfressens greift hier nicht.

Das jugendliche Alter des Quasars J1342+0928 ergibt sich auch aus seinem Spektrum, das einen Anteil von zehn Prozent neutralen Wasserstoffs erkennen lässt.

Als das Universum 380 000 Jahre alt war, war die Temperatur des primordialen (ursprünglichen) Feuerballs vom Urknall so weit abgesunken (unter 3000 K), dass die Atomkerne Elektronen an sich fesseln konnten. Neutraler Wasserstoff und Helium bildeten sich. Das Weltall wurde durchsichtig, aber auch dunkel. Es begann das „dunkle Zeitalter" des Kosmos ohne Sterne, ohne Galaxien und ohne Quasare.

Doch im Laufe der Zeit setzte die Reionisation ein. Die intensive UV-Strahlung der ersten Sterne, die 200 Millionen Jahre nach dem Big Bang, dem Urknall, aufleuchteten, entriss den Atomen ihre Elektronen. Heute ist der intergalaktische Wasserstoff praktisch vollkommen ionisiert.

Verschiedene Wasserstoffanteile

Im Weltalter von 850 Millionen bis 1,2 Milliarden Jahren (dies entspricht einer Rotverschiebung von 6,5 bis 5) nahm der Anteil des neutralen Wasserstoffs rapide von 0,1 % auf 0,01 % ab, wie aus den Absorptionsspektren ferner Quasare abzulesen ist.

Beim Quasar J1342+0928 beträgt der Anteil von neutralem Wasserstoff zum ionisierten noch zehn Prozent, was einem Weltalter von 690 Millionen Jahren entspricht. Dies ist eine viel zu kurze Zeit, um ein solches Monster-Black-Hole durch Akkretion entstehen zu lassen. Vielmehr ist davon auszugehen, dass dieses massereiche Schwarze Loch durch Kollaps großer Gaswolken entstanden ist, wobei die Dunkle Materie, die nicht elektromagnetisch wechselwirkt und daher auch keinen Gasdruck ausübt, durch ihren gravitativen Einfluss einen solchen Gravitationskollaps in recht kurzer Zeit ermöglichte. Damit wurde auch eine Fraktionierung der massereichen interstellaren Gaswolke verhindert.

Die Wachstumsrate durch Akkretion eines Black Hole hat eine Obergrenze, die Eddington-Limit genannt wird. Diese tritt in Kraft, wenn die Akkretion zu stark anschwillt. Dann nämlich verhindert der Strahlungsdruck der extrem heißen Akkretionsscheibe eine weitere Akkretion, indem er das einfallende Gas zurückdrängt. Somit konnten die primordialen Monster-Black-Holes nicht schnell genug wachsen und noch mehr Materiemengen in kürzester Zeit anzuhäufen.

Der Quasar J1342+0928 ist nicht der einzige Quasar aus der Jugendzeit des Kosmos, den man kennt. Schon 2011 wurde der Quasar J1120+0641 mit einer Rotverschiebung von z = 7,1 aufgespürt. Er leuchtete bereits, als das Universum 770 Millionen Jahre alt war. Die Masse seines zentralen Black Hole wird auf zwei bis drei Milliarden Sonnenmassen geschätzt.

Die fernste Galaxie, die bisher aufgespürt wurde, zeigt eine Rotverschiebung von z = 11, dies entspricht einem Weltalter von nur 440 Millionen Jahren nach dem Urknall. Ihr Licht eilte 13,3 Milliarden Jahre durch das expandierende All, bis es vom Hubble-Weltraumteleskop eingefangen wurde.

Das bisher größte Schwarze Loch wurde im Zentrum der riesigen elliptischen Galaxie NGC 4889 im Sternbild Coma Berenices ausgemacht. Rund 300 Millionen Lichtjahre trennen die Galaxie NGC 4889 von uns. Seine Masse liegt bei 20 Milliarden (2×10^{10}) Sonnenmassen. Mit 120 Milliarden ($1{,}2 \times 10^{11}$) Kilometer (= 800 AE) Durchmesser ist es wesentlich größer als unser Planetensystem.

Die meisten Monster-Black-Holes sitzen in den Zentren von mehr oder minder großen Galaxien und verschlingen dann und wann wandernde Gaswolken oder Sterne, die ihnen zu nahe kommen. Einige triften jedoch frei durchs All, anstatt sittsam im Zentrum einer Galaxie auszuharren. Solch vagabundierende Monster-Black-Holes sind beim Verschmelzen von Galaxien entstanden. Beim Verschmelzungsprozess zweier Galaxien mit großen Massendifferenzen (etwa 1 : 10) strandet das Schwarze Riesenloch der kleineren Galaxie. Einsam und allein, völlig unsichtbar zieht das gestrandete Monster-Black-Hole seine Bahn in den Außenbezirken der neuentstandenen großen Galaxie mit nur geringen Chancen, noch eine interstellare Gaswolke oder Sterne zu erhaschen. Manche Astronomen nennen sie marodierende Monster, da sie dann und wann dennoch Sterne verschlingen samt ihren Planeten. Träfe ein solch vagabundierendes Schwarzes Loch auf unser Sonnensystem, bräuchte man sich um den Klimawandel auf Erden keine Sorgen mehr zu machen.

In der Andromedagalaxie (M 31) fand man mit dem Röntgenteleskop „Chandra" der NASA eine

2.20 Im Zentrum des Kugelsternhaufens 47 Tucanae (NGC 104) sitzt ein intermediäres Schwarzes Loch von über 100 Sonnenmassen.

ungewöhnlich intensive Röntgenquelle. Mit dem Gemini-North-Spiegelteleskop auf dem Mauna Kea (Hawaii) hat man die Quelle im optischen Bereich als bedeckungsveränderlichen Stern ausgemacht. Woher aber stammt die intensive Röntgenstrahlung? Zur großen Überraschung stellte sich heraus, dass die Röntgenquelle gar nicht in M 31 sitzt, sondern 1000-mal weiter als die Andromedagalaxie entfernt ist. In 2,6 Milliarden, also 2600 Millionen Lichtjahren Entfernung kreisen zwei Monster-Black-Holes mit einer Gesamtmasse von 200 Millionen Sonnenmassen umeinander. M 31 befindet sich nur rein zufällig im Vordergrund. Noch ist es nicht gelungen, dieses Monsterpaar in Einzelkomponenten aufzulösen. Man schätzt ihre gegenseitige Distanz auf etwa 100 AE (= 15 Milliarden Kilometer). Aus der Lichtkurve wurde ihre Umlaufzeit zu 80 Tagen bestimmt. Sie strahlen auch Gravitationswellen aus, die derzeit noch nicht messbar sind. Je nach der noch unbekannten genauen Distanz voneinander dürften sie in 360 000 Jahren miteinander kollidieren und anschließend verschmelzen – vielleicht aber schon in 350 Jahren – im kosmischen Maßstab betrachtet also im nächsten Augenblick.

Schwarze Löcher mit Mittelgewicht

Außer stellaren Black Holes sowie supermassereichen Schwarzen Löchern gibt es noch eine dritte Kategorie von Schwarzen Löchern, deren Massen zwischen 100 und 100 000 Sonnenmassen liegen. Man nennt sie intermediäre Black Holes (IMBH – **I**ntermediate **M**ass **B**lack **H**oles). So ein intermediäres Schwarzes Loch befindet sich im Zentrum des Kugelhaufens 47 Tucanae (NGC 104). Nach ω Centauri ist 47 Tuc der zweitgrößte Kugelhaufen, den wir in unserer Milchstraße gefunden haben. Er erscheint als diffuses Sternchen 4. Größe. Mehr als eine Million Sterne drängen sich in einem Raumbereich von 120 Lichtjahren Durchmesser. Im Zentrum sind die Sterne voneinander im Schnitt nur ein Zehntellichtjahr entfernt. In der Nachbarschaft von 47 Tuc liegt auch die Kleine Magellansche Wolke. Sie ist aber mit 200 000 Lichtjahren erheblich weiter entfernt als der Kugelhaufen, dessen Distanz rund 14 000 Lichtjahre beträgt. Die Röntgenstrahlungsquelle 47 Tuc X9 dürfte ein massereiches Schwarzes Loch sein, um das in nur einer Million Kilometer Entfernung ein Weißer Zwerg mit einer Umlaufzeit von nur einer halben Stunde kreist. Man schließt daraus auf eine Masse des Black Hole von über 100 Sonnenmassen.

Ein wesentlich schwereres intermediäres Schwarzes Loch wurde kürzlich nahe dem galaktischen Zentrum entdeckt. Man schätzt seine Masse auf 100 000 Sonnenmassen. Nur rund 200 Lichtjahre trennen dieses IMBH vom zentralen Black Hole im Mittelpunkt der Galaxis. Es sendet eine besonders intensive Röntgenstrahlung aus, woraus zu schließen ist, dass es von einer leuchtkräftigen Akkretionsscheibe umgeben ist. Eingebettet ist dieses intermediäre Schwarze Loch in eine relativ dichte Gaswolke von knapp 20 Lichtjahren Durchmesser. Vermutlich ist dieses Black-Hole der Mittelgewichtsklasse der Rest einer Zwerggalaxie, die sich unsere Milchstraße einverleibt hat. Über kurz oder lang wird es mit dem zentralen Schwergewichts-Black-Hole im Milchstraßenzentrum verschmelzen. Die dabei ausgesandten Gravitationswellen müssten dann von unseren gegenwärtigen Fabry-Pérot-Interferenzdetektoren registriert werden. Doch bis dahin gibt es sicher ganz andere Gravitationswellenempfänger oder überhaupt keine Beobachter mehr auf der Erde …

Mit dem für Frühjahr 2021 geplanten Start des James-Webb-Space-Telescope hofft man, bis zu 100 Monster-Schwarze-Löcher am Rande des beobachtbaren Universums zu entdecken und damit auch ihre rasche Entstehung kurz nach dem Urknall besser zu verstehen (siehe auch „Das James-Webb-Weltraumteleskop" im *Himmelsjahr 2018*).

KOSMOLOGISCHE ROTVERSCHIEBUNG UND ENTFERNUNG

Rotverschiebung z	Lichtlaufzeit in Milliarden Jahren	Alter des Universums in Milliarden Jahren	Expansionsgeschwindigkeit in km/s
0	< 0,01	13,8	–
0,1	1,31	12,4	28 000
0,2	2,45	11,3	52 300
0,3	3,45	10,3	73 600
0,4	4,32	9,4	92 300
0,5	5,09	8,6	108 700
0,6	5,77	7,9	123 250
0,7	6,38	7,3	136 100
0,8	6,91	6,8	147 500
0,9	7,40	6,3	157 800
1,0	7,82	5,9	166 900
2,0	10,40	3,3	222 100
3,0	11,35	2,1	242 400
4,0	12,16	1,6	259 700
5,0	12,53	1,2	267 600
6,0	12,78	0,94	272 800
7,0	12,95	0,77	276 500
8,0	13,08	0,65	279 100
9,0	13,17	0,55	281 200
10,0	13,24	0,478	282 700
100,0	13,704	0,0166	292 600
1000,0	13,720	0,000434	292 900 = 0,98 c

Die Tabelle gilt für ein flaches Universum (euklidische Metrik) mit folgenden kosmologischen Parametern:
Hubble-Parameter: $H_0 = 69{,}6$ km/(s · Mpc)
Dichteparameter: $\Omega = \rho_{real}/\rho_{krit}$
Baryonische + Dunkle Materie: $\Omega_{B+D} = 0{,}286$/Vakuumenergie: $\Omega_\Lambda = 0{,}714$
Gesamtdichteparameter: $\Omega = \Omega_{B+D} + \Omega_\Lambda = 1$
Vakuumlichtgeschwindigkeit: c = 299 792,458 km/s
Rotverschiebung: $z = \Delta\lambda = (\lambda^* - \lambda_0)/\lambda_0$
λ^* – beobachtete Wellenlänge
λ_0 – Laborwellenlänge (ruhende Strahlungsquelle relativ zum Beobachter)
Die Lichtlaufzeit gibt an, wie lange das Licht von einem Objekt (Stern, Galaxie, Quasar) mit der Rotverschiebung z zur Erde unterwegs war.
Das Alter des Universums vermerkt, wie alt das Universum war, als das Objekt sein Licht ausgesandt hat, das wir heute empfangen.

März 2019

- Die Sonne passiert am 20. März um 22^h58^m MEZ den Frühlingspunkt.
- Merkur beendet seine Abendsichtbarkeit.
- Venus spielt ihre Rolle als Morgenstern.
- Mars kann in der ersten Nachthälfte beobachtet werden.
- Jupiter beherrscht die zweite Nachthälfte.
- Saturn kann am Morgenhimmel aufgefunden werden.

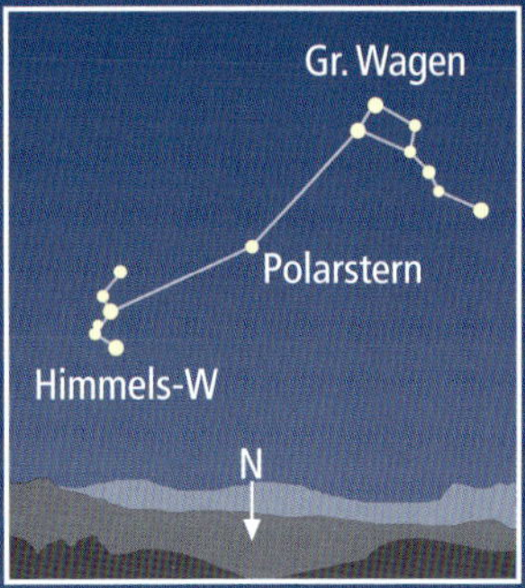

Großer Wagen und Himmels-W Anfang März um 22 Uhr

3.1 Anblick des Südosthimmels gegen 5^h15^m MEZ am 27. März. Die Planeten Jupiter und Saturn sind zu sehen. Neben Jupiter steht der abnehmende Halbmond.

1 Fr	Mond bei Saturn (Morgenhimmel)
2 Sa	Mond bei Venus (Morgenhimmel)
3 So	
4 Mo	
5 Di	
6 Mi	Aschermittwoch , **Neumond**
7 Do	
8 Fr	
9 Sa	
10 So	
11 Mo	Mond bei Mars (Abendhimmel)
12 Di	
13 Mi	
14 Do	Mond im ersten Viertel
15 Fr	
16 Sa	
17 So	
18 Mo	
19 Di	
20 Mi	Frühlingsbeginn
21 Do	**Vollmond**
22 Fr	
23 Sa	
24 So	
25 Mo	
26 Di	
27 Mi	Mond bei Jupiter (Morgenhimmel)
28 Do	Mond im letzten Viertel
29 Fr	Mond bei Saturn (Morgenhimmel)
30 Sa	Astronomietag
31 So	Beginn der Sommerzeit

SONNE – STERNBILDER

12. 3. 20ʰ:
Sonne tritt in das Sternbild Fische

20. 3. 22ʰ58ᵐ:
Sonne tritt in das Tierkreiszeichen Widder

Julianisches Datum am
1. März, 1ʰ MEZ: 2 458 543,5

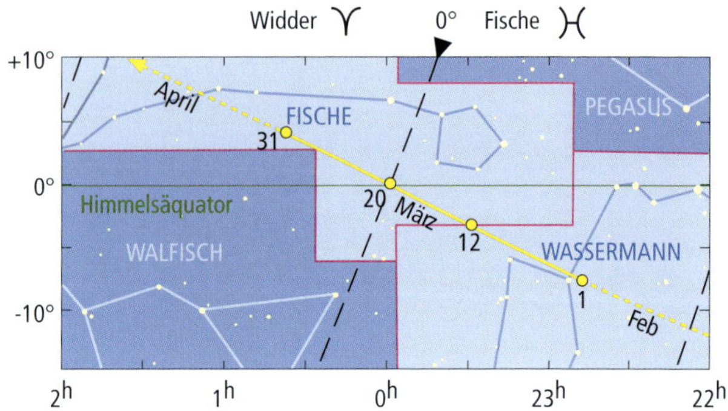

TABELLE SONNENLAUF

Tag	Dämmerg. Anfang	Aufgang MEZ	Kulmination	Untergang MEZ	Dämmerg. Ende	Mittagshöhe	Zeitgleichg.	Rektaszension	Deklination
	h m	h m	h m	h m	h m	°	m	h m	°
1.	5 54	7 04	12 32	18 01	19 11	32,4	–12	22 46	– 7,9
5.	5 46	6 56	12 32	18 08	19 18	33,9	–12	23 01	– 6,4
10.	5 36	6 45	12 30	18 16	19 26	35,9	–10	23 19	– 4,4
15.	5 25	6 35	12 29	18 24	19 34	37,9	– 9	23 37	– 2,4
20.	5 14	6 24	12 28	18 32	19 43	39,8	– 8	23 56	– 0,5
25.	5 02	6 13	12 26	18 40	19 51	41,8	– 6	0 14	+ 1,5
31.	4 48	6 00	12 24	18 50	20 02	44,1	– 4	0 36	+ 3,9

Achtung: Ab Sonntag, 31. März 2019, gilt die Sommerzeit. Zu allen im Himmelsjahr angegebenen Zeiten eine Stunde addieren!

TAGES- UND NACHTSTUNDEN

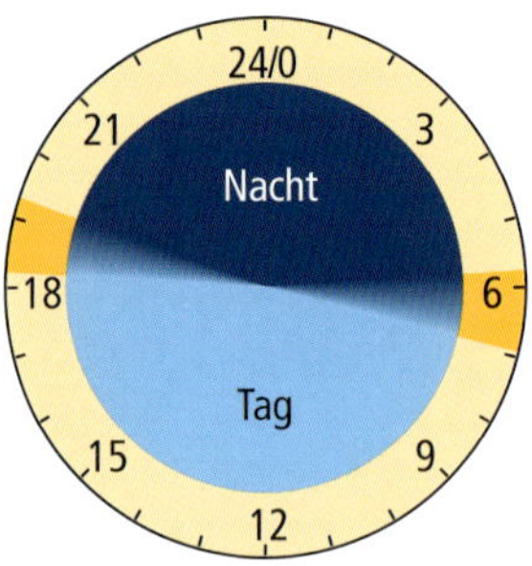

5. März

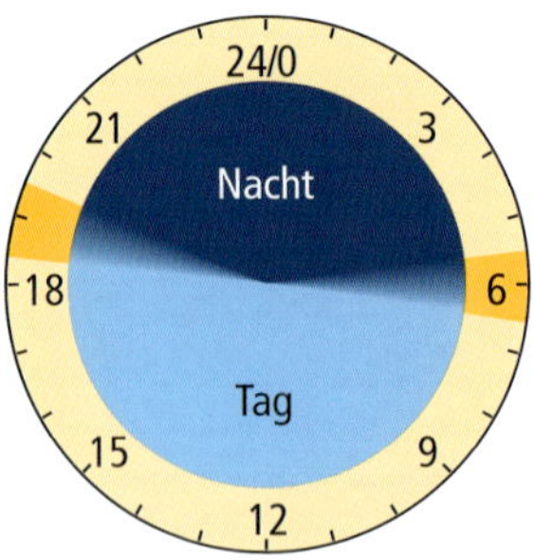

15. März

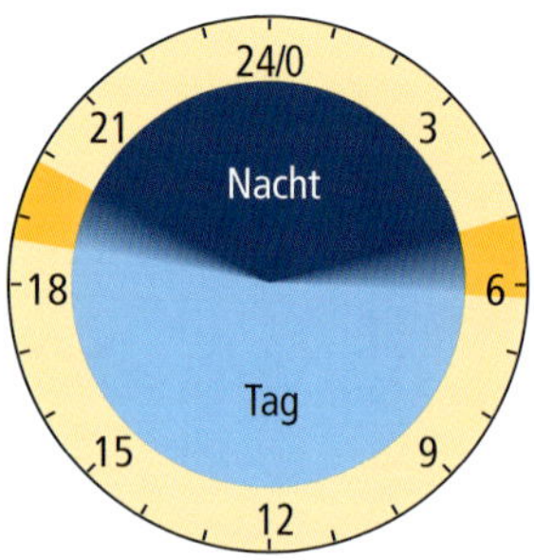

25. März

TABELLE MONDLAUF

Datum	Aufg. MEZ	Kulmination	Unterg. MEZ	Rektaszension	Deklination		Sterne und Sternbilder	Phase	MEZ
	h m	h m	h m	h m	°				
Fr 1.	4 23	8 38	12 53	18 36	−21,6		Schütze, Nunki		
Sa 2.	5 10	9 27	13 47	19 28	−21,4		Schütze	Absteigender Knoten	
So 3.	5 49	10 15	14 45	20 18	−20,2		Steinbock		
Mo 4.	6 22	11 01	15 47	21 07	−18,2		Steinbock	Erdferne 406/29,′4	12h
Di 5.	6 50	11 46	16 50	21 55	−15,4		Steinbock		
Mi 6.	7 14	12 29	17 54	22 42	−11,9		Wassermann	**Neumond Nr. 1190**	**17h 04m**
Do 7.	7 35	13 12	18 59	23 28	− 8,0		Wassermann		
Fr 8.	7 56	13 54	20 04	0 13	− 3,7		Fische		
Sa 9.	8 16	14 37	21 10	0 58	+ 0,8		Walfisch	Größte Südbreite	
So 10.	8 37	15 21	22 18	1 44	+ 5,3	*	Fische		
Mo 11.	9 00	16 07	23 26	2 31	+ 9,6		Walfisch		
Di 12.	9 26	16 55	–	3 20	+13,7		Widder		
Mi 13.	9 58	17 47	0 36	4 12	+17,1	*	Stier, Hyaden	Libration Ost	
Do 14.	10 38	18 42	1 45	5 07	+19,8		Stier	**Erstes Viertel**	**11h 27m**
Fr 15.	11 28	19 40	2 51	6 04	+21,4	*	Orion		
Sa 16.	12 29	20 39	3 51	7 04	+21,8		Zwillinge	Aufsteigender Knoten	
So 17.	13 41	21 39	4 42	8 06	+20,7	*	Krebs, Krippe		
Mo 18.	15 00	22 38	5 25	9 07	+18,3		Krebs, Krippe		
Di 19.	16 23	23 35	6 01	10 07	+14,6		Löwe, Regulus	Erdnähe 359/33,′3	21h
Mi 20.	17 47	–	6 31	11 06	+ 9,9		Löwe		
Do 21.	19 09	0 30	6 58	12 03	+ 4,7		Jungfrau	**Vollmond**	**2h 43m**
Fr 22.	20 30	1 23	7 23	12 58	− 0,8		Jungfrau	Größte Nordbreite	
Sa 23.	21 48	2 15	7 49	13 53	− 6,2		Jungfrau		
So 24.	23 04	3 07	8 16	14 46	−11,1		Waage		
Mo 25.	–	3 59	8 46	15 40	−15,2		Waage	Libration West	
Di 26.	0 15	4 50	9 20	16 34	−18,4		Antares		
Mi 27.	1 20	5 42	10 00	17 27	−20,6		Schlangenträger		
Do 28.	2 18	6 33	10 46	18 21	−21,7		Schütze	**Letztes Viertel**	**5h 10m**
Fr 29.	3 08	7 22	11 39	19 13	−21,8		Schütze, Nunki	Absteigender Knoten	
Sa 30.	3 50	8 11	12 36	20 04	−20,9		Schütze		
So 31.	4 25	8 58	13 37	20 54	−19,0		Steinbock		

DER MOND WANDERT DURCH DAS GOLDENE TOR DER EKLIPTIK

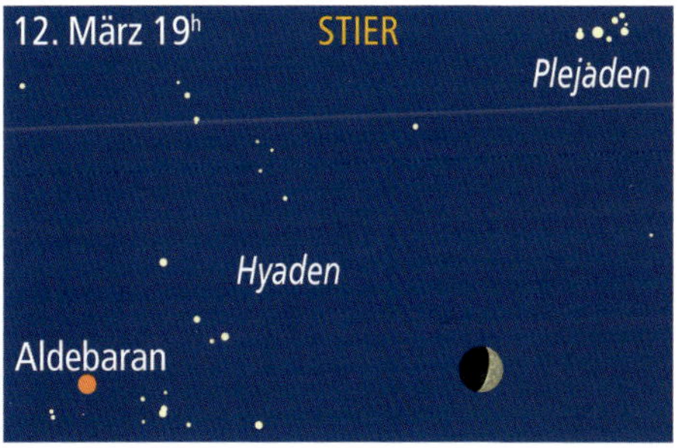

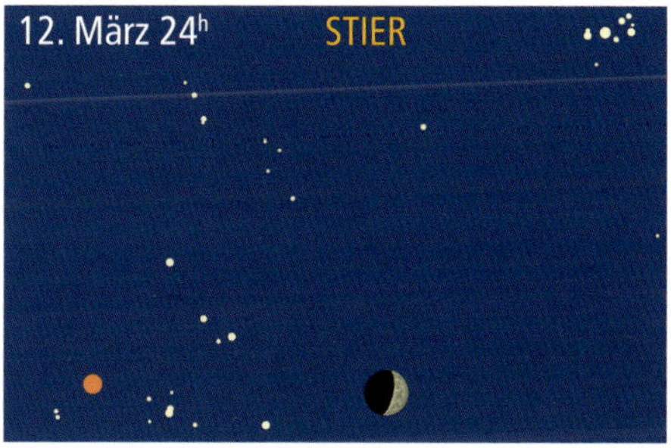

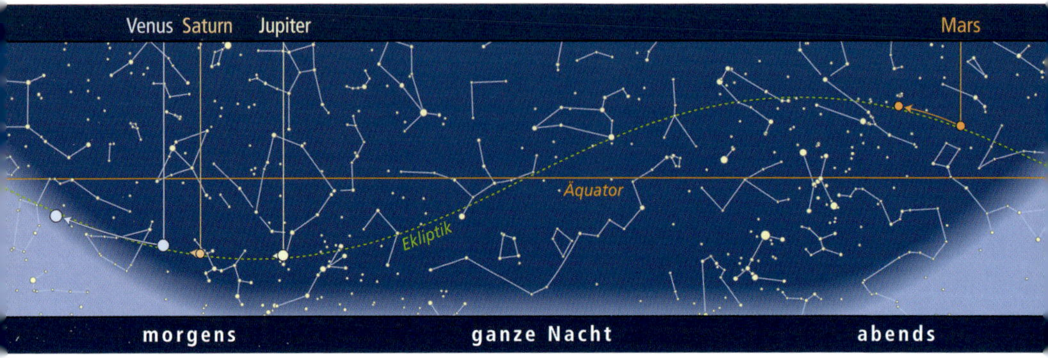

MERKUR beendet zu Monatsbeginn seine Abendsichtbarkeit. Am 1. geht der $-0\overset{m}{,}2$ helle Merkur um 19^h44^m unter. Kurz nach 19^h kann man den sonnennahen Planeten noch am Westhorizont aufstöbern (siehe Abb. 2.2 auf Seite 54). Gegen 19^h30^m verblasst er im Horizontdunst. Bis 5. sinkt die Merkurhelligkeit auf $0\overset{m}{,}9$ um mehr als eine Größenklasse ab, sein Untergang verfrüht sich ein wenig auf 19^h37^m. Am 5. wird Merkur stationär und eilt anschließend rückläufig auf die Sonne zu, die ihm entgegenkommt. Am 15. trifft er mit ihr zusammen. Dabei kommt er in untere Konjunktion mit ihr, wobei er ein wenig nördlich an der Sonne vorbeizieht. Erst am 11. November wird der flinke Planet in diesem Jahr bei seiner unteren Konjunktion als schwarzes Pünktchen vor der Sonnenscheibe vorbeiziehen (siehe Seite 28 und Monatsthema November auf Seite 243). Dieser Merkurtransit kann von Mitteleuropa aus verfolgt werden.

Merkur beendet seine Rückläufigkeit am 27. und wandert anschließend wieder rechtläufig durch den Tierkreis. Obwohl sein westlicher Winkelabstand bis Monatsende auf gut 24° anwächst, reicht dies nicht für eine Morgensichtbarkeit. Fazit: Merkur bleibt unsichtbar. Seine Konjunktionsschleife zieht Merkur im Gebiet der Sternbilder Wassermann und Fische (siehe Abb. 3.3 auf Seite 79).

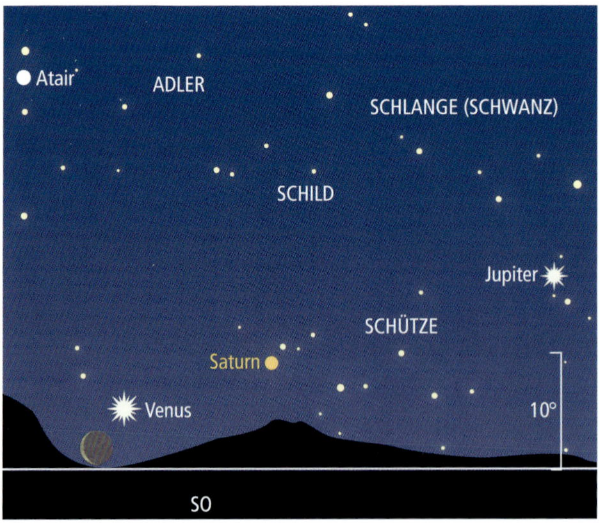

3.2 Planetenparade am 3. März gegen 6^h morgens. Über dem Südosthorizont sind die Planeten Venus, Saturn und Jupiter zu sehen. Die schmale Sichel des abnehmenden Mondes gesellt sich zu Venus.

VENUS spielt nach wie vor ihre Rolle als Morgenstern, allerdings wird sie immer unauffälliger. Zu Monatsbeginn tritt sie in das Sternbild Steinbock und wechselt am 24. in den Wassermann (siehe Abb. 2.6 auf Seite 55). Venus gewinnt dabei nördlichere Deklinationen, weshalb sich ihre Aufgangszeiten von 5^h26^m am

Monatsbeginn auf 5^h03^m (= 6^h03^m Sommerzeit) am Monatsende verfrühen. Die Venushelligkeit sinkt abermals um $0{,}^m2$ auf $-3{,}^m9$ ab. Am 10. zeigt sich das nur noch knapp 15″ große Venusscheibchen zu 75 % beleuchtet. Am 3. erhält Venus Besuch von der schmalen Sichel des abnehmenden Mondes, ein beeindruckender Himmelsanblick gegen 6^h morgens, zumal noch Saturn und Jupiter über dem Osthorizont für eine Parade heller Planeten sorgen (siehe Abb. 3.2 auf Seite 78).

MARS kann nach wie vor in der ersten Nachthälfte beobachtet werden. Nach Einbruch der Dunkelheit sieht man ihn am Westhimmel. Am 23. verlässt er das Sternbild Widder und tritt in das Sternbild Stier, wobei er immer nördlichere Bezirke des Tierkreises erreicht (siehe Abb. 2.8 auf Seite 56).
Am 30. hält er sich $3{,}^\circ1$ südlich der Plejaden auf – am Eingang zum „Goldenen Tor der Ekliptik" (siehe Abb. 3.5 unten rechts).
Die Marshelligkeit sinkt weiter um $0{,}^m2$ ab und beträgt am Monatsende $1{,}^m4$. Am 1. geht Mars um 23^h35^m unter, am Monatsende fünf Minuten früher (23^h30^m = 0^h30^m Sommerzeit am 1. April).
Am 23. mittags beginnt auf der Marsnordhalbkugel der Frühling. Der scheinbare Marsdurchmesser geht auf $4{,}''6$ zurück, was eine Beobachtung der abnehmenden Polkappe kaum zulässt.

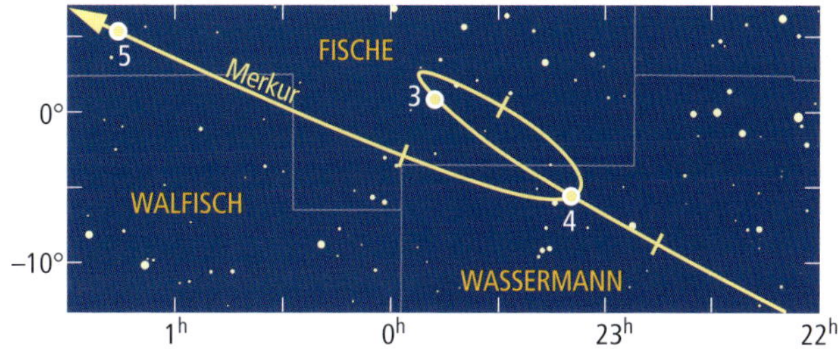

3.3 Konjunktionsschleife von Merkur im Sternbild Wassermann. Die Zahlen geben die Merkurposition zum jeweiligen Monatsersten an (3 = 1. März).

JUPITER im Schlangenträger kann in der zweiten Nachthälfte gesehen werden. Er bremst seine rechtläufige Bewegung merkbar ab und kommt Ende März fast zum Stillstand. Die Umkehr seiner Laufrichtung erfolgt im ersten Aprildrittel (siehe Abb. 6.6 auf Seite 145).
Die Jupiteraufgänge verfrühen sich von 3^h05^m am 1. auf 2^h16^m am 15. und auf 1^h18^m (= 2^h18^m Sommerzeit) am Monatsletzten.
Am 27. erhält der Riesenplanet Besuch vom abnehmenden Mond, ein netter Himmelsanblick gegen 5^h morgens (siehe auch Abb. 3.1 auf Seite 74).
Die Jupiterhelligkeit nimmt weiter um $0{,}^m2$ auf $-2{,}^m2$ zu.

SATURN, rechtläufig im Sternbild Schütze, kann am Morgenhimmel aufgefunden werden. Sein Aufgang erfolgt am 1. um 4^h52^m, am 15. um 4^h01^m und am 31. um 3^h01^m (= 4^h01^m Sommerzeit). Der Ringplanet steigert seine Helligkeit leicht um $0{,}^m1$ auf $0{,}^m5$ zum Monatsende.
Am 29. zieht die Sichel des abnehmenden Mondes knapp südlich am Ringplaneten vorbei (siehe Abb. 3.4 unten links).

3.4 Der abnehmende Halbmond besucht am 29. März Saturn. Fernglasanblick gegen 5^h MEZ.

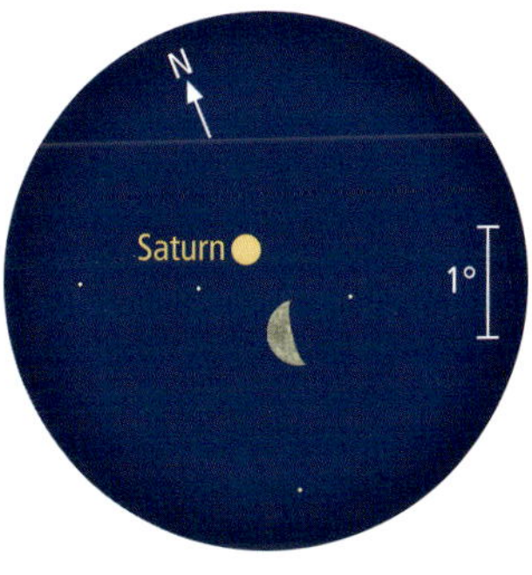

3.5 Mars marschiert Ende März, Anfang April durch das Goldene Tor der Ekliptik. Fernglasanblick am Abendhimmel.

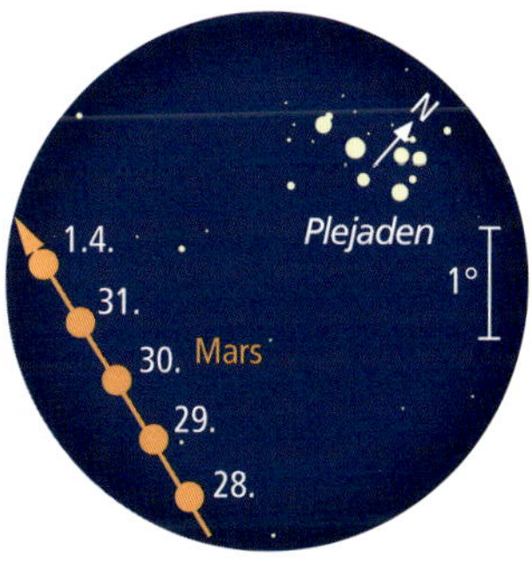

Im Teleskop erkennt man den relativ weit geöffneten Ring (23,°6). Der scheinbare Längsdurchmesser des Ringes beträgt 36″, der Äquatordurchmesser des Saturnscheibchens 16″.

URANUS, rechtläufig im Sternbild Widder, verkürzt erheblich den Zeitraum, in dem er noch aufgefunden werden kann. Seine Konjunktion mit der Sonne steht kurz bevor, nämlich im letzten Aprildrittel.
Um Uranus zu finden, soll die Aufsuchkarte Abb. 10.6 auf Seite 219 behilflich sein.
Am 1. kulminiert der sonnenferne Planet um 15^h35^m, am 31. schon um 13^h43^m. Die Uranusuntergänge erfolgen am 1. um 22^h31^m, am 15. um 21^h39^m und am 31. bereits um 20^h41^m (= 21^h41^m Sommerzeit).
Nach der Monatsmitte lohnt es nicht mehr, nach Uranus zu suchen. Denn der nur 5^m,9 helle Planet versteckt sich nach Ende der nautischen Dämmerung bereits in den dichten, horizontnahen Dunstschichten.

NEPTUN kommt am 7. im Sternbild Wassermann (lat.: Aquarius) in Konjunktion mit der Sonne. Er hält sich somit am Taghimmel auf und bleibt nachts unbeobachtbar unter dem Horizont. Auch das Zusammentreffen mit Merkur am 22. entgeht uns.
Am Tag der Konjunktion ist Neptun 4627 Millionen Kilometer (= 30,93 AE) von der Erde entfernt. Von der Sonne trennen ihn 4479 Millionen Kilometer (= 29,94 AE).

KONSTELLATIONEN UND EREIGNISSE

Datum	MEZ	Ereignis
1.	19^h	**Mond bei Saturn**, Mond 0,°3 nördlich,
		Abstand 5,°6 um 6^h am 2.
2.	5	Mond bei Pluto, Mond 0,°5 nördlich
2.	22	**Mond bei Venus**, Mond 1,°2 südlich,
		Abstand 4,°1 um 6^h am 3.
5.	6	Merkur im Stillstand, anschließend rückläufig
6.	15	Mond bei Neptun, Mond 3,°2 südlich
7.	2	Neptun in Konjunktion mit der Sonne
7.	14	Mond bei Merkur, Mond 8,°4 südlich
10.	5	Mond bei Uranus, Mond 4,°9 südlich
11.	13	**Mond bei Mars**, Mond 5,°8 südlich,
		Abstand 6,°0 um 20^h
15.	3	Merkur in unterer Konjunktion mit der Sonne
20.	22^h58^m	**Sonne im Frühlingspunkt, Tagundnachtgleiche**
22.	8	Merkur bei Neptun, Merkur 3,°4 nördlich
27.	3	**Mond bei Jupiter**, Mond 1,°9 nördlich,
		Abstand 1,°1 um 3^h
27.	13	Merkur im Stillstand, anschließend rechtläufig
29.	6	**Mond bei Saturn**, Mond 0,°05 südlich,
		Abstand 0,°9 um 5^h
29.	13	Mond bei Pluto, Mond 0,°3 nördlich

PLANETOIDEN UND ZWERGPLANETEN

CERES – Zwergplanet mit der Planetoiden-Nr. 1 – wandert rechtläufig durch den Schlangenträger, bremst aber ihre Bewegung deutlich ab. Ihr Stillstand ist nicht mehr fern (siehe Abb. 6.6 auf Seite 145). Ceres wird deutlich heller: Anfang März noch 8^m,6 hell, steigert sie bis Monatsende ihre Helligkeit auf 8^m,2, womit sie in jedem lichtstarken Fernglas erfasst werden kann.
Am 1. erfolgt der Ceresaufgang um 1^h37^m und der Meridiandurchgang um 6^h21^m. Bis Monatsende verfrüht sich ihr Aufgang auf 0^h00^m und ihre Kulmination auf 4^h41^m (= 5^h41^m MESZ).

PALLAS – Planetoid Nr. 2 – eilt in Richtung Norden durch das Sternbild Bootes. Am 5. wird sie stationär und ist anschließend rückläufig. Dies bezieht sich lediglich auf ihre Bewegung in Rektaszension, also parallel zum Himmelsäquator. In Deklination erreicht sie schnell nördlichere Positionen (siehe Abb. 4.4 auf Seite 106).
Die Pallashelligkeit nimmt von 8^m,2 auf 7^m,9 im Laufe des März zu. Die Opposition steht bevor, sie wird im ersten Aprildrittel erreicht.

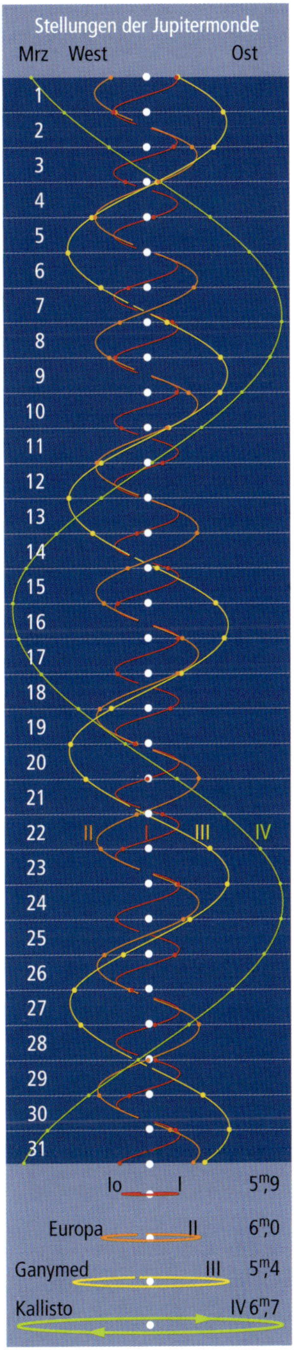

JUPITERMONDE

Tag	MEZ h m	Vorgang	
3.	6 23	I	SA
4.	3 39	I	VA
	3 48	II	SE
	3 53	II	DA
	4 14	III	DE
	6 16	II	DE
5.	4 17	I	DE
11.	3 07	III	SE
	4 00	II	SA
	5 32	I	VA
	6 07	III	DA
12.	4 00	I	DA
	4 55	I	SE
13.	3 26	I	BE
	3 33	II	BE
18.	4 58	III	SA
19.	4 38	I	SA
20.	3 32	II	VE
	3 42	II	BA
	5 19	I	BE
21.	2 33	I	DE
22.	2 26	III	BE
27.	3 44	II	VA
	3 46	I	VA
28.	2 14	I	DA
	3 11	I	SE
	4 25	I	DE
29.	3 10	II	DE
	4 05	III	BA

Am 1. geht Pallas um 21^h26^m (= 22^h26^m MESZ) auf und kulminiert um 3^h58^m. Bis 15. verfrühen sich ihre Meridiandurchgänge auf 3^h01^m. Am Monatsende erfolgt ihr Aufgang um 18^h28^m und ihre Meridianpassage bereits um 1^h51^m (= 2^h51^m MESZ).

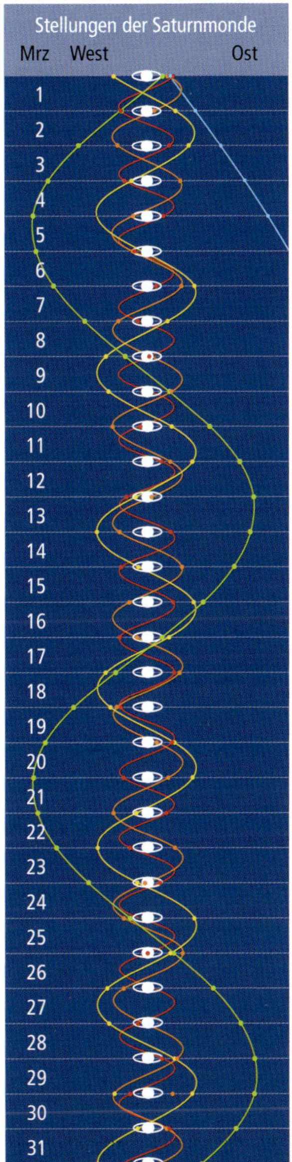

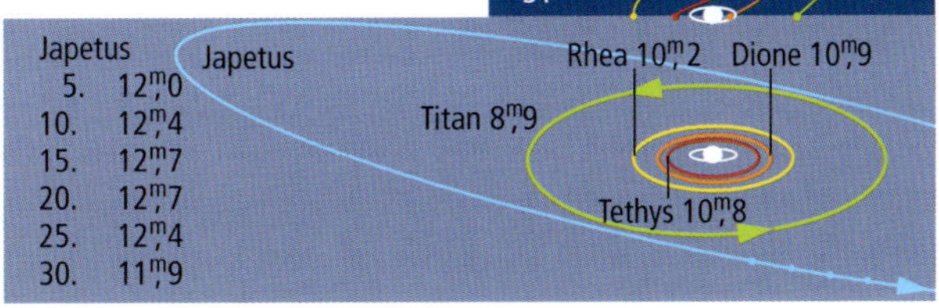

VESTA kommt am 7. spät abends in Konjunktion mit der Sonne. Von der Erde ist sie dabei 500 Millionen Kilometer (= 3,34 AE) entfernt. Ihre Sonnendistanz misst zur Konjunktion 352 Millionen Kilometer (= 2,35 AE).

PERIODISCHE STERNSCHNUPPENSTRÖME

Auch im März bleibt die Sternschnuppentätigkeit eher bescheiden. In der Zeit um Mitternacht sind während des ganzen Monats die **VIRGINIDEN** zu beobachten. Ihr Radiant (Ausstrahlungspunkt) liegt in der Jungfrau. In den letzten Jahren wurden jeweils weniger als fünf Virginiden pro Stunde beobachtet. Die Existenz dieses Stromes wird von Fachleuten inzwischen angezweifelt.
Auch der schwache Strom der **HYDRAÏDEN**, die zwischen Mitte März und Anfang April auftauchen sollen, wurde aus der Liste der permanenten Meteorströme gestrichen.
Am Morgen, wenn der Erdapex (Fluchtpunkt des Erdumlaufes um die Sonne) kulminiert, kollidiert unser Planet mit etlichen Meteoroiden, die uns in der Ekliptikebene entgegen kommen.
Da im März die morgendliche Ekliptik über dem Südhorizont recht tief liegt, ist die von unseren Breiten aus beobachtbare Zahl der frontal eintreffenden Sternschnuppen gering.
In Zeiten geringer Meteoraktivität ist die Chance für die Entdeckung schwacher Quellen günstig. Bisher haben aber die systematischen Auswertungen verschiedener Datensätze keine nachweisbaren Ströme gezeigt. Dies trifft auch für die Südhalbkugel zu.

Der Fixsternhimmel

Am Westhimmel sind noch die Wintersternbilder zu finden. Orion und Sirius stehen vor dem Untergang. Der Stier mit dem roten Aldebaran ist weit im Westen zu sehen. Höher noch stehen die Zwillinge mit Kastor und Pollux und der Fuhrmann mit Kapella. Der Kleine Hund mit seinem Hauptstern Prokyon hält sich im Südwesten auf.
Die Kassiopeia, das Himmels-W, ist herabgesunken, während hoch im Nordosten, schon in Zenitnähe, uns der Große Wagen hilft, den Polarstern zu finden.
Der Krebs hat den Gipfel erklommen und krabbelt eben durch den Meridian. Nun ist die günstigste Gelegenheit, dieses lichtschwache Sternbild auszumachen. Denn der Krebs ist die unscheinbarste Figur des gesamten Tierkreises (Zodiacus). Der Krebs wurde von Herkules zerschmettert, als er ihn während seines Kampfes mit der schrecklichen Hydra in die große Zehe zwickte. Mitten im Krebs liegt der schöne offene Sternhaufen Praesepe oder Krippe. In unseren lichtüberfluteten Städten ist er immer schwerer mit bloßen Augen zu erkennen. Aber im Fernglas ist er einwandfrei zu sehen. Wirklich beeindruckend ist der Sternhaufen der Krippe aber erst im lichtstarken Teleskop bei mäßiger Vergrößerung.
Dem Krebs folgt im Tierkreis der Löwe mit seinem Hauptstern Regulus, der die Ekliptik markiert. Leicht ist das mächtige Sternentrapez des Löwenrumpfes mit dem hellen Stern Regulus an der Spitze zu erkennen.
Auch die Jungfrau ist schon im Südosten aufgegangen, wenn auch ihr Hauptstern Spica noch so horizontnah steht, dass er kaum zur Geltung kommt. Tief im Osten leuchtet ein heller, orange-rötlicher Stern: Arktur, der Bärentreiber im Bild des Rinderhirten (lat.: Bootes).
Die Wasserschlange (lat.: Hydra), deren Kopf südlich vom Krebs liegt und die so ausgedehnt ist, dass sie bis zur Waage reicht, schlängelt sich am Horizont entlang. Alphard, das Herz der Wasserschlange, passiert soeben den Meridian. Das Schwanzende der Wasserschlange hingegen ist noch gar nicht aufgegangen. Die Wasserschlange ist weiblichen Geschlechts. Ihr Partner, die männliche Wasserschlange (lat.: Hydrus, abgekürzt: Hyi), hält sich

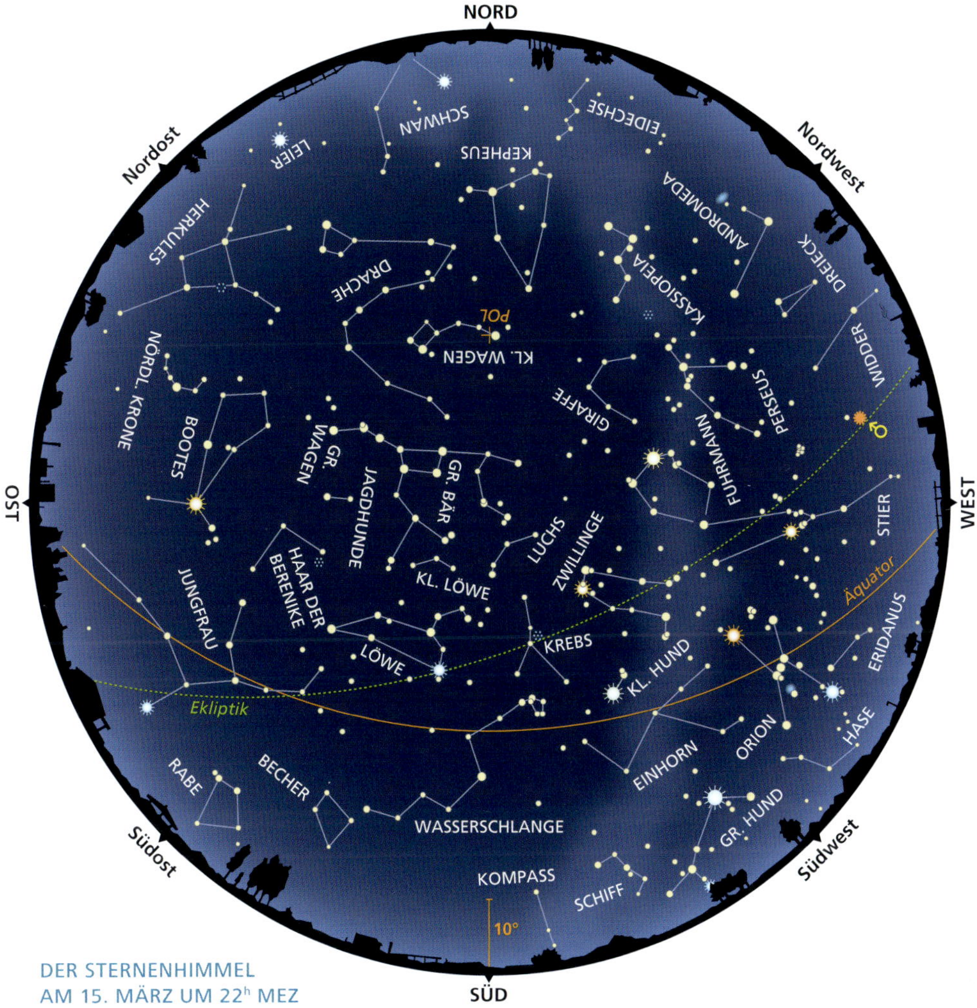

DER STERNENHIMMEL
AM 15. MÄRZ UM 22h MEZ

Die Sternkarte ist auch gültig für:

	MEZ	MESZ
15.11.	6h	
1.12.	5	
15.12.	4	
1. 1.	3	
15. 1.	2	
1. 2.	1	
15. 2.	0	
1. 3.	**23**	
15. 3.	**22**	
31. 3.	**21**	**22h**

tief am Südhimmel nahe dem Himmelssüdpol auf. Das Sternbild wird auch „Kleine Wasserschlange" genannt. Eingeführt wurde das Sternbild Hydrus erst in der Neuzeit von holländischen Seefahrern.

Zwischen Wasserschlange und Jungfrau befinden sich zwei kleine Sternbilder: der Rabe und der Becher. Der Rabe wird durch ein kleines, aber durchaus einprägsames Sternenviereck markiert. Es ist relativ gut zu erkennen. Der Becher (lat.: Crater) hingegen ist außerordentlich lichtschwach und nur sehr schwer am Himmel zu finden. Zwischen dem Großen und dem Kleinen Hund ist das Einhorn (lat.: Monoceros) beheimatet. Das Einhorn gehört zu den unauffälligen und daher wenig bekannten Sternbildern. Es setzt

3.6 Das Sternbild Löwe in einer figürlichen Darstellung aus dem Sternatlas von Johann Elert Bode von 1782.

sich nur aus Sternen vierter Größe und darunter zusammen. Der hellste Stern im Einhorn, α Monocerotis, wird Lucida genannt und ist $3\overset{m}{,}9$ hell. Die übrigen Sterne des Einhorns haben keine Eigennamen erhalten.
Das Einhorn ist ein neuzeitliches Sternbild und hat keinen mythologischen Hintergrund aus der klassischen Sagenwelt der Antike.
Nordöstlich des Löwen stößt man auf das unscheinbare Bild der Jagdhunde (lat.: Canes Venatici). Es liegt zwischen den Sternbildern Großer Bär, Bootes und Löwe. Genau wie das Einhorn, so sind auch die Jagdhunde ein neuzeitliches Sternbild. Der Hauptstern der Jagdhunde, α Canum Venaticorum, steht südlich der Deichsel des Großen Wagens. Mit $2\overset{m}{,}8$ Helligkeit kann man ihn leicht mit bloßen Augen erkennen. Er ist ein Doppelstern in 110 Lichtjahren Entfernung. Seine Komponenten sind $2\overset{m}{,}9$ und $5\overset{m}{,}5$ hell. Mit $18\overset{\prime\prime}{,}2$ Separation trennt ihn jedes kleine Teleskop. Die hellere Komponente ist der Prototyp einer ganzen Klasse von veränderlichen Sternen (Ap-Sterne, magnetische Variable).

DAS STERNBILD LÖWE (LEO)

Der Löwe gehört zum Tierkreis (Zodiacus), also zu jenen Sternbildern, durch die Sonne, Mond und Planeten laufen. Er ist ein sehr markantes und darum leicht einzuprägendes Sternbild. Ein großes Sternentrapez stellt den Rumpf, ein kleineres den Kopf dieses königlichen Tieres dar. Die Sonne wandert vom 11. August bis 17. September durch den Löwen. Je nach Lage des letzten Schaltjahres können sich diese Daten um einen Tag verschieben. Nach dem Sternkatalog von Friedrich Wilhelm Argelander aus Bonn gehören insgesamt 76 Sterne zum Löwen.
Viele Völker des Altertums glaubten, in dieser Sternenfigur einen Löwen zu erkennen. Bei den Persern hieß dieses Bild Ser, bei den Türken Artan, bei den Syrern Aryo, bei den Juden Arye und bei den Babyloniern Aru. Alle diese Bezeichnungen bedeuten „Löwe".
Die alten Griechen sahen hier den fürchterlichen Löwen von Nemea, der von Herkules mit bloßen Händen erwürgt wurde. Dies war die erste seiner berühmten zwölf Heldentaten. Der Löwe wurde auch als Nemeïsches Monster bezeichnet, denn er war keine gewöhnliche Raubkatze. Geboren von der Mondgöttin Selene, war sein Fell unverwundbar. Weder Steine noch Eisen- oder Bronzespeere konnten das Löwenfell verletzen. Von

VERÄNDERLICHE STERNE IM MÄRZ

Algol-Minima	2. 2^h15^m	4. 23^h05^m	7. 19^h54^m	25. 0^h49^m	27. 21^h38^m	30. 18^h28^m
β-Lyrae-Minima	6. 21^hH	13. 9^hN	19. 21^hH	26. 8^hN		
δ-Cepheï-Maxima	1. 19^h	7. 4^h	12. 13^h	17. 22^h	23. 6^h	28. 15^h
Mira-Helligkeit	1. 5^m	10. 5^m	20. 6^m	31. 6^m		

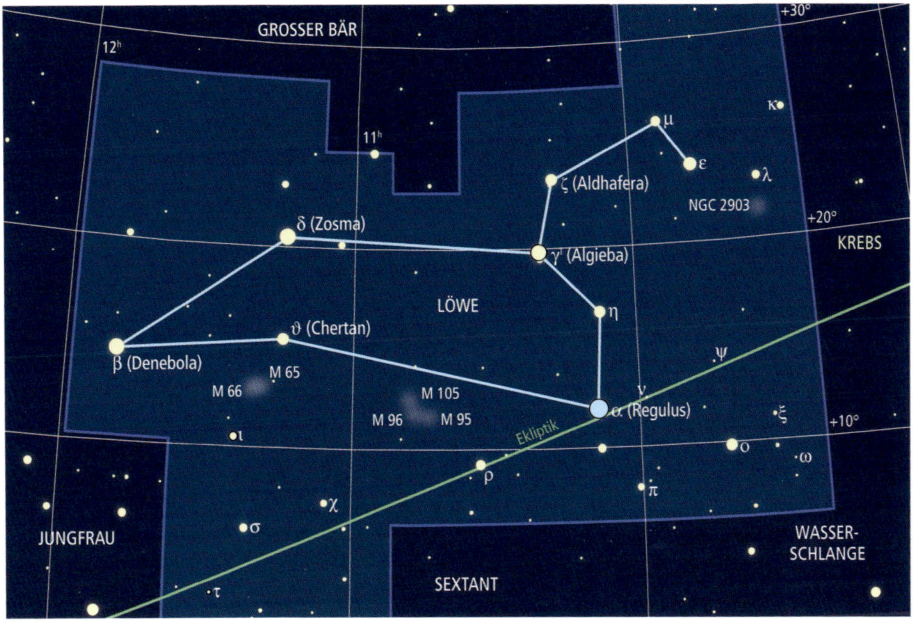

3.7 Das Sternbild Löwe in einer modernen Sternkarte.

göttlicher Abstammung, kehrte der Löwe nach seinem irdischen Ende wieder an den Himmel zurück.

Bei Claudios Ptolemaios war der Löwe noch gewaltiger als heute. Auch die schwachen Sterne, die heute zum Sternbild Haar der Berenike (lat.: Coma Berenices) gehören, zählten nach Ptolemaios zum Löwen.

Gelegentlich wird der Löwe auch „Kleonaïsches Sternbild" genannt nach Kleonae, der „Argolischen Stadt" nahe den Nemeïschen Bergen, wo Herkules ihn erlegte. Manchmal wird diese Sternenfigur auch als Sternbild des Bacchus angesehen, da der Gott des Weines meist ein Löwenfell trug.

Im Mittelalter sahen die Christen im Löwen einen von Daniels Löwen. Die Apostolische Schule wiederum taufte das Bild in den ungläubigen Thomas um.

In der Antike wurde der Löwe fast immer mit der Sonne in Zusammenhang gebracht. Im alten Ägypten fand die Sommersonnenwende im Löwen statt. Um diese Zeit kamen diese Raubkatzen bei sengender Hitze in das überschwemmte Niltal, um sich zu laben. Nach dem ägyptischen König Necepsos ist im Löwen der Ursprung der Sonne zu suchen. Er gilt als Symbol für Feuer und Hitze, als „Haus der Sonne". In den ägyptischen Skulpturen tauchen Löwenkörper mit Frauenköpfen (Sphinxe) auf. Die Jungfrau folgt übrigens dem Löwen im Tierkreis.

Im chinesischen Tierkreis ist der Löwe ein Pferd, in älterer Zeit ein roter Vogel. Einer anderen Version nach stellt er den Himmelsstreitwagen des Kaisers von China dar.

Im westlichen Teil des Löwen sehen die Amerikaner eine Sichel, manchmal wird auch eine Fahne oder ein Krummschwert in dieser Sternenanordnung erkannt.

Das Löwensymbol ♌ soll die Mähne darstellen, es gibt aber noch zahlreiche andere Deutungen.

Der hellste Stern (α Leonis) heißt Regulus (lat., kleiner König). Er wurde von Nikolaus Kopernikus so benannt. Allerdings bezeichnete ihn schon Ptolemaios als Königsstern (ἀ σ τ ή ρ βασιλικος). Bei den Babyloniern hieß er Al Sharru, der König. Für die Perser markierte Regulus einen der vier

Kardinalpunkte der Sonnenbahn (Hastorang), weil er damals nahe dem Sommerpunkt stand.
Regulus (α Leonis) wird gelegentlich auch als Herz des Löwen (Cor Leonis) bezeichnet. Er ist der leuchtschwächste in der Liste der Sterne erster Größe. Seine Helligkeit beträgt nur 1/14 der von Sirius. Er ist 77 Lichtjahre entfernt und ein Dreifachsystem.
Regulus steht nahe der Ekliptik und wird jährlich am 23. August von der Sonnenkorona bedeckt – ein unbeobachtbares Ereignis. Am 7. Juli 1959 wurde er von der Venus bedeckt, ein Ereignis, das sich erst am 1. Oktober 2044 wiederholen wird.
β Leonis wird Denebola genannt, was Schwänzchen des Löwen bedeutet und aus dem Arabischen stammt (Al Dhanab al Asad).

Die bizarren Eigenschaften der Neutronensterne

Neutronensterne zählen zu den exotischsten Himmelskörpern. Erst drei Jahrzehnte nach ihrer theoretisch vorhergesagten Existenz wurde der erste Neutronenstern rein zufällig entdeckt, denn es gab keine Suche nach ihnen. Wie der Name vermuten lässt, bestehen diese außergewöhnlichen Bewohner des Kosmos aus einem hyperdichten Brei aus Neutronen.
Neutronen sind neben Protonen die Bausteine der Atomkerne, um die die Elektronen laufen. Die uns geläufigen Stoffe bestehen zum größten Teil aus leerem Raum, denn die Durchmesser der Atome sind im Mittel 100 000-mal größer als die Kerne. Würde man ein Proton, also den Kern eines Wasserstoffatoms, auf die Größe einer Kirsche bringen, so liefe das dazugehörige Elektron in einem Kilometer Entfernung um den kirschgroßen Kern.
Der Kernbaustein Neutron wurde von dem Physiker James Chadwick (1891–1974) nach langer systematischer Suche 1932 entdeckt. Da die Atome eines chemischen Elements zwar stets die gleiche elektrische Ladung besitzen aber in unterschiedlichen Atomgewichten (Massen) vorkommen, war offensichtlich, dass es elektrisch neutrale Bausteine geben muss. So kommt Wasserstoff in drei Isotopen vor: normaler Wasserstoff (Kern: 1 Proton), schwerer Wasserstoff (Deuterium; Kern: 1 Proton + 1 Neutron) und überschwerer Wasserstoff (Tritium; Kern: 1 Proton + 2 Neutronen). Ein Uranatomkern besitzt 92 Protonen. Es gibt Uranatomkerne mit 234, 235 und 238 Kernbausteinen. Die Uranatomkerne unterscheiden sich somit durch die Anzahl der Neutronen.
Die Masse eines Neutrons ist ein wenig größer als die eines Protons. Neutronen sind nur stabil, wenn sie in einem Atomkern gebunden sind.

Los Alamos National Laboratory / Wikipedia

3.8 Der Nobelpreisträger für Physik James Chadwick (1891 – 1974) entdeckte den Kernbaustein Neutron im Jahre 1932.

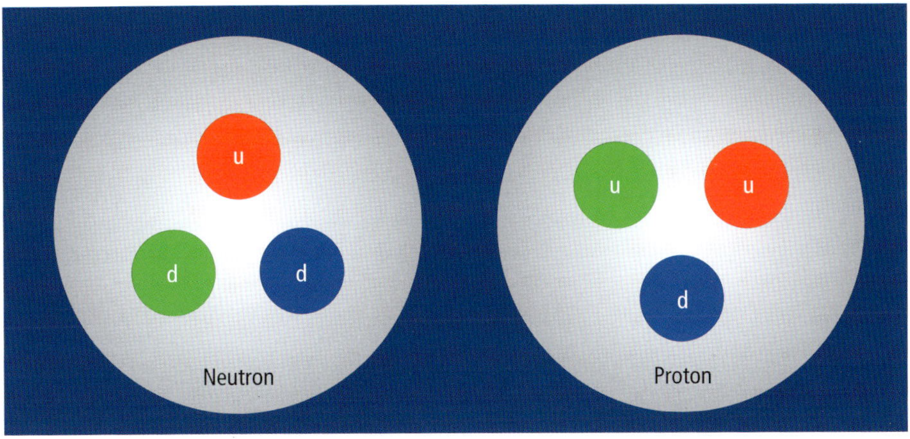

3.9 Ein Neutron setzt sich aus zwei d-Quarks und einem u-Quark zusammen. Ein Proton besteht aus zwei u-Quarks und einem d-Quark.

Freie Neutronen zerfallen mit einer Halbwertszeit von 15 Minuten zu einem Proton, einem Elektron und einem Antineutrino ($n \rightarrow p + e + \overline{\nu}$). Diesen Vorgang nennt man Betazerfall.

Ein Neutron setzt sich aus noch kleineren Bausteinen zusammen, nämlich aus einem u-Quark und zwei d-Quarks. Ein u-Quark hat +2/3 der elektrischen Elementarladung, ein d-Quark −1/3. Die Bilanz ergibt somit: 2/3−1/3−1/3 = 0. Neutronen sind somit nach außen hin elektrisch neutral. Sie werden nicht durch elektrische Felder abgelenkt oder beeinflusst. Für seine Entdeckung erhielt Chadwick 1935 den Nobelpreis für Physik.

Schon zwei Jahre nach der Entdeckung des Neutrons vermuteten Walter Baade (1893–1960) und Fritz Zwicky (1898–1974), dass bei einer Supernovadetonation vom Typ II, bei der der innerste Sternenkern kollabiert, eine dichte Kugel aus Neutronen übrigbleibt, während die äußere Sternenhülle ins Weltall geschleudert wird.

Neutronensterne sind winzig klein. Ihre Durchmesser liegen zwischen zehn und 30 Kilometer – vergleichbar mit kleinen Planetoiden. Ihre Massen hingegen schwanken zwischen eineinhalb und drei Sonnenmassen. Daraus folgt eine enorme Dichte. Ein würfelzuckergroßes Stückchen aus einem Neutronenstern enthält zwischen zehn Millionen bis zu einer Milliarde Tonnen Materie. Dies entspricht der Dichte eines Atomkerns und darüber hinaus. So gesehen sind Neutronensterne gigantische Atomkerne. Manche Astronomen nennen sie auch „gefrorene" Sterne, obwohl sie sehr heiß sind.

Bei einer Supernovadetonation erleidet das Sternenzentrum einen Gravitationskollaps. Die ungeheuer anwachsende Schwerkraft zerquetscht die Atome – vornehmlich Eisenatome. Die Elektronen werden in die Atomkerne hineingepresst. Die negativ geladenen Elektronen neutralisieren die positiv geladenen Protonen, ein Neutronenbrei ist das Ergebnis, dessen Dichte enorm ist. Bei diesen Vorgängen handelt es sich um inverse Beta-Prozesse, wobei noch Antineutrinos eine Rolle spielen ($p + e + \overline{\nu} \rightarrow n$).

Freilich war man sich lange nicht sicher, ob dies bloße Spekulationen sind oder ob im Weltall tatsächlich solche Gebilde existieren. Die Suche nach Neutronensternen schien völlig aussichtslos. Sind doch Weiße Zwergsterne mit Planetengröße schon recht lichtschwach und nur in Sonnennachbarschaft zu finden. Angenommen, ein Neutronenstern würde die gleiche Menge Licht pro Flächeneinheit ausstrahlen wie ein Weißer Zwerg, so wäre er fast eine Million Mal lichtschwächer als dieser.

Neutronensterne als Pulsare entdeckt

Wie häufig in der Wissenschaft, wurde der erste Neutronenstern rein zufällig entdeckt und nicht durch eine geplante Fahndung nach ihm. Im Juli 1967 beobachtete die Doktorandin Susan Jocelyn Bell mit dem neuen 470-m-Radiointerferometer des Mullard Radio Astronomy Observatory der Universität Cambridge (England) Radioszintillationen, die vom Sonnenwind verursacht werden. Diese Aufgabe hatte ihr der Observatoriumsdirektor Antony Hewish gestellt. Dabei entdeckte Ms. Bell (nach ihrer Heirat mit dem Regierungsbeamten Martin Burnell 1968 Ms. Bell-Burnell) im Sternbild Vulpecula (Füchschen) eine Radioquelle, die mit außerordentlicher Regelmäßigkeit alle 1,337 001 Sekunden einen Radioimpuls aussendet. Zunächst dachte man an eine irdische Störquelle – eventuell Signale von Motorzündungen vorbeifahrender Autos. Da die Quelle aber jeweils vier Minuten früher als am Vortag den Meridian passierte, war klar, dass sie an der täglichen Himmelsdrehung teilnimmt und somit außerirdischen Ursprungs sein muss. Aber was oder wer sendet so außerordentlich präzise Radiosignale zur Erde? Stammen die mysteriösen Signale vielleicht von einer galaktischen Superzivilisation?

Die Cambridger Radioastronomen benannten die Quelle zunächst LGM–1, eine Abkürzung für „Little Green Men Number One". Doch kommen die Signale wirklich von kleinen grünen Männchen, Beherrscher einer Hochtechnologie? Man hielt diese Vermutung zunächst geheim, weniger aus Sorge über die Weltsensation der Entdeckung Außerirdischer, sondern weil man befürchtete, sich mit dieser Erklärung der rätselhaften Signale zu blamieren. So bezeichnete man die Quelle letztendlich schlicht als CP1919+21 (CP: „Cambridge Pulsed" plus Koordinaten). Heute ist sie als PSR B1919+21 katalogisiert.

Noch im gleichen Jahr fand man eine zweite, kurz darauf eine dritte und schließlich eine vierte punktförmige Radioquelle, die in ähnlich kurzen Sekundenabständen elektromagnetische Pulse aussendet. Vier Superzivilisationen in einem Jahr zu entdecken – das erschien dann doch allzu unwahrscheinlich.

Im Laufe der Zeit fand man einige Hundert solch blinkender Radiosterne. Man nennt sie inzwischen Pulsare (von engl.: pulsating radio stars). Pulsare, von denen man heute knapp 3000 kennt, senden in kurzen Abständen von wenigen Millisekunden bis einigen Sekunden Radioimpulse aus.

Doch Pulsare pulsieren nicht. Die regelmäßigen Blitze, die man inzwischen nicht nur im Meterwellenlängenbereich, sondern auch im sichtbaren Licht und sogar im Röntgenbereich beobachtet, beruhen auf einem Rotationseffekt. Pulsare entpuppten sich als rasend schnell rotierende Neutronensterne. Ähnlich wie der kreisende Lichtkegel eines Leuchtturmscheinwerfers senden sie Radio- und Lichtstrahlen ins Universum. Trifft ein solcher Strahlenkegel die Erde, so wird er als Puls registriert.

Für die Entdeckung der Neutronensterne als Pulsare erhielten Antony Hewish und Martin Ryle 1974 den Nobelpreis für Physik. Susan Jocelyn Bell-Burnell ging leer aus, was bis heute zu heftigen Diskussionen in Wissenschaftskreisen führt.

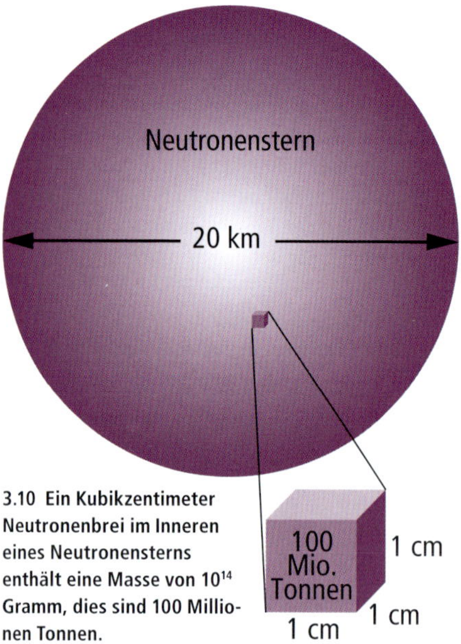

3.10 Ein Kubikzentimeter Neutronenbrei im Inneren eines Neutronensterns enthält eine Masse von 10^{14} Gramm, dies sind 100 Millionen Tonnen.

Allerdings erhielt sie im Laufe der Jahre zwölf hochrangige Auszeichnungen. Unter anderem bekam sie die Herschel-Medaille, die Michelson-Medaille, den Jansky-Preis, die Ehrendoktorwürde der Harvard-Universität. Ferner wurde ihr der Order of the British Empire verliehen. Außerdem wurde sie als Vollmitglied in die Royal Society aufgenommen.

Neutronensterne sind die Überreste explodierender, massereicher Sterne, deren innerster Kern einen Gravitationskollaps erfahren hat. Da der Drehimpuls eines Sternes beim Kollaps erhalten bleibt, wächst die Winkelgeschwindigkeit gigantisch an, während das Trägheitsmoment zusammenschnurrt. Denn Drehimpuls ist bekanntlich das Produkt aus Trägheitsmoment mal Winkelgeschwindigkeit. Unsere Sonne rotiert in 25 Tagen einmal. Würde sie auf die Größe eines Neutronensterns schrumpfen, so würde sie sich in einer einzigen Sekunde 10 000-mal vollständig drehen. Der erste von Bell-Burnell entdeckte Pulsar in Vulpecula dreht sich beispielsweise 65 000-mal pro Tag.

Ein schönes Beispiel für die Entstehung eines Neutronensterns als Folge einer Supernovadetonation befindet sich im Sternbild Stier. Der berühmte Krabbennebel (crab nebula, M 1) ist der Überrest einer Supernovaexplosion, die am 4. Juli 1054 von chinesischen Astronomen beobachtet wurde. Der heute beobachtbare Nebelfleck dehnt sich mit einer Geschwindigkeit von rund 1000 Kilometer pro Sekunde aus. Im Jahr 1968 entdeckte man im Zentrum von M 1 einen der am schnellsten rotierenden Neutronensterne mit einer Pulsfrequenz von nur 33 Millisekunden.

Die Radioimpulse entsprechen einer Synchrotronstrahlung. Synchrotronstrahlen entstehen, wenn elektrisch geladene Teilchen wie Elektronen mit hohen Geschwindigkeiten ein Magnetfeld durchfliegen und dabei abgebremst oder beschleunigt werden.

Beim Kollaps eines Sternes zu einem Neutronenstern wird das meist schwache Magnetfeld eines Sternes komprimiert. Dadurch entsteht ein ungeheuer starkes Magnetfeld von einer Million bis zu einer Milliarde Tesla. Das globale Erdmagnetfeld misst nur rund ein knappes Gauß, das entspricht 1/10 000 Tesla. Ein typischer Hufeisenmagnet hat 1/100 Tesla (= 100 Gauß). Spezielle Neutronensterne, sogenannte Magnetare, besitzen Magnetfelder bis zu 100 Milliarden (10^{11}) Tesla.

Roger W. Haworth / Wikipedia

3.11 Susan Jocelyn Bell-Burnell (*1943) entdeckte 1967 den ersten Pulsar, einen rasch rotierenden Neutronenstern.

Rotationsachse und Magnetfeldachse eines Neutronensterns fallen nicht zusammen, sondern sind gegeneinander geneigt. Wie ein Quirl in einem Kochtopf rührt das gewaltige, mitrotierende Magnetfeld das in der umgebenden Magnetosphäre vorhandene Plasma um. Dieses Plasma besteht aus Wasserstoff, Helium und teils schwereren Elementen, die alle vollständig ionisiert sind. Dabei werden die elektrisch geladenen Partikel enorm beschleunigt, was die Synchrotronstrahlung hervorruft.

Das Leuchten eines Neutronensterns, vornehmlich aus seiner unmittelbaren Umgebung, wird in der Nähe seiner Magnetpole hervorgerufen. Ein Neutronenstern verliert deshalb Rotationsenergie, was die Drehgeschwindigkeit verringert. Dies erfolgt häufig auch ruckweise.

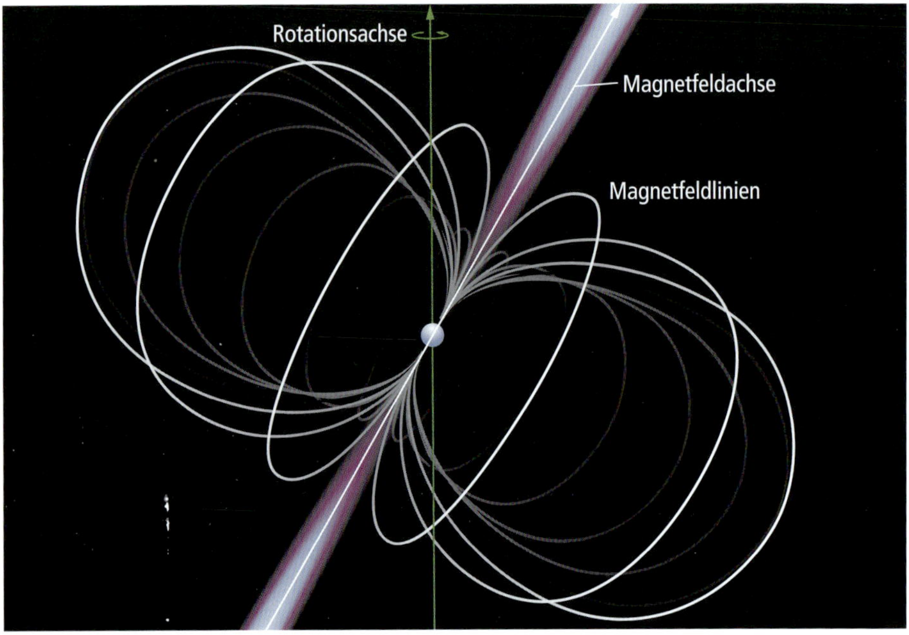

3.12 Ein Pulsar, ein rasch rotierender Neutronenstern, sendet Blitze elektromagnetischer Strahlung ins Weltall. Rotations- und Magnetfeldachse sind gegeneinander geneigt.

Eigenschaften eines Neutronensterns

Ein typischer Neutronenstern von 20 Kilometer Durchmesser und doppelter Sonnenmasse weist eine Oberflächenbeschleunigung auf, die 200 Milliarden Mal höher ist als die der Erde von 9,81 m/s^2. Bereits in der ersten Sekunde fällt ein Körper, der mit der Oberflächenschwerkraft eines Neutronensterns beschleunigt wird, rund eine Milliarde Kilometer. Dies folgt aus dem Newtonschen Gravitationsgesetz. Allerdings ist diese Rechnung rein fiktiv, denn nach den Gesetzen der Natur kann kein materieller Körper Lichtgeschwindigkeit erreichen, erst recht nicht überschreiten. Relativistisch gerechnet ergibt sich eine Weglänge von 200 000 Kilometer für die Fallstrecke in der ersten Sekunde. Auch dies ist rein hypothetisch, denn eine solche Weglänge steht nicht zur Verfügung. In dieser Distanz ist das Gravitationspotential wesentlich geringer als auf der Oberfläche eines Neutronensterns. Ein aus 200 000 Kilometer Entfernung frei fallender Körper knallt allerdings bereits nach zwei Sekunden auf die Oberfläche des Neutronensterns. Infolge der hohen Schwerebeschleunigung auf einem Neutronenstern ist bereits ein Fall aus einem Meter Höhe absolut tödlich. Denn man trifft mit einer Geschwindigkeit von 1 500 Kilometer pro Sekunde, das sind 5 400 000 Kilometer pro Stunde auf – das überlebt nichts und niemand. Die Flucht- oder Entweichgeschwindigkeit beträgt 230 000 Kilometer pro *Sekunde*, das sind drei Viertel der Lichtgeschwindigkeit. Im Vergleich dazu: Die Entweichgeschwindigkeit auf der Erde misst 11,2 km/s. Außer Photonen, Neutrinos und Gravitonen kann nichts einem Neutronenstern entfliehen.

Aufbau eines Neutronensterns

Eine nur Bruchteile von einem Millimeter dicke Atmosphäre aus Wasserstoff und Helium umspannt den Neutronenstern, wobei ihre Dichte bei zehn

3.13 **Der Krabbennebel (M 1) im Sternbild Stier ist Überbleibsel einer Supernova, die am 4. Juli 1054 im Sternbild Stier aufleuchtete. In seinem Zentrum verbirgt sich ein rasch rotierender Neutronenstern, der bereits 1968 als Pulsar entdeckt wurde.**

Millionen Gramm pro Kubikzentimeter (10^7 g/cm^3) liegt. Die äußere Kruste eines Neutronensterns ist etwa 300 Meter dick. In ihr steigt die Dichte bis zur Grenzschicht der inneren Kruste auf 4×10^{11} (400 Milliarden) g/cm^3 an. Ein See von Elektronen füllt die äußere Kruste, in dem die positiv geladenen Atomkerne von Wasserstoff, Helium, Kohlenstoff bis hin zum Eisen schwimmen. Durch ihre elektrostatischen Abstoßungskräfte bilden sie ein stabiles Gitter, was die äußere Kruste zu einem festen Gebilde werden lässt. Die dicht gepackten Elektronen können sich dennoch frei bewegen – sie bilden eine supraleitende Flüssigkeit ohne jeden Reibungswiderstand.

Bei Abnahme der Rotationsgeschwindigkeit passt sich das Rotationsellipsoid eines Neutronensterns immer mehr der Kugelform an. Dies geschieht nicht kontinuierlich, sondern in plötzlichen Sprüngen. Werden die Spannungen größer, so bricht die feste Kruste. Es ereignet sich ein Neutronensternbeben, das sich als sprunghafte Änderung der Frequenz eines Pulsars bemerkbar macht (Fachbegriff: Glitches – Sprünge).

Unterhalb der äußeren liegt die innere Kruste mit einer Dicke von 700 Meter. In ihr steigt die Dichte bis zur Kerngrenze auf 2×10^{13} (20 Billionen) g/cm^3 an. Durch Photodesintegration nimmt die Neutronenzahl gegenüber den positiv geladenen Atomkernen immer mehr zu. Die Konzentration der freien Neutronen, die ein suprafluides Medium bilden, steigt an, man spricht von einem degenerierten oder entarteten Neutronengas. Der eigentliche Kernbereich hat einen Radius von neun Kilometer. Die Dichte nimmt von 3×10^{14} (300 Billionen) auf 8×10^{15} (8 Billiarden) g/cm^3 im Zentrum zu. Im innersten Bereich von etwa einem Kilometer Radius ist der Druck so enorm groß (Zentrum: $1{,}6 \times 10^{35}$ Pa $\approx 1{,}6 \times 10^{30}$ atm), dass die Neutronen in ihre Bestandteile, nämlich je drei Quarks zerlegt werden. Quarks, die sonst nie frei

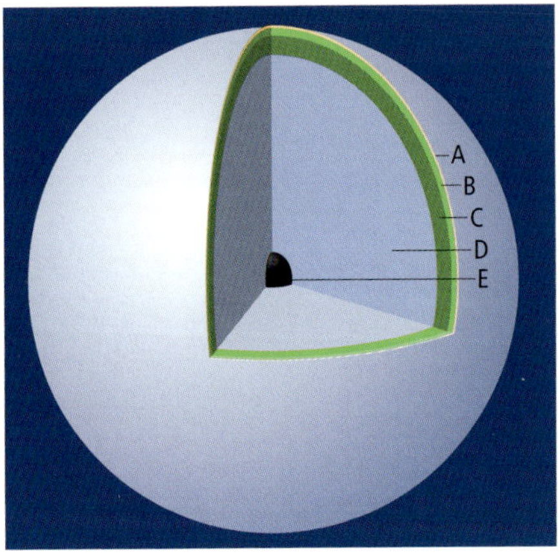

3.14 Aufbau eines Neutronensterns: A – Atmosphäre, B – äußere Kruste, C – Innere Kruste, D – Kernbereich, E – Zentrum (siehe Tabelle unten).

werden und stets in Kernbausteinen oder Mesonen gefangen bleiben (engl.: confinement – Gefangenschaft), bilden eine Suppe aus ultradichter, degenerierter Quarkmaterie (siehe Abb. 3.15 auf Seite 93).
Werden Neutronen weit über die Dichte von Atomkernen komprimiert, dann wird es den Quarks möglich, ihrer Gefangenschaft zu entfliehen. Sie sind dann nicht mehr an einzelne Neutronen gebunden, können sich frei bewegen und bilden ein Quark-Gluon-Plasma. Gluonen sind die Botenteilchen, die die starke Wechselwirkung (Kernkraft) zwischen den Quarks ausüben. Ein Quark-Gluon-Plasma weist mehr Freiheitsgrade auf als ein dichter Neutronenbrei. Der Phasenübergang vom Confinement zum Deconfinement tritt erst ab Teilchenenergien von 200 MeV ein, was einer Temperatur von einer Billion (10^{12}) Kelvin entspricht. Eine solch extrem hohe Energiedichte herrschte im ersten Augenblick des Urknalls. Noch vor Ende der ersten Sekunde des Kosmos setzte die Hadronisierung ein, die Quarks wurden zu Protonen und Neutronen zusammengesperrt, die Freiheit der Quarks endete schnell in einer Gefangenschaft.
So ein Quark-Gluon-Plasma enthält nicht nur u- und d-Quarks, sondern auch s-Quarks (s steht für strange, engl.: seltsam). Ein solches Quark-Gluon-Plasma wird auch „seltsame Materie" genannt. Ein winziger Stecknadelkopf voll seltsamer Materie wöge auf der Erde etliche Millionen Tonnen. Nimmt die Rotationsgeschwindigkeit eines Neutronensterns ab, so erhöht sich der innere Druck, was zu einer Vergrößerung des Bereichs an seltsamer Materie im Zentrum führt. Je mehr Masse ein Neutronenstern hat, desto kleiner ist sein Radius und umso höher seine Dichte.

Endstadien massereicher Sterne

Die meisten Sterne enden als Weiße Zwerge. Gegen Ende ihres Lebens blähen sich Sterne zu Roten Riesen auf und entledigen sich ihrer äußeren Hülle, indem sie diese abstoßen. Für kurze Zeit sind sie von einem Planetarischen Nebel umgeben, der in das Weltall diffundiert. Übrig bleibt ein extrem heißer, erdgroßer Sternenkern, der allmählich abkühlt – ein Prozess, der viele Milliarden Jahre dauert.
Hat jedoch der Sternenkern mehr als die eineinhalbfache Masse der Sonne, so kann das entar-

AUFBAU EINES NEUTRONENSTERNS

	Aufbau	Schichtdicke (km)	Dichte (g/cm³)	Zustand
A	Atmosphäre	$3–8 \times 10^{-9}$	10^{7}	Wasserstoff, Helium
B	Äußere Kruste	0,3	4×10^{11}	Freie Elektronen, Gitter von Atomkernen (H bis Fe)
C	Innere Kruste	0,7	2×10^{13}	Neutronengas, Photodesintegration
D	Kern	8	3×10^{14}	Entartetes Neutronengas
E	Zentrum	1	8×10^{15}	Degenerierte Quarkmaterie, Hyperonen, Bose-Einstein-Kondensat
Summe = Radius		10		

tete Elektronengas der Schwerkraft nicht mehr Paroli bieten. Der Sternenkern endet als Neutronenstern, die Elektronen werden in die positiv geladenen Atomkerne gepresst, es entsteht ein Neutronenstern. Die Massenobergrenze von 1,5 Sonnenmassen für einen Weißen Zwerg wird Chandrasekhar-Grenze oder kurz Chandra-Limit genannt nach dem Astrophysiker, der sie erstmals berechnet hat. Subrahmanyan Chandrasekhar (1910–1995) erhielt dafür 1983 den Nobelpreis für Physik.

Quarksterne

Einer der kleinsten Neutronensterne mit nur elf Kilometer Durchmesser wurde 1992 mit dem Röntgensatellit ROSAT im Sternbild Südliche Krone aufgespürt. Er trägt die Katalogbezeichnung RX J1856-3754, ist nur 400 Lichtjahre entfernt und rotiert 15-mal pro Sekunde. Seine Dichte ist so enorm hoch, dass er fast nur noch aus einem Quark-Gluon-Plasma besteht, das von einer dünnen Kruste umgeben wird. Solch extrem kleine Neutronensterne werden daher auch als Quarksterne bezeichnet.
Quarksterne sind Neutronensterne an ihrer oberen Massengrenze. Die Massenobergrenze haben Richard C. Tolman, Robert J. Oppenheimer und Georg M. Volkoff berechnet (TOV-Limit). Sie liegt für nicht-rotierende Neutronensterne bei drei Sonnenmassen und erhöht sich bei schnell rotierenden Pulsaren entsprechend. Wird die TOV-Grenze überschritten, so gibt es kein Halten mehr: Der entartete Neutronenbrei kann der Schwerkraft nicht mehr widerstehen, es kommt zu einem Gravitationskollaps. Das Endprodukt ist ein Schwarzes Loch.

Millisekundenpulsare

Im Jahr 1982 wurde ein Pulsar mit einer ultrakurzen Periode von nur zehn Millisekunden für eine Umdrehung entdeckt. Der bisher am schnellsten rotierende Pulsar PSR J1748-2446ad rotiert 43 000-mal pro Minute oder einmal in 1,4 Millisekunden (Frequenz: 716/s) und wurde 2004 entdeckt. Die lineare Rotationsgeschwindigkeit am Äquator erreicht dabei fast ein Viertel der Lichtgeschwindigkeit. Man nennt solch extrem schnell rotierende Neutronensterne „Millisekundenpulsare“. Bisher sind rund 200 solcher Millisekundenpulsare bekannt. Man schätzt ihre Gesamtzahl in unserer Milchstraße auf 50 000. Ihre Entstehung war zunächst ein großes Rätsel, da die hohen Frequenzen nicht allein auf den ursprünglichen Drehimpuls des kollabierenden Sterns zurückzuführen sind. Millisekundenpulsare entstehen, wenn von einem Begleitstern, der sich zum Roten Riesen entwickelt, Materie auf den Pulsar stürzt und dabei seinen Drehimpuls enorm vergrößert.

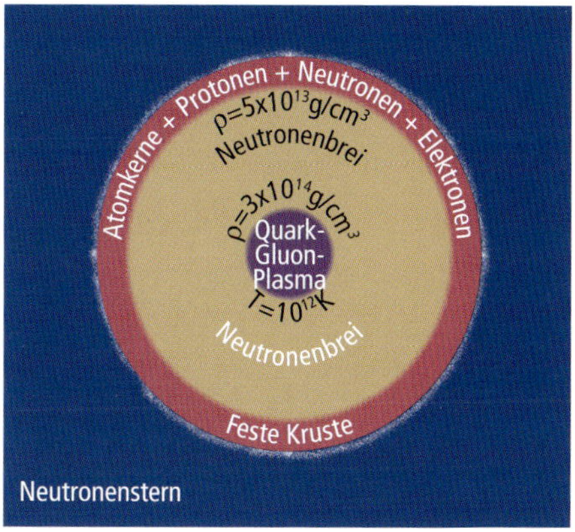

3.15 Ultradichte, degenerierte Quarkmaterie (Quark-Gluon-Plasma).

Neutronensterne als Röntgenstrahler

Nicht alle Neutronensterne machen sich als Pulsare bemerkbar, denn nur bei entsprechender Orientierung der Rotationsachse überstreicht der Strahlenkegel auch die Erde. Manche Neutronensterne verraten sich durch eine intensive Röntgenstrahlung. Ein gutes Beispiel ist der veränderliche Stern HZ Herculis. Er ist auch als Röntgenquelle Her X1 bekannt. Von einem veränderlichen, blauen Begleitstern stürzt Materie auf den Neutronenstern. Da sie als heißes Plasma elektrisch leitend ist, wird sie vom extrem starken Magnetfeld des Neutronensterns entlang der Magnetfeldlinien auf die Magnetfeldpole des Neutronensterns

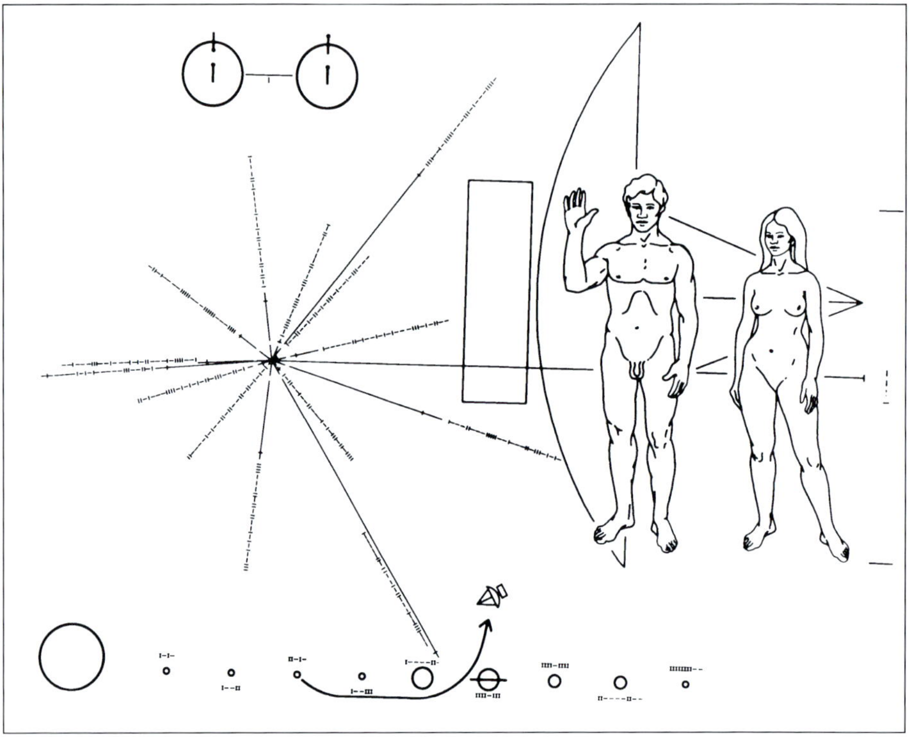

3.16 Auf der Sagan-Plakette an der Raumsonde Pioneer 10 sind die Richtungen zu 15 Pulsaren eingraviert, um die Position unseres Sonnensystems im Weltall zu markieren.

gelenkt. Bedingt durch die hohe Schwerebeschleunigung knallt sie mit rund 40 Prozent der Lichtgeschwindigkeit auf die Pole. Die kinetische Energie wird augenblicklich in dissipative Energie umgewandelt. Dabei werden die Brennflecken an den Polen auf rund 100 Millionen Grad aufgeheizt, was gewissermaßen eine kosmische Röntgenröhre darstellt. Die Leuchtkraft entspricht dabei dem 10 000-Fachen der Sonnenleuchtkraft, das sind rund 10^{30} Watt.
Der Massentransfer erfolgt mit einer kaum vorstellbaren Rate von 100 Milliarden Tonnen (10^{11}) pro Sekunde! Die Magnetfeldstärke von Her X1 wurde zu $4{,}6 \times 10^8$ Tesla bestimmt. Inzwischen wurde von diesem Doppelsternsystem eine gepulste Gammastrahlung registriert.

Magnetare

Einige Neutronensterne haben noch tausendmal stärkere Magnetfelder als die ohnehin extrem starken Magnetfelder der übrigen Pulsare. Man nennt sie deshalb Magnetare (engl.: magnetic stars). Die Magnetfelder von Magnetaren weisen 100- bis 1000-mal höhere Feldstärken auf als die übrigen Neutronensterne. Ihre Feldstärken liegen bei 100 Milliarden (10^{11}) Tesla, das sind eine Billiarde (10^{15}) Gauß. Ein Magnetar entsteht nur unter ganz speziellen Bedingungen. Wenn kurz nach dem Kollaps eines massereichen Sterns infolge der extrem hohen Temperatur des Plasmas (um die 50 Milliarden Kelvin) eine heftige Konvektion einsetzt – heißes Gas schießt aus dem Zentrum nach außen, kühleres stürzt hinein – wird die kinetische Energie des Plasmas zum Teil auf das

Max-Planck-Institut für Radioastronomie / Michael Kramer

3.17 Modell des Hulse-Taylor-Pulsars.

Magnetfeld übertragen. Wenn in kurzer Zeit – innerhalb weniger Sekunden – die Konvektion zum Erliegen kommt und der Neutronenstern eine stabile Konfiguration einnimmt, dann wird das verstärkte Magnetfeld gewissermaßen eingefroren. Es tritt ein Dynamoeffekt ein, der umso wirksamer ist, je näher die Dauer des Konvektionszyklus der Rotationszeit des Pulsars kommt. Gleicht sich der Konvektionszyklus der Rotationsfrequenz an, wird der maximale Effekt erzielt.

Nicht jede Supernovadetonation vom Typ II erzeugt einen Magnetar. Nur in den Fällen, in denen der Konvektionszyklus extrem kurz ist, entsteht ein Magnetar mit ultrastarkem Magnetfeld an der quantenelektrodynamischen Obergrenze. Magnetare verfügen über die stärksten Magnetfelder im Universum – wieder ein Superlativ der Neutronensterne. Der Dynamo-Effekt wirkt aber als Bremse ähnlich einer Wirbelstrombremse bei irdischen Schienenfahrzeugen. Im Inneren des Neutronensterns sind die Feldlinien zu magnetischen Schläuchen verdrillt. Das äußere Magnetfeld verfügt dagegen über glatt verlaufende Feldlinien. Der magnetische Druck der inneren, verdrillten Feldlinien führt zur Eruption hoch energetischer Teilchen, die in scharf gebündelten Strahlen ins Weltall gesandt werden. Überstreicht ein solcher „Leuchtfinger" unsere Erde, dann registrieren Raumsonden einen Gammastrahlenblitz (engl.: gamma-ray burst). Diese Gammastrahlung verfügt über die höchstenergetischen Photonen im gesamten Kosmos.

Neutronensterne als Präzisionsuhren

Da die Rotationsdauer von Pulsaren außerordentlich konstant ist und sich pro Jahr um weniger als eine Milliardstel Sekunde ändert, hat man schon überlegt, ob man sie als „Primäruhren" zur Zeitbestimmung verwenden könnte. Eine solche Uhr würde erst nach etwa 32 Jahren um eine Sekunde falsch gehen. Auch als Navigationshilfe könnte man sie in der Raumfahrt einsetzen. An der interplanetaren Raumsonde Pioneer 10, die bereits in den interstellaren Raum vorgedrungen ist, ist auf Vorschlag von Carl E. Sagan (1934–1996) eine

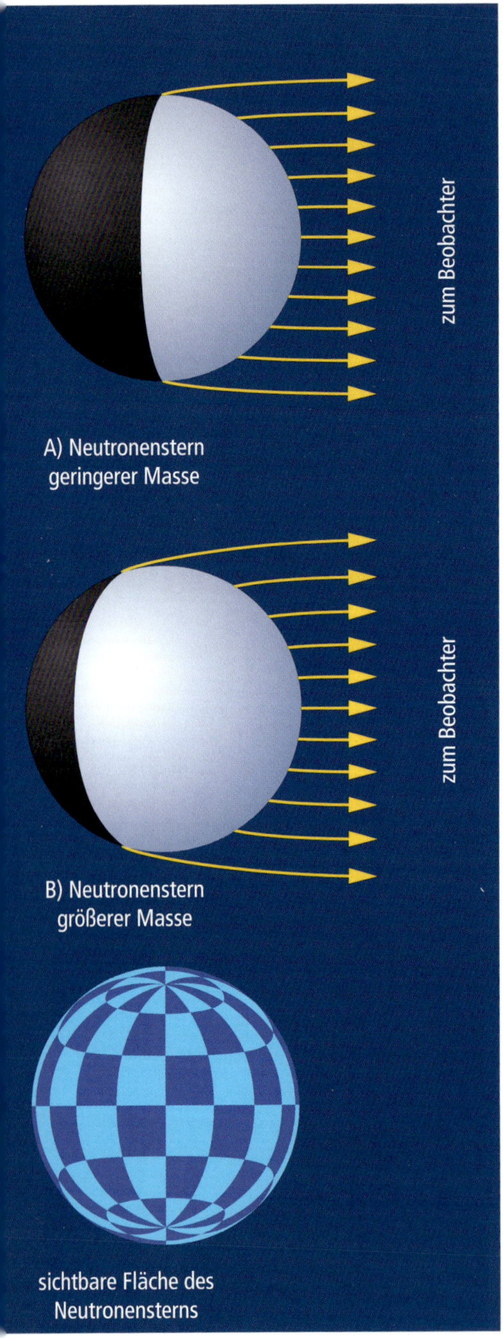

3.18 Das extrem starke Gravitationsfeld eines Neutronensterns krümmt Lichtstrahlen. Von einer Seite betrachtet kann man somit mehr als 50 % der Oberfläche sehen – im Extremfall die gesamte Oberfläche ohne seinen Beobachtungsplatz zu verlassen.

Plakette angebracht mit Informationen über Erde und Menschheit. Auf ihr sind die Richtungen und Frequenzen von 15 Pulsaren eingraviert, damit unsere Brüder im All auch feststellen können, wo unser Sonnensystem zu lokalisieren ist. Ob Außerirdische die Plakette beziehungsweise die Raumsonde je aufspüren werden, bleibt ungewiss.

Neutronensterne und die Allgemeine Relativitätstheorie

Berühmt geworden ist der Neutronendoppelstern PSR 1913+16 im Sternbild Adler. Die eine Komponente zeigt sich als Pulsar, von der anderen gelangen keine Radio- und Lichtblitze zur Erde. PSR 1913+16 ist das Lieblingsobjekt der Relativitätstheoretiker, denn etliche Effekte, die die Allgemeine Relativitätstheorie (ART) voraussagt, konnten bei diesem Neutronendoppelstern beobachtet werden. Mit 21 000 Lichtjahren ist er relativ weit von uns entfernt. Die eine Komponente mit 1,44 Sonnenmassen macht sich als Pulsar bemerkbar mit einer Rotationsdauer von 0,059 Sekunden. Er rotiert somit 17-mal pro Sekunde. Der Strahlenkegel seines Begleiters mit 1,39 Sonnenmassen überstreicht die Erde nicht.

Beide Neutronensterne kreisen in einem Abstand von 750 000 Kilometer in 7^h45^m umeinander. Ihre Umlaufzeit verringert sich dabei um 76,6 Millionstel Sekunden pro Umlauf. Gemäß der ART dreht sich die Apsidenlinie (große Achse der Bahnellipse) infolge der Raumkrümmung um 4°,227 pro Jahr. Eine volle Umdrehung dauert somit nur 85 Jahre. Auch werden von diesem System Gravitationswellen ausgesandt. Dies führt zu einer Energieabnahme, was eine Verringerung ihres Abstandes voneinander um 3,5 m pro Jahr bewirkt. Nach 220 Millionen Jahren werden beide zu einem Schwarzen Loch verschmelzen. Auch die gravitative Rotverschiebung und der Shapiro-Effekt der ART konnten bei diesem Neutronen-

sternpärchen beobachtet werden. Man nennt ihn auch Hulse-Taylor-Pulsar nach seinen Entdeckern. Die Astrophysiker Russell A. Hulse und Joseph H. Taylor erhielten für ihre Entdeckung mit dem 300-m-Radioteleskop von Arecibo (Puerto Rico) im Jahre 1993 den Nobelpreis für Physik.
Noch ein anderer Effekt der ART zeigt sich bei einem Neutronenstern: Lichtstrahlen werden durch Massen abgelenkt. Würde man sich einem Neutronenstern so weit nähern, dass man ihn als Scheibe und nicht nur als Lichtpunkt sieht, so wäre nicht nur die vordere Halbkugel sichtbar, sondern mehr als 50 Prozent der Oberfläche. Im Extremfall könnte man von einer Seite die gesamte Oberfläche sehen, ohne den Neutronenstern zu umkreisen. Die Bedingung dafür lautet: $R \leq 3GM/c^2$ (R: Radius, G: Gravitationskonstante, M: Masse, c: Lichtgeschwindigkeit). Die von der Oberfläche kommenden Photonen beschreiben dann Kreisbahnen um den Neutronenstern.

Neutronensterne als Goldproduzenten

Einander umkreisende Neutronensterne senden Gravitationswellen aus. Sie verkürzen dabei durch Energieverlust ihre Umlaufzeiten und kommen einander immer näher, wobei die Energieabstrahlung immer stärker wird. Schließlich verschmelzen beide in einer gigantischen Supernovaexplosion, auch als Kilonova bezeichnet, da sie rund 1000-mal heller strahlt als gewöhnliche Supernovae. Das Endprodukt dieses Verschmelzungsprozesses ist ein Schwarzes Loch. Doch nicht die gesamte Masse der beiden Neutronensterne stürzt in das Black Hole. Ein Teil wird als schnell expandierender Kokon in das All geschleudert. Durch raschen Einfang von Neutronen, die es in der expandierenden Hülle in hoher Konzentration aus der Materie der Neutronensterne gibt, entstehen Atomkerne mit hoher Neutronenzahl. Die Kernphysiker sprechen von r-Prozessen, wobei das r für schnell steht (engl.: rapid). Die hochradioaktiven Atomkerne zerfallen sukzessive in kurzer Zeit zu stabileren, aber schweren Atomkernen. Verschmelzende Neutronensterne sind eine Brutstätte für Elemente schwerer als Eisen, etwa Silber, Zinn, Wolfram, Iridium, Platin, Gold, Blei und Uran. So weit die Theorie.
Die bisher entdeckten Neutronensternpaare verschmelzen erst in Dutzenden bis Hunderten von Millionen Jahren. Doch am 17. August 2017 gelang es erstmals, das Verschmelzen eines Paares von Neutronensternen direkt zu beobachten. Aufgefallen war dieses epochale Ereignis zunächst durch die Registrierung eines extrem kurzen und enorm starken Gammastrahlenausbruchs (GRB, Gamma Ray Burst) durch das Weltraumteleskop Fermi. Fast zeitgleich gelang es auch, mit den drei Gravitationswellendetektoren Virgo bei Pisa (Italien), LIGO in Livingstone (Louisiana) und LIGO in Hanford (US-Bundesstaat Washington) das Gravitationswellensignal, den „Chirp" (engl., Zirpen), zu erfassen (siehe auch Monatsthema „Die Wellen der Schwerkraft" im *Kosmos Himmelsjahr 2017* auf Seite 124). Die praktisch gleichzeitig eintreffenden Signale des GRB und der Gravitationswellen sind ein schöner Beweis für die Ausbreitung von Gravitationswellen mit Lichtgeschwindigkeit.
Das Gammastrahlensignal GRB 170817A und die Quelle der Gravitationswellen GW170817 deuteten darauf hin, dass das Ereignis in einem Gebiet im Sternbild Hydra (Wasserschlange) zu suchen ist. Zahlreiche Teleskope für sichtbares Licht und für Infrarotstrahlung suchten die Gegend ab und fanden den Ort des Geschehens in der Nähe von ψ Hydrae knapp neben der Galaxie NGC 4993, die 120 Millionen Lichtjahre entfernt ist. Die Distanz des kollidierten Neutronensternpaares entspricht etwa der von NGC 4993. Die Massen der Komponenten wurden auf 1,4 und knapp zwei Sonnenmassen geschätzt. Die Masse der durch schnellen Neutroneneinfang erzeugten schwereren Elemente, die ins All geschleudert wurde und nicht im Schwarzen Loch verschwand, entspricht etwa fünf Prozent der Sonnenmasse, das sind 2×10^{27} Tonnen. Davon dürften 6×10^{22} Tonnen, das sind zehn Erdmassen, pures Gold erzeugt worden sein. Doch an dieses Gold kommt niemand heran.

April 2019

- Venus beginnt mit ihrem Rückzug vom Morgenhimmel.
- Mars kann weiterhin am Abendhimmel gesehen werden.
- Jupiter verlagert seine Aufgänge in die Zeit vor Mitternacht.
- Der Ringplanet Saturn baut seine Morgensichtbarkeit im Sternbild Schütze aus.

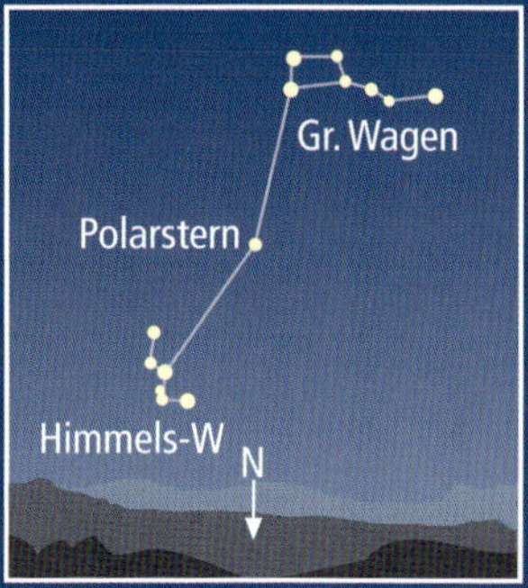

Großer Wagen und Himmels-W Anfang April um 22 Uhr

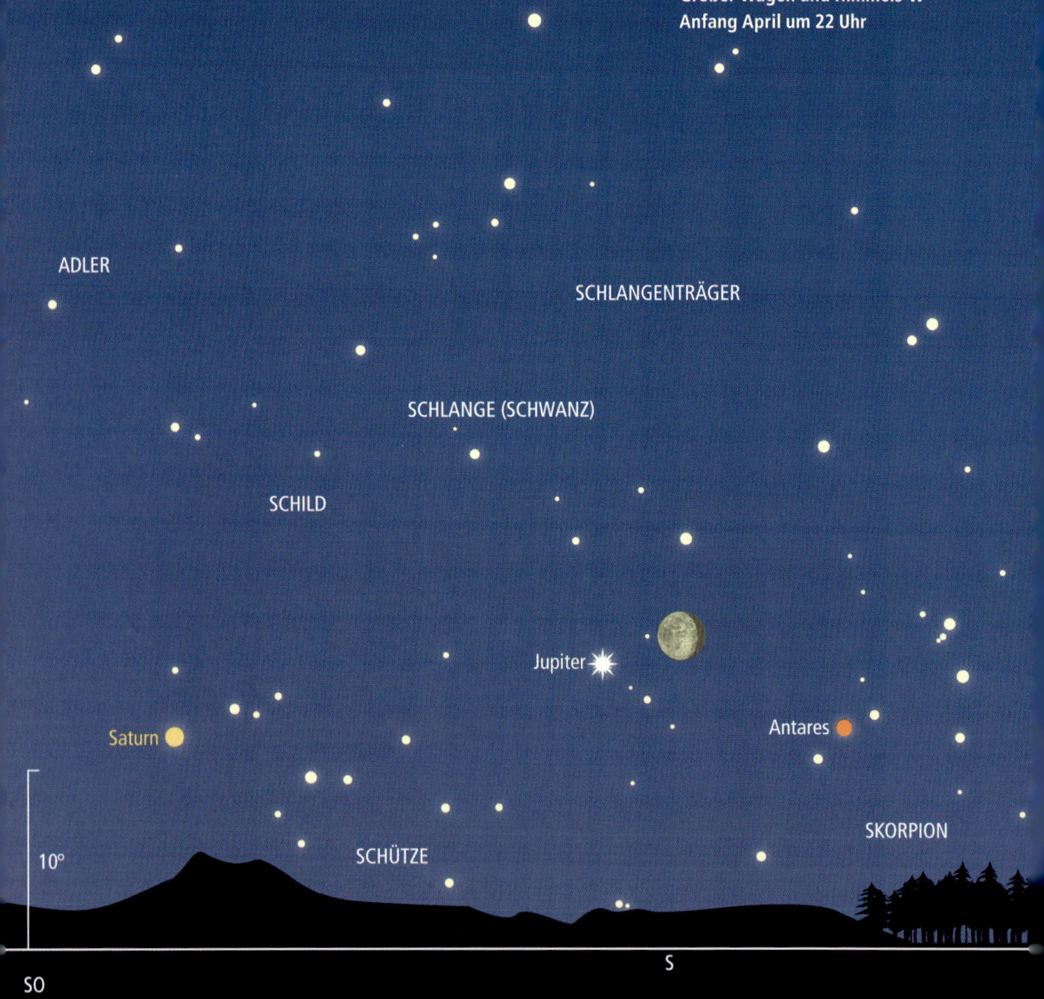

4.1 Anblick des Südhimmels am 23. April gegen 3^h30^m MEZ (= 4^h30^m MESZ). Die Planeten Jupiter und Saturn beherrschen den Morgenhimmel. Zu Jupiter gesellt sich der abnehmende Mond.

1 Mo	
2 Di	Mond bei Venus (Morgenhimmel)
3 Mi	
4 Do	
5 Fr	**Neumond**
6 Sa	
7 So	
8 Mo	
9 Di	
10 Mi	
11 Do	
12 Fr	Mond im ersten Viertel
13 Sa	
14 So	
15 Mo	
16 Di	
17 Mi	
18 Do	
19 Fr	Karfreitag, **Vollmond**
20 Sa	Karsamstag
21 So	Ostersonntag
22 Mo	Ostermontag
23 Di	Mond bei Jupiter (Morgenhimmel)
24 Mi	
25 Do	Mond bei Saturn (Morgenhimmel)
26 Fr	Mond im letzten Viertel
27 Sa	
28 So	
29 Mo	
30 Di	

SONNE – STERNBILDER

19.4. 8h:
Sonne tritt in das Sternbild Widder

20.4. 10h:
Sonne tritt in das Tierkreiszeichen Stier

Julianisches Datum am
1. April, 1h MEZ: 2 458 574,5

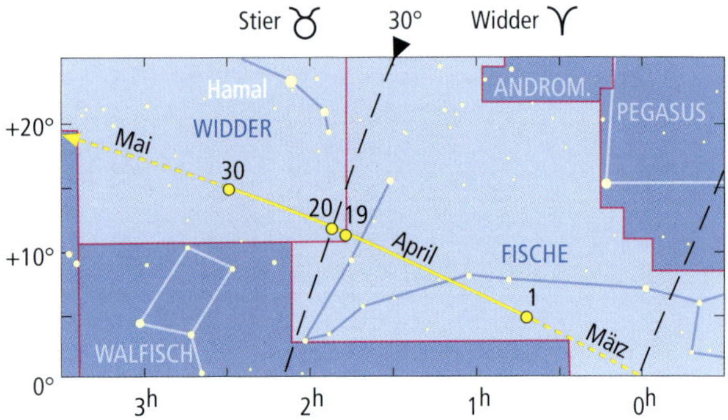

TABELLE SONNENLAUF

Tag	Dämmerg. Anfang	Aufgang MEZ	Kulmination	Untergang MEZ	Dämmerg. Ende	Mittagshöhe	Zeitgleichg.	Rektaszension	Deklination
	h m	h m	h m	h m	h m	°	m	h m	°
1.	4 46	5 58	12 24	18 51	20 04	44,5	– 4	0 39	+ 4,2
5.	4 36	5 49	12 23	18 58	20 11	46,1	– 3	0 54	+ 5,8
10.	4 24	5 38	12 21	19 05	20 20	47,9	– 1	1 12	+ 7,7
15.	4 12	5 28	12 20	19 13	20 30	49,8	0	1 31	+ 9,5
20.	4 00	5 18	12 19	19 21	20 39	51,5	+ 1	1 49	+11,3
25.	3 48	5 08	12 18	19 29	20 50	53,2	+ 2	2 08	+12,9
30.	3 36	4 59	12 17	19 37	21 00	54,8	+ 3	2 27	+14,5

TAGES- UND NACHTSTUNDEN

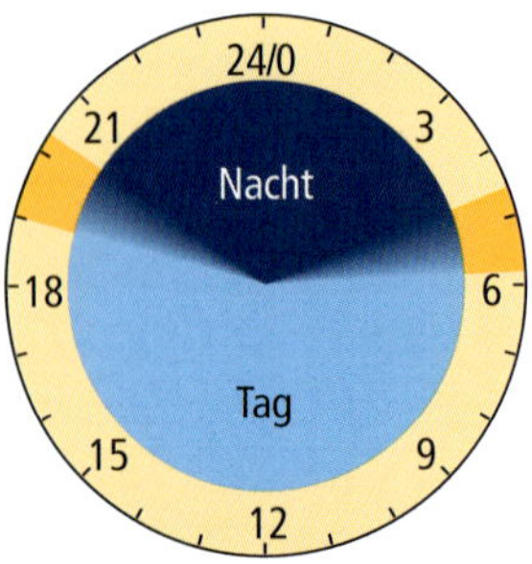

5. April

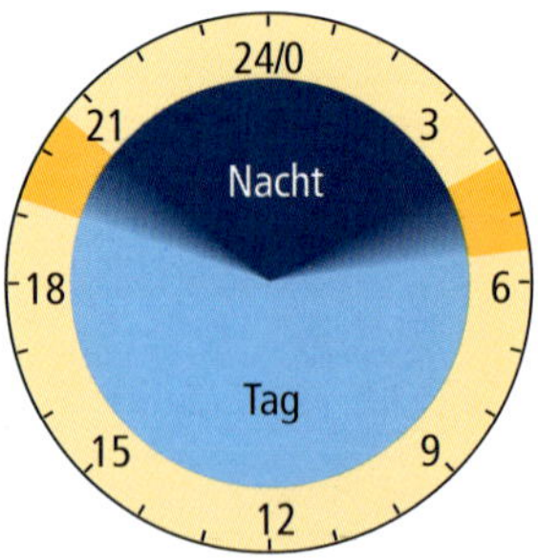

15. April

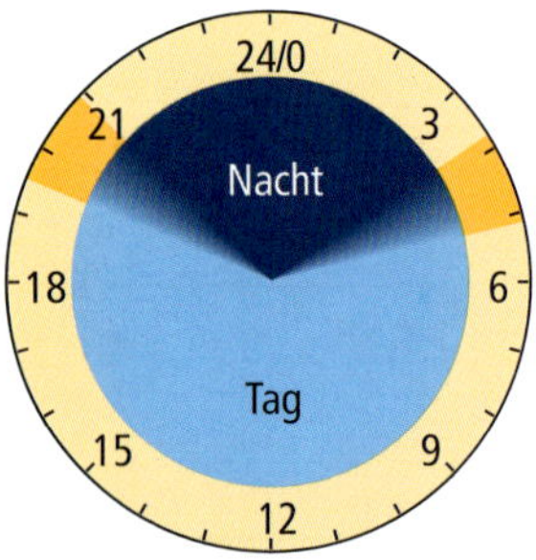

25. April

TABELLE MONDLAUF

Datum	Aufg. MEZ	Kulmination	Unterg. MEZ	Rektaszension	Deklination	Sterne und Sternbilder	Phase	MEZ
	h m	h m	h m	h m	°			
Mo 1.	4 54	9 43	14 40	21 43	−16,3	Steinbock	Erdferne 406/29′,5	1^h
Di 2.	5 19	10 27	15 44	22 29	−13,0	Wassermann		
Mi 3.	5 41	11 10	16 49	23 15	− 9,2	Wassermann		
Do 4.	6 01	11 52	17 55	0 01	− 4,9	Fische		
Fr 5.	6 21	12 35	19 01	0 46	− 0,4	Walfisch	**Neumond Nr. 1191**	**$9^h 50^m$**
Sa 6.	6 42	13 19	20 09	1 32	+ 4,2	Fische	Größte Südbreite	
So 7.	7 04	14 05	21 18	2 19	+ 8,7	Walfisch		
Mo 8.	7 29	14 53	22 29	3 08	+12,9	Widder		
Di 9.	7 59	15 43	23 38	4 00	+16,6	* Stier, Hyaden	Libration Ost	
Mi 10.	8 36	16 37	–	4 54	+19,5	Aldebaran		
Do 11.	9 22	17 33	0 45	5 50	+21,4	Orion		
Fr 12.	10 18	18 31	1 46	6 49	+22,1	Alhena	**Erstes Viertel**	**$20^h 06^m$**
							Aufsteigender Knoten	
Sa 13.	11 25	19 29	2 39	7 49	+21,4	* Pollux		
So 14.	12 39	20 26	3 24	8 48	+19,4	* Krebs, Krippe		
Mo 15.	13 58	21 22	4 00	9 47	+16,2	Löwe, Regulus		
Di 16.	15 19	22 16	4 31	10 45	+11,9	Löwe	Erdnähe 364/32′,8	23^h
Mi 17.	16 41	23 09	4 58	11 40	+ 6,9	Jungfrau		
Do 18.	18 01	–	5 23	12 35	+ 1,5	Jungfrau	Größte Nordbreite	
Fr 19.	19 21	0 01	5 47	13 29	− 3,9	Spica	**Vollmond**	**$12^h 12^m$**
Sa 20.	20 39	0 53	6 13	14 23	− 9,1	Waage		
So 21.	21 54	1 45	6 41	15 17	−13,7	Waage		
Mo 22.	23 04	2 37	7 14	16 12	−17,4	Skorpion	Libration West	
Di 23.	–	3 30	7 51	17 07	−20,1	Schlangenträger		
Mi 24.	0 08	4 23	8 36	18 01	−21,7	Schütze		
Do 25.	1 02	5 14	9 27	18 55	−22,1	Schütze, Nunki	Absteigender Knoten	
Fr 26.	1 48	6 04	10 24	19 48	−21,5	Schütze	**Letztes Viertel**	**$23^h 18^m$**
Sa 27.	2 26	6 52	11 24	20 39	−19,9	Steinbock		
So 28.	2 57	7 39	12 27	21 28	−17,5	Steinbock	Erdferne 405/29′,5	19^h
Mo 29.	3 23	8 23	13 31	22 15	−14,3	Wassermann		
Di 30.	3 46	9 06	14 36	23 02	−10,6	Wassermann		

DER MOND ENTFERNT SICH VON ALDEBARAN

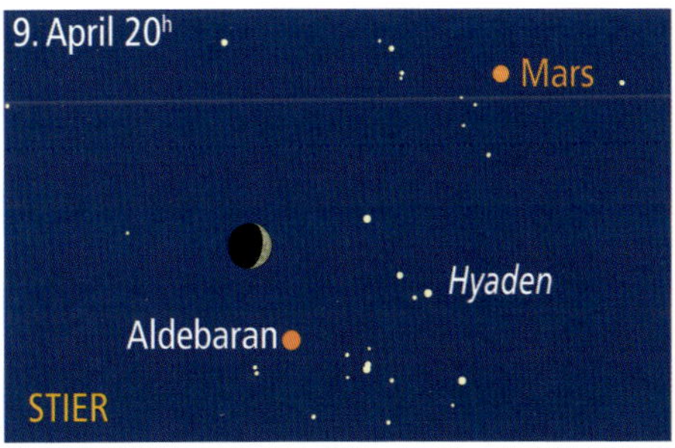

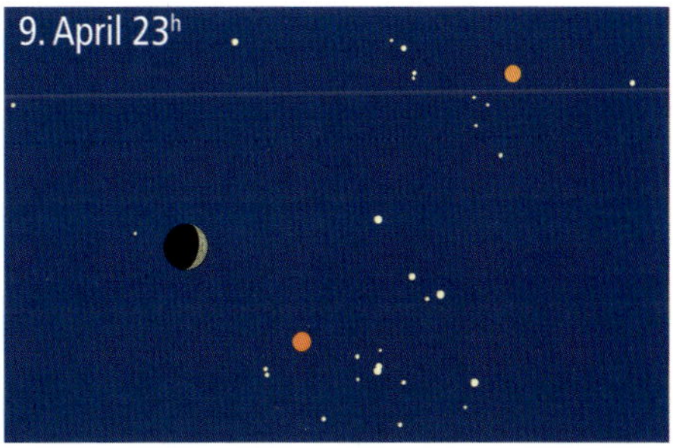

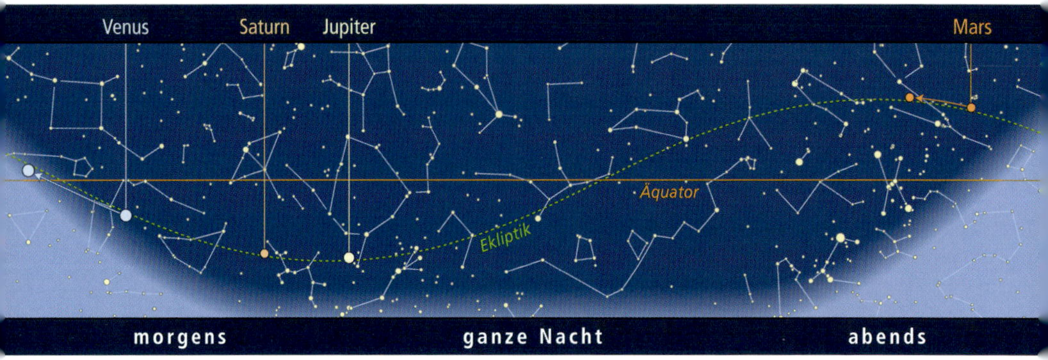

MERKUR erreicht am 11. seine größte westliche Elongation von der Sonne. Da er nur einen Tag vorher sein Aphel passiert (Sonnendistanz 69,8 Millionen Kilometer = 0,468 AE) fällt der Elongationswinkel mit 27°43′ extrem groß aus. Dies ist fast der maximal mögliche Elongationswinkel Merkurs von der Sonne. Dennoch kommt es nicht zu einer Morgensichtbarkeit, denn Merkur hält sich rund 13° südlicher als die Sonne im Tierkreis auf und beschreibt deshalb einen entsprechend kleineren Tagbogen.

Am 11. geht der $0\overset{m}{,}2$ helle Merkur um 5^h00^m (= 6^h00^m Sommerzeit) auf, eine halbe Stunde später folgt die Sonne. Bevor sich der sonnennahe Planet über die

4.2 Heliozentrischer Anblick des Planetensystems im zweiten Jahresviertel 2019. Eingetragen sind links die Positionen der inneren Planeten für den 1. April (4), 1. Mai (5), 1. Juni (6) und 1. Juli (7). Der rechte Teil zeigt das äußere Planetensystem zu Anfang und Ende des zweiten Jahresviertels. Die Pfeile deuten die Richtungen zu den ferneren Planeten sowie zum Frühlingspunkt an.

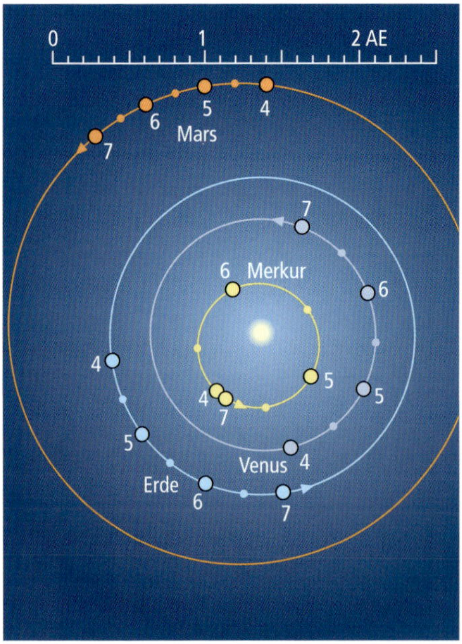

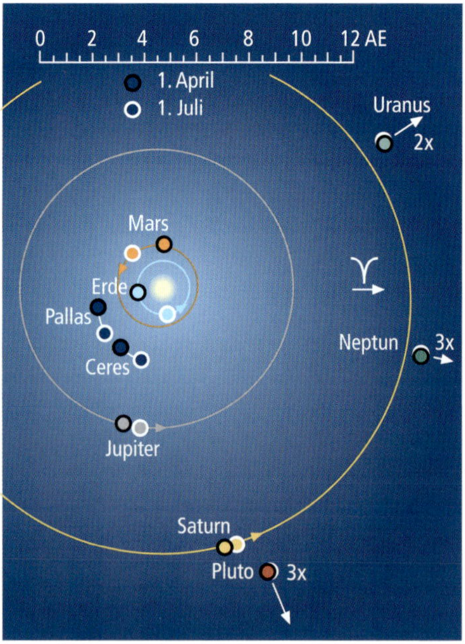

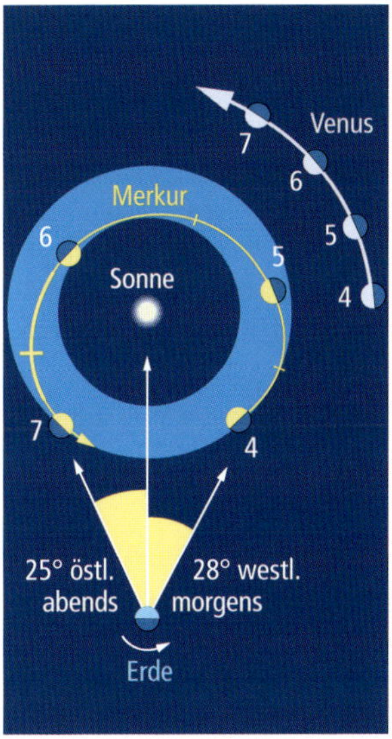

4.3 Heliozentrische Bewegungen von Merkur und Venus *relativ* zur Erde. In den dicker ausgezogenen Bahnteilen sind die Planeten beobachtbar. Die Zahlen markieren die Positionen jeweils zum Monatsersten. Östlicher Winkelabstand bedeutet Abendsichtbarkeit, westliche Elongation: Planet steht am Morgenhimmel.

dichtesten Dunstschichten am Osthorizont erhoben hat, ist die Morgenhelle so weit fortgeschritten, dass Merkur in ihr verblasst.

Während Merkur in unseren geografischen Breiten unsichtbar bleibt, kann er um den 11. in den Mittelmeerländern, den Tropen und auf der Südhalbkugel am Morgenhimmel in der Dämmerung gesehen werden.

Die Begegnungen mit Neptun am 2. und Venus am 16. bleiben freiäugig unbeobachtbar.

VENUS beginnt mit ihrem Rückzug vom Morgenhimmel. Nach der Monatsmitte wird es im Norden Deutschlands schwierig, unseren inneren Nachbarplaneten noch zu sehen. Auch in südlicheren Gefilden wird Venus zu einem unauffälligen Gestirn. Ihre westliche Elongation geht bis Monatsende auf 28° zurück. Im letzten Monatsdrittel überschreitet sie den Himmelsäquator in nördlicher Richtung, ihre Deklinationen werden wieder positiv. Als Folge davon vergrößert sich ihr Tagbogen und ihre Aufgänge verfrühen sich entsprechend. Geht Venus am 1. um 5^h02^m (= 6^h02^m Sommerzeit) auf, so überschreitet sie am 30. die östliche Horizontlinie bereits um 4^h16^m.

Der scheinbare Durchmesser von Venus schrumpft auf unter 12″ und das Planetenscheibchen zeigt sich inzwischen schon fast voll beleuchtet – 88 % glänzen im Sonnenlicht.

Am 10. wandert Venus 0°18′ südlich an Neptun vorbei, der allerdings unsichtbar bleibt. Ebenso bleibt die Quasi-Konjunktion mit Merkur am 16. unbeobachtbar.

Ihren sonnenfernsten Bahnpunkt, das Aphel, passiert Venus

KONSTELLATIONEN UND EREIGNISSE

Datum	MEZ	Ereignis
2.	5^h	**Mond bei Venus**, Mond 2°7 südlich,
		Abstand 3°4 um 6^h
2.	20	Merkur bei Neptun, Merkur 0°4 nördlich
3.	0	Mond bei Neptun, Mond 3°3 südlich
3.	0	Mond bei Merkur, Mond 3°6 südlich
6.	14	Mond bei Uranus, Mond 4°8 südlich
9.	8	Mond bei Mars, Mond 4°7 südlich
10.	5	Venus bei Neptun, Venus 0°3 südlich
10.	9	Merkur im Aphel
10.	18	Jupiter im Stillstand, anschließend rückläufig
11.	21	Merkur in größter westlicher Elongation (28°)
16.	20	Merkur bei Venus, Merkur 4°3 östlich
18.	3	Venus im Aphel
23.	0	Uranus in Konjunktion mit der Sonne
23.	13	**Mond bei Jupiter**, Mond 1°6 nördlich,
		Abstand 4°9 um 4^h
25.	10	Pluto im Stillstand, anschließend rückläufig
25.	15	**Mond bei Saturn**, Mond 0°4 südlich,
		Abstand 5°8 um 4^h und Abstand 5°8 um 3^h am 26.
25.	21	Mond bei Pluto, Mond 0°07 nördlich
30.	3	Saturn im Stillstand, anschließend rückläufig
30.	9	Mond bei Neptun, Mond 3°5 südlich

in der Nacht vom 17. auf 18., wobei sie 108,9 Millionen Kilometer (= 0,728 AE) von der Sonne entfernt bleibt.

MARS kann weiterhin am Abendhimmel gesehen werden. Seine Helligkeit sinkt auf $1{,}^{m}6$ ab. Der rote Planet ist somit kein auffälliges Gestirn mehr. Er läuft durch den Stier und passiert im ersten Monatsdrittel das Goldene Tor der Ekliptik, das von den beiden offenen Sternhaufen Hyaden und Plejaden (M 45) gebildet wird. Am 16. passiert Mars den Hauptstern des Stiers, Aldebaran (α Tau) in 7° nördlichem Abstand (siehe Abb. 2.8 auf Seite 56).
Der Marsuntergang erfolgt am 1. um $23^{h}30^{m}$, am 15. um $23^{h}25^{m}$ und am 30. um $23^{h}16^{m}$ (= $0^{h}16^{m}$ Sommerzeit am 1. Mai.). Der scheinbare Durchmesser des Planetenscheibchens schrumpft auf gut 4″.

JUPITER im Sternbild Schlangenträger bleibt am 10. stehen und setzt zu seiner Oppositionsschleife an. Anschließend wandert er rückläufig – also von Ost nach West – durch den Ophiuchus (siehe Abb. 6.6 auf Seite 145). Der Riesenplanet steigert seine Helligkeit auf $-2{,}^{m}5$. Er verlagert seine Aufgänge in die Zeit vor Mitternacht.
Am 1. geht Jupiter um $1^{h}14^{m}$ (= $2^{h}14^{m}$ Sommerzeit) auf, am 15. um $0^{h}19^{m}$ und Ende April schon um $23^{h}14^{m}$. Sieht man von Mond und Venus ab, so ist Jupiter das deutlich hellste Gestirn am Nachthimmel.

Der abnehmende, noch fast volle Mond passiert Jupiter am 23. in knapp zwei Grad nördlichem Abstand (siehe Abb. 4.1 auf Seite 98). Am Morgenhimmel beträgt der Abstand noch fast fünf Grad.

SATURN bremst seine rechtläufige Bewegung durch den Schützen deutlich ab. Am letzten Tag des Monats kommt er zum Stillstand und setzt zu seiner Oppositionsschleife an. Ab Mai wandert er zunächst nur zögerlich rückläufig durch den Schützen (siehe Abb. 7.5 auf Seite 165). Die Saturnhelligkeit nimmt weiter leicht zu und erreicht am Monatsende $0{,}^{m}4$.
Der Ringplanet baut seine Morgensichtbarkeit aus. Geht er am 1. um $2^{h}57^{m}$ (= $3^{h}57^{m}$ Sommerzeit) auf, so erscheint er am 15. um $2^{h}04^{m}$ und am 30. bereits um $1^{h}06^{m}$ über der südöstlichen Horizontlinie. Jeweils etwa 20^{m} nach dem Aufgang wird Saturn leicht sichtbar.

URANUS im Sternbild Widder hat sich vom Abendhimmel völlig zurückgezogen und bleibt unbeobachtbar. In der Nacht vom 22. auf 23. kommt er um Mitternacht in Konjunktion mit der Sonne. Er geht somit mit ihr auf und unter und bleibt nachts unter dem Horizont.
Zur Konjunktion erreicht Uranus seine größte Entfernung von der Erde in diesem Jahr. Ihn trennen dann von uns 3120 Millionen Kilometer, dies sind 20,86 AE. Die Lichtlaufzeit für diese Strecke beträgt zwei Stunden und 53 Minuten.

NEPTUN stand zu Beginn des Vormonats in Konjunktion mit der Sonne. Der sonnenfernste Planet wandert gemächlich rechtläufig durch das Sternbild Wassermann. Noch wird man ihn vergeblich am Morgenhimmel suchen. Der Planet des Meeresgottes bleibt weiterhin unbeobachtbar. Auch die abermalige Begegnung mit Merkur am 2. und die mit Venus am 10. bleiben unbeobachtbar.

PLANETOIDEN UND ZWERGPLANETEN

PLUTO kommt am 25. im Sternbild Schütze zum Stillstand. Anschließend bewegt er sich rückläufig durch das Sternengewimmel in der Milchstraße (siehe Abb. 7.6 auf Seite 166). In der Übersichtskarte Abb. 7.5 auf Seite 165 ist die Position der Bahnschleife von Pluto eingetragen. Am 25. geht Pluto um $1^{h}38^{m}$ auf und kulminiert um $5^{h}48^{m}$ (= $6^{h}48^{m}$ Sommerzeit).

CERES (1) wird am 8. spätabends im Schlangenträger stationär und setzt zu ihrer Oppositionsschleife an (siehe Aufsuchkarte Abb. 6.6 auf Seite 145). Ihre rückläufige Bewegung erfolgt zunächst noch recht zögerlich. Die Cereshelligkeit steigert sich im Laufe des April von $8{,}^{m}1$ auf $7{,}^{m}6$. Somit kann man Ceres mit jedem Fernglas sehen.
Am 1. geht Ceres um $23^{h}53^{m}$ auf und kulminiert um $4^{h}37^{m}$ (= $5^{h}37^{m}$ MESZ). Bis Ende April verfrüht sich der Ceresaufgang auf $21^{h}56^{m}$ und der Meridiandurchgang auf $2^{h}38^{m}$.

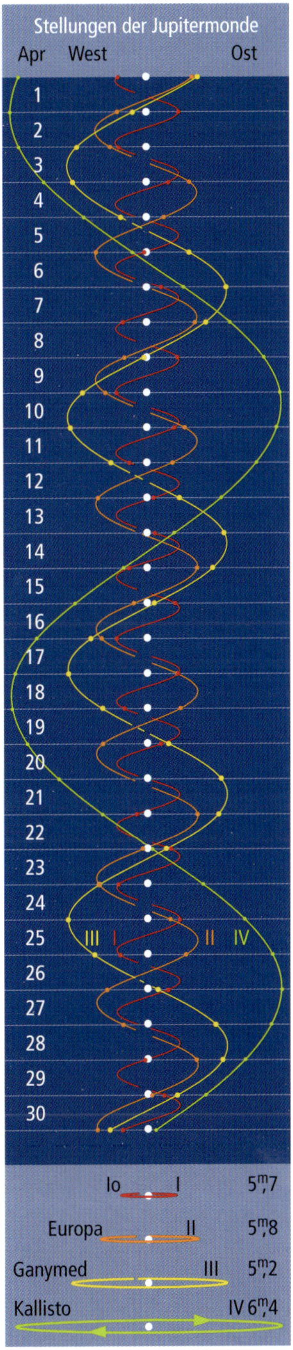

JUPITERMONDE

Tag	MEZ h m		Vorgang	
3.	5	38	I	VA
4.	2	54	I	SA
	4	05	I	DA
	5	05	I	SE
5.	3	02	III	VA
	3	15	II	DA
	3	17	II	SE
	3	29	I	BE
	5	14	III	VE
	5	38	II	DE
11.	4	47	I	SA
12.	2	00	I	VA
	3	28	II	SA
	5	18	I	BE
	5	40	II	DA
	5	50	II	SE
13.	1	27	I	SE
	2	34	I	DE
14.	2	56	II	BE
16.	1	16	III	DA
	3	26	III	DE
19.	3	53	I	VA
20.	1	09	I	SA
	2	12	I	DA
	3	20	I	SE
	4	23	I	DE
21.	0	49	II	VA
	1	34	I	BE
23.	0	47	III	SA
	3	00	III	SE
	4	52	III	DA
27.	3	03	I	SA
	3	59	I	DA
28.	0	14	I	VA
	3	21	I	BE
	3	25	II	VA
	23	43	I	SE
29.	0	37	I	DE
	23	36	II	DA
30.	0	14	II	SE
	2	00	II	DE
	4	44	III	SA

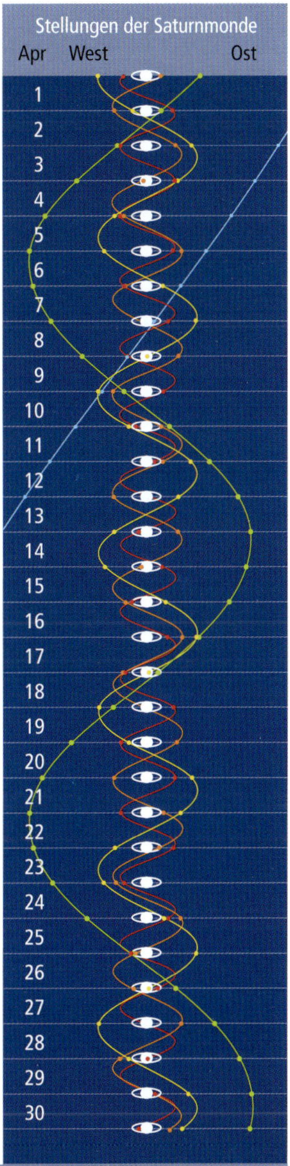

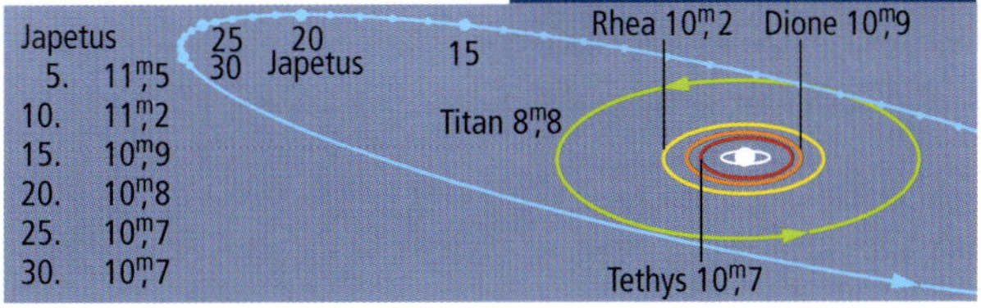

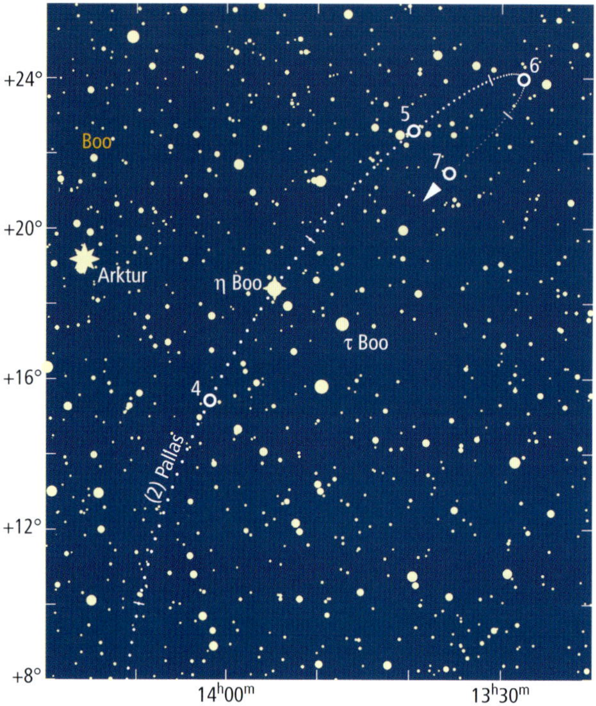

4.4 Scheinbare Bahn des Kleinplaneten (2) Pallas von Mitte März bis Anfang Juli 2019. Die Zahlen geben die Pallasposition zum jeweiligen Monatsbeginn an (4 = 1. April).

PALLAS (2) eilt rasch rückläufig durch den Bootes. Das „rückläufig" bezieht sich auf ihre Bewegung in Rektaszension. In der Nacht vom 9. auf 10. kommt der Planetoid Nr. 2 in **Opposition** zur Sonne.

Pallas steht dabei knapp neben η Bootis ($2{,}^{\mathrm{m}}7$), der als Aufsuchhilfe hervorragend geeignet ist (siehe Abb. 4.4 oben).

Ihre Oppositionshelligkeit von $7{,}^{\mathrm{m}}9$ geht bis Ende April auf $8{,}^{\mathrm{m}}2$ etwas zurück. In der Oppositionsnacht geht Pallas um $17^{\mathrm{h}}25^{\mathrm{m}}$ auf, kulminiert um $1^{\mathrm{h}}05^{\mathrm{m}}$ (= $2^{\mathrm{h}}05^{\mathrm{m}}$ MESZ) und geht morgens um $8^{\mathrm{h}}39^{\mathrm{m}}$ unter.

Ihre geringste Entfernung von der Erde während ihrer Oppositionsperiode erreicht Pallas bereits am Nachmittag des 25. März. Von der Erde trennen sie dann 238 Millionen Kilometer (= 1,59 AE). Dies entspricht einer Lichtlaufzeit von 13 Minuten und 14 Sekunden. Von der Sonne ist Pallas am Oppositionstag 379 Millionen Kilometer (= 2,53 AE) entfernt.

PERIODISCHE STERNSCHNUPPENSTRÖME

Um den 12. April erreichen die **VIRGINIDEN** ihr wenig ausgeprägtes Maximum. Einzelne Virginiden-Meteore sind bis in das erste Maidrittel zu verfolgen. Auch die Existenz dieses Stromes wird in Frage gestellt.

In der Zeit vom 16. bis 25. April werden die **LYRIDEN** aktiv. Ihr Ausstrahlungspunkt liegt in der Leier, etwa 7° südwestlich von Wega im Westteil der Leier. Manche Beobachter vermuten mehrere Radianten. Die Lyriden sind schnelle Objekte. Im Mittel liegen ihre Eintrittsgeschwindigkeiten um 49 Kilometer pro Sekunde. Günstigste Beobachtungszeit: 22^{h} bis 4^{h}. Das Maximum ist in der Nacht vom 22. auf 23. April zu erwarten. Rund 20 Meteore, darunter einige helle Exemplare, leuchten dann pro Stunde auf. In einigen Jahren wurden deutlich mehr Sternschnuppen pro Stunde registriert. Die Lyriden stammen von dem langperiodischen Kometen C/1861 G1 (Thatcher), dessen Umlaufzeit 415 Jahre beträgt.

Ein weit südlicher Strom sind die regelmäßig aufflammenden **PI-PUPPIDEN**. Sie erscheinen um den 23. April. Ihr Radiant liegt, wie der Name sagt, im Sternbild Puppis (Hinterdeck des Schiffes), das in unseren Breiten nur zum Teil sichtbar ist. Wegen der südlichen Lage des Ausstrahlungspunktes sind sie erst südlich einer nördlichen Breite von 30° zu beobachten. In manchen Jahren erscheinen recht viele Puppiden. Ihr Radiant ist nur am Abendhimmel sichtbar. Es handelt sich um recht langsame Meteore mit Eintrittsgeschwindigkeiten von rund 15 Kilometer pro Sekunde. Als Ursprungskomet

wurde 26P/Grigg-Skjellerup ausgemacht.
Das Antihelion wandert durch das Sternbild Jungfrau auf die Waage zu und erreicht somit immer südlichere Abschnitte der Ekliptik. Stündlich sind kaum fünf Meteore zu erwarten.
Im letzten Aprildrittel tauchen die ersten **ETA-AQUARIDEN** auf (siehe „Periodische Sternschnuppenströme" im Mai).

Der Fixsternhimmel

Die Wintersternbilder haben das Feld geräumt. Orion geht gerade im Westen unter, Sirius ist bereits von der Himmelsbühne abgetreten. Tief im Südwesten erinnert noch Prokyon im Kleinen Hund an vergangene Wintertage.
Ebenfalls noch im Westen zu sehen sind die Zwillinge. Die helle Kapella im Fuhrmann befindet sich im Nordwesten.
Der Himmelswagen steht hoch über unseren Köpfen, fast im Zenit. Der Wagen dient zum Auffinden des Polarsterns – die fünfmalige Verlängerung der Strecke zwischen den beiden Kastensternen des hinteren Wagenendes trifft Polaris.
Verbindet man jeweils zwei Kastensterne miteinander und verlängert diese Strecke in der dem Polarstern entgegengesetzten Richtung, so schneiden sich beide Linien etwa im Sternbild Löwe. Der Löwe ist das Leitsternbild des Frühlings, er marschiert gerade durch den Meridian.
Hoch im Süden ist jetzt leicht das große Sternentrapez zu erkennen, das den Löwenrumpf darstellen soll. Daran schließt sich in nordwestlicher Richtung ein kleineres Trapez an, der mähnenbehangene Kopf dieses königlichen Tieres. Der Hauptstern des Löwen heißt Regulus (lat.: kleiner König), sein zweiter Stern (β Leonis) wird Denebola genannt. Die Bezeichnung kommt aus dem Arabischen und bedeutet so viel wie „Schwänzchen des Löwen". Der Löwe gehört zu den Tierkreissternbildern. Durch die Tierkreissternbilder zieht die scheinbare Sonnenbahn, auch Ekliptik genannt. Die Lage der Ekliptik lässt sich gut abschätzen: Regulus steht fast genau auf der Ekliptik.
Im Südosten trifft man auf das Sternbild Jungfrau mit seinem Hauptstern Spica. Ein wenig südwestlich von Spica stößt man auf das markante Sternentrapez des Raben.
Lässt man den Blick zurück zum Großen Wagen wandern und folgt dem Bogenschwung der Wagendeichsel, so trifft man auf einen hellen, orange leuchtenden Stern Namens Arktur. Mit Sirius, Kanopus, Toliman, Wega

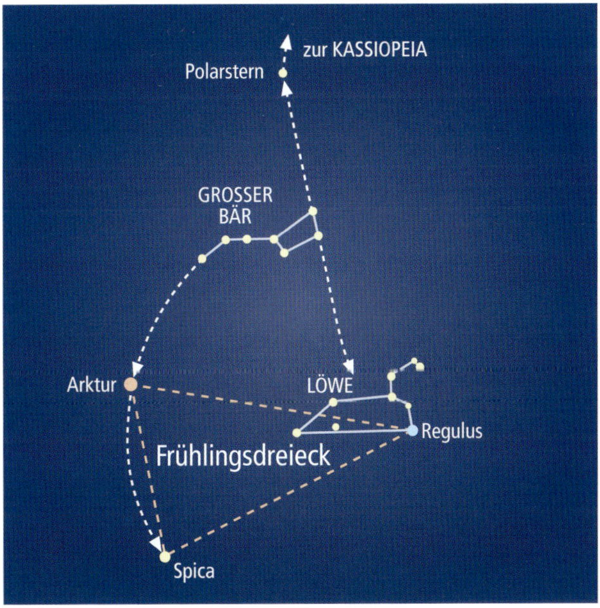

4.5 Das Frühlingsdreieck setzt sich aus den drei hellen Sternen Arktur im Bootes, Regulus im Löwen und Spica in der Jungfrau zusammen.

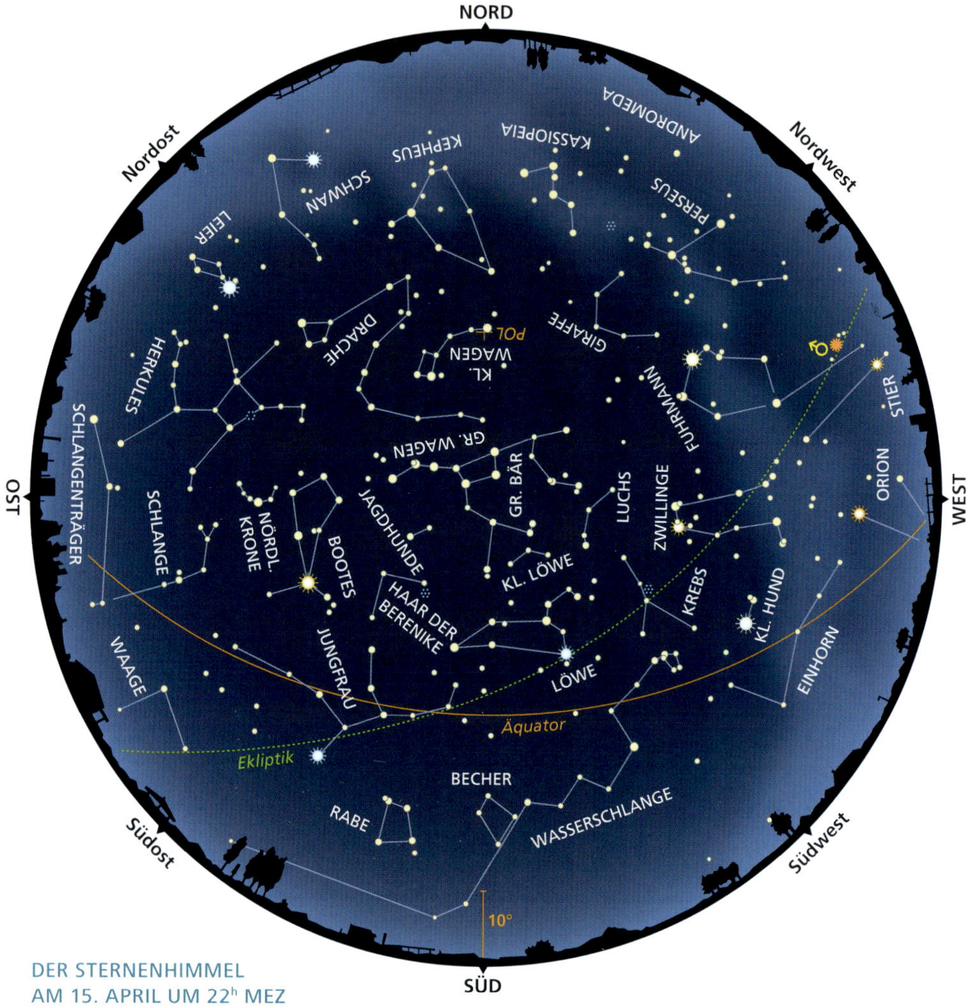

DER STERNENHIMMEL AM 15. APRIL UM 22h MEZ

Die Sternkarte ist auch gültig für:

	MEZ	MESZ
15.12.	6h	
1. 1.	5	
15. 1.	4	
1. 2.	3	
15. 2.	2	
1. 3.	1	
15. 3.	0	
1. 4.	**23**	**24h**
15. 4.	**22**	**23**
30. 4.	**21**	**22**

und Kapella gehört Arktur zu den hellsten Fixsternen des Himmels. Arktur ist der hellste Stern im Bild des Bootes (lat., Rinderhirt). Die drachenähnliche Figur des Bootes ist leicht zu erkennen. Die drei hellen Sterne Regulus, Arktur und Spica bilden das sogenannte Frühlingsdreieck. Es deutet den Helligkeitsschwerpunkt des abendlichen Frühlingshimmels an.

Tief im Nordosten blinkt ein heller Stern im Horizontdunst. Es ist die Wega im Sternbild der Leier, die den kommenden Sommer erahnen lässt. Zieht man in Gedanken von der Wega zu Arktur eine Linie, so geht diese durch zwei lichtschwächere Sternbilder, den Herkules und die Nördliche Krone. Die Krone liegt näher bei Bootes: Ein einprägsamer Halbkreis von Sternen mit einem

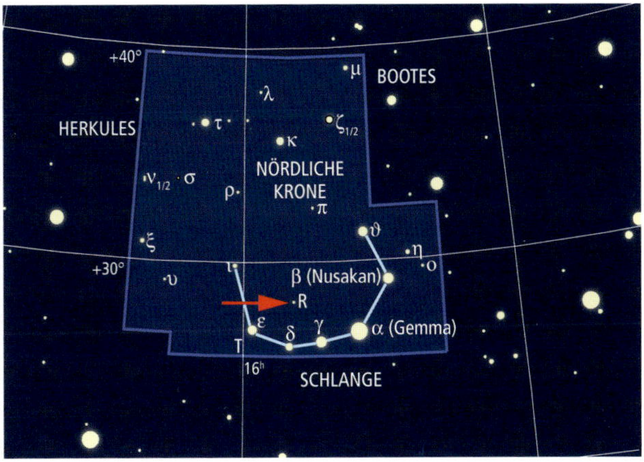

4.6 Das Sternbild Nördliche Krone (Corona Borealis) mit dem Hauptstern Gemma (α CrB). Eingetragen ist ferner die Position von R CrB, einem rußenden Stern.

etwas helleren Stern namens Gemma (lat., Edelstein). In der Krone befindet sich auch der veränderliche Stern R Coronae Borealis. Dieser Stern gehört zu den eruptiv Variablen. Er gilt als „rußender" Stern, der im günstigsten Falle als Stern sechster Größe im Fernglas gut zu sehen ist. Im Lichtminimum kann er bis auf 15^m absinken.

Der Herkules wiederum ist ein sehr ausgedehntes Sternbild. Seine Gestalt zu erkennen, erfordert schon einige Übung im Aufsuchen von Sternbildern. Im Herkules befinden sich auch die beiden Kugelsternhaufen M 13 und der lichtschwächere M 92.

VERÄNDERLICHE STERNE IM APRIL

Algol-Minima	11.	5^h45^m	16.	23^h23^m	19.	20^h14^m						
β-Lyrae-Minima	1.	20^hH	8.	8^hN	14.	19^hH	21.	7^hN	27.	19^hH		
δ-Cepheï-Maxima	3.	0^h	8.	9^h	13.	18^h	19.	2^h	24.	11^h	29.	20^h

Wann ist Ostern?

Sven Melchert

4.7 Der erste Frühlingsvollmond bestimmt das Osterdatum.

In vielen Kulturen und bei etlichen Völkern begann ein neues Kalenderjahr im Frühjahr, wenn die Natur zu neuem Leben erwacht. Der heute als April bezeichnete Monat war somit der erste Monat eines Jahres. Bei den Babyloniern hieß er Nisanu (hebräisch: Nisan). Bei den Römern war bereits der März der erste Monat im Kalender, gewidmet dem Kriegsgott Mars, nach dem der Monat seinen Namen erhielt.
Die Menschen feiern gerne, und so wurde auch der Jahresbeginn mehr oder minder festlich begangen. Man verabschiedete das alte Jahr und begrüßte das neue. In den heißen Ländern ließ sich nicht gut am Tag feiern. Daher verlegte man die Festivitäten und Rituale in die Nachtstunden. Ohne elektrische Beleuchtung war man auf den milden Schein des Vollmondes angewiesen. Man legte das Neujahrsfest daher auf den Termin des ersten Vollmondes im Frühling.

So beginnt das jüdische Passah- (auch Pessach-) Fest immer am 14. Nisan abends mit Sonnenuntergang (Beginn der Festivitäten). Im jüdischen Lunisolarkalender fällt der erste Vollmond nach dem Frühlingsäquinox stets auf den 14. Nisan (dem Erew Pessach oder Rüsttag). In den Jahren mit einem Schaltmonat fällt der Frühlingsvollmond im jüdischen Kalender auf den 14. Adar II.
Eng mit dem jüdischen Passah-Fest ist Ostern verbunden, das höchste christliche Fest. Die Auferstehung Jesu Christi erfolgte einen Tag nach dem Sabbat, an dem das Passah-Fest stattfand. Die Christen legten ihr Osterfest somit auf den dem Passah-Fest folgenden Sonntag fest.
Jesus Christus wurde am Vorabend des Passah-Festes, dem Rüsttag gekreuzigt. Seine Auferstehung fand laut biblischer Überlieferung (1. Korinther 15,4) am dritten Tag statt, dies war der Sonntag nach dem Sabbat, an dem das Passah-Fest stattfand (der 16. Nisan). Wie im römischen Kalender üblich, wird auch der Ausgangstag mitgezählt. Man sagt auch heute noch, man trifft sich „in acht Tagen", wenn man den Termin eine

Woche später am gleichen Wochentag meint (also dem siebten Folgetag). Christus wurde an einem Freitag gekreuzigt, seine Auferstehung erfolgte am nächsten Sonntag.
Die Bezeichnung „Ostern" geht sehr wahrscheinlich auf die germanische Göttin Ostara (auch Eostra) zurück, die als Herrscherin des Frühlings galt. Name und Bedeutung sind vergleichbar mit der griechischen Göttin Eos und der römischen Göttin Aurora. Beide stehen für die Morgenröte, Ostara für den Frühling. Die drei deuten somit Beginn und Aufbruch der hellen Zeit an.

Der Vollmond bestimmt den Ostertermin

Sowohl im Julianischen als auch im Gregorianischen Kalender fällt der erste Vollmond im Frühling nicht immer auf dasselbe Datum. Man musste also den Kalendertag des ersten Vollmondes im Frühjahr bestimmen, um das Osterfest zu ermitteln. Dazu bediente man sich des Metonschen Zyklus, benannt nach dem Athener Meton (460–432 v. Chr., Daten unsicher), der ihn von den Babyloniern übernommen hatte. Nach 19 Jahren fallen die Neumond- und Vollmondtermine wieder auf das gleiche Datum, denn 19 tropische Jahre zu je 365,242190 Tagen entsprechen 6939,60161 Tagen, 235 synodische Monate zu 29,530589 Tagen ergeben 6939,688415 Tage. Die Differenz beträgt somit lediglich zwei Stunden und knapp fünf Minuten. Die Vollmondtermine wiederholen sich somit in einer 19-jährigen Periode, die man *Mondzirkel* nennt.
Man hat die jeweilige Nummer des Mondzirkels, die für ein bestimmtes Jahr gilt, mit goldener Tinte in die Kalender eingetragen, weshalb man von „Goldener Zahl" (Numerus Aureus) spricht. Die Goldene Zahl berechnet sich zu: GZ = Jahr mod 19 + 1 (Jahreszahl geteilt durch 19, Rest vermehrt um eins). Die Goldene Zahl wird üblicherweise in römischen Ziffern geschrieben. Nach dem Mondzirkel ergibt sich das Datum des zyklischen Vollmondes. Das Datum des zyklischen Vollmondes kann vom wahren Vollmondtermin um plus/minus einen Tag abweichen (siehe Tabelle „Goldene Zahl" auf Seite 115).

BEWEGLICHE FEIERTAGE 2019

Tagesnummer	Datum	Feiertag	
65	6. März	Aschermittwoch	46. Tag vor Ostern
111	21. April	Ostersonntag	
150	30. Mai	Himmelfahrt	39. Tag nach Ostern
160	9. Juni	Pfingstsonntag	49. Tag nach Ostern
171	20. Juni	Fronleichnam	60. Tag nach Ostern

Da der Ostersonntag in jedem Jahr auf ein anderes Datum fällt, nennt man Ostern ein bewegliches Fest. Am Ostertermin hängen auch weitere bewegliche kirchliche Festtage: Aschermittwoch am 46. Tag vor Ostern, Christi Himmelfahrt am 39. Tag nach Ostersonntag (daher immer an einem Donnerstag), Pfingstsonntag ist der 49. Tag und Fronleichnam der 60. Tag nach Ostern und damit stets ein Donnerstag. Dies ergibt für das Jahr 2019 das im Kasten oben angegebene Schema.

Kalenderrechnung mit dem Computus

Im zweiten nachchristlichen Jahrhundert kam es zu erheblichen Problemen bei der Bestimmung des Osterdatums. Die einen christlichen Gemeinden benutzten den Alexandrinischen Kalender, andere richteten sich nach dem Ägyptischen Kalender. So wurde Ostern in den einzelnen Gemeinden zu verschiedenen Terminen gefeiert. Der von Caesar eingeführte Julianische Kalender war bei den ersten Christen wegen der römischen Christenverfolgung verpönt.
Die einheitliche Festlegung des Ostertermins war eine der Bestrebungen des Ersten Konzils von Nicaea (Nikaia, heute Iznik), einer Stadt in Kleinasien südlich von Byzanz (das spätere Konstantinopel, heute Istanbul), das vom 20. Mai bis 25. Juli 325 stattfand. Einberufen wurde das Konzil vom römischen Kaiser Konstantin I., der bereits im Jahre 313 das Christentum als Staatsreligion anerkannte und damit auch die Verfolgung der Christen im römischen Reich beendete. Über

Francisco Villamena / Wikipedia

4.8 Der deutsche Astronom und Mathematiker Christophorus Clavius (1538 – 1612) entwickelte den Computus zur Berechnung des Osterdatums im Gregorianischen Kalender.

300 Bischöfe versammelten sich in Nicaea (mit Gefolge waren es über 2000 Teilnehmer), um zahlreiche theologische Fragen zu diskutieren und entsprechende Beschlüsse zu fassen. Einer der Beschlüsse betraf die Festlegung des Osterfestes:

1. Ostern muss in der gesamten Christenheit stets am gleichen Tag gefeiert werden (was bis heute nicht erreicht wurde).
2. Ostern ist am Sonntag nach dem jüdischen Passah-Fest zu feiern und damit nach dem ersten Vollmond im Frühling.
3. Die Berechnung des Osterdatums wird dem Bischof von Alexandria übertragen.

Die alexandrinischen Gelehrten, hervorragende Astronomen und Mathematiker, entwickelten auf Grundlage des Metonschen Zyklus (Mondzirkel) ein Verfahren (Algorithmus), den „Computus paschalis ecclesiasticus", kurz „Computus" genannt, um für jedes Jahr das Osterdatum zu ermitteln. Dennoch dauerte es bis zum Jahre 525, dass die westliche Christenheit Ostern an einem gemeinsamen Datum feiert. Dies ist dem skytischen Mönch Dionysius Exiguus zu verdanken, der 525 einen verbesserten Computus erstellte, nach dem das Osterdatum zu errechnen ist. Exiguus war es auch, der vorschlug, die Jahre nach der Menschwerdung Christi zu zählen (Anno Domini – im Jahre des Herrn) und nicht mehr die Ära Diokletian zu verwenden, denn der römische Kaiser Diokletian war der wohl schlimmste Christenverfolger im alten Rom. Seither zählt man die Jahre ab der „Geburt Jesu Christi". Allerdings unterlief Exiguus dabei ein Fehler bei der Ermittlung des Geburtsjahres Christi. Sie fand nach heutiger Erkenntnis im Jahre 7 (= –6 astronomischer Zählweise) vor der christlichen Epoche statt.

Die Osterparadoxie

Inzwischen ist allgemein bekannt, dass Ostern am Sonntag nach dem ersten Vollmond im Frühling zu feiern ist. Doch so einfach ist die Angelegenheit nicht. Im Jahr 2019 beginnt der Frühling am 20. März um 22^h58^m MEZ. Der erste Vollmond im Frühling tritt am 21. März um 2^h53^m MEZ ein. Demnach müsste am Sonntag, 24. März Ostern gefeiert werden. Ein Blick in den Kalender zeigt jedoch: Ostersonntag ist am 21. April 2019! Es kommt somit zu einer „Osterparadoxie". Auch im Jahr 1962 kam es zu einer Osterparadoxie. Das Frühlingsäquinoktium fand am 21. März 1962 um 3^h30^m MEZ statt, Vollmond trat am 21. März um 8^h56^m MEZ ein. Dennoch war nicht der 25. März, sondern erst der 22. April 1962 der Ostersonntag.

Die Ursache für die gelegentlich auftretenden Osterparadoxien liegt in dem Umstand, dass der Computus erstens davon ausgeht, Frühlingsbeginn ist stets am 21. März und zweitens für den Vollmondtermin lediglich der Tag, nicht aber die genaue Uhrzeit ermittelt wird. Man spricht daher von einem *zyklischen* Vollmond, der nicht iden-

tisch ist mit dem *wahren* (astronomischen) Vollmond. Im 21. Jahrhundert fällt das Frühlingsäquinoktium fast immer auf den 20. oder 19. März (siehe Monatsthema „Wann beginnt der Frühling?" auf Seite 83 im Kosmos Himmelsjahr 20**18**). Im Computus gilt ferner die Regel: Fällt der (zyklische) Frühlingsvollmond auf einen Sonntag, so wird das Osterfest erst am darauffolgenden Sonntag begangen. Damit fällt der früheste Ostertermin auf den 22. März. Dies ist der Fall, wenn der zyklische Vollmond auf den 21. März fällt und der 22. März ein Sonntag ist. Das ist sehr selten der Fall, kam im 20. Jahrhundert überhaupt nicht vor und wird im 21. Jahrhundert auch nicht eintreten. Ostersonntag am 22. März war im Jahr 1818 und wird sich im Jahr 2285 wiederholen.
Im 20. und 21. Jahrhundert fielen die frühesten Ostertermine auf den 23. März 1913 und den 23. März 2008.
Der späteste Ostertermin kann auf den 25. April fallen, was 1943 der Fall war und sich 2038 wiederholen wird. Der späteste Ostertermin 25. April tritt ein, wenn der zyklische Vollmond am 20. März stattfindet. Der nach dem Computus berechnete Frühlingsvollmond trifft dann auf den 18. April. Ist dies ein Sonntag, so findet das Osterfest am 25. April statt.

Neue Regeln durch Kalenderreform

Der 22. März und der 25. April bilden die Ostergrenze. Diese umfasst eine Zeitspanne von 35 Tagen, auf die das Osterdatum fallen kann. Zwei weitere Probleme bereiten den Osterrechnern Kopfzerbrechen. Zum einen ist das Julianische Jahr mit 365,25 Tagen um 11^m14^s länger als das Tropische Jahr zu 365,24219 Tagen. Nach jeweils 128 Jahren findet der Frühlingsbeginn dadurch einen Tag früher statt. Bis 1582 verschob sich somit der Frühlingsbeginn auf den 10. März, was Papst Gregor XIII. veranlasste, die nach ihm benannte Kalenderreform durchzuführen.
Das zweite Problem: 19 tropische Jahre sind eben nicht exakt gleich 235 synodische Monate. Wie vorhin ausgeführt, bleibt der Vollmond nach einem vollen Mondzirkel um zwei Stunden und fünf Minuten zurück, der Vollmond tritt also um diese Zeitspanne *später* ein. Nach 218 Jahren

4.9 Der Mondkrater Clavius ist mit 225 Kilometer Durchmesser der größte Krater auf der erdzugewandten Seite des Mondes. Aufnahme von Mario Weigand.

hinkt der wahre Vollmondtermin dann einen ganzen Tag dem zyklischen hinterher. Bis zur gregorianischen Kalenderreform im Jahre 1582 hätte nach dem Metonschen Zyklus der Vollmond dann eine Verspätung von fast sechs Tagen. Statt dem mit dem Computus errechneten Vollmond sähe man den zunehmenden Halbmond am Himmel – kein gutes Omen für ein Osterfest …

Allerdings war 1582 der mittels des Computus errechnete Vollmondtermin um vier Tage *zu spät*. Bereits vier Tage *vorher* leuchtete der wahre Vollmond am Himmel, denn das julianische Sonnenjahr ist eben länger als das tropische Jahr.

Damit ergibt sich: Nach einem Meton-Zyklus von 19 Jahren ist der Mond um $1^h26^m24^s$ voraus. Bis zum Jahr 1582 hatte somit der Mond einen Vorsprung von fast genau vier Tagen erreicht. Der wahre Vollmond trat somit vier Tage *vor* dem zyklisch berechneten ein.

Es mussten somit bei der gregorianischen Kalenderreform nicht nur zehn Tage gestrichen werden (auf den 4. folgte unmittelbar der 15. Oktober 1582), sondern auch der Computus musste überarbeitet werden. Dies besorgte der deutsche Astronom, Mathematiker und Jesuit Christophorus Clavius (Christoph Klau, 1538–1612). Ihm zu Ehren wurde der größte Krater auf der erdzugewandten Seite des Mondes benannt. Der Ringwall Clavius mit einem Durchmesser von 225 Kilometer befindet sich auf der Südhälfte des Mondes (58°,4 Süd, 14°,4 West). Vier größere Sekundärkrater liegen in seiner Sohle.

BERECHNUNG DES OSTERDATUMS

Ermittlung der Faktoren	**QUOTIENT**	
	Ganzzahliger Anteil	Rest
Jahreszahl/19	––	a
Jahreszahl/100	B	c
B/4	D	e
(B + 8)/25	F	––
(B – F + 1)/3	G	––
(19a + B – D – G + 15)/30	J	h
c/4	––	k
(32 + 2e + 2J – h – k)/7	––	l
(a + 11h + 22l)/451	M	––
(h + l – 7M + 114)/31	N	p

Ostersonntag: Tag = p + 1 Monat: N = 3 März N = 4 April

Rechenbeispiel für das **Jahr 2019**:

Ermittlung der Faktoren	**QUOTIENT**	
	Ganzzahliger Anteil	Rest
2019/19	––	a = 5
2019/100	B = 20	c = 19
B/4	D = 5	e = 0
(B + 8)/25	F = 1	––
(B – F + 1)/3	G = 6	
(19 a + B – D – G + 15)/30	J = 4	h = 29
c/4	––	k = 3
(32 + 2e + 2J – h – k)/7	––	l = 1
(a + 11 h + 22l)/451	M = 0	––
(h + l – 7M + 114)/31	N = 4	p = 20
Ostersonntag:	Tag: p + 1 = 21	Monat: N = 4 = April

Der Ostersonntag fällt im Jahr 2019 auf den 21. April.

Der neue Computus funktioniert recht zuverlässig. Allerdings weicht der zyklische Vollmond, nach dem das Osterfest bestimmt wird, nach wie vor um ein bis zwei Tage vom wahren Vollmond ab.

Die Gaußsche Osterformel

Im gregorianischen Computus wird statt des Mondzirkels auch die Epakte zur Berechnung des Frühlingsvollmondes verwendet. Sie gibt die Mondphase jeweils zu Jahresbeginn an. Die Epakte vermerkt das Mondalter zum Jahreswechsel und gibt die Zahl der Tage an, die am 31. Dezember eines Jahres seit dem letzten Neumondtermin vergangen sind. Sie läuft von 1 bis 29. Für Neumond am 31. Dezember steht oft ein * statt einer Null.

Der berühmte Göttinger Mathematiker Carl Friedrich Gauß (1777–1855) hat einen Algorithmus angegeben, nach dem man den Computus einfach kalkulieren kann – die sogenannte „Gaußsche Osterformel". Auf Seite 114 ist dieser Algorithmus leicht abgewandelt angegeben.

Um auch im gregorianischen Kalender die Ostergrenze (22. März bis 25. April) einzuhalten, mussten im gregorianischen Computus zwei Ausnahmeregeln eingeführt werden:

1. Fällt der zyklische Vollmond auf den 19. April und ist dieser ein Sonntag, so müsste am 26. (19 + 7) April Ostern gefeiert werden. Um die Ostergrenze einzuhalten, wird der Vollmondtermin einen Tag früher angesetzt, also auf den 18. statt 19. April festgelegt.
2. Wenn nach dem Computus der Vollmondtermin 18. April lautet und dieser ist ein Sonntag, so wird der Vollmondtermin auf den 17. April vorverlegt. In diesem Fall ist am Sonntag, 18. April das Osterfest zu feiern.

Da die orthodoxen Kirchen nach wie vor nach dem Julianischen Kalender das Osterdatum bestimmen, differieren die Osterdaten von denen des Gregorianischen Kalenders. Die Julianischen Daten hinken inzwischen 13 Tage den Gregorianischen hinterher. Ergibt sich zwischen dem nach dem ursprünglich julianisch ermittelten Osterdatum und dem 1582 von Clavius reformierten Computus eine Differenz von 13 Tagen, so fallen beide Ostertermine auf denselben Sonntag. Dies war beispielsweise 2017 der Fall, als der gemeinsame Ostersonntag auf den 16. April im Gregorianischen Kalender (= 3. April im Julianischen Kalender) fiel. Auch am 20. April 2025 und am 16. April 2028 ist das Osterfest für alle christlichen Kirchen am selben Sonntag.

Vergeblich waren bisher alle Versuche, das Osterdatum vom Mondlauf abzukoppeln und einen gleichbleibenden Termin im Jahr festzulegen. Vorgeschlagen wurde, Ostern jeweils am zweiten Sonntag im April zu feiern. Bisher hat sich dieser vernünftige Vorschlag aber (noch?) nicht durchgesetzt.

GOLDENE ZAHL UND DAZUGEHÖRIGE VOLLMONDTERMINE

Der Mondzirkel (= Goldene Zahl) bestimmt das Datum des zyklischen Vollmondes. Das zyklische Vollmonddatum kann vom wahren Vollmondtermin um plus/minus einen Tag abweichen. Die Goldene Zahl (GZ) errechnet sich zu: Jahr mod 19 + 1 = GZ. Für das Jahr 2019 lautet sie somit: GZ = VI. Üblicherweise wird die Goldene Zahl in römischen Ziffern geschrieben. Nach dem Mondzirkel ergibt sich das Datum des zyklischen Vollmondes laut untenstehender Tabelle.

Mondzirkel	Vollmondtermin julianisch	Vollmondtermin gregorianisch
I	5. April	14. April
II	25. März	3. April
III	13. April	29. April
IV	2. April	11. April
V	22. März	31. März
VI	10. April	19. April
VII	30. März	8. April
VIII	18. April	28. März
IX	7. April	16. April
X	27. März	5. April
XI	15. April	25. März
XII	4. April	13. April
XIII	24. März	2. April
XIV	12. April	21. März
XV	1. April	10. April
XVI	21. März	30. März
XVII	9. April	18. April
XVIII	29. März	7. April
XIX	17. April	27. März

OSTERSONNTAGE 1900 – 2000

Jahr	März	April	Jahr	März	April
1900		15.	1951	25.	
1901		7.	1952		13.
1902	30.		1953		5.
1903		12.	1954		18.
1904		3.	1955		10.
1905		23.	1956		1.
1906		15.	1957		21.
1907	31.		1958		6.
1908		19.	1959	29.	
1909		11.	1960		17.
1910	27.		1961		2.
1911		16.	1962		22.
1912		7.	1963		14.
1913	23.		1964		29.
1914		12.	1965		18.
1915		4.	1966		10.
1916		23.	1967	26.	
1917		8.	1968		14.
1918	31.		1969		6.
1919		20.	1970	29.	
1920		4.	1971		11.
1921	27.		1972		2.
1922		16.	1973		22.
1923		1.	1974		14.
1924		20.	1975	30.	
1925		12.	1976		18.
1926		4.	1977		10.
1927		17.	1978	26.	
1928		8.	1979		15.
1929	31.		1980		6.
1930		20.	1981		19.
1931		5.	1982		11.
1932	27.		1983		7.
1933		16.	1984		22.
1934		1.	1985		7.
1935		21.	1986	30.	
1936		12.	1987		19.
1937	28.		1988		3.
1938		17.	1989	26.	
1939		9.	1990		15.
1940	24.		1991	31.	
1941		13.	1992		19.
1942		5.	1993		11.
1943		25.	1994		3.
1944		9.	1995		16.
1945		1.	1996		7.
1946		21.	1997	30.	
1947		6.	1998		12.
1948	28.		1999		4.
1949		17.	2000		23.
1950		9.			

OSTERSONNTAGE 2001 – 2100

Jahr	März	April	Jahr	März	April
2001		15.	2052		21.
2002	31.		2053		6.
2003		20.	2054	29.	
2004		11.	2055		18.
2005	27.		2056		2.
2006		16.	2057		22.
2007		8.	2058		14.
2008	23.		2059	30.	
2009		12.	2060		18.
2010		4.	2061		10.
2011		24.	2062	26.	
2012		8.	2063		15.
2013	31.		2064		6.
2014		20.	2065	29.	
2015		5.	2066		11.
2016	27.		2067		3.
2017		16.	2068		22.
2018		1.	2069		14.
2019		21.	2070	30.	
2020		12.	2071		19.
2021		4.	2072		10.
2022		17.	2073	26.	
2023		9.	2074		15.
2024	31.		2075		7.
2025		20.	2076		19.
2026		5.	2077		11.
2027	28.		2078		3.
2028		16.	2079		23.
2029		1.	2080		7.
2030		21.	2081	30.	
2031		13.	2082		19.
2032	28.		2083		4.
2033		17.	2084	26.	
2034		9.	2085		15.
2035	25.		2086	31.	
2036		13.	2087		20.
2037		5.	2088		11.
2038		25.	2089		3.
2039		10.	2090		16.
2040		1.	2091		8.
2041		21.	2092	30.	
2042		6.	2093		12.
2043	29.		2094		4.
2044		17.	2095		24.
2045		9.	2096		15.
2046	25.		2097	31.	
2047		14.	2098		20.
2048		5.	2099		12.
2049		18.	2100	28.	
2050		10.			
2051		2.			

Perry Rhodan
Das größte Science-Fiction-Abenteuer aller Zeiten
© Pabel-Moewig Verlag KG, Illustration: Arndt Drechsler
PERRY RHODAN – Heftroman
Perry Rhodan
Robert Corvus
Der Mann von den Sternen
PERRY RHODAN – Miniserie
Perry Rhodan
OLYMP
Dietmar Schmidt
Die Herren von Adarem
PERRY RHODAN – Sonderband
Perry Rhodan
SONDERBAND 2
Die Tschubai-Chroniken
PERRY RHODAN – Hardcover
Perry Rhodan
Der Psi-Schlag
NEO – Taschenbuch
Perry Rhodan
NEO
Brennpunkt Eastside
NEO – Hardcover
Perry Rhodan
NEO
Intrigen im Kristallpalast
PERRY RHODAN – Comicserie
DIE COMICSERIE!
Perry Rhodan
KAMPF UM DIE SOL
PERRY RHODAN – Comic-Hardcover
Perry Rhodan
KAMPF UM DIE SOL
PERRY RHODAN als Heftroman, Taschenbuch, Hardcover und Comic. Überall im Handel erhältlich!
www.perry-rhodan.net
Perry Rhodan
PRINT | DIGITAL | AUDIO

Mai 2019

- Venus kann noch am Morgenhimmel gesehen werden.
- Mars kann nach wie vor am Abendhimmel gesehen werden.
- Jupiter im Sternbild Schlangenträger wird zum Planeten der gesamten Nacht.
- Saturn im Sternbild Schütze ist Planet der zweiten Nachthälfte.

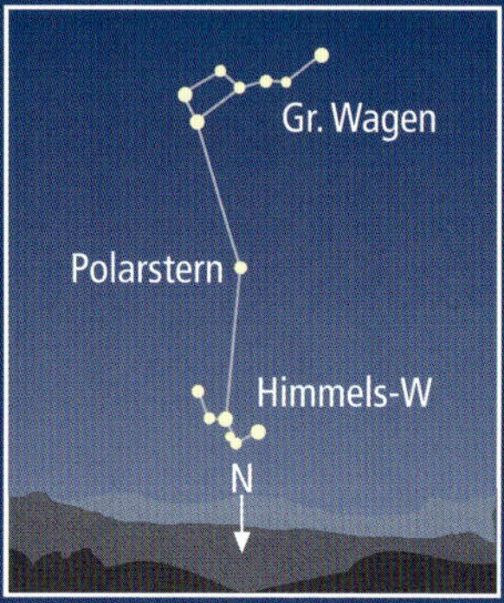

Großer Wagen und Himmels-W Anfang Mai um 22 Uhr

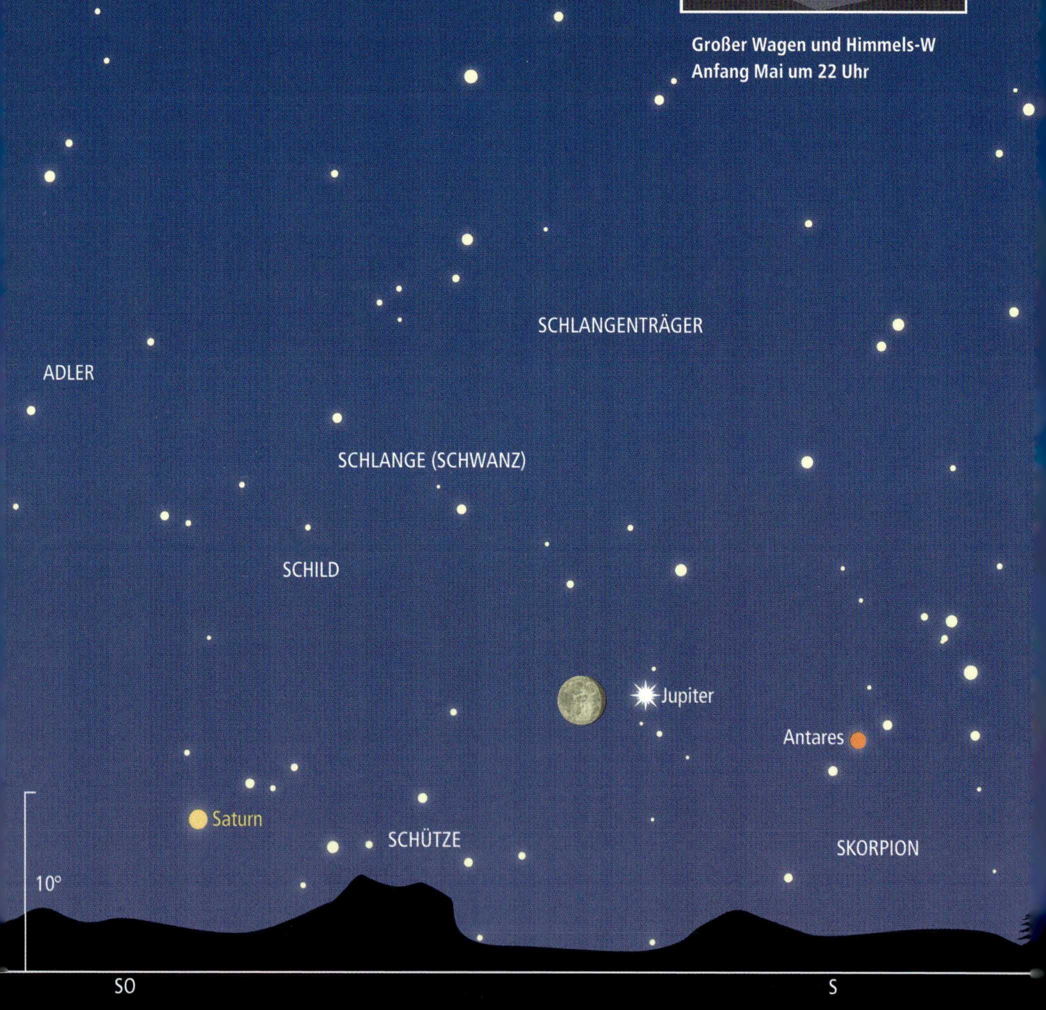

5.1 Anblick des Südhimmels gegen 1[h] MEZ (= 2[h] MESZ). Die Planeten Jupiter und Saturn beherrschen die Szene. Am 21. Mai erhält Jupiter Besuch vom noch fast vollen Mond.

1 Mi Maifeiertag	17 Fr
2 Do	18 Sa Vollmond
3 Fr	19 So
4 Sa Neumond	20 Mo Mond bei Jupiter (Abendhimmel)
5 So	21 Di
6 Mo	22 Mi Mond bei Saturn (Mitternacht)
7 Di	23 Do
8 Mi Mond bei Mars (Abendhimmel)	24 Fr
9 Do	25 Sa
10 Fr	26 So Mond im letzten Viertel
11 Sa	27 Mo
12 So Mond im ersten Viertel	28 Di
13 Mo	29 Mi
14 Di	30 Do Christi Himmelfahrt
15 Mi	31 Fr
16 Do	

SONNE – STERNBILDER

14. 5. 20h:
Sonne tritt in das Sternbild Stier

21. 5. 9h:
Sonne tritt in das Tierkreiszeichen Zwillinge

Julianisches Datum am
1. Mai, 1h MEZ: 2 458 604,5

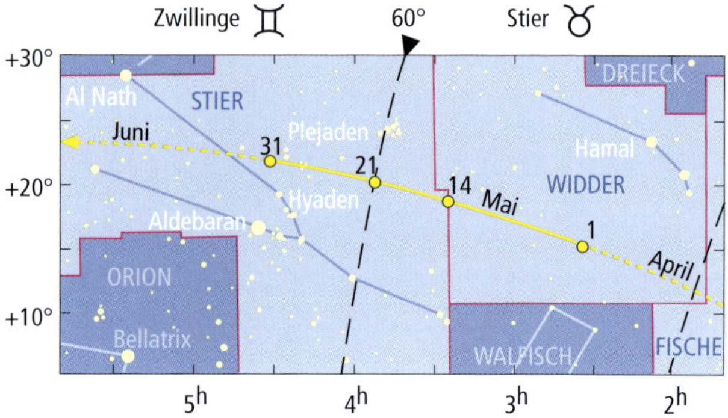

TABELLE SONNENLAUF

Tag	Dämmerg. Anfang	Aufgang MEZ	Kulmination	Untergang MEZ	Dämmerg. Ende	Mittagshöhe	Zeitgleichg.	Rektaszension	Deklination
	h m	h m	h m	h m	h m	°	m	h m	°
1.	3 34	4 57	12 17	19 38	21 02	55,1	+ 3	2 31	+14,8
5.	3 25	4 50	12 17	19 44	21 10	56,2	+ 3	2 46	+16,0
10.	3 14	4 42	12 16	19 52	21 21	57,6	+ 4	3 05	+17,4
15.	3 03	4 35	12 16	19 59	21 31	58,9	+ 4	3 25	+18,7
20.	2 53	4 28	12 17	20 06	21 41	60,0	+ 3	3 45	+19,8
25.	2 44	4 22	12 17	20 12	21 51	60,9	+ 3	4 05	+20,8
31.	2 35	4 17	12 18	20 19	22 02	61,9	+ 2	4 29	+21,8

TAGES- UND NACHTSTUNDEN

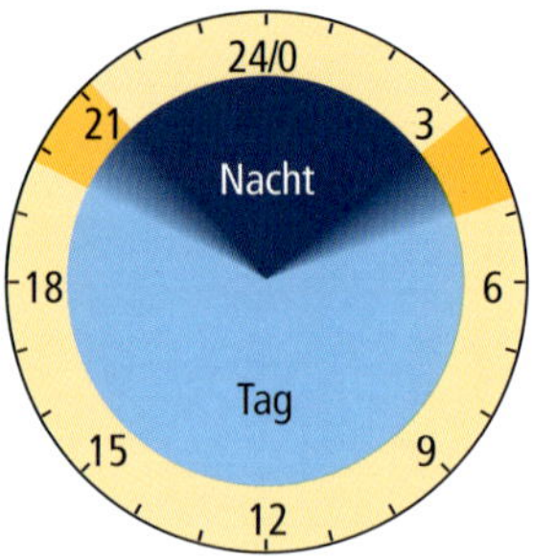

5. Mai

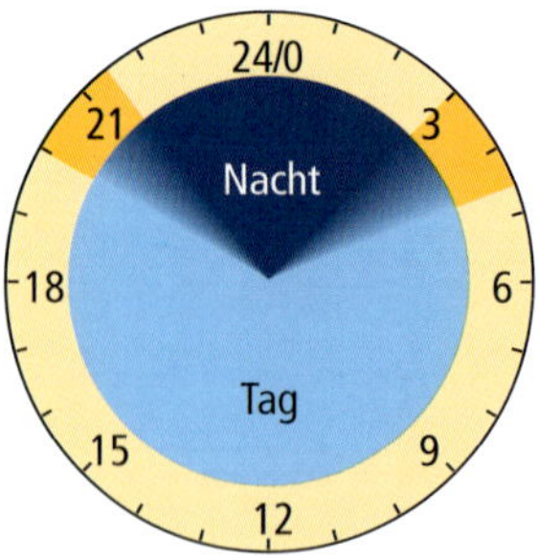

15. Mai

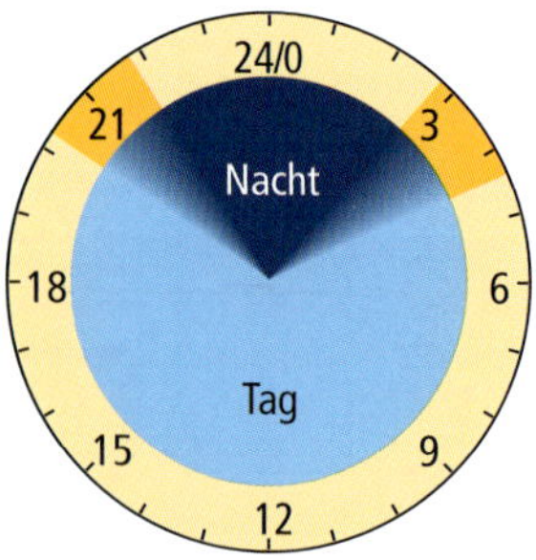

25. Mai

TABELLE MONDLAUF

Datum	Aufg. MEZ h m	Kulmination h m	Unterg. MEZ h m	Rektaszension h m	Deklination °		Sterne und Sternbilder	Phase	MEZ
Mi 1.	4 07	9 49	15 41	23 47	− 6,4		Wassermann		
Do 2.	4 26	10 31	16 48	0 32	− 1,9		Walfisch		
Fr 3.	4 46	11 15	17 56	1 18	+ 2,8		Fische	Größte Südbreite	
Sa 4.	5 08	12 00	19 06	2 05	+ 7,4		Fische	**Neumond Nr. 1192**	**$23^h\ 46^m$**
So 5.	5 32	12 48	20 17	2 54	+11,8		Widder	Libration Ost	
Mo 6.	6 00	13 38	21 29	3 45	+15,8	*	Stier		
Di 7.	6 35	14 32	22 39	4 40	+19,0		Aldebaran		
Mi 8.	7 18	15 29	23 43	5 37	+21,2	*	Stier		
Do 9.	8 12	16 27	–	6 36	+22,2	*	Alhena	Aufsteigender Knoten	
Fr 10.	9 15	17 25	0 39	7 35	+21,9		Pollux		
Sa 11.	10 27	18 22	1 26	8 35	+20,2		Krebs, Krippe		
So 12.	11 44	19 17	2 04	9 33	+17,3		Löwe	**Erstes Viertel**	**$2^h\ 12^m$**
Mo 13.	13 03	20 10	2 35	10 30	+13,3		Löwe, Regulus	Erdnähe 369/32,'4	23^h
Di 14.	14 21	21 01	3 02	11 25	+ 8,6		Löwe		
Mi 15.	15 40	21 52	3 26	12 18	+ 3,4		Jungfrau		
Do 16.	16 58	22 42	3 50	13 11	− 2,0		Jungfrau	Größte Nordbreite	
Fr 17.	18 16	23 33	4 14	14 03	− 7,2		Jungfrau		
Sa 18.	19 32	–	4 40	14 56	−12,0		Waage	**Vollmond**	**$22^h\ 11^m$**
So 19.	20 45	0 25	5 10	15 50	−16,1		Waage		
Mo 20.	21 53	1 18	5 44	16 45	−19,3		Antares	Libration West	
Di 21.	22 52	2 11	6 26	17 41	−21,4		Schlangenträger		
Mi 22.	23 43	3 04	7 14	18 36	−22,3		Schütze, Nunki	Absteigender Knoten	
Do 23.	–	3 55	8 10	19 30	−22,1		Schütze		
Fr 24.	0 25	4 45	9 10	20 22	−20,8		Steinbock		
Sa 25.	0 59	5 32	10 12	21 12	−18,6		Steinbock		
So 26.	1 27	6 18	11 16	22 00	−15,6		Wassermann	**Letztes Viertel**	**$17^h\ 34^m$**
								Erdferne 404/29,'6	14^h
Mo 27.	1 51	7 01	12 21	22 47	−12,1		Wassermann		
Di 28.	2 12	7 44	13 26	23 32	− 8,0		Wassermann		
Mi 29.	2 31	8 26	14 31	0 17	− 3,6		Fische		
Do 30.	2 51	9 08	15 38	1 02	+ 1,0		Walfisch	Größte Südbreite	
Fr 31.	3 11	9 53	16 47	1 48	+ 5,7		Fische		

DER MOND ENTFERNT SICH VON REGULUS

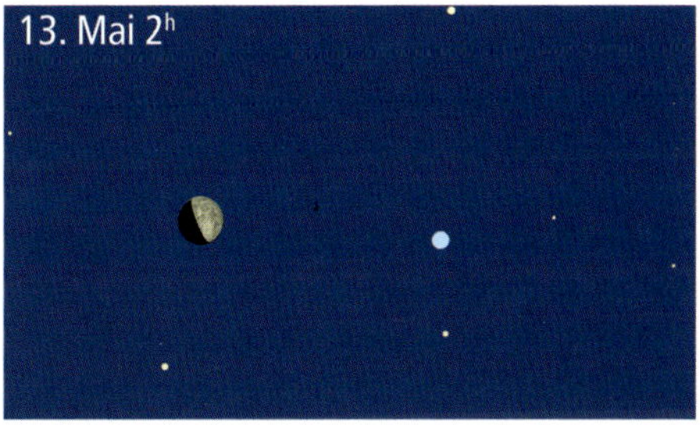

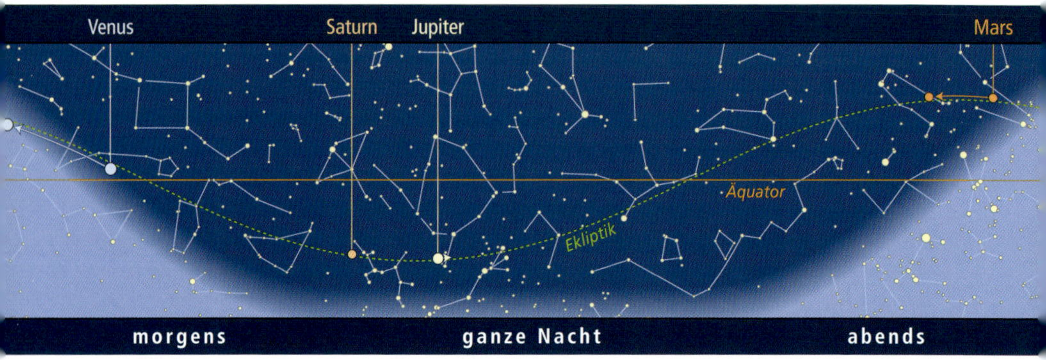

MERKUR verfolgt die Sonne im Tierkreis. Am 21. erreicht er das Tagesgestirn, er steht in oberer Konjunktion mit der Sonne. Anschließend gewinnt er langsam östlichen Vorsprung vor ihr. Bis Monatsende wächst sein östlicher Winkelabstand von der Sonne auf 12° an, doch dies reicht noch nicht für eine Abendsichtbarkeit. Die Begegnung mit Uranus am 8. bleibt unbeobachtbar.

Am 24. eilt Merkur mit 59 Kilometer pro Sekunde, das sind 212 400 Kilometer pro Stunde, durch sein Perihel (sonnennächster Bahnpunkt). Dies ist die höchste Bahngeschwindigkeit, die ein Planet unseres Sonnensystems erreichen kann.

VENUS kann noch am Morgenhimmel gesehen werden, ein auffälliges Objekt ist sie aber nicht mehr.

Sie wandert durch den aufstrebenden Teil des Tierkreises. Am 16. verlässt sie das Sternbild Fische und wechselt in den Widder. Am 18. zieht Venus 1°09′ südlich an Uranus vorbei. Wegen der Lichtschwäche des grünlichen Planeten bleibt diese Konjunktion unbeobachtbar.

Der Aufgang der $-3\overset{m}{,}9$ hellen Venus erfolgt am 1. um $4^{h}14^{m}$ und am 31. bereits um $3^{h}30^{m}$ (= $4^{h}30^{m}$ Sommerzeit). Das nur noch 11″ große Venusscheibchen erscheint fast voll beleuchtet. Der Beleuchtungsgrad nimmt im Mai von 88 % auf 94 % zu.

MARS ist nach wie vor am Abendhimmel vertreten. Seine Helligkeit geht weiter zurück und beträgt am Monatsende $1\overset{m}{,}7$. Seine Glanzzeit ist damit vorbei. Der rote Planet verlässt am 16. den Stier und wechselt in das Sternbild Zwillinge. An diesem Tag passiert er auch in $1\overset{\circ}{,}1$ nördlichem Abstand den Sommerpunkt. Am 19. wandert Mars $0\overset{\circ}{,}2$ nördlich an M 35 in den Zwillingen vorbei. Zwar steht Mars weit nördlich im Tierkreis, sein östlicher Elongationsvorsprung vor der Sonne nimmt jedoch auf 30° ab, denn die Sonne verfolgt den roten Planeten. Durch die spät einsetzende Dunkelheit schrumpft seine Sichtbarkeitszeit. Am 1. geht Mars um $23^{h}16^{m}$ unter, am 31. schon um $22^{h}42^{m}$ (= $23^{h}42^{m}$ Sommerzeit). Erst gegen $21^{h}15^{m}$ ist es dunkel genug, um den Planeten freiäugig zu erkennen. Gegen $22^{h}15^{m}$ verschwindet Mars in den horizontnahen Dunstschichten.

Am 8. passiert die zunehmende Mondsichel in 3° südlichem Abstand den roten Planeten.

JUPITER beschleunigt seine rückläufige Wanderung durch den Schlangenträger und nähert sich seiner Oppositionsstellung zur Sonne, die er im ersten Junidrittel erreicht. Bis Ende Mai wird Jupiter aber bereits zum Planeten der gesamten Nacht.

Die Jupiteraufgänge verfrühen sich von $23^{h}09^{m}$ am 1. auf $22^{h}09^{m}$ am 15. und auf $20^{h}58^{m}$ (= $21^{h}58^{m}$ Sommerzeit) am Monatsende. Damit geht Jupiter bereits knapp 40^{m} nach Sonnenuntergang auf.

Die Jupiterhelligkeit steigt bis Ende Mai auf $-2\overset{m}{,}6$ an. Nach Venus, die sich vom Morgenhimmel zurückzuziehen beginnt, ist der Riesenplanet das dominierende Gestirn der Nacht. Selbst an unserem durch Lichtsmog menschlicher Siedlungen auf-

gehellten Nachthimmel ist Jupiter kaum zu übersehen.
Am 20. erhält Jupiter Besuch vom noch fast vollen Mond (siehe Abb. 5.1 auf Seite 118).

SATURN, rückläufig im Sternbild Schütze, ist Planet der zweiten Nachthälfte. Er verlegt seine Aufgänge in die Zeit vor Mitternacht. Am 1. geht der Ringplanet um $1^{h}02^{m}$ auf und am 15. um $0^{h}06^{m}$. Am letzten Maitag steigt Saturn bereits um $22^{h}57^{m}$ (= $23^{h}57^{m}$ Sommerzeit) über den Südosthorizont. Zum Monatsende glänzt der Ringplanet mit $0^{m}{,}3$.
Der abnehmende Mond begegnet dem Ringplaneten in der Nacht vom 22. auf 23. Mai (siehe Abb. 5.2 rechts oben).

URANUS im Sternbild Widder stand im letzten Drittel des Vormonats in Konjunktion mit der Sonne. Der lichtschwache Planet kann sich noch nicht aus ihren Strahlen befreien und bleibt unsichtbar.
Auch die Konjunktionen mit Merkur am 8. und mit Venus am 18. bleiben unbeobachtbar.

NEPTUN, rechtläufig im Wassermann, kann noch nicht am Morgenhimmel beobachtet werden. Der mit $7^{m}{,}9$ recht lichtschwache Planet bleibt weiterhin verborgen.

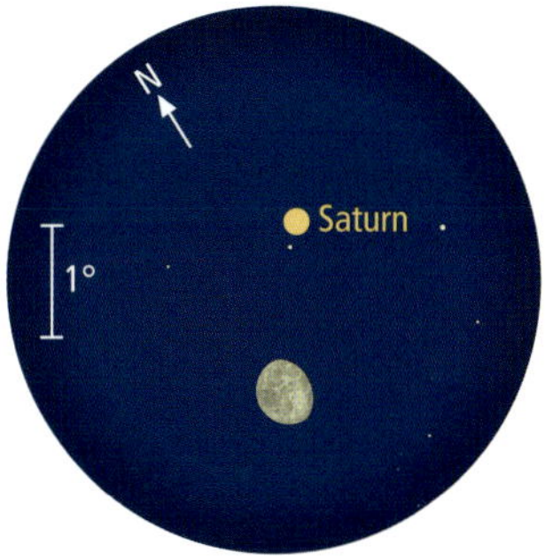

5.2 Der abnehmende Mond zieht am 22. Mai südlich am Ringplaneten vorbei. Fernglasanblick gegen Mitternacht bei 5° Gesichtsfelddurchmesser.

PLANETOIDEN UND ZWERGPLANETEN

CERES (1) beschleunigt ihre rückläufige Bewegung durch den Schlangenträger deutlich. Am 28. kommt sie um Mitternacht in **Opposition** zur Sonne. Am folgenden Tag tritt sie in das Sternbild Skorpion (siehe Abb. 6.6 auf Seite 145). Am 1. noch $7^{m}{,}6$ hell, steigert sie ihre Helligkeit bis zur Opposition auf $7^{m}{,}0$. Bei einwandfreier Sicht kann man sie im Fernglas relativ leicht finden.
Die Kulmination von Ceres erfolgt am 1. um $2^{h}33^{m}$ (= $3^{h}33^{m}$ MESZ), am 15. um $1^{h}28^{m}$ und in der Oppositionsnacht um $0^{h}20^{m}$.
Ihre geringste Entfernung von der Erde erreicht sie bereits am 26. um 22^{h}. Die Distanz beträgt dabei 262 Millionen Kilometer (= 1,75 AE). Von der Sonne trennen sie 413 Millionen Kilometer (= 2,76 AE) zur Opposition. Das Licht von Ceres benötigt 14,6 Minuten, um zur Erde zu gelangen.

PALLAS (2) stand im ersten Drittel des Vormonats in Opposition zur Sonne.
Sie bremst ihren Lauf sowohl in Rektaszension als auch in Deklination stark ab. Ihr Stillstand ist nicht mehr fern (siehe Abb. 4.4 auf Seite 106).

KONSTELLATIONEN UND EREIGNISSE

Datum	MEZ	Ereignis
2.	13^{h}	Mond bei Venus, Mond $3^{\circ}{,}6$ südlich
3.	7	Mond bei Merkur, Mond $2^{\circ}{,}9$ südlich
4.	0	Mond bei Uranus, Mond $4^{\circ}{,}7$ südlich
8.	1	**Mond bei Mars**, Mond $3^{\circ}{,}2$ südlich, **Abstand $4^{\circ}{,}6$ um 22^{h} am 7.**
8.	9	Merkur bei Uranus, Merkur $1^{\circ}{,}4$ südlich
18.	9	Venus bei Uranus, Venus $1^{\circ}{,}2$ südlich
20.	18	**Mond bei Jupiter**, Mond $1^{\circ}{,}7$ nördlich, **Abstand $2^{\circ}{,}8$ um 22^{h}**
21.	14	Merkur in oberer Konjunktion mit der Sonne
22.	23	**Mond bei Saturn**, Mond $0^{\circ}{,}5$ südlich, **Abstand $1^{\circ}{,}5$ um 24^{h}**
23.	5	Mond bei Pluto, Mond $0^{\circ}{,}07$ südlich
24.	8	Merkur im Perihel
27.	18	Mond bei Neptun, Mond $3^{\circ}{,}7$ südlich
31.	11	Mond bei Uranus, Mond $4^{\circ}{,}8$ südlich

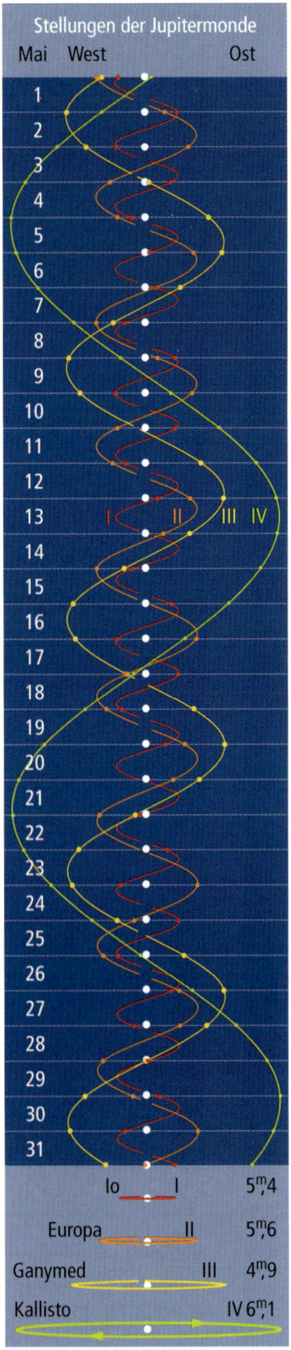

JUPITERMONDE

Tag	MEZ h	m	Vorgang	
4.	0	28	III	BE
5.	2	07	I	VA
	23	25	I	SA
6.	0	13	I	DA
	1	37	I	SE
	2	24	I	DE
	23	33	I	BE
7.	0	23	II	SA
	1	55	II	DA
	2	48	II	SE
8.	23	16	II	BE
10.	22	50	III	VA
11.	1	07	III	VE
	1	42	III	BA
	3	54	III	BE
13.	1	19	I	SA
	1	58	I	DA
	3	31	I	SE
14.	1	18	I	BE
	2	56	II	SA
16.	1	35	II	BE
18.	2	48	III	VA
20.	3	13	I	SA
21.	0	22	I	VA
	3	03	I	BE
	23	53	I	SE
22.	0	21	I	DE
23.	0	31	II	VA
24.	22	00	II	DE
28.	2	16	I	VA
	21	56	III	DA
	22	55	III	SE
	23	35	I	SA
	23	54	I	DA
29.	0	06	III	DE
	1	47	I	SE
	2	05	I	DE
	23	13	I	BE
30.	3	07	II	VA
31.	21	50	II	DA
	23	47	II	SE
	0	14	II	DE

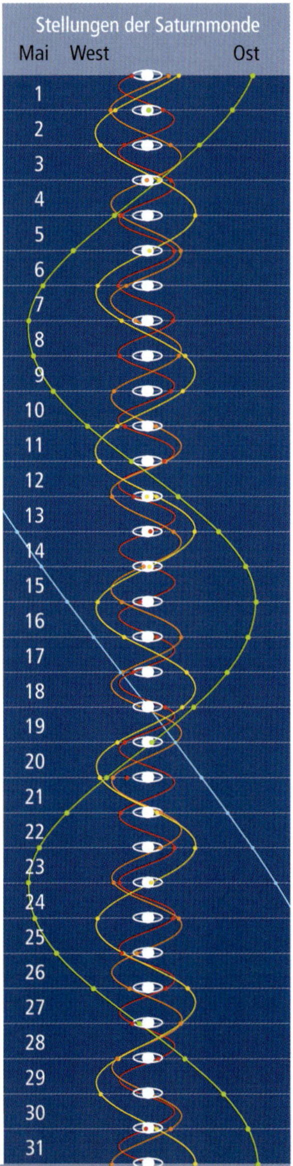

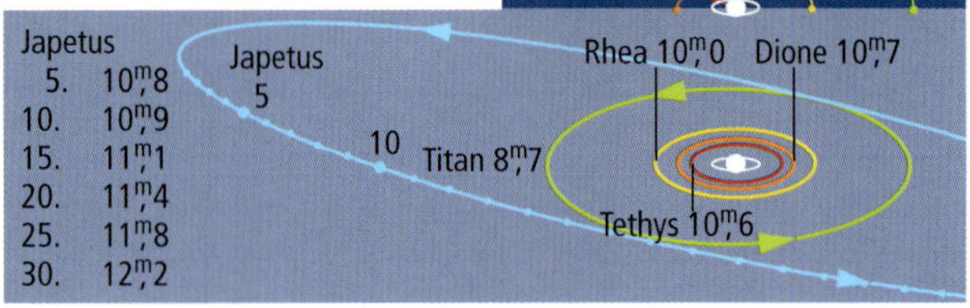

Die Pallashelligkeit geht von $8\overset{\mathrm{m}}{.}2$ deutlich auf $8\overset{\mathrm{m}}{.}9$ zurück. Dies macht es zunehmend schwieriger, Pallas aufzufinden.
Ihre Kulminationen verlagert Pallas in die Abendstunden. Am 1. passiert sie um $23^{h}22^{m}$ den Meridian, am 15. um $22^{h}19^{m}$ und am 31. bereits um $21^{h}12^{m}$ (= $22^{h}12^{m}$ MESZ).
Am 6. überschreitet sie die Grenze vom Bootes zum Sternbild Haar der Berenike (lat.: Coma Berenices).

PERIODISCHE STERNSCHNUPPENSTRÖME

Die **ETA-AQUARIDEN**, auch **MAI-AQUARIDEN** genannt, flammen von Ende des Vormonats bis etwa Mitte Mai auf. Die letzten Aquariden tauchen bis 28. Mai auf. Ihr Radiant liegt bei η Aquarii. Das ausgeprägte Maximum wird am 6. Mai erreicht. Im Durchschnitt sind etwa 20 Sternschnuppen pro Stunde zu registrieren, um die Zeit des Maximums sogar bis zu 60.
Für Beobachter in Mitteleuropa sind die Bedingungen jedoch ungünstig, da der Radiant erst kurz vor der Morgendämmerung aufgeht. Je weiter südlich, desto länger wird die verfügbare Beobachtungszeit, auch durch den späteren Dämmerungsbeginn.
Für Beobachter im Mittelmeerraum und weiter südlich gehört der Strom zu den aktivsten des Jahres.
Die beste Beobachtungszeit ist ab etwa 3^{h} am Morgenhimmel in den Tropen. Ursprungsobjekt ist der Komet 1P/Halley.
Es handelt sich bei diesem Meteorstrom um schnelle Objekte (um 60 Kilometer pro Sekunde), die auffallend lange Leuchtspuren hinterlassen.
Zwischen dem 3. und 14. Mai erscheinen die **ETA-LYRIDEN**. Dieser recht schwache Strom konnte erst in den letzten Jahren einigermaßen sicher nachgewiesen werden. Bei seinem flachen Maximum am 8. Mai sind kaum mehr als fünf Sternschnuppen pro Stunde zu registrieren.
Der Radiant befindet sich zwischen Wega und δ Cygni. Somit steht er im Mai die gesamte Nacht hoch am Firmament.
Als Ursprungskomet wurde C/1983 H1 (IRAS-Araki-Alcock) identifiziert.
Ferner sind noch die **SCORPIUS-SAGITTARIUS**-Meteore zu erwarten, die von Mitternacht bis 4^{h} morgens günstig zu beobachten sind.
Ihr Ausstrahlungspunkt liegt rund 1° nördlich von β Scorpii. Das erste Maximum dieses Stromes wird um den 20. erwartet.
Es handelt sich um mittelschnelle Sternschnuppen (um 30 Kilometer pro Sekunde).

Der Fixsternhimmel

Die Frühlingssternbilder sind nicht so reich an hellen Sternen wie die des Winters. Dennoch hat diese Jahreszeit am Himmel ihre eigenen Reize.
Der Himmelswagen steht hoch über unseren Köpfen, fast im Zenit. Er passiert gerade den Meridian. Auch die Jungfrau schreitet eben durch die Mittagslinie. Den Südwesten beherrscht der Löwe. Südlich der Jungfrau fällt ein kleines, markantes Sternenviereck auf: der Rabe. Seine Figur ist recht einprägsam. Die östliche Hemisphäre wird nun von Bootes mit dem hellen Arktur, der Nördlichen Krone, Herkules und der noch horizontnahen Wega in der Leier beherrscht. Auch der Schwan mit Deneb ist im Nordosten auszumachen. Leicht kann man das Frühlingsdreieck erkennen – es setzt den Schwerpunkt am Südhimmel und besteht aus den drei hellen Sternen Regulus im Löwen, Arktur im Bootes und Spica in der Jungfrau.
Der Südosthimmel macht einen recht sternarmen Eindruck. Das Sternbild Waage ist nicht besonders auffällig, man muss es schon bewusst suchen. Der Waage folgt im Tierkreis der Skorpion, der sich eben anschickt, aufzugehen. Sein heller, roter Hauptstern Antares passiert gerade die Horizontlinie. In der Antike deuteten die Sterne der Waage noch die Scheren des Skorpions an. Aus dieser Zeit leiten sich auch die arabischen

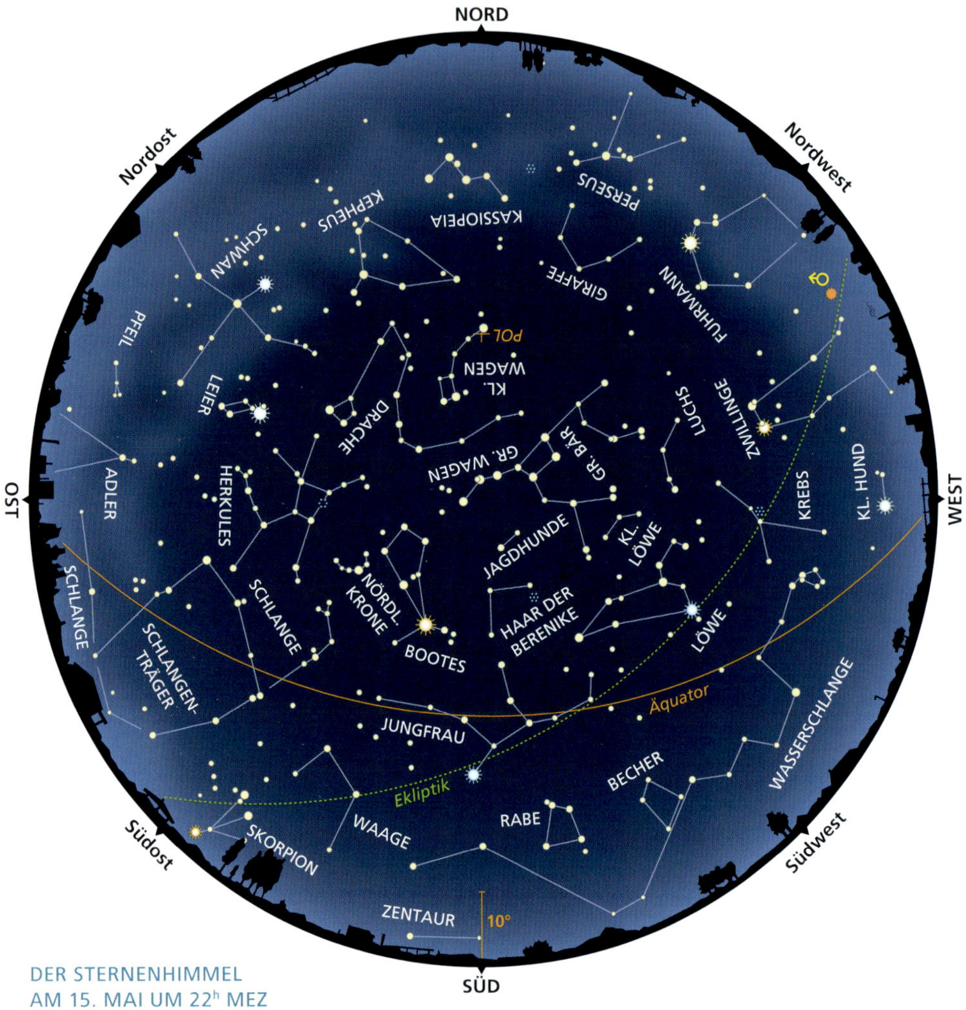

DER STERNENHIMMEL AM 15. MAI UM 22^h MEZ

Die Sternkarte ist auch gültig für:

	MEZ	MESZ
15. 1.	6^h	
1. 2.	5	
15. 2.	4	
1. 3.	3	
15. 3.	2	
1. 4.	1	2^h
15. 4.	0	1
1. 5.	**23**	**24**
15. 5.	**22**	**23**
31. 5.	**21**	**22**

Namen für die beiden hellsten Sterne α und β Librae ab, nämlich Zuben el Genubi und Zuben el Chamali, was südliche und nördliche Schere bedeutet.

Im Südosten erhebt sich das Sternbild Schlangenträger (griech.-lat.: Ophiuchus) mit der Schlange. Gelegentlich wird auch die ebenfalls lateinische Bezeichnung Serpentarius für den Schlangenträger verwendet. Von der Schlange ist allerdings vorläufig nur das Vorderteil (lat.: Serpens Caput) zu sehen. Das Ende der Schlange (Schwanz der Schlange, lat.: Serpens Cauda) dieses ausgedehnten und durch den Schlangenträger geteilten Sternbildes ist noch nicht aufgegangen.

Der helle Planet Jupiter verändert zurzeit das Aussehen des Schlangenträgers.

Zwischen der Jungfrau und dem Großen Wagen ist außer dem Sternbild Jagdhunde auch das Haar der Berenike zu finden. Dieses Sternbild ist recht lichtschwach, setzt sich aber aus zahlreichen Sternen zusammen. Es wirkt besonders gut, wenn man diese Gegend mit einem lichtstarken Fernglas absucht. Dabei ist störendes Mondlicht ebenso zu vermeiden wie irdische Lichtquellen.

OBJEKTE FÜR FELDSTECHER UND FERNROHR

Paradedoppelstern und ein „Muss" bei jeder Sternführung im Frühjahr ist Mizar im Großen Wagen. Mit Alkor zusammen gilt das Paar als „Augenprüfer". Alkor wird umgangssprachlich gerne „Reiterlein" genannt. Er reitet gewissermaßen auf der Deichsel des Großen Wagens oder dem Schwanz des Großen Bären. Der Große Wagen ist nur ein Teil des offiziellen Sternbildes Großer Bär. Mizar ist dabei der mittlere Deichselstern und wird als ζ UMa bezeichnet. Der Große Wagen steht im Frühjahr abends steil über unseren Köpfen. Mizar als Stern zweiter Größe und Alkor als Stern vierter Größe sind voneinander zwölf Bogenminuten getrennt, dies entspricht etwa einem Drittel des Vollmonddurchmessers. Beide sind daher für das normalsichtige Auge einwandfrei getrennt zu erkennen.

Mizar selbst ist ein Doppelstern. Schon in einem kleinen Fernrohr ab etwa 6 cm freier Öffnung und 25-facher Vergrößerung sieht man zwei Lichtpunkte in 14" Distanz voneinander. Die Komponenten sind $2^{m},4$ und $3^{m},9$ hell. Beide Sterne vom Spektraltyp A strahlen ein weißes Licht aus. Mizar ist 78 Lichtjahre entfernt, woraus eine gegenseitige Entfernung beider Sonnen von 335 AE (= 50,25 Milliarden Kilometer) folgt. Beide Sterne laufen in elliptischen Bahnen in 5000 Jahren um ihren gemeinsamen Schwerpunkt, wobei ihre mittlere Entfernung voneinander 500 AE beträgt.

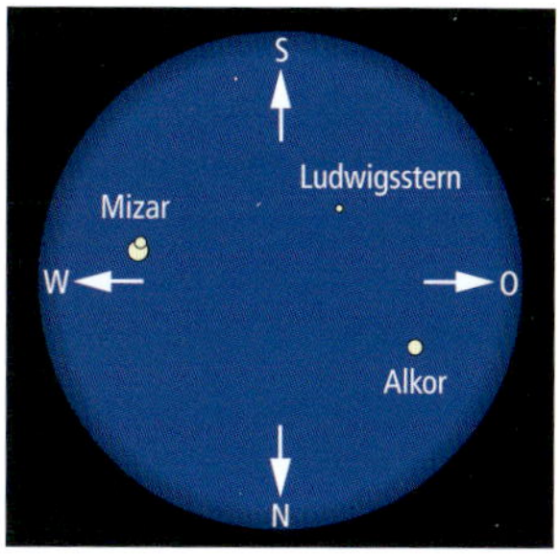

5.4 Fernrohranblick von Mizar und Alkor sowie dem Ludwigsstern.

Mizar wurde als erster Doppelstern 1650 von Giovanni B. Riccioli entdeckt. Aus spektroskopischen Beobachtungen entlarvte Edward Charles Pickering Mizar A als Doppelstern. Die beiden

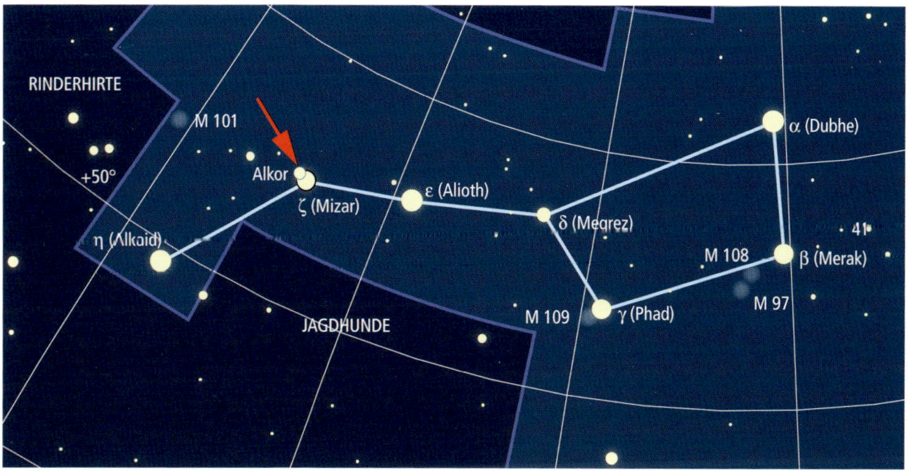

5.3 Die Sternenfigur Großer Wagen mit Mizar und Alkor.

5.5 Mizar und Alkor in einer Aufnahme der Sternwarte Welzheim/ Martin Gertz.

Mizar-A-Sonnen sind so nahe beieinander, dass sie auch in großen Teleskopen nicht zu trennen sind – bisher jedenfalls. Daher auch die Bezeichnung „spektroskopischer Doppelstern". Beide Mizar-A-Sonnen umrunden einander in nur 20 Tagen und 13 Stunden, wobei sie nur 0,4 AE voneinander entfernt sind. Dies entspricht der Distanz Sonne – Merkur.

Im Jahr 1908 wurde auch Mizar B als spektroskopischer Doppelstern entdeckt. Die Sonnen von Mizar B umkreisen einander in 182 Tagen bei einer mittleren Entfernung von drei AE (= 450 Millionen Kilometer), also etwa im doppelten Abstand Sonne – Mars. Somit ist Mizar ein Vierfachstern, auch wenn man nur zwei Lichtpunkte sieht. Alle vier Sonnen sind heiße Hauptreihensterne vom Spektraltyp A.

Schließlich wurde 2009 mit modernen Beobachtungstechniken auch Alkor als Doppelsonne erkannt. Mizar und Alkor sind somit ein Sechsfachsystem. Allerdings sind Mizar und Alkor höchstwahrscheinlich nicht gravitativ aneinander gebunden. Sie sind lediglich ein optischer Doppelstern, wenn auch Alkor in 81 Lichtjahren Distanz fast gleich weit wie Mizar von uns entfernt ist.

Wer im Sucherfernrohr oder bei geringer Vergrößerung im Hauptrohr Mizar und Alkor im Gesichtsfeld hat, sieht zwischen beiden noch einen dritten Stern 8. Größe, der mit Mizar und Alkor ein stumpfwinkeliges Dreieck bildet. Dieser Stern wird Sidus Ludoviciana, also Ludwigsgestirn, genannt nach Ludwig V., Landgraf von Hessen-Darmstadt. Erstmals hat auf diesen Stern 1691 der Nürnberger Astronom Georg Christoph Eimmart hingewiesen. Die ersten Beobachter meinten einst, der Ludwigsstern sei ein Planet von Mizar und nicht ein Stern.

Als weiterer Doppelstern sei ε Bootis empfohlen. Bei einer Distanz seiner Komponenten von $2^{\prime\prime}\!.9$ empfiehlt sich ein Vierzöller (Fernrohr mit 10 cm Öffnung), um das Paar einwandfrei aufzulösen, vor allem wegen der großen Helligkeitsdifferenz beider Komponenten. ε Boo A ist mit $2^{m}\!.7$ wesentlich heller als ε Boo B mit nur $5^{m}\!.3$. Nett anzusehen ist der deutliche Farbkontrast. Die hellere Komponente leuchtet orange-gelb, der Begleiter scheint in einem weißen Licht.

Ein schwieriger Doppelstern ist ι (Iota) Leonis. Ihn zu trennen erfordert schon ein Instrument von mindestens 15 cm freier Öffnung, wobei ein Refraktor ein besseres Auflösungsvermögen als ein Spiegel gleicher Größe bietet. Unter guten Sichtbedingungen (ruhige Luft!) kann man ι Leonis schon im 10-cm-Refraktor auflösen. Die beiden $4^{m}\!.1$ und $6^{m}\!.7$ hellen Komponenten stehen in einem Abstand von $2^{\prime\prime}\!.2$. Beide Sterne zeigen eine leicht gelbli-

VERÄNDERLICHE STERNE IM MAI

Algol-Minima	4.	4^h17^m	9.	21^h56^m	27.	2^h50^m				
β-Lyrae-Minima	4.	6^hN	10.	18^hH	17.	6^hN	23.	18^hH	30.	5^hN
δ-Cepheï-Maxima	5.	5^h	10.	14^h	15.	22^h	21.	7^h	26.	16^h

5.6 Das Sternbild Bootes mit der Position des Doppelsterns ε Bootis.

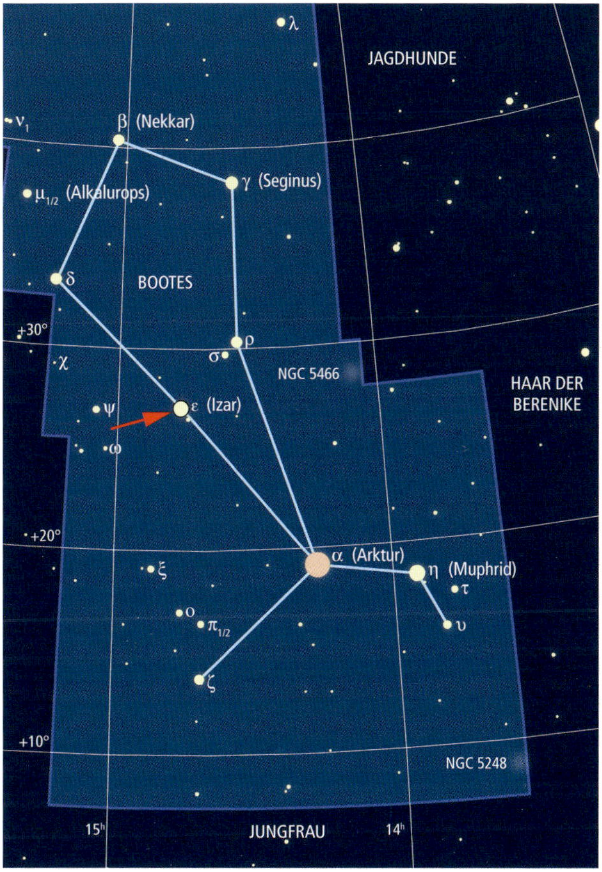

che Farbe. Um ι Leonis zu finden, benutze man die Sternkarte E11 im *Atlas für Himmelsbeobachter* von Erich Karkoschka.

Zu den prominenten Kugelhaufen zählt M 13 im Herkules. In mondlosen Nächten und bei guten Sichtverhältnissen kann man M 13 sogar mit bloßen Augen als mattes Lichtfleckchen ausmachen. Im Fernglas ist M 13 auf alle Fälle gut erkennbar. Um die Randpartien dieses Kugelhaufens in einzelne Sterne aufzulösen, benötigt man allerdings ein Fernrohr. So richtig zur Geltung kommt M 13 in größeren Teleskopen von zehn Zoll Öffnung aufwärts (also ab 25 cm Objektivdurchmesser).

Weitere Kugelhaufen, die schon im Fernglas erkennbar sind, sind M 3 in den Jagdhunden und M 5 in der Schlange. M 3 liegt auf der Verbindungslinie Arktur – Cor Caroli (α Canum Venaticorum), an der Grenze zum Bootes. M 5 liegt im westlichen Teil des Schlangenkopfes (Serpens Caput) an der Grenze zur Jungfrau und nördlich der Waage. M 3 und M 5 sind in dem schon erwähnten *Atlas für Himmelsbeobachter* in der Karte E15 eingetragen. M 3 ist 32 000 Lichtjahre und M 5 rund 26 000 Lichtjahre entfernt.

In den Jagdhunden findet man auch den Spiralnebel M 51. Man sieht fast senkrecht auf diese Spiralgalaxie, die Lord Rosse als „Whirlpool Galaxy" (engl., Strudelgalaxie) bezeichnet hat. M 51 war das erste Milchstraßensystem, bei dem man eine Spiralform erkannt hat. Die Entfernung der Strudelgalaxie beträgt rund 22 Millionen Lichtjahre. Viele an der Astronomie Interessierte kennen M 51 von prächtigen Fotos in Astronomiebüchern oder im Internet. Im Amateurteleskop entpuppt sich M 51 allerdings nur als ein mattes Lichtfleckchen. Erst in größeren Instrumenten zeigen sich die Spiralarme. Die Strudelgalaxie ist leicht zu entdecken, wenn man vom letzten Deichselstern im Großen Wagen (Benetnasch oder η UMa) ausgeht. Schwenkt man von M 51 dann weiter in Richtung α Canum Venaticorum (Cor Caroli), so trifft man auf eine weitere Galaxie, nämlich M 63. Sie ist längst nicht so spektakulär wie M 51. Im Amateurfernrohr erkennt man den hellen Galaxienkern kaum und die Spiralarme bleiben kleineren Instrumenten verborgen. Von M 63 trennen uns 30 Millionen Lichtjahre.

Die dunkle Seite des Mondes

Mario Weigand

5.7 Die erdzugewandte Seite des Mondes ist von großen Gebieten voll dunkler Lava bedeckt. Man nennt sie Mondmeere.

Ein Blick zum guten, alten Mond lohnt allemal. Schon mit bloßen Augen erkennt man helle und dunkle Gebiete. Die menschliche Fantasie sieht im Vollmond oft das berühmte Mondgesicht. Manche meinen eine Frau, andere wieder einen Hasen zu erkennen. Im Fernglas lösen sich diese Fantasiegebilde schnell auf. Die hellen Gebiete zeigen sich als Kraterlandschaften, die dunklen Flächen sind Tiefebenen. Einst meinte man, hier seien Meere vorhanden und benannte sie entsprechend: Mare Imbrium (Regenmeer), Oceanus Procellarum (Ozean der Stürme), Mare Tranquillitatis (Meer der Ruhe), Mare Serenitatis (Meer der Heiterkeit) usw. Weit verbreitet war und ist auch heute noch der Glaube, der Mond beeinflusse das Wetter und die Stimmungen der Menschen. Gute oder schlechte Laune zu haben, dafür wird von manchen der Mond als Verursacher angesehen. Das Wort „Laune" leitet sich von „luna" ab, dem lateinischen Wort für Mond.

Vor allem mit einem Teleskop bereitet es Vergnügen, auf der kraterübersäten Oberfläche spazieren zu sehen und die zahlreichen Ringwälle, Gebirgszüge, Rillen und dunklen, lavagefüllten Tiefebenen zu erforschen.

Allerdings bekommt man von der Erde aus niemals die gesamte Mondoberfläche zu Gesicht, denn der Mond kehrt immer die gleiche Seite der Erde zu. So bleibt die andere Seite, die Rückseite, uns stets verborgen. Was man nicht sehen kann, regt die Fantasie an. Gibt es eventuell Mondbewohner, die die erdabgewandte Seite bevölkern? Wie es auf der Rückseite aussieht, blieb lange im Dunkeln, weshalb man poetisch von der „dunklen Seite" des Mondes sprach.

Doch die Rückseite des Mondes liegt nur bei Vollmond im Dunkeln. Bei Neumond ist sie hingegen voll im Sonnenlicht. Genau wie auf der erdzugewandten Seite herrschen auf der Rückseite jeweils zwei Wochen heller Tag und zwei Wochen dunkle Nacht (siehe Abb. 5.8 auf Seite 131).

Gefesselter Trabant

Der Astronom spricht davon, dass der Mond in einer „gebundenen Rotation" um die Erde läuft. Ein Umlauf des Mondes um die Erde dauert 27 Tage und knapp acht Stunden. Genauso lange dauert eine volle Umdrehung des Mondes um seine Rotationsachse. Somit kehrt er uns stets die gleiche Seite zu, die man als „Vorderseite" definiert. Von der Erde aus kann man allerdings etwas mehr als nur die Hälfte der Mondoberfläche sehen, nämlich insgesamt 59 %. Dies hat zwei Hauptursachen: Zum einen erfolgt die Rotation mit völlig gleicher Drehgeschwindigkeit, der Lauf des Mondes um die Erde aber nicht. Die Mondbahn ist kein exakter Kreis, sondern eine Ellipse. Gemäß dem 2. Kepler-Gesetz läuft der Mond in Erdnähe schneller als in Erdferne. Deshalb ist einmal der Ostrand etwas mehr der Erde zugekehrt, dann wieder der Westrand. Zum anderen ist die Mondbahn um 5° zur Erdbahnebene geneigt. Befindet er sich nördlich der Ekliptik, so sieht man etwas mehr von der Südkalotte. Der Mondnordpol wiederum ist der Erde mehr zugewandt, wenn sich der Mond südlich der Ekliptik befindet. Diese Erscheinungen sind unter der Bezeichnung „Libration des Mondes" bekannt. Es ist reizvoll, in einem Fernglas die durch die Libration hervorgerufenen wechselnden Ansichten der Mondvorderseite zu beobachten. In der Tabelle „Mondlauf" sind die Maximalwerte der Libration vermerkt (Libration Ost/West, größte Nord- und größte Südbreite). Hinzu kommt noch die tägliche Parallaxe (siehe Monatsthema „Die Libration des Mondes" im *Kosmos Himmelsjahr 2000* auf Seite 153).

Vor mehr als vier Milliarden Jahren rotierte der Mond wesentlich schneller. Durch die Gezeitenkräfte der Erde wurde die Drehgeschwindigkeit des Mondes bis auf eine gebundene Rotation abgebremst. Dies führte auch zu einer Verlagerung des Schwerezentrums (SZ) aus der geometrischen Mitte des Mondglobus. Das Schwerezentrum (Massenmittelpunkt) befindet sich der Erde knapp zwei Kilometer näher als der geometrische Mittelpunkt (MP). Die Achse SZ – MP ist stets zur Erde ausgerichtet und stabilisiert die gebundene Rotation. Es wirkt der gleiche Effekt, der ein Stehaufmännchen immer in die senkrechte Lage versetzt (siehe Abb. 5.9 auf Seite 132).

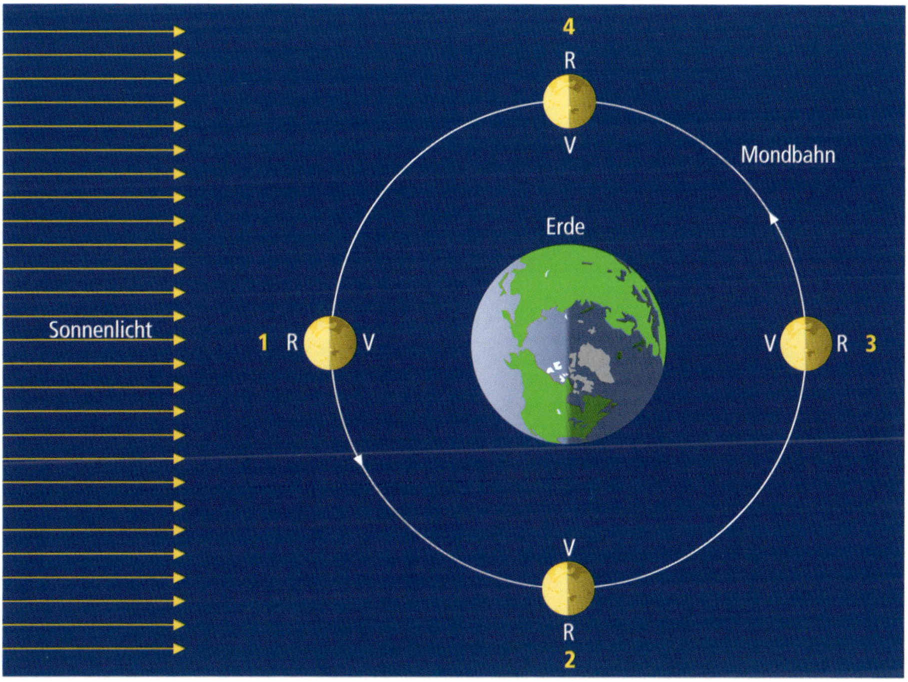

5.8 Da der Mond in der gleichen Zeit, in der er einmal um die Erde läuft, sich auch einmal um seine Achse dreht, so kehrt er der Erde stets die gleiche Seite zu (V – Vorderseite / R – Rückseite).
1: Neumond auf Vorderseite, Vollmond auf Rückseite
2: Erstes Viertel auf Vorderseite, Letztes Viertel auf Rückseite
3: Vollmond auf Vorderseite, Neumond auf Rückseite
4: Letztes Viertel auf Vorderseite, Erstes Viertel auf Rückseite

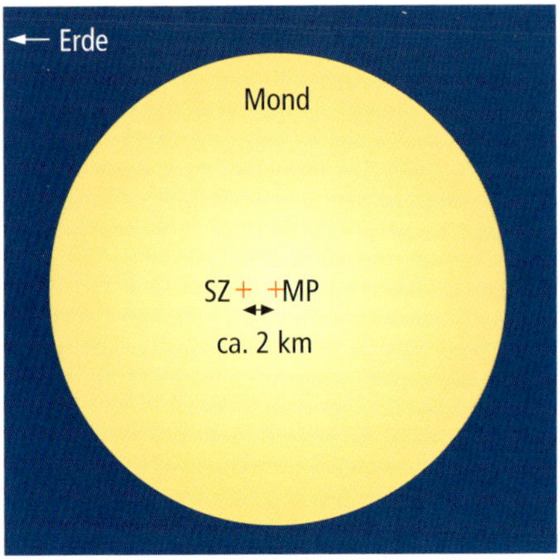

5.9 **Das Schwerezentrum (SZ) des Mondes ist der Erde zwei Kilometer näher als der geometrische Mittelpunkt (MP).**

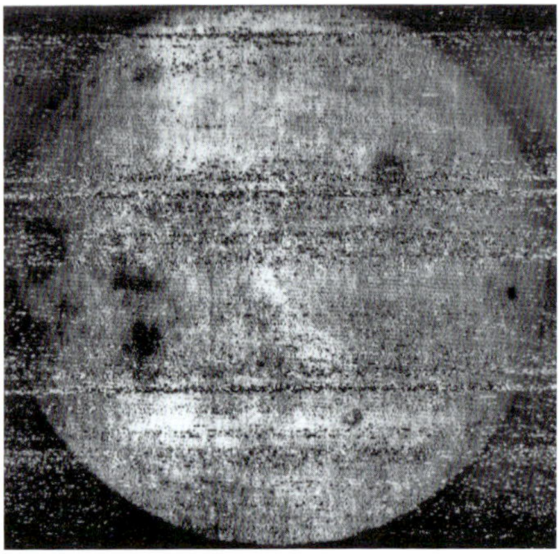
RKK Energia / Wikipedia

5.10 **Die sowjetische Mondsonde Lunik 3 funkte am 7. Oktober 1959 das allererste Bild der Mondrückseite zur Erde. Ein kleiner, dunkler Fleck zeigt das einzige größere Mondmeer auf der Rückseite, das Moskauer Meer benannt wurde.**

Erforschung mit Raumsonden

Jahrhundertelang konnte man nur spekulieren, wie wohl die Rückseite des Mondes aussehen möge. Licht in dieses Dunkel brachte erstmals die sowjetische Raumsonde Lunik 3 (spätere russische Mondsonden wurden Luna genannt). Lunik 3 funkte am 7. Oktober 1959 aus 6200 Kilometer Minimalentfernung über der Mondoberfläche 19 Bilder zur Erde, die 70 % der Mondrückseite zeigten. Die Auflösung war recht gering, immerhin war zu erkennen, dass keine Maria, keine lavagefüllten, dunklen Gebiete vorhanden sind, bis auf eine einzige Ausnahme: Ein kleines, nur 260 Kilometer im Durchmesser großes, rundes Mare war deutlich zu sehen. Es erhielt den Namen Mare Moscoviense (Moskauer Meer, russ.: MAPE MOCKBA). Damit wurde vor 60 Jahren das Geheimnis der „dunklen Seite" des Mondes erstmals gelüftet. Bald folgten weitere Sonden und lieferten Bilder mit immer besserer Auflösung. Die russische Mondsonde Zond 3 sandte am 20. Juli 1965 aus 9219 Kilometer Minimalabstand 25 Fotos guter Qualität von der Mondrückseite zur Erde. Vom 14. August 1966 bis Januar 1968 lieferten fünf amerikanische Mondsatelliten, Lunar Orbiter 1 bis 5, Aufnahmen fast der gesamten Mondoberfläche (96 %) mit einer Auflösung bis herab zu einem Meter!

Im Februar 1994 schwenkte die Raumsonde Clementine in eine polare Umlaufbahn um den Mond ein und sandte 1,6 Millionen Bilder von 95 % der Mondoberfläche zur Erde, bis am 7. Mai 1994 infolge einer Fehlzündung des Triebwerkes die Mission scheiterte.

Von Januar 1998 bis Ende Juli 1999 knöpfte sich die Mondsonde Lunar Prospector unseren Erdtrabanten vor. In einer fast kreisförmigen, polaren Bahn umkreiste sie alle 118 Minuten in nur 100 Kilometer Höhe den Mond. Mit einem Gammastrahlenspektrometer tastete die Sonde den Mondboden ab. Sie entdeckte außerdem mit Neutronenspektroskopie sowohl am Mondnordpol als auch am Südpol größere Mengen von Wassereis, das mit Geröll vermischt ist. Ferner lieferte sie eine genaue Karte des Schwerefeldes des Mondes. Dabei wurden auch die diversen Mascons (Massenkonzentrationen) genau vermessen. Die Mascons sind Produkte schwerer Einschläge, wobei die kosmischen Körper Mondmaterial zusammendrückten. An Bord hatte der Lunar Prospector auch ein paar Gramm Asche des 1997 tödlich verunglückten Kometen- und Meteoritenforschers Eugene Shoemaker. Am 31. Juli 1999 schlug der Prospector um $9^h52^m02^s$ geplant auf dem Mondboden auf und löste ein kleines Mondbeben aus.

5.11 Die Mondrückseite ist fast ausschließlich von Kraterlandschaften und Ringwällen bedeckt. Bis auf zwei Ausnahmen fehlen lavagefüllte „Mondmeere".

Hochaufgelöste Bilder

Mit bisher unerreichter Auflösung lieferte die Mondmission Lunar Reconnaissance Orbiter (LRO) die bisher besten und zahlreichsten Bilder der Mondoberfläche einschließlich der nunmehr voll erfassten Rückseite. LRO schwenkte am 23. Juni 2009 in einen polaren Mondorbit ein. Die Umlaufbahn wurde mehrfach erniedrigt. Schließlich erreichte sie eine Bahn zwischen 30 und 50 Kilometer Höhe über der Mondoberfläche. Weitere Bahnkorrekturen sorgten für eine Minimalhöhe von 20 Kilometer. LRO lieferte eine vollständige Kartierung und Vermessung der gesamten Mond-

NASA / LRO

oberfläche einschließlich topografischer Daten. Die hochaufgelösten Bilder lassen nicht nur die Landemodule und Messinstrumente der Apollo-Missionen erkennen, sondern sogar die Fußspuren der Astronauten, womit alle Spekulationen endgültig ad absurdum geführt wurden, Astronauten hätten nie Mondboden betreten, sondern die bemannten Mondlandungen seien angeblich in den Filmstudios von Hollywood gedreht worden (siehe Abb. 5.15 auf Seite 137).

Bisher gab es noch keine weiche Landung auf der Rückseite des Mondes. Nur die amerikanische Mondsonde Ranger 4 knallte am 26. April 1962 auf der Rückseite auf den Mondboden ohne vorher wissenschaftlich relevante Daten geliefert zu haben.

Der Geologe Harrison Schmitt, der als letzter Astronaut mit Apollo 17 zum Mond flog, wollte ursprünglich auf der Rückseite landen. Die Verantwortlichen der NASA lehnten dies aber ab. Ihnen

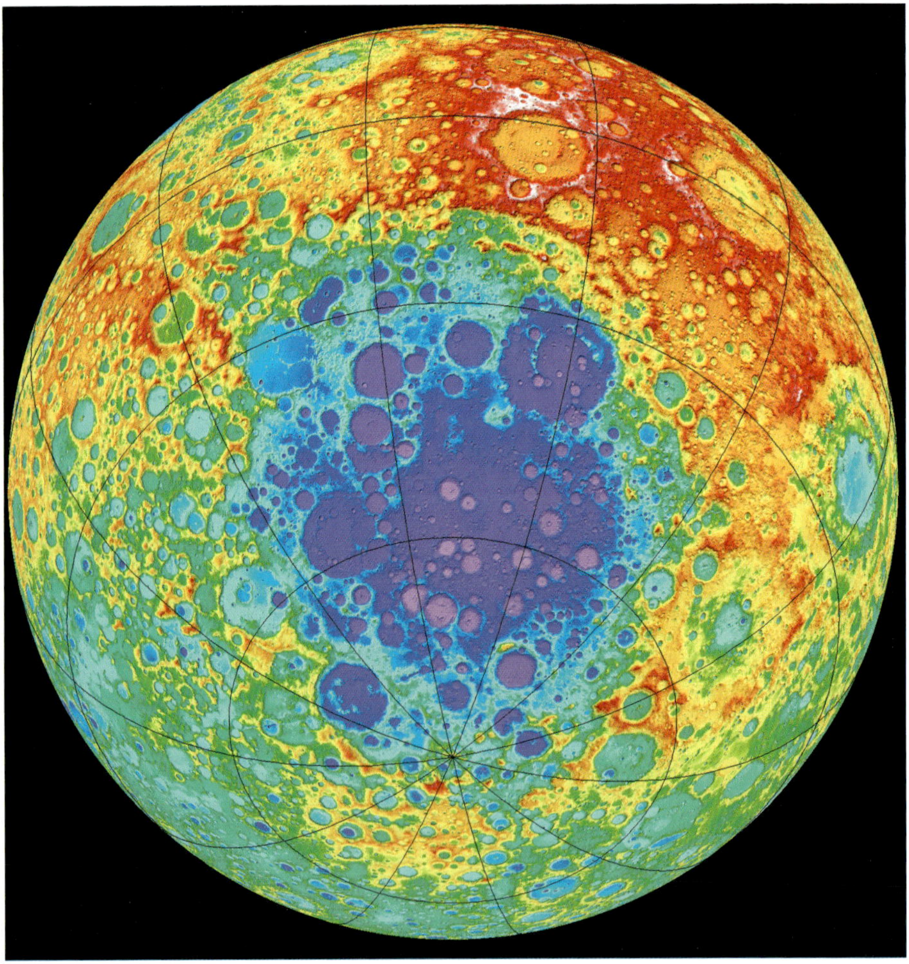

NASA / LRO

5.12 Das Südpol-Aitken-Becken auf der Mondrückseite hat eine Ausdehnung von über 2000 Kilometer und eine Tiefe von mehr als zehn Kilometer.

5.13 Die Sohlen der Krater an den Mondpolen liegen stets im Schatten. Da kein Sonnenstrahl sie erwärmt, hat sich dort Wassereis von Kometeneinschlägen angesammelt.

schien ein solches Manöver zu risikoreich, denn die Rückseite liegt im Funkschatten der Erde, was eine Kommunikation mit der Bodenstation in Houston (Texas, USA) unmöglich gemacht hätte. Die chinesische Raumfahrtagentur plant mit der Mondmission Chang'e 4 eine weiche, unbemannte Landung auf der Rückseite bis spätestens 2020.

Als Apollo 8 zu Weihnachten 1968 den Mond umrundete, sahen erstmals Menschen mit eigenen Augen die Mondlandschaft auf der Rückseite des Erdtrabanten. Letztmals war dies dann 1972 mit Apollo 17 der Fall. Die Astronauten meinten, die Mondrückseite sähe aus wie ein Sandkasten auf einem Spielplatz für Kinder, voller Hügel und Löcher („bumps and holes").

Mit der vollständigen Erfassung der Mondrückseite wurde auch allen Spekulationen der Boden entzogen, es lebten dort Mondbewohner in unterirdischen Städten oder Außerirdische hätten gar eine geheime Basisstation errichtet – uneinsehbar von der Erde aus.

Merkmale der Mondrückseite

Die Mondrückseite ist fast ausschließlich von Kratern und Ringwällen bedeckt. Nur ein Prozent entfällt auf lavagefüllte Maria, während 31 % auf der Vorderseite auf die Mondmeere entfallen. Außer dem Mare Moscoviense sind noch das Mare Ingenii (350 km) sowie das Mare Australe und das Mare Orientale zu nennen. Die letzten beiden sind infolge der Libration auch von der Erde aus einsehbar. Allerdings ist ihr genaues Aussehen wegen ihrer Randlage nur unvollständig zu erfassen, denn die Randlage verzerrt ihre Erscheinung. Mit rund 1000 Kilometer Durchmesser ist das Mare Orientale noch das größte auf der Rückseite. Benannt wurde das „Ostmeer" von dem Mondforscher Julius Franz (1847–1913), Direktor der Sternwarte Breslau.

Wie erklärt sich die Asymmetrie zwischen Vorder- und Rückseite des Mondes, das so unterschiedliche Aussehen? Diese Dichotomie (Zweiteilung) der beiden Mondhemisphären entstand durch die differentielle Anziehungskraft der Erde bereits in der Frühzeit des Mondes. Vor mehr als vier Milliarden Jahren betrug die mittlere Monddistanz von der Erde nur 162 000 Kilometer. Bis heute ist sie auf 384 400 Kilometer angewachsen. Die geringere Entfernung von der Erde bewirkte viel stärkere Gezeitenkräfte. Neben der Abbremsung der Rotation führte dies auch zu einer asymmetrischen Massenverteilung im Mondinneren, die auch eine um 70 Kilometer dickere Kruste auf der Rückseite ergab. Radioaktive Elemente heizten die Kruste auf. Größere Meteoroide sowie Planetoiden, die auf der Vorderseite die Mondoberfläche trafen, durchschlugen die dünne Kruste, worauf aus dem Mondmantel flüssige Lava hervorquoll und die Einschlagbecken füllte, während auf der Rückseite die dickere Kruste sich nicht so leicht durchbrechen ließ (siehe auch Monatsthema „Anatomie des Mondes" auf Seite 94 im *Kosmos Himmelsjahr 1997*).

Neue Überlegungen sehen im **S**üd**p**ol-**A**itken-Becken (SPA) den Hauptgrund für die Dichotomie. Das SPA-Becken, das vom Südpol bis zum Krater Aitken bei –17° selenografischer Breite reicht, ist vor 3,9 Milliarden Jahren durch den Einschlag eines etwa 200 Kilometer großen Körpers entstanden, der in einem flachen Winkel ($i < 30°$) zur Oberfläche einschlug. Manche meinen, der Körper wäre einst ein zweiter Mond der Erde gewesen. Das SPA-Becken zeigt eine deutlich dunklere Oberfläche. Es ist von zahlreichen Kratern besetzt, weshalb man nicht von einem Mondmeer, sondern von einem Becken spricht. Der Gehalt an Eisenoxid (FeO) und Titandioxid (TiO_2) ist im SPA-Becken deutlich höher als im benachbarten Hochland.

Der Rand des SPA-Beckens ist schwierig auszumachen, weshalb die Durchmesserangaben von 2200 bis 2500 Kilometer variieren. Die Tiefe des

5.14 Der Lunar Reconnaissance Orbiter (LRO) hat seit 2009 die gesamte Mondoberfläche mit bisher unerreichter Auflösung fotografiert und kartiert.

NASA / LRO

5.15 Aufnahme der Landestelle von Apollo 11, gewonnen vom LRO. Deutlich ist die Unterstufe der Landefähre zu erkennen.

Beckens liegt zwischen zehn und 13 Kilometer unter der Referenzkugeloberfläche des Mondes (Radius: 1738 km). Verglichen mit den kraterbestückten Hochländern in der Nachbarschaft ergeben sich Höhenunterschiede bis zu 16 Kilometer. Die Größe des Beckens entspricht somit etwa einem Viertel des Mondumfangs.

Der Impakt, der das SPA-Becken schuf, komprimierte das Mondmaterial im Inneren und übte einen Druck auf die Vorderseite aus. Das ausgeschleuderte Material regnete auf die Rückseite ab und vergrößerte die Krustendicke. Die Impakt-Hypothese erklärt auch die magnetischen Anomalien im Mondmaterial.

Bei einigen Kratern am Südpol fällt das Sonnenlicht so flach ein, dass die Kratersohle nie von einem Sonnenstrahl getroffen wird und im ewigen Dunkel bleibt. Hier hat sich Wassereis von Kometeneinschlägen angesammelt – ein Wasserreservoir für zukünftige Mondbesucher.

Die „dunkle Seite" des Mondes gewinnt im Raumfahrtzeitalter eine neue Bedeutung, denn die Mondrückseite liegt im Eigenschatten bei Vollmond. Kein Streulicht und kein Funksignal der Erde erreicht sie. Deshalb gibt es Pläne, sowohl ein Radioteleskop als auch ein optisches Teleskop auf der Rückseite zu platzieren. Man könnte völlig ungestört von irdischen Einflüssen beobachten. Der Kontakt zur Erde und Abruf der Daten könnte über eine Relaisstation beim Lagrangepunkt L2 des Mondes erfolgen. Noch sind diese Pläne von einer Realisierung weit entfernt.

Aber bevor es soweit ist, können wir uns am Anblick der hellen Vorderseite unseres Nachbarn im All erfreuen – sei es mit bloßen Augen, mit einem Fernglas oder mit einem Teleskop. Die Romantik des Mondes hat auch im 21. Jahrhundert nichts von ihrer Faszination verloren.

Juni 2019

- Merkur zeigt sich im zweiten Monatsdrittel in der Abenddämmerung.
- Venus zieht sich vom Morgenhimmel zurück.
- Mars beendet seine Abendsichtbarkeit.
- Jupiter kommt am 10. im Sternbild Schlangenträger in Opposition zur Sonne.
- Saturn wird zum Planeten der gesamten Nacht.
- Die Sonne passiert am 21. Juni um $16^{h}54^{m}$ MEZ (= $17^{h}54^{m}$ MESZ) den Gipfel ihrer Jahresbahn – der astronomische Sommer beginnt.

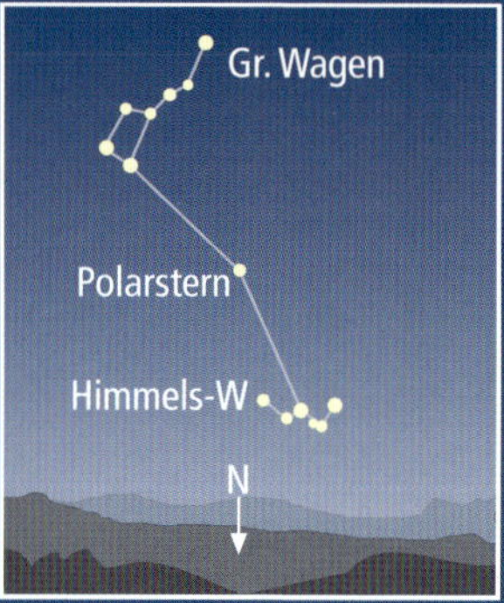

Großer Wagen und Himmels-W Anfang Juni um 22 Uhr

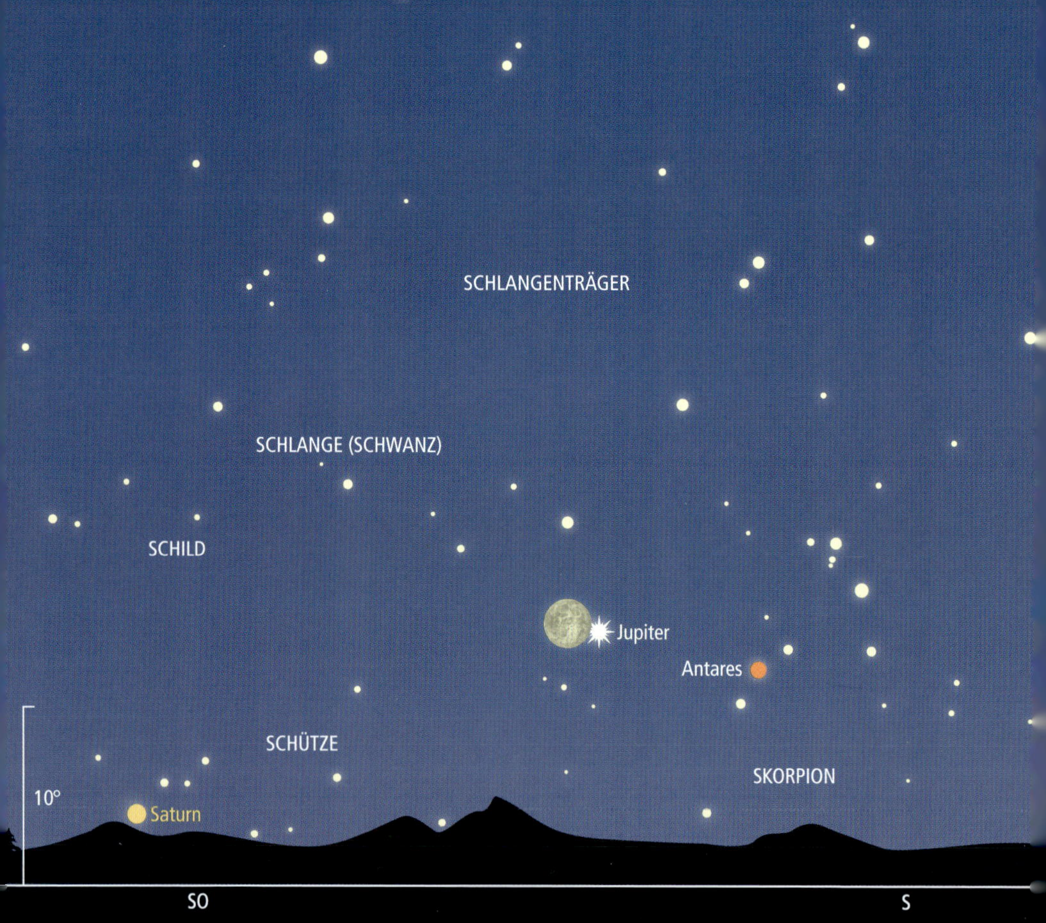

6.1 Anblick des Südhimmels gegen $22^{h}30^{m}$ MEZ (= $23^{h}30^{m}$ MESZ) am 16. Juni. Knapp neben Jupiter glänzt der Vollmond. Tief am Südosthorizont erkennt man den Ringplaneten Saturn.

STERNE UND WELTRAUM
Spektrum
8 | 2018
sterne-und-weltraum.de
Dunkle Energie
Welche Kraft treibt den Kosmos immer schneller auseinander?
MARSKANÄLE
Ein Lehrstück über Fakt und Fälschung
FRÜHES UNIVERSUM
Wann und wo bildeten sich die ersten Sterne?
PERSEIDEN
Sternschnuppen in lauen Sommernächten
RÜCKBLICK
Die schönsten Kometen des Jahres 2017
SONDE HAYABUSA-2
Japans Mission zum Asteroiden Ryugu
TABBYS STERN
Seltsame Lichtwechsel endlich enträtselt?
SUPER-SPEKTROGRAF
4MOST soll den Himmel durchmustern
HIGHLIGHT AM 27. JULI
Totale Mondfinsternis – und Mars schaut zu!
KOMETEN
Schweifsterne mit Vollbremsung
SCHWARZE LÖCHER
Wie schnell wächst ein Massemonster?
BEOBACHTUNGSTIPP
Tödlicher Tango zweier Sterne
Alles über Astronomie
und Weltraumforschung
Jetzt im
Miniabo testen!
Drei aktuelle Ausgaben
von Sterne und Weltraum
für nur € 16,60 statt
€ 25,50 im Einzelkauf
Jetzt bestellen:
mit dieser Bestellkarte oder per
Telefon: 06221 9126-743
E-Mail: service@spektrum.de
www.sterne-und-weltraum.de/himmelsjahr
BIGFOOT / GETTY IMAGES / ISTOCK

1 Sa

2 So

3 Mo Neumond

4 Di Mond bei Merkur (Abendhimmel)

5 Mi Mond bei Mars (Abendhimmel)

6 Do

7 Fr

8 Sa

9 So Pfingstsonntag

10 Mo Pfingstmontag, Mond im ersten Viertel
Jupiter in Opposition (ganze Nacht)

11 Di

12 Mi

13 Do

14 Fr

15 Sa

16 So Mond bei Jupiter (Abendhimmel)

17 Mo Vollmond

18 Di Merkur bei Mars (Abendhimmel)

19 Mi Mond bei Saturn (Morgenhimmel)

20 Do Fronleichnam

21 Fr Sommerbeginn

22 Sa

23 So

24 Mo

25 Di Mond im letzten Viertel

26 Mi

27 Do

28 Fr

29 Sa

30 So

SONNE – STERNBILDER

21.6. $16^{h}54^{m}$:
Sonne tritt in das Tierkreiszeichen Krebs

22.6. 3^{h}:
Sonne tritt in das Sternbild Zwillinge

Julianisches Datum am
1. Juni, 1^{h} MEZ: 2 458 635,5

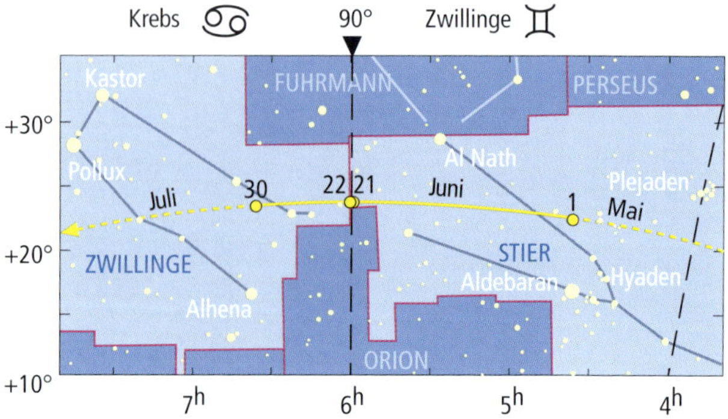

TABELLE SONNENLAUF

Tag	Dämmerg. Anfang	Aufgang MEZ	Kulmination	Untergang MEZ	Dämmerg. Ende	Mittagshöhe	Zeitgleichg.	Rektaszension	Deklination
	h m	h m	h m	h m	h m	°	m	h m	°
1.	2 33	4 16	12 18	20 20	22 04	62,1	+ 2	4 33	+21,9
5.	2 28	4 14	12 19	20 24	22 10	62,5	+ 1	4 50	+22,5
10.	2 24	4 11	12 19	20 28	22 16	63,0	+ 1	5 10	+23,0
15.	2 21	4 10	12 20	20 31	22 21	63,3	0	5 31	+23,3
20.	2 20	4 10	12 22	20 33	22 23	63,4	– 2	5 52	+23,4
25.	2 22	4 12	12 23	20 33	22 23	63,4	– 3	6 13	+23,4
30.	2 25	4 14	12 24	20 33	22 22	63,2	– 4	6 33	+23,2

TAGES- UND NACHTSTUNDEN

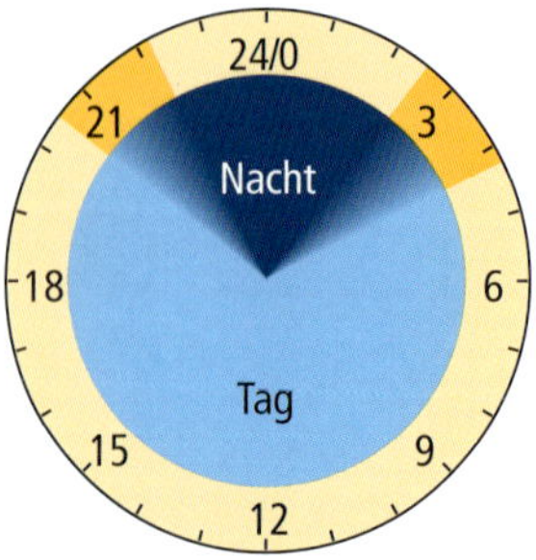

5. Juni

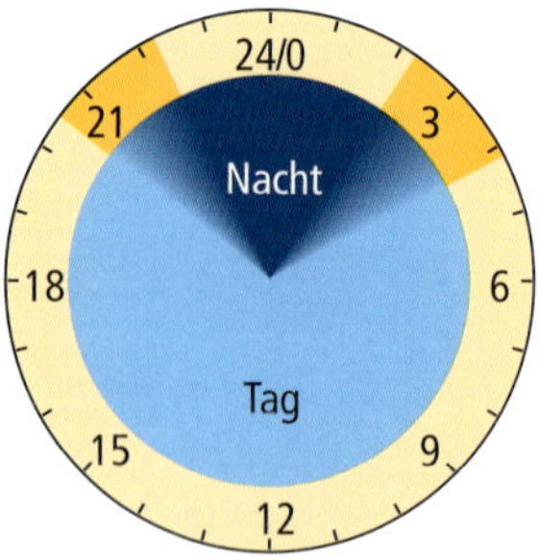

15. Juni

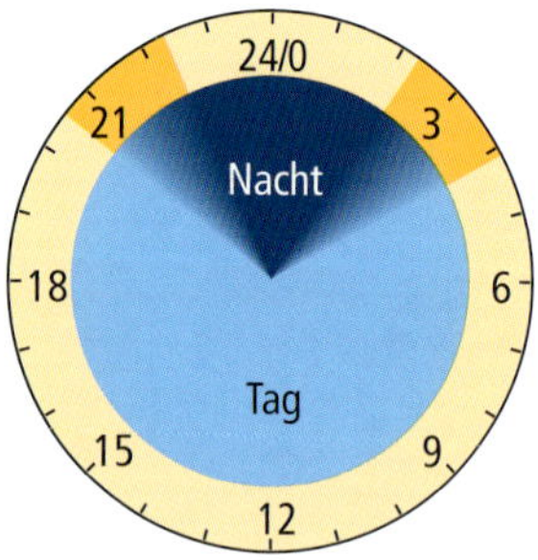

25. Juni

TABELLE MONDLAUF

Datum	Aufg. MEZ	Kulmination	Unterg. MEZ	Rektaszension	Deklination		Sterne und Sternbilder	Phase	MEZ
	h m	h m	h m	h m	°				
Sa 1.	3 34	10 39	17 59	2 37	+10,3		Walfisch	Libration Ost	
So 2.	4 00	11 29	19 12	3 27	+14,5		Stier		
Mo 3.	4 32	12 23	20 24	4 21	+18,0		Stier, Hyaden	**Neumond Nr. 1193**	**$11^h 02^m$**
Di 4.	5 12	13 19	21 33	5 18	+20,7		Stier		
Mi 5.	6 03	14 19	22 34	6 18	+22,2		Alhena	Aufsteigender Knoten	
Do 6.	7 05	15 18	23 25	7 19	+22,3		Zwillinge		
Fr 7.	8 16	16 17	–	8 21	+20,9	*	Krebs, Krippe		
Sa 8.	9 32	17 13	0 06	9 20	+18,2		Krebs	Erdnähe 369/32,′4	0^h
So 9.	10 51	18 07	0 40	10 18	+14,5		Löwe, Regulus		
Mo 10.	12 10	18 58	1 08	11 13	+ 9,9		Löwe	**Erstes Viertel**	**$6^h 59^m$**
Di 11.	13 27	19 48	1 33	12 06	+ 4,8		Jungfrau		
Mi 12.	14 44	20 37	1 56	12 58	– 0,5		Jungfrau	Größte Nordbreite	
Do 13.	16 00	21 27	2 18	13 49	– 5,7		Spica		
Fr 14.	17 15	22 17	2 43	14 41	–10,6		Waage		
Sa 15.	18 28	23 08	3 10	15 33	–14,9		Waage		
So 16.	19 38	–	3 42	16 27	–18,4		Antares	Libration West	
Mo 17.	20 41	0 01	4 20	17 22	–20,8		Schlangenträger	**Vollmond**	**$9^h 31^m$**
Di 18.	21 36	0 54	5 05	18 17	–22,2		Schütze		
Mi 19.	22 21	1 46	5 57	19 11	–22,3		Schütze, Nunki	Absteigender Knoten	
Do 20.	22 59	2 37	6 56	20 04	–21,4		Schütze		
Fr 21.	23 29	3 26	7 58	20 55	–19,5		Steinbock		
Sa 22.	23 54	4 12	9 02	21 45	–16,8		Steinbock		
So 23.	–	4 56	10 07	22 32	–13,4		Wassermann	Erdferne 405/29,′5	9^h
Mo 24.	0 16	5 39	11 11	23 17	– 9,5		Wassermann		
Di 25.	0 36	6 21	12 16	0 02	– 5,2	*	Fische	**Letztes Viertel**	**$10^h 46^m$**
Mi 26.	0 56	7 03	13 21	0 47	– 0,7	*	Walfisch	Größte Südbreite	
Do 27.	1 15	7 45	14 28	1 32	+ 3,9		Fische		
Fr 28.	1 36	8 30	15 38	2 19	+ 8,5	*	Walfisch		
Sa 29.	2 00	9 18	16 49	3 08	+12,8		Widder	Libration Ost	
So 30.	2 29	10 09	18 03	4 00	+16,7		Stier, Hyaden		

DER MOND NÄHERT SICH SATURN

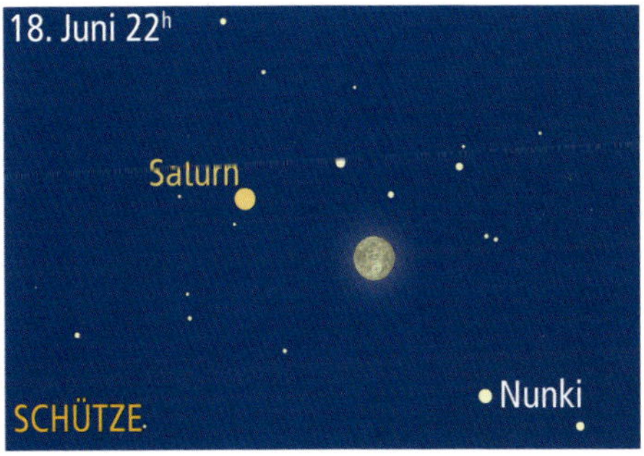

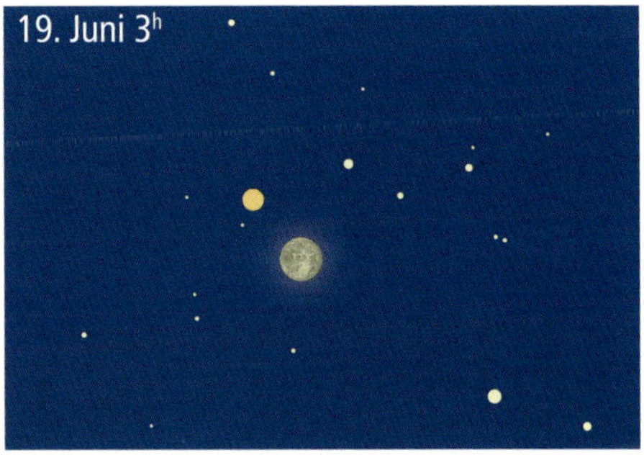

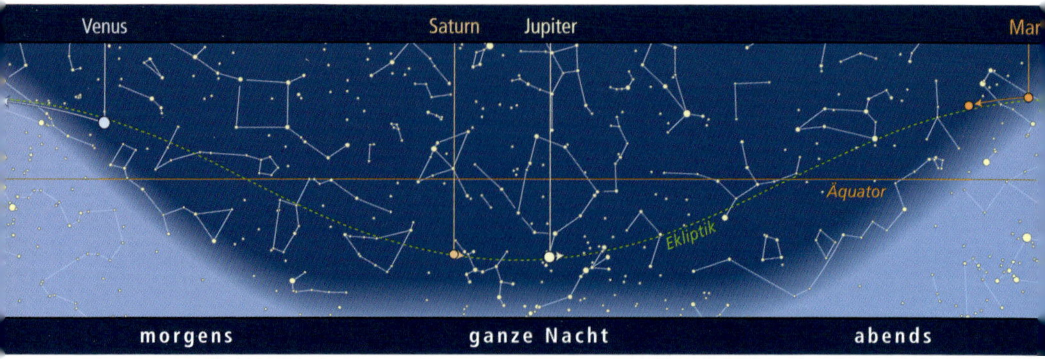

MERKUR bietet im zweiten Monatsdrittel eine bescheidene Abendsichtbarkeit. Seine größte östliche Elongation erreicht der sonnennahe Planet am 24. mit 25°09′ Winkelabstand von der Sonne. Bereits drei Tage zuvor zieht Merkur an Pollux in den Zwillingen 6° südlich vorbei. Erstmals kann man Merkur am 5. erspähen, wobei der $-0^m{,}7$ helle Planet um 21^h56^m untergeht.
Am 10. geht der $-0^m{,}4$ helle Merkur um 22^h11^m (= 23^h11^m Sommerzeit) unter. Gegen 21^h45^m wird er im Horizontdunst für das bloße Auge unsichtbar. Ab 21^h (= 22^h Sommerzeit) ist die Dunkelheit so weit fortgeschritten, dass der flinke Planet in der nun spät einsetzenden Abenddämmerung erkannt werden kann.
Bis 20. sinkt die Merkurhelligkeit auf $0^m{,}2$ ab, die Untergänge verspäten sich nur um eine Minute auf 22^h12^m. Bis zum Tag der maximalen Elongation geht die Helligkeit weiter auf $0^m{,}4$ zurück. Der letzte Tag, um Merkur noch freiäugig zu erkennen, ist der 20. Juni (siehe auch Abb. 6.3 und 6.4 auf Seite 143). Die Dichotomie tritt am 18. ein: Das halb beleuchtete Merkurscheibchen weist einen scheinbaren Durchmesser von nur $7''{,}3$ auf.
An diesem Tag wandert Merkur am Kriegsplaneten Mars in $0^\circ{,}2$ nördlichem Abstand vorbei (siehe Abb. 6.5 auf Seite 143). Mars ist allerdings nur im Fernglas sichtbar.
Am 5. sieht man Merkur und Mars am Abendhimmel, wobei sich die Sichel des zunehmenden Mondes zu Mars gesellt (siehe Abb. 6.2 links).

VENUS zieht sich vom Morgenhimmel allmählich zurück. Ende Juni kann man unter guten Sichtbedingungen den Morgenstern

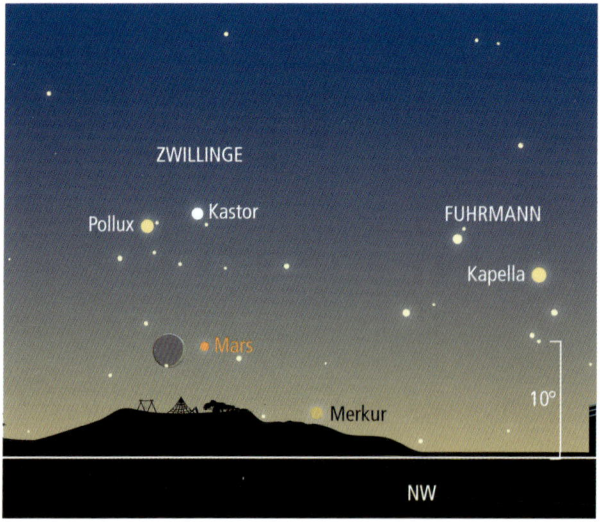

6.2 Himmelsanblick am 5. Juni gegen 21^h15^m MEZ (= 22^h15^m MESZ). Knapp über dem Nordwesthorizont sind die Planeten Merkur und Mars zu sehen. An Mars zieht die dünne Sichel des zunehmenden Mondes vorbei.

in der Morgendämmerung gerade noch erkennen. Ein Fernglas kann dabei gute Dienste leisten. Venus strebt den Gipfel ihrer Bahn durch den Tierkreis an. Am 3. wechselt sie aus dem Sternbild Widder in den Stier. Am 17. zieht sie 5° nördlich an Aldebaran (α Tau), Hauptstern des Stiers, vorbei. Aldebaran ist allerdings in der hellen Morgendämmerung mit bloßen Augen nicht zu erkennen.
Am 1. geht Venus um 3^h28^m (= 4^h28^m Sommerzeit) auf und am 30. nur fünf Minuten früher. Die Venushelligkeit bleibt konstant bei $-3,^m9$.
Im Teleskop zeigt sich das nur noch 10″ große Venusscheibchen fast voll beleuchtet. Am 30. erreicht der Beleuchtungsgrad 98 %.

MARS zieht sich vom Abendhimmel zurück und wird unbeobachtbar. Nach dem 15. wird

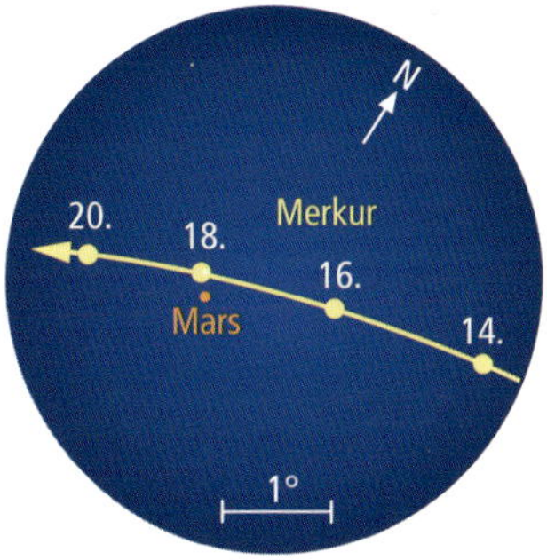

6.5 Merkur überholt Mars am 18. Juni. Fernglasanblick gegen 21^h (= 22^h MESZ).

man vergeblich nach dem roten Planeten Ausschau halten. Am 5. kann die Sichel des zunehmenden Mondes helfen, Mars zu entdecken. Der Mond steht gegen 22^h (= 23^h Sommerzeit) $3,^\circ6$ südöstlich von Mars (siehe Abb. 6.2 auf Seite 142). Merkur ist mit von der Partie. Der flinke Planet zieht am 18. nur 0°14′, also eine halbe Vollmondbreite, nördlich an Mars vorbei (siehe Abb. 6.5 links). Um den nur noch $1,^m8$ hellen Mars in der Dämmerung zu erkennen, ist ein lichtstarkes Fernglas unumgänglich.
Mars wandert durch das Sternbild Zwillinge und passiert Pollux (β Gem) am 23. in 6° südlichem Abstand. Am 28. wechselt er in das Sternbild Krebs.
Am 10. geht der $1,^m8$ helle Mars um 22^h27^m (= 23^h27^m Sommerzeit) unter. Erst kurz nach 21^h ist es dunkel genug, um Mars freiäugig zu erkennen. Er steht aber so tief am Nordwesthimmel, dass man Mühe hat, ihn ausfindig zu machen. Bis Monatsende verfrüht sich der Marsuntergang auf 21^h48^m (= 22^h48^m Sommerzeit). Der Durchmesser des Marsscheibchens geht auf $3,''7$ zurück.

JUPITER, rückläufig im Schlangenträger, steht am Nachmittag des 10. in **Opposition** zur Sonne. Er ist somit die ganze Nacht über

6.3 Stellung von Merkur über dem Nordwesthorizont eine Stunde nach Sonnenuntergang.

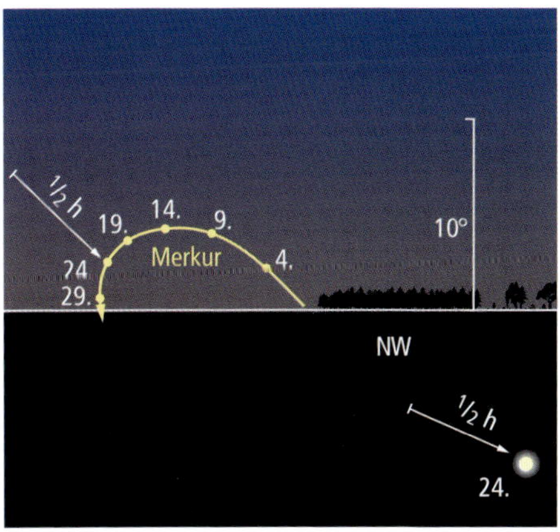

6.4 Sichtbarkeitsdiagramm für Merkur. Nähere Erläuterungen siehe Abb. 2.3 auf Seite 54.

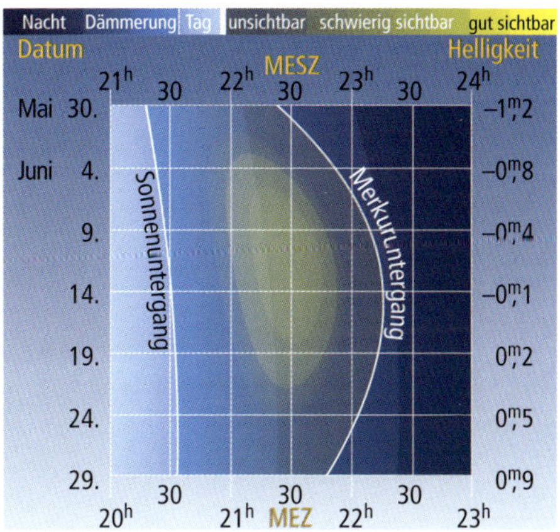

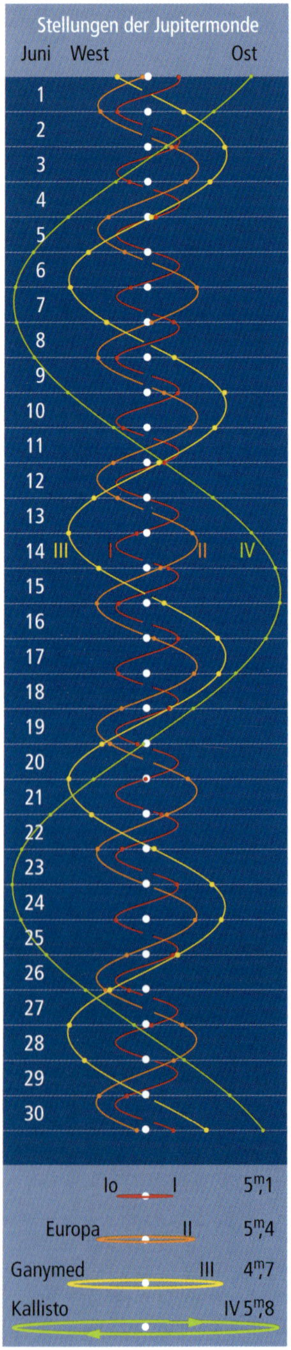

JUPITERMONDE

Tag	MEZ h m	Vorgang	
5.	0 35	III	SA
	1 13	III	DA
	1 29	I	SA
	1 38	I	DA
	2 55	III	SE
	3 23	III	DE
	22 38	I	VA
6.	0 57	I	BE
	22 10	I	SE
	22 15	I	DE
7.	23 55	II	SA
8.	0 04	II	DA
	2 22	II	SE
	2 29	II	DE
9.	21 30	II	BE
13.	0 29	I	BA
	2 44	I	VE
	21 48	I	DA
	21 52	I	SA
	23 59	I	DE
14.	0 05	I	SE
	21 13	I	VE
15.	2 18	II	DA
	2 30	II	SA
	21 02	III	VE
16.	21 20	II	BA
17.	0 06	II	VE
20.	2 13	I	BA
	23 32	I	DA
	23 47	I	SA
21.	1 43	I	DE
	1 59	I	SE
	23 07	I	VE
22.	21 31	III	BA
23.	1 03	III	VE
	23 35	II	BA
28.	1 16	I	DA
	1 41	I	SA
	22 23	I	BA
29.	1 02	I	VE
	21 54	I	DE
	22 22	I	SE
30.	0 49	III	BA

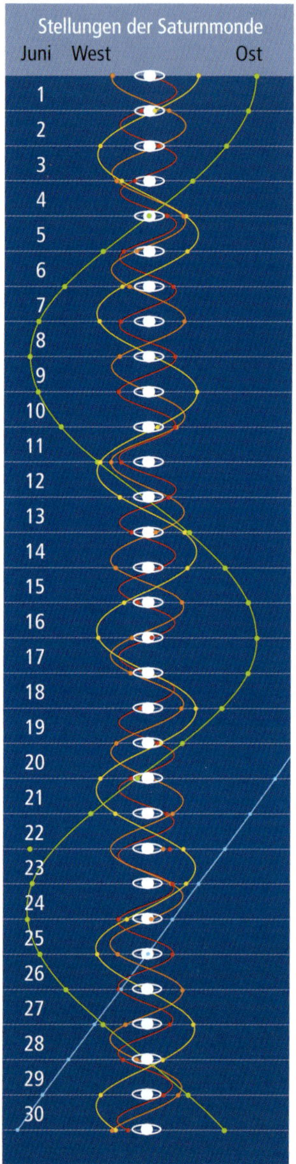

Japetus

5.	$12^m{,}4$
10.	$12^m{,}2$
15.	$11^m{,}8$
20.	$11^m{,}4$
25.	$10^m{,}0$
30.	$10^m{,}8$

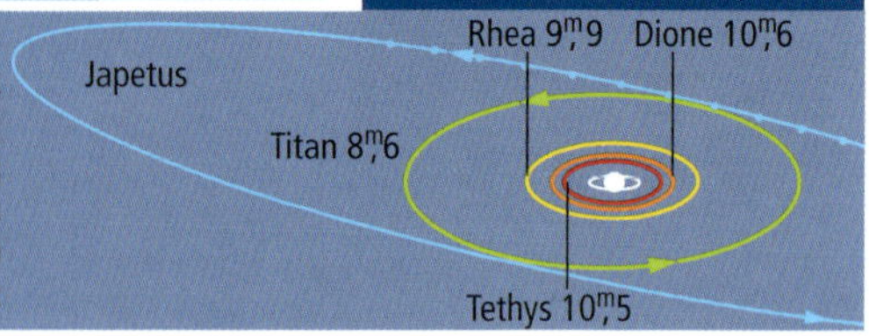

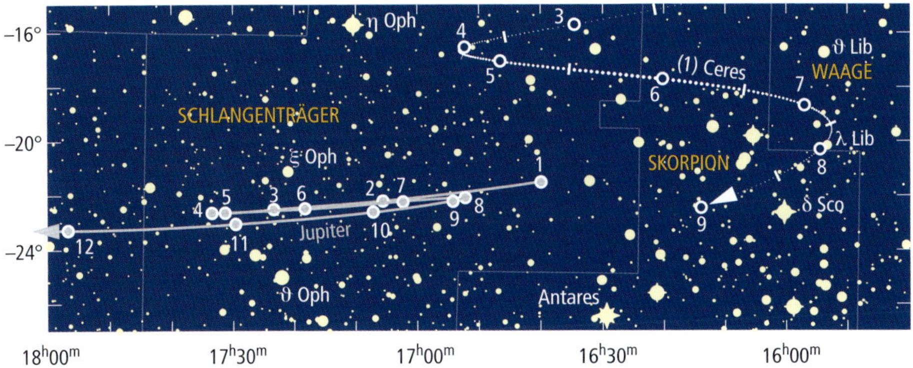

6.6 Scheinbare Bahn des Planeten Jupiter von Januar bis Dezember 2019 im Sternbild Schlangenträger. Eingetragen ist ferner die scheinbare Bahn des Zwergplaneten (1) Ceres von Mitte März bis Ende August 2019 im Gebiet der Sternbilder Waage, Schlangenträger und Skorpion. Die Zahlen geben die Jupiter- und Ceres-Positionen zum jeweiligen Monatsersten an (6 = 1. Juni).

am Sternenhimmel vertreten. Der $-2^m\!,6$ helle Riesenplanet geht am 10. um 20^h13^m (= 21^h13^m Sommerzeit) auf, kulminiert um 0^h23^m und geht am Morgen des 11. um 4^h24^m (= 5^h24^m Sommerzeit) unter.

Wegen der elliptischen Bahnen von Erde und Jupiter fällt der Zeitpunkt der Opposition nicht exakt mit dem der geringsten Entfernung zusammen. Seine geringste Entfernung von der Erde nimmt der Riesenplanet am 12. um 5^h ein. Ihn trennen dann 641 Millionen Kilometer (= 4,28 AE) von uns. Diese Strecke überbrückt das Licht in 35 Minuten und 38 Sekunden. Von der Sonne ist Jupiter zur Opposition 793 Millionen Kilometer (= 5,30 AE) entfernt.

Im Fernrohr sieht man ein ovales Scheibchen mit einem Äquatordurchmesser von 46,″0 und einem Poldurchmesser von 43,″0. Schon in einem kleinen Fernrohr sind die vier hellen, von Galilei entdeckten Jupitermonde sowie auf der Jupiteroberfläche die Wolkenstreifen und -bänder und der Große Rote Fleck zu sehen. Bis Monatsende verfrüht sich der Jupiteruntergang auf 3^h00^m (= 4^h00^m Sommerzeit). Am 16. kommt es zu einer Begegnung mit dem Vollmond (siehe Abb. 6.1 auf Seite 138).

KONSTELLATIONEN UND EREIGNISSE

Datum	MEZ	Ereignis
1.	19^h	Mond bei Venus, Mond 3,°2 südlich
4.	17	**Mond bei Merkur**, Mond 3,°7 südlich, **Abstand 4,°5 um 21^h**
5.	16	**Mond bei Mars**, Mond 1,°6 südlich, **Abstand 3,°6 um 22^h**
10.	**16**	**Jupiter in Opposition zur Sonne**
16.	20	**Mond bei Jupiter**, Mond 2,°0 nördlich, **Abstand 1,°5 um 21^h**
18.	16	**Merkur bei Mars**, Merkur 0,°2 nördlich, **Abstand 0,°2 um 21^h30^m**
19.	5	**Mond bei Saturn**, Mond 0,°4 südlich, **Abstand 1,°8 um 3^h**
19.	12	Mond bei Pluto, Mond 0,°07 südlich
21.	16^h54^m	**Sonne im Sommerpunkt, Sommersonnenwende**
22.	5	Neptun im Stillstand, anschließend rückläufig
24.	0	Merkur in größter östlicher Elongation (25°)
24.	2	Mond bei Neptun, Mond 3,°8 südlich
27.	23	Mond bei Uranus, Mond 4,°8 südlich

SATURN beschleunigt seine rückläufige Bewegung durch den Schützen. Er nähert sich seiner Opposition zur Sonne, die er im ersten Julidrittel erreicht (siehe Abb. 7.5 auf Seite 165).
Saturn wird zum Planeten der gesamten Nacht. Geht er am 1. um 22^h53^m auf und am 15. um 21^h56^m, so erfolgt sein Aufgang am 30. schon um 20^h53^m (= 21^h53^m Sommerzeit), dies ist nur 20^m nach Sonnenuntergang.
Saturn steigert seine Helligkeit um $0\overset{m}{,}2$ während des Monats auf $0\overset{m}{,}1$. Nach Jupiter und Venus, die erst am Morgenhimmel erscheint, ist er der hellste Planet am Nachthimmel.
In der Nacht vom 18. auf 19. pirscht sich der noch fast volle Mond an den Ringplaneten heran (siehe Grafik „Mondlauf" auf Seite 141). Um 3^h morgens beträgt der Abstand zwischen beiden rund $1\overset{\circ}{,}8$ (siehe Abb. 6.7 oben).

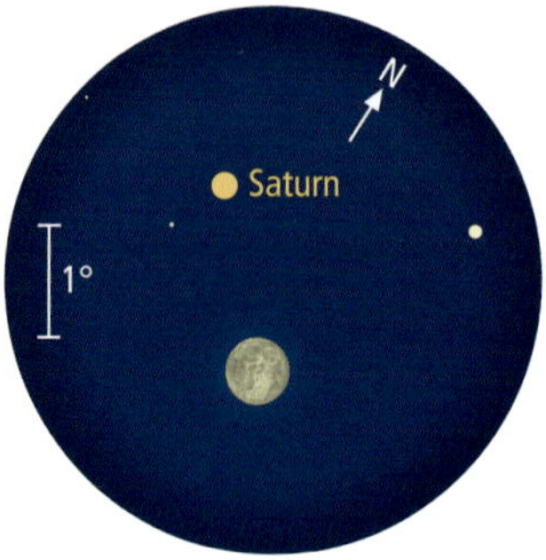

6.7 Der noch fast volle Mond begegnet morgens am 19. Juni Saturn. Fernglasanblick gegen 3^h MEZ (= 4^h MESZ).

URANUS, rechtläufig im Sternbild Widder, kann noch nicht am Morgenhimmel aufgefunden werden. Am Monatsletzten geht der $5\overset{m}{,}8$ lichtschwache Planet zwar schon um 0^h56^m auf, doch die Morgendämmerung setzt rund eineinhalb Stunden später ein. Noch bevor sich der grünliche Planet über die horizontnahen, trüben Luftschichten genügend erhoben hat, verhindert das beginnende Ende der Nacht ein Auffinden. Am 30. Juni kulminiert Uranus um 8^h03^m (= 9^h03^m Sommerzeit) am hellen Taghimmel.

NEPTUN kommt am 22. im Sternbild Wassermann zum Stillstand und wird rückläufig. Noch lohnt es sich nicht, nach dem nur $7\overset{m}{,}9$ hellen, bläulichen Planeten Ausschau halten.
Wegen der im Vergleich zur Sonne erheblich südlicheren Position fällt sein Tagbogen wesentlich kleiner aus als der der Sonne, die jetzt morgens immer früher über die nordöstliche Horizontlinie steigt. Erfahrene Beobachter können Neptun mit lichtstarker Optik eventuell gegen Monatsende tief am Südosthimmel erspähen. Am 30. geht der bläuliche Planet um 23^h28^m auf. Knapp drei Stunden später setzt die nautische Dämmerung ein. Die beste Beobachtungszeit insbesondere für lichtschwache Objekte ist die Zeit um ihre Kulmination.
Die Neptunkulmination erfolgt am 30. aber um 5^h08^m (= 6^h08^m Sommerzeit). Dann steht die Sonne schon fast eine Stunde über dem Horizont. Die Aufsuchkarte Abb. 9.2 mit der Position von Neptun ab 1. Juli findet sich auf Seite 199.

PLANETOIDEN UND ZWERGPLANETEN

CERES (1) bremst ihre rückläufige Wanderung durch den Skorpion ein wenig ab. Am 22. überschreitet sie die Grenze zum Sternbild Waage. Ceres gibt nur ein kurzes Gastspiel in der Waage, bereits am 1. August kehrt sie rechtläufig in den Skorpion zurück (siehe Abb. 6.6 auf Seite 145).
Ceres stand am Ende des Vormonats in Opposition zur Sonne. Am 1. noch $7\overset{m}{,}0$ hell, sinkt ihre Helligkeit bis Monatsende auf $7\overset{m}{,}8$ erheblich ab. Am 1. kulminiert Ceres um 0^h05^m, am 15. um 22^h53^m und am 30. schon um 21^h44^m (= 22^h44^m MESZ). Am Monatsende erfolgt ihr Untergang um 2^h17^m.

VERÄNDERLICHE STERNE IM JUNI

Algol-Minima	1.	20^h28^m	16.	4^h33^m	19.	1^h22^m						
β-Lyrae-Minima	5.	17^hH	12.	5^hN	18.	16^hH	25.	4^hN				
δ-Cephei-Maxima	1.	1^h	6.	10^h	11.	18^h	17.	3^h	22.	12^h	27.	21^h

PALLAS (2) kehrt am 3. ihren Lauf im Sternbild Coma Berenices um. Ihre Rektaszensionen wachsen wieder an und die Deklinationen nehmen wieder ab – sie wandert südwärts. Mit ihrem Stillstand am 3. endet auch ihre Oppositionsperiode, was an der von $8^{m}_{,}9$ auf $9^{m}_{,}4$ zurückgehenden Helligkeit ersichtlich wird. Allenfalls am Monatsanfang wird man noch mit lichtstarker Optik nach Pallas mit Aussicht auf Erfolg fahnden.
Pallas passiert den Meridian am 1. um $21^{h}08^{m}$, am 15. um $20^{h}15^{m}$ und am 30. schon um $19^{h}22^{m}$ (= $20^{h}22^{m}$ MESZ).

PERIODISCHE STERNSCHNUPPENSTRÖME

Das zweite Maximum des **SCORPIUS-SAGITTARIUS**-Stromes ist um den 14. Juni zu erwarten. Der Ausstrahlungspunkt oder Radiant liegt bei γ Sagittarii nahe dem Antihelion. Der Strom ist während des ganzen Monats aktiv. Wegen der geringen Höhe des Radianten sind Beobachtungen in unseren Breiten schwierig. Die beste Beobachtungszeit sind die Stunden um Mitternacht. Bei diesem Strom sind langsam fliegende Meteore (um 26 Kilometer pro Sekunde) zu registrieren.
Am 8. und 9. Juni kann man nach den **LIBRIDEN** Ausschau halten. Der Radiant dieses Stromes liegt in der Waage.
Seit etwa 25 Jahren werden die **JUNI-LYRIDEN** in der Zeit vom 11. bis 21. Juni beobachtet. Ihr Ausstrahlungspunkt liegt in der Leier. Ein Ursprungskomet ist noch nicht bekannt.
Im letzten Junidrittel sind die **JUNI-BOOTIDEN** zu beobachten. Sie sind seit 1916 bekannt, wo sie eine große Aktivität entfalteten. Auch in den Jahren 1998 und 2004 waren sie recht aktiv mit rund 100 Meteoren pro Stunde. Für 2019 haben Modellrechnungen keine hohe Aktivität angekündigt. Mehrere Maxima sind zwischen dem 23. und 27. Juni zu erwarten. Beobachtungen sind erwünscht, vor allem, um eventuelle Feuerkugeln nicht zu verpassen. Wie ihr Name sagt, liegt der Radiant dieses Stromes im Norden des Sternbildes Bootes. Mit nur 18 Kilometer pro Sekunde Eintauchgeschwindigkeit zählen die Juni-Bootiden zu den langsamen Meteoren. Komet 7P/Pons-Winnecke gilt als Quelle dieses Stromes.
Zwischen dem 25. Juni und dem 2. Juli tauchen die **CORVIDEN** auf, deren Radiant im Sternbild Rabe liegt. Am 27. Juni erreicht die Corvidenaktivität ihr Maximum.
Um den 16. Juni sind die **JUNI-DRACONIDEN** zu erwarten, ein schwacher Strom, der in den letzten Jahren nicht zu beobachten war. Der Radiant liegt im Sternbild Drache, also hoch im Norden.

Der Fixsternhimmel

Der Große Wagen hat den Meridian durchschritten und befindet sich im Abstieg. Ihm gegenüber findet man das Himmels-W, die Kassiopeia, nahe dem Horizont. Kassiopeia und Großer Wagen sind bei uns zirkumpolar, das heißt, sie gehen niemals unter.
Der Bootes mit dem kräftig leuchtenden Arktur steht unübersehbar hoch im Süden. Der Ochsentreiber oder Rinderhirt beherrscht die Himmelsszene. Er gilt als Leitsternbild des Frühsommers.
Die Westhälfte des Firmaments wird noch von den Frühlingssternbildern geprägt.
Weit im Westen ist der Löwe zu sehen. Sein großes Sternentrapez steht schräg zum Horizont, als ob sich diese Raubkatze auf eine imaginäre Beute stürzen wollte.
Das Feld im Südwesten gehört der Jungfrau. Ihr Hauptstern Spica strahlt in einem bläulichen Licht. Mit 260 Lichtjahren Entfernung ist Spica einer der weiter entfernten Sterne erster Größe. Der Jungfrau folgt im Tierkreis die Waage.
Arktur, Spica und Regulus im Löwen bilden das Frühlingsdreieck. Noch ist es hoch im Südwesten zu sehen.

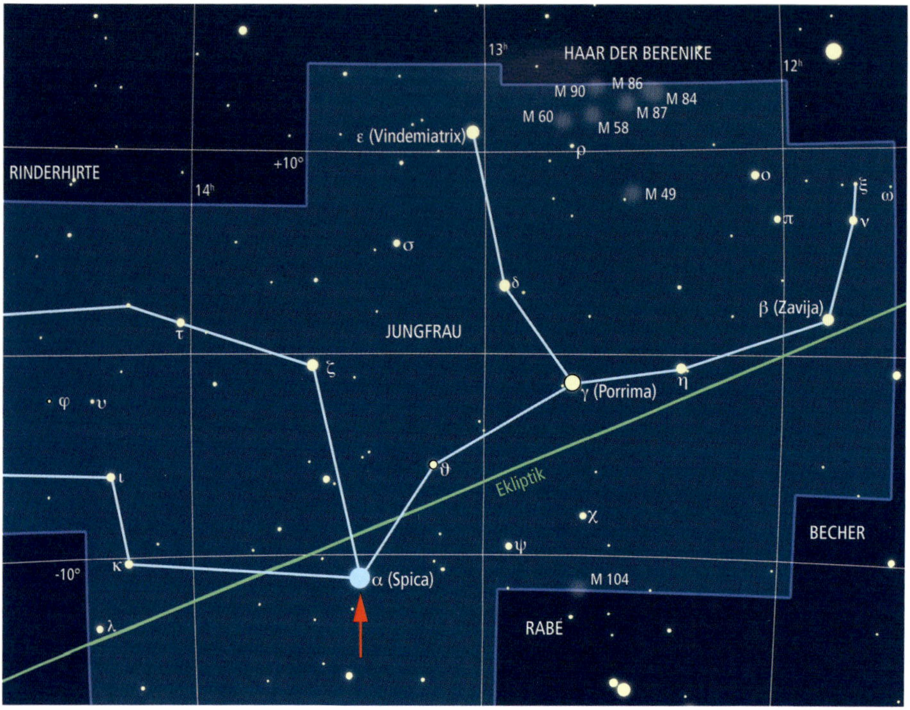

6.8 Das Sternbild Jungfrau mit Spica (α Virginis).

In der östlichen Himmelshälfte hingegen kündigt sich die heiße Jahreszeit an. Das Sommerdreieck ist inzwischen vollständig aufgegangen. Es setzt sich aus folgenden drei Sternen zusammen: Wega in der Leier, Deneb im Schwan und Atair im Adler. Auf der Verbindungslinie Arktur – Wega findet man die Nördliche Krone und den Herkules. Sie stehen gegenwärtig recht hoch über dem Horizont und sind daher leicht zu erkennen. Dies gilt natürlich nur, wenn der Himmelshintergrund einigermaßen dunkel ist, was leider heutzutage immer seltener der Fall ist. Südlich des Herkules dehnt sich der Schlangenträger mit der Schlange aus, die nun inzwischen zur Gänze über dem Horizont ist. Im Schlangenträger fällt in diesem Jahr Jupiter als heller Planet auf.

Tief im Südosten schleppt sich gerade der Skorpion über die Horizontlinie. Sein tiefroter Hauptstern Antares wird gelegentlich mit dem Planeten Mars verwechselt. Denn Antares steht ebenfalls nahe der Ekliptik und gleicht in der Farbe dem roten Planeten. Jedoch funkelt Antares meist infolge der Luftunruhe, während Mars in ruhigem Licht strahlt. Dies konnte man im Februar 2018 prüfen, als der rote Planet nördlich an Antares vorbeizog. Auch Anfang 2020 wird sich Mars nahe Antares aufhalten.

Wer im Gebirge bei dunklem Himmel und guter Durchsicht beobachtet, kann den allerdings noch horizontnahen sommerlichen Teil der Milchstraße erspähen. Ihr Lichtband zieht sich von Südosten durch die Sternbilder Adler – Schwan – Kassiopeia – Fuhrmann nach Norden.

DAS STERNBILD HERKULES (HERCULES)

Das Sternbild Herkules ist nicht leicht zu erkennen, da helle Sterne fehlen. In ihm gibt es keine Sterne erster und zweiter Größe. Der Hauptstern Ras Alge-

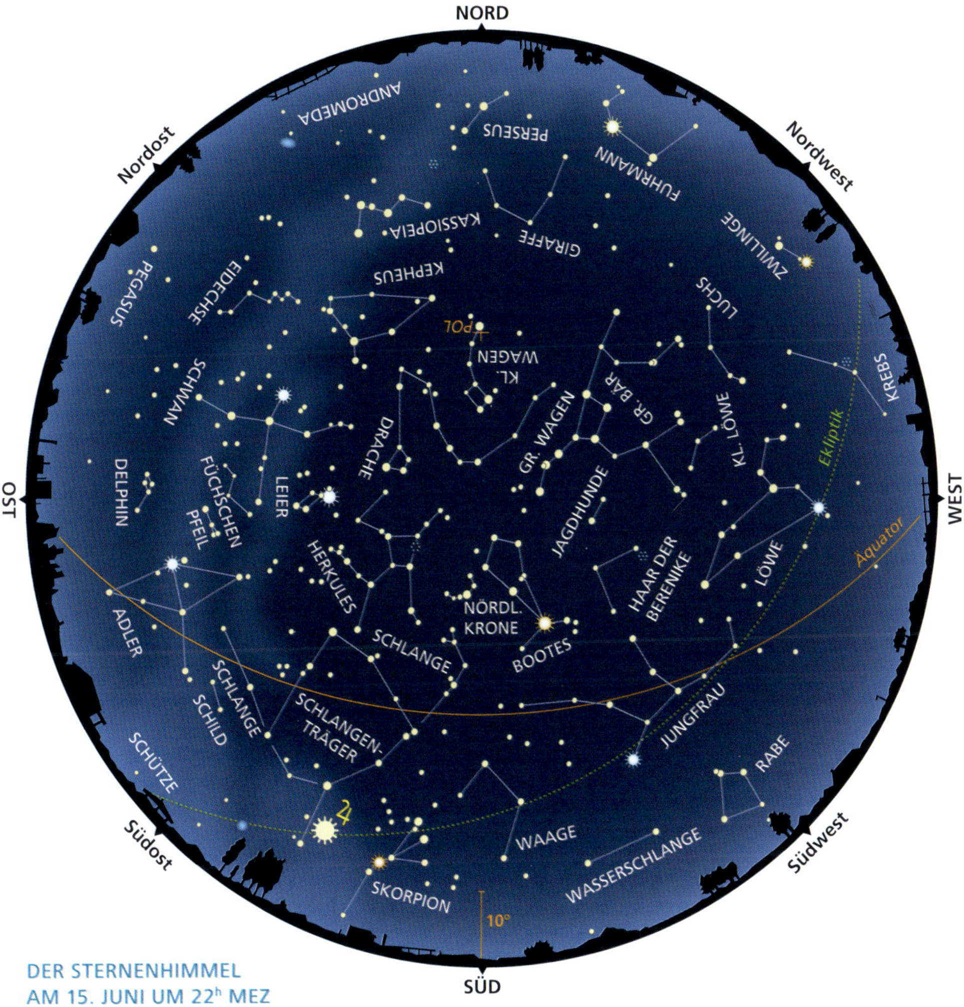

DER STERNENHIMMEL AM 15. JUNI UM 22^h MEZ

Die Sternkarte ist auch gültig für:

	MEZ	MESZ
15. 2.	6^h	
1. 3.	5	
15. 3.	4	
1. 4.	3	4^h
15. 4.	2	3
1. 5.	1	2
15. 5.	0	1
1. 6.	**23**	**24**
15. 6.	**22**	**23**
30. 6.	**21**	**22**

thi (α Herculis) ist ein Stern dritter bis vierter Größe. Er variiert seine Helligkeit und gehört somit zu den veränderlichen Sternen. Anfang Juli kulminiert der Herkules um Mitternacht.

Der Herkules gehört zu den ältesten Sternbildern, die man kennt. Viele Völker sahen hier einen in die Knie gesunkenen Helden. In der griechischen Mythologie heißt der Herkules Herakles, was so viel wie „Heraberühmter" bedeutet. Denn durch Hera, die Gemahlin des Zeus, wurde er unsterblich und berühmt – freilich gegen ihren Willen: Zeus zeugt mit Alkmene, der Tochter des Königs von Mykene, einen Sohn, der in Theben kurz vor Ausbruch des Trojanischen Krieges geboren wird. Sein Erzeuger möchte ihn mächtig und stark werden lassen. Zu diesem Zweck legt er

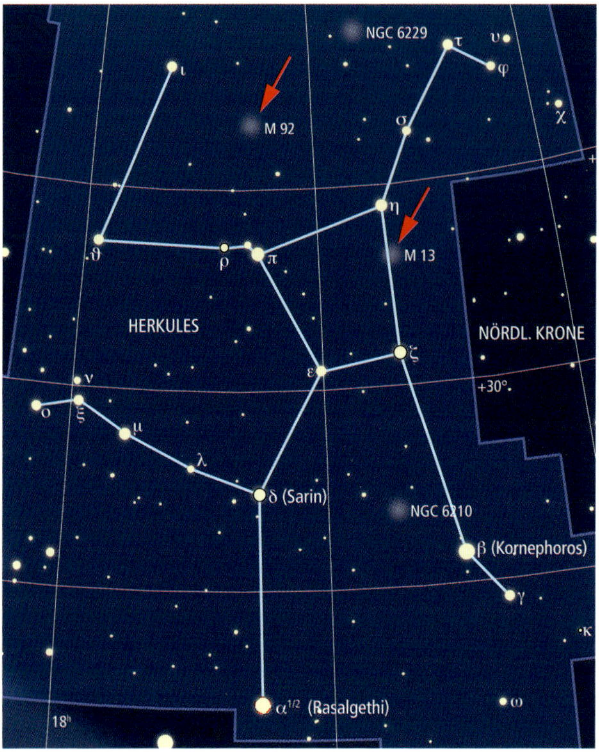

6.9 Skelettkarte des Sternbildes Herkules mit den Kugelsternhaufen M 13 und M 92.

das Knäblein an die Brust seiner schlafenden Gattin Hera, damit es göttliche Milch trinke. Herakles saugt aber so ungestüm, dass Hera erwacht und ihn erbost von sich reißt. Dabei spritzt Milch über den Himmel. Auf diese Weise entstand die Milchstraße. Zwei Schlangen, die die eifersüchtige Hera dem Neugeborenen in die Wiege legt, um ihn zu töten, können dem heranwachsenden Helden nichts anhaben. Er erwürgt sie einfach.
Als Heranwachsender zeigen sich seine übermenschlichen Kräfte. Groß von Wuchs, bärenstark und mutig, sicher im Schießen mit Pfeil- und Wurfgeschossen, führt er schließlich die berühmten zwölf Taten zur Erlangung der Unsterblichkeit durch, die ihm von König Eurystheus auferlegt wurden. Unter anderem besiegt er die Lernäïsche Wasserschlange (Sternbild Hydra), erlegt den Nemeïschen Löwen (ebenfalls Sternbild) und säubert den sprichwörtlich gewordenen Augiasstall. Viele Darstellungen zeigen Herkules nach seiner zwölften Heldentat, als er gerade die goldenen Äpfel der Hesperiden überreicht.
Im alten Babylon wurden Drache und Herkules zu einem Sternbild zusammengefasst mit dem Namen Izhdubar, so hieß der geheimnisvolle Sonnengott der Babylonier.
Damals war noch nicht bekannt, dass sich unser gesamtes Sonnensystem mit knapp zwanzig Kilometer pro Sekunde in Richtung der Sterne des Herkules bewegt. Der Fluchtpunkt (Apex) liegt an der Grenze zur Leier.
Die Phönizier erkannten hier ihren großen Meeresgott, Melkarth, und die Chinesen sahen einst den Thron des Kaisers in der Figur des Herkules.
Der Hauptstern heißt bei den Arabern Ras Algethi, was Kopf des Knienden bedeutet. Er ist 380 Lichtjahre von uns entfernt. Seine Helligkeit schwankt zwischen $2\overset{\mathrm{m}}{,}7$ und $3\overset{\mathrm{m}}{,}6$. Als unregelmäßig veränderlicher roter Riesenstern hat er im Mittel den 500-fachen Sonnendurchmesser und eine Oberflächentemperatur von rund 2500 K. Er übertrifft unsere Sonne um das 1000-Fache an Leuchtkraft.
Auch der berühmte Kugelsternhaufen M 13, der hellste des Nordhimmels, befindet sich im Herkules, und zwar auf der Verbindungslinie η Her – ζ Her; er steht etwas näher bei η Her.
Auch der nicht so berühmte aber dennoch im Fernglas einwandfrei erkennbare Kugelhaufen M 92 liegt im Herkules.
Im Dezember 1934 flammte die Nova Herculis auf, die mit $1\overset{\mathrm{m}}{,}3$ eine der hellsten des 20. Jahrhunderts war.

Wie lange bleibt die Erde noch bewohnbar?

NASA / Suomi NPP / VIIRS

6.10 Unsere Erde – ein Planet voller Leben

Die Erde ist der Planet des Lebens. Sie beherbergt Lebewesen in unglaublicher Vielfalt – Bakterien, Einzeller, Pflanzen, Pilze, Tiere und Menschen. Das Leben auf der Erde wird erst durch das Licht und die Wärme unserer Sonne ermöglicht. Ohne Sonnenenergie wäre Leben auf der Erde nie entstanden. Abgesehen von radioaktiven Elementen stammen alle Energiequellen von der Sonne. Kohle und Erdöl enthalten vor Jahrmillionen gespeicherte Sonnenenergie. Wind und Wasserkraft verdanken wir der permanent gelieferten Strahlungsenergie der Sonne. Sonnenkollektoren wandeln die Sonnenstrahlung unmittelbar in elektrische Energie um. „Erneuerbare" Energien hingegen gibt es nicht.

Das Leben auf der Erde ist auf die permanente Energielieferung der Sonne angewiesen. Die von der Sonne empfangene Energie stahlt die Erde wieder in einem niedrigeren Frequenzbereich in das Weltall ab. Sie heizt sich somit nicht permanent auf, sondern sie befindet sich global gesehen in einem thermodynamischen Gleichgewicht. Voraussetzung für Leben, wie wir es kennen, ist ferner flüssiges Wasser. Würde die Erde die Sonne zu nahe umrunden, so gäbe es infolge der Hitze kein flüssiges Wasser. In größerer Entfernung wiederum fröre alles ein. Man nennt den Bereich, in dem ein Planet seinen Mutterstern umkreisen kann, der flüssiges Wasser auf seiner Oberfläche zulässt, auf dem es also weder zu heiß noch zu kalt für die Existenz von Leben ist, eine Ökosphäre oder populär „bewohnbare Zone" (engl.: habitable zone).

Doch wie lange wird die Sonne noch leuchten? Ohne Sonnenenergie ginge alles Leben auf unserem Planeten binnen Kurzem zugrunde. Der Energievorrat unserer Sonne ist schier unerschöpflich. Doch lange, sehr lange bevor er zu Ende geht, werden sich dramatische Dinge ereignen.

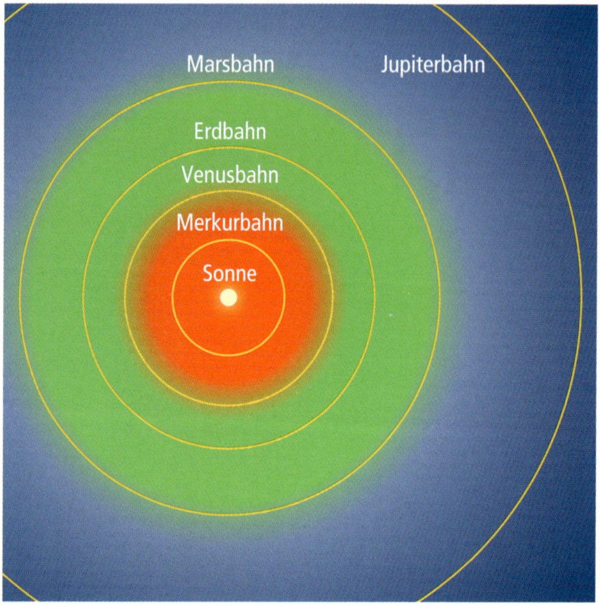

6.11 Die Ökosphäre unserer Sonne liegt zwischen der Venus- und der Marsbahn. Dies gilt für die Gegenwart.

Warum die Sonne leuchtet

Unsere Sonne ist ein Atommeiler. In ihrem Zentrum herrschen Temperaturen von 14 bis 15 Millionen Grad. Bei diesen Temperaturen und extremen Dichten von 134 Gramm pro Kubikzentimeter verschmelzen in Kernfusionsprozessen jeweils vier Protonen, also Wasserstoffatomkerne zu einem Alpha-Teilchen, dem Kern eines Heliumatoms. Wasserstoff und Helium sind die Hauptbestandteile der Sonnenmaterie. Nur zwei Prozent an schwereren Elementen befinden sich in der Sonne. Bei der Wasserstofffusion zu Helium wird gemäß der Einsteinformel $E = mc^2$ ein Bruchteil der Masse der vier Protonen in Strahlungsenergie umgewandelt. Die freigesetzte Energie kämpft sich zur Sonnenoberfläche durch, von wo sie in das Weltall abgestrahlt wird. Einen kleinen Bruchteil davon erhält auch die Erde.

Mit der Zeit bildet sich im Zentrum der Sonne eine Heliumkugel umgeben von einer Wasserstoffbrennzone, die langsam nach außen wandert. Helium ist gewissermaßen die Asche des Wasserstoffbrennens. Ab einer bestimmten Größe der Heliumkugel schrumpft sie aufgrund ihrer eigenen Schwere, wobei im Zentrum die Temperatur auf über 120 Millionen Grad ansteigt. Bei dieser hohen Temperatur zündet ein neuer Fusionsprozess: Jeweils drei Heliumkerne verschmelzen zu einem Kohlenstoffkern. Die Sonne besitzt dann zwei Energiequellen. Im Zentrum wird im 3α-Prozess Helium fusioniert, in der darüber liegenden Kugelschale liefert das Wasserstoffbrennen weitere Strahlungsenergie.

Diese Vorgänge im tiefen Inneren der Sonne bleiben nicht ohne Auswirkung auf ihre Größe und Oberflächentemperatur. In gut sechs Milliarden Jahren wird sich die Sonne im Laufe von nur einer halben Milliarde Jahren gewaltig aufblähen, wodurch ihre Oberfläche kühler wird. Sie tritt dann in das Stadium eines roten Riesensterns ein. Ihre Leuchtkraft wird dann 2300-mal stärker sein als heute, ihr Durchmesser nimmt auf das 170-Fache des heutigen Wertes von knapp 1,4 Millionen Kilometer zu. Der Sonnendurchmesser übertrifft in jenen fernen Zeiten den der Venusbahn.

Das Schicksal der Planeten

Die inneren Planeten Merkur und Venus werden von der sich aufblähenden Sonne verschlungen. Durch die expandierende Sonne wird Merkur abgebremst und stürzt auf einer Spiralbahn in die Sonne hinein. Im Strahlenbad der Sonne wird der Benjamin der Planeten verdampfen – ein für die Sonne völlig unbedeutender Vorgang.

Als nächstes ist Venus dran, Opfer der Sonnenhitze zu werden. Unser innerer Nachbarplanet wird sich bis zur Virialtemperatur aufheizen. Dies ist jene Temperatur, bei der die Moleküle und Atome aufgrund ihrer thermischen Bewegung die

6.12 **Unsere Sonne – lebenserhaltend und todbringend.**

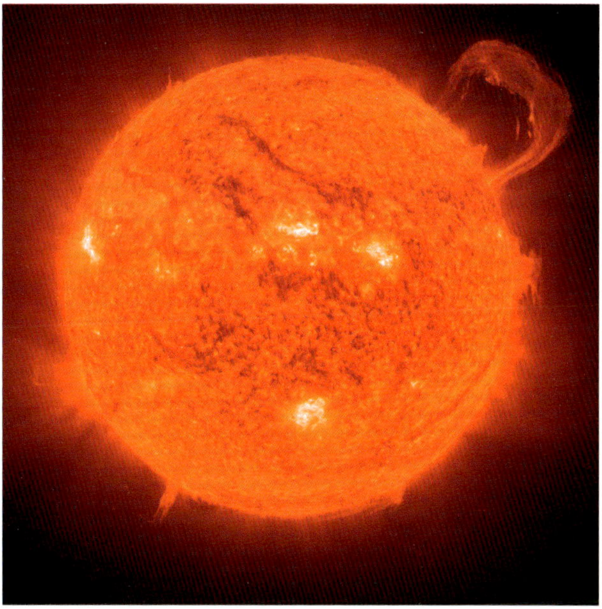

Entweichgeschwindigkeit erreichen und der Venus entfleuchen. Kurz, der Planet der Liebesgöttin löst sich auf, seine Materie wird Bestandteil der Sonne.
Bald darauf schrumpft die Sonne wieder auf das 30-Fache ihres heutigen Durchmessers. Nach nur weiteren 600 Millionen Jahren wird sie sich erneut gewaltig ausdehnen und ihren maximalen Durchmesser vom 200-Fachen ihrer heutigen Größe erreichen, wobei ihre Leuchtkraft auf das 5200-Fache des heutigen Wertes ansteigen wird. Die Sonne erreicht dabei den asymptotischen Riesenast (AGB, Asymptotic Giant Branch) im Hertzsprung-Russell-Diagramm (HRD). Ob nun auch die Erde von der Sonne verschlungen wird, ist nicht sicher, denn ein immer heftiger werdender Sonnenwind führt zu einem permanenten Massenverlust. Im AGB-Stadium wird die Sonne nur mehr 70 % ihrer heutigen Masse besitzen. Dies bedingt aber eine geringere Anziehungskraft, weshalb die Planetenbahnen nach außen driften. Die Erde wird dann eine Umlaufbahn beschreiben, die der heutigen Marsbahn entspricht. Auch die Radien der anderen Planetenbahnen werden entsprechend größer.
Ob die Erde ihrem Schicksal, in der Sonne zu verdampfen, entgehen kann, ist noch nicht sicher, denn die anschwellende Sonne wird durch die Erde zwei Flutberge erhalten. Durch die Gezeitenreibung verliert die Erde an Bahndrehimpuls, weshalb sie nicht so weit nach außen driften und vermutlich ihr Ende in der roten Riesensonne finden wird.
Mars wird den Klauen der Sonne wohl entgehen. Auf ihm werden Temperaturen herrschen wie heutzutage auf der Erde. Er wird aber ein toter Planet bleiben. Ohne den Strahlenschutz einer Magnetosphäre, einer zu geringen Schwerkraft, um eine nennenswerte Atmosphäre zu halten und viel zu wenig Wasser, bleibt seine Oberfläche eine tote Wüstenlandschaft.
Die äußeren Gasplaneten Jupiter, Saturn, Uranus und Neptun werden erwärmt, einen Teil ihrer dichten Atmosphäre verlieren und damit an Masse abnehmen. Ihre Bahnen werden einigermaßen stabil bleiben. Die eisigen Monde wie Europa von Jupiter und Titan von Saturn werden auftauen und ihre Oberflächen werden von Meeren bedeckt. Auf Titan könnte eine präbiotische Evolution einsetzen in einer „primordialen Ursuppe" aus Wasser, Ammoniak, Methan und verschiedenen Kohlenwasserstoffen. Es könnten sich Makromoleküle bilden. Für eine biologische Evolution reicht die Zeit allerdings nicht aus. Auch auf Triton, Pluto und Charon können Ozeane entstehen.

Auf dem Weg zum Weißen Zwerg

Doch die AGB-Periode der Sonne dauert nur kurze Zeit, etwa 20 Millionen Jahre, eine unruhige Phase für die flackernde Sonne. Sie wird zu einem

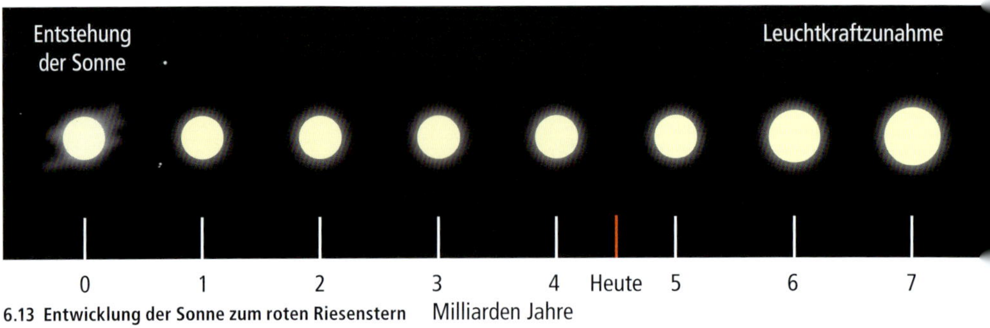

6.13 Entwicklung der Sonne zum roten Riesenstern

veränderlichen roten Überriesen. Anschließend stößt sie ihre äußere Gashülle ab, ein Planetarischer Nebel umgibt sie dann, wie man ihn beispielsweise schon heute als Ringnebel in der Leier (M 57) beobachten kann (siehe auch Monatsthema August „Der Ringnebel in der Leier" auf Seite 189).

Übrig bleibt der Sternenkern von etwa Erdgröße, was den Durchmesser betrifft, aber halber Sonnenmasse und einer Oberflächentemperatur von zunächst 120 000 °C sowie einer Leuchtkraft vom 35-Fachen der heutigen Sonne. Kernfusion findet längst nicht mehr statt. Ein solches Objekt wird als „Weißer Zwerg" bezeichnet. Er leuchtet aufgrund seiner thermischen Energie. Der Weiße Zwerg kühlt sich im Laufe der Zeit ab. Die Sonne wird dann zum gelben, nachher zum roten und schließlich zum unsichtbaren schwarzen Zwerg, ein Prozess, der sich fast 100 Milliarden Jahre hinzieht.

Dass die Entwicklung unserer Sonne so verlaufen wird, lässt sich an zahlreichen Sternen mit ähnlichen Eigenschaften wie unsere Sonne beobachten. In unserer Milchstraße wimmelt es von sonnenähnlichen Sternen, von Roten Riesen und Weißen Zwergen, die alle gleiche Entwicklungsphasen durchmachen oder schon hinter sich gebracht haben.

Das Ende der Menschheit

Anzunehmen, unsere Erde werde erst in sechs Milliarden Jahren unbewohnbar, wenn die Sonne sich anschickt, sich zu einem roten Riesenstern aufzublähen, wäre allerdings ein fataler Irrtum. Schon wesentlich früher wird die zunehmende Sonnenstrahlung die Erdoberfläche in eine sengend heiße Wüste verwandeln, in der es kein Leben geben wird. Denn die Sonne nimmt seit ihrer Geburt vor 4,5 Milliarden Jahren permanent an Leuchtkraft zu. Kurz nach Einsetzen der Wasserstofffusion entsprach die Leuchtkraft der Sonne nur 60 % ihrer heutigen Strahlungsleistung. In etwa einer Milliarde Jahren wird sie 10 % heller leuchten als heute.

Bereits in etwa 500 Millionen Jahren wird die Bewegung der tektonischen Platten infolge der Abnahme der inneren Wärme unserer Erde zum Erliegen kommen. Ohne Plattentektonik kommt es zum Stillstand in der Formung der Erdoberfläche. Keine neuen Gebirge werden mehr aufgetürmt. Die bestehenden werden durch Erosion abgetragen und hinterlassen flache Landschaften. Die zunehmende Wärmestrahlung der Sonne führt zu einer immer stärkeren Verdunstung der Ozeane. Es bildet sich eine erdumspannende, geschlossene Wolkendecke, aus der heftige Regenfälle herniederprasseln.

Dabei wird das Kohlendioxid (CO_2) in der Atmosphäre gelöst und verbindet sich mit den Mineralien der Kontinente. Diese werden durch reißende Flüsse ausgewaschen. In den Ozeanen kommt es zu Ablagerungen von Kalksteinsedimenten. In 600 bis 700 Millionen Jahren wird es zu wenig CO_2 in der Erdatmosphäre geben, um den Pflanzen ein Überleben zu ermöglichen. Mangels Kohlendioxid wird die Fotosynthese zum Erliegen kommen. Ohne Pflanzen kann die Tierwelt nicht mehr weiter existieren – die Nahrungskette reißt

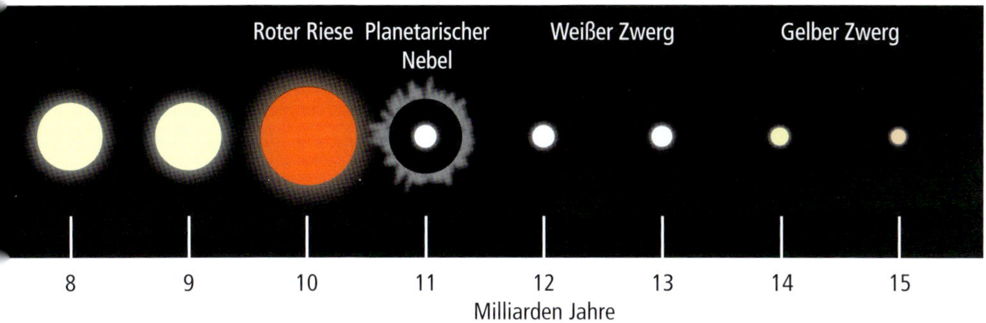

ab. Damit wird auch das Ende der Menschheit besiegelt.

In einer Milliarde Jahren ist schließlich alles Wasser verdunstet, keine Ozeane bedecken mehr die heiße Erdoberfläche. Das energiereiche Ultraviolettlicht der Sonne zerlegt den Wasserdampf in der irdischen Lufthülle in Wasserstoff und Sauerstoff. Infolge weiter steigender Hitze entweicht der Wasserstoff ins All, der Sauerstoff reagiert mit den Substanzen am Boden. Damit wird die Erde zu einem glühend heißen Felsklotz ohne jedwedes Leben. Spätestens wenn die Gebirge zu schmelzen beginnen, werden die letzten Spuren unserer Existenz getilgt. Der Feuertod ist das unvermeidliche, langfristige Schicksal der Erde.

Gefahr durch Klimawandel

Das bedeutet aber nicht, dass die heutige Menschheit diesen Prozess noch beschleunigen sollte. Seit 1978 gibt es präzise Messungen mittels Satelliten und Raumsonden der globalen Sonneneinstrahlung vom Ultravioletten bis zum Infraroten. In drei aufeinander folgenden Sonnenfleckenzyklen variierte die globale Erdtemperatur um ±0,°1 C. Der Ausbruch des Pinatubo auf den Philippinen sorgte 1992 für eine weltweite Abkühlung um 0,°3. Von 1996 bis allein 2002 kam es im 23. Zyklus zu einer Erwärmung um 0,°1 C, die allerdings nicht überall gleich stark erfolgte. Auf

6.14 Zunahme der Sonnenleuchtkraft in ferner Zukunft

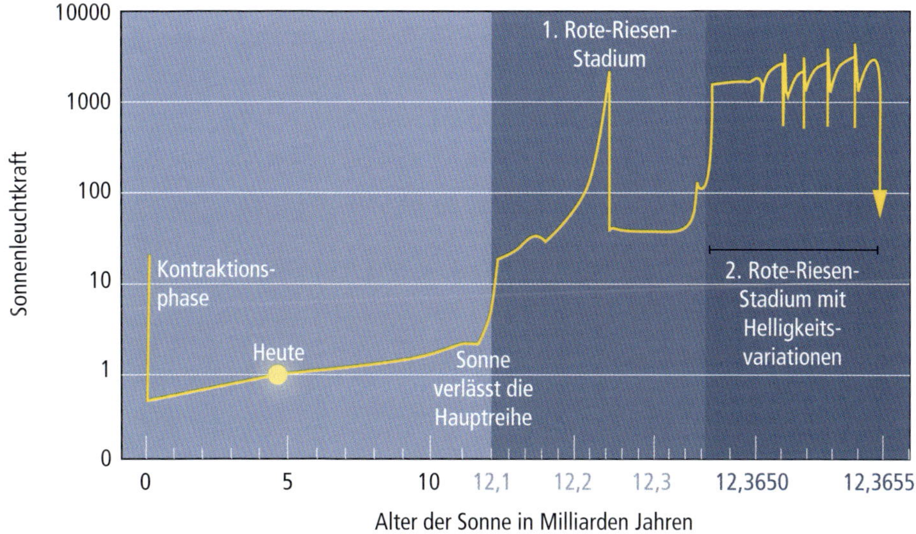

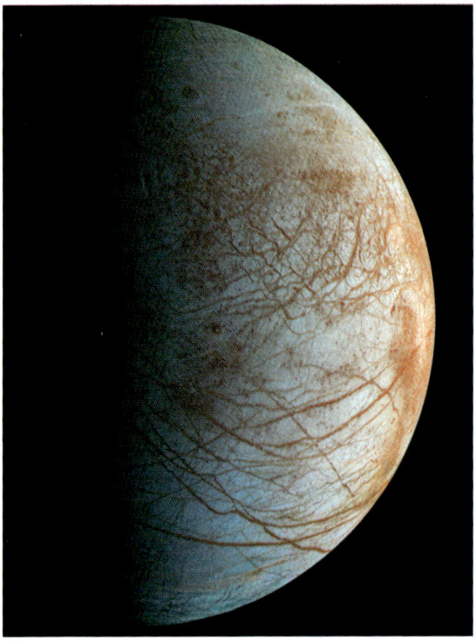
NASA/JPL-Caltech/SETI Institute

6.15 Jupitermond Europa – Zufluchtsort in fernen Zeiten?

6.16 Auf Saturnmond Titan mag dereinst eine biologische Evolution starten aber nach kurzer Zeit zum Erliegen kommen.

der Nordhalbkugel nahm in mittleren Breiten die Durchschnittstemperatur sogar um ein Grad zu. Langfristige Schwankungen der mittleren Temperatur an der Erdoberfläche sind schwierig zu ermitteln, da erst seit rund 100 Jahren einigermaßen verlässliche Messinstrumente in Gebrauch sind. Nach heutigen Erkenntnissen ist die globale Erwärmung unseres Planeten zu 10 % auf die zunehmende Sonneneinstrahlung zurückzuführen. Zu 90 % ist die Ursache der gestiegene CO_2-Gehalt der Atmosphäre, hervorgerufen durch Verkehr und Industrie. Neben Wasserdampf und Methan zählt Kohlendioxid zu den wirksamsten Treibhausgasen.

Fantasiereiche „Zukunftsforscher" meinen, die Menschheit könne überleben, indem sie ins All auswandert, wenn die Erde unbewohnbar wird. Eventuell könnte man den Jupitermond Europa kolonisieren oder in großen Weltraumschiffen auf interstellare Reisen gehen. Solche galaktischen Kolonien – eine Art Weltraum-Arche-Noah – könnten aber nur wenigen Tausend Menschen eine Zuflucht bieten, nicht einem großen Teil der Erdbevölkerung. Was heute als reine Science-Fiction erscheint, mag in ferner Zukunft realisierbar sein. Eines aber bleibt unausweichlich: Unsere Sonne wird der Erde ein feuriges Ende bereiten.

ESA/NASA/JPL/University of Arizona/E. Karkoschka

Juli 2019

- In der Nacht vom 16. auf 17. findet eine partielle Mondfinsternis statt, die in ihrer vollen Länge von Mitteleuropa aus beobachtbar ist.
- Die Erde erreicht am 4. ihren sonnenfernsten Bahnpunkt. Ihr Licht benötigt acht Minuten und 27 Sekunden, um die 152 Millionen Kilometer zur Erde zurückzulegen.
- Saturn kommt am 9. im Sternbild Schütze in Opposition zur Sonne.
- Jupiter ist auffälliges Gestirn am Nachthimmel.
- Merkur, Venus und Mars bleiben unbeobachtbar.

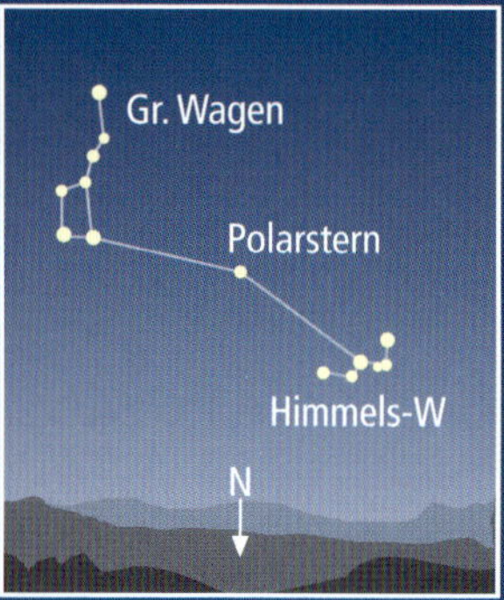

Großer Wagen und Himmels-W Anfang Juli um 22 Uhr

7.1 Abendlicher Himmelsanblick am 13. Juli gegen 22^h^ MEZ (= 23^h^ MESZ). Die großen Planeten Jupiter und Saturn stehen am Südhimmel. Der zunehmende Mond besucht gerade Jupiter.

1 Mo

2 Di Neumond

3 Mi

4 Do Erde in Sonnenferne

5 Fr

6 Sa

7 So

8 Mo

9 Di Mond im ersten Viertel
Saturn in Opposition (ganze Nacht)

10 Mi

11 Do

12 Fr

13 Sa Mond bei Jupiter (Abendhimmel)

14 So Pluto in Opposition

15 Mo

16 Di **Vollmond, partielle Mondfinsternis**
Mond bei Saturn (Morgenhimmel)

17 Mi

18 Do

19 Fr

20 Sa

21 So

22 Mo

23 Di

24 Mi

25 Do Mond im letzten Viertel

26 Fr

27 Sa

28 So

29 Mo

30 Di

31 Mi

SONNE – STERNBILDER

21.7. 8h:
Sonne tritt in das Sternbild Krebs

23.7. 4h:
Sonne tritt in das Tierkreiszeichen Löwe

Julianisches Datum am
1. Juli, 1h MEZ: 2 458 665,5

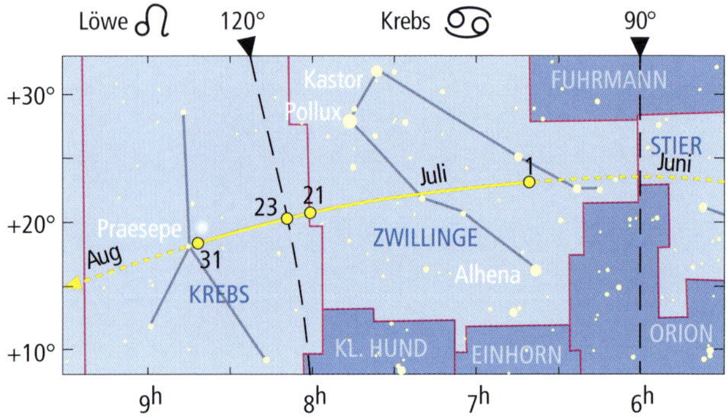

TABELLE SONNENLAUF

Tag	Dämmerg. Anfang	Aufgang MEZ	Kulmination	Untergang MEZ	Dämmerg. Ende	Mittagshöhe	Zeitgleichg.	Rektaszension	Deklination
	h m	h m	h m	h m	h m	°	m	h m	°
1.	2 26	4 15	12 24	20 33	22 21	63,1	– 4	6 38	+23,2
5.	2 31	4 18	12 25	20 31	22 18	62,8	– 5	6 54	+22,9
10.	2 38	4 22	12 25	20 28	22 12	62,2	– 5	7 15	+22,3
15.	2 46	4 27	12 26	20 24	22 05	61,5	– 6	7 35	+21,6
20.	2 55	4 33	12 26	20 19	21 56	60,7	– 6	7 55	+20,8
25.	3 05	4 39	12 27	20 13	21 47	59,7	– 7	8 15	+19,8
31.	3 17	4 47	12 26	20 05	21 35	58,3	– 6	8 39	+18,5

TAGES- UND NACHTSTUNDEN

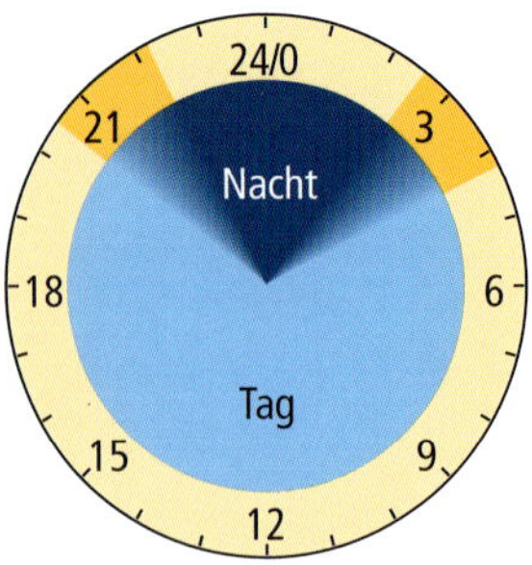

5. Juli

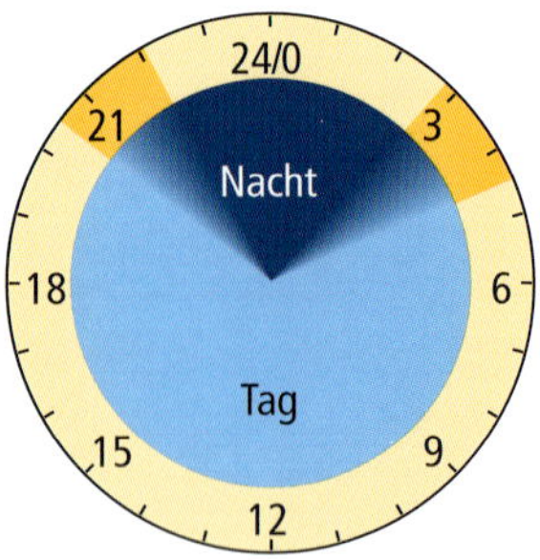

15. Juli

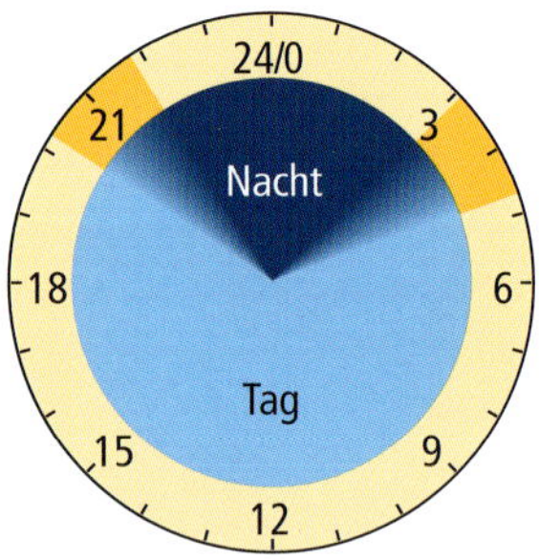

25. Juli

TABELLE MONDLAUF

Datum	Aufg. MEZ	Kulmination	Unterg. MEZ	Rektaszension	Deklination	Sterne und Sternbilder	Phase	MEZ
	h m	h m	h m	h m	°			
Mo 1.	3 05	11 05	19 14	4 56	+19,8	Aldebaran		
Di 2.	3 51	12 04	20 20	5 55	+21,8	Orion	**Neumond Nr. 1194**	**$20^h 16^m$**
Mi 3.	4 49	13 05	21 17	6 57	+22,4	Alhena	Aufsteigender Knoten	
Do 4.	5 58	14 06	22 04	8 00	+21,6	Zwillinge		
Fr 5.	7 15	15 05	22 41	9 02	+19,2	Krebs, Krippe	Erdnähe 364/32′,9	6^h
Sa 6.	8 36	16 02	23 12	10 02	+15,7	Löwe, Regulus		
So 7.	9 57	16 55	23 38	10 59	+11,2	Löwe		
Mo 8.	11 16	17 46	–	11 53	+ 6,1	Jungfrau		
Di 9.	12 34	18 35	0 02	12 46	+ 0,8	Jungfrau	**Erstes Viertel**	**$11^h 55^m$**
							Größte Nordbreite	
Mi 10.	13 50	19 24	0 25	13 38	– 4,5	Spica		
Do 11.	15 04	20 14	0 48	14 29	– 9,5	Waage		
Fr 12.	16 17	21 04	1 14	15 21	–13,9	Waage	Libration West	
Sa 13.	17 27	21 55	1 43	16 13	–17,5	Skorpion		
So 14.	18 31	22 47	2 18	17 07	–20,2	Schlangenträger		
Mo 15.	19 29	23 39	3 00	18 01	–21,9	Schütze		
Di 16.	20 17	–	3 50	18 55	–22,4	Schütze, Nunki	**Vollmond**	**$22^h 38^m$**
							Absteigender Knoten	
Mi 17.	20 58	0 30	4 46	19 48	–21,8	Schütze		
Do 18.	21 31	1 20	5 47	20 40	–20,2	Steinbock		
Fr 19.	21 58	2 07	6 50	21 30	–17,7	Steinbock		
Sa 20.	22 21	2 52	7 55	22 18	–14,5	Wassermann		
So 21.	22 41	3 35	8 59	23 04	–10,7	Wassermann	Erdferne 405/29′,5	1^h
Mo 22.	23 00	4 17	10 03	23 48	– 6,6	Wassermann		
Di 23.	23 19	4 59	11 08	0 33	– 2,1	Walfisch	Größte Südbreite	
Mi 24.	23 39	5 40	12 13	1 17	+ 2,4	Walfisch		
Do 25.	–	6 23	13 20	2 02	+ 7,0	Fische	**Letztes Viertel**	**$2^h 18^m$**
Fr 26.	0 01	7 08	14 29	2 50	+11,3	Widder		
Sa 27.	0 27	7 57	15 40	3 39	+15,3	Stier	Libration Ost	
So 28.	0 58	8 50	16 52	4 33	+18,7	Aldebaran		
Mo 29.	1 39	9 46	18 00	5 30	+21,1	Stier		
Di 30.	2 30	10 46	19 02	6 31	+22,3	Alhena	Aufsteigender Knoten	
Mi 31.	3 34	11 48	19 54	7 33	+22,1	Pollux		

DER MOND NÄHERT SICH SATURN

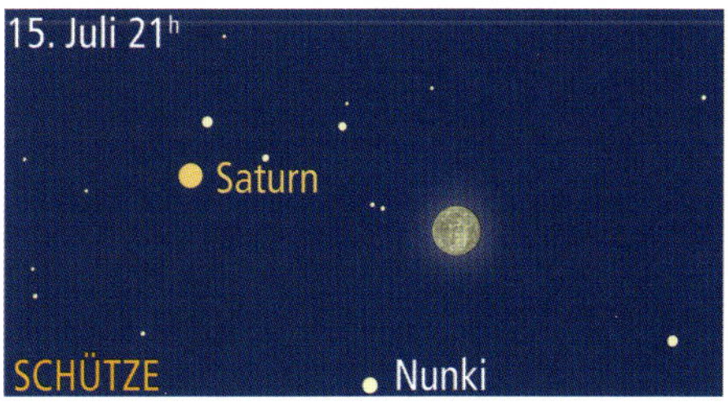

15. Juli 21^h

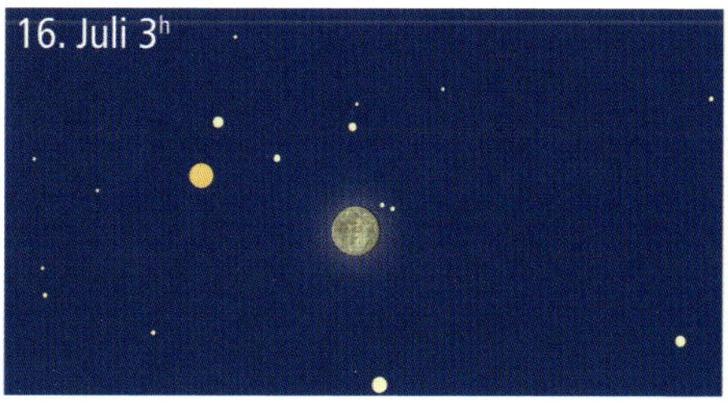
16. Juli 3^h

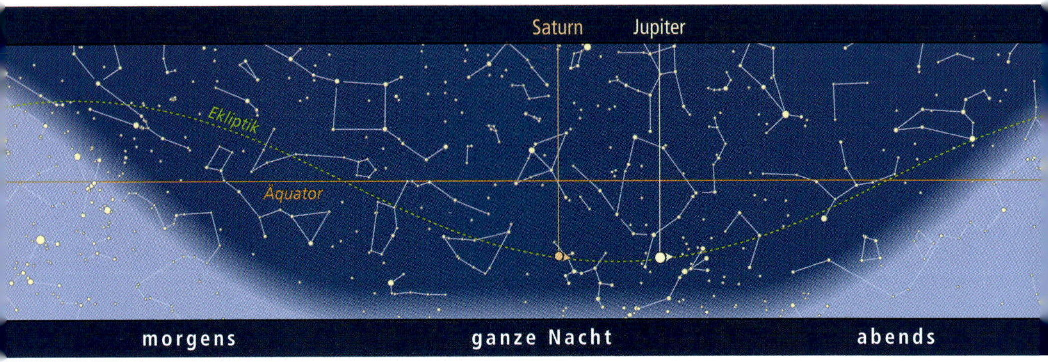

MERKUR hat sich vom Abendhimmel zurückgezogen und eilt ab 7. rückläufig auf die Sonne zu. Am 21. trifft er mit ihr zusammen: Merkur steht in unterer Konjunktion unbeobachtbar am Taghimmel. Am 31. beendet Merkur seine Rückläufigkeit und wird stationär. Sein westlicher Winkelabstand beträgt am Monatsende lediglich knapp 15°. Dies reicht in unseren Breiten nicht für eine Morgensichtbarkeit. Erst im August wird sich der flinke Planet für wenige Tage am Morgenhimmel zeigen. Die Begegnungen mit Mars am 7. und mit Venus am 24. entgehen uns. Seine Konjunktionsschleife zieht Merkur im Gebiet der Sternbilder Zwillinge und Krebs (siehe Abb. 7.4 auf Seite 163).

7.2 Heliozentrischer Anblick des Planetensystems im dritten Jahresviertel 2019. Eingetragen sind im linken Teil die Positionen der inneren Planeten für den 1. Juli (7), 1. August (8), 1. September (9) und 1. Oktober (10). Der rechte Teil zeigt das äußere Planetensystem samt einiger Planetoiden zu Anfang und Ende des dritten Jahresviertels. Die Pfeile deuten die Richtungen zu den ferneren Planeten sowie zum Frühlingspunkt an.

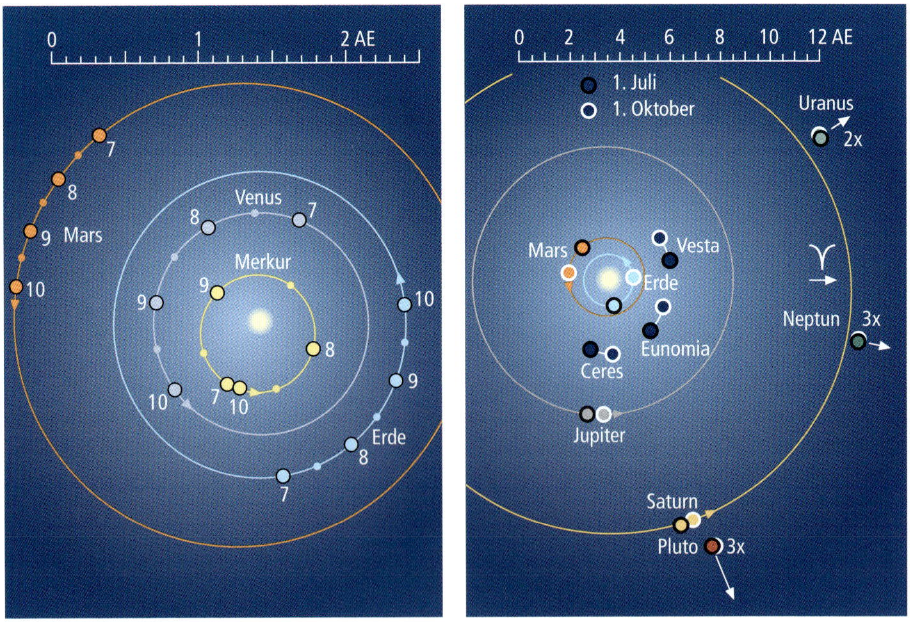

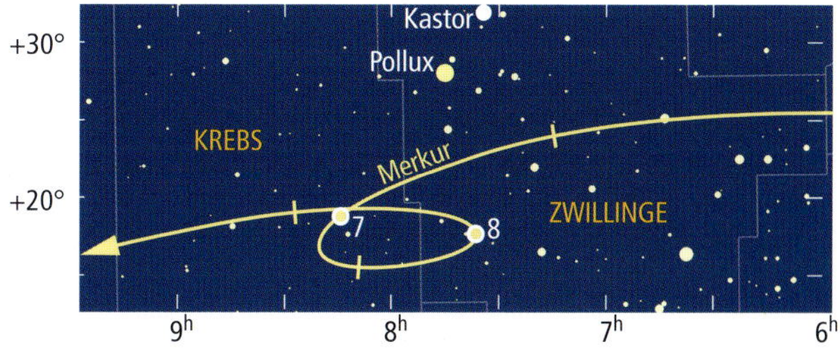

7.4 Konjunktionsschleife von Merkur im Gebiet der Sternbilder Zwillinge und Krebs.

Am 7. geht Merkur durch sein Aphel, wobei ihn 69,8 Millionen Kilometer (= 0,467 AE) von der Sonne trennen.

VENUS hat sich vom Morgenhimmel zurückgezogen und strebt ihrer oberen Konjunktion mit der Sonne zu, die sie aber erst Mitte August erreicht. Allenfalls können erfahrene Beobachter Venus noch kurz vor Sonnenaufgang im Fernglas sichten. Am 1. geht der $-3\overset{m}{,}9$ helle innere Nachbarplanet um $3^{h}24^{m}$ (= $4^{h}24^{m}$ Sommerzeit) auf. Das 10″ große Venusscheibchen zeigt sich voll beleuchtet. Am 4. wechselt Venus aus dem Sternbild Stier in das der Zwillinge und dringt am 26. in den Krebs ein. Am 3. wandert sie nur $0\overset{\circ}{,}1$ südlich am Sommerpunkt vorbei. Die Begegnung mit Merkur am 24. bleibt unbeobachtbar.

MARS hat sich vom Abendhimmel zurückgezogen und ist vom Beobachtungsprogramm zu streichen. Der rote Planet wird von der Sonne verfolgt, die ihn aber erst Anfang September einholen kann. Am 30. tritt er in das Sternbild Löwe. Am 4. wird Mars vom Mond bedeckt, ein Ereignis, das in unseren Gegenden unbeobachtbar bleibt.

JUPITER stand im ersten Drittel des Vormonats in Opposition zur Sonne und ist ein auffälliges Gestirn am Nachthimmel, das man kaum übersieht.
Der Riesenplanet wandert rückläufig durch das Sternbild Schlangenträger. Dabei wird er immer langsamer und kommt Ende Juli fast zum Stillstand (siehe Abb. 6.6 auf Seite 145).

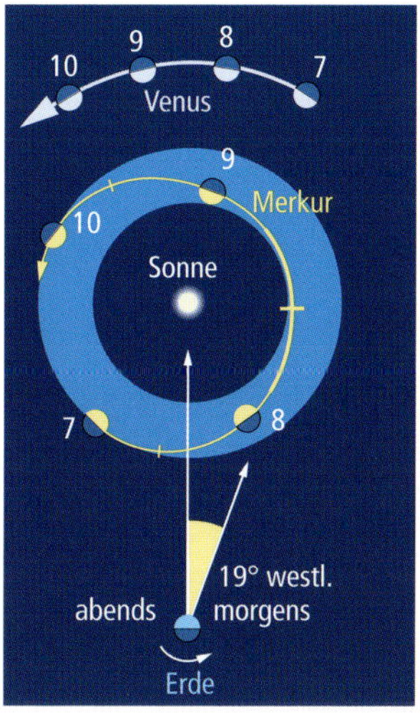

7.3 Heliozentrische Bewegungen von Merkur und Venus *relativ* zur Erde. In den dicker ausgezogenen Bahnteilen sind die Planeten beobachtbar. Die Zahlen geben die Positionen jeweils zum Monatsersten an. Östlicher Winkelabstand bedeutet Abendsichtbarkeit; westliche Elongation: Planet steht am Morgenhimmel.

Die Jupiterhelligkeit nimmt während des Monats leicht auf $-2\overset{m}{,}4$ ab. Der scheinbare Äquatordurchmesser geht ein wenig auf knapp 43″ zurück. Vom Morgenhimmel zieht sich der Riesenplanet deutlich zurück. Geht Jupiter am 1. um $2^{h}56^{m}$ (= $3^{h}56^{m}$ Sommerzeit) unter und am 15. um $1^{h}56^{m}$, so sinkt er am 31. bereits um $0^{h}49^{m}$ unter die südwestliche Horizontlinie. Somit wird Jupiter zum Planeten der ersten Nachthälfte.
Am 13. erhält Jupiter seinen monatlichen Besuch vom Mond. Der schon ziemlich rundliche Erdtrabant zieht abends nur $1\overset{\circ}{,}5$ nördlich am Riesenplaneten vorbei (siehe Abb. 7.1 auf Seite 158).

SATURN kommt am 9. abends im Sternbild Schütze in **Opposition** zur Sonne. Damit ist die günstigste Beobachtungsperiode erreicht. Leider hält er sich in den südlichen Gefilden des Tierkreises auf, so dass er bei seiner Kulmination nur eine bescheidene Höhe von 18° über dem Südhorizont erreicht (für 50° Nord). Am Tag der Opposition geht der $0\overset{m}{,}0$ helle Ringplanet um $20^{h}16^{m}$ (= $21^{h}16^{m}$ Sommerzeit) auf, passiert den Meridian um $0^{h}28^{m}$ und geht am Morgen um $4^{h}33^{m}$ un-

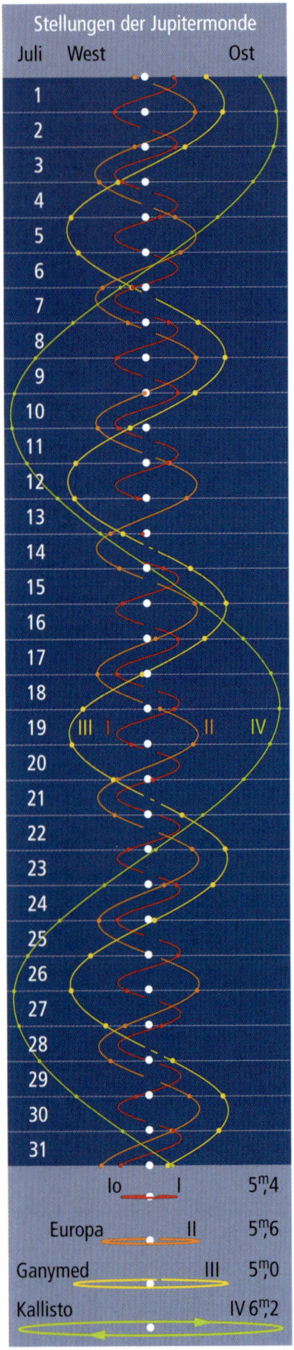

JUPITERMONDE

Tag	MEZ h	MEZ m	Vorgang	
1.	1	51	II	BA
2.	20	57	II	SA
	22	21	II	DE
	23	26	II	SE
6.	0	08	I	BA
	21	28	I	DA
	22	04	I	SA
	23	40	I	DE
7.	0	17	I	SE
	21	25	I	VE
9.	22	13	II	DA
	23	33	II	SA
10.	0	39	II	DE
	2	02	II	SE
	20	28	III	SA
	22	53	III	SE
11.	21	13	II	VE
13.	23	14	I	DA
	23	59	I	SA
14.	1	26	I	DE
	23	20	I	VE
15.	20	40	I	SE
17.	0	33	II	DA
	21	10	III	DA
	23	27	III	DE
18.	0	27	III	SA
	23	49	II	VE
21.	1	02	I	DA
	22	08	I	BA
22.	20	23	I	SA
	21	40	I	DE
	22	35	I	SE
25.	0	39	III	DA
	22	00	II	BA
27.	20	32	II	SE
28.	21	02	III	VE
	23	56	I	BA
29.	21	17	I	DA
	22	18	I	SA
	23	28	I	DE
30.	0	29	I	SE
	21	38	I	VE

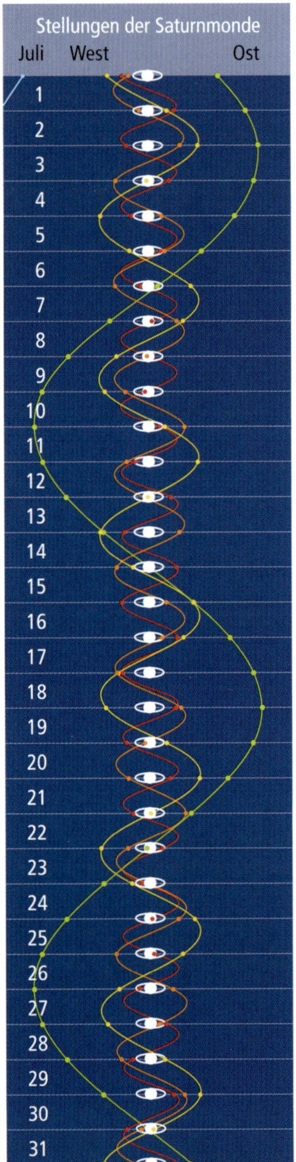

Japetus

5.	$10^{m},6$
10.	$10^{m},5$
15.	$10^{m},4$
20.	$10^{m},5$
25.	$10^{m},6$
30.	$10^{m},8$

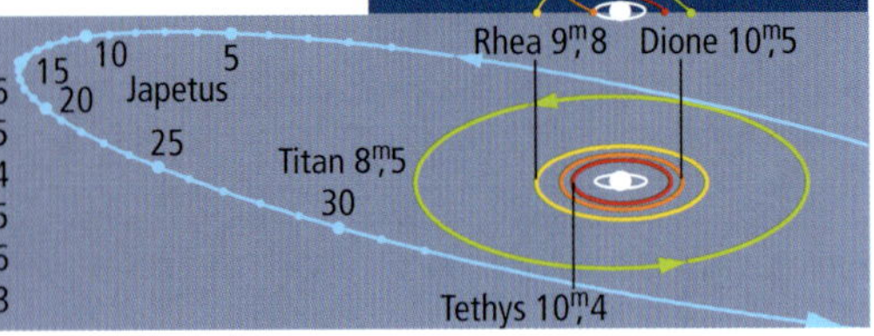

ter. Bis 31. geht seine Helligkeit auf $0\overset{m}{,}2$ zurück, der Untergang erfolgt am Monatsletzten schon um 3^h02^m (= 4^h02^m Sommerzeit). Im Fernrohr zeigt der Saturnglobus eine deutliche Abplattung (1:9). Der scheinbare Äquatordurchmesser beträgt $18\overset{''}{,}4$, der Poldurchmesser jedoch nur $16\overset{''}{,}8$. Der um $24\overset{\circ}{,}4$ geöffnete Ring weist eine scheinbare Längsausdehnung von $41\overset{''}{,}8$ und einen senkrechten Durchmesser von $17\overset{''}{,}2$ auf. Zurzeit sehen wir auf die Nordseite des Saturnringes. Die Oppositionsentfernung des Ringplaneten von der Erde misst 1351 Mio. Kilometer (= 9,03 AE). Diese Strecke legt das Licht in einer Stunde und 15 Minuten zurück. Von der Sonne ist Saturn zur Opposition 1503 Millionen Kilometer (= 10,05 AE) entfernt. Für den Fernrohrbeobachter ist es reizvoll, das Bewegungsspiel der helleren Saturnmonde (Titan, Rhea, Dione, Tethys und Japetus) zu verfolgen. Freilich sind diese Saturntrabanten schwieriger zu beobachten als die deutlich helleren vier Galileischen Jupitermonde, die in jedem guten Fernglas zu sehen sind.

URANUS, rechtläufig im Sternbild Widder, taucht allmählich am Morgenhimmel auf. Seine Aufgänge verlegt der $5\overset{m}{,}8$ lichtschwache Planet in die Zeit vor Mitternacht. Am 1. erfolgt der Uranusaufgang um 0^h52^m (= 1^h52^m Sommerzeit), am 15. um 23^h54^m und am 31. schon um 22^h52^m. Seine Kulminationen verfrüht Uranus von 7^h59^m (= 8^h59^m Sommerzeit) auf 6^h03^m am Mo-

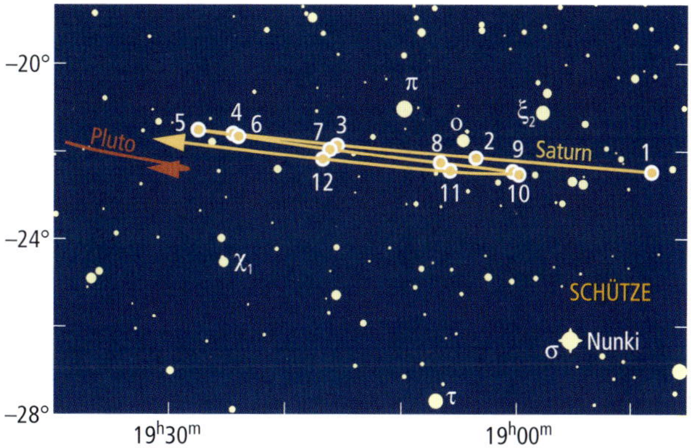

7.5 Die scheinbare Bahn von Saturn im Gebiet des Sternbildes Schütze. Die Zahlen geben die Position zum jeweiligen Monatsbeginn an (7 = 1. Juli). Eingetragen ist ferner die Lage der Oppositionsschleife von Pluto.

KONSTELLATIONEN UND EREIGNISSE

Datum	MEZ	Ereignis
1.	23^h	Mond bei Venus, Mond $1\overset{\circ}{,}6$ südlich
2.	20	Totale Sonnenfinsternis (siehe Seite 26)
4.	7	Mond bei Mars, Mond $0\overset{\circ}{,}09$ nördlich
4.	10	Mond bei Merkur, Mond $3\overset{\circ}{,}3$ nördlich
4.	23	Erde im Aphel (Sonnenferne), Abstand Erde – Sonne 152,104 Millionen Kilometer
7.	5	Merkur im Stillstand, anschließend rückläufig
7.	8	Merkur im Aphel
7.	15	Merkur bei Mars, Merkur $3\overset{\circ}{,}8$ südlich
9.	18	**Saturn in Opposition** zur Sonne
13.	21	**Mond bei Jupiter**, Mond $2\overset{\circ}{,}3$ nördlich, **Abstand $1\overset{\circ}{,}5$ um 21^h**
14.	16	**Pluto in Opposition** zur Sonne
16.	8	**Mond bei Saturn,** Mond $0\overset{\circ}{,}2$ südlich, **Abstand $3\overset{\circ}{,}4$ um 3^h**
16.	18	Mond bei Pluto, Mond $0\overset{\circ}{,}04$ nördlich
16.	23	**Partielle Mondfinsternis** – siehe Seite 27
21.	9	Mond bei Neptun, Mond $3\overset{\circ}{,}8$ südlich
21.	14	Merkur in unterer Konjunktion mit der Sonne
24.	12	Merkur bei Venus, Merkur $5\overset{\circ}{,}7$ südlich
25.	8	Mond bei Uranus, Mond $4\overset{\circ}{,}8$ südlich
31.	3	Mond bei Merkur, Mond $4\overset{\circ}{,}5$ nördlich
31.	20	Merkur im Stillstand, anschließend rechtläufig
31.	22	Mond bei Venus, Mond $0\overset{\circ}{,}6$ nördlich

7.6 Scheinbare Bahn des Zwergplaneten Pluto von Mai bis Anfang November im Sternbild Schütze.

natsende. Dann ist es im Juli bereits heller Tag bei uns. Die beste Beobachtungszeit liegt gegen Monatsende zwischen Mitternacht und 3^h30^m. Allerdings stört Mondlicht von Mitte Juli bis etwa 27. das Aufsuchen von Uranus. Die Sternkarte auf Seite 219 (Abb. 10.6) hilft, ihn zu finden.

NEPTUN, rückläufig im Wassermann, kann mit lichtstarkem Fernglas oder Teleskop am Morgenhimmel aufgefunden werden. Allerdings stört helles Mondlicht in der dritten Juliwoche erheblich das Aufsuchen des bläulichen Planeten.
Am 1. geht Neptun um 23^h24^m auf und kulminiert um 5^h04^m (= 6^h04^m Sommerzeit). Bis 31. verfrühen sich die Neptunaufgänge auf 21^h25^m, die Kulminationen auf 3^h05^m (= 4^h05^m Sommerzeit). Die beste Beobachtungszeit für den sonnenfernsten Planeten sind die Stunden von Mitternacht bis 3^h morgens. Die Neptunhelligkeit steigt leicht um $0^m{,}1$ auf $7^m{,}8$ an.
Um Neptun zu finden, dient die Karte Abb. 9.2 auf Seite 199.

PLANETOIDEN UND ZWERGPLANETEN

PLUTO – Zwergplanet mit der Planetoiden-Nr. 134 340 – steht am 14. im Sternbild Schütze in **Opposition** zur Sonne. Seine Oppositionshelligkeit beträgt nur $14^m{,}2$. Die Aufsuchkarte Abb. 7.6 oben soll helfen, dieses sonnenferne Gestirn zu finden, wozu allerdings ein leistungsstarkes Teleskop erforderlich ist. In der Regel wird man Pluto nicht visuell durch das Okular zu sehen versuchen, sondern ihn auf einer Aufnahme identifizieren.
In der Oppositionsnacht passiert Pluto um 0^h29^m (= 1^h29^m MESZ) den Meridian. Zur Opposition ist Pluto 4910 Millionen Kilometer (= 32,82 AE) von der Erde entfernt. Dies entspricht einer Lichtlaufzeit von vier Stunden und 33 Minuten. Seine Sonnendistanz misst zur Opposition 5062 Millionen Kilometer (= 33,84 AE).

CERES (1) bremst ihre rückläufige Wanderung in der Waage vollends ab und wird am 19. stationär. Ende Juli läuft sie knapp an λ Librae ($5^m{,}0$) vorbei (siehe Abb. 6.6 auf Seite 145). Mit ihrem zweiten Stillstand in diesem Jahr beendet sie ihre Oppositionsperiode. Dies wird auch an der deutlichen Helligkeitsabnahme erkenntlich. Die Cereshelligkeit geht um $0^m{,}6$ zurück und beträgt Ende Juli nur noch $8^m{,}4$. Ceres kulminiert am 1. um 21^h40^m, am 15. um 20^h41^m und am 31. schon um 19^h40^m (= 20^h40^m MESZ).

VESTA (4) eilt rechtläufig durch die nordöstlichen Bereiche des Cetus (Walfisch) und wechselt am 29. in das Sternbild Widder (siehe Abb. 11.8 auf Seite 238). Ihre Helligkeit nimmt um $0^m{,}2$ zu und erreicht Ende Juli $8^m{,}0$.
Am 1. erfolgt der Vestaaufgang um 1^h33^m (= 2^h33^m MESZ) und am 31. um 0^h04^m. Ihre Kulminationszeiten lauten: 1. um 8^h17^m, 15. um 7^h41^m und 31. um 6^h58^m (= 7^h58^m MESZ). Noch lohnt es sich nicht, nach dem 4. Planetoiden Ausschau zu halten; bevor Vesta sich einigermaßen über den Horizont erhoben hat, beginnt die nautische Dämmerung.

EUNOMIA – Planetoid Nr. 15 – wandert rückläufig durch den Wassermann, nachdem sie Ende des Vormonats die Grenze vom Steinbock zum Wassermann überschritten hat. Im Steinbock kam sie am 23. Juni in Rektaszension zum Stillstand und setzte

zur Oppositionsschleife an. Am 30. zieht sie flott an Sadalsuud (β Aqr, $2\overset{m}{,}9$) vorbei (siehe Abb. 8.4 auf Seite 183). Eunomia nimmt an Helligkeit deutlich zu. Am 1. noch $9\overset{m}{,}2$ hell, erreicht sie Ende Juli immerhin $8\overset{m}{,}5$.
Ihre Kulminationszeiten verlagert Eunomia von $3^{h}34^{m}$ (= $4^{h}34^{m}$ MESZ) auf $2^{h}33^{m}$ am 15. und auf $1^{h}18^{m}$ zu Monatsende.

PERIODISCHE STERNSCHNUPPENSTRÖME

Vom 12. Juli bis 19. August leuchten die **DELTA-AQUARIDEN** als stärkster Strom im Juli auf. Sie heißen auch **JULI-AQUARIDEN**. Die Meteore sind zwischen 3^{m} und 5^{m} hell, also nicht besonders auffällig. Ihr Radiant liegt etwa 3° westlich von δ Aquarii. Das Maximum ist nicht in jedem Jahr am selben Tag zu erwarten. In diesem Jahr dürfte es in den Stunden nach Mitternacht am 29. Juli auftreten. Im Maximum sind etwa 20 bis 25 Sternschnuppen pro Stunde zu erwarten. Die Eintauchgeschwindigkeit der Sternschnuppen liegt um 40 Kilometer pro Sekunde.
Vom 3. Juli bis 15. August treten die **ALPHA-CAPRICORNIDEN** (Radiant im Steinbock) auf. Sie sind die ganze Nacht über beobachtbar. Der Ursprungskomet ist 45P/Honda-Mrkoš-Pajdusáková. Um das Maximum am 29. Juli sind nur etwa fünf Objekte pro Stunde zu erwarten. Es handelt sich um recht langsame Meteore (im Mittel 23 Kilometer pro Sekunde).
Auch der Antihelion-Radiant ist weiter aktiv. Er verlagert sich ostwärts und durchquert im Juli das Sternbild Steinbock. Die Meteore der Alpha-Capricorniden und der des Antihelion-Radianten unterscheiden sich hauptsächlich durch ihre Geschwindigkeit. Erstere sind langsamere Meteore (23 km/s) gegenüber den anderen mit 30 km/s. Die Radianten sind knapp 10° (20 Vollmonddurchmesser) voneinander entfernt.
Ab 16. Juli ist mit den ersten **PERSEÏDEN** zu rechnen, dem weithin bekanntesten Sternschnuppenstrom. Sein Radiant liegt zunächst südlich der Kassiopeia und wandert bis zum Maximum im August in die nördlichen Gebiete des Perseus.

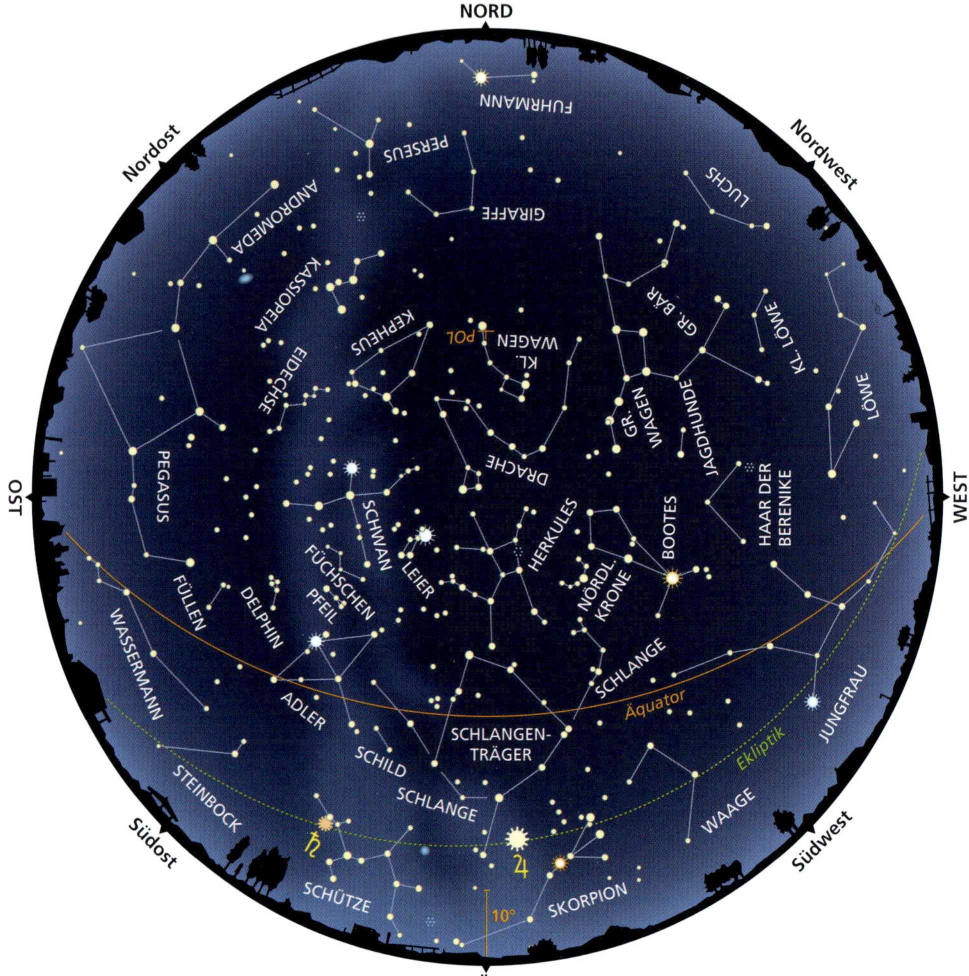

DER STERNENHIMMEL AM 15. JULI UM 22^h MEZ

Die Sternkarte ist auch gültig für:

	MEZ	MESZ
15. 4.	4^h	5^h
1. 5.	3	4
15. 5.	2	3
1. 6.	1	2
15. 6.	0	1
1. 7.	**23**	**24**
15. 7.	**22**	**23**
31. 7.	**21**	**22**

Alle Sternbilder des Sommers stehen nun zur Standardbeobachtungszeit (22^h MEZ = 23^h MESZ) bereits über dem Horizont. Zunächst werfe man einen Blick auf das Sommerdreieck, das unübersehbar am Osthimmel steht. In einem Verzeichnis der Sternbilder wird man allerdings vergeblich nach einem „Sommerdreieck" suchen. Es gehört nicht zu den 88 „offiziellen" Sternbildern, die die IAU (International Astronomical Union, die Dachorganisation aller Fachastronomen) in ihren Katalog im Jahre 1925 aufgenommen hat. Aber drei helle Sterne bilden den auffälligen Schwerpunkt des abendlichen Sommerhimmels, die man

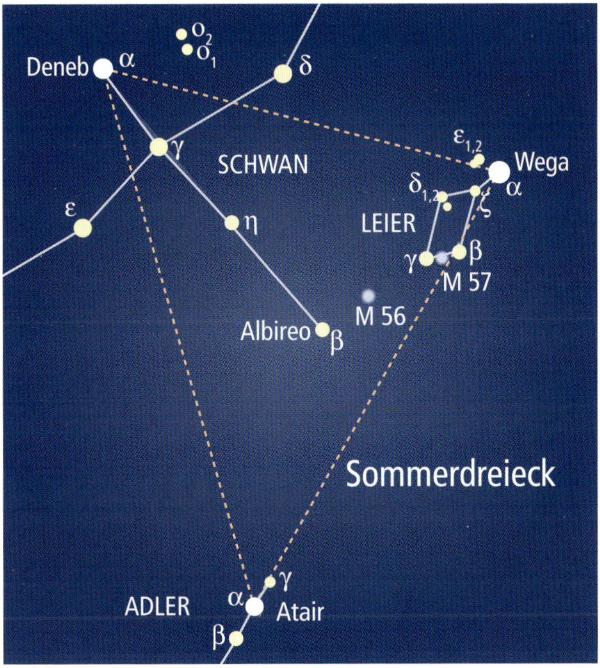

7.7 Das Sommerdreieck setzt sich aus den drei hellen Sternen Wega in der Leier, Deneb im Schwan und Atair im Adler zusammen.

zum „Sommerdreieck" zusammenfasst. Im Juli steht das Sommerdreieck gegen Mitternacht hoch im Süden. Es ist gewissermaßen das Gegenstück zum Wintersechseck. Das Sommerdreieck setzt sich aus den jeweils hellsten Sternen dreier Sternbilder zusammen. Es sind dies Wega in der Leier, Deneb im Schwan und Atair im Adler.
Die Frühlingssternbilder Bootes mit Arktur und Jungfrau mit Spica sind die Leitbilder des westlichen Himmelsgewölbes. Sie erinnern an vergangene Frühlingstage.
Tief im Süden ist Antares zu sehen, der Hauptstern des Tierkreisbildes Skorpion. Der Skorpion passiert gerade den Meridian. Sein Hauptstern heißt Antares, er ist ein sogenannter roter Überriesenstern. Stünde die Sonne in seinem Mittelpunkt, so läge die Erdbahn noch innerhalb der Antareskugel, denn sein Durchmesser beträgt etwa 970 Millionen Kilometer. Antares ist rund 600 Lichtjahre von uns entfernt. Nordöstlich von Antares leuchtet im Schlangenträger ein heller Lichtpunkt, der in anderen Jahren dort nicht zu sehen ist. Es ist Jupiter, der hier sein Gastspiel gibt.
Vom Skorpion zieht sich die scheinbare Sonnenbahn (Ekliptik) durch den Schützen, der tief im Südosten aufgegangen ist und in dem sich zurzeit der Ringplanet aufhält.
Mond und Planeten erreichen am abendlichen Sommerhimmel nur geringe Höhen, da sich die südlichen Teile der Ekliptik knapp über dem Horizont befinden. Vor dem Skorpion steht im Südwesten die Waage.
Hoch im Meridian, fast im Zenit, stößt man auf Herkules mit seinem schönen Kugelsternhaufen M 13. In dieser günstigen Position sollte man sich einmal die Mühe machen, die einzelnen Mitgliedssterne des Herkules zu identifizieren, um sich das Gesamtbild einzuprägen.
Ähnliches gilt für den Schlangenträger (lat.: Ophiuchus), der jetzt ebenfalls den Meridian durch-

VERÄNDERLICHE STERNE IM JULI

Algol-Minima	9. 3^h03^m	11. 23^h52^m	29. 4^h44^m			
β-Lyrae-Minima	1. 16^hH	8. 3^hN	14. 15^hH	21. 3^hN	27. 14^hH	
δ-Cepheï-Maxima	3. 6^h	8. 14^h	13. 23^h	19. 8^h	24. 17^h	30. 1^h
Mira-Helligkeit	1. 10^m	10. 10^m	20. 10^m	31. 10^m		

wandert und südlich vom Herkules zu finden ist. Der Schlangenträger ist noch ausgedehnter als der Herkules. Außerdem hält der Schlangenträger das Ungetüm von Schlange in seinen Händen. Der Kopf der Schlange reicht bis an die Nördliche Krone heran, die zwischen Bootes und Herkules ihren Platz hat. Gegenwärtig hält sich der Riesenplanet Jupiter im Ophiuchus auf.

7.8 Das Sternbild Schlangenträger sowie der Kopf und der Schwanz der Schlange.

Im Osten wiederum erstreckt sich der Schwanz der Schlange (lat.: Serpens Cauda) bis zum Sternbild Adler. Eine Kette schwacher Sterne zielt direkt auf den hellen Atair.

Wer schon einige Erfahrungen im Aufsuchen lichtschwacher Sternbilder hat, sollte sich einmal das Sternbild Drache ansehen. Der Drache (lat.: Draco) ist ein Zirkumpolarsternbild, das das ganze Jahr über sichtbar ist. Sein kleiner, markanter Kopf steht nun fast genau im Zenit (Scheitelpunkt). Von hier schlängelt er sich um den Nordpol der Ekliptik zwischen Kleinem und Großem Wagen hindurch. Sein Schwanz deutet auf das wenig bekannte Sternbild Giraffe (lat.: Camelopardalis). Der Drache schläft nie, denn er muss permanent den Polarstern bewachen.

Die Milchstraße steigt im Süden zwischen Skorpion und Schütze in Richtung Adler empor. Anschließend geht sie durch Schwan und Kassiopeia zum Nordpunkt am Horizont, wo man auch die Kapella im Fuhrmann erspähen kann.

Was sind Bok-Globulen?

Bernhard Hubl

7.9 Das schimmernde Band der Milchstraße mit scheinbar sternarmen Bereichen, hervorgerufen durch Absorption interstellaren Staubes.

In dunklen Gegenden fernab störender irdischer Beleuchtung kann man noch das schimmernde Band der Milchstraße am sternenübersäten, dunklen Nachthimmel sehen. Die Milchstraße – ein faszinierendes Naturphänomen, das wir immer seltener zu Gesicht bekommen.

Schon mit bloßen Augen fällt auf, dass die Milchstraße nicht völlig gleichmäßig leuchtet. So zeigt sich ihr Lichtband beispielsweise im Sternbild Adler gespalten. Durchmustert man die Milchstraße mit einem Fernglas, so entdeckt man fast sternleere Regionen. In manchen Gebieten ist die Sterndichte äußerst gering. Es gibt scheinbar Löcher im dichten Sternenvorhang. Allerdings fehlen hier nicht Sterne, sondern interstellare Materie schwächt das Licht ferner Sterne ab oder verdunkelt es völlig.

Das Weltall zwischen den Sternen ist nicht absolut leer. Ausgedehnte Wolken aus Gas und Staub schweben zwischen den Sternen. Die Dichte dieser interstellaren Materie ist jedoch außerordentlich gering. In der Ebene unserer Milchstraße, der galaktischen Scheibe, kommt im Mittel auf eine Million Kubikkilometer nur ein Milligramm Materie. Auf das Volumen der Erde gerechnet ergibt dies gerade mal ein Kilogramm. Dies ist freilich ein grober Durchschnittswert. In manchen Wolken interstellarer Materie ist die Dichte 100- bis 1000-mal höher.

Zu 99 % setzt sich die interstellare Materie aus Gas zusammen, Hauptbestandteil ist Wasserstoff; die Staubkomponente macht nur ein Prozent aus. Die Gas- und Staubwolken sind sehr kalt. Ihre Temperaturen liegen zwischen 10 K (= –263 °C) und 100 K (= –173 °C). Nur in der Nähe heißer Sterne werden sie aufgeheizt und man sieht sie als leuchtende Gebilde am Firmament. Der interstellare Staub wird von hellen Sternen angestrahlt und reflektiert deren Licht. Man spricht daher von *Reflexionsnebeln*. Sie erscheinen meist bläulich.

Andererseits wird das Wasserstoffgas durch die intensive Ultraviolettstrahlung heißer, massereicher Sterne zum Leuchten angeregt – ein ähn-

7.10 Der Rosettennebel (NGC 2237) im Sternbild Einhorn mit dunklen, kreisrunden Flecken – sogenannten Globulen.

licher Vorgang wie in einer irdischen Leuchtstoffröhre. Die Gase werden auf 10 000 K erhitzt, die Materie wird dabei ionisiert. Es kommt zum Rekombinationsleuchten, wobei der Wasserstoff für eine rote Färbung sorgt (Hα-Balmerlinie). Man bezeichnet solche glühenden Wasserstoffwolken als *Emissionsnebel*.

Heiße, junge Sterne vom Spektraltyp O ionisieren mit ihrer UV-Strahlung den Wasserstoff in ihrer Umgebung bis in eine Entfernung von 400 Lichtjahren, B0-Sterne immerhin noch bis in eine Distanz von 80 Lichtjahren.

Die aufgeheizten, glühenden Gaswolken werden als H II-Gebiete klassifiziert im Gegensatz zu den kalten H I-Gebieten neutralen Wasserstoffs (H steht für Hydrogenium = Wasserstoff). Reflexions- und Emissionsnebel kommen meist gemeinsam vor. Schöne Beispiele sind der große Orionnebel (M 42) südlich der drei Gürtelsterne des Orion, der Adlernebel im Sternbild Schlange (M 16) und der Rosettennebel im Sternbild Einhorn (NGC 2237).

Der Wasserstoff in den kühlen H I-Regionen sendet Radiostrahlung mit einer Wellenlänge von 21 cm (entspricht 1420 MHz) aus. Typischerweise haben interstellare Wolken Durchmesser von Dutzenden bis einigen hundert Lichtjahren.

In den kalten Wolken befinden sich neben molekularem Wasserstoff (H_2) – mit über 90 % Hauptbestandteil dieser Molekülwolken – auch Kohlenmonoxid (CO), Sauerstoff (O_2), Methan (CH_4), Ammoniak (NH_3), Hydroxyl (OH), Wasserdampf (H_2O), Cyan (CN), Blausäure (HCN) bis hin zu komplexen Molekülen wie Ethanol (CH_3CH_2OH) und Methylvinylether (CH_2OHCH_2CH), um nur die häufigsten zu nennen. Insgesamt wurden fast 200 Molekülsorten entdeckt – vornehmlich im Radiofrequenzbereich. Ein Drittel zählt zu den anorganischen Molekülen, zwei Drittel entfallen auf organische Moleküle.

Der interstellare Staub macht sich auch in Form von dunklen Wolken bemerkbar, indem er das Sternenlicht in einer sternreichen Region erheb-

lich abschwächt oder leuchtende Reflexions- und Emissionsnebel abschattet. Besonders deutliche Beispiele sind der „Kohlensack" im Sternbild Kreuz des Südens, der Pferdekopfnebel im Orion und der Kegelnebel im Sternbild Einhorn. Auffallend ist, dass fast alle interstellaren Wolken in der galaktischen Scheibe zu finden sind in Bereichen bis zu maximal ±10° galaktischer Breite. Der interstellare Staub schwächt in der Milchstraßenebene das Sternenlicht im Mittel um eine Drittel Größenklasse auf 3000 Lichtjahre Entfernung. In manchen dichteren Schichten beträgt die Absorption bis zu zwei Größenklassen auf diese Distanz. Deshalb ist auch der Blick auf das galaktische Zentrum im sichtbaren Bereich versperrt. Im Infrarotlicht bei 2,2 µm (Mikrometer = Tausendstel Millimeter) werden allerdings nur zehn Prozent derjenigen Lichtmenge des visuellen Bereiches absorbiert.
Somit ist es möglich, auch Sterne nahe des Milchstraßenzentrums zu beobachten und aus ihren Umlaufbewegungen auf das vier Millionen Sonnenmassen schwere Schwarze Loch im Mittelpunkt der Galaxis zu schließen.

ESO / Yuri Beletsky

7.11 Der Kohlensack im Sternbild Kreuz des Südens – eine prominente Dunkelwolke.

Indirekter Nachweis interstellarer Materie

Der Astronom Max Wolf (1863–1932), Gründer der Sternwarte auf dem Königstuhl in Heidelberg, hat ein Verfahren eingeführt, um Staubschichten in der Milchstraße zu registrieren, die nicht direkt als Dunkelwolken sichtbar sind: Die Zahl der Sterne pro Quadratgrad wird mit deren abnehmender Helligkeit immer größer. Statistisch gesehen sind lichtschwache Sterne auch weiter entfernt als helle. Trägt man nun die Anzahl der Sterne pro Quadratgrad gegenüber ihren scheinbaren Helligkeiten in ein logarithmisches Diagramm ein, so erhält man eine gerade Linie, die die Abhängigkeit der Sternenzahl von der Helligkeit direkt ablesen lässt. Dabei zeigt sich: Der lineare Verlauf wird manchmal unterbrochen. Ab einer bestimmten Helligkeit nimmt die Zahl der Sterne kaum mehr zu. Nach ein bis zwei Größenklassen nimmt die Sternenzahl mit abnehmender Helligkeit wieder zu (siehe Abb 7.12 auf Seite 174). Die Ursache für die beiden Knicke ist offensichtlich: Eine Gas- und Staubwolke liegt in einer bestimmten Entfernung. Sie schwächt das Licht der dahinterliegenden Sterne um einen bestimmten gleichen Betrag. Die Fortsetzung der Wolf-Linie erscheint parallel verschoben. Ein leichter Anstieg zwischen den beiden Knickpunkten geht auf die Sterne in der absorbierenden Schicht zurück. Die gestrichelte Linie in Abb. 7.12 zeigt den theoretischen Verlauf ohne absorbierende Wolke.
Neben der Absorption verfärbt der interstellare Staub auch das Sternenlicht. Es wird gerötet, da das Licht selektiv an den Staubkörnchen gestreut wird, ähnlich wie die Streuung des Lichts in der irdischen Atmosphäre Sonne und Mond in Horizontnähe röter erscheinen lässt. Kurzwelliges blaues Licht wird stärker als langwelliges rotes Licht gestreut.
Die interstellaren Staubkörnchen absorbieren und verfärben nicht nur das Sternenlicht, sie po-

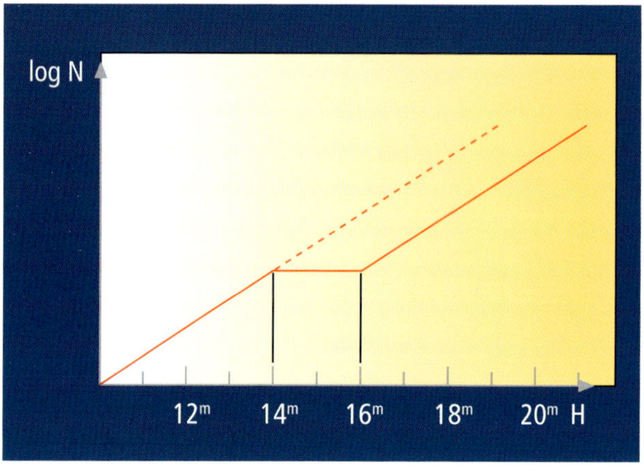

7.12 **Wolf-Diagramm (Erklärung siehe Text).**

larisieren es auch. Das heißt, sie beeinflussen die Schwingungsebene der Lichtwellen. Daraus ist zu schließen, dass die Staubteilchen länglich sein müssen – etwa nadelförmig. Sie werden durch das, wenn auch schwache, galaktische Magnetfeld parallel ausgerichtet.

Die Staubkörner sind recht klein – zwischen einem Zehntausendstel und einem Tausendstel Millimeter Durchmesser. Ihre Temperatur misst nur ein Dutzend Grad über dem absoluten Nullpunkt (0 K = –273 °C). Sie setzen sich aus Siliziumverbindungen (ähnlich wie irdische Gesteine), Graphit (kristallisierter Kohlenstoff) und Eisenoxiden zusammen. Ihre Entstehung geht auf komplexe Moleküle zurück, die als Kondensationskeime wirken. Rund 100 Millionen Jahre dauert es, bis sich ein Staubkorn von einem Tausendstel Millimeter Durchmesser gebildet hat. Dies ist knapp die halbe Zeit, die die Sonne für einen Umlauf um das Milchstraßenzentrum benötigt.

Aus Gas und Staub entstehen Sterne

Die interstellare Materie dient als Baustoff zur Bildung neuer Sterne. Der Sternentstehungsprozess ist längst noch nicht beendet. Um aus interstellaren Wolken Sterne zu backen, sind ganz spezielle Bedingungen zu erfüllen. Sterne haben Massen zwischen einem Zehntel und der 100-fachen Sonnenmasse. Interstellare Wolken hingegen besitzen einige Tausend Sonnenmassen. Der thermische Gasdruck verhindert, dass sie infolge der eigenen Schwerkraft kontrahieren. Auch die turbulenten Bewegungen der Gas- und Staubmassen sorgen durch ihre Fliehkräfte, dass es nicht zu einem Gravitationskollaps kommt.

Und dennoch: Es entstehen neue Sterne aus solchen Gaswolken! Der Astronom Sir James Hopwood Jeans (1877–1946) hat die Bedingungen berechnet, unter denen eine Wolke instabil wird und die Schwerkraft sie zusammenfallen lässt. Dies ist dann der Fall, wenn die Wolkenmaterie sehr kalt ist, die Wolke eine gewisse Mindestmasse besitzt und die Dichte entsprechend hoch ist. So siegt die Gravitation, wenn eine Wolke von 100 K (= –173 °C) eine Masse von mindestens 2800 Sonnenmassen aufweist. Bei nur 10 K (= –263 °C) reichen bereits mehr als 100 Sonnenmassen, um sie kontrahieren zu lassen. Beginnt eine Wolke, die das Jeanssche Kriterium erfüllt, zu schrumpfen, so erhöht sich die Dichte im Inneren, was den Vorgang beschleunigt. Dabei zerfallen die Wolken in kleinere Portionen, ihr Drehimpuls wird durch die „magnetische Bremse" und schließlich von den Materiescheiben (Akkretionsscheiben) um die entstehenden Sterne abgeführt. Aus amorphen (gestaltlosen) Materiewolken entstehen infolge der Schwerkraftwirkung kugelförmige Gebilde relativ hoher Dichte – Vorstufen neuer Sterne.

Namensgeber der Bok-Globulen

Der renommierte Astronom Bart Jan Bok hat sich ausführlich mit diesem Szenario beschäftigt. Er meinte, solche Objekte, die er „Globulen" nannte, müsste man in hellen Nebeln als dunkle, kreisförmige Scheiben von nur wenigen Bogensekunden Durchmesser beobachten können.

Bok wurde am 28. April 1906 in Hoorn (Niederlande) geboren. Sein Vater Jan Bok war Major in der Niederländischen Armee, dessen Frau Gesina Annette Bok eine geborene van der Lee war. Nach dem Besuch des Gymnasiums in Den Haag studierte er ab 1924 an der Universität Leiden. Zu seinen Studienkollegen zählte auch der bekannte Planetenforscher Gerard P. Kuiper, der die Existenz eines Kleinplanetengürtels jenseits der Neptunbahn voraussagte.

Bok heiratete 1929 seine Astronomenkollegin Priscilla Fairfield, die ihm zwei Kinder schenkte. Mit einer Dissertation über den Emissionsnebel Eta Carinae promovierte er 1933 zum Doktor der Philosophie (Ph. D.) an der Universität Groningen. Noch im gleichen Jahr trat er auf Betreiben von Harlow Shapley eine Stelle als Assistant Professor an der Harvard-Universität in Cambridge, Massachusetts (USA) an.

1938 erhielt Bok die US-amerikanische Staatsbürgerschaft. Im folgenden Jahr wurde er zum Associate Professor berufen. Von 1947 bis 1957 war er Professor und stellvertretender Direktor des Harvard College Observatory.

Bok bekam Probleme mit dem Untersuchungsausschuss für „unamerikanische Umtriebe" des Senators McCarthy. Obwohl ihm diesbezüglich nichts Negatives nachgewiesen werden konnte, verließ er 1957 die USA und nahm einen Ruf an als Professor an der Australian National University. Er leitete das Department of Astronomy der Universität. Verbunden war damit die Position des Direktors des Mt.-Stromlo-Observatoriums.

Schließlich kehrte Bok 1966 in die USA zurück und wurde Leiter des Astronomy Departments der Universität von Arizona und Direktor des Steward-Observatoriums in Tucson, Arizona.

Boks Forschungsschwerpunkte waren die Untersuchung der Verteilung des interstellaren Staubes in der Milchstraße, Prozesse bei der Sternentstehung und kosmologische Fragen. Insbesondere galt sein Interesse den kleinen, rundlichen Dunkelwolken, die als schwarze Flecken vor Emissions- und Reflexionsnebeln zu erkennen sind. Diese Gebilde beschrieb er 1947 als Vorstufen der Sternentstehung. Er nannte sie wegen der kugelrunden Form „Globulen". Bald setzte sich die Bezeichnung „Bok-Globulen" durch.

Orte der Sternentstehung

Eine Globule ist gewissermaßen das Nest werdender Sterne. Typischerweise enthalten Bok-Globulen zehn bis 100 Sonnenmassen bei einem Durchmesser von einem Hundertstel bis einem Lichtjahr. Große Globulen bis zu fünf Lichtjahre Durchmesser enthalten Staub und Gasmengen bis zu 1000 Sonnenmassen. Die Staubdichte ist mit 10^{-21} (ein Trilliardstel) g/cm^3 rund 1000-mal höher als die mittlere Dichte des interstellaren Staubes in der galaktischen Ebene, die bei 10^{-24} (ein Quadrillionstel) g/cm^3 liegt.

Je kleiner eine Bok-Globule ist, desto höher ihre Dichte. Eine solche Globule schwächt das hindurchgehende Licht um das Hundertfache, dies entspricht fünf Größenklassen (5^m).

Da der Gasanteil von vornehmlich molekularem Wasserstoff (H_2) höher liegt als der Staubanteil, beträgt die mittlere Gesamtdichte einer Globule zwischen 10^{-20} bis 10^{-19} g/cm^3. Gemäß der vergleichsweise hohen Dichte und dem kleineren Durchmesser formt die Schwerkraft diese Dunkelwolke zu einem sphärischen Gebilde, also zu einer kugelförmigen Globule.

Anfangs recht kalt, sorgt die Schwerkraft für weitere Kontraktion, wobei die Globule in einzelne Teile zerfällt. Dann geht alles – kosmisch gesehen – sehr rasch. Nach nur rund sechs Millionen Jahren haben sich zahlreiche Vorsternkörper (protostellar bodies) gebildet. Dann erst setzt der eigentliche Prozess der Sternbildung ein. Die Vorsternkörper schrumpfen weiter, die Temperatur steigt ständig an, bis sie in den Zentren einige Millionen Grad erreicht. Nach etwa 13 Millionen Jahren zündet das Atomfeuer, Wasserstoff fusioniert zu Helium, neue Sterne leuchten auf. Die massereichen unter ihnen strahlen als blaue, heiße O- und B-Sterne. Durch den Strahlungsdruck und Sternwinde wird das restliche Gas weggetrieben und gleichzeitig durch die intensive UV-Strahlung zum Leuchten angeregt – ein neues H II-Gebiet flammt auf. In ihm eingebettet sind die jungen, eben entstandenen Sterne. Sie bilden einen Sternhaufen, der sich in ein bis zwei Millionen Jahren auflöst, indem seine Sterne in der Milchstraße verstreut werden.

August 2019

- Merkur zeigt sich um die Monatsmitte am Morgenhimmel.
- Venus überholt die Sonne zur Monatsmitte. Sie steht in oberer Konjunktion mit ihr und bleibt nachts unter dem Horizont.
- Mars steht am Taghimmel und bleibt nachts unsichtbar.
- Jupiter beherrscht die erste Nachthälfte.
- Saturn zieht sich vom Morgenhimmel zurück.

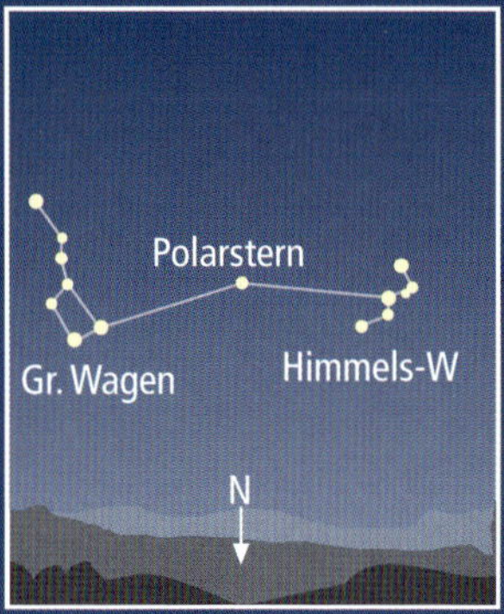

Großer Wagen und Himmels-W Anfang August um 22 Uhr

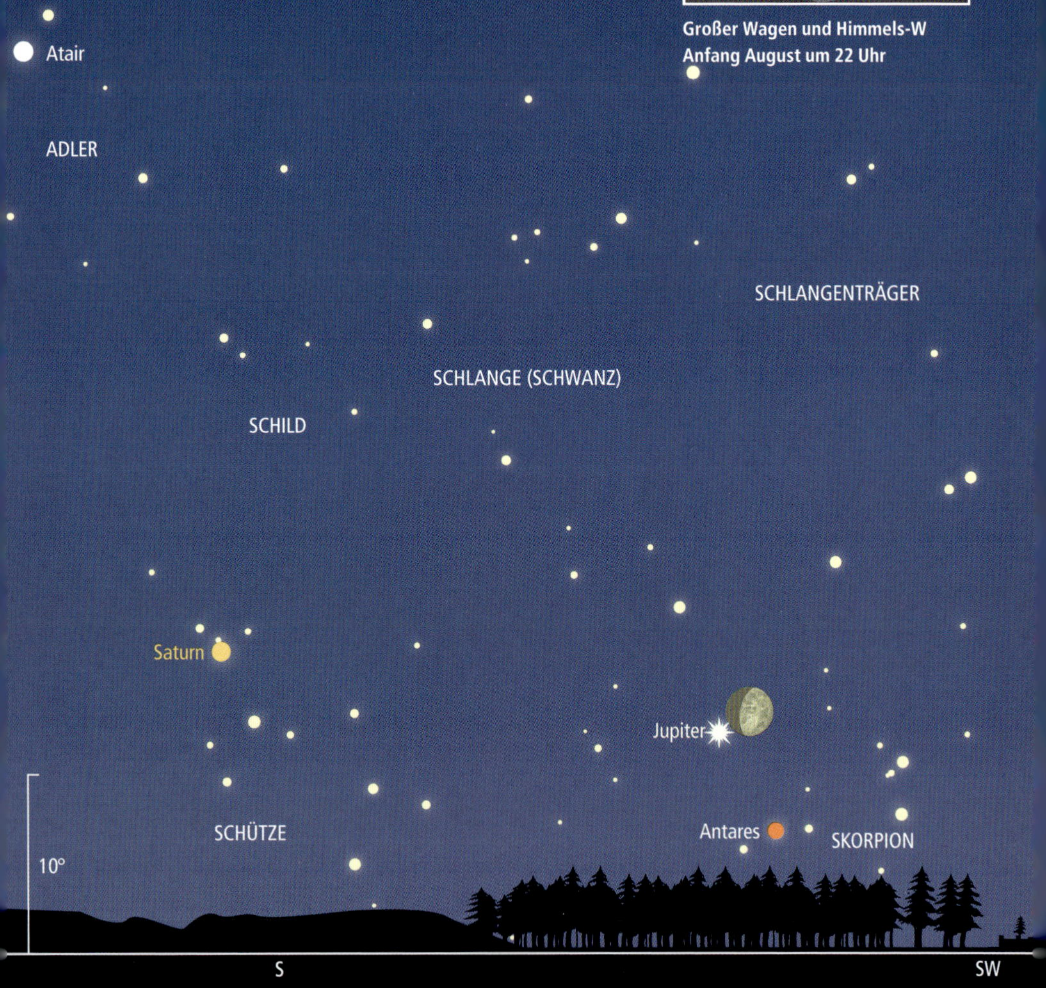

8.1 Himmelsanblick am 9. August gegen 22^h MEZ (= 23^h MESZ). Tief am Südwesthimmel stehen Jupiter und der zunehmende Mond. Über dem Südhorizont erkennt man Saturn.

1 Do	Schweizer Bundesfeier, **Neumond**	17 Sa	
2 Fr		18 So	
3 Sa		19 Mo	
4 So		20 Di	
5 Mo		21 Mi	
6 Di		22 Do	
7 Mi	Mond im ersten Viertel	23 Fr	Mond im letzten Viertel
8 Do		24 Sa	
9 Fr	Mond bei Jupiter (Mitternacht)	25 So	
10 Sa	Merkur in größter westl. Elongation (Morgenhimmel)	26 Mo	
11 So		27 Di	
12 Mo	Mond bei Saturn (Abendhimmel)	28 Mi	
13 Di		29 Do	
14 Mi		30 Fr	**Neumond**
15 Do	Liechtensteiner Staatsfeiertag **Vollmond**	31 Sa	
16 Fr			

SONNE – STERNBILDER

11.8. 7h:
Sonne tritt in das Sternbild Löwe

23.8. 11h:
Sonne tritt in das Tierkreiszeichen Jungfrau

Julianisches Datum am
1. August, 1h MEZ: 2458696,5

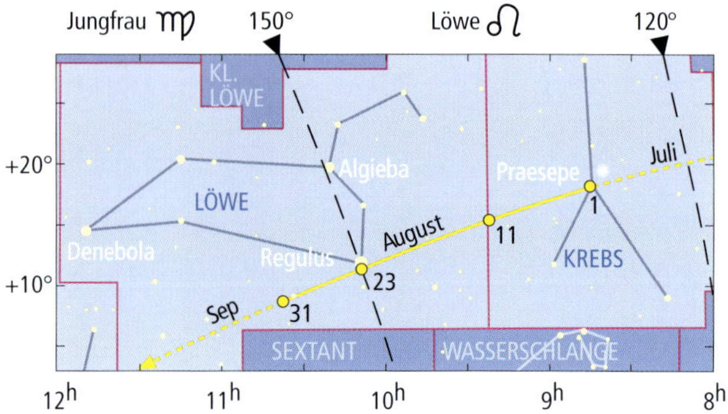

TABELLE SONNENLAUF

Tag	Dämmerg. Anfang	Aufgang MEZ	Kulmination	Untergang MEZ	Dämmerg. Ende	Mittagshöhe	Zeitgleichg.	Rektaszension	Deklination
	h m	h m	h m	h m	h m	°	m	h m	°
1.	3 19	4 49	12 26	20 03	21 32	58,0	– 6	8 43	+18,2
5.	3 27	4 54	12 26	19 57	21 24	57,0	– 6	8 58	+17,2
10.	3 37	5 02	12 25	19 48	21 12	55,6	– 5	9 17	+15,8
15.	3 47	5 09	12 25	19 39	21 00	54,1	– 5	9 36	+14,3
20.	3 57	5 17	12 24	19 29	20 49	52,4	– 4	9 55	+12,7
25.	4 07	5 24	12 22	19 19	20 36	50,8	– 2	10 13	+11,0
31.	4 18	5 33	12 20	19 07	20 22	48,6	0	10 35	+ 8,9

TAGES- UND NACHTSTUNDEN

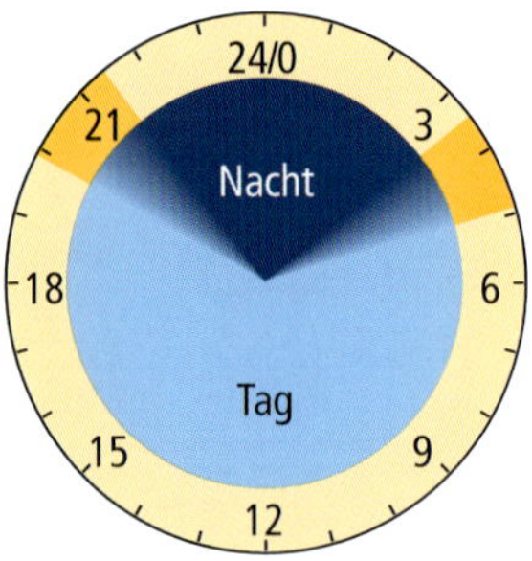

5. August

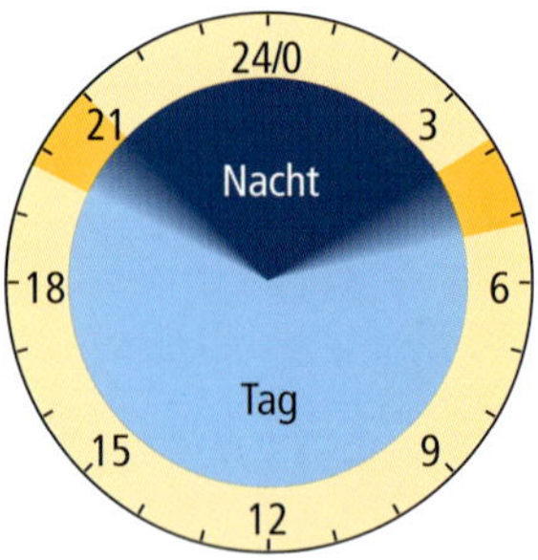

15. August

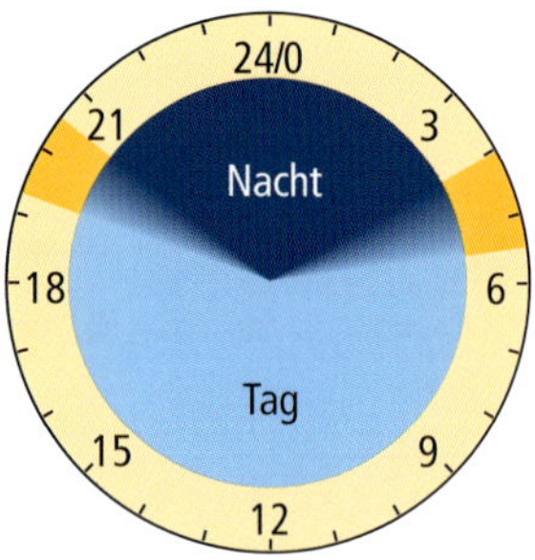

25. August

TABELLE MONDLAUF

Datum	Aufg. MEZ	Kulmination	Unterg. MEZ	Rektaszension	Deklination	Sterne und Sternbilder	Phase	MEZ
	h m	h m	h m	h m	°			
Do 1.	4 49	12 49	20 37	8 37	+20,3	Krebs, Krippe	**Neumond Nr. 1195**	**$4^h\,12^m$**
Fr 2.	6 11	13 49	21 11	9 39	+17,2	Löwe	Erdnähe 359/33′,2	8^h
Sa 3.	7 35	14 45	21 40	10 39	+12,8	Löwe, Regulus		
So 4.	8 58	15 39	22 05	11 36	+ 7,7	Löwe		
Mo 5.	10 19	16 31	22 29	12 31	+ 2,3	Jungfrau	Größte Nordbreite	
Di 6.	11 37	17 21	22 53	13 24	− 3,2	Spica		
Mi 7.	12 54	18 11	23 18	14 16	− 8,4	Jungfrau	**Erstes Viertel**	**$18^h\,31^m$**
Do 8.	14 08	19 01	23 46	15 08	−13,0	Waage	Libration West	
Fr 9.	15 19	19 52	–	16 01	−16,8	Waage		
Sa 10.	16 25	20 44	0 19	16 54	−19,7	Schlangenträger		
So 11.	17 24	21 35	0 59	17 48	−21,6	Schütze		
Mo 12.	18 15	22 26	1 45	18 42	−22,4	Schütze, Nunki	Absteigender Knoten	
Di 13.	18 58	23 16	2 39	19 35	−22,1	Schütze		
Mi 14.	19 32	–	3 38	20 27	−20,7	Steinbock		
Do 15.	20 01	0 04	4 41	21 17	−18,5	Steinbock	**Vollmond**	**$13^h\,29^m$**
Fr 16.	20 25	0 49	5 45	22 05	−15,4	Wassermann		
Sa 17.	20 46	1 33	6 50	22 51	−11,8	Wassermann	Erdferne 406/29′,4	12^h
So 18.	21 06	2 15	7 54	23 36	− 7,6	Wassermann		
Mo 19.	21 24	2 57	8 58	0 21	− 3,3	Fische		
Di 20.	21 44	3 38	10 03	1 04	+ 1,3	Walfisch	Größte Südbreite	
Mi 21.	22 04	4 20	11 08	1 49	+ 5,8	Fische		
Do 22.	22 27	5 03	12 15	2 35	+10,2	Walfisch		
Fr 23.	22 55	5 49	13 24	3 23	+14,2	Widder	**Letztes Viertel**	**$15^h\,56^m$**
Sa 24.	23 31	6 39	14 33	4 14	+17,7 *	Stier, Hyaden	Libration Ost	
So 25.	–	7 32	15 42	5 08	+20,4	Stier		
Mo 26.	0 15	8 29	16 45	6 06	+22,1	Zwillinge		
Di 27.	1 12	9 28	17 41	7 07	+22,5 *	Zwillinge	Aufsteigender Knoten	
Mi 28.	2 21	10 30	18 28	8 09	+21,4	Krebs, Krippe		
Do 29.	3 40	11 30	19 06	9 11	+18,8	Krebs, Krippe		
Fr 30.	5 04	12 29	19 37	10 13	+14,9	Löwe, Regulus	**Neumond Nr. 1196**	**$11^h\,37^m$**
							Erdnähe 357/33′,5	17^h
Sa 31.	6 29	13 25	20 05	11 12	+ 9,9	Löwe		

DER MOND ENTFERNT SICH VON SATURN

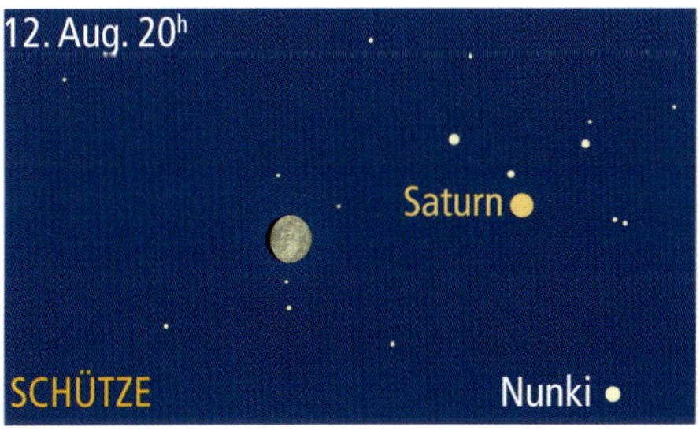

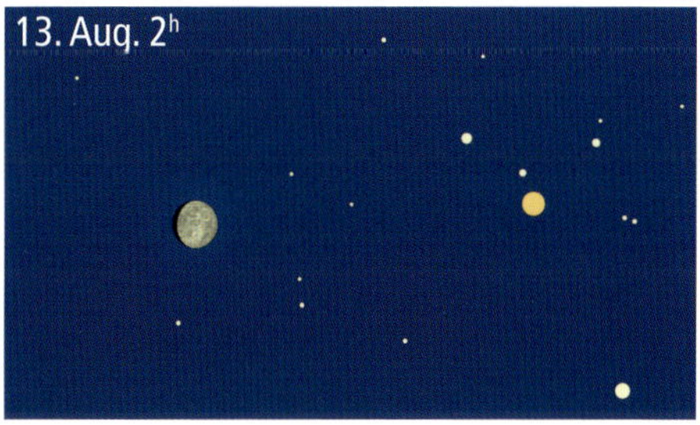

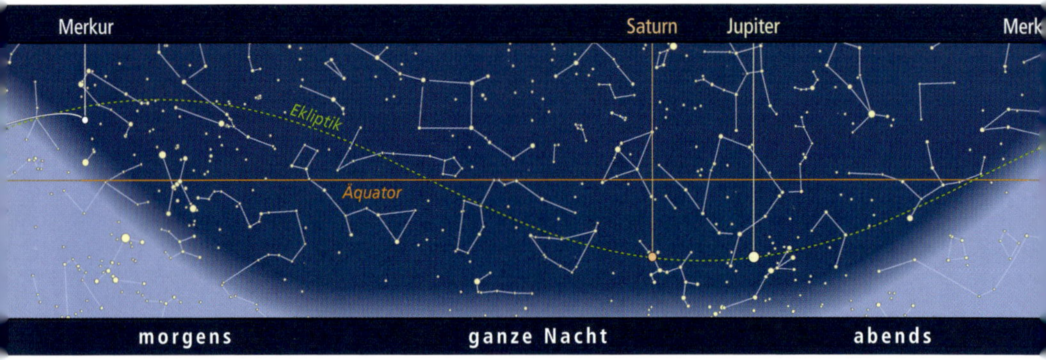

MERKUR hat seine untere Konjunktion mit der Sonne hinter sich. Seine westlichen Winkelabstände von der Sonne wachsen an, bis er am 10. seine größte westliche Elongation von der Sonne erreicht. Sein Winkelabstand beträgt dabei 19°03′. Er fällt so klein aus, da Merkur nur zehn Tage später sein Perihel passiert. Trotz des relativ kleinen Elongationswinkels zeigt sich der flinke Planet um die Monatsmitte am Morgenhimmel.

Erstmals wird man Merkur am 8. in der Morgendämmerung erspähen können. Der $0{,}^{m}3$ helle Planet geht um $3^{h}26^{m}$ (= $4^{h}26^{m}$ Sommerzeit) auf. Etwa eine halbe Stunde danach wird er knapp über dem Osthorizont sichtbar. Eine Viertelstunde später verblasst er in der zunehmenden Morgenhelle. Bis 16. nimmt die Merkurhelligkeit um mehr als eine ganze Größenklasse auf $-0{,}^{m}8$ zu. Die Aufgänge verspäten sich unwesentlich auf $3^{h}35^{m}$. Letztmals dürfte man Merkur am 23. sichten. Der inzwischen $-1{,}^{m}3$ helle Planet geht an diesem Tag um $4^{h}11^{m}$ (= $5^{h}11^{m}$ Sommerzeit) auf (siehe auch Abb. 8.2 und 8.3 unten). Am 5. zieht Merkur 9° südlich an Pollux (β Gem) vorbei (siehe Abb. 7.4 auf Seite 163).

8.2 Stellung von Merkur über dem Osthorizont zu den angegebenen Daten jeweils eine Stunde vor Sonnenaufgang. Die Pfeile deuten die Bewegungen von Merkur und Sonne in der folgenden halben Stunde an.

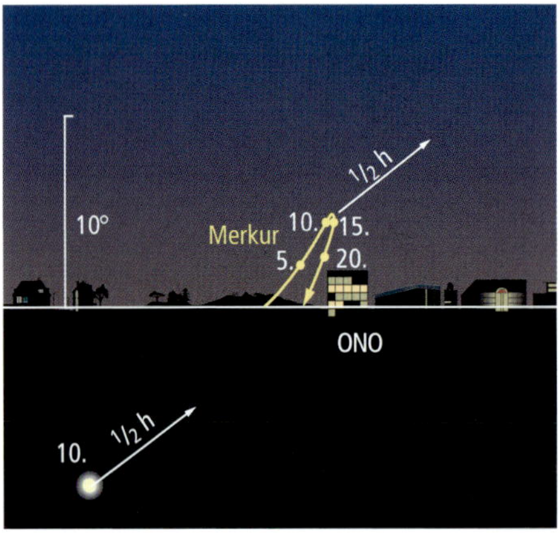

8.3 Sichtbarkeitsdiagramm für Merkur. Es gilt genau für 50° nördlicher Breite und 10° östlicher Länge. Dunkelgelbe Fläche: Unter günstigen Sichtbedingungen kann man Merkur mit bloßen Augen erkennen, hellgelbe Fläche: Merkur ist leicht zu sehen.

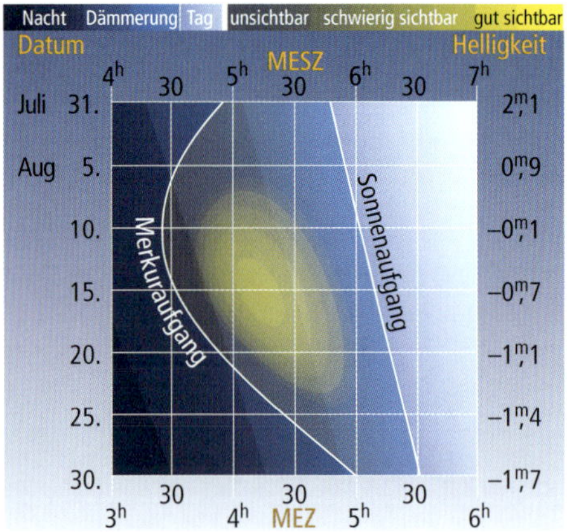

Die Dichotomie (Halbphase) tritt am 12. ein. Das 7″,0 große Merkurscheibchen zeigt sich im Fernrohr halb beleuchtet. Bis zum 23. wird Merkur deutlich kleiner und runder. Der Beleuchtungsgrad erreicht fast 90 Prozent, das Merkurscheibchen schrumpft auf 5″,5 scheinbaren Durchmesser.

VENUS holt die Sonne am 14. morgens im Sternbild Krebs ein. Sie steht in oberer Konjunktion mit ihr und bleibt nachts unter dem Horizont.
Zur oberen Konjunktion erreicht Venus auch die größte Entfernung von der Erde, denn von uns aus gesehen steht sie jenseits der Sonne. Ihre Entfernung von der Erde beträgt am Tag der oberen Konjunktion 259 Millionen Kilometer (= 1,73 AE).
Am 8. passiert Venus das Perihel ihrer Bahn, wobei sie 107,5 Millionen Kilometer (= 0,718 AE) von der Sonne trennen.

MARS, rechtläufig im Sternbild Löwe, kann nicht mehr am nächtlichen Sternenhimmel aufgefunden werden.
Der rote Planet hält sich am Taghimmel nahe der Sonne auf. Sie rückt immer näher an ihn heran, bis Anfang nächsten Monats die Konjunktionsstellung erreicht ist. Die enge Begegnung mit Venus am 24. bleibt daher unbeobachtbar.
Am 26. passiert Mars das Aphel (sonnenfernster Bahnpunkt) seiner elliptischen Bahn. An diesem Tag trennen ihn 249 Millionen Kilometer (= 1,666 AE) von der Sonne.

JUPITER kommt am 11. im Sternbild Schlangenträger (lat.: Ophiuchus) zum Stillstand. Damit beendet er seine Rückläufigkeit und wird wieder rechtläufig, was allerdings bis Monatsende kaum auffällt (siehe Abb. 6.6 auf Seite 145). Mit seinem zweiten Stillstand in diesem Jahr beendet der Riesenplanet seine Oppositionsperiode.
Aus der zweiten Nachthälfte hat sich Jupiter zurückgezogen. Der Riesenplanet verlagert seine Untergänge in die Zeit vor Mitternacht. Geht Jupiter am 1. um 0^h45^m (= 1^h45^m Sommerzeit) unter, so sinkt er am 15. um 23^h45^m und am 31. bereits um 22^h44^m unter die südwestliche Horizontlinie.
Während des Monats geht seine Helligkeit abermals um $0{,}^m2$ zurück auf $-2{,}^m2$. Damit ist Jupiter immer noch das hellste Objekt am Nachthimmel – vom Mond abgesehen natürlich. Und Venus steht nicht zur Verfügung – sie hält sich am Taghimmel auf.
In der Nacht vom 9. auf 10. zieht der zunehmende Mond an Jupiter vorbei (siehe Abb. 8.1 auf Seite 176).

SATURN, rückläufig im Schützen, stand zu Beginn des Vormonats in Opposition zur Sonne. Mit Einbruch der Dunkelheit kann der Ringplanet im Südosten gesehen werden. Vom Morgenhimmel zieht sich Saturn zurück. Am 1. geht Saturn um 2^h58^m (= 3^h58^m

KONSTELLATIONEN UND EREIGNISSE

Datum	MEZ	Ereignis
1.	21^h	Mond bei Mars, Mond 1°,7 nördlich
8.	10	Venus im Perihel
10.	0	**Mond bei Jupiter**, Mond 2°,5 nördlich, **Abstand 1°,8 um 0^h**
10.	0	**Merkur in größter westlicher Elongation** (19°)
11.	17	Jupiter im Stillstand, anschließend rechtläufig
12.	7	Uranus im Stillstand, anschließend rückläufig
12.	11	**Mond bei Saturn**, Mond 0°,04 südlich, **Abstand 5°,6 um 1^h und Abstand 5°,4 um 21^h**
12.	23	Mond bei Pluto, Mond 0°,1 nördlich
14.	7	Venus in oberer Konjunktion mit der Sonne
17.	14	Mond bei Neptun, Mond 3°,7 südlich
20.	8	Merkur im Perihel
21.	16	Mond bei Uranus, Mond 4°,6 südlich
24.	14	Venus bei Mars, Venus 0°,3 nördlich
26.	2	Mars im Aphel
30.	2	Mond bei Merkur, Mond 1°,9 nördlich
30.	11	Mond bei Mars, Mond 3°,1 nördlich
30.	17	Mond bei Venus, Mond 2°,9 nördlich

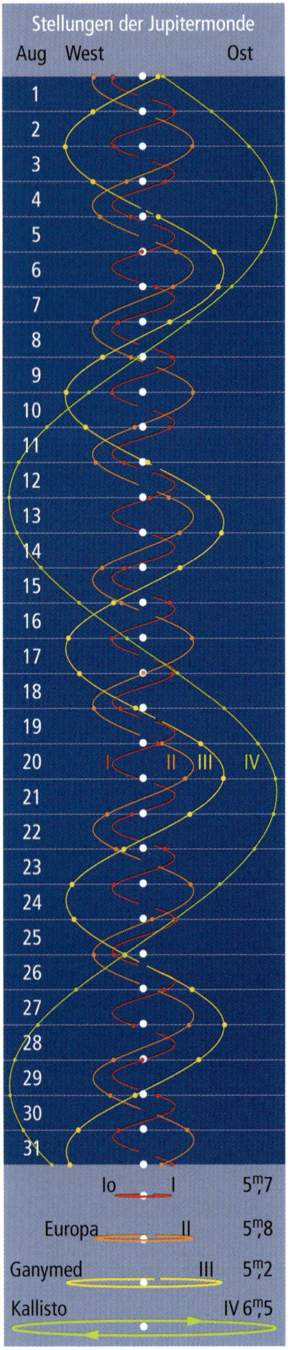

JUPITERMONDE

Tag	MEZ h m	Vorgang	
2.	0 24	II	BA
3.	20 39	II	SA
	20 57	II	DE
	23 09	II	SE
4.	20 31	III	BE
	22 32	III	VA
5.	23 07	I	DA
6.	0 12	I	SA
	20 13	I	BA
	23 33	I	VE
7.	19 45	I	DE
	20 53	I	SE
10.	20 57	II	DA
	23 16	II	SA
	23 24	II	DE
11.	21 49	III	BA
12.	20 55	II	VE
13.	22 04	I	BA
14.	19 25	I	DA
	20 36	I	SA
	21 36	I	DE
	22 48	I	SE
15.	19 58	I	VE
17.	23 26	II	DA
21.	21 17	I	DA
	22 31	I	SA
22.	20 23	III	SA
	21 53	I	VE
	22 54	III	SE
23.	19 11	I	SE
26.	21 04	II	BA
28.	20 20	II	SE
29.	19 13	III	DA
	20 17	I	BA
	21 39	III	DE
30.	18 55	I	SA
	19 50	I	DE
	21 06	I	SE

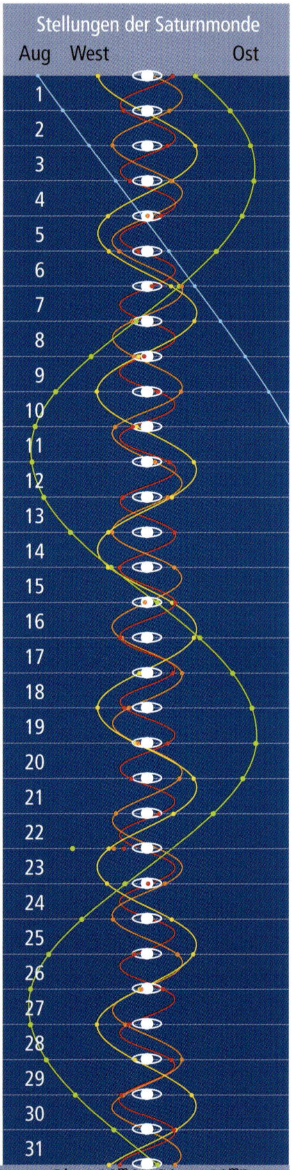

Japetus
5. $11^{m}{,}2$
10. $11^{m}{,}6$
15. $12^{m}{,}1$
20. $12^{m}{,}4$
25. $12^{m}{,}4$
30. $12^{m}{,}1$

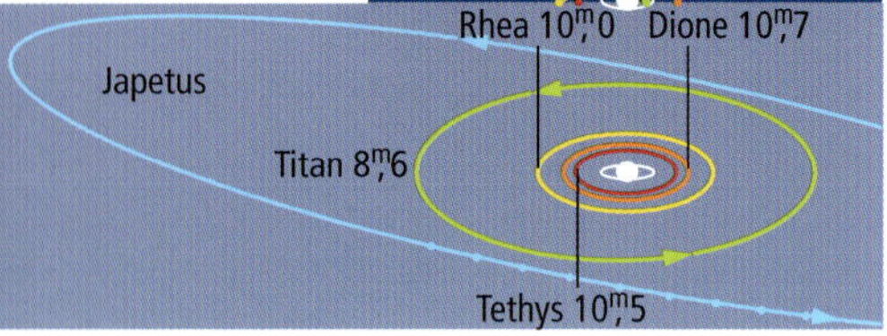

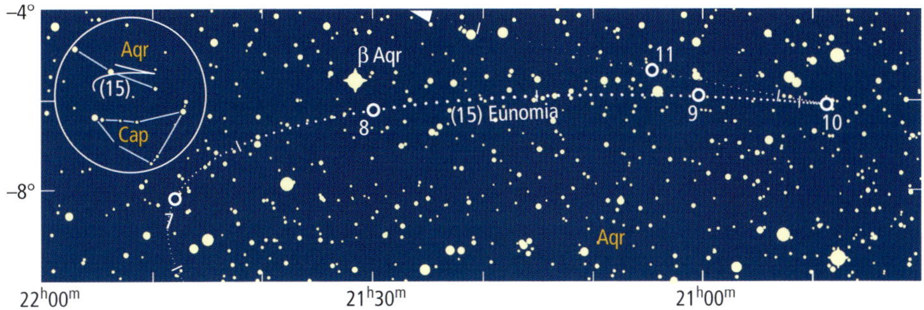

Sommerzeit) unter, am 15. um 1^h59^m und am 31. schon um 0^h52^m (= 1^h52^m Sommerzeit). Die Saturnhelligkeit geht leicht auf $0{,}^m3$ zurück. Damit zählt der Ringplanet immer noch zu den hellsten Gestirnen der Nacht.
Am 12. wandert der bereits fast volle Mond am Ringplaneten vorbei. In der Nacht vom 12. auf 13. lässt sich gut beobachten, wie sich der Erdtrabant immer mehr von Saturn entfernt (siehe Mondlaufgrafik auf Seite 179).

URANUS wird am 12. im Sternbild Widder stationär und setzt zu seiner Oppositionsschleife an. Vom 12. an wandert er – zunächst kaum merkbar – rückläufig durch den Widder (siehe Aufsuchkarte Abb. 10.6 auf Seite 219). Seine Aufgangszeiten verlegt der $5{,}^m8$ helle Planet in die Abendstunden.
Am 1. erfolgt der Uranusaufgang um 22^h48^m (= 23^h48^m Sommerzeit), am 15. um 21^h53^m und am 31. bereits um 20^h50^m. Der grünliche Planet passiert den Meridian am Monatsanfang um 6^h00^m, am Monatsende aber schon um 4^h01^m. Die Uranushelligkeit nimmt leicht um $0{,}^m1$ zu und misst am 31. immerhin $5{,}^m7$.

NEPTUN beschleunigt seine rückläufige Wanderung durch den Wassermann ein wenig. Der Planet des Meeresgottes nähert sich seiner Opposition zur Sonne, die er im nächsten Monat einnimmt.
Neptun ist am leichtesten in der Zeit nach Mitternacht aufzufinden. Der bläuliche Planet geht am 1. um 21^h21^m (= 22^h21^m Sommerzeit) auf und passiert den Meridian um 3^h01^m. Am 15. erfolgt der Neptunaufgang um 20^h26^m und die Meridianpassage um 2^h05^m.
Am Monatsletzten geht der mit $7{,}^m8$ recht lichtschwache Planet um 19^h22^m auf und kulminiert um 1^h00^m (= 2^h00^m Sommerzeit). Um Neptun zu finden, benutze man die Aufsuchkarte Abb. 9.2 auf Seite 199.

PLANETOIDEN UND ZWERGPLANETEN

JUNO (3) kommt am 22. im Sternbild Löwe in Konjunktion mit der Sonne – sie steht mit ihr unsichtbar am Taghimmel. Von der Erde trennen sie an diesem Tag 525 Millionen Kilometer (= 3,51 AE), ihre Sonnendistanz misst dabei 374 Millionen Kilometer (= 2,50 AE).

8.4 Scheinbare Bahn des Kleinplaneten (15) Eunomia im Sternbild Wassermann von Juli bis Mitte November 2019. Die Zahlen geben die Position von Eunomia zum jeweiligen Monatsersten an (8 = 1. August).

VESTA (4) wandert rechtläufig im Grenzgebiet der Sternbilder Widder und Stier. Die Grenze zum Stier überschreitet sie am 11. (siehe Aufsuchkarte Abb. 11.8 auf Seite 238). Ihre Helligkeit nimmt von $8{,}^m0$ auf $7{,}^m7$ im Laufe des August zu.
Am 1. kulminiert Vesta um 6^h55^m (= 7^h55^m MESZ), nachdem sie um 0^h01^m aufgegangen ist. Am 15. geht sie um 6^h15^m durch den Meridian und am 31. schon um 5^h25^m. Am letzten Augusttag erfolgt der Vestaaufgang um 22^h24^m (= 23^h24^m MESZ).

EUNOMIA (15) erreicht am 13. ihre **Opposition** zur Sonne. Sie bewegt sich rückläufig durch den Wassermann und entfernt sich von β Aquarii ($2{,}^m9$). Zur Opposition erreicht sie eine Helligkeit von $8{,}^m2$, während sie zu Monatsanfang und -ende nur $8{,}^m5$ hell ist.

Am 1. kulminiert Eunomia um 1^h14^m, am Oppositionstag um 0^h15^m und Ende August um 22^h42^m (= 23^h42^m MESZ). Ihre geringste Entfernung von der Erde erreicht sie mit 210 Millionen Kilometer (= 1,40 AE) erst am 19. Von der Sonne trennen sie zur Opposition 360 Millionen Kilometer (= 2,41 AE). Das Sonnenlicht benötigt von Eunomia zur Erde elf Minuten und 40 Sekunden.

PERIODISCHE STERNSCHNUPPENSTRÖME

Der wohl aktivste Sternschnuppenmonat ist der August. In seinen lauen Sommernächten sind besonders viele Sternschnuppen zu sehen.

Die Ursache liegt in den **PERSEÏDEN**, deren maximale Tätigkeit in der Nacht vom 12. auf 13. August zu erwarten ist. Helle Objekte (um 0^m und heller, sogenannte Feuerkugeln oder Boliden) sind keine Seltenheit. Als schönster und reichster Strom des Jahres bescheren die Perseïden im Maximum bis zu 100 Sternschnuppen pro Stunde. In den Tagen davor und danach sind immer noch stündlich um die 50 Meteore zu erwarten. Ihren Ursprung führen die Perseïden auf den Kometen 109P/Swift-Tuttle zurück. Die beste Beobachtungszeit liegt zwischen 22^h und 4^h morgens. Die Perseïden-Sternschnuppen sind mit 60 Kilometer pro Sekunde recht schnelle Objekte. Im Volksmund heißen sie auch Laurentius-Tränen nach dem Märtyrer Laurentius (gest. 258 n. Chr.).

Meteore aus dem Gebiet des Antihelion-Radianten erscheinen aus dem Bereich des Sternbildes Wassermann. So sind in der ersten Monatshälfte noch späte **DELTA-AQUARIDEN** sowie **ALPHA-CAPRICORNIDEN** zu verfolgen.

Zu erwähnen sind ferner die **KAPPA-CYGNIDEN**, deren bei uns zirkumpolarer Radiant im Sternbild Schwan liegt. Sie sind im gesamten August aktiv. Allerdings sind sie kein besonders reicher Strom. Zur Zeit des Maximums um den 18. August ist nur mit etwa fünf bis zehn Meteoren pro Stunde zu rechnen. Mit 25 Kilometer pro Sekunde mittlerer Geschwindigkeit zählen die Cygniden zu den langsamen Sternschnuppen. Die Umlaufzeit dieses Stromes beträgt sieben Jahre. Der Ursprungskomet dürfte sich aufgelöst haben.

Der wenig bekannte Strom der **CEPHEÏDEN** macht sich um den 18. August herum bemerkbar. Die Frequenz ist gering, nämlich nur zehn Objekte pro Stunde. Vermutlich sind die Cepheïden ein Zweigstrom der Cygniden.

Der Fixsternhimmel

Hoch im Süden nimmt das Sommerdreieck mit Wega, Deneb und Atair seine Position ein. Die Wega steht fast senkrecht über dem Betrachter.

Der Charakter des abendlichen Sternenhimmels hat sich noch kaum geändert. Allerdings ist im Vergleich zum Vormonat Arktur im Bootes schon tiefer im Westen zu finden und im Osten ist das Pegasusquadrat aufgegangen. Es wird auch Herbstviereck genannt, weil es die kommende Jahreszeit andeutet. Der Pegasus gilt als das Leitsternbild des Herbstes.

Herkules, Nördliche Krone und der Schlangenträger mit der Schlange sind in der westlichen Hemisphäre zu sehen. Der Skorpion mit dem roten Antares neigt sich tief im Südwesten bereits dem Untergang zu. Ihm folgt der Schütze im Süden.

Die Gegend wird durch die Anwesenheit zweier heller Planeten gewissermaßen aufgewertet: Jupiter hält sich im Schlangenträger unweit von Antares auf, Saturn steht im Schützen.

Der Große Wagen verliert an Höhe und befindet sich im absteigenden Teil seiner Bahn um den Polarstern, während diametral gegenüber die Kassiopeia, das Himmel- W, emporsteigt.

Tief im Norden strahlt horizontnah die gelbliche Kapella im Sternbild Fuhrmann. Die lichtschwachen Sterne der Tierkreisbilder Steinbock und Wasser-

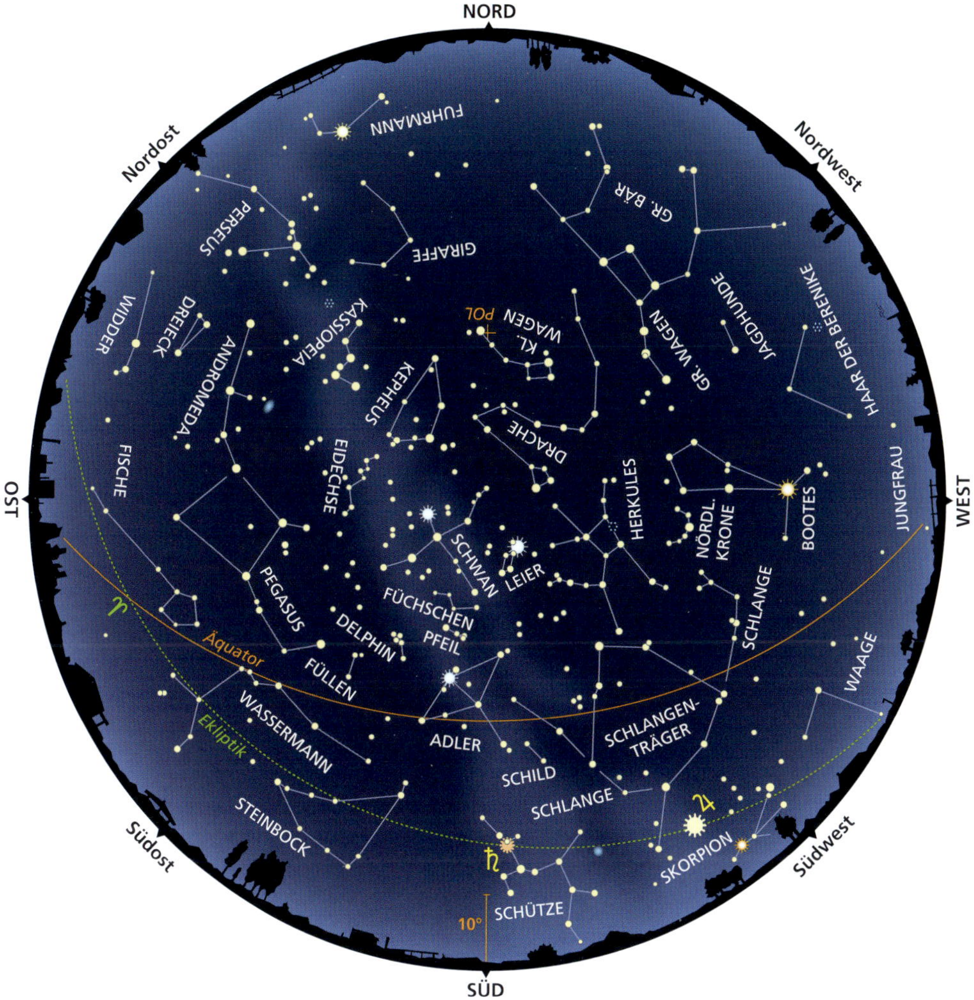

DER STERNENHIMMEL
AM 15. AUGUST UM 22^h MEZ

Die Sternkarte ist auch gültig für:

	MEZ	MESZ
15. 6.	2^h	3^h
1. 7.	1	2
15. 7.	0	1
1. 8.	**23**	**24**
15. 8.	**22**	**23**
31. 8.	**21**	**22**
15. 9.	20	21
30. 9.	19	20

mann nehmen ihren Platz im Südosten ein.
Im Bereich des Schützen und des wenig bekannten Sternbildes Schild ist die sommerliche Milchstraße besonders hell. Überhaupt ist das Lichtband der Milchstraße jetzt gut zu beobachten. Es spannt sich in hohem Bogen über das Firmament. Ausgehend vom Südhorizont steigt die Milchstraße durch Schütze, Adler und Schwan empor und zieht über Kepheus und Kassiopeia zum Nordhorizont hinunter. Das Sternbild Schild (lat.: Scutum), das seinen Platz zwischen Schütze und Adler hat, ist ein neuzeitliches Sternbild. In der Antike war es unbekannt. Erst

Hevelius hat es im 17. Jahrhundert zur Erinnerung an die Befreiung Wiens von der türkischen Belagerung im Jahre 1683 eingeführt. Es soll das Wappenschild des Polenkönigs Sobieski darstellen.

Im Schild erscheint die Milchstraße besonders sternreich. Mit dem Fernglas gewinnt man den Eindruck einer dichten Wolke aus Sternen, man spricht daher auch von der „Schildwolke". Im Schild befindet sich der veränderliche Stern δ Scuti, der Prototyp der Delta-Scuti-Sterne, einer Klasse von variablen Sternen mit kurzen Perioden von nur wenigen Stunden und geringen Amplituden von nur etwa $0\overset{m}{,}1$. Wegen ihrer geringen Helligkeitsschwankungen und kurzfristigen Perioden sind Delta-Scuti-Sterne nicht leicht aufzuspüren, obwohl sie ebenso häufig vorkommen wie die bekannteren Delta-Cephei-Sterne.

OBJEKTE FÜR FELDSTECHER UND FERNROHR

Zu den populären Doppelsternen des Sommerhimmels zählen $\varepsilon_{1,2}$ Lyrae, der Vierfachstern in der Leier, und der Kopfstern des Schwans, β Cygni oder Albireo genannt. Er liegt etwa im Schwerpunkt des Sommerdreiecks und zeigt einen beeindruckenden Farbkontrast. Die $3\overset{m}{,}1$ helle, rötliche Hauptkomponente hat in $34\overset{''}{,}7$ Distanz einen $5\overset{m}{,}1$ hellen, bläulich-weißen Begleiter. Jedes gute Fernglas sollte Albireo trennen. Die beiden Albireo-Sonnen sind 390 Lichtjahre entfernt.

Im Schwan stößt man auf den schönen offenen Sternhaufen M 39, der nordöstlich von Deneb (α Cygni) liegt und leicht im Fernglas auszumachen ist. Etwa 25 Sterne mit Helligkeiten von 7^{m} und schwächer lassen sich beobachten. Mit 800 Lichtjahren Entfernung ist M 39 doppelt so weit weg wie die Plejaden im Stier. Im Teleskop reicht meist die Größe des Gesichtsfeldes nicht aus, um den gesamten Haufen zu erfassen. Da er nur wenige Sterne verteilt auf die Fläche einer Vollmondscheibe enthält, verliert sich der Eindruck eines Sternhaufens. Im Fernglas hat man eher den Eindruck eines Sternhaufens.

Schon im Fernglas zu trennen ist der Doppelstern ν Draconis (Kuma), ein ausgesprochen leichtes Objekt: In 62″ Abstand stehen zwei weiße, je $4\overset{m}{,}9$ helle Komponenten. ν Draconis ist rund 100 Lichtjahre entfernt. Schwieriger aufzulösen sind schon ε und η im Drachen. Die $3\overset{m}{,}9$ helle Hauptkomponente von ε Draconis hat in $3\overset{''}{,}0$ Distanz einen $6\overset{m}{,}9$ hellen Begleiter. η Draconis wiederum hat mit $5\overset{''}{,}3$ Separation einen etwas größeren Abstand, allerdings ist der Begleiter der 3^{m} hellen Hauptkomponente lediglich 9. Größe. Die Entfernung von η Draconis beträgt 88 Lichtjahre, während ε Draconis in 145 Lichtjahren Distanz steht.

Wer schon im Bereich des Drachen die Gegend nach Doppelsternen abgrast, kann auch noch den Katzenaugennebel ins Visier nehmen. Seine Katalogbezeichnung lautet NGC 6543. Als Nebel 9. Größenklasse ist er nicht leicht aufzuspüren. Auch in größeren Teleskopen sieht man keine „Katzenaugen". Diesen Eindruck rufen lediglich Aufnahmen hervor, die mit größeren Teleskopen gewonnen wurden. Die Entfernung von NGC 6543 wird auf 3000 Lichtjahre geschätzt. Der Katzenaugennebel zählt zu den Planetarischen Nebeln. In seinem Zentrum sitzt ein extrem heißer Zentralstern, der die expandierende Gashülle des Nebels durch seine intensive Ultraviolettstrahlung zum Leuchten anregt.

Im Skorpion sei der Doppelstern Acrab (β Scorpii) empfohlen. Der ekliptiknahe Stern kann schon im Zweizöller getrennt gesehen werden. Zwei weiße Sterne stehen in $13\overset{''}{,}8$ Distanz voneinander. Die hellere Komponente erscheint mit $2\overset{m}{,}6$ und die schwä-

VERÄNDERLICHE STERNE IM AUGUST

Algol-Minima	1. $1^{h}31^{m}$	3. $22^{h}20^{m}$	18. $6^{h}24^{m}$	21. $3^{h}13^{m}$	24. $0^{h}00^{m}$	26. $20^{h}50^{m}$
β-Lyrae-Minima	3. 2^{h}N	9. 14^{h}H	16. 1^{h}N	22. 13^{h}H	29. 1^{h}N	
δ-Cepheï-Maxima	4. 10^{h}	9. 19^{h}	15. 4^{h}	20. 13^{h}	25. 21^{h}	31. 6^{h}
Mira-Helligkeit	1. 10^{m}	10. 9^{m}	20. 9^{m}	31. 9^{m}		

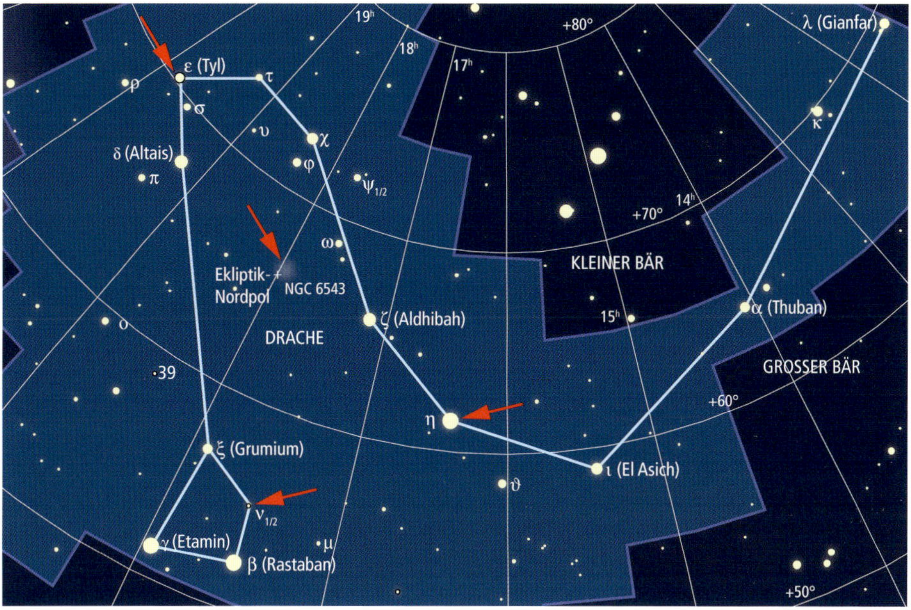

8.5 Das polnahe Sternbild Drache mit den Doppelsternen Kuma (ν Draconis) sowie ε und η Draconis. Eingetragen ist ferner die Position des Katzenaugennebels (NGC 6543).

chere mit $4{,}^{m}9$. Es handelt sich um einen optischen Doppelstern. Die hellere Komponente ist 530 Lichtjahre, der schwächere Begleiter 1100 Lichtjahre von uns entfernt.

Als Kugelhaufen bietet sich M 4 im Skorpion an. Er ist knapp westlich von Antares zu finden. Im Fernglas sieht M 4 wie ein kreisrundes, diffuses Lichtfleckchen aus. Die Gesamthelligkeit von 6^{m} lässt ihn im Fernglas nicht besonders zur Geltung kommen. Erst im Teleskop wirkt M 4 beeindruckend. Ab einer Öffnung von 10 cm lassen sich in den Randpartien einzelne Sterne erkennen. Der scheinbare Durchmesser von M 4 ist etwa halb so groß wie der Vollmond. Mit 7000 Lichtjahren Entfernung ist M 4 einer der nächsten Kugelhaufen. Mit 32 000 Lichtjahren Distanz mehr als vier Mal weiter weg ist der Kugelhaufen M 80, ebenfalls im Skorpion gelegen und zwar nordwestlich von Antares, etwa auf der Linie zwischen ρ Ophiuchi und δ Scorpii, ziemlich in der Mitte zwischen diesen beiden Sternen, eine Spur näher an ρ Oph. M 80 ist erheblich lichtschwächer als M 4 und mit nur 5′ scheinbarem Durchmesser deutlich kleiner. Ihn zu finden erfordert schon etwas Erfahrung, es sei denn, man benutzt eine „Go to"-Montierung.

Der räumliche Durchmesser von M 80 beträgt immerhin knapp 90 Lichtjahre, in dem sich einige hunderttausend Sterne drängen, die mit rund zwölf Milliarden Jahren zu den ältesten im Universum gehören. Überraschend ist jedoch, dass in diesem Kugelhaufen auch eine große Zahl heißer, bläulicher, junger Sterne gefunden wurden (im Fachjargon „blue stragglers" genannt). Ihre Herkunft gibt Rätsel auf. Kühne Hypothesen gehen davon aus, dass es in den zentralen Bereichen zu Sternkollisionen kam und auf diese Weise alte Sterne verjüngt wurden, indem unverbrauchte Wasserstoffvorräte zur Kernfusion eingesetzt werden.

In 70 Millionen Jahren umrundet M 80 auf einer zur Milchstraßenhauptebene stark geneigten Bahn das Milchstraßenzentrum, von dem der Kugelhaufen 13 000 Lichtjahre entfernt ist.

Zwei schöne offene Sternhaufen im Skorpion seien empfohlen, nämlich M 6 und M 7. Sie sind weniger bekannt, da sie wegen ihrer südlichen Lage (–32° und –35° Deklination) in unseren Breiten nur geringe Höhen über dem Horizont erreichen und deshalb auch kleine Tagbogen beschreiben, so dass sie immer nur wenige Stunden zu beobachten sind. Aber wer in südliche Länder reist und den Skorpion in den Sommermonaten hoch über sich sieht, kann den Anblick von M 6 und M 7 voll genießen. M 6 hebt sich gut vom dunklen Himmelshintergrund ab. Im Fernglas sind rund 80 Sterne sichtbar, die zu M 6 gehören. Etwas Fantasie vorausgesetzt, gewinnt man den Eindruck eines Schmetterlings. So nennen ihn auch die Amerikaner („butterfly cluster"). Manche sehen hier einen Vogel. Es handelt sich um bläulich-weiß strahlende, heiße und junge Sterne in rund 1600 Lichtjahren Entfernung. Das Alter des Haufens wird auf gerade mal 100 Millionen Jahre geschätzt. Am Ostrand (dem „linken" Schmetterlingsflügel) steht der orange-rote veränderliche Riesenstern BM Scorpii. Er bildet einen schönen Farbkontrast zu den übrigen Haufensternen. M 6 nimmt etwa eine Fläche von 20′ scheinbarem Durchmesser am Himmel ein.

Deutlich näher als M 6 steht M 7, nämlich in knapp 1000 Lichtjahren Entfernung. Deshalb erscheint er uns größer, rund 50′ im Durchmesser. Auch M 7 hebt sich gut vom Himmelshintergrund ab, obwohl er vor relativ hellen Sternwolken der Milchstraße steht im Unterschied zu M 6, dessen Hintergrund recht dunkel ist. Auch erscheinen die Sterne von M 7 heller als die von M 6, was durch die größere Nähe erklärbar ist. M 7 kann man schon mit bloßen Augen sehen – in südlichen Ländern unter guten Sichtbedingungen. Bereits Claudios Ptolemaios hat diese Sternenansammlung erwähnt – und ihm standen weder Fernglas noch Teleskop zur Verfügung. Im Fernglas erkennt man eine Fülle von Sternen – an die hundert. Die hellsten, bläulich-weiß leuchtenden Sterne bilden im Zentrum eine Art Kreuz. M 7 ist ähnlich jung wie M 6. Mit einer Deklination von δ = –34°49′ des Zentrums ist M 7 das südlichste aller Messier-Objekte.

8.6 Das Sternbild Skorpion mit den Positionen des Doppelsterns Acrab (β Sco), der Kugelsternhaufen M 4 und M 80 sowie der offenen Sternhaufen M 6 und M 7

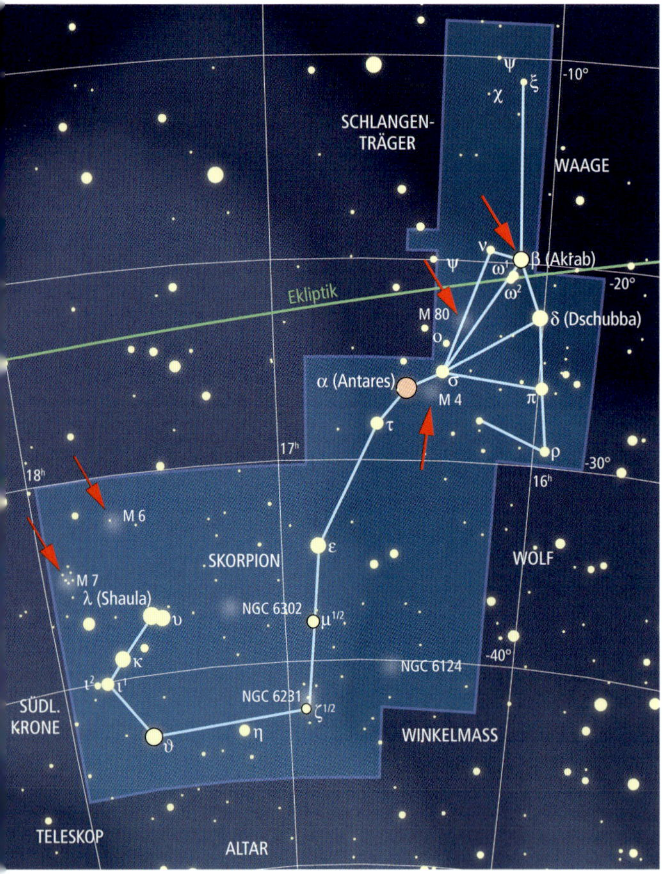

Der Ringnebel in der Leier

8.7 Der Ringnebel im Sternbild Leier, aufgenommen von Bernhard Hubl.

Wer mit einem lichtstarken Fernglas die sternreiche Gegend der Sternbilder Leier und Schwan aufmerksam durchmustert, stößt dabei zwischen den Sternen Sheliak (β Lyrae) und Sulaphat (γ Lyrae) im Sternenrhombus der Leier auf einen unscharf erscheinenden Stern knapp 9. Größe. Er liegt ziemlich exakt in der Mitte zwischen β und γ Lyr, ein wenig näher bei Sheliak (siehe Abb. 8.8 auf Seite 190).

In einem kleinen Fernrohr erscheint dieses Objekt bei etwa 50-facher Vergrößerung als kleines, rundliches, grün-blaues Scheibchen von gut einer Bogenminute Durchmesser. Von der Größe her sieht es aus wie das Jupiterscheibchen, nur erheblich blasser. Die Farbe gleicht eher dem Planeten Uranus. Friedrich Wilhelm Herschel, Entdecker des Planeten Uranus, sprach daher von einem „Planetarischen Nebel", wohl wissend, dass es sich bei diesem Objekt weder um einen Planeten noch um einen Kometen handeln kann. Denn das nebelhafte Gebilde behält seinen Ort im Sternbild der Leier bei und bewegt sich nicht. Es muss daher im interstellaren Raum liegen. Heute sagt man, es ist ein „Deep Sky"-Objekt, also außerhalb unseres Sonnensystems. In größeren Teleskopen erkennt man bei höherer Vergrößerung (ab etwa 100-fach) einen leicht ovalen Ring. Daher kommt die Bezeichnung Ringnebel in der Leier.

Spannende Entdeckungsgeschichte

Entdeckt wurde dieses rundliche Nebelfleckchen am 31. Januar 1779 von dem Kometenjäger Charles Messier, der ihm in seinem Katalog nebelhafter Objekte die Nummer 57 verpasste. In vielen Astronomiebüchern wird der französische Astronom Antoine Darquier de Pellepoix (1718–1802) aus Toulouse als Entdecker genannt, doch dies ist nicht ganz korrekt. Da Darquier fast immer als Entdecker bezeichnet wird, zweifelte fast niemand an der Richtigkeit dieser Behauptung. Selbst in einer populären Veröffentlichung der ESO (Europäische Südsternwarte) heißt es: „Darquier sah den Ring im Januar 1779 bei Benutzung

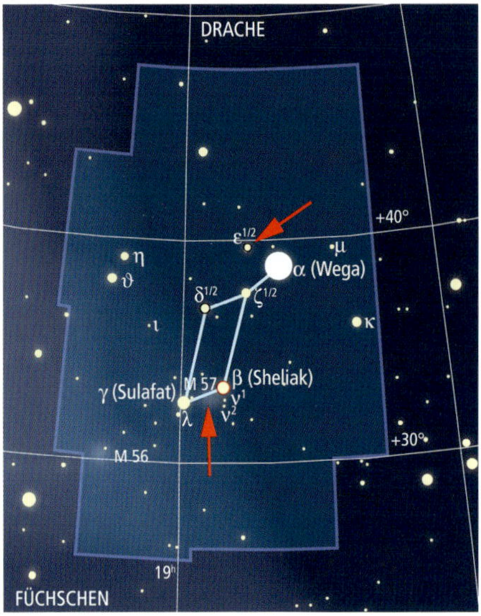

8.8 Die Position des Ringnebels M 57 im Sternbild Leier.

8.9 Antoine Darquier (1718 – 1802), ein französischer Astronom, beobachtete den Ringnebel in der Leier kurz nachdem er von Charles Messier entdeckt wurde.

Wikipedia

eines Teleskopes von drei Zoll Öffnung… kurze Zeit später sah ihn auch Charles Messier und fügte ihn als M 57 seinem Katalog bei".
Alexander von Humboldt publizierte 1850: „Nr. 57, Messier… wurde als erster von Darquier in Toulouse 1779 entdeckt, als der Komet Bode in seine Nachbarschaft kam." Auch Camille Flammarion erwähnt in seinem Buch „Astronomie populaire" von 1890 Darquier als Erstentdecker.
Wenn Autoritäten etwas behaupten, so wird dies häufig zitiert. Und einer schreibt vom anderen ab, weshalb niemand daran zweifelt, dass Darquier der Erstentdecker von M 57 ist. Doch dem ist nicht so, wie die Astronomiehistoriker Don Olson (Texas State University) und Giovanni Maria Caglieri (Circolo Astrofili di Milano) beim Studium der Originalquellen erkannten.
Messier verfolgte die Wanderung eines Kometen durch die Sternbilder Schwan und Leier, den Johann Elert Bode, Direktor der Berliner Sternwarte, am 6. Januar 1779 entdeckt hatte (Komet C/1779 A1). Gegen 5^h morgens Ortszeit am 31. Januar 1779 fand Messier zwischen β und γ Lyr ein „schwaches Lichtfleckchen", das er als nebelhaftes Objekt einstufte und daher in seinen Nebel-Katalog mit der Nr. 57 aufnahm.
In einem Brief, den Darquier im September 1779 an Messier sandte, schrieb er: „… auf das Erscheinen des Kometen 1779 wurde ich durch die *Gazette de France*, die am 9. Februar hier eintraf, informiert und auch über die Entdeckung des nebligen Flecks in der Leier."
Darquier beobachtete daher frühestens am 10. Februar 1779 den Ringnebel in der Leier. Er beschreibt ihn als „jupiterähnlich, aber viel lichtschwächer" und erwähnt als Erster die Ringgestalt von M 57.
Wenn Messier in seinem Katalog erwähnt, Darquier habe den Nebel zwischen β und γ Lyr gefunden, bedeutet dies keineswegs, dass er ihn als Erstentdecker bezeichnen wollte. Darquier meinte übrigens, der Ring bestünde aus unzähligen einzelnen Sternen. Noch Jahrzehnte später versuchten Astronomen, den Ring in Einzelsterne aufzulösen, was verständlicherweise misslang, denn der Ring ist eine interstellare Gaswolke. Darauf

NASA/JPL-Caltech/J. Hora (Harvard-Smithsonian CfA)

8.10 Der Ringnebel M 57, aufgenommen im infraroten Licht vom Spitzer Space Telescope.

wies als Erster Herschel hin. Er beschrieb 1785 den Nebel als „Kuriosität des Himmels". M 57 sei ein kreisförmiges Gebilde mit einem dunklen Fleck in der Mitte. Er ist ein leuchtschwacher Nebel, aber keinesfalls eine Sternansammlung. Bei Fernrohren mit größerer Objektivöffnung tritt die blaugrüne Farbe deutlich hervor und man erkennt die leicht elliptische Form (Ausdehnung 62″ × 86″). In sehr großen Teleskopen tritt auch die rötlich-gelbe Farbe am äußeren Rand des Ringnebels hervor.

Die kosmische Leuchtstoffröhre

Der deutsche Astronom Friedrich von Hahn entdeckte 1800 den Zentralstern von M 57, dessen visuelle Helligkeit lediglich 15^m beträgt. Die bolometrische Helligkeit misst allerdings 12^m. Das meiste Licht sendet der Zentralstern im ultravioletten Spektralbereich aus, den unsere Augen nicht wahrnehmen können. Die intensive UV-Strahlung wird bedingt durch die extrem hohe Oberflächentemperatur von über 100 000 Grad des Zentralsterns. Sie ist auch die Ursache für das Leuchten des Nebels. Während der Zentralstern ein kontinuierliches Spektrum liefert, zeigt der Ringnebel ein typisches Emissionslinienspektrum. Bei Wellenlängen von 4959 Å und 5007 Å (1 Å = 0,1 Nanometer = 1 Hundertmillionstel Zentimeter) liegen zwei kräftige Emissionslinien, die die typische grünliche Färbung des Ringnebels bewirken. Emissionslinienspektren werden von heißen Gasen geringer Dichte ausgesandt, wenn deren Atome durch energiereiche UV-Strahlung zum Leuchten angeregt werden (Anregungs- und Rekombinationsleuchten). Ein ähnlicher Prozess lässt auch eine Leuchtstoffröhre strahlen.

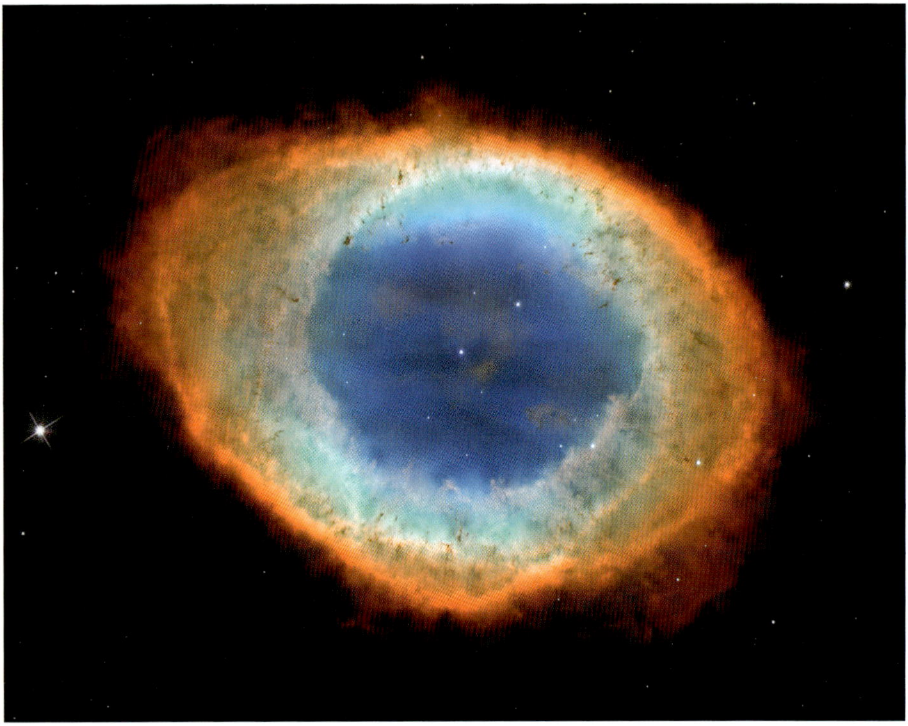

8.11 Detailreiche Aufnahme des Ringnebels vom Hubble-Weltraumteleskop.

Die erwähnten Emissionslinien gaben zunächst Rätsel auf. Man konnte sie keinem chemischen Element zuordnen und dachte an einen auf Erden unbekannten Stoff, den man Nebulium nannte. Doch des Rätsels Lösung: Es handelt sich um „verbotene" Emissionslinien des doppelt ionisierten Sauerstoffs (O III). Diese sind im Labor nicht zu beobachten, obwohl sie theoretisch vorhanden sein müssten. Sie treten allerdings nur in extrem dünnen Gasen auf. In Planetarischen Nebeln liegt die mittlere Dichte bei lediglich 10000 ionisierten Atomen pro Kubikzentimeter. Irdische Luft enthält bei Normaldruck in Meereshöhe 3×10^{19} (30 Trillionen) Moleküle pro Kubikzentimeter, was die Entstehung dieser Emissionslinien verhindert.

Das Nebelgas setzt sich hauptsächlich aus Wasserstoff und Helium zusammen. Der Wasserstoff sorgt auch für das rote Leuchten (Hα-Linie der Balmerserie) in den äußeren Bereichen des Ringnebels. Ferner enthält das Nebelgas Sauerstoff, Stickstoff, Neon, Schwefel, Chlor und Fluor in abnehmender Häufigkeit.

Ein ausgehauchtes Sternenleben

Die Nebelhülle von M 57 besitzt lediglich eine Gesamtmasse von 20 % der Masse unserer Sonne und dehnt sich mit rund einer Bogensekunde pro Jahrhundert aus. Sie wurde vor knapp 10000 Jahren von dem alternden Zentralstern abgestoßen, der sich von seiner äußeren Schicht getrennt hat. Die Abstoßung erfolgt nicht durch eine Explosion in Sekundenschnelle, sondern durch einen immer heftiger werdenden Sternwind in wenigen hundert Jahren. Auch unserer Sonne blüht eines Tages ein ähnliches Schicksal.

Doris Antony / Wikipedia

8.12 Der deutsche Astronom Friedrich von Hahn entdeckte 1800 den Zentralstern des Ringnebels M 57. Das Bild zeigt seine Sternwarte bei Remplin.

Da keine Kernfusion mehr stattfindet, kühlt der Zentralstern allmählich aus, ein Vorgang, der viele Milliarden Jahre dauert, bis er vom Stadium eines Weißen Zwerges zum unsichtbaren Schwarzen Zwerg wird.

Die Entfernung des Ringnebels ist schwierig zu bestimmen. Der inzwischen beste Wert liegt bei 2300 Lichtjahren – allerdings mit einer Unsicherheit von ±500 Lichtjahren. Danach hat der Ringnebel eine lineare Ausdehnung von 0,7 mal 0,9 Lichtjahren, dies entspricht 44 000 AE mal 57 000 AE. Die in verschiedenen Richtungen leicht variable Expansionsgeschwindigkeit liegt zwischen 30 und 40 km/s.

Umgeben wird der sichtbare Bereich des Ringnebels von einem ausgedehnten Wasserstoffhalo mit fast drei Lichtjahren Durchmesser. Der Ringnebel dehnt sich weiter aus, getrieben auch vom intensiven Sternwind der grell strahlenden Zentralsonne. Nach rund 20 000 Jahren wird der Ringnebel so weit auseinander gedriftet sein, dass er für unsere Augen nicht mehr sichtbar sein wird.

Noch aber ist M 57 in der Leier für Sternfreunde wie für das Laienpublikum bei einer Sternführung ein interessantes und lohnenswertes Beobachtungsziel.

DER RINGNEBEL IN ZAHLEN

Ringnebel im Sternbild Leier (Lyra)	
Katalogbezeichnungen:	M 57/ NGC 6720
Äquatoriale Koordinaten (J2000.0):	$\alpha = 18^{h}55^{m}{,}6$ / $\delta = +33°02'$
Scheinbare Helligkeit:	$m_{vis} = 8^{m}{,}8$
Scheinbare Ausdehnung:	$62'' \times 86''$
Entfernung:	2300 ± 500 Lichtjahre
Absolute Helligkeit:	$-0^{M}{,}3$ etwa 100 Sonnenleuchtkräfte
Durchmesser:	0,7 × 0,9 Lichtjahre ≙ 44 000 × 57 000 AE
Mittlere Radialgeschwindigkeit:	–19,1 km/s
Gesamtmasse:	0,2 Sonnenmassen
Wasserstoffhalo, Durchmesser	4 Bogenminuten ≙ 2,7 Lichtjahre
Zentralstern:	HD 175 353
Scheinbare Helligkeit:	$m_{vis} = 14^{m}{,}8$
Absolute Helligkeit:	$M_{vis} = 5^{M}{,}6$
Oberflächentemperatur:	100 000 K

September 2019

- Neptun steht am 10. im Sternbild Wassermann in Opposition zur Sonne.
- Die Sonne passiert am 23. um 8^h50^m MEZ (= 9^h50^m MESZ) den Herbstpunkt, die Tagundnachtgleiche tritt ein.
- Mars steht am 2. in Konjunktion mit der Sonne.
- Jupiter und Saturn sind am Abendhimmel zu sehen.

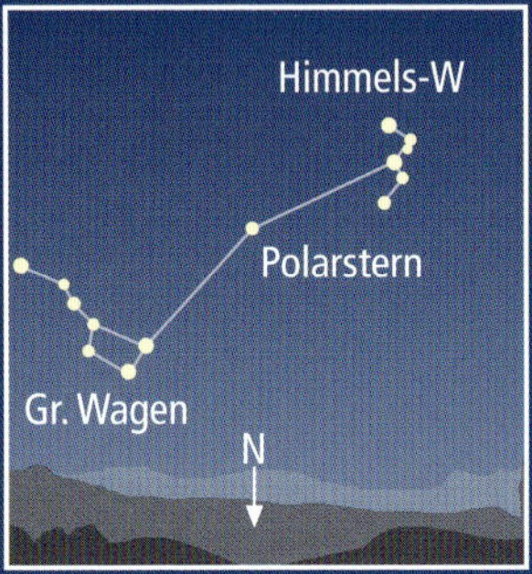

Großer Wagen und Himmels-W Anfang September um 22 Uhr

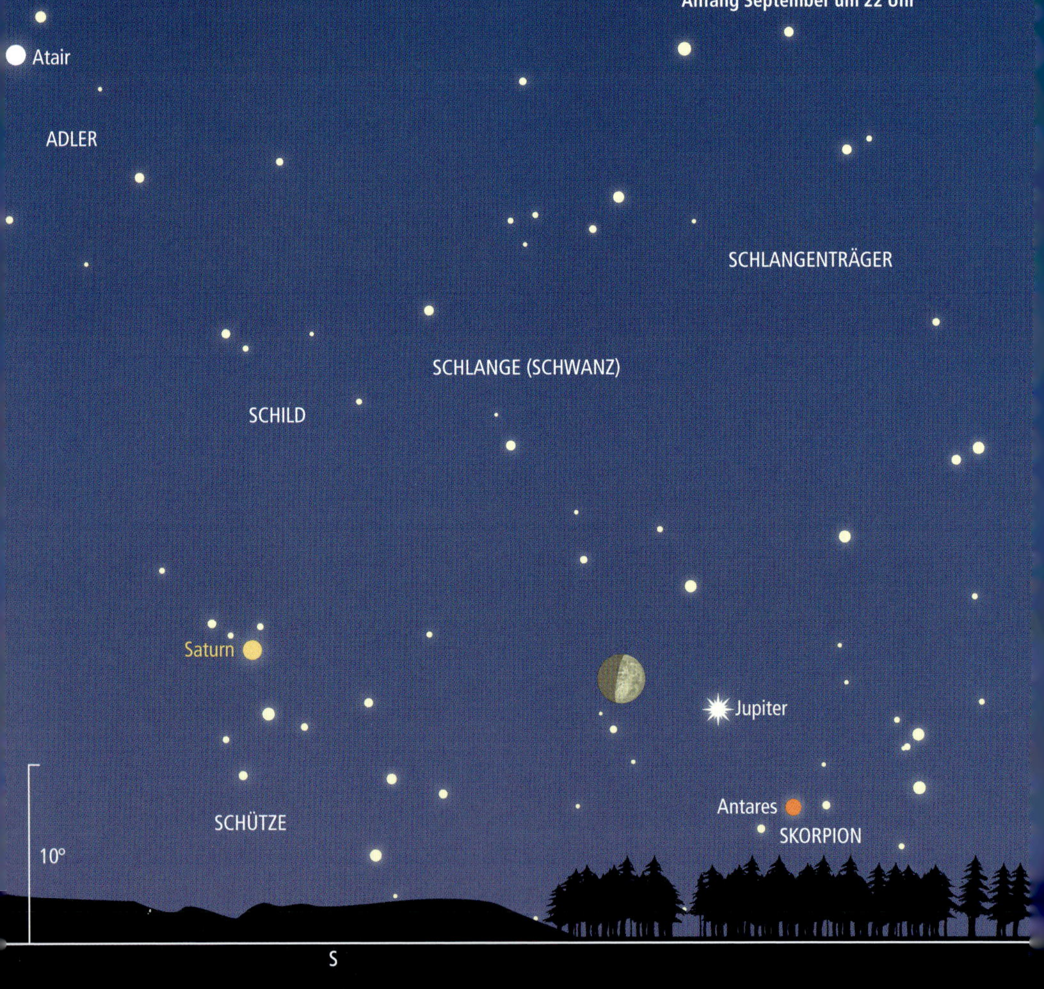

9.1 Anblick des Südhimmels am 6. September gegen 20^h MEZ (= 21^h MESZ). Neben Jupiter hält sich der zunehmende Halbmond auf. Saturn steht im Sternbild Schütze.

1	So	
2	Mo	
3	Di	
4	Mi	
5	Do	
6	Fr	Mond im ersten Viertel Mond bei Jupiter (Abendhimmel)
7	Sa	
8	So	Mond bei Saturn (Abendhimmel)
9	Mo	
10	Di	Neptun in Opposition
11	Mi	
12	Do	
13	Fr	
14	Sa	Vollmond
15	So	
16	Mo	

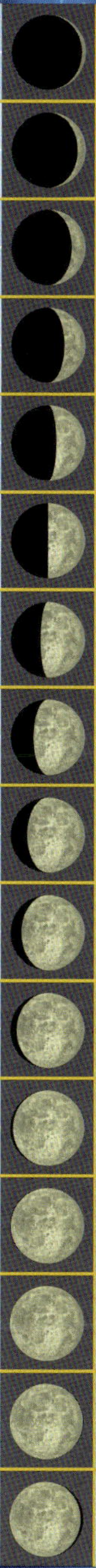

17	Di	
18	Mi	
19	Do	
20	Fr	
21	Sa	
22	So	Mond im letzten Viertel
23	Mo	Herbstbeginn
24	Di	
25	Mi	
26	Do	
27	Fr	
28	Sa	Neumond
29	So	
30	Mo	

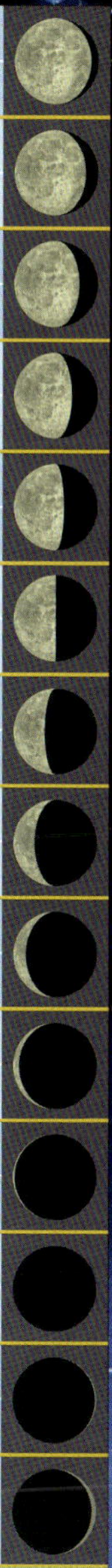

SONNE – STERNBILDER

17. 9. 8^h:
Sonne tritt in das Sternbild Jungfrau
23. 9. 8^h50^m:
Sonne tritt in das Tierkreiszeichen Waage
Julianisches Datum am
1. September, 1^h MEZ:
2 458 727,5

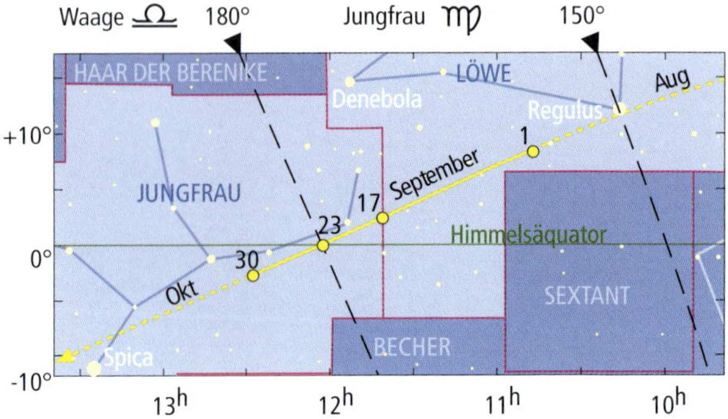

TABELLE SONNENLAUF

Tag	Dämmerg. Anfang	Aufgang MEZ	Kulmination	Untergang MEZ	Dämmerg. Ende	Mittagshöhe	Zeitgleichg.	Rektaszension	Deklination
	h m	h m	h m	h m	h m	°	m	h m	°
1.	4 19	5 34	12 20	19 05	20 19	48,3	0	10 39	+ 8,6
5.	4 27	5 40	12 19	18 56	20 10	46,8	+ 1	10 53	+ 7,1
10.	4 35	5 48	12 17	18 45	19 58	44,9	+ 3	11 11	+ 5,2
15.	4 44	5 55	12 15	18 34	19 46	43,0	+ 5	11 29	+ 3,3
20.	4 52	6 03	12 14	18 23	19 34	41,1	+ 6	11 47	+ 1,4
25.	5 00	6 10	12 12	18 12	19 22	39,2	+ 8	12 05	− 0,6
30.	5 08	6 18	12 10	18 01	19 11	37,2	+10	12 23	− 2,5

TAGES- UND NACHTSTUNDEN

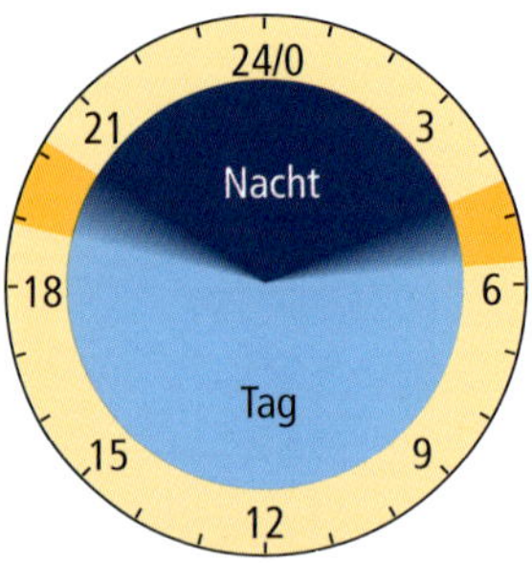

5. September

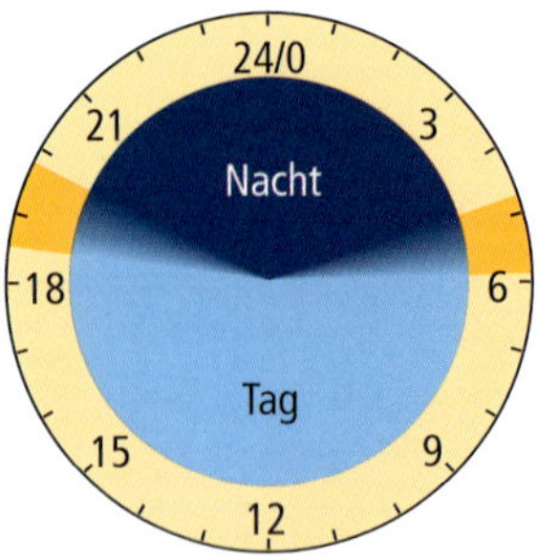

15. September

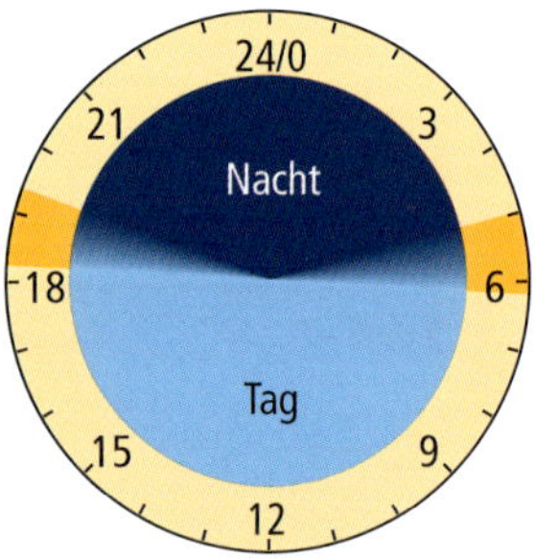

25. September

TABELLE MONDLAUF

Datum	Aufg. MEZ	Kulmination	Unterg. MEZ	Rektaszension	Deklination	Sterne und Sternbilder	Phase	MEZ
	h m	h m	h m	h m	°			
So 1.	7 54	14 19	20 29	12 09	+ 4,4	Jungfrau		
Mo 2.	9 16	15 12	20 54	13 04	− 1,3	Jungfrau	Größte Nordbreite	
Di 3.	10 37	16 04	21 19	13 59	− 6,8	Jungfrau		
Mi 4.	11 54	16 55	21 47	14 52	−11,8	Waage		
Do 5.	13 09	17 47	22 19	15 46	−16,0	Waage	Libration West	
Fr 6.	14 18	18 40	22 57	16 40	−19,3	Antares	**Erstes Viertel**	**$4^h\ 10^m$**
Sa 7.	15 20	19 32	23 42	17 35	−21,4	Schlangenträger		
So 8.	16 14	20 23	–	18 29	−22,5	Schütze, Nunki	Absteigender Knoten	
Mo 9.	16 58	21 13	0 33	19 22	−22,4	Schütze, Nunki		
Di 10.	17 35	22 01	1 31	20 14	−21,2	Steinbock		
Mi 11.	18 05	22 47	2 33	21 05	−19,2	Steinbock		
Do 12.	18 30	23 31	3 36	21 53	−16,3	Steinbock		
Fr 13.	18 52	–	4 41	22 40	−12,7	Wassermann	Erdferne 406/29′,4	15^h
Sa 14.	19 12	0 14	5 46	23 25	− 8,7	Wassermann	**Vollmond**	**$5^h\ 33^m$**
So 15.	19 30	0 56	6 50	0 09	− 4,3	Fische		
Mo 16.	19 49	1 37	7 55	0 53	+ 0,3	Walfisch	Größte Südbreite	
Di 17.	20 09	2 18	9 00	1 38	+ 4,9	Fische		
Mi 18.	20 31	3 01	10 07	2 23	+ 9,3	Walfisch		
Do 19.	20 56	3 46	11 14	3 10	+13,4	Widder		
Fr 20.	21 28	4 33	12 23	4 00	+17,1	Stier, Hyaden		
Sa 21.	22 07	5 24	13 30	4 52	+20,0	Aldebaran		
So 22.	22 57	6 18	14 34	5 47	+21,9	Stier	**Letztes Viertel**	**$3^h\ 41^m$**
							Libration Ost	
Mo 23.	23 59	7 15	15 31	6 45	+22,7	Alhena	Aufsteigender Knoten	
Di 24.	–	8 13	16 20	7 45	+22,1	Pollux		
Mi 25.	1 11	9 12	17 00	8 46	+20,2	Krebs, Krippe		
Do 26.	2 31	10 10	17 34	9 46	+16,8	Löwe, Regulus		
Fr 27.	3 56	11 07	18 02	10 45	+12,3	Löwe		
Sa 28.	5 21	12 02	18 28	11 43	+ 7,0	Jungfrau	**Neumond Nr. 1197**	**$19^h\ 26^m$**
							Erdnähe 358/33′,4	3^h
So 29.	6 46	12 56	18 52	12 39	+ 1,2	Jungfrau	Größte Nordbreite	
Mo 30.	8 09	13 50	19 17	13 35	− 4,6	Spica		

DER MOND ENTFERNT SICH VON SATURN

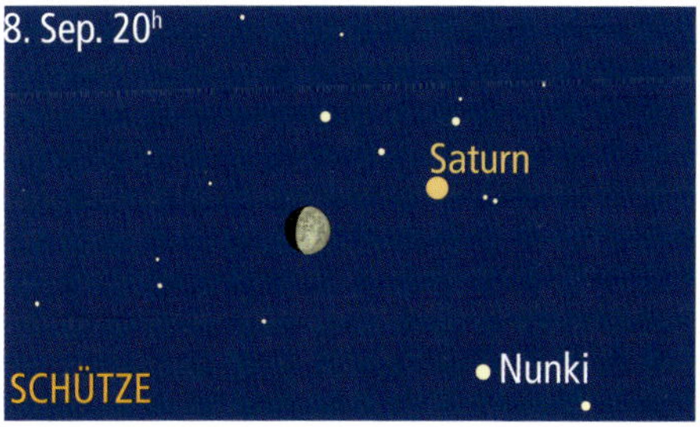

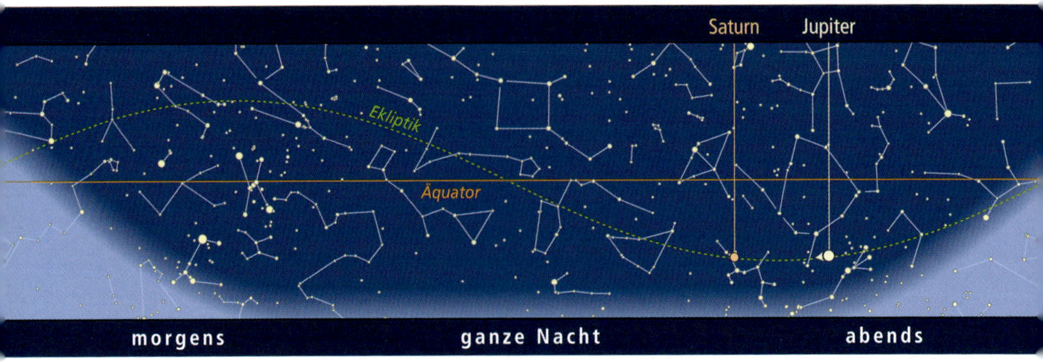

MERKUR kommt am 4. in obere Konjunktion mit der Sonne. Bis Monatsende wachsen seine östlichen Winkelabstände von der Sonne auf 19° an. Dies reicht nicht für eine Abendsichtbarkeit, denn die abendliche Ekliptik liegt flach zum Westhorizont und Merkurs Deklination ist fast 10° geringer als die der Sonne. Auch die Konjunktion mit Venus am 13. bleibt unbeobachtbar.

VENUS stand Mitte des Vormonats in oberer Konjunktion mit der Sonne. Noch kann sich unser innerer Nachbarplanet nicht aus den Strahlen der Sonne befreien. Venus bleibt weiterhin unsichtbar. Auch die Begegnung mit Merkur am 13. entgeht uns.

MARS wird am 2. von der Sonne im Sternbild Löwe eingeholt und steht mittags in Konjunktion mit ihr. Somit hält sich der rote Planet am Taghimmel auf und bleibt nachts unbeobachtbar unter dem Horizont.
Am Tag der Konjunktion ist Mars 400 Millionen Kilometer (= 2,67 AE) von der Erde entfernt. Dies ist fast die maximal mögliche Distanz des roten Planeten von uns, was darauf zurückzuführen ist, dass Mars nur eine Woche vorher sein Aphel passierte.
Am 24. tritt Mars in das Sternbild Jungfrau.

JUPITER beschleunigt seine rechtläufige Wanderung durch den Schlangenträger. Seine Bewegung lässt sich gut an Antares (α Sco) als Fixpunkt verfolgen, von dem er sich in östlicher Richtung entfernt (siehe Abb. 6.6 auf Seite 145). In der ersten Septemberwoche steht er in östlicher Quadratur, das heißt, sein östlicher Winkelabstand von der Sonne beträgt 90°.
Der Riesenplanet verkürzt seine Sichtbarkeitsdauer drastisch. Er wird zum Planeten des frühen Abendhimmels.
Am 1. erfolgt der Jupiteruntergang um 22^h40^m (= 23^h40^m Sommerzeit), am 15. um 21^h49^m und am 30. schon um 20^h57^m. Nur durch die jetzt immer früher einsetzende Dunkelheit ergibt sich noch Ende des Monats eine Sichtbarkeitsdauer von gut zweieinhalb Stunden.
Die Jupiterhelligkeit sinkt weiter um $0{,}^m2$ auf $-2{,}^m0$ ab. Der scheinbare Äquatordurchmesser geht leicht von $39{,}''0$ auf $35{,}''8$ zurück.
Am 6. begegnet der zunehmende Halbmond auf seiner monatlichen Tour wieder dem Riesenplaneten – zu beobachten gegen 20^h (= 21^h Sommerzeit) in südlicher Richtung (siehe Abb. 9.1 auf Seite 194).

SATURN bremst seine rückläufige Wanderung durch den Schützen ab und wird am 18. stationär.
Damit endet seine Oppositionsperiode, was auch an der von $0{,}^m3$ auf $0{,}^m5$ abnehmenden Helligkeit deutlich wird. Anschließend bewegt er sich wieder rechtläufig durch den Tierkreis, was zunächst kaum auffällt (siehe Abb. 7.5 auf Seite 165).
Seine Untergänge verlagert der Ringplanet in die Zeit vor Mitternacht – er wird zum Planeten der ersten Nachthälfte. Am 1. geht Saturn um 0^h48^m (= 1^h48^m Sommerzeit) unter und am 15. um 23^h48^m. Am 30. sinkt er bereits um 22^h50^m unter die südwestliche Horizontlinie.

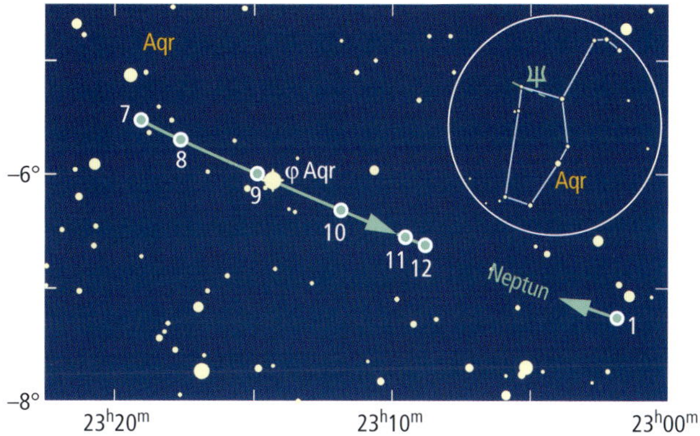

9.2 Scheinbare Bahn des Planeten Neptun im Sternbild Wassermann im Januar 2019 sowie vom 1. Juli bis Jahresende 2019.

URANUS beschleunigt seine rückläufige Bewegung im Widder und strebt seiner Opposition zur Sonne entgegen, die er aber erst Ende Oktober einnehmen wird (siehe Abb. 10.6 auf Seite 219).
Der grünliche Planet wird allmählich zum Planeten der gesamten Nacht. Am 1. geht der $5^{m}{,}7$ helle Uranus um 20^h46^m (= 21^h56^m Sommerzeit) auf, am 15. um 19^h50^m und am 30. schon um 18^h50^m. Seine Kulminationen verfrühen sich vom 1. um 3^h57^m auf 2^h00^m (= 3^h00^m Sommerzeit) am Monatsende um fast zwei Stunden.

NEPTUN steht am 10. im Sternbild Wassermann in **Opposition** zur Sonne. Am Tag der Opposition geht der nur $7^{m}{,}8$ helle Neptun um 18^h42^m (= 19^h42^m Sommerzeit) auf, passiert den Meridian in der Oppositionsnacht um 0^h20^m und geht morgens um 5^h50^m unter. Bis Monatsende verfrühen sich die Neptununtergänge auf 4^h32^m. Die Kulminationshöhe beträgt für 50° Nord rund 34° über dem Südpunkt am Horizont.
Der bläuliche Planet wandert rückläufig durch den Wassermann, wobei er am 6. nur 6″ (sechs Bogensekunden) südlich an φ Aquarii vorbeiläuft. Um 20^h sieht man ihn 32″ südwestlich von φ Aqr (siehe Abb. 9.2 oben). An φ Aqr als Fixpunkt kann man sehr gut die Bewegung von Neptun verfolgen.
Im Teleskop zeigt Neptun ein winziges, bläuliches Planetenscheibchen von lediglich $2{,}''4$ scheinbarem Durchmesser. Details wie Wolkenstreifen oder dunkle Flecken sind auf seiner Oberfläche nicht zu erkennen.
Am 9. trennen Neptun 4328 Millionen Kilometer (= 28,93 AE) von der Erde. Von Neptun ist das Sonnenlicht somit vier Stunden und eine halbe Minute zur Erde unterwegs. Von der Sonne ist Neptun zur Opposition 4478 Millionen Kilometer (= 29,93 AE) entfernt.

PLANETOIDEN UND ZWERGPLANETEN

VESTA (4) bremst ihre rechtläufige Bewegung ab und wird am 25. im Sternbild Stier stationär. Sie setzt damit zu ihrer Oppositionsschleife an. Die Vestahelligkeit nimmt um eine halbe Größenklasse auf $7^{m}{,}2$ zu. Das macht Vesta zu einem klassischen Fernglasobjekt.

9.3 Das Sternbild Wassermann in einer Aufnahme von Bernhard Hubl.

Am 1. passiert Vesta um 5^h22^m (= 6^h22^m MESZ) den Meridian, am 15. um 4^h33^m und am 30. bereits um 3^h35^m.
Die Aufsuchkarte Abb. 11.8 auf Seite 238 soll helfen, den 4. Planetoiden zu finden.

EUNOMIA (15) stand Mitte des Vormonats in Opposition zur Sonne. Sie bremst ihre rückläufige Wanderung durch den Wassermann deutlich ab und wird am 28. stationär. Damit endet ihre Oppositionsperiode, was auch an der von $8^m\!,5$ auf $9^m\!,0$ abfallenden Helligkeit von Eunomia deutlich wird (siehe Abb. 8.4 auf Seite 183).
Am 1. passiert Planetoid Nr. 15 um 22^h38^m (= 23^h38^m MESZ) den Meridian, am 15. um 21^h34^m und am 30. um 20^h33^m.

PERIODISCHE STERNSCHNUPPENSTRÖME

In der Nacht zum ersten September erreichen die **ALPHA-AURIGIDEN** ihr Maximum. Es handelt sich mit ca. 65 km/s um recht schnelle Sternschnuppen. Der Radiant liegt nahe Kapella im Fuhrmann. Erstmals wurde dieser Strom im Jahre 1935 beobachtet. Die Meteorhäufigkeit ist von Jahr zu Jahr verschieden. Im Jahr 2007 wurden rund 100 Meteore stündlich im Maximum registriert. Der Ursprungskomet C/1911 N1 (Kiess) hat eine lange Umlaufzeit von etwa 2000 Jahren. Die Trümmerwolke, die für die Sternschnuppen dieses Stromes verantwortlich ist, läuft auf einer kleineren Bahn um die Sonne, wie wiederholt erhöhte Häufigkeitsraten beweisen.

Wenig bekannt sind die **EPSILON-PERSEÏDEN**, die im September auftreten. Zum Maximum am 9. werden etwa zehn Meteore pro Stunde erwartet. In manchen Jahren wurden erhöhte Raten beobachtet, so 2008 und 2013, wo im Maximum bis zu 30 Sternschnuppen gezählt wurden. Im Jahr 2019 muss man sich überraschen lassen – die Meteorspezialisten liefern keine Prognose.
Die **PISCIDEN** sind im gesamten September aktiv. Ihr Ausstrahlungspunkt liegt in den Fischen. Beste Beobachtungszeit ist zwischen 22^h und 4^h morgens. Das Maximum ist um den 20. September zu erwarten, wobei nur etwa fünf bis zehn Meteore pro Stunde auftauchen. Die Geschwindigkeit der Meteoroide liegt um 25 Kilometer pro Sekunde. Die Pisciden zerfallen in mehrere Teilströme, von denen einer bis Mitte Oktober tätig ist.
Die **TAURIDEN** tauchen vom letzten Septemberdrittel bis Ende November auf. Ihr Radiant liegt im September noch in den Fischen und verlagert sich in Richtung Widder bis er im November den Stier (Taurus) erreicht. Der Tauriden-Strom geht wahrscheinlich auf den Kometen 2P/Encke zurück. Das wenig ausgeprägte Maximum fällt auf den 12. November. Die Objekte sind um 30 Kilometer pro Sekunde schnell, haben also mittlere Geschwindigkeiten. Manchmal unterscheidet man zwischen Süd- und Nordtauriden. Die Südtauriden erreichen ihr Maximum schon am 5. November.

KONSTELLATIONEN UND EREIGNISSE

Datum	MEZ	Ereignis
2.	12^h	Mars in Konjunktion mit der Sonne
3.	12	Merkur bei Mars, Merkur $0^\circ\!,7$ nördlich
4.	3	Merkur in oberer Konjunktion mit der Sonne
6.	8	**Mond bei Jupiter**, Mond $2^\circ\!,3$ nördlich, **Abstand $5^\circ\!,8$ um 19^h**
8.	15	**Mond bei Saturn**, Mond $0^\circ\!,04$ südlich, **Abstand $2^\circ\!,9$ um 20^h**
9.	4	Mond bei Pluto, Mond $0^\circ\!,08$ nördlich
10.	8	**Neptun in Opposition** zur Sonne
13.	19	Mond bei Neptun, Mond $3^\circ\!,6$ südlich
13.	23	Merkur bei Venus, Merkur $0^\circ\!,3$ südlich
17.	21	Mond bei Uranus, Mond $4^\circ\!,5$ südlich
18.	7	Saturn im Stillstand, anschließend rechtläufig
23.	8^h50^m	**Sonne im Herbstpunkt, Tagundnachtgleiche**
28.	2	Mond bei Mars, Mond $4^\circ\!,1$ nördlich
29.	14	Mond bei Venus, Mond $4^\circ\!,4$ nördlich
29.	23	Mond bei Merkur, Mond $6^\circ\!,2$ nördlich

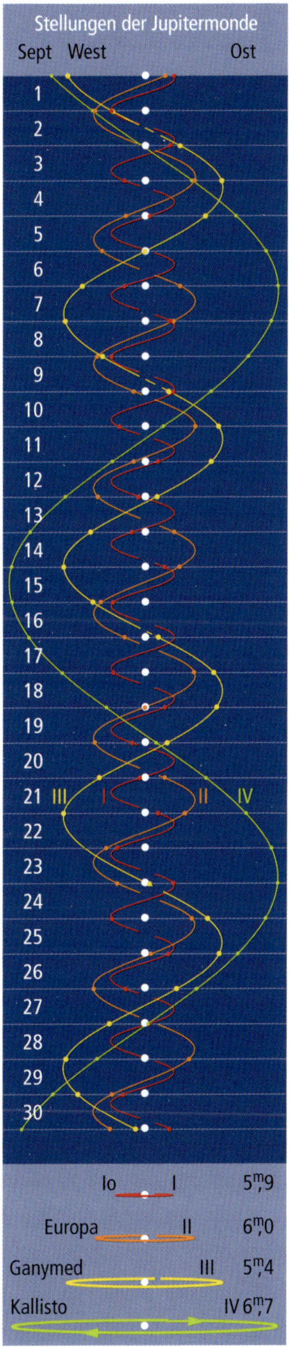

JUPITERMONDE

Tag	MEZ h m	Vorgang	
4.	20 19	II	DE
	20 26	II	SA
5.	22 12	I	BA
6.	19 33	I	DA
	20 50	I	SA
	21 44	I	DE
7.	20 13	I	VE
9.	18 28	III	VA
	21 05	III	VE
11.	20 28	II	DA
13.	20 36	II	VE
	21 29	I	DA
14.	18 36	I	BA
15.	18 09	I	DE
	19 25	I	SE
16.	19 50	III	BE
20.	18 08	II	BA
21.	20 33	I	BA
22.	17 54	I	DA
	19 08	I	SA
	20 05	I	DE
	21 20	I	SE
23.	18 33	I	VE
27.	18 56	III	SE
	20 48	II	BA
29.	17 37	II	SA
	17 40	II	DE
	19 51	I	DA
	20 11	II	SE
30.	20 28	I	VE

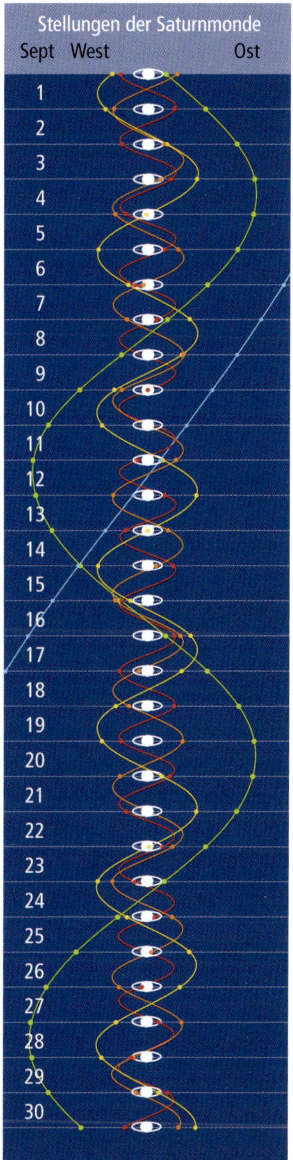

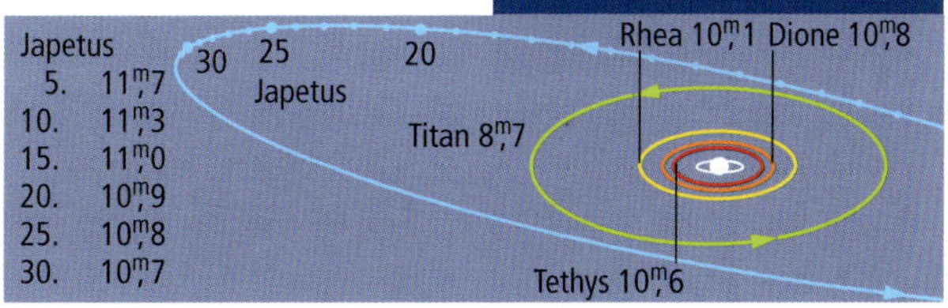

Der Fixsternhimmel

Der Himmelswagen ist nach Nordwesten herabgesunken, das Himmels-W, die Kassiopeia, ist statt ihm emporgestiegen. Die Szenerie der Sommersternbilder hat sich inzwischen deutlich nach Westen verschoben. Der Skorpion mit dem hellen, roten Antares ist gar schon untergegangen, während im Osten der Aufmarsch der Herbststernbilder beginnt.

Den Helligkeitsschwerpunkt bestimmt nach wie vor das Sommerdreieck mit Wega, Deneb und Atair. Der Schwan mit dem schönen Sternenhintergrund der Milchstraße steht nun fast genau im Scheitelpunkt oder Zenit.

Neben dem Adler stößt man im Meridian auf das kleine, aber einprägsame Sternbild Delphin. Es wird in erster Linie durch einen kleinen Sternenrhombus mit einem zusätzlichen angehängten Stern gebildet.

Tief im Süden kulminiert gerade der Steinbock, ein nicht besonders auffälliges Tierkreisbild, aber dennoch gut auszumachen. Flankiert wird der Steinbock von seinen ausgedehnten und lichtschwachen Tierkreiskollegen Schütze im Westen und Wassermann im Osten.

Günstige Beobachtungsbedingungen vorausgesetzt, kann man südlich des Steinbocks von südlichen Breiten aus bei sehr klarer Luft sogar das Sternbild Mikroskop (lat.: Microscopium) erspähen. Das Mikroskop ist ein neuzeitliches Sternbild des Südhimmels und wurde von dem französischen Astronomen Nicolas Louis de Lacaille (1713–1762) eingeführt. Wesentlich deutlicher ist tief im Süden noch ein recht heller Stern zu erkennen, nämlich Fomalhaut im Südlichen Fisch (lat.: Piscis Austrinus). Der Name Fomalhaut stammt aus dem Arabischen und bedeutet so viel wie „Maul des Fisches". Das Pegasusquadrat hat sich den Osthimmel erobert. Der Pegasus ist das Leitsternbild des Herbsthimmels. Der antiken Mythologie nach ist der Pegasus das geflügelte Pferd der Dichter. An die Nordostecke des Pegasusvierecks schließt sich die Sternenkette der Andromeda an. Die Andromeda ist der Sage nach die unglückliche Tochter des Königspaares Kassiopeia und Kepheus. Der Andromeda folgt halbhoch im Nordosten der Perseus, strahlender Held und Erretter der Andro-

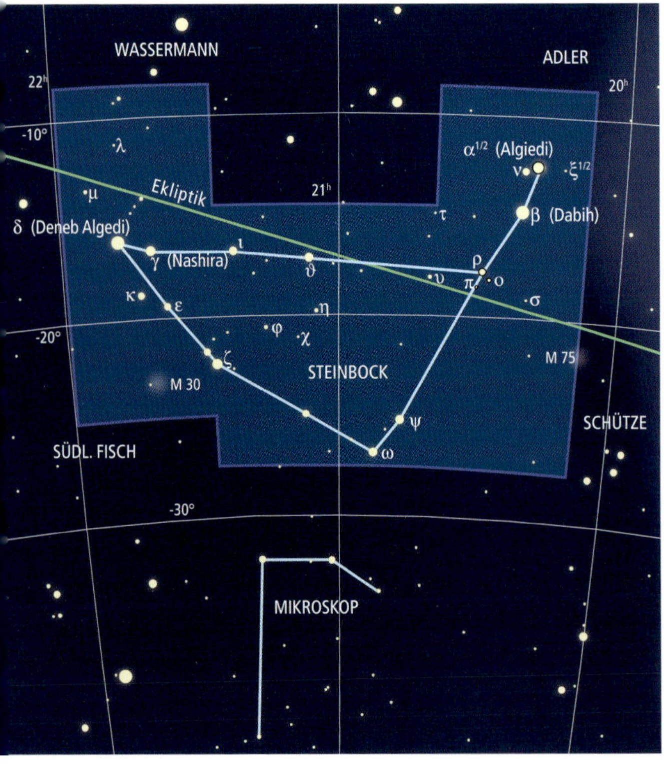

9.4 Die Sternbilder Steinbock und Mikroskop.

DER STERNENHIMMEL AM 15. SEPTEMBER UM 22^h MEZ

Die Sternkarte ist auch gültig für:

	MEZ	MESZ
15. 7.	2^h	3^h
1. 8.	1	2
15. 8.	0	1
1. 9.	**23**	**24**
15. 9.	**22**	**23**
30. 9.	**21**	**22**
15.10.	20	21
31.10.	19	
15.11.	18	

meda. Im Perseus findet man Algol (β Perseï), den Teufelsstern – ein bekannter Bedeckungsveränderlicher und Prototyp der Klasse der Algol-Variablen.

Im Osten fällt das kleine Sternbild Widder auf, das im Wesentlichen aus drei Sternen besteht, die ein stumpfwinkliges Dreieck bilden. Der Hauptstern, α Arietis, heißt Hamal, was arabisch so viel wie Lamm bedeutet. Davon leitet sich auch unser deutsches Wort Hammel ab.

Im Südosten ist das ausgedehnte, aber lichtschwache Tierkreissternbild Fische aufgetaucht. In ihm liegt in unserer Zeit der Frühlingspunkt. Zu Herbstbeginn stehen die Fische der Sonne genau gegenüber. Geht die Sonne im Westen unter, so steigen die

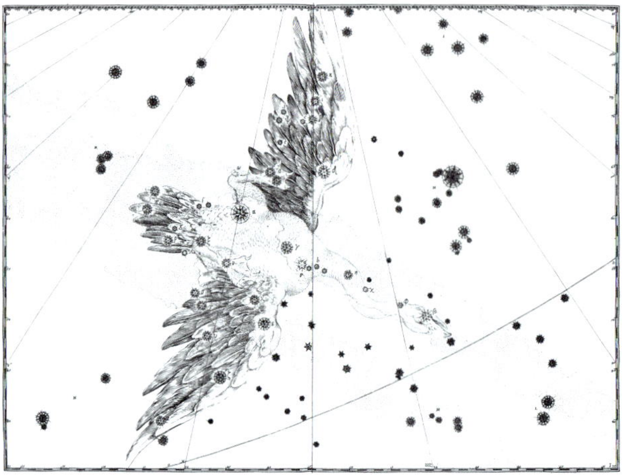

9.5 Das Sternbild Schwan in einer figürlichen Darstellung im Sternatlas *Uranometria* von Johannes Bayer aus dem Jahre 1603.

Fische über dem Osthorizont empor, was als akronyktischer Aufgang bezeichnet wird.

DAS STERNBILD SCHWAN (CYGNUS)

Der Schwan ist ein typisches Sommersternbild. Ende August, Anfang September sieht man ihn gegen zehn Uhr abends im Meridian, also hoch im Süden, fast senkrecht über unseren Köpfen. Die international verbindliche Bezeichnung lautet „Cygnus", abgekürzt „Cyg". Das markante Sternenkreuz des Schwans in den hellen Bereichen der Milchstraße ist kaum zu übersehen. Der hellste Stern im Schwan heißt Deneb und bildet mit Wega in der Leier und Atair im Adler das bekannte Sommerdreieck. Zwei griechische Sagen aus dem klassischen Altertum berichten vom Schwan:

Der einen Version nach verwandelt sich der stets zu Liebesabenteuern aufgelegte Göttervater Zeus in einen Schwan, um die Tochter der Nacht, Nemesis, zu verfolgen. Er hatte nämlich beschlossen, eine bildhübsche Frau zu zeugen, um die einst ein Streit entbrennen sollte. Zeus begibt sich höchstpersönlich in die finsteren Abgründe des Okeanos, um von Nyx, der Göttin der Nacht, ihre Tochter Nemesis zu fordern. Nyx weigert sich, ihre Tochter herauszugeben. Die jungfräuliche Nemesis, die den lauten Disput vernommen hat, hüllt den Mantel der Nacht um sich und flieht im Schutze der Dunkelheit. Zu ihrer besseren Tarnung nimmt sie die Gestalt einer Wildgans an. Zeus entgeht dies aber nicht. Flugs verwandelt er sich in einen prächtigen Schwan mit mächtigen Schwingen und nimmt die Verfolgung auf. Bald hat er Nemesis eingeholt, und das Schicksal nimmt seinen Lauf. Die dieser Verbindung entsprossene schöne Helena wird zum Anlass des Trojanischen Krieges, wie ihn Zeus gewünscht hatte.

Die andere Sage berichtet: Kyknos (griech., Schwan), der beste Freund des tödlich verunglückten Phaeton, Sohn des Sonnengottes, der mit dem Sonnenwagen in den Fluss Eridanus (Sternbild) gestürzt war, wurde zum Trost als Schwan an den Himmel versetzt. Dort fliegt er nun entlang der Milchstraße, die dieser Geschichte nach die Brandspur des schleudernden Sonnenwagens markieren soll, und lässt seine Klagelieder erschallen.

Wegen seiner Form wird das Sternbild Schwan auch als „Kreuz des Nordens" bezeichnet. Fast alle Völker der Antike

VERÄNDERLICHE STERNE IM SEPTEMBER

Algol-Minima	10.	4^h53^m	13.	1^h43^m	15.	22^h30^m	18.	19^h19^m	30.	6^h34^m
β-Lyrae-Minima	4.	13^hH	11.	0^hN	17.	12^hH	23.	24^hN	30.	11^hH
δ-Cepheï-Maxima	5.	15^h	10.	24^h	16.	9^h	21.	17^h	27.	2^h
Mira-Helligkeit	1.	9^m	10.	8^m	20.	8^m	30.	7^m		

9.6 Das Sternbild Schwan in einer modernen Sternkarte mit den Positionen des Nordamerikanebels (NGC 7000) und des Pelikannebels (IC 5067).

erkannten in dieser Sternenanordnung einen Vogel. Die Araber meinten, hier ein flatterndes Huhn statt eines Schwans zu sehen. Sie nannten den Hauptstern (α Cygni) Deneb, was von „Danab al Dajajah“ kommt und Schwanz der Henne bedeutet. Die alte Bezeichnung „Arided“ für α Cygni ist heute nicht mehr gebräuchlich.

Deneb zählt zu den absolut leuchtkräftigsten Sternen (absolute Helligkeit $-8^{M}{,}4$). Er strahlt das Licht von 200000 (!) unserer Sonnen aus. Er ist ein heller Überriese der Leuchtkraftklasse Ia. Mit rund 2600 ± 200 Lichtjahren Entfernung ist Deneb der am weitesten entfernte Stern erster Größe (scheinbare Helligkeit: $1^{m}{,}25$). Als Stern der Spektralklasse A2 sendet Deneb ein weißes Licht aus.

Der Name des Kopfsterns, (β Cygni) Albireo, ist auf „ab ireo“ von „Al Minhar al Dajajah“, der Schnabel der Henne, zurückzuführen. Albireo ist ein sehr schöner Paradedoppelstern in 390 Lichtjahren Entfernung. Eine $3^{m}{,}1$ helle, orange Hauptkomponente (Spektralklasse K5) hat in knapp 35″ Distanz einen $5^{m}{,}1$ hellen, bläulich-weißen Begleiter (Spektralklasse B8).

Sadr (γ Cygni) ist ein weißlich-gelber (F8) Überriese in 1400 Lichtjahren Entfernung. Da er ein außerordentlich leuchtkräftiger Stern ist, leuchtet er am irdischen Himmel trotz seiner großen Entfernung dennoch als relativ heller Stern mit $2^{m}{,}2$.

Auch der berühmte Stern Nr. 61 befindet sich im Schwan. An 61 Cygni gelang es Friedrich Wilhelm Bessel im Jahre 1838 erstmals, seine trigonometrische Parallaxe zu messen und damit die Entfernung von 61 Cygni zu elf Lichtjahren zu bestimmen. Nahe dem Stern ξ Cygni stößt man auf den Nordamerikanebel, eine interstellare Gas- und Staubwolke in rund 1600 Lichtjahren Entfernung. Mit lichtstarkem Fernglas ist NGC 7000, so seine Katalogbezeichnung, bei dunklem Himmelshintergrund ohne weiteres zu erkennen. Die Bezeichnung erfolgte wegen seiner Umrisse, die an den nordamerikanischen Kontinent erinnern. In der Nachbarschaft des Nordamerikanebels liegt der Pelikannebel, der kleiner und lichtschwächer und daher nicht einfach zu beobachten ist. Nur bei sehr dunklem Himmel und bei schwacher Vergrößerung kann man ihn gerade noch erkennen. Er ist etwa gleich weit entfernt wie NGC 7000. Die Katalogbezeichnung des Pelikannebels lautet IC 5067. Noch bekannter ist der Zirrennebel, auch als Cirrusnebel bezeichnet, der oftmals in Büchern abgebildet wird. Er wird auch Schleiernebel genannt und zeigt fein veräs-

9.7 Aufnahme des Nordamerikanebels (NGC 7000) im Sternbild Schwan von Martin Gertz/Sternwarte Welzheim.

telte, filamentartige Strukturen. Ohne Nebelfilter ist der Schleiernebel, der eigentlich aus zwei Teilen besteht (NGC 6960 und NGC 6992), kaum erkennbar. Mit 1500 Lichtjahren Distanz steht er uns näher als der Nordamerika- und der Pelikannebel.

Der Zirrennebel ist der Rest einer Supernova, die vor etwa 5000 Jahren aufflammte.

Auch eine Dunkelwolke, der nördliche Kohlensack, befindet sich im Schwan.

Im August 1975 leuchtete etwa 5° ostnordöstlich von Deneb eine helle Nova ($1\overset{m}{,}8$) auf, die älteren Sternfreunden sicher noch in Erinnerung ist.

Mysterium um Stern Tabby

Ein Stern gibt den Astronomen Rätsel auf. Manche meinen, er sei der mysteriöseste Stern in unserer Milchstraße. Scheinbar unauffällig leuchtet Tabby, so heißt er, als Stern 12. Größenklasse im Schwan. Doch sein seltsames Verhalten wurde bei einer systematischen Suche nach Exoplaneten mit Hilfe der Kepler-Mission erkannt. Schon meinten manche, die Spuren einer außerirdischen Superzivilisation entdeckt zu haben.

Exoplaneten nennt man Planeten, die nicht um unsere Sonne, sondern um andere Sterne kreisen. Lange war völlig unklar, ob unser Sonnensystem eine seltene Ausnahme darstellt oder ob andere Sonnen ebenfalls von Planeten umrundet werden. Seit einem Vierteljahrhundert jedoch weiß man, dass viele Sterne Planeten besitzen. Der erste Exoplanet wurde 1995 entdeckt, er läuft um den Stern 51 Pegasi. Inzwischen wurden einige Tau-

9.8 Die Position von Stern Tabby im Sternbild Schwan.

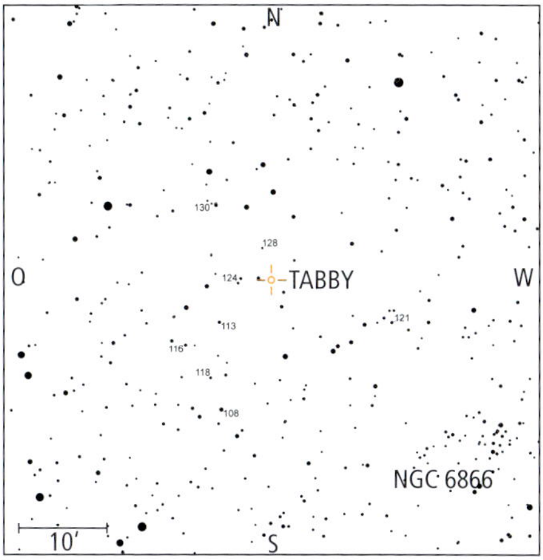

9.9 Aufsuchkarte für den Stern Tabby.

send Exoplaneten gefunden. Ihre Existenz ist auch für potentiell vorhandene außerirdische Lebensformen von Bedeutung. Auf der Oberfläche von Sternen kann wegen der hohen Temperaturen kein organisches Material existieren. Auf Planeten hingegen, die von ihrem Mutterstern beschienen werden, können sich günstige Bedingungen für die Entstehung und Entwicklung von Leben einstellen.

Zu den spannendsten Forschungsprojekten gehört die Suche nach erdähnlichen Planeten, die einen sonnenähnlichen Stern in der habitablen Zone (auch Ökosphäre genannt) umkreisen. Eine Ökosphäre ist jener Bereich, auf dem es auf einem Planeten weder zu heiß noch zu kalt ist für das Vorkommen von flüssigem Wasser.

Die Suche nach einer zweiten Erde

Die ersten entdeckten Exoplaneten sind Gasplaneten von Jupitergröße, teils aber auch noch erheblich größere Exemplare, sogenannte Superjupiter. Um erdähnliche Planeten zu finden, entwarf die NASA die Raumsondenmission Kepler. Am 7. März 2009 wurde das Kepler-Weltraumteleskop ins All befördert. Bis 2013 wurden mit diesem Teleskop von knapp einem Meter Öffnung bei einem Gesichtsfeld von 12° Durchmesser die Helligkeiten von fast 170 000 Sternen mit höchster Präzision alle 30 Minuten gemessen. Das Suchfeld von 105 Quadratgrad lag in der sternreichen Gegend der Sternbilder Schwan, Leier und Drache. Mehr als 4500 Exoplaneten wurden aufgespürt, die um rund 3000 Sterne kreisen.

Die Exoplaneten wurden mit Hilfe der Transitmethode dingfest gemacht. Kepler registrierte Helligkeitsänderungen mit einer Genauigkeit von weniger als einem Zehntausendstel. Läuft ein Planet vor seiner Muttersonne vorbei, so schattet er ein wenig Licht von ihr ab. Dabei muss die Bahnebene des Planeten in der Sichtlinie (Visionsradius) liegen oder nur geringfügig zu ihr geneigt sein. Da Planeten viel kleiner als Sterne sind, so ergeben sich bei einem Vorübergang oder Transit nur geringe Helligkeitseinbußen. Die gemessene Lichtkurve eines solchen Transits ist symmetrisch. Zu Beginn des Vorübergangs fällt die Helligkeit des Sterns ab, bleibt während des Transits konstant und nimmt am Ende wieder den ursprünglichen Wert an.

Kepler lieferte 15 Terabyte an Daten – eine ungeheure Menge. Sie auszuwerten war nur mit Hilfe

NASA/JPL-Caltech

9.10 **Das Kepler-Weltraumteleskop auf der Suche nach Exoplaneten.**

leistungsfähiger Rechner und einer hervorragenden Software möglich. Aber auch Computer sind nicht unfehlbar und übersehen manches. Deshalb spannte man zusätzlich Amateurastronomen sowie interessierte Laien ein, um die Daten unter der Projektbezeichnung „Planet Hunters" (engl., Planetenjäger) nochmals zu sichten. Und siehe da: ein aufmerksamer Planetenjäger mit dem Code-Namen „Copernicus 123" fand beim Stern KIC 846 2852 (**K**epler **I**nput **C**atalogue) etwas Auffälliges! Er meldete unregelmäßige Helligkeitsänderungen, die keineswegs von einem Planeten stammen konnten, der vor dem Stern vorbeizog.

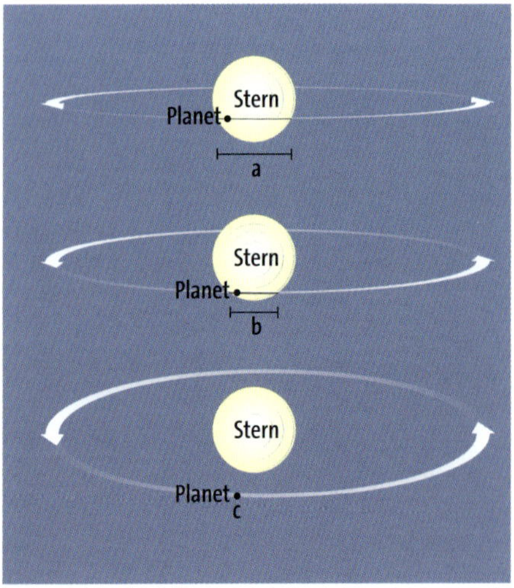

9.11 **Die Transitmethode zum Aufspüren von Exoplaneten.**

Die eben frisch ihre Stelle als Astronomieprofessorin an der Louisiana State University angetretene Tabetha Boyajian nahm sich der Sache an, analysierte und publizierte die gewonnenen Daten. Fortan sprach man von Boyajians Stern. Das klingt etwas hölzern, daher wechselte man auf Tabbys Stern. Er ist ein gewöhnlicher Stern der Spektralklasse F3 mit einer scheinbaren Helligkeit von $11\overset{m}{,}9$ und 1,5-facher Sonnenmasse. Seine Oberflächentemperatur beträgt 6500 °C.

Merkwürdige Lichtschwankungen

Stern Tabby steht im Sternbild Schwan etwa ein halbes Grad (eine Vollmondbreite) nordöstlich des offenen Sternhaufens NGC 6866. Seine Koordinaten lauten: $\alpha = 20^h06^m16^s$ / $\delta = +44°27'24''$ (J2000.0). Seine Entfernung wurde auf 1300 bis 1600 Lichtjahren geschätzt. Nach neuesten Parallaxenmessungen (Astrometriesonde Gaia) beträgt seine Distanz 1480 Lichtjahre (= 454 Parsec).
Das Ungewöhnliche, ja bisher Unerklärliche am Stern Tabby sind seine irregulären Helligkeitsschwankungen, die Astronomen auf einer Tagung kommentierten: „We have never seen a star act like this before." (Noch nie haben wir bisher einen Stern beobachtet, der sich so verhält wie dieser). Stern Tabby zeigt kurzfristige Helligkeitseinbrüche von $0\overset{m}{,}0108$. Dies könnte durch einen sehr großen Planeten verursacht werden, was die Amplitude betrifft. Die Einbrüche zeigen allerdings keine symmetrische Lichtkurve. Zudem erfolgen sie nicht periodisch, was bei einem umlaufenden Planeten aber zu erwarten ist. Dann gibt es Helligkeitsabfälle von $0\overset{m}{,}2$. Eine so große Amplitude kann nicht von einem Planeten, der vor dem Stern vorüberzieht, bewirkt werden, denn dieser müsste fast 70 % des Durchmessers von Tabbys Stern aufweisen. Andererseits ist KIC 846 2852 ein stabiler Hauptreihenstern im besten Lebensalter. Er flackert nicht wie Sterne, die gerade im

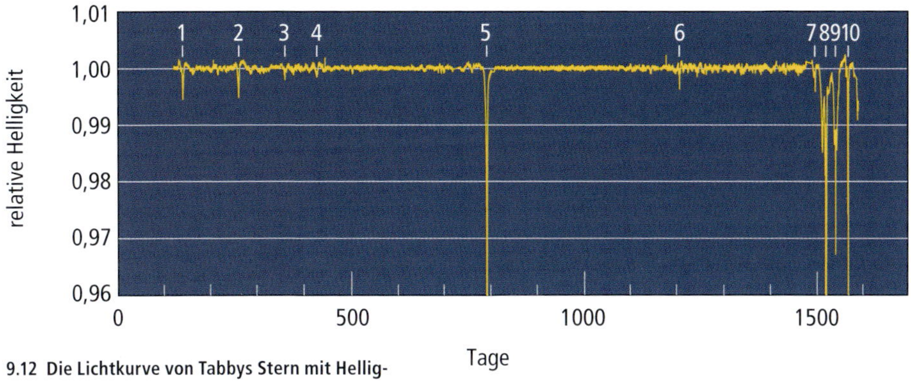

9.12 Die Lichtkurve von Tabbys Stern mit Helligkeitseinbrüchen. Rechts unten eine Ausschnittsvergrößerung.

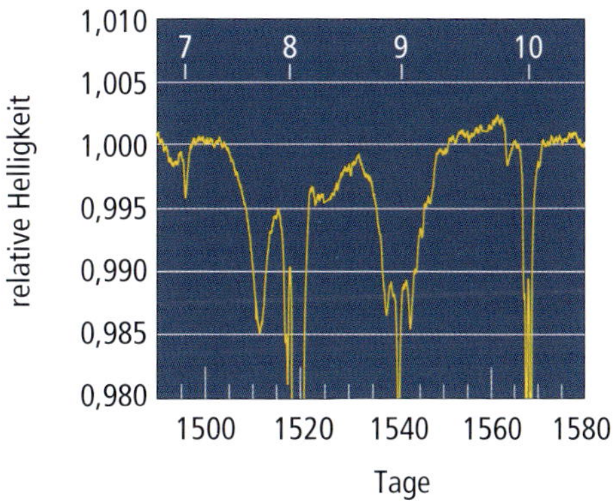

Entstehen begriffen sind und er pulsiert nicht wie alte Sterne im roten Riesenstadium.
Zudem zeigt Tabby eine langfristige, permanente Abnahme seiner Helligkeit. Im Laufe eines Jahrhunderts hat dieser Stern um $0\overset{m}{,}193$ an Helligkeit abgenommen. Das Harvard Smithsonian Center for Astrophysics in Cambridge, Massachusetts (USA) verfügt über eine gigantische Sammlung von über einer halben Million Fotoplatten mit Himmelsaufnahmen. Davon wurden bereits 155 000 eingescannt und stehen nun zur Verfügung (DASCH – **D**igital **A**ccess to a **S**ky **C**entury at **H**arvard). Die digitalisierten Aufnahmen hat man nach Tabbys Stern durchsucht. Und man wurde fündig: die älteste Aufnahme stammt von 1890, die jüngste von 1989, auf der Tabby erscheint. Nun sind alte Fotoemulsionen und moderne fotometrische Messungen zwei Paar Stiefel. Möglicherweise ist die registrierte hundertjährige Helligkeitsabnahme nicht real, sondern ist nur durch falsche Interpretation im Auswerteverfahren vorgetäuscht. Doch sie dürfte ziemlich sicher tatsächlich erfolgt sein, denn in den Jahren 2009 bis 2013 maß die Raumsonde Kepler regelmäßig die Helligkeit der erfassten Sterne. Dabei zeigte Tabby eine weitere permanente Helligkeitsreduzierung, die allerdings nicht gleichmäßig erfolgte. In den ersten 1100 Tagen nahm die Helligkeit um 0,341 % pro Jahr ab. Vom 1100. bis zum 1300. Tag ging die Helligkeit sogar um 2,5 % zurück. Anschließend erfolgte die Abnahme wieder mit der ursprünglichen Rate. Insgesamt ging die Helligkeit von Tabby in diesen vier Jahren um 3 % zurück, davor in 100 Jahren um 15 %.
Ein solches Verhalten eines Sterns ist für die Astronomen ein absolutes Novum und damit auch ein völlig unerklärliches Phänomen. Nie zuvor war Derartiges beobachtet worden.

Auf der Suche nach den Ursachen

Was oder wer bewirkt diese rätselhafte Helligkeitsveränderung? Planeten um Tabby können die seltsamen Lichtkurven nicht verursacht haben. Dazu erfolgen die Helligkeitseinbrüche viel zu unregelmäßig und die langjährige stete Helligkeitsabnahme kann nicht auf umlaufende Planeten zurückgeführt werden.

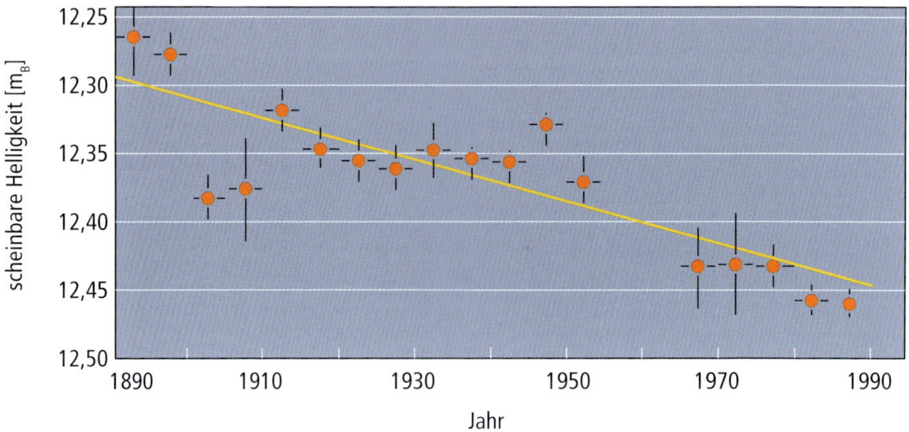

9.13 Kontinuierlicher Helligkeitsabfall von Tabbys Stern im Zeitraum von 100 Jahren (1890 – 1990).

Möglicherweise hat Tabby Flecken auf seiner Oberfläche, die durch seine Rotation auftauchen und wieder auf der Rückseite verschwinden. Doch dafür dreht sich Tabby viel zu schnell. Eine volle Rotation dauert nicht einmal einen Tag, lediglich etwas mehr als 21 Stunden. So schnell entstehen und verschwinden Sonnenflecken nicht. Die 21-Stunden-Periode müsste sich in der Lichtkurve erkennen lassen. Und um die langfristige Helligkeitsreduzierung zu erklären, müsste die Fleckenzahl ständig zunehmen. Diese Hypothese scheidet definitiv aus. Außerdem sind bei F-Sternen kaum größere Aktivitäten zu erwarten. Eventuell ist Tabby von einer Scheibe aus Staub und Planetesimalen umgeben – kleinen und größeren Brocken, aus denen sich durch Akkretion dereinst Planeten bilden. Vielleicht schwankt (präzediert) diese Scheibe sogar. Andererseits könnten auch Trümmerstücke um Tabby kreisen, die aus Zusammenstößen von Planeten entstanden sind. Aber auch bei diesem Szenario müssten sich periodische Effekte ergeben. Eine langfristige Helligkeitsabnahme ist ebenfalls nicht zu verstehen. Ferner müsste man eine Infrarotstrahlung beobachten, denn die Trümmerwolke würde durch den zentralen Stern aufgeheizt. Mit dem Spitzer-Weltraumteleskop wurde aber keine solche zu erwartende Infrarotemission registriert.
Tabetha Boyajian selbst hat eine dichte Wolke aus Kometenkernen vorgeschlagen, deren Verteilung unregelmäßig ist und deren Bahnen extrem langgestreckt sind. Dadurch käme die Kometenwolke nur für kurze Zeit in die Nähe von Tabbys Stern gemäß dem 2. Kepler-Gesetz. Die Wolke hätte zu wenig Zeit, um sich aufzuheizen. Sie bliebe daher im Infraroten unbeobachtbar. Grobe Abschätzungen lassen jedoch erkennen, dass rund eine Million auf mehrere Wolken verteilte Kometenkerne von mindestens 200 Kilometer Durchmesser erforderlich sind, um das Helligkeitsverhalten von Tabby einigermaßen plausibel zu erklären.

Spuren von Aliens?

Besonders exotisch ist die Hypothese, eine im Aufbau befindliche Dyson-Sphäre könnte die sprunghaften und unregelmäßigen Helligkeitseinbrüche und die stete Abnahme der Helligkeit erklären. Freeman Dyson hat 1960 die Vermutung geäußert, eine hochtechnisierte, weit entwickelte Zivilisation könnte ihren Energiehunger dadurch stillen, indem sie eine gigantische Kugelschale um ihren Mutterstern erzeugt, die seine Strahlungsenergie sammelt und verhindert, dass sie ungenutzt ins Weltall entfleucht.
Bei Tabbys Stern ist diese sogenannte Dyson-Sphäre noch im Aufbau begriffen. Wenn größere

NASA/JPL-Caltech

9.14 Verursachen Wolken von tausenden Kometen die Helligkeitsänderungen von Tabbys Stern?

Segmente vor dem Stern vorbeiziehen, wird die scheinbare Helligkeit kurzfristig für einen externen Beobachter verringert. Je mehr sich eine solche Dyson-Sphäre ihrer Vollendung nähert, umso mehr wird Tabby abgeschattet. Dies könnte die langfristige, aber ungleichförmige Helligkeitsabnahme bewirken.

Abgesehen von der recht exotischen Hypothese einer Dyson-Sphäre müsste auch hier ein zusätzlicher Anteil von infraroter Strahlung vorhanden sein, der aber nicht registriert wird.

Am ehesten dürfte das Szenario einer vor Tabby vorbeiziehenden Bok-Globule das Helligkeitsverhalten erklären. Bok-Globulen sind riesige, interstellare Wolken besonders hoher Dichte, die durch Eigengravitation eine annähernd kugelförmige Gestalt aufweisen. Ihre Durchmesser schätzt man auf ein halbes Lichtjahr bis einige Dutzend Lichtjahre. Sie enthalten wahrscheinlich auch protoplanetares Material, eventuell sogar Braune Zwerge. Wenn eine Bok-Globule vor KIC 846 2852 vorbeizieht, so kann dies weit über 100 Jahre dauern und die langfristige Helligkeitsabnahme erklären, wenn allmählich dichtere Partien der Bok-Globule Tabbys Licht dämpfen. Kompaktes, kleinteiliges Material innerhalb der Wolke könnte die kurzfristigen Helligkeitsabfälle bewirken (siehe auch Monatsthema Juli „Was sind Bok-Globulen?" auf Seite 171).

Weitere Beobachtungen geplant

Wie dem auch sei, um das Rätsel von Tabbys Stern zu lösen, sind weitere Beobachtungen erforderlich. Tabetha Boyajian wird mit ihrem Team vom Las Cumbres Observatory, einem Netzwerk vollautomatischer Teleskope, „ihren" Stern weiterhin akribisch beobachten.

Große Hoffnung setzt man auf die TESS-Mission (**T**ransiting **E**xoplanet **S**urvey **S**atellite). Sie ist gewissermaßen Nachfolger des Kepler-Observatoriums im All. In einer zweijährigen Mission wird TESS alle vier Wochen ausgewählte Sternfelder mit insgesamt 500 000 näheren Sternen aufnehmen und deren Helligkeiten regelmäßig und mit hoher Genauigkeit messen. Darunter ist auch das Sternfeld der Kepler-Mission mit Tabbys Stern. Möglicherweise findet das im April 2018 gestartete TESS-Observatorium weitere Sterne, die sich ähnlich verhalten wie KIC 846 2852.

Aber auch Gruppen von Amateuerastronomen beteiligen sich an der Überwachung von Tabbys Stern. Zwar sind Sterne 12. Größenklasse heute vielen gut ausgerüsteten Sternfreundinnen und Sternfreunden zugänglich, aber deren präzise Helligkeitsmessung stellt hohe Ansprüche an Technik und Können der Amateure. Wer mitmachen will, Tabbys Mysterium aufzuklären, wende sich an die Bundesdeutsche Arbeitsgemeinschaft für Veränderliche Sterne, Anschrift Seite 303.

Oktober 2019

- Uranus steht am 28. im Sternbild Widder in Opposition zur Sonne.
- Venus taucht gegen Monatsende am Abendhimmel auf.
- Merkur und Mars bleiben unbeobachtbar.
- Jupiter kann noch am Abendhimmel gesehen werden, ebenso Saturn.

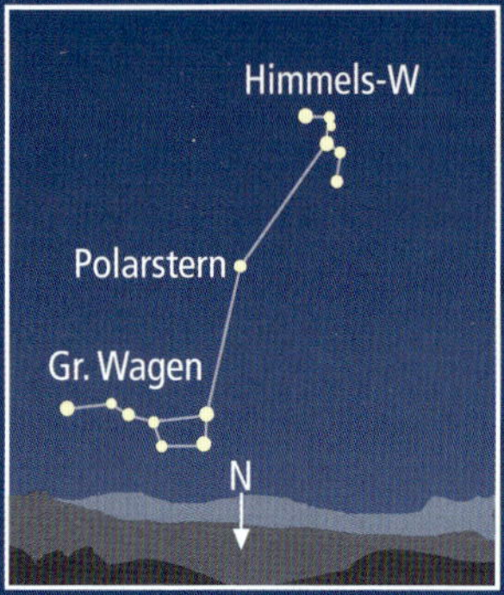

Großer Wagen und Himmels-W Anfang Oktober um 22 Uhr

10.1 Himmelsanblick am 3. Oktober gegen 20h MEZ (= 21h MESZ). Über dem Südwesthorizont stehen Jupiter und die Sichel des zunehmenden Mondes. Weiter östlich sieht man Saturn im Schützen.

1 Di

2 Mi

3 Do Tag der Deutschen Einheit
Mond bei Jupiter (Abendhimmel)

4 Fr

5 Sa Mond im ersten Viertel
Mond bei Saturn (Abendhimmel)

6 So

7 Mo

8 Di

9 Mi

10 Do

11 Fr

12 Sa

13 So **Vollmond**

14 Mo

15 Di

16 Mi

17 Do

18 Fr

19 Sa

20 So

21 Mo Mond im letzten Viertel

22 Di

23 Mi

24 Do

25 Fr

26 Sa Österreichischer Nationalfeiertag

27 So Ende der Sommerzeit

28 Mo **Neumond**
Uranus in Opposition

29 Di Mond bei Venus (Abendhimmel)

30 Mi

31 Do Mond bei Jupiter (Abendhimmel)

SONNE – STERNBILDER

23. 10. 18ʰ:
Sonne tritt in das Tierkreiszeichen Skorpion

31. 10. 21ʰ:
Sonne tritt in das Sternbild Waage

Julianisches Datum am
1. Oktober, 1ʰ MEZ: 2 458 757,5

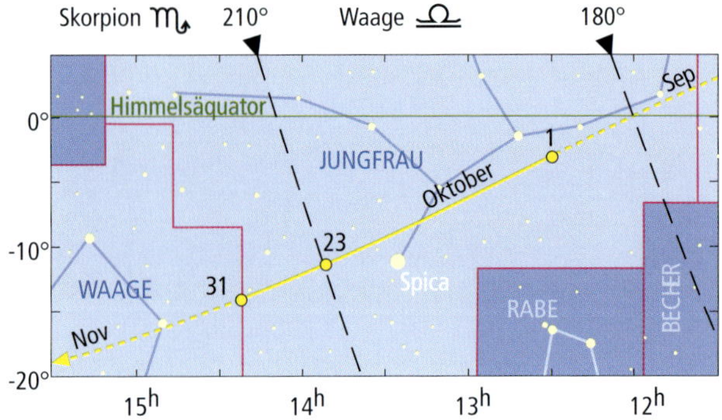

TABELLE SONNENLAUF

Tag	Dämmerg. Anfang	Aufgang MEZ	Kulmination	Untergang MEZ	Dämmerg. Ende	Mittagshöhe	Zeitgleichg.	Rektaszension	Deklination
	h m	h m	h m	h m	h m	°	m	h m	°
1.	5 10	6 19	12 10	17 59	19 09	36,8	+10	12 27	– 2,9
5.	5 16	6 26	12 09	17 51	19 00	35,3	+11	12 41	– 4,4
10.	5 24	6 33	12 07	17 40	18 50	33,4	+13	12 59	– 6,3
15.	5 31	6 41	12 06	17 30	18 40	31,5	+14	13 18	– 8,2
20.	5 39	6 49	12 05	17 20	18 30	29,7	+15	13 37	–10,1
25.	5 46	6 57	12 04	17 10	18 21	27,9	+16	13 55	–11,8
31.	5 55	7 07	12 04	16 59	18 11	25,9	+16	14 19	–13,8

Sonntag, 27. Oktober 2019: Ende der Sommerzeit!

TAGES- UND NACHTSTUNDEN

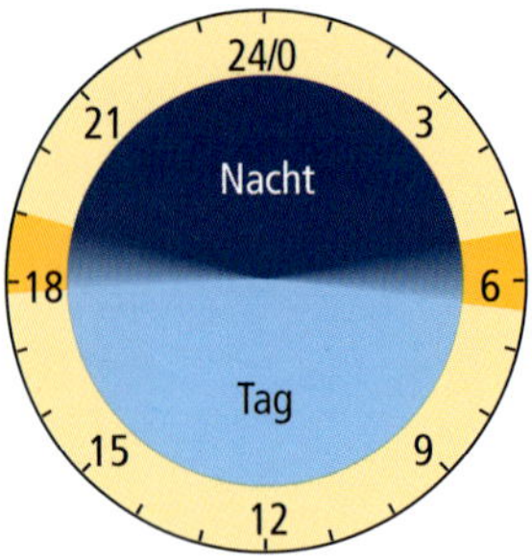

5. Oktober

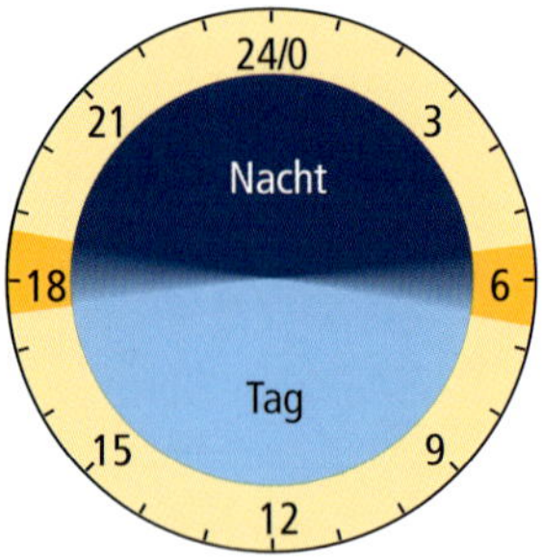

15. Oktober

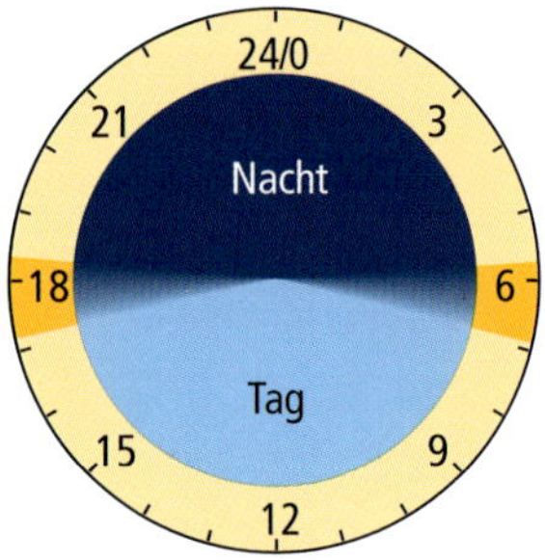

25. Oktober

TABELLE MONDLAUF

Datum	Aufg. MEZ	Kulmination	Unterg. MEZ	Rektaszension	Deklination	Sterne und Sternbilder	Phase	MEZ
	h m	h m	h m	h m	°			
Di 1.	9 31	14 43	19 45	14 30	−10,0	Waage		
Mi 2.	10 50	15 37	20 15	15 26	−14,8	Waage		
Do 3.	12 04	16 31	20 52	16 22	−18,5	Antares	Libration West	
Fr 4.	13 12	17 25	21 35	17 18	−21,1	Schlangenträger		
Sa 5.	14 10	18 18	22 25	18 13	−22,5	Schütze	**Erstes Viertel**	**$17^h 47^m$**
							Absteigender Knoten	
So 6.	14 58	19 09	23 22	19 08	−22,8	Schütze, Nunki		
Mo 7.	15 38	19 58	–	20 01	−21,9	Schütze		
Di 8.	16 10	20 45	0 23	20 52	−20,0	Steinbock		
Mi 9.	16 36	21 30	1 27	21 41	−17,2	Steinbock		
Do 10.	16 58	22 13	2 31	22 28	−13,8	Wassermann	Erdferne 406/29,′4	19^h
Fr 11.	17 18	22 54	3 36	23 13	− 9,8	Wassermann		
Sa 12.	17 37	23 36	4 41	23 58	− 5,5	Fische		
So 13.	17 55	–	5 46	0 42	− 0,9	Walfisch	**Vollmond**	**$22^h 08^m$**
							Größte Südbreite	
Mo 14.	18 14	0 17	6 52	1 26	+ 3,8	Fische		
Di 15.	18 35	1 00	7 59	2 12	+ 8,3	Walfisch		
Mi 16.	18 59	1 44	9 07	2 59	+12,7	Widder		
Do 17.	19 29	2 31	10 16	3 48	+16,5	Stier		
Fr 18.	20 05	3 21	11 24	4 39	+19,6	Aldebaran		
Sa 19.	20 50	4 13	12 28	5 34	+21,8	* Stier, Al Nath	Libration Ost	
So 20.	21 47	5 08	13 27	6 30	+22,9	Alhena	Aufsteigender Knoten	
Mo 21.	22 54	6 05	14 17	7 29	+22,7	Pollux	**Letztes Viertel**	**$13^h 39^m$**
Di 22.	–	7 02	14 59	8 27	+21,2	* Krebs, Krippe		
Mi 23.	0 09	7 58	15 34	9 26	+18,3	Löwe		
Do 24.	1 29	8 53	16 02	10 24	+14,3	Löwe, Regulus		
Fr 25.	2 51	9 47	16 28	11 20	+ 9,3	Löwe		
Sa 26.	4 14	10 41	16 52	12 15	+ 3,8	Jungfrau	Erdnähe 361/33,′1	12^h
							Größte Nordbreite	
So 27.	5 37	11 34	17 16	13 10	− 2,0	Jungfrau		
Mo 28.	7 01	12 27	17 41	14 05	− 7,7	Jungfrau	**Neumond Nr. 1198**	**$4^h 38^m$**
Di 29.	8 23	13 21	18 10	15 01	−12,9	Waage		
Mi 30.	9 42	14 16	18 44	15 58	−17,2	Waage		
Do 31.	10 55	15 12	19 25	16 55	−20,4	Antares		

DER MOND ZIEHT AN ALDEBARAN VORBEI

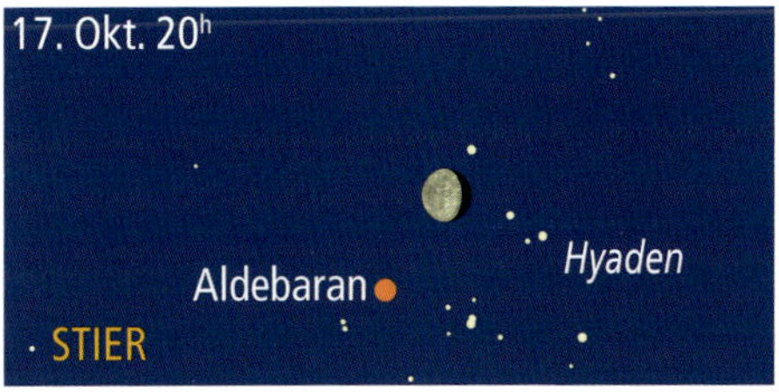

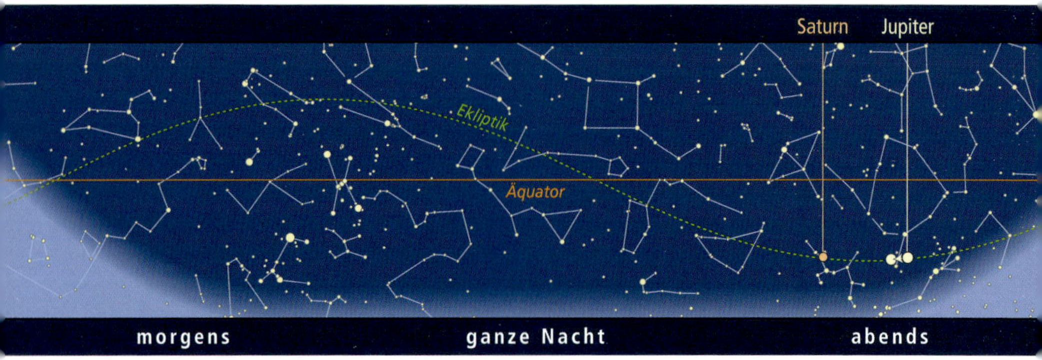

MERKUR kommt am 20. in größte östliche Elongation. Trotz eines Elongationswinkels von 24°38′ lässt sich der sonnennahe Planet nicht am Abendhimmel blicken. Dies gilt für unsere geografische Breiten. Südlich von 36° Nord zeigt sich Merkur kurz in der Abenddämmerung.
Am Tag der größten Elongation (20.) erfolgt der Untergang des $-0{,}^{m}1$ hellen Merkur um 17^h53^m (= 18^h53^m Sommerzeit). Die Sonne geht aber an diesem Tag erst um 17^h20^m unter. Bevor es dunkel genug geworden ist, um Merkur zu erkennen, ist er längst im Horizontdunst verschwunden: Merkur bleibt im Oktober unsichtbar. Auch die Begegnung mit Venus am 30. entgeht uns. Am 31. wird Merkur stationär

10.2 Heliozentrischer Anblick des Planetensystems im letzten Jahresviertel 2019. Eingetragen sind im linken Teil die Positionen der inneren Planeten für den 1. Oktober (10), den 1. November (11), den 1. Dezember 2017 (12) und den 1. Januar 2020 (1). Der rechte Teil zeigt das äußere Planetensystem samt einiger Planetoiden zu Anfang und Ende des letzten Jahresviertels. Die Pfeile deuten die Richtungen zu den ferneren Planeten sowie zum Frühlingspunkt an.

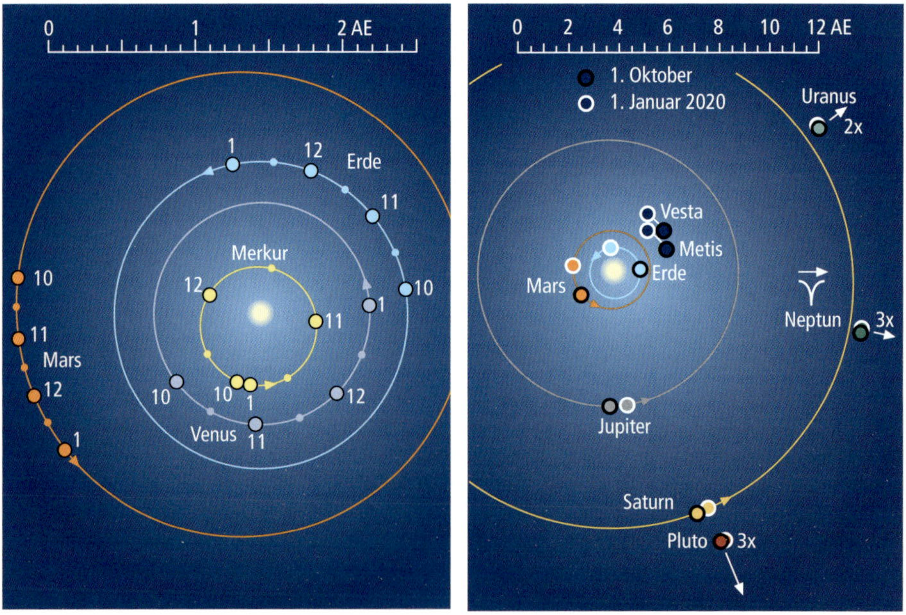

und nähert sich rasch rückläufig der Sonne, die ihm entgegenläuft. Am **11. November** trifft er mit der Sonne zusammen. Bei dieser unteren Konjunktion kommt es zu einem **Transit** – Merkur zieht dann vor der Sonne als winziges dunkles Pünktchen vorbei.

Am 3. wandert Merkur durch das Aphel seiner Bahn, wobei ihn 69,8 Millionen Kilometer (= 0,467 AE) von der Sonne trennen.

VENUS gewinnt nur langsam an östlichem Vorsprung vor der Sonne, die ihr im Tierkreis folgt. Während des Monats wächst ihr östlicher Elongationswinkel auf knapp 21° an. Allerdings bewegt sich Venus entlang des absteigenden Asts des Tierkreises, weshalb ihre Tagbögen immer kleiner werden. Venus läuft durch das Sternbild Jungfrau und passiert deren Hauptstern Spica (α Vir) am 3. in 3° nördlichem Abstand. Am 15. wechselt Venus in das Sternbild Waage.

Unter guten Sichtbedingungen können versierte Beobachter Venus gegen Monatsende tief im Südwesten bald nach Sonnenuntergang aufstöbern. Am 20. geht die $-3^{m}{,}9$ helle Venus um $17^{h}58^{m}$ (= $18^{h}58^{m}$ Sommerzeit) unter und am 31. Oktober schon um $17^{h}47^{m}$, wobei die scheinbare Venushelligkeit konstant bei $-3^{m}{,}9$ bleibt.

Im Teleskop zeigt sich die nur knapp 11″ große Venus kugelrund – also fast voll beleuchtet. Beleuchtungsgrad am Monatsletzten: 94 %.

10.3 Heliozentrische Bewegungen von Merkur und Venus *relativ* zur Erde. In den dicker ausgezogenen Bahnteilen sind die Planeten beobachtbar. Die Zahlen geben die Positionen jeweils zum Monatsersten an. Östlicher Winkelabstand bedeutet Abendsichtbarkeit; westliche Elongation: Planet steht am Morgenhimmel.

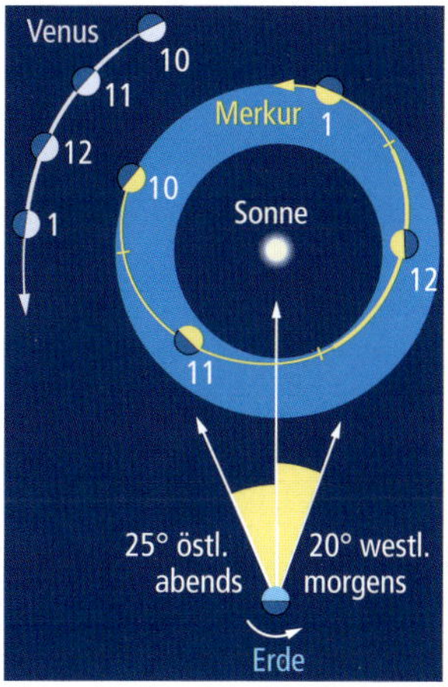

MARS wandert rechtläufig durch das Sternbild Jungfrau. Zu Beginn des Vormonats stand er in Konjunktion mit der Sonne. Der rote Planet kann sich aus den Strahlen der Sonne noch nicht befreien und bleibt nachts unbeobachtbar.

Am 8. beginnt auf der Nordhalbkugel des Mars der Sommer.

JUPITER beschleunigt abermals seinen rechtläufigen Lauf durch das Sternbild Schlangenträger und entfernt sich damit immer

KONSTELLATIONEN UND EREIGNISSE

Datum	MEZ	Ereignis
2.	22^{h}	Pluto im Stillstand, anschließend rechtläufig
3.	7	Merkur im Aphel
3.	21	**Mond bei Jupiter**, Mond 1°,9 nördlich, **Abstand 1°,7 um 20^{h}**
5.	22	**Mond bei Saturn**, Mond 0°,3 südlich, **Abstand 1°,1 um 22^{h}**
6.	10	Mond bei Pluto, Mond 0°,1 südlich
11.	0	Mond bei Neptun, Mond 3°,7 südlich
15.	1	Mond bei Uranus, Mond 4°,4 südlich
20.	5	Merkur in größter östlicher Elongation von der Sonne (25°)
26.	18	Mond bei Mars, Mond 4°,5 nördlich
28.	9	**Uranus in Opposition** zur Sonne
29.	15	**Mond bei Venus**, Mond 3°,9 nördlich, **Abstand 2°,8 um $17^{h}30^{m}$**
29.	16	Mond bei Merkur, Mond 6°,7 nördlich
30.	9	Merkur bei Venus, Merkur 2°,7 südlich
31.	15	**Mond bei Jupiter**, Mond 1°,3 nördlich, **Abstand 1°,0 um 18^{h}**
31.	21	Merkur im Stillstand, anschließend rückläufig

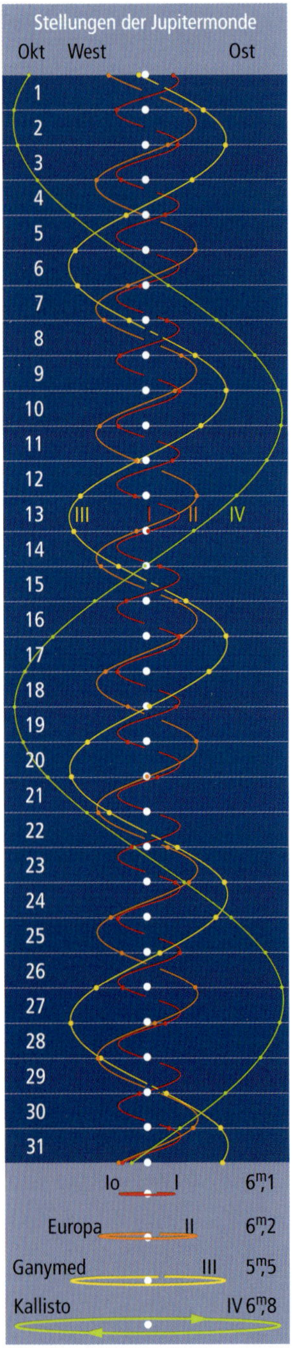

JUPITERMONDE

Tag	MEZ h m	Vorgang	
1.	17 44	I	SE
4.	18 05	III	DE
	20 18	III	SA
6.	17 53	II	DA
	20 15	II	SA
	20 24	II	DE
7.	18 59	I	BA
8.	17 27	I	SA
	17 40	II	VE
	18 30	I	DE
	19 38	I	SE
11.	19 45	III	DA
15.	17 09	III	VE
	18 17	I	DA
	19 21	I	SA
16.	18 48	I	VE
22.	16 59	III	BE
	18 16	II	BA
	18 26	III	VA
23.	17 28	I	BA
24.	16 58	I	DE
	17 25	II	SE
	17 57	I	SE
29.	18 39	III	BA
31.	16 46	I	DA
	17 27	II	SA
	17 39	I	SA
	18 11	II	DE
	18 58	I	DE

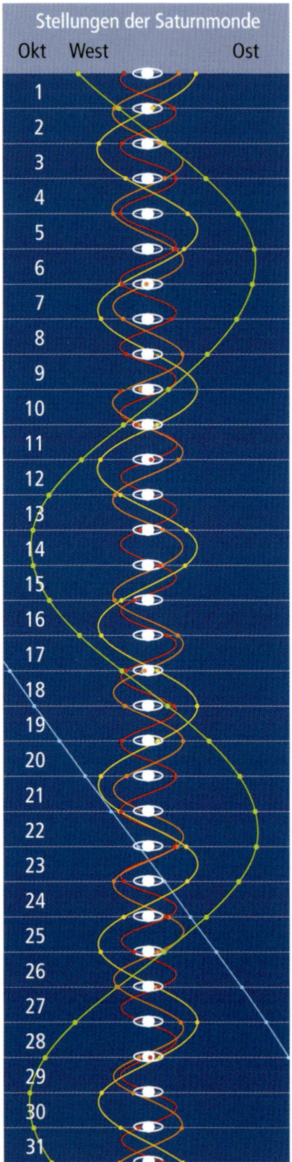

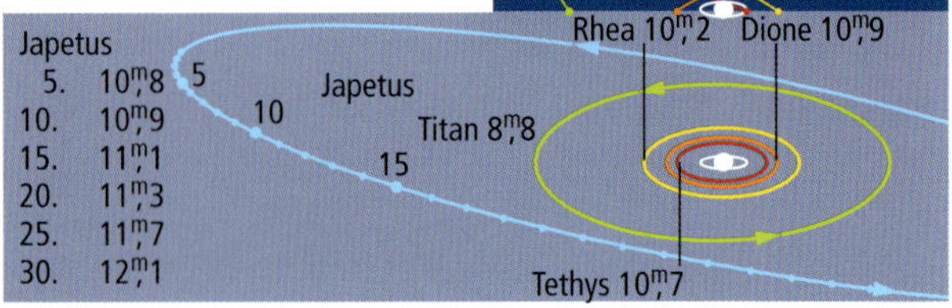

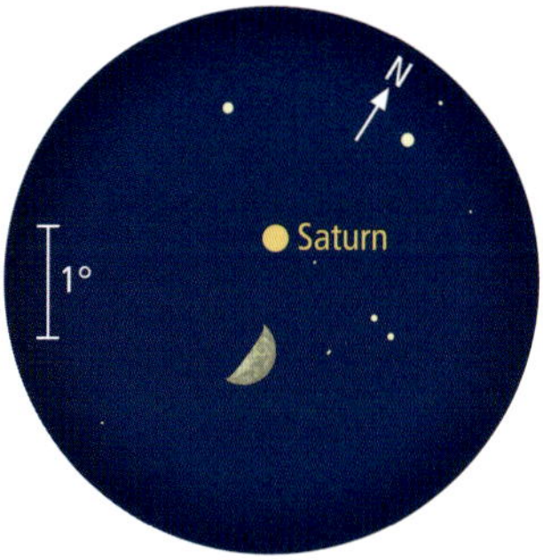

10.4 Am 5. Oktober wandert der zunehmende Halbmond an Saturn vorbei. Fernglasanblick gegen 20^h MEZ (= 21^h MESZ) bei 5° Gesichtsfelddurchmesser.

weiter von Antares (α Sco, siehe Abb. 6.6 auf Seite 145).
Der Riesenplanet kann noch am Abendhimmel gesehen werden. Nach Einbruch der Dunkelheit steht er bereits weit im Südwesten. Jupiter, dessen Helligkeit auf $-1{,}^m9$ leicht zurückgeht, ist kein spektakuläres Objekt mehr. Jupiter geht am 1. um 20^h53^m (= 21^h53^m Sommerzeit) unter, am 15. um 20^h06^m und am 31. schon um 19^h14^m. Da Jupiter erst gegen 17^h20^m in der Abenddämmerung erkennbar wird, bleiben nur noch gut eineinhalb Stunden Sichtbarkeitsdauer.
Am 3. und 31. begegnet die Sichel des zunehmenden Mondes dem Riesenplaneten, wobei die zweite Begegnung deutlich enger bei einer schlankeren Mondsichel ausfällt (siehe Abb. 10.1 auf Seite 212 und Abb. 10.5 rechts).

SATURN, wieder rechtläufig im Schützen, ist Planet am Abendhimmel. Allerdings verkürzt er drastisch seine Sichtbarkeitsdauer. Nur durch die immer früher einsetzende Abenddämmerung bleibt ihm bis Monatsende noch eine Sichtbarkeitsdauer von knapp drei Stunden.
Am 1. geht der Ringplanet um 22^h46^m (= 23^h46^m Sommerzeit) unter, am 15. um 21^h53^m und am 31. schon um 20^h54^m.
Die Saturnhelligkeit geht abermals leicht um $0{,}^m1$ zurück auf $0{,}^m6$ am Monatsende.
Am 5. zieht der zunehmende Halbmond ein wenig südlich an Saturn vorbei (siehe Abb. 10.4 oben links).

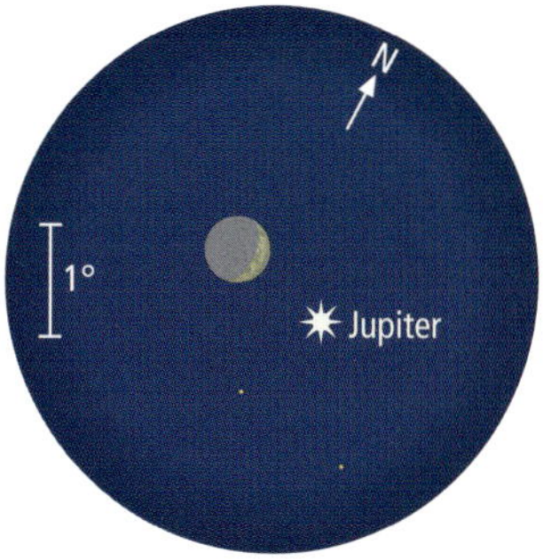

10.5 Jupiter erhält Besuch von der zunehmenden Mondsichel. Fernglasanblick am 31. Oktober gegen 18^h MEZ bei 5° Gesichtsfelddurchmesser.

URANUS steht am 28. in **Opposition** zur Sonne. Er hält sich rückläufig im Sternbild Widder auf (siehe Abb. 10.6 unten). Mit einer Oppositionshelligkeit von $5{,}^m7$ ist der sonnenferne Planet unter extrem guten Sichtbedingungen theoretisch mit bloßen Augen erkennbar. In Mitteleuropa gibt es solche hervor-

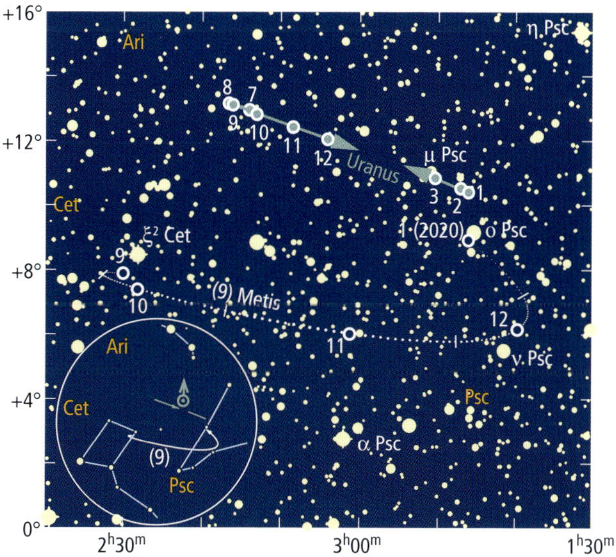

10.6 Die scheinbare Bahn von Uranus vom 1. Januar bis Anfang März und vom 1. August bis Jahresende 2019 im Gebiet der Sternbilder Fische und Widder. Eingetragen ist ferner die scheinbare Bahn des Kleinplaneten (9) Metis von September 2019 bis Anfang 2020 im Gebiet der Sternbilder Walfisch und Fische.

ragenden Sichtbedingungen höchstens noch im Hochgebirge und auch da nur selten. Aber mit einem guten Fernglas ist Uranus einwandfrei auszumachen.
Am Monatsbeginn erfolgt der Uranusaufgang um 18^h46^m (= 19^h46^m Sommerzeit), seine Kulmination um 1^h56^m. Bis zum Oppositionstag verfrühen sich die Aufgänge dieses sonnenfernen Planeten auf 16^h58^m, seine Kulminationen auf 0^h06^m. Sein Untergang erfolgt am Morgen der Kulminationsnacht um 7^h06^m. Bei seiner Meridianpassage erreicht Uranus in 50° Nord eine Höhe von fast 53°.
Zur Opposition trennen uns 2817 Millionen Kilometer (= 18,83 AE) von Uranus. Das Licht benötigt daher von Uranus zwei Stunden und 37 Minuten, um die Erde zu erreichen. Von der Sonne bleibt Uranus am Oppositionstag 2966 Millionen Kilometer (= 19,83 AE) entfernt.

NEPTUN, rückläufig im Wassermann, stand im ersten Drittel des Vormonats in Opposition zur Sonne. Der sonnenferne Planet ist Beobachtungsobjekt der ersten Nachthälfte.
Am 1. kulminiert der $7\overset{m}{.}8$ lichtschwache Neptun um 22^h52^m (= 23^h52^m Sommerzeit) und geht um 4^h28^m unter. Zur Monatsmitte erfolgt seine Meridianpassage um 21^h55^m. Um 3^h31^m sinkt er unter die westliche Horizontlinie. Etwa zwei Stunden vor seinem Untergang wird Neptun unbeobachtbar. Am Monatsletzten kulminiert Neptun um 20^h51^m und geht um 2^h27^m unter (siehe auch Aufsuchkarte Abb. 9.2 auf Seite 199).

PLANETOIDEN UND ZWERGPLANETEN

PLUTO beendet am 2. im Sternbild Schütze seine Oppositionsschleife und wird wieder rechtläufig (siehe Abb. 7.6 auf Seite 166). Seine Helligkeit ist seit der Opposition im Juli um $0\overset{m}{.}1$ auf $14\overset{m}{.}3$ zurückgegangen. Der lichtschwache Zwergplanet kulminiert am 2. bereits um 19^h05^m (= 20^h05^m MESZ).

VESTA (4) wandert rückläufig durch die südwestlichen Partien des Sternbildes Stier. Sie steuert auf ihre Opposition zur Sonne zu, was auch an ihrer kräftig steigenden Helligkeit deutlich wird. Anfang Oktober noch $7\overset{m}{.}2$ hell, erreicht sie Ende Oktober $6\overset{m}{.}6$ (siehe auch Abb. 11.8 auf Seite 238).
Die Vestaaufgänge verfrühen sich von 20^h33^m (= 21^h33^m MESZ) am Monatsbeginn auf 18^h25^m am 31. Oktober. Am 1. kulminiert Vesta um 3^h31^m, am 15. um 2^h31^m und am Monatsletzten schon um 1^h15^m. Die Stunde um die Kulmination eignet sich am besten, um Vesta im Sternengewimmel aufzufinden.

METIS – Planetoid Nr. 9 – steht am 25. im Sternbild Fische in **Opposition** zur Sonne (siehe Aufsuchkarte Abb. 10.6 auf Seite 219). Am 14. September war Metis stationär geworden und wandert nun rückläufig durch den Tierkreis.
Zu Monatsbeginn noch $9\overset{m}{.}2$ hell, erreicht sie zur Opposition eine bescheidene Helligkeit von $8\overset{m}{.}6$. Versierte Beobachter sollten sie dennoch aufspüren können. Am 1. passiert Metis um 2^h11^m (= 3^h11^m MESZ) den Meridian, am 15. um 1^h06^m und am Tag der Opposition, dem 25., um 0^h17^m.

PERIODISCHE STERNSCHNUPPENSTRÖME

Die **DELTA-DRACONIDEN**, auch Oktober-Draconiden genannt, sind ein temporärer Strom, deren Radiant im Sternbild Drache, etwa 3° östlich von γ Draconis liegt. Die Oktober-Draconiden führen ihren Ursprung auf den

VERÄNDERLICHE STERNE IM OKTOBER

Algol-Minima	3. 3^h23^m	6. 0^h11^m	8. 21^h00^m	11. 17^h49^m	23. 5^h04^m	26. 1^h53^m
	28. 22^h41^m	31. 19^h31^m				
β-Lyrae-Minima	6. 23^hN	13. 11^hH	19. 22^hN	26. 10^hH		
δ-Cepheï-Maxima	2. 11^h	7. 20^h	13. 5^h	18. 13^h	23. 22^h	29. 7^h
Mira-Helligkeit	1. 7^m	10. 6^m	20. 5^m	31. 4^m		

Kometen 21P/Giacobini-Zinner zurück, weshalb dieser Meteorstrom auch **GIACOBINIDEN** heißt. Vom 6. bis 10. Oktober passiert die Erde relativ nahe den absteigenden Knoten der Bahn des Kometen 21P. Seine Umlaufzeit beträgt 6,5 Jahre. Da die Trümmerwolke schon recht langgezogen ist und die Meteoroide sich entlang der Bahn verteilt haben, ist mit Überraschungen zu rechnen. Die Meteorhäufigkeit schwankt von Jahr zu Jahr erheblich. Das Maximum wird in diesem Jahr am 9. Oktober erwartet. Im Jahr 2011 kam es zu einem Schauer mit bis zu 400 Sternschnuppen pro Stunde, die auch von Mitteleuropa aus zu verfolgen waren. Auch 2012 waren die Draconiden recht aktiv, wenn auch helle Meteore vermisst wurden. Die Eintauchgeschwindigkeiten in die Erdatmosphäre sind mit 21 Kilometer pro Sekunde nicht übermäßig groß.

Von Anfang Oktober bis in die erste Novemberwoche sind die **ORIONIDEN** aktiv, deren Ursprung auf den Halleyschen Komet deutet. Mit dem Maximum ist am 21. Oktober zu rechnen, wobei etwa 25 bis 30 Meteore pro Stunde zu erwarten sind. Die Frequenz ist von Jahr zu Jahr verschieden. In den Jahren 2006 bis 2009 passierte die Erde die durch Jupiters Einfluss konzentrierte Trümmerwolke. Im Oktober 2008 boten die Orioniden im Maximum sogar eine Rate von 70 Sternschnuppen pro Stunde. Die beste Beobachtungszeit: Mitternacht bis 5^h morgens. Der Radiant liegt etwa 10° nordöstlich von Beteigeuze. Es handelt sich bei den Orioniden um sehr schnelle Objekte (um 65 Kilometer pro Sekunde).

Ferner seien die **EPSILON-GEMINIDEN** erwähnt, die vom 14. bis 27. Oktober lediglich zwei bis drei Meteore pro Stunde liefern. Das Maximum wird am 18. erwartet.

Der Fixsternhimmel

Noch steht das Sommerdreieck mit den drei hellen Sternen Wega – Deneb – Atair hoch im Westen. Diese drei Sterne erster Größe fallen besonders auf, vor allem im Kontrast zu den Herbstbildern, die sich nur aus Sternen zweiter Größenklasse und schwächer zusammensetzen. Typische Sommersternbilder wie der Skorpion mit dem hellen, roten Antares und der Schütze sind aber bereits unter dem Horizont verschwunden. Auch Arktur hat sich von der Himmelsbühne verabschiedet. Der Große Wagen ist tief im Norden, nahe dem Horizont zu entdecken. Dafür springt das Himmels-W, die Kassiopeia, hoch im Nordosten dem Betrachter förmlich ins Auge. Die mittlere Spitze des Sternen-W deutet ungefähr auf den Polarstern, der das Deichselende des Kleinen

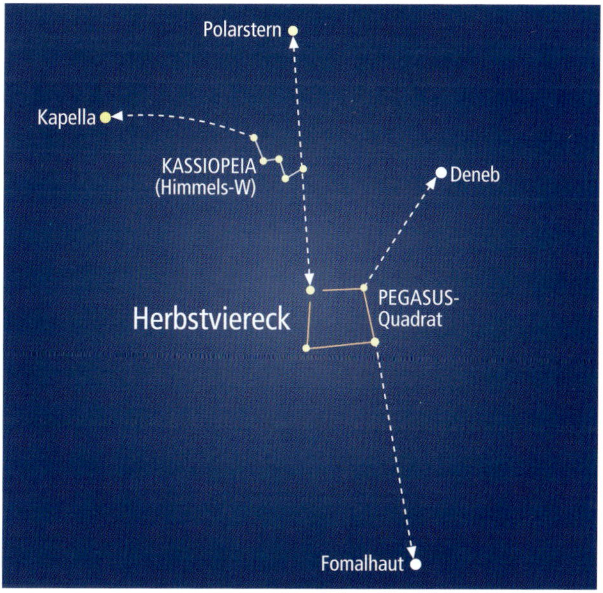

10.7 Vom Herbstviereck (Pegasusquadrat) ausgehend findet man schnell die Kassiopeia, den Polarstern, Deneb und Fomalhaut, Hauptstern des Sternbildes Südlicher Fisch.

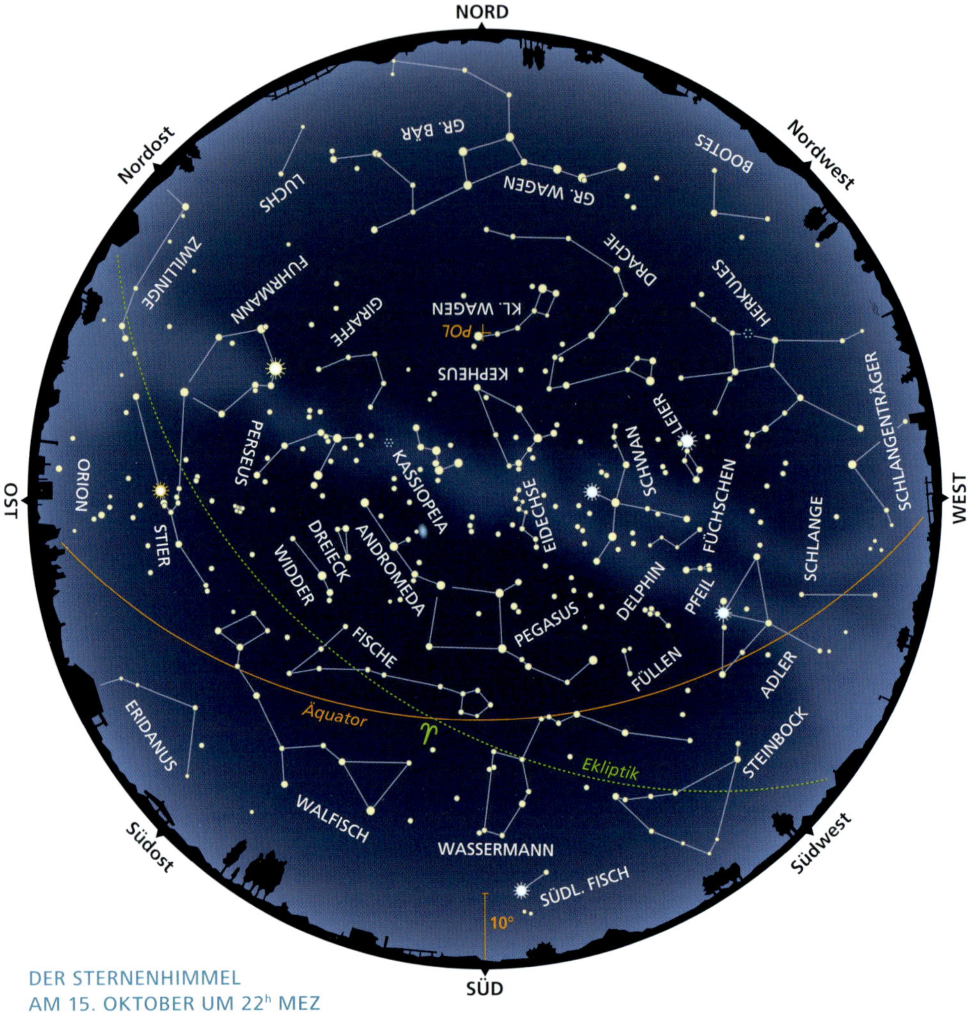

DER STERNENHIMMEL AM 15. OKTOBER UM 22ʰ MEZ

Die Sternkarte ist auch gültig für:

	MEZ	MESZ
1. 8.	3ʰ	4ʰ
15. 8.	2	3
1. 9.	1	2
15. 9.	0	1
1.10.	**23**	**24**
15.10.	**22**	**23**
31.10.	**21**	
15.11.	20	
30.11.	19	
15.12.	18	

Wagens markiert. Der Kleine Wagen ist viel schwerer zu erkennen als der Große, nicht etwa, weil er kleiner ist, sondern weil seine Sterne weit weniger hell sind als die des Großen Wagens. Wer prüfen will, wie gut die Durchsicht des Himmels ist und wie stark irdisches Streulicht stört, sollte regelmäßig versuchen, die Sterne des Kleinen Wagens zu erkennen. In Abb. E.3 auf Seite 12 findet man die Sterne des Kleinen Wagens mit Helligkeitsangaben. Wer ein wenig systematisch beobachten will, kann an jedem Beobachtungsabend notieren, welche Sterne des Kleinen Wagens ohne Mühe freiäugig zu sehen sind und welche eben nicht.

Das Pegasusquadrat hat den Meridian erreicht. Dieses markante Sternenviereck ist kaum zu übersehen. Man nennt es auch Herbstviereck analog zum Sommerdreieck oder Wintersechseck. Der Pegasus gehört zu den leicht erkennbaren Sternbildern, die man auf Anhieb findet. Die vier Sterne des Herbstvierecks heißen Markab, Scheat, Algenib und Sirrah, wobei Sirrah selbst nicht mehr zum Pegasus gehört, sondern schon der erste Stern der Andromeda (α Andromedae) ist, die aus einer Kette von vier Sternen gebildet wird. In der Andromeda entdeckt man bei guten Sichtverhältnissen ein wenig nördlich des Sternes Mirach (β Andromedae) den berühmten Andromedanebel (Katalogbezeichnung: M 31). Die Andromedagalaxie ist unsere Nachbarmilchstraße. Das Licht der etwa vier Milliarden Sterne dieser Galaxie ist fast drei Millionen Jahre unterwegs, bis es die Erde erreicht. M 31 ist das fernste Himmelsobjekt, das man mit bloßem Auge sehen kann.

Südlich der Andromeda steht das Tierkreisbild Widder. Zwischen Widder und Andromeda hat das kleine Sternbild Dreieck (lat.: Triangulum) seinen Platz. Östlich der Andromeda ist ihr Retter zu finden, der strahlende Held Perseus. Im Perseus steht der Bedeckungsveränderliche Algol, ein ideales Übungsobjekt für diejenigen Sternfreunde, die sich der Beobachtung veränderlicher Sterne widmen wollen. Die Lichtminima von Algol sind jeweils in der Rubrik „Veränderliche Sterne" vermerkt.

Den Südosten nimmt der ausgedehnte Walfisch (lat.: Cetus) ein, mit dem berühmten veränderlichen Stern Mira Ceti. Dessen Helligkeit schwankt in rund 330 Tagen zwischen dritter und neunter Sterngröße. Das heißt, zeitweise ist Mira mit bloßen Augen überhaupt nicht zu sehen. Entdeckt wurde Mira im Jahre 1596 von dem ostfriesischen Landpfarrer David Fabricius. Er nannte diesen Stern Mira Stella, was seltsamer oder verwunderlicher Stern heißt.

Halbhoch im Osten hat sich der Fuhrmann (lat.: Auriga) mit der hellen, gelblichen Kapella breitgemacht. Kapella gehört mit $0^{m}\!,1$ zu den hellsten Sternen des Himmels. Die Entfernung von Kapella misst 42 Lichtjahre.

Kapella besteht aus zwei einzelnen Riesensonnen, die einander in 104 Tagen umkreisen. Ihr gegenseitiger Abstand entspricht der Distanz Sonne – Venus. Wegen dieser geringen Distanz kann Kapella auch in großen Teleskopen nicht in zwei einzelne Lichtpünktchen aufgelöst werden. Sie ist ein sogenannter spektroskopischer Doppelstern.

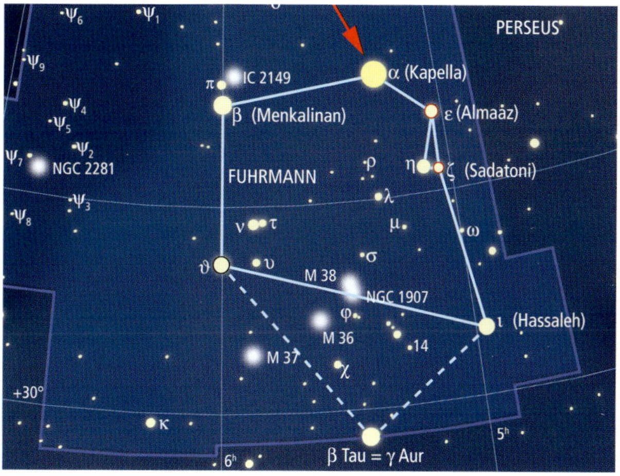

10.8 Das Sternbild Fuhrmann mit dem hellen Stern Kapella (α Aurigae).

Tief im Osten ist bereits der Stier mit dem hellen, rötlichen Aldebaran und dem Siebengestirn, den Plejaden, aufgegangen. Der Stier ist ein erster Vorbote des kommenden Winters. Als kulminierendes Tierkreisbild ist der Wassermann (lat.: Aquarius) zu nennen. Ebenfalls durch den Meridian wandert tief im Süden der Südliche Fisch. Von seinen Sternen ist nur Fomalhaut gut zu sehen, während die übrigen meist vom Horizontdunst verschluckt werden.

Für versierte Beobachter sei ein lichtschwaches Sternbild genannt, das gerade den Meridian passiert und zenitnah steht: Die Eidechse (lat.: Lacerta). Um sie zu identifizieren, sollte man ein lichtstarkes Fernglas mit geringer Vergrößerung benutzen.

Sieg über die Antimaterie

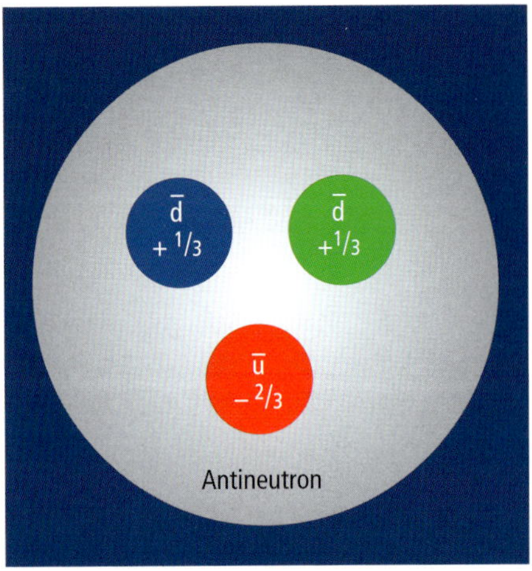

10.9 Ein Antineutron setzt sich aus zwei Anti-d-Quarks und einem Anti-u-Quark zusammen.

Ein bis heute weitgehend ungelöstes Rätsel lautet: Wieso gibt es überhaupt Sterne, Planeten und – Menschen? Die gesamte im Universum vorhandene Materie sollte es eigentlich nicht geben, denn in der allerfrühesten Zeit des Universums nach Ende der Inflationsphase 10^{-32} (hundert Quintillionstel) Sekunden nach dem Urknall gab es zu jedem Teilchen ein Antiteilchen. Noch bevor die erste Millionstel Sekunde vergangen war und die Temperatur des Feuerballs auf 10^{13} (zehn Tera) Grad gesunken war, vernichteten sich die Teilchen gegenseitig. Übrig blieben Gammaquanten (hochenergetische Photonen) und Neutrinos. Hätten die Antiteilchen überlebt, so gäbe es heute ein Universum aus Antimaterie.

Zunächst ein Hinweis: Antimaterie ist nicht zu verwechseln mit der häufig zitierten Dunklen Materie. Während die Bausteine der Dunklen Materie bis dato unbekannt sind, ist sehr wohl bekannt, woraus die Antimaterie besteht. Sie kann sogar in Kernforschungslaboratorien künstlich erzeugt werden – allerdings in extrem winzigen Mengen, bisher jedenfalls. Sie kommt auch im Weltall vor, ebenfalls nur in Spuren. Auf eine Milliarde Teilchen entfällt nur ein Antiteilchen. Wäre das Verhältnis Teilchen zu Antiteilchen hingegen 1:1, dann gäbe es keine Sterne, keine Planeten und auch uns nicht. Unsere Existenz, ja die des gesamten Universums, verdankt man einem extrem kleinen Ungleichgewicht in einer sehr frühen Phase des Kosmos. Genauer: Dass im Universum die Materie und nicht die Antimaterie dominiert ist die Folge einer Symmetriebrechung, wie Physiker zu sagen pflegen. Die uns geläufige Materie wird auch als Koinomaterie bezeichnet (von griechisch κοινός – gewöhnlich, allgemein) im Gegensatz zur Antimaterie.

Schon Ende des 19. Jahrhunderts spekulierte man, es könnte Sterne und ganze Galaxien aus Antimaterie geben. Teilweise sprach man auch von „negativer Materie". Doch durch Beobachtungen lässt sich nicht unterscheiden, ob die elektromagnetische Strahlung von einem normalen Stern oder von einem Stern aus Antimaterie ausgesendet wird. Das Spektrum wäre in beiden Fällen das gleiche.

Doppelgänger im Teilchenzoo

Die gewöhnliche Materie setzt sich aus kleinsten Bausteinen, den Elementarteilchen zusammen. Elektrisch positiv geladene Protonen und ungeladene Neutronen bilden die Atomkerne, um die negativ geladene Elektronen kreisen. Man nennt die Kernbausteine Nukleonen, die fast 2000-fach masseärmeren Elektronen zählen zu den Leptonen, den leichten Teilchen. Nukleonen setzen sich aus Quarks zusammen, ebenso die Mesonen, die mittelschweren Teilchen. Je drei Quarks bilden ein Proton beziehungsweise ein Neutron. Zwei u-Quarks (elektrische Ladung je +2/3) und ein d-Quark (−1/3) formen ein Proton, während sich ein Neutron aus einem u- und zwei d-Quarks (+2/3 − 1/3 − 1/3 = 0) zusammensetzt. Ebenso zu den Elementarteilchen zählen Photonen, Neutrinos, Myonen sowie W^+-, W^-- und Z^0-Bosonen (siehe auch Monatsthema „Die Higgs-Bosonen und die Entstehung des Universums" im *Kosmos Himmelsjahr 20**14*** auf Seite 246).

Der Theorie nach gibt es nun zu jedem Elementarteilchen ein Antiteilchen. Das Antiteilchen zum Elektron ist das positiv geladene Positron. Zum Proton gibt es das negativ geladene Antiproton, gelegentlich auch Negatron genannt. Das Antineutron unterscheidet sich vom Neutron, indem es aus einem Anti-u-Quark (Ladung: –2/3) und zwei Anti-d-Quarks (Ladung je +1/3) besteht.

Nach einer Halbwertszeit von etwa 1000 Sekunden zerfällt ein freies Neutron in ein Proton, ein Elektron und ein Antineutrino, das sich vom Neutrino durch eine negative Leptonenzahl (–1) unterscheidet. Damit ist die Symmetrie der Zerfallsgleichung (β-Zerfall) auch hinsichtlich der Erhaltung der Leptonenzahl gewährleistet, denn das Elektron hat die Leptonenzahl +1.

Die Antiteilchen haben die gleichen Eigenschaften wie die Teilchen, was Masse, Spin (quantenmechanischer Drehimpuls) und Lebensdauer betrifft. Teilchen und ihre Antiteilchen sind fast vollkommen identisch, lediglich in ihren Ladungen unterscheiden sie sich. So könnte es theoretisch alle chemischen Elemente des Periodensystems aus Antiteilchen geben mit negativ geladenen Atomkernen aus Negatronen und Antineutronen, um die positiv geladene Positronen kreisen. Senden die Antiatome Licht aus, so könnte man im

10.10 Paul A. Dirac (1902 – 1984) postulierte als erster Physiker die Existenz von Antimaterie.

Spektrum dieser Strahlung keinen Unterschied zu den Atomen der Koinomaterie feststellen.

Dies wurde auch schon experimentell überprüft. Im Genfer Kernforschungszentrum CERN wurde im Jahr 2016 ein Anti-Wasserstoffatom erzeugt. Seine Spektrallinien stimmten bis zu einer Mess-

10.11 Ein freies Neutron zerfällt nach rund 15 Minuten in ein Proton, ein Elektron und ein Anti-Neutrino.

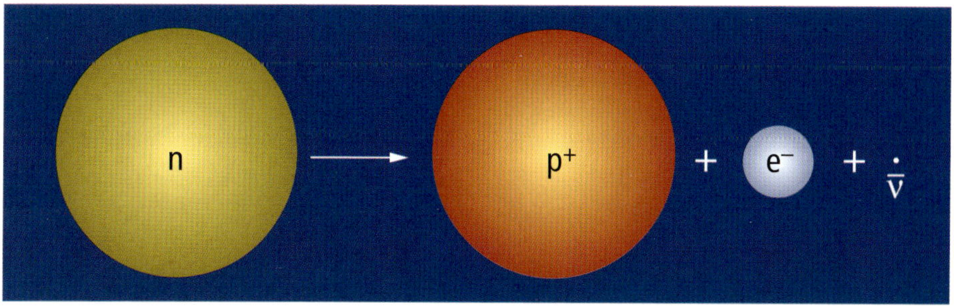

Roy Kaltschmidt / Berkeley Lab Public Affairs

10.12 Der Teilchenbeschleuniger Bevatron in Berkeley (USA), mit dem 1955 das Antiproton und 1956 das Antineutron nachgewiesen wurden.

genauigkeit von 10^{-10} (ein Zehnmilliardstel) mit denen normaler Wasserstoffatome überein. Einige Elementarteilchen haben eigentlich keine Antiteilchen als Partner. Um die Aussage aufrechtzuerhalten, jedes Elementarteilchen besitze ein Antiteilchen, spricht man davon, dass in einem solchen Fall Teilchen und Antiteilchen identisch sind und nennt sie Majorana-Teilchen. Zu den Majorana-Teilchen zählen die Photonen und die ungeladenen Pi-Mesonen (Pionen, π^0).

Von der Theorie zur Entdeckung

Paul A. M. Dirac (1902–1984) hat 1928 eine nach ihm benannte Gleichung aufgestellt, mit der die relativistische Wellenmechanik des Elektrons beschrieben wird. Die zweite Lösung der Gleichung ergibt ein Positron, das dann erstmals 1932 in der kosmischen Höhenstrahlung entdeckt wurde. Kollidiert die kosmische Partikelstrahlung mit den Molekülen der Erdatmosphäre, so entstehen Antimyonen. Dirac war der erste, der konkret die Existenz von Antimaterie postulierte. Gemeinsam mit Erwin Schrödinger erhielt er 1933 den Nobelpreis für Physik.

Bereits 1955 wurde am Bevatron in Berkeley (USA) das Antiproton nachgewiesen und ein Jahr später das Antineutron. Notwendig dazu waren hochenergetische Beschleuniger, denn um ein Proton-Antiproton-Paar zu erzeugen, sind Energien von 2000 MeV erforderlich. Schon vorher war es gelungen, ein Positronium zu erzeugen. Es verhält sich ähnlich wie ein Wasserstoffatom. Nur ist in diesem Fall das Elektron an sein Antiteilchen Positron gekoppelt statt an ein Proton. Bei einem Positronium umkreisen Elektron und Positron einander.

Eine Energiequelle der Zukunft?

Am CERN bei Genf wurden 2010 Anti-Wasserstoffatome erzeugt. Um einen Kern aus einem Negatron kreiste jeweils ein Positron. Ein Jahr später wurden über 300 Anti-Wasserstoffatome bei –272 °C, also fast am absoluten Nullpunkt, in einem magnetischen Käfig eine Viertelstunde gefangen gehalten.

Antimaterie kann man nicht in einem normalen Gefäß einschließen. Sobald Antimaterie mit Koinomaterie in Berührung kommt, zerstrahlen beide Sorten in einem Schauer von Gammaquanten (hochenergetischen Photonen). Trifft ein Proton auf ein Negatron, zerstrahlen beide in kurzlebige Mesonen, die fast augenblicklich in Gammaquanten zerfallen. Außerdem entstehen Neutrinos sowie Elektron-Positron-Paare. Bei der Zerstrahlung von Materie und Antimaterie wird die gesamte Ruhemasse der Teilchen gemäß der Einstein-Formel $E = mc^2$ in pure Strahlungsenergie umgewandelt. Die Ausbeute ist praktisch hundertprozentig, während bei Kernfusion, wie sie im Inneren der Sterne stattfindet, nur ein Bruchteil der Masse in Form von Energie freigesetzt wird.

Der Vorgang der „Vernichtungsstrahlung" wird „Annihilation" genannt. Die Annihilation eines einzigen Wasserstoffatoms mit einem Anti-Wasserstoffatom liefert 1880 MeV, die Fusion eines Tritiumkerns (H^3) mit einem Deuterium-Kern (H^2) setzt dagegen nur 17,6 MeV, also weniger als ein Hundertstel, an Energie frei.

Daher träumen Raumfahrt-Ingenieure von einem Antimaterie-Antrieb und Science-Fiction-Autoren fantasieren von Antimaterie-Bomben. Zumindest in den nächsten 100 Jahren wird es weder das eine noch das andere geben. Allein die Speicherung von größeren Mengen Antimaterie ist nicht nur extrem aufwändig, sondern erfordert auch eine Unmenge an Energie, um einen elektromagnetischen Käfig aufrecht zu erhalten. Eine winzige Störung, beispielsweise ein kurzfristiger Stromausfall, und schlagartig zerstrahlt die gesamte eingeschlossene Antimaterie in einer gewaltigen Explosion. Immerhin ist es am CERN im November 2015 gelungen, ein Antiproton in ein Gefäß zu bugsieren und über ein Jahr bis Ende 2016 dort gefangen zu halten. Ein beachtliches Ergebnis der Experimentierkunst!

Bei hochenergetischen Abläufen im Universum wie Supernova-Detonationen sowie dem Verschmelzen von Neutronensternen oder Schwarzen Löchern werden gewaltige Mengen an Antiteilchen erzeugt, die aber nur sehr kurzfristig existieren, bis sie nach Kontakt mit Koinomaterie völlig zerstrahlen und damit aus der Welt verschwinden.

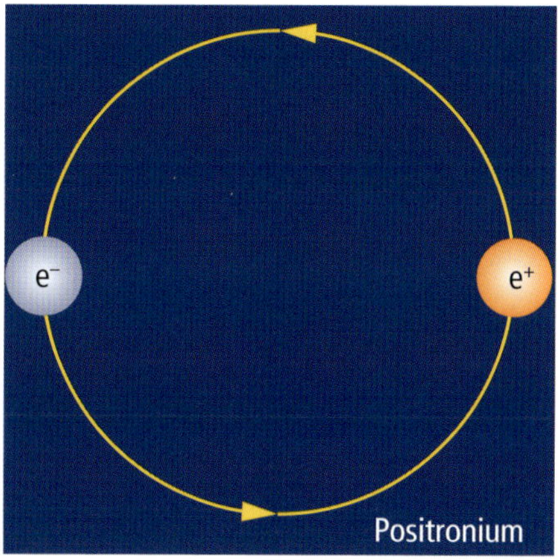

10.13 Ein Elektron und ein Positron bilden ein Positronium.

Symmetriebrechung als Schlüssel

Wieso aber sind in der ersten Millionstel Sekunde des Kosmos nicht alle Teilchen und Antiteilchen annihiliert worden? Wie eingangs angedeutet, hat dies etwas mit Symmetriebrechung zu tun. Symmetrieprinzipien sind in der Natur essentiell. Brüche von Symmetrien führen zu komplexen Strukturen und erhöhen den Informationsgehalt eines Systems. Eine bekannte geometrische Symmetrie zeigen die Hände eines Menschen, sie sind spiegelsymmetrisch. An der rechten Hand ist der Daumen links, bei der linken Hand dagegen rechts. Zwei Schrauben gleicher Größe können in einem Fall ein Rechtsgewinde, im anderen Fall ein Linksgewinde besitzen. Ähnliches gilt im Bereich der Elementarteilchen. Ihr Spin (quantenmechanische Rotation) ist entweder rechts- oder linksdrehend. Man nennt eine solche Symmetrie auch Parität (P-Symmetrie). Beim schon erwähnten Beta-Zerfall eines Neutrons tauchen allerdings nur linksdrehende Neutrinos auf. Man sollte erwar-

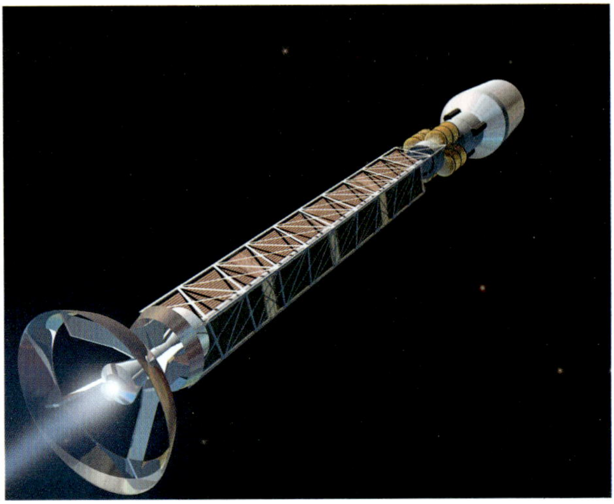

10.14 Ein Antimaterie-Antrieb würde außerordentlich effektiv arbeiten. Noch ist er jedoch Zukunftsmusik.

ten, dass gleich viele rechts- wie linksdrehende Neutrinos erscheinen. Beim Auftauchen der Antineutrinos wieder zeigen alle eine Rechtsdrehung. Nimmt man die Ladung dazu (bei Neutrinos ist dies die Leptonenzahl), so ist offensichtlich die Symmetrie wiederum hergestellt. Ladungssymmetrie wird mit C bezeichnet (engl.: charge – Ladung). Die kombinierte CP-Symmetrie gilt dann für Neutrinos und Antineutrinos und ebenso für andere Elementarteilchen und ihre Antiteilchen (siehe Abb. 10.15 auf Seite 229). Für Neutrinos lautet somit die CP-Symmetrie: Alle Neutrinos sind linksdrehend und haben die Leptonenladung +1, alle Antineutrinos sind rechtsdrehend, haben aber dann allesamt die Leptonenladung –1. Damit scheint die Symmetrie zwischen Koinomaterie und Antimaterie perfekt. Allerdings bedeutet dies, dass in der ersten Millionstel Sekunde die gesamte Materie einschließlich der Antimaterie hätte völlig zerstrahlen müssen. Doch dem ist offensichtlich nicht so.

Im Jahre 1964 konnten James Cronin und Val Fitch zeigen, dass die CP-Symmetrie beim Zerfall von neutralen K-Mesonen (Kaonen) verletzt wird. Ein neutrales Kaon (K^0) setzt sich aus einem d-Quark (–1/3) und einem Anti-s-Quark (+1/3) zusammen. Es zerfällt in ein negatives Pion (π^-), ein Positron und ein Neutrino, aber viel seltener in ein positives Pion (π^+), ein Elektron und ein Antineutrino, womit die CP-Invarianz verletzt wird.

Dies gilt offenbar auch für andere Zerfallsvorgänge, bei denen die schwache Wechselwirkung beteiligt ist. Cronin und Fitch haben für ihre Entdeckung 1980 den Nobelpreis für Physik erhalten. Der Vollständigkeit halber sei angemerkt: Die Symmetrie kann wieder hergestellt werden, wenn man das dritte Symmetrieprinzip hinzuzieht, die Zeit- oder T-Symmetrie (engl.: time – Zeit). Im Bereich des Mikrokosmos kann die Zeit auch rückwärts laufen, die Zeitrichtung ist nicht festgelegt. Es gilt somit die kombinierte CPT-Symmetrie. Im Makrokosmos ist die CPT-Symmetrie jedoch gebrochen. Das Universum entwickelt sich in einer Zeitrichtung – von der Vergangenheit über die Gegenwart zur Zukunft. Eine Rückkehr in die Vergangenheit ist nicht möglich. Die T-Symmetrie ist verletzt.

Beim Zerfall von Mesonen, die nur extrem kurz existieren, kann die CP-Symmetrieverletzung gut studiert werden. Mesonen bestehen aus zwei Quarks. In ihnen sind jeweils ein Quark und ein Antiquark gebunden. Die schwache Wechselwirkung sorgt für die Umwandlung eines Quarks in ein anderes. Die Botenteilchen, die W^+- und W^--Bosonen, sorgen dafür, dass aus Quarks mit +2/3-Ladung (up, charm und top) solche mit –1/3-Ladung (down, strange und bottom) werden.

Die Rolle des Higgs-Bosons

In der ersten Millionstelsekunde im Zeitalter der Baryogenese, als aus Quarks die Nukleonen gebildet wurden, die schweren Kernbausteine – auch Baryonen genannt –, spielte ein ganz besonderes Botenteilchen, nämlich das Higgs-Boson offen-

10.15 Brechung der C- und der P-Symmetrie. In Kombination bleibt die CP-Symmetrie erhalten.

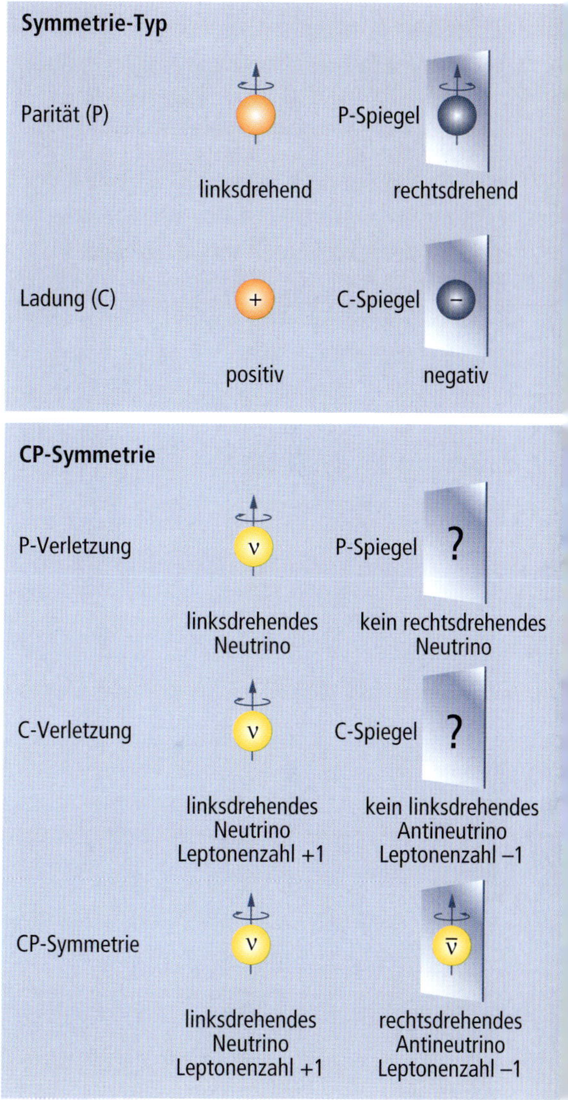

sichtlich *die* entscheidende Rolle. Das extrem schwere Higgs-Boson (etwa 125-mal massereicher als ein Nukleon) koppelt an die baryonische Materie und sorgt für eine winzig kleine, aber dennoch entscheidende Asymmetrie zwischen der Koinomaterie und der Antimaterie. Diese Symmetriebrechung führte dazu, dass von einer Milliarde Quarks ein Quark übrig blieb, während alle anderen mit den Antiquarks zu Photonen zerstrahlten. Somit kommen heute auf ein Nukleon eine Milliarde Photonen. Die Ursache für diese Symmetriebrechung liegt noch etwas tiefer. Higgs- und Antihiggs-Teilchen sind offensichtlich nicht absolut identisch. Nur die Higgs-Bosonen koppeln an baryonische Teilchen und verleihen ihnen Masse, nicht aber die Antihiggs-Bosonen mit negativer Higgsladung. Diese Asymmetrie geht zurück auf die inflationäre Phase des Universums, als die primordialen Quantenvakuumfluktuationen durch die Inflation auf makroskopische Skalengröße festgezurrt wurden. Die Antihiggs-Bosonen bescherten möglicherweise dem Weltall die Dunkle Materie, indem sie an die noch unbekannten Teilchen dieser ominösen Materie koppelten. Doch dies sind vorläufig noch recht spekulative Überlegungen.

Eine weitere Symmetriebrechung, eine CP-Verletzung im Bereich der Leptonen, sorgte für einen Überschuss an Elektronen gegenüber den Positronen. Auf eine Milliarde Positronen kamen eine Milliarde plus ein Elektronen. Alle Elektronen annihilierten mit den Positronen, bis auf eines von einer Milliarde, das keinen Partner fand und einer Vernichtung entging. Die primordialen Positronen verschwanden aus dem Kosmos. Positronen tauchen heute im Kosmos bei hochenergetischen Prozessen auf, zerstrahlen aber bald beim Kontakt mit Teilchen der Koinomaterie.

Noch gilt es zu prüfen, ob das geschilderte Szenario zutrifft. Verschiedene aufwändige Experimente sollen dies klären. Aber eines ist definitiv sicher: Der Sieg der Koinomaterie über die Antimaterie fand vor 14 Milliarden Jahren statt. Sonst gäbe es keine Sterne, keine Planeten und auch uns nicht!

November 2019

- Merkur bietet am 11. das Schauspiel eines Transits. Er zieht als dunkler Punkt vor der Sonne vorbei. In der letzten Novemberwoche erscheint Merkur am Morgenhimmel.
- Venus steht am Abendhimmel.
- Mars macht sich am Morgenhimmel bemerkbar.
- Jupiter verabschiedet sich vom Abendhimmel.
- Saturn kann noch am Abendhimmel aufgefunden werden.

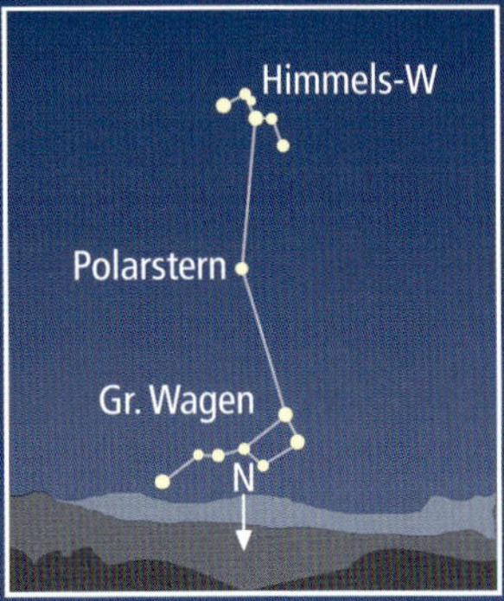

Großer Wagen und Himmels-W Anfang November um 22 Uhr

11.1 Planetenparade am Abendhimmel gegen 17^h30^m MEZ am 28. November. Tief im Südwesten leuchten Jupiter, Venus und die schmale Sichel des zunehmenden Mondes. Etwas höher steht Saturn.

1 Fr Allerheiligen
2 Sa Mond bei Saturn (Abendhimmel)
3 So
4 Mo Mond im ersten Viertel
5 Di
6 Mi
7 Do
8 Fr
9 Sa
10 So
11 Mo Merkurtransit
12 Di **Vollmond**
13 Mi
14 Do
15 Fr
16 Sa
17 So
18 Mo
19 Di Mond im letzten Viertel
20 Mi Buß- und Bettag
21 Do
22 Fr
23 Sa
24 So Totensonntag, Mond bei Mars (Morgenh.), Venus b. Jupiter (Abendh.)
25 Mo Mond bei Merkur (Morgenhimmel)
26 Di **Neumond**
27 Mi
28 Do Merkur in gr. westl. Elongation
Mond b. Venus u. Jupiter (Abendh.)
29 Fr Mond bei Saturn (Abendhimmel)
30 Sa

SONNE – STERNBILDER

22.11. 16h:
Sonne tritt in das Tierkreiszeichen Schütze
23.11. 23h:
Sonne tritt in das Sternbild Skorpion
30.11. 5h:
Sonne tritt in das Sternbild Schlangenträger
Julianisches Datum am
1. November, 1h MEZ: 2458788,5

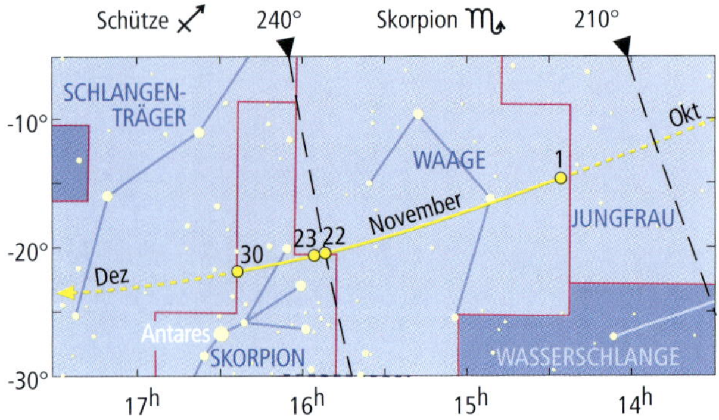

TABELLE SONNENLAUF

Tag	Dämmerg. Anfang	Aufgang MEZ	Kulmination	Untergang MEZ	Dämmerg. Ende	Mittagshöhe	Zeitgleichg.	Rektaszension	Deklination
	h m	h m	h m	h m	h m	o	m	h m	o
1.	5 57	7 09	12 04	16 58	18 10	25,6	+16	14 23	−14,2
5.	6 03	7 16	12 04	16 51	18 04	24,3	+16	14 38	−15,4
10.	6 10	7 24	12 04	16 43	17 57	22,9	+16	14 58	−16,9
15.	6 17	7 32	12 05	16 36	17 51	21,5	+15	15 19	−18,3
20.	6 24	7 40	12 06	16 30	17 46	20,3	+14	15 39	−19,5
25.	6 31	7 48	12 07	16 26	17 43	19,3	+13	16 00	−20,6
30.	6 37	7 55	12 09	16 22	17 40	18,4	+11	16 22	−21,5

TAGES- UND NACHTSTUNDEN

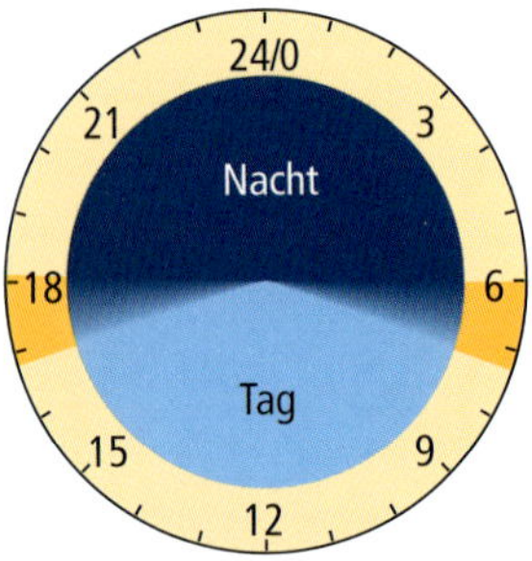

5. November

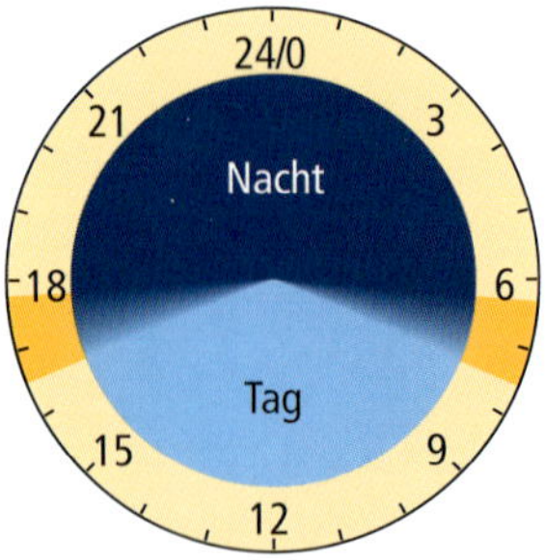

15. November

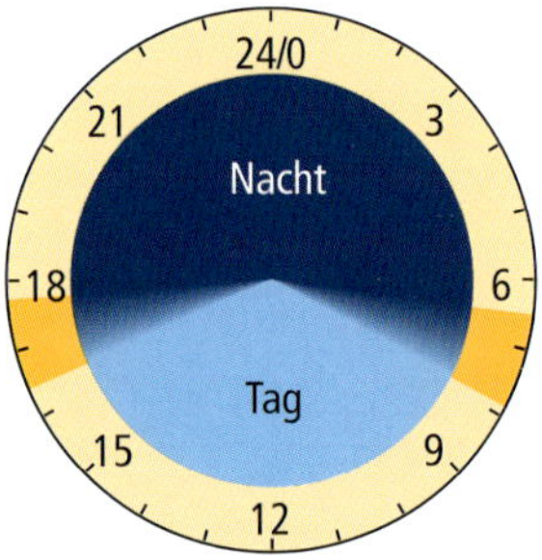

25. November

TABELLE MONDLAUF

Datum	Aufg. MEZ	Kulmination	Unterg. MEZ	Rektaszension	Deklination		Sterne und Sternbilder	Phase	MEZ
	h m	h m	h m	h m	°				
Fr 1.	12 00	16 07	20 13	17 52	−22,4	*	Schütze	Absteigender Knoten Libration West	
Sa 2.	12 54	17 01	21 09	18 49	−23,1		Schütze, Nunki		
So 3.	13 38	17 52	22 10	19 44	−22,5		Schütze		
Mo 4.	14 12	18 40	23 14	20 37	−20,9		Steinbock	**Erstes Viertel**	**$11^h 23^m$**
Di 5.	14 41	19 26	–	21 27	−18,4		Steinbock		
Mi 6.	15 04	20 10	0 19	22 15	−15,1		Wassermann		
Do 7.	15 25	20 52	1 24	23 01	−11,2		Wassermann	Erdferne 405/29′,5	10^h
Fr 8.	15 43	21 33	2 29	23 45	− 6,9		Wassermann		
Sa 9.	16 01	22 14	3 34	0 29	− 2,4		Walfisch	Größte Südbreite	
So 10.	16 20	22 57	4 40	1 14	+ 2,3		Walfisch		
Mo 11.	16 40	23 41	5 47	1 59	+ 7,0		Fische		
Di 12.	17 03	–	6 55	2 45	+11,5		Widder	**Vollmond**	**$14^h 34^m$**
Mi 13.	17 30	0 27	8 05	3 34	+15,6		Stier		
Do 14.	18 04	1 17	9 15	4 26	+19,0		Stier, Hyaden		
Fr 15.	18 47	2 09	10 23	5 21	+21,5	*	Stier, Al Nath	Libration Ost	
Sa 16.	19 40	3 04	11 24	6 17	+22,9	*	Alhena	Aufsteigender Knoten	
So 17.	20 44	4 01	12 17	7 16	+23,1		Zwillinge		
Mo 18.	21 56	4 57	13 01	8 14	+21,9		Krebs, Krippe		
Di 19.	23 13	5 53	13 37	9 12	+19,3		Krebs, Krippe	**Letztes Viertel**	**$22^h 11^m$**
Mi 20.	–	6 47	14 07	10 09	+15,7		Löwe, Regulus		
Do 21.	0 32	7 40	14 32	11 04	+11,1		Löwe		
Fr 22.	1 52	8 31	14 55	11 57	+ 5,8		Jungfrau	Größte Nordbreite	
Sa 23.	3 13	9 22	15 18	12 51	+ 0,2		Jungfrau	Erdnähe 367/32′,6	9^h
So 24.	4 33	10 14	15 41	13 44	− 5,5		Spica		
Mo 25.	5 54	11 06	16 07	14 38	−10,8		Waage		
Di 26.	7 14	12 00	16 38	15 34	−15,5		Waage	**Neumond Nr. 1199**	**$16^h 06^m$**
Mi 27.	8 31	12 56	17 15	16 31	−19,3		Antares		
Do 28.	9 42	13 52	18 00	17 28	−21,8	*	Schlangenträger		
Fr 29.	10 43	14 48	18 53	18 26	−23,1		Schütze, Nunki	Absteigender Knoten Libration West	
Sa 30.	11 32	15 41	19 53	19 23	−23,0		Schütze, Nunki		

DER MOND ZIEHT DURCH DIE HYADEN

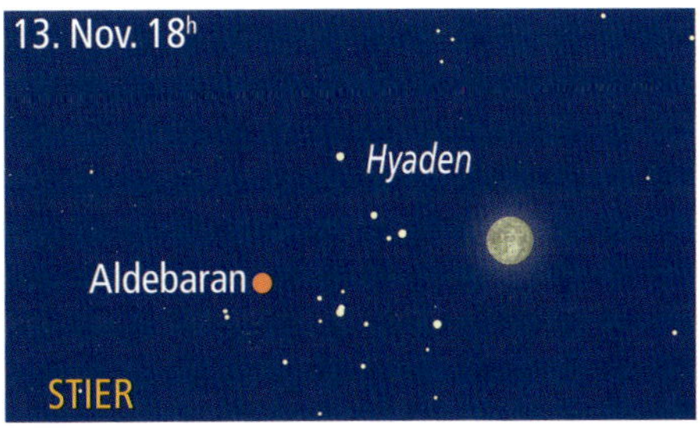

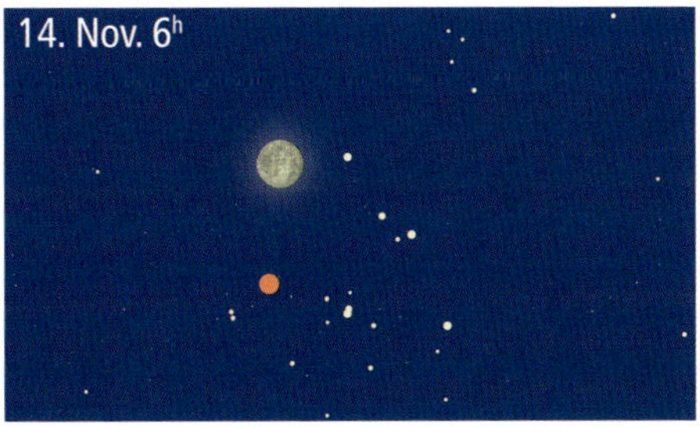

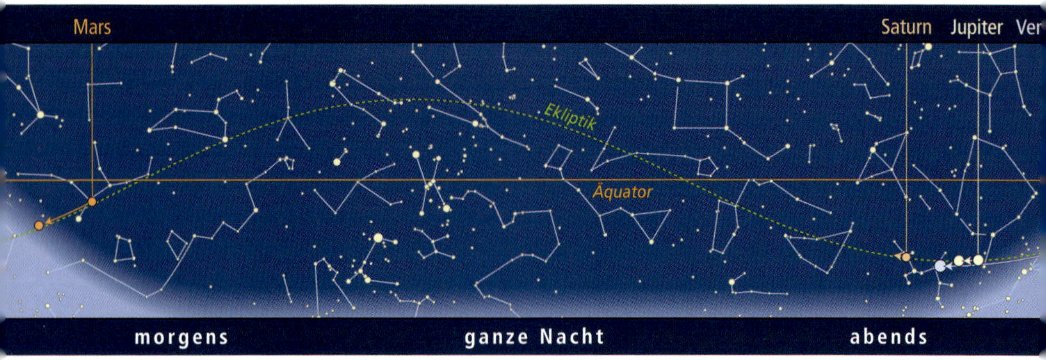

MERKUR kommt am **11. in untere Konjunktion** mit der Sonne. Dabei wandert der sonnennahe Planet am gleichen Tag durch seinen aufsteigenden Knoten und zieht deshalb als dunkles Pünktchen vor der Sonnenscheibe vorbei. Denn Merkur befindet sich zur unteren Konjunktion somit nahe der Ekliptik (scheinbare Sonnenbahn). Ein solches Ereignis wird Merkurdurchgang oder **Merkurtransit** genannt. Der Vorübergang findet von 13^h35^m (1. Kontakt) bis 19^h04^m (4. Kontakt) statt (in 50° Nord und 10° Ost). Da die Sonne um 16^h42^m untergeht, lässt sich mehr als die Hälfte dieses Ereignisses bei uns beobachten.

Mit bloßen Augen ist der Merkurtransit nicht zu sehen. Vor **unvorsichtigen Beobachtungen** mit Ferngläsern oder Teleskopen sei auch an dieser Stelle nochmals **gewarnt**. **Niemals** darf man einen **Feldstecher** oder ein **Fernrohr** ohne geeignete Sonnenfilter **direkt auf die Sonne richten!** Eine ausführliche Beschreibung des Merkurtransits findet man im Monatsthema November auf Seite 243 sowie im Kapitel „Sonnen- und Mondfinsternisse" auf Seite 28.

In unterer Konjunktion erreicht Merkur mit 101 Millionen Kilometer (= 0,675 AE) seinen Minimalabstand von der Erde. Dies

11.2 Stellung von Merkur über dem Osthorizont zu den angegebenen Daten jeweils eine Stunde vor Sonnenaufgang. Die Pfeile deuten die Bewegungen von Merkur und Sonne in der nächsten halben Stunde an.

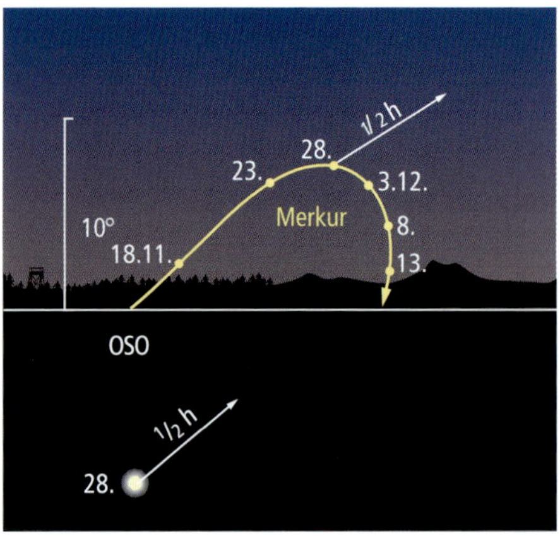

11.3 Sichtbarkeitsdiagramm für Merkur. Es gilt genau für 50° nördlicher Breite und 10° östlicher Länge. Dunkelgelbe Fläche: Unter günstigen Sichtbedingungen kann man Merkur mit bloßen Augen erkennen, hellgelbe Fläche: Merkur ist leicht zu sehen.

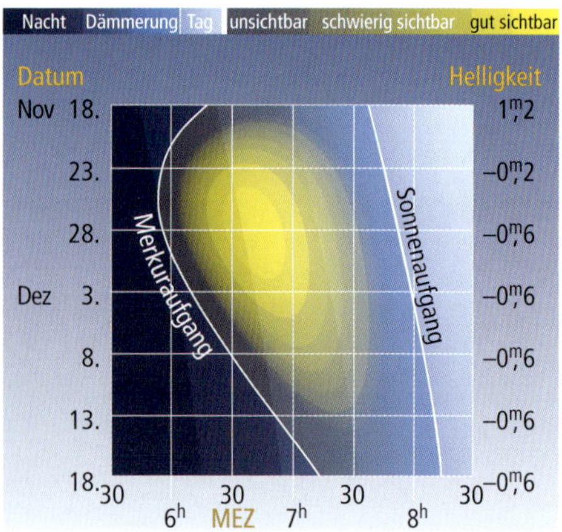

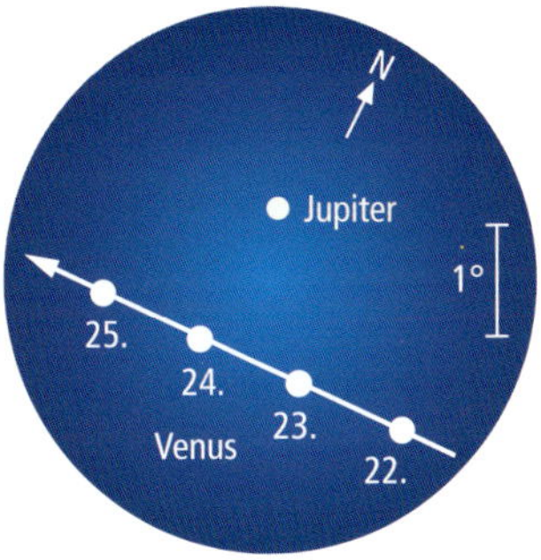

11.4 Planet Venus zieht vom 22. bis 25. November $1\overset{\circ}{,}4$ südlich an Jupiter vorbei. Fernglasanblick gegen 17^h30^m MEZ bei 5° Gesichtsfelddurchmesser.

entspricht einer Lichtlaufzeit von fünf Minuten und 37 Sekunden. Seine Konjunktionsschleife zieht Merkur im Sternbild Waage (siehe Abb. 11.5 unten).
Nach der unteren Konjunktion gewinnt Merkur rasch an westlichem Winkelabstand von der Sonne, da er noch bis 20. rückläufig durch den Tierkreis eilt. An diesem Tag wird er stationär und wandert anschließend wieder rechtläufig durch den Tierkreis. Am 28. schließlich erreicht Merkur seine größte westliche Elongation von der Sonne, wobei sein Winkelabstand von ihr 20°04′ beträgt. Dabei bietet der Benjamin unter den Planeten die günstigste Morgensichtbarkeit des ganzen Jahres. Am leichtesten lässt sich Merkur vom 23. November bis 5. Dezember am Morgenhimmel finden (siehe auch Abb. 11.2 und 11.3 auf Seite 234).
Erfahrene Beobachter mögen den flinken Planeten bereits am 20. sichten. An diesem Tag geht der $0\overset{m}{,}5$ helle Merkur um 6^h05^m auf. Bis zur maximalen Elongation am 28. nimmt die Helligkeit um gut eine Größenklasse auf $-0\overset{m}{,}6$ zu, die Aufgänge verfrühen sich um zehn Minuten.
Am 25. zieht die extrem dünne Sichel des abnehmenden Mondes 2° nördlich an Merkur vorbei (siehe Abb. 11.6 rechts).
Im Fernrohr erscheint das $7\overset{''}{,}2$ Merkurscheibchen am 25. halb beleuchtet, die Dichotomie (Halbphase) tritt ein. Danach wird das Planetenscheibchen runder und kleiner, während Merkur am 20. noch als Sichel mit $8\overset{''}{,}3$ scheinbarem Durchmesser zu sehen ist.

VENUS taucht allmählich am Abendhimmel auf und läutet damit ihre Abendsternperiode ein. Noch ist sie kein sehr auffälliges Objekt. Nur kurz zeigt sie sich in der Abenddämmerung knapp über dem Südwesthorizont. Sie wandert durch die südlichsten Bereiche des Tierkreises. Am 1.

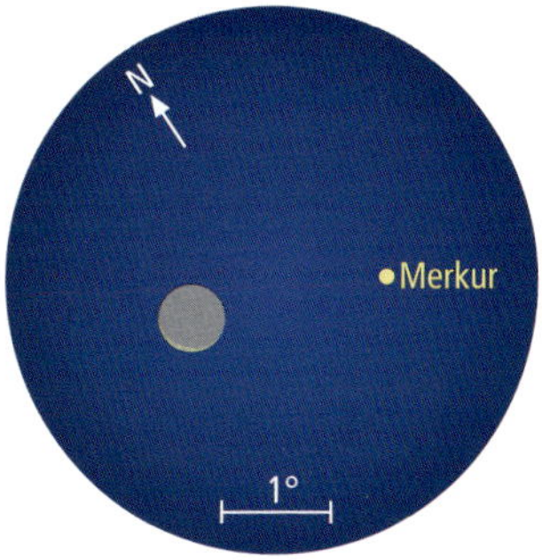

11.6 Rendezvous von Merkur mit der extrem dünnen Sichel des abnehmenden Mondes am 25. November. Fernglasanblick gegen 7^h MEZ bei 5° Gesichtsfelddurchmesser.

tritt sie in das Sternbild Skorpion und zieht am 9. rund 4° nördlich an seinem rötlichen Hauptstern Antares (α Sco) vorbei. Vom 8. bis 23. führt sie ihr Weg durch den Schlangenträger. Anschließend wechselt Venus in das Sternbild Schütze. Am 26. befindet sie sich $1\overset{\circ}{,}3$ südlich vom Winterpunkt (siehe Abb. 12.4 auf Seite 258).
Die $-3\overset{m}{,}9$ helle Venus verändert ihre Untergangszeiten nur unwesentlich. Geht sie am 1. um 17^h46^m unter, so erfolgt ihr Untergang am 30. um 18^h00^m.
Venus verfolgt abermals den Riesenplaneten Jupiter und überholt ihn am 24. in 1°24′ südli-

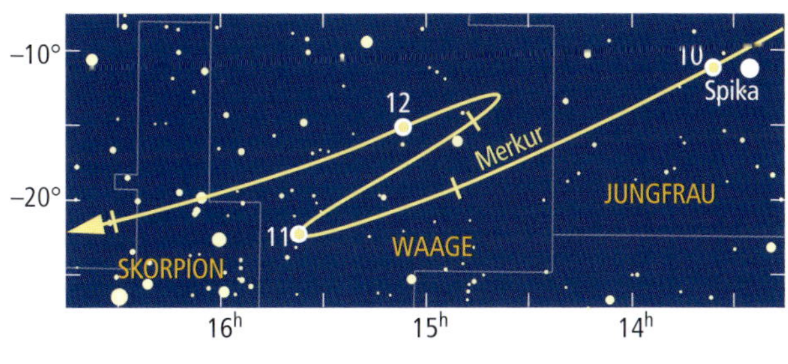

11.5 Konjunktionsschleife von Merkur im Gebiet der Sternbilder Waage und Skorpion. Die Zahlen geben die Merkurposition zum jeweiligen Monatsersten an (11 = 1. November 2019)

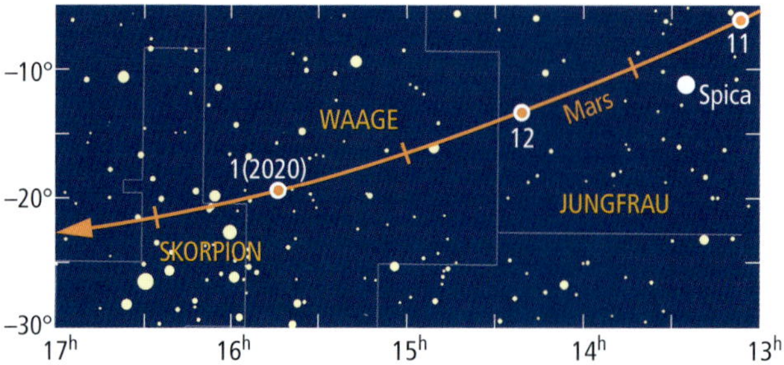

11.7 Scheinbare Bahn des Planeten Mars von Anfang November 2019 bis Mitte Januar 2020 durch die Sternbilder Jungfrau, Waage und Skorpion.

chem Abstand (siehe Abb. 11.4 auf Seite 235).
Ein besonders netter Himmelsanblick ergibt sich am 28. gegen 17^h30^m. Knapp über dem Südwesthorizont steht die Planetenparade Saturn – Venus – Jupiter. Hinzu kommt die dünne Sichel des zunehmenden Mondes, die zwischen Venus und Jupiter zu sehen ist (siehe Abb. 11.1 auf Seite 230).
Im Teleskop zeigt sich das nur 11″ kleine Venusscheibchen zu 90 % beleuchtet. Venus sieht noch winzig und rundlich aus.
Am 28. abends passiert Venus das Aphel ihrer fast kreisförmigen Bahn, wobei sie 108,9 Millionen Kilometer (= 0,728 AE) von der Sonne entfernt ist.

MARS taucht allmählich am Morgenhimmel auf. Der rote Planet wandert rechtläufig durch das Sternbild Jungfrau und erreicht zum Monatsende die Grenze zum Sternbild Waage.
Am 10. zieht er 2°,8 nordöstlich an Spica (α Vir), dem bläulichen Hauptstern der Jungfrau, vorbei (siehe Abb. 11.7 oben).
Am 1. geht der $1^m{,}8$ helle Mars um 5^h14^m auf, am 30. sieben Minuten früher. Seine Helligkeit nimmt leicht um $0^m{,}1$ während des Monats zu. Jeweils etwa eine halbe Stunde nach Aufgang befreit sich Mars aus den horizontnahen Dunstschichten und wird sichtbar bis er in der zunehmenden Morgenhelle verblasst.
Am 24. passiert die schmale Sichel des abnehmenden Mondes den roten Planeten in 4° nördlichem Abstand.
Im Fernrohr sind auf dem winzigen, kaum 4″ großen Planetenscheibchen keine Details zu erkennen.

KONSTELLATIONEN UND EREIGNISSE

Datum	MEZ	Ereignis
2.	8^h	**Mond bei Saturn**, Mond 0°,6 südlich, **Abstand 5°,0 um 18^h**
2.	19	Mond bei Pluto, Mond 0°,4 südlich
7.	6	Mond bei Neptun, Mond 3°,9 südlich
11.	5	Mond bei Uranus, Mond 4°,4 südlich
11.	16	**Merkur in unterer Konjunktion mit der Sonne – Merkurtransit** (siehe Seite 28)
16.	7	Merkur im Perihel
20.	16	Merkur im Stillstand, anschließend rechtläufig
24.	10	**Mond bei Mars**, Mond 4°,3 nördlich, **Abstand 4°,7 um 6^h**
24.	15	**Venus bei Jupiter**, Venus 1°,4 südlich, **Abstand 1°,4 um 17^h**
25.	4	**Mond bei Merkur**, Mond 1°,9 nördlich, **Abstand 2°,3 um 7^h**
27.	21	Neptun im Stillstand, anschließend rechtläufig
28.	12	**Mond bei Jupiter**, Mond 0°,7 nördlich, **Abstand 0°,1 um 11^h (Bedeckung, siehe S. 288)**
28.	12	**Merkur in größter westlicher Elongation** von der Sonne (20°)
28.	20	Venus im Aphel
28.	20	**Mond bei Venus**, Mond 1°,9 nördlich, **Abstand 2°,2 um 17^h**
29.	22	**Mond bei Saturn**, Mond 0°,9 südlich, **Abstand 3°,2 um 18^h**
30.	5	Mond bei Pluto, Mond 0°,5 südlich

JUPITER, rechtläufig im Schlangenträger, verabschiedet sich allmählich vom Abendhimmel und wird gegen Monatsende für das bloße Auge unsichtbar. Am 1. erfolgt der Untergang des Riesenplaneten um 19^h11^m. Am 20. geht Jupiter bereits eine Stunde früher unter, nämlich um 18^h12^m. Am 30. schließlich sinkt der $-1^m{,}8$ helle Jupiter um 17^h42^m unter die südwestliche Horizontlinie.

Am 16. verlässt er den Schlangenträger und tritt in das Sternbild Schütze.

Am 24. wird Jupiter in 1°24′ südlichem Abstand von Venus überholt. Die mit $-3^m{,}9$ deutlich hellere Venus kann als Aufsuchhilfe dienen, um den Riesenplaneten zu erkennen (siehe Abb. 11.4 auf Seite 235). Am 28. ergibt sich ein spektakulärer Himmelsanblick gegen 17^h30^m: Knapp über dem Südwesthorizont sieht man Jupiter und Venus, dazwischen die dünne Sichel des zunehmenden Mondes. Zu diesem Dreigestirn zeigt sich höher und weiter östlich der Ringplanet (siehe Abb. 11.1 auf Seite 230).

Am 28. mittags wird Jupiter vom Mond bedeckt, ein Ereignis, das von Mitteleuropa aus mit geeigneter Optik beobachtbar ist. Die Jupiterbedeckung findet von 10^h30^m bis 11^h35^m statt. Die genauen Zeiten sind ortsabhängig (siehe Tabelle „Sternbedeckungen durch den Mond" auf Seite 288).

SATURN kann noch am Abendhimmel aufgefunden werden. Der Ringplanet beschleunigt seine rechtläufige Wanderung durch den Schützen (siehe Abb. 7.5 auf Seite 165). Nach Einbruch der Dunkelheit kann man den $0^m{,}6$ hellen Planeten tief am Südwesthimmel erspähen. Die Saturnuntergänge verlagern sich von 20^h51^m am 1. auf 20^h01^m am 15. und auf 19^h09^m am Monatsende.

Zweimal, nämlich am 2. und am 29., kommt der Erdtrabant bei seiner monatlichen Runde an Saturn vorbei (siehe auch Tabelle „Konstellationen und Ereignisse" auf Seite 236).

URANUS, rückläufig im Sternbild Widder, hat seine Opposition zur Sonne gerade hinter sich. Er ist fast die gesamte Nacht am Firmament vertreten. Vom Morgenhimmel beginnt er sich allmählich zurückzuziehen. Um den nur $5^m{,}7$ hellen, grünlichen Planeten aufzufinden, benutze man die Sternkarte Abb. 10.6 auf Seite 219.

Am 1. kulminiert Uranus um 23^h46^m und geht um 6^h54^m unter. Zu dieser Zeit hat die helle Morgendämmerung bereits begonnen.

Bis Monatsende verfrühen sich die Meridianpassagen des grünlichen Planeten auf 22^h48^m am 15. und auf 21^h47^m am 30., wobei sein Untergang Ende November bereits um 4^h54^m erfolgt.

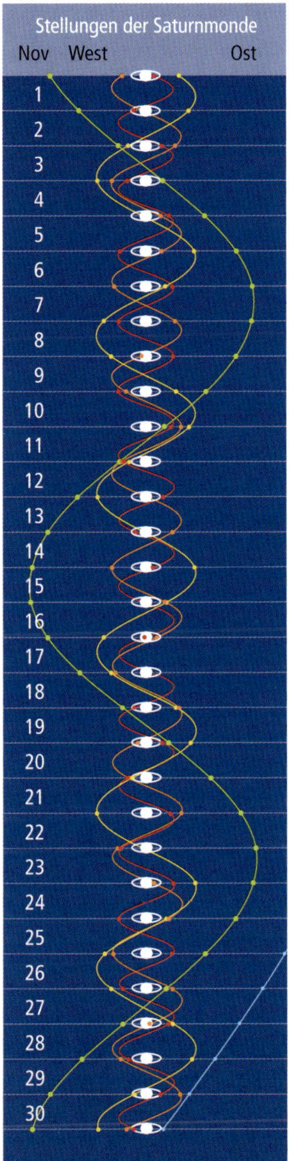

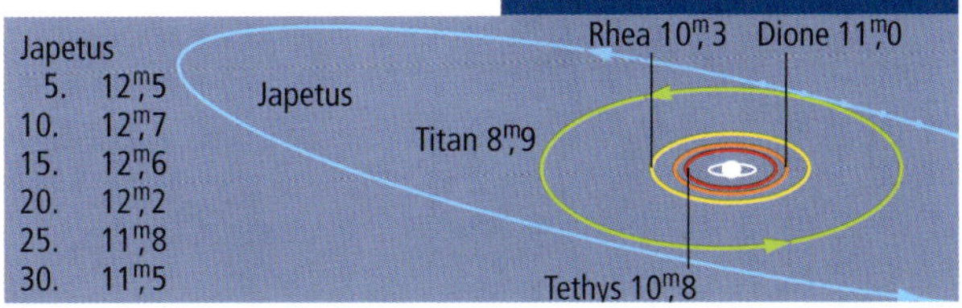

NEPTUN kann am Abendhimmel aufgesucht werden. Aus der zweiten Nachthälfte hat er sich vollständig zurückgezogen. Seine rückläufige Bewegung durch den Wassermann verzögert der bläuliche Planet immer mehr, bis er schließlich am 27. stationär wird (siehe Abb. 9.2 auf Seite 199). Damit endet auch seine Oppositionsperiode. Nach dem 27. ist Neptun wieder rechtläufig, was zunächst kaum zu bemerken ist. Neptun tritt fast auf der Stelle. Zu Monatsbeginn kulminiert der $7{,}^{m}8$ lichtschwache Planet um $20^{h}47^{m}$ und geht um $2^{h}23^{m}$ unter. Ende November passiert der inzwischen $7{,}^{m}9$ helle Neptun um $18^{h}53^{m}$ den Meridian und geht um $0^{h}28^{m}$ unter. Um die Monatsmitte beeinträchtigt helles Mondlicht das Aufsuchen von Neptun.

PLANETOIDEN UND ZWERGPLANETEN

VESTA (4) kommt am 12. in **Opposition** zur Sonne. Sie beschleunigt ihre rückläufige Wanderung und zieht am 5. nur $0{,}^{\circ}3$ südlich an ο Tauri ($3{,}^{m}6$) vorbei. Am folgenden Tag wechselt sie wieder in das Sternbild Walfisch (siehe Abb. 11.8 oben).

Zur Opposition erreicht Vesta eine Helligkeit von $6{,}^{m}5$, was sie zu einem leichten Fernglasobjekt werden lässt. Bis Monatsende sinkt ihre Helligkeit auf $6{,}^{m}8$ wieder ab.

In der Oppositionsnacht geht Vesta um $17^{h}28^{m}$ auf, kulminiert um $0^{h}16^{m}$ und geht morgens um $6^{h}56^{m}$ unter. Bis 30. verfrühen sich ihre Meridianpassagen auf $22^{h}43^{m}$. Die Stunden von 22^{h} bis 0^{h} sind somit die günstigsten, um nach Vesta Ausschau zu halten. Die geringste Entfernung von der Erde erreicht Vesta bereits am 10. frühmorgens. Sie trennen dann 234 Millionen Kilometer (= 1,56 AE) von der Erde. Dies entspricht einer Lichtlaufzeit von genau 13 Minuten. Ihre Sonnendistanz beträgt am Oppositionstag 381 Millionen Kilometer (= 2,55 AE).

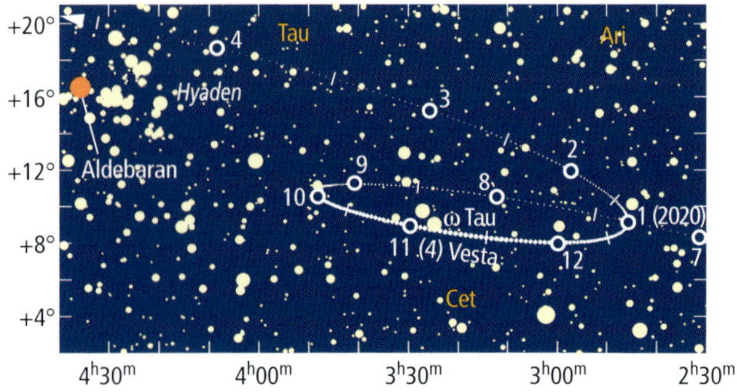

11.8 Scheinbare Bahn des Kleinplaneten (4) Vesta von Juli 2019 bis April 2020 im Gebiet der Sternbilder Walfisch, Widder und Stier. Die Zahlen geben die Vestaposition zum jeweiligen Monatsersten an (11 = 1. November).

METIS (9) stand im letzten Oktoberdrittel in Opposition zur Sonne. Sie wandert rückläufig durch die Fische und wird gegen Ende November merkbar langsamer. Am 25. passiert Metis ν Piscium ($4{,}^{m}4$) in $0{,}^{\circ}4$ nördlichem Abstand. Zum Stillstand in Rektaszension und damit zum Ende der Oppositionsperiode kommt sie am 9. Dezember (siehe Abb. 10.6 auf Seite 219).

Die Metishelligkeit sinkt weiter um $0{,}^{m}7$ auf $9{,}^{m}4$ ab, was sie zu einem unattraktiven Beobachtungsobjekt werden lässt. Metis kulminiert am 1. um $23^{h}38^{m}$, am 15. um $22^{h}30^{m}$ und am 30. bereits um $21^{h}23^{m}$.

PERIODISCHE STERNSCHNUPPENSTRÖME

Die **LEONIDEN** treten zwischen dem 13. und 30. November am Morgenhimmel in Aktion. Ihr Radiant liegt im Löwen rund 10° nordöstlich von Regulus. Das spitze Maximum ist in der Nacht vom 17. auf 18. November zu erwarten (gegen 3^{h} MEZ), wobei mit lediglich 15 Meteoren pro Stunde zu rechnen ist. Die Sternschnuppen sind außerordentlich schnell (um 70 Kilometer pro Sekunde). In manchen Jahren waren die Leoniden besonders aktiv. Nur alle 33 Jahre kollidiert die Erde mit dem Zentrum der Leoniden-Trümmerwolke. In diesem Jahr ist mit einer eher bescheidenen Leoniden-Aktivität zu rechnen, da sich der Ursprungskomet 55P/Tempel-Tuttle in Sonnenferne befindet.

Die beiden Teilströme der **TAURIDEN** sind weiter aktiv. Um den 5. bis 10. November können insbesondere die Nördlichen Tauriden für Raten zwischen fünf und zehn Meteore pro Stunde sorgen, darunter sind auch immer wieder helle Meteore und Feuerkugeln. In manchen Jahren gibt es besondere Häufungen.

Die **ALPHA-MONOCEROTIDEN** sind ein periodisch aktiver Strom. Ihr Radiant liegt im Sternbild Einhorn. In den Jahren 1925, 1935, 1985 und 1995 gab es jeweils einen kurzen aber heftigen Meteorschauer. In einer halben Stunde wurden bis zu 500 Sternschnuppen gezählt. Neue Kalkulationen lassen ein erneutes bemerkbares Auftreten des Stromes in diesem Jahr am 22. November erwarten! 2016 und 2017 konnte der Strom mit Radarmethoden bereits gut nachgewiesen werden. Ein Ursprungskomet ist bis dato nicht bekannt.

Der Fixsternhimmel

Das Himmels-W hat nun seine höchste Position erreicht und steht zwischen Zenit und Polarstern. Eigentlich macht es jetzt nicht den Eindruck eines großen lateinischen W, es sieht eher wie ein M aus. Die Amerikaner bezeichnen die Kassiopeia daher auch als Himmels-M.

Der Große Wagen kreuzt zwischen Polarstern und Nordpunkt am Horizont den Meridian. Er befindet sich somit in unterer Kulmination. Bei Zirkumpolarsternbildern wie beispielsweise Großer Wagen oder Kassiopeia findet sowohl die obere als auch die untere Kulmination über dem Horizont statt und ist somit beobachtbar.

Weit im Westen ist immer noch das Sommerdreieck zu sehen. Relativ hoch steht Deneb, der Schwanzstern des Schwans. Auch die helle Wega ist gut im Nordwesten zu erkennen, während Atair im Adler nahe dem Westhorizont steht und kaum mehr auszumachen ist.

Hoch im Süden erspäht man die Sternbildergruppe Pegasus – Andromeda – Widder – Perseus. Dies sind die typischen Herbstbilder, die nach wie vor den Abendhimmel zur Standardbeobachtungszeit dominieren.

Die beiden Fische ziehen gerade durch den Meridian. Sie sind schwer zu beobachten, denn sie sind recht lichtschwach. Allerdings sind sie allgemein bekannt, da sie Mitglieder des Tierkreises sind. Jetzt ist die Zeit günstig, einmal dieses Sternbild aufzusuchen. Dazu ein Tipp: Man beginne mit der einen Sternengruppe, die eine kleine Ellipse südlich des leicht erkennbaren Pegasusquadrats bildet. Von da ab lasse man den Blick nach Osten schweifen und wieder hoch zur Andromedasternenkette. Zwischen dem Sternbild Dreieck und dem Pegasusquadrat befindet sich die zweite Fischellipse, die allerdings nicht so ausgeprägt ist.

Den Südwestquadranten beherrscht der Wassermann. Auch er gehört wie die Fische zu den lichtschwachen Tierkreisbildern. Tief im Südwesten kann man Fomalhaut im Südlichen Fisch aufblitzen sehen.

Der Südostquadrant ist auch nicht sehr eindrucksvoll. Walfisch

VERÄNDERLICHE STERNE IM NOVEMBER

Algol-Minima	12. 6^h46^m	15. 3^h35^m	18. 0^h25^m	20. 21^h14^m	23. 18^h03^m	
β-Lyrae-Minima	1. 22^hN	8. 9^hH	14. 21^hN	21. 9^hH	27. 20^hN	
δ-Cepheï-Maxima	3. 16^h	9. 1^h	14. 9^h	19. 18^h	25. 3^h	30. 12^h
Mira-Helligkeit	1. 4^m	10. 3^m	20. 3^m	30. 3^m		

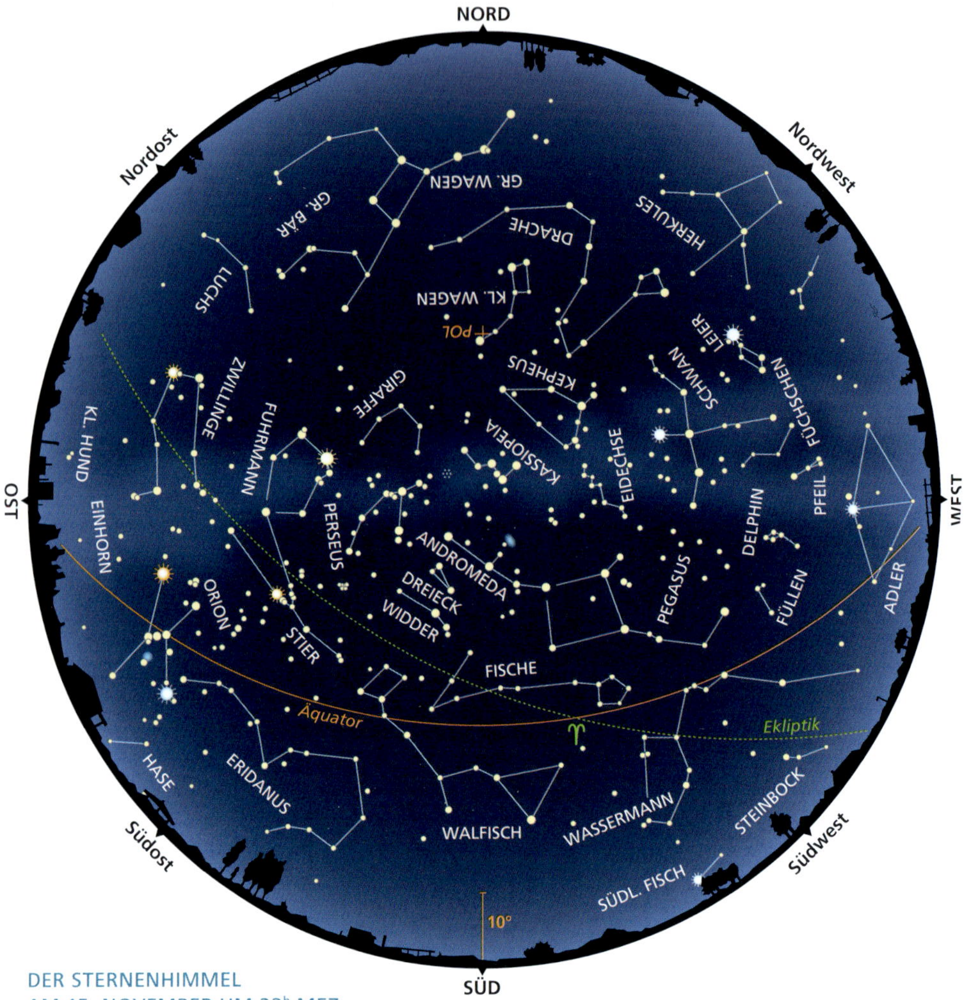

DER STERNENHIMMEL AM 15. NOVEMBER UM 22^h MEZ

Die Sternkarte ist auch gültig für:

	MEZ	MESZ
1. 9.	3^h	4^h
15. 9.	2	3
1.10.	1	2
15.10.	0	1
1.11.	**23**	
15.11.	**22**	
30.11.	**21**	
15.12.	20	
31.12.	19	
15. 1.	18	

(lat.: Cetus) und der Fluss Eridanus füllen ihn aus. Dafür wird es im Osten lebendig, die Wintersternbilder drängen auf die Himmelsbühne: Fuhrmann, Stier, Orion und Zwillinge sorgen für helle Sterne am Osthimmel. Vom Wintersechseck fehlen nur noch Sirius im Großen Hund und Prokyon im Kleinen Hund.

OBJEKTE FÜR FELDSTECHER UND FERNROHR

Ein lohnenswertes Ziel für den Fernglasbeobachter sind die beiden knapp nebeneinander stehenden offenen Sternhaufen h (NGC 869) und χ (NGC 884) im Perseus. Während sie im Fernglas nur als matte Lichtfleckchen er-

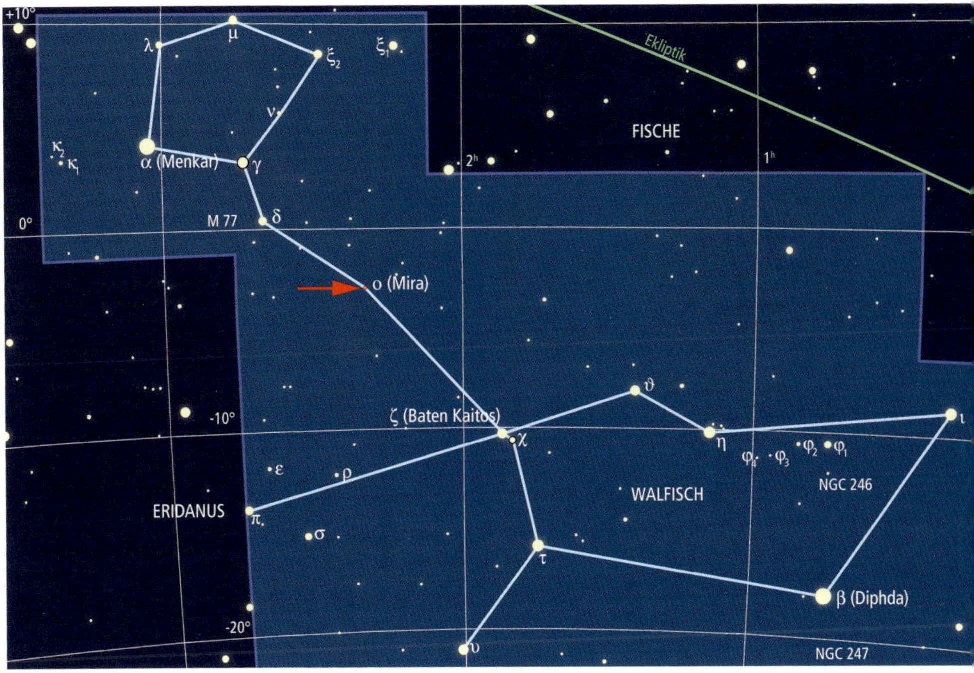

11.9 Das Sternbild Walfisch mit dem Veränderlichen Mira Ceti (o Ceti).

scheinen, beeindrucken sie in einem Teleskop ab etwa 15 cm freier Öffnung und niedriger Vergrößerung ungemein. Wie in allen Farben funkelnde Edelsteine auf samtschwarzem Hintergrund funkeln und glitzern die Sterne. Nur wer selbst mit dem Teleskop beobachtet, wird den tiefen Eindruck erleben, die jeder dieser beiden Haufen auf den Betrachter ausübt. Fotografische Aufnahmen von h und χ Per sind nicht in der Lage, auch nur annähernd das nachhaltige Erlebnis einer eigenen Beobachtung zu vermitteln. Rund fünf Dutzend Sterne sind in jedem Haufen auszumachen. Beide Haufen sind gleich weit entfernt, nämlich 7700 Lichtjahre.

Weniger prominent ist der offene Sternhaufen NGC 2244 im Sternbild Einhorn (lat.: Monoceros). Er liegt etwa auf der Verbindungslinie Beteigeuze (α Ori) und Prokyon (α CMi) und ist rund ein Drittel der Strecke von α Orionis entfernt. Sechs Sterne sind zwischen 6^{m} und 7^{m} leicht im Feldstecher auszumachen. Der hellste mit $5\overset{m}{,}9$ ist dabei 12 Monocerotis. Bei sehr dunklem Himmelshintergrund sieht man um diesen Sternhaufen einen schwach leuchtenden Lichtschimmer – den Rosettennebel. Er zeigt sich nämlich bei starker Vergrößerung und langer Belichtungszeit in Form einer Rosette und führt die Katalogbezeichnung NGC 2237. Der Sternhaufen NGC 2244 ist in den Rosettennebel gewissermaßen eingebettet. Sternhaufen und galaktischer Nebel sind rund 5000 Lichtjahre entfernt.

Um beide Deep-Sky-Objekte aufzuspüren, nutze man die Sternkarte E9 im *Atlas für Himmelsbeobachter.*

Zu den Standard-Doppelsternen, die häufig bei herbstlichen Sternführungen gezeigt werden, zählen Mesarthim (γ Arietis) und Alamak (γ Andromedae). Sie sind schon in kleinen Fernrohren leicht zu trennen. Besonders Alamak zeigt einen schönen Farbkontrast, während bei Mesarthim beide Komponenten

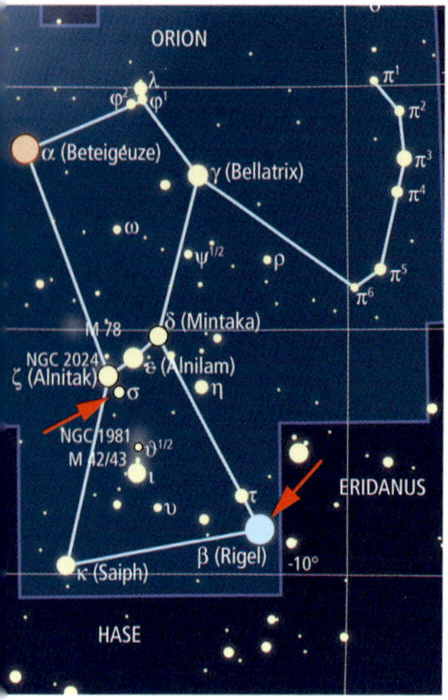

11.10 Das Sternbild Orion mit der Position des Doppelsterns σ Orionis. Auch Rigel (β Ori) entpuppt sich als Doppelstern.

weiß leuchten und in etwa gleich hell sind.
Weniger bekannt als Doppelstern ist δ Andromedae. Ein oranger Riese (K3 III) mit $3\overset{\text{m}}{,}3$ Helligkeit hat in 30″ Abstand in Richtung WNW (P = 300°) einen nur $12\overset{\text{m}}{,}4$ hellen Begleiter. Um die lichtschwache Komponente zu erspähen, sollte man mindestens einen 6-Zöller einsetzen. δ And ist 102 Lichtjahre entfernt. Beide Komponenten, die 900 AE (= 135 Milliarden Kilometer) voneinander entfernt sind, umkreisen einander in rund 20 000 Jahren.
Im Orion sei als Doppelstern σ Orionis genannt, ein schon im Fernglas zu trennendes System. Die beiden bläulich-weißen Komponenten mit $3\overset{\text{m}}{,}8$ und $6\overset{\text{m}}{,}6$ sind 42″ voneinander separiert. σ Orionis liegt knapp südwestlich von Alnitak (ζ Orionis), dem östlichsten der drei Gürtelsterne. Das Sternenpaar ist rund 1200 Lichtjahre entfernt.
Auch Rigel (β Orionis) zeigt sich in größeren Instrumenten mit einem Begleiter, der allerdings recht lichtschwach ist im Vergleich zu dem strahlend hellen Rigel ($0\overset{\text{m}}{,}1$). In $9\overset{\prime\prime}{,}5$ Distanz erkennt man einen $6\overset{\text{m}}{,}8$ hellen Stern. Wegen des großen Helligkeitsunterschiedes ist der Rigel-Begleiter in kleineren Teleskopen kaum auszumachen. Der Positionswinkel beträgt 202° – im umkehrenden Fernrohr sieht man den Begleiter somit oberhalb von Rigel. Es handelt sich allerdings nicht um einen echten (physischen) Doppelstern, sondern um ein rein optisches Paar, das nicht gravitativ aneinander gebunden ist. Während Rigel 770 Lichtjahre von uns entfernt ist, steht sein Begleiter mit 2200 Lichtjahren Distanz viel tiefer im Raum.
Zu den Paradeobjekten des spätherbstlichen Abendhimmels zählt zweifelsohne der große Andromedanebel. Vor 100 Jahren wusste man nicht, dass es sich bei dem länglichen Lichtfleckchen knapp nördlich des Sternes Mirach (β Andromedae) nicht um eine interstellare Gas- und Staubwolke wie beispielsweise den Orionnebel handelt, sondern um ein riesiges Milchstraßensystem in knapp drei Millionen Lichtjahren Entfernung mit über 200 Milliarden Sonnen. Korrekt muss man von Andromedagalaxie sprechen. Allerdings hat sich die Bezeichnung „Nebel“ wegen ihres Aussehens auch bei extragalaktischen Sternsystemen eingebürgert. Man spricht auch heute noch von „Spiralnebeln“, wohl wissend, dass es sich um Galaxien und nicht um galaktische Nebel handelt.
Gute Sichtverhältnisse vorausgesetzt, kann man die Andromedagalaxie bereits mit bloßen Augen als mattes Lichtfleckchen erkennen. Damit ist M 31 – so die Messier-Nummer des Andromedanebels – das fernste Objekt, das man noch freiäugig sehen kann. Im Fernglas ist M 31 ganz leicht zu erkennen. Man sieht vor allem ein fast kreisrundes, helles Lichtfleckchen, das dichte Zentrum von M 31, umgeben von einem länglichen Lichtschleier. Erst Aufnahmen lassen die gesamte Größe von M 31 zur Geltung kommen. Auf langbelichteten Aufnahmen zeigt M 31 eine Längsausdehnung von fast sieben Grad! Wer mit einem Teleskop beobachtet, sollte die geringste Vergrößerung wählen, um ein möglichst großes Gesichtsfeld zu bekommen.
Ein weiteres Milchstraßensystem in der Nachbarschaft von M 31 ist die Triangulum-Galaxie M 33 im Sternbild Dreieck. Sie ist etwa gleich weit entfernt wie der Andromedanebel, aber deutlich kleiner. Bei guten Sichtbedingungen ist M 33 ebenfalls leicht im Fernglas zu erkennen. Die Position von M 33 findet man in der Karte N0 im *Atlas für Himmelsbeobachter* von Erich Karkoschka.

Der Götterbote passiert die Sonne

11.11 Aufnahme des Merkurtransits am 9. Mai 2016 von Martin Gertz, Sternwarte Welzheim.

Merkur ist der sonnennächste Planet. Sein mittlerer Abstand von der Sonne beträgt knapp 40 Prozent der Distanz Erde – Sonne. Er ist auch der kleinste der acht Planeten unseres Sonnensystems und seine Bahn weicht am stärksten von der Kreisform ab. Der Fachmann sagt, sie hat eine große numerische Exzentrizität (e = 0,206). Gemäß dem 3. Kepler-Gesetz der Planetenbewegung hat Merkur die höchste Bahngeschwindigkeit. Im Mittel eilt er mit 48 Kilometer pro Sekunde um die Sonne. Für eine Sonnenumrundung benötigt er 88 Tage, also knapp drei Monate. Mit 7° ist seine Bahnneigung zur Ekliptik (Erdbahn) die größte aller Planetenbahnen. Wegen seiner Sonnennähe wächst sein Winkelabstand von der Sonne aus irdischer Perspektive betrachtet nie über ±28° an. Er ist daher immer nur wenige Tage im Jahr in der Abenddämmerung tief am Westhimmel oder morgens vor Sonnenaufgang knapp über dem Osthorizont zu sehen.

Wegen seines schnellen Laufes und stets wechselnder Sichtbarkeit wurde der flinke Planet schon im antiken Griechenland Hermes genannt. Hermes ist der griechische Götterbote, der eilends Botschaften der olympischen Göttergesellschaft überbringt. Bei den Römern hieß der Götterbote Merkur. Hermes oder Merkur ist auch der Schutzgott der Reisenden und der Kaufleute, aber auch der Diebe, die sich nach ihrer Tat eilig entfernen.

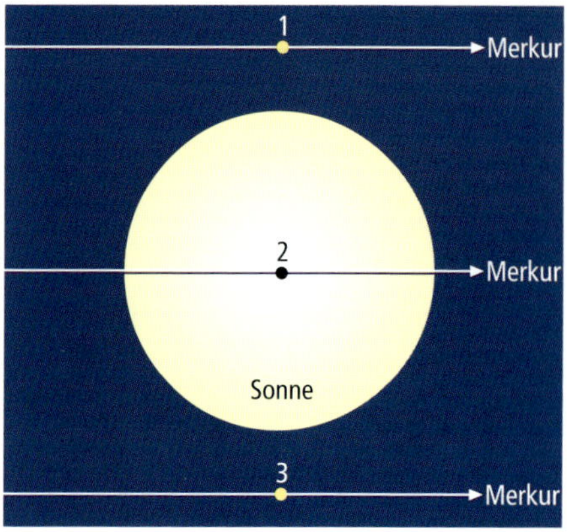

11.12 Meist läuft Merkur in unterer Konjunktion nördlich oder südlich an der Sonne vorbei (1) und (3). Nur wenn er sich in der Nähe seiner beiden Bahnknoten befindet, wandert er als dunkler Punkt über die Sonnenscheibe (2).

Überholmanöver auf der Innenbahn

Manchmal erscheint der flinke Götterbote auch als winziges, dunkles Pünktchen vor der grell leuchtenden Sonnenscheibe. In wenigen Stunden zieht er dabei vor der Sonne vorbei. Eine solche Passage wird Merkurdurchgang oder -transit genannt. Mit freien Augen ist ein solcher Merkurdurchgang nicht zu beobachten. Doch weshalb und wann passiert Hermes alias Merkur die Sonne?

Merkur und Venus laufen auf Bahnen innerhalb der Erdbahn, wobei sie schneller sind als die Erde. Von Zeit zu Zeit überholen sie die Erde auf der Innenbahn. Dabei stehen sie von uns aus gesehen zwischen Sonne und Erde. Deshalb nennt man sie auch „untere" Planeten. Aus geozentrischer Sicht sind die Planeten dann unterhalb der Sonne. Deshalb heißt diese Konstellation auch „untere Konjunktion". Doch wann kommt Merkur jeweils in die Stellung der unteren Konjunktion beziehungsweise in welchen Abständen überholt er jeweils die Erde?

Merkur bewegt sich mit einer mittleren Geschwindigkeit von 1/87,969 Umläufen pro Tag. Die langsamere Erde legt 1/365,256 Umläufe pro Tag zurück. Damit ergibt sich die Zeitspanne von einer unteren Konjunktion bis zur nächsten zu U_{syn} = 1/(1/87,969–1/365,256), das sind 115,877 Tage. Nach jeweils 116 Tagen oder knapp vier Monaten steht Merkur in unterer Konjunktion. Dieser Zeitraum wird synodische Umlaufzeit oder Periode genannt. Wegen seiner elliptischen Bahn und Störungen der Planeten – vor allem durch Venus – variiert die Länge der synodischen Merkurperiode zwischen 108 und 130 Tagen.

Häufigkeit von Merkurtransiten

Der Götterbote passiert aber nicht alle vier Monate die Sonne. Merkurtransite ereignen sich viel seltener als Sonnen- oder Mondfinsternisse. Im 21. Jahrhundert kommt es lediglich zu 14 Merkurtransiten. Noch seltener sind Venustransite. Im 20. Jahrhundert fand überhaupt kein Venusdurchgang statt. Im 21. Jahrhundert kam es nur zu zwei Venustransiten, am 8. Juni 2004 und am 5. Juni 2012. Erst am 11. Dezember 2117 wird Venus wieder vor die Sonne treten.

Merkur- und Venustransite sind so selten, weil beide Planeten in unterer Konjunktion in der Regel nördlich oder südlich an der Sonnenscheibe vorbeiziehen (siehe Abb. 11.12 oben), denn ihre Bahnen sind zur Ekliptik geneigt (siehe Abb. 11.13 auf Seite 245). Die Venusbahn ist um 3,°4 und die Merkurbahn sogar um 7° aus der Erdbahnebene gekippt. Merkur erreicht somit in unterer Konjunktion geozentrische ekliptikale Breiten von ±6°13′.

Um vor der Sonne als dunkler Punkt zu erscheinen, muss Merkur bei seiner unteren Konjunktion in oder nahe der Ekliptik stehen. Seine nördliche oder südliche ekliptikale Breite darf somit nicht größer sein als 16′ (scheinbarer Sonnenradius). Dies gilt bekanntlich auch für die Entstehung von Sonnenfinsternissen. Nur wenn sich der dunkle Neumond in oder nahe bei einem seiner Bahnknoten befindet, bedeckt er die Sonne partiell oder total.

Als Knoten werden die Schnittpunkte einer Planeten- oder Mondbahn mit der Erdbahnebene bezeichnet. Im aufsteigenden Knoten wechselt der Planet oder Mond von der Südseite der Ekliptik-

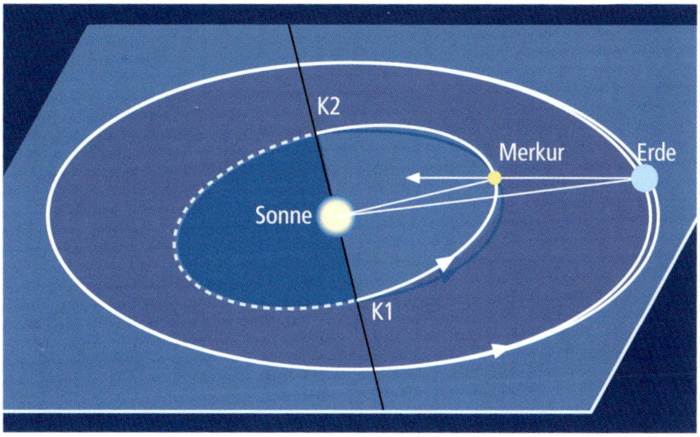

11.13 Die Merkurbahn ist zur Ekliptik (Erdbahnebene) um rund 7° geneigt. Deshalb zieht Merkur in unterer Konjunktion meist nördlich oder südlich an der Sonne vorbei. Nur wenn er sich in oder nahe seinem aufsteigenden (K1) oder absteigenden Knoten (K2) befindet, erscheint er vor der Sonnenscheibe.

ebene auf die Nordseite. Nach Durchgang durch den absteigenden Knoten bekommt er wieder südliche ekliptikale Breiten (siehe Abb. 11.13 rechts).

Phänomenologisch betrachtet zählen daher Merkur- und Venustransite zu den Finsternissen oder Okkultationserscheinungen. Allerdingt bemerkt man bei einem Merkur- oder Venustransit keinen Helligkeitsabfall, denn Merkur bedeckt nur 0,004 %, also vier Hunderttausendstel der Sonnenscheibenfläche. Bei Venus sind es mit 0,09 % Abdeckung auch nicht viel mehr.

Im Gegensatz zu einer Sonnenfinsternis, bei der sich der Neumond von West nach Ost über die Sonne schiebt (von der Nordhalbkugel aus gesehen also von „rechts" nach „links"), erfolgt der Eintritt des Merkur- oder Venusscheibchens am östlichen („linken") Sonnenrand, denn Merkur wie Venus wandern um die untere Konjunktion *rückläufig* durch den Tierkreis, während der Erdmond stets rechtläufig bleibt.

Merkurdurchgänge erfolgen im 20. und 21. Jahrhundert entweder zwischen dem 6. und 11. Mai oder zwischen dem 6. und 15. November. Am 8./9. Mai steht der absteigende Knoten und am 10./11. November der aufsteigende Knoten von der Erde aus betrachtet vor der Sonne. Kommt Merkur in diesen beiden Zeitintervallen in untere Konjunktion, dann passiert der Götterbote die Sonne und man kann seine dunkle Rückseite (Phase „Neumerkur") vor der hellen Sonnenscheibe sehen.

Fallen untere Konjunktion und Knotenpassage exakt zusammen, so ereignet sich ein *zentraler Transit*, Merkur passiert den Mittelpunkt der Sonnenscheibe. Je mehr der Zeitpunkt der unteren Konjunktion vom Termin des Knotendurchgangs abweicht, umso kleiner fällt die Sehne aus, die Merkur über die Sonnenscheibe zieht. Außerhalb der erwähnten Zeitspanne läuft Merkur in unterer Konjunktion nördlich oder südlich an der Sonne vorbei.

Infolge der rückläufigen Bewegung der Merkurbahnknoten und der Erdpräzession verschieben sich die Daten der möglichen Merkurtransite. Die Knoten wandern *rückläufig* durch die Ekliptik. Ein voller Umlauf dauert allerdings im Mittel 380 000 Jahre.

Der Frühlingspunkt wiederum läuft in knapp 26 000 Jahren einmal durch den gesamten Tierkreis – ebenfalls rückläufig. Um das Jahr 3000 werden die Merkurdurchgänge in der Zeit vom 19. bis 23. Mai sowie vom 19. bis 27. November erfolgen. Und ab dem Jahr 3426 werden die Transite von Merkur dann auch im Juni und Dezember stattfinden.

Will man die Dauer eines Transits berechnen, so ist die relativ große Exzentrizität der Merkurbahn zu berücksichtigen. Der absteigende Knoten hat eine ekliptikale Länge von 228°, das Merkuraphel eine solche von 257°. Der aufsteigende Knoten befindet sich mit 48° ekliptikaler Länge näher beim Perihel, das bei 77° Länge liegt. Bei einem Transit im Mai läuft gemäß dem 2. Kepler-Gesetz Merkur langsamer (39 km/s) als bei einem Novembertransit (59 km/s). Ein zentraler Transit dauert im Mai 7,9 Stunden, im November hingegen nur 5,5 Stunden.

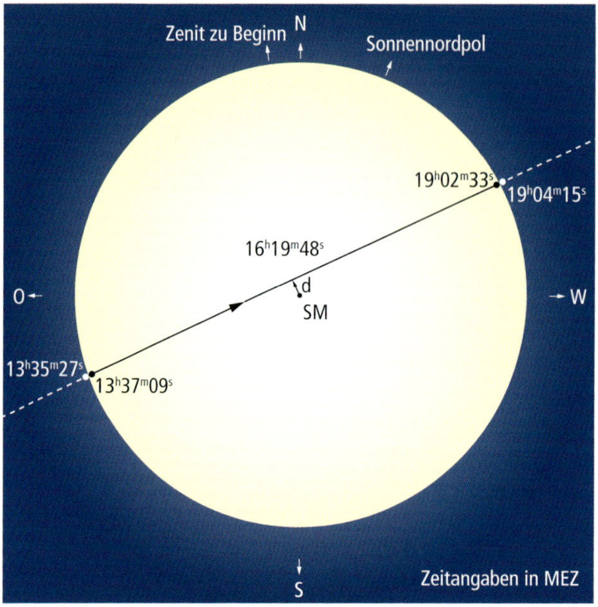

11.14 Verlauf des Merkurtransits vom 11. November 2019 (alle Zeiten MEZ).

11.15 Die Positionswinkel des Ein- und Austrittes von Merkur beim Transit am 11. November 2019. Der Positionswinkel wird von Nord über Ost – Süd – West gezählt.

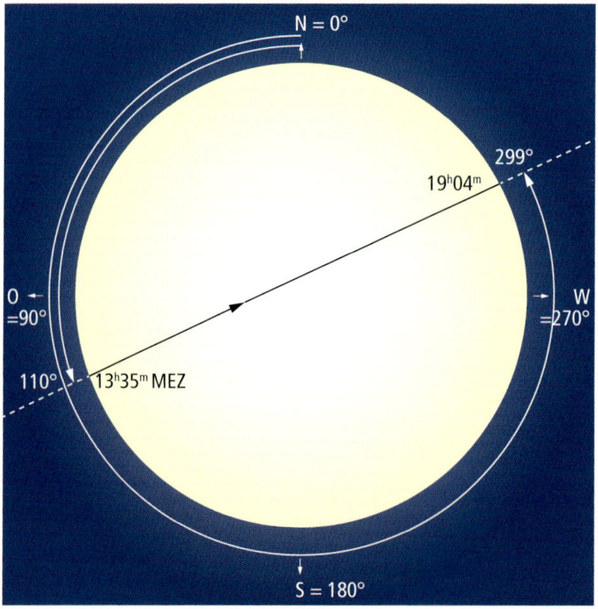

Da Merkur der Sonne im November näher ist, sind Novembertransite häufiger als die im Mai. Von 1600 bis 2300 gibt es insgesamt 94 Merkurtransite, davon finden 31 im Mai und 63 im November statt. Bei Maidurchgängen ist Merkur der Erde näher als bei Novemberdurchgängen, weshalb der scheinbare Durchmesser des Merkurscheibchens in unterer Konjunktion im Mai bis zu 12,″3 groß ist, im November hingegen erreicht er nur 10,″0.

Der Verlauf eines Transits

Bei einem Transit werden vier Kontaktzeiten sowie der Zeitpunkt der maximalen Phase angegeben. Er gibt an, wann Merkur die geringste Distanz vom Sonnenscheibenmittelpunkt erreicht. Die geozentrische Minimaldistanz wird in Bogenminuten und Bogensekunden angegeben. Dabei bedeutet ein positiver Wert, Merkur zieht *nördlich,* ein negativer Wert, er wandert *südlich* am Sonnenscheibenmittelpunkt vorbei.
Der erste Kontakt erfolgt, wenn das Merkurscheibchen den Sonnenrand erstmals von außen berührt. Beim zweiten Kontakt befindet sich das Planetenscheibchen bereits vollständig vor der Sonnenscheibe und berührt den Sonnenrand von innen. Einen Augenblick später löst es sich vom Sonnenrand, was schwierig zu beobachten ist, da das sogenannte „Tropfenphänomen" auftritt. Erreicht Merkur den Sonnenrand gegen Ende des Transits und berührt ihn von innen, so ist

der dritte Kontakt hergestellt. Abermals kommt es zum Tropfenphänomen. Die letzte Berührung des Sonnenrandes von außen mit dem Ablösen des Merkurscheibchens ist als vierter Kontakt zu registrieren (siehe Abb. 11.14 auf Seite 246).
Das Phänomen des „schwarzen Tropfens" bewirkt, dass beim 2. Kontakt sich das Merkurscheibchen scheinbar nicht vom inneren Sonnenrand lösen kann. Es bildet sich eine Art Tropfen mit der Spitze zum Sonnenrand (Abb. 11.16 rechts). Plötzlich reißt die Verbindung ab, das Merkurscheibchen hat sich vom Sonnenrand abgelöst. Auch beim 3. Kontakt tritt der „schwarze Tropfen" nochmals auf. Noch bevor der Kontakt hergestellt ist, bildet sich eine dunkle Brücke vom Merkurscheibchen zum Sonnenrand. Dieses Tropfenphänomen wird durch zwei Effekte hervorgerufen. Der erste ist ein psychologischer. Die Vorstellung, dass das Merkurscheibchen mit dem Sonnenrand verbunden ist, hält sich eine Weile, denn der Vorgang des Ablösens beim 2. Kontakt verläuft so langsam, dass man den Eindruck gewinnt, ein statisches Bild zu betrachten. Der andere Effekt ist realer Natur und wird durch das begrenzte Auflösungsvermögen des Teleskops bewirkt, mit dem beobachtet wird.
Friedrich Wilhelm Bessel, Direktor der Sternwarte Königsberg (heute Kaliningrad), hat als einer der ersten Beobachter beim Merkurtransit vom 5. Mai 1832 das Tropfenphänomen beschrieben. Der Bonner Astronom Friedrich Wilhelm Argelander wiederum erkannte, dass das Tropfenphänomen von Teleskop zu Teleskop verschieden ausfällt und somit instrumentenabhängig ist. Mit Hilfe des Weltraumteleskops TRACE konnte man bei der Beobachtung der Merkurtransite vom 15. November 1999 und 7. Mai 2003 zeigen, dass das begrenzte Teleskopauflösungsvermögen das Tropfenphänomen bewirkt.
Außer den genauen Kontaktzeiten wird auch angegeben, wo das Merkurscheibchen am Sonnenrand ein- bzw. -austritt. Dazu werden vier Positionswinkel genannt. Sie werden jeweils von Nord über Ost gezählt. Nord = 0°, Ost = 90°, Süd = 180° und West = 270° (siehe Abb. 11.15 auf Seite 246), Da sich die Positionswinkel vom 1. und 2. Kontakt sowie vom 3. und 4. Kontakt nur wenig unterscheiden, werden in Tabellen meist nur P1 und P4 vermerkt.

11.16 Das Tropfenphänomen – das dunkle Merkurscheibchen will sich scheinbar nicht vom Sonnenrand trennen. Es erscheint dem Beobachter als Tropfen.

Der Merkurtransit am 11. November 2019

Von Europa aus ist dieser Merkurtransit nur teilweise zu sehen. Für die meisten Orte geht die Sonne unter, bevor der Transit zu Ende ist. Die letzten beiden Merkurtransite am 7. Mai 2003 und am 9. Mai 2016 konnten von Mitteleuropa aus vollständig verfolgt werden. Geozentrisch gesehen beginnt der Merkurtransit vom 11. November 2019 mit dem ersten Kontakt um $13^h35^m27^s$ MEZ. Um $13^h37^m09^s$ MEZ erfolgt der zweite Kontakt.
Seinen geringsten Abstand von der Sonnenscheibenmitte (maximale Phase) mit nur 1′16″ erreicht Merkur um $16^h19^m48^s$. Das kosmische Schauspiel endet mit dem 4. Kontakt um $19^h04^m15^s$ MEZ.

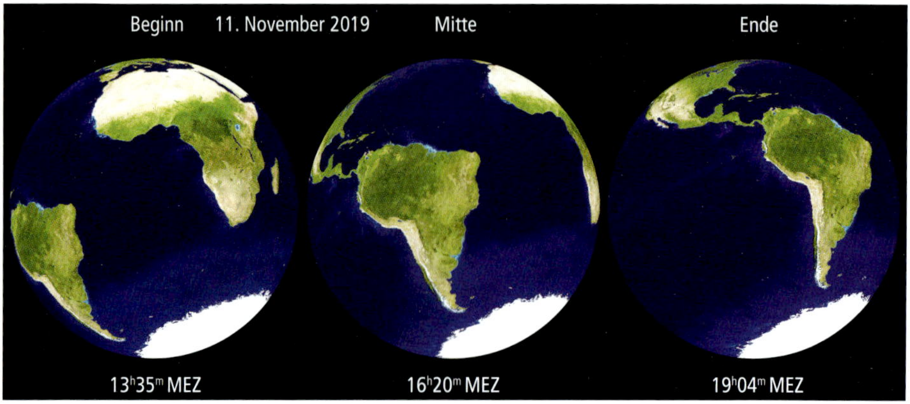

11.17 Stellung der Erde relativ zu Merkur und Sonne bei geozentrischem Beginn, zur Mitte und bei Ende des Merkurtransits vom 11. November 2019.

Merkur läuft recht schnell, da er am 16. November durch sein Perihel eilt. Das gesamte Ereignis dauert nur $5^h28^m48^s$.

Da die Erde kein ausdehnungsloser Punkt ist und Merkur nicht unendlich weit entfernt ist, differieren die Kontaktzeiten für Beobachter auf der Erdoberfläche gegenüber den geozentrischen Werten um etliche Sekunden bis zu zwei Minuten.

Die topozentrischen Kontaktzeiten für einige Orte in Europa sowie für den in Mitteleuropa zentralen Referenzort 10° östlicher Länge und 50° nördlicher Breite sind in der Tabelle „Merkurtransit vom 11. November 2019 in Europa" vermerkt.

In Europa geht die Sonne mit Merkur kurz vor oder kurz nach der maximalen Phase unter. In Südamerika und in der Karibik ist dieser Merkurtransit in voller Länge zu beobachten, ebenso in den östlichen Küstengebieten Nordamerikas (siehe Abb. 11.17 oben).

Da das Merkurscheibchen zum Transit nur 10" groß ist, das ist der 194. Teil des Sonnendurchmessers, ist Merkur während des Durchgangs mit bloßen Augen *nicht* sichtbar. Um das dunkle Merkurscheibchen vor der Sonne zu erkennen, ist ein Teleskop auf stabiler Montierung und mit mindestens 15-facher Vergrößerung zu empfehlen. Ob Fernglas oder Fernrohr: **Auf alle Fälle muss das Instrumentarium über geeignete Filter verfügen oder über spezielle Einrichtungen zur Sonnenbeobachtung. Vor unvorsichtigen Sonnenbeobachtungen ohne ausreichende Schutzmaßnahmen ist dringend zu warnen!**

Es versteht sich von selbst, dass man niemals ungeschützt ein Fernglas oder Teleskop auf die Sonne richten darf. Sonnenbrillen, berußte Gläser, diverse Folien sind *kein* ausreichender Schutz! Auch sogenannte Sonnenfinsternisbrillen sind ausschließlich für die Sonnenbeobachtung mit freien Augen geeignet. Keinesfalls aber dürfen diese bei der Beobachtung mit Instrumenten eingesetzt werden.

Von Okularfiltern ist ebenfalls dringend abzuraten. Diese können sich erhitzen und platzen. Die menschliche Reaktionszeit ist zu lange, um Augenschäden zu verhindern. Zur sicheren Sonnenbeobachtung kommen ausschließlich Objektivfilter in Frage, also Filter, die vor das Objektiv des Teleskops gesetzt werden. Sie sind im Fachhandel erhältlich. Einigermaßen sicher ist nach wie vor die Projektionsmethode. Das Sonnenbild wird mittels Fernrohr auf einen weißen Schirm projiziert. Dabei können mehrere Personen die Sonne und Merkur gleichzeitig sehen und man muss nicht anstehen, um einen Blick durchs Okular zu werfen.

Auch kann man eine Sternwarte mit öffentlichen Führungen besuchen, um den Merkurdurchgang sicher zu beobachten. Eine Liste von Observato-

rien findet man auf den Seiten 296 bis 303.
Besonders spannend ist die Verfolgung eines Transits, wenn Merkur über einen Sonnenfleck wandert oder ihn knapp daneben passiert. Dann kann man die Wanderung von Merkur über die Sonnenscheibe gut erkennen.
Bei dieser Gelegenheit hat man einst vermutet, einen Merkurmond entdeckt zu haben. Doch Merkur besitzt definitiv keinen größeren Mond (größer als zehn Kilometer Durchmesser).
Der nächste Merkurtransit findet erst am 13. November 2032 statt. Er ist in den Vormittagsstunden von Mitteleuropa aus beobachtbar.

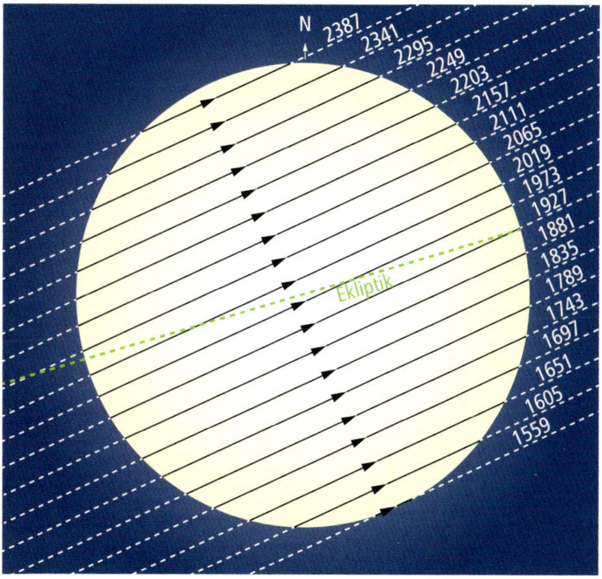

11.18 Die 46-Jahr-Serie von November-Transiten von 1559 bis 2387

Periodizitäten von Merkurtransiten

Ähnlich wie Sonnen- und Mondfinsternisse sich jeweils nach einer Saros-Periode von 18 Jahren und 10 beziehungsweise 11 Tagen wiederholen, so gibt es auch Perioden von Merkurtransiten. Zwar sind die siderischen Umlaufzeiten von Merkur und Erde inkommensurabel, aber in erster Näherung koinzidieren sie jeweils nach 13, 33 und 46 Jahren. So sind 54 Merkurumläufe nur zwei Tage länger als 13 Jahre (siderische Erdumläufe). Somit folgten die Novembertransite von 1914, 1927, 1940 und 1953 aufeinander. Danach riss die Serie ab.
Eine weitere Periode ist 33 Jahre lang: 137 Merkurjahre sind nur 1,8 Tage kürzer als 33 siderische Erdenjahre. So folgten die Novembertransite von 1907, 1940, 1973 und 2006 aufeinander. Die 33er-Serie setzt sich fort mit dem Merkurtransit am 7. November 2039. Dann endet dieser 33-Jahrzyklus ebenfalls.
Die Kombination aus der 13er- und der 33er-Serie ergibt den 46-Jahre-Zyklus oder die 46er-Serie. In diesen Zeitraum fallen 191 Merkurjahre. Sie sind nur zweieinhalb *Stunden* länger als 46 siderische Erdenjahre. Somit dauert ein 46-Jahr-Zyklus viel länger als die 13er-Serie und die 33er-Serie. Damit ergibt sich beispielsweise eine Novemberserie von 828 Jahren. Sie begann im Jahr 1559 am 1. November mit einem fast streifenden Transit knapp am Südrand der Sonne und endet im Jahr 2387 am 20. November mit einem Transit nahe dem Nordrand der Sonnenscheibe. Die Transitsehnen schieben sich so allmählich von Süden nach Norden. Der diesjährige Merkurtransit vom 11. November gehört auch zu diesem 46-Jahr-Zyklus. Sein Wanderpfad über die Sonnenscheibe hat fast die maximale Länge, er ist ein fast zentraler Transit (siehe Abb. 11.18 oben).
Wie bei Saros-Zyklen gibt es jeweils mehrere Serien von 13-/33- und 46-Jahr-Perioden für Merkurtransite. So zählen die Mai-Transite von 2003, 2049 und 2095 ebenfalls zu einer 46er-Serie, die 1957 begann und 2371 am 16. Mai enden wird.

Historische Transitbeobachtungen

Da Merkurtransite mit freien Augen nicht wahrgenommen werden können, wurden sie erst nach Erfindung des Teleskops beobachtet. Johannes

Kepler berechnete schon 1629 für den 7. November 1631 einen Merkurdurchgang. Er selbst konnte ihn nicht beobachten, da er im November 1630 verstarb. Aber der französische Astronom Pierre Gassendi (1592–1656) verfolgte diesen Transit in Paris – es war die erste dokumentierte Beobachtung eines Merkurtransits.
Zuvor war man schon gelegentlich der Meinung, Merkur vor der Sonne gesehen zu haben. Es waren Täuschungen, hervorgerufen durch rundliche Sonnenflecken. Der arabische Astronom Albetragius, Abu Ishaq Al-Bitraji Al-Isbili mit vollem Namen, vermutete im 12. Jahrhundert, Merkur müsse durchsichtig sein, da er den Planeten nie vor der Sonne sah.
Der Danziger Ratsherr und arrivierte Amateurastronom Johannes Hevelius beobachtete auf seiner gut ausgerüsteten Privatsternwarte den Merkurtransit vom 3. Mai 1661, wobei er den Durchmesser des Merkurscheibchens zu 12″ maß. Auch Christian Huygens verfolgte diesen Transit von London aus.
Der Merkurdurchgang vom 7. November 1677 wurde von Edmond Halley von der Insel St. Helena verfolgt. Er versuchte dabei, mit Hilfe von Beobachtungsdaten anderer Beobachter an verschiedenen Orten die Sonnenparallaxe zu bestimmen – allerdings mit mäßigem Erfolg. Dies liegt an der großen Entfernung von Merkur. Bei Venustransiten kommt uns Venus viel näher und deshalb sind Parallaxenbestimmungen mit ihr viel genauer.
Gelegentlich meinte man auch, einen Merkurmond entdeckt zu haben. Doch dies entpuppte sich jedes Mal als winziger Sonnenfleck. Auch helle Ringe um das Merkurscheibchen glaubte man zu sehen. Mit größeren Instrumenten sah man den messerscharfen Rand des Planetenscheibchens und schloss zutreffend, dass Merkur ein atmosphäreloser Planet ist.
Der Nürnberger Astronom Johannes Philipp Wurzelbauer (1651–1725) meinte beim Transit vom 3. November 1697, einen hellen Lichtpunkt auf dem dunklen Merkurscheibchen zu sehen und interpretierte dies als Vulkanausbruch. Doch aktive Vulkane gibt es keine auf Merkur. Andere Beobachter berichten von einem hellen Lichtsaum um Merkur während des Transits. Doch alle diese Sichtungen beruhen auf optischen Täuschungen sowie auf Reflexionen in der Fernrohroptik.

MERKURTRANSITE 1900–2200

Alle Zeiten in MEZ

Datum	Beginn	Mitte	Ende
14. Nov. 1907	11^h24^m	13^h07^m	14^h50^m
7. Nov. 1914	10^h57^m	13^h03^m	15 09
8./9. Mai 1924	22^h44^m	2^h41^m	6 38
10. Nov. 1927	4^h02^m	6^h46^m	9 29
11. Mai 1937	9^h53^m	9^h59^m	10 06
11./12. Nov. 1940	21^h49^m	0^h21^m	2 53
14. Nov. 1953	16^h37^m	17^h54^m	19 11
6. Mai 1957	0^h59^m	2^h14^m	3 30
7. Nov. 1960	15^h34^m	17^h53^m	20 12
9. Mai 1970	5^h19^m	9^h16^m	13 13
10. Nov. 1973	8^h47^m	11^h32^m	14 17
13. Nov. 1986	2^h43^m	5^h07^m	7 31
6. Nov 1993	4^h06^m	4^h57^m	5 47
15. Nov. 1999	22^h15^m	22^h41^m	23 07
7. Mai 2003	6^h13^m	8^h52^m	11 32
8./9.Nov. 2006	20^h12^m	22^h41^m	1 10
9. Mai 2016	12^h12^m	15^h57^m	19 42
11. Nov. 2019	13^h35^m	16^h20^m	19 04
13. Nov. 2032	7^h41^m	9^h54^m	12 07
7. Nov. 2039	8^h17^m	9^h46^m	11 15
7. Mai 2049	12^h03^m	15^h24^m	18 44
9. Nov. 2052	0^h53^m	3^h29^m	6 06
10./11.Mai 2062	19^h16^m	22^h36^m	1 57
11. Nov. 2065	18^h24^m	21^h06^m	23 48
14. Nov. 2078	12^h42^m	14^h41^m	16 39
7. Nov.2085	12^h42^m	14^h34^m	16 26
8./9. Mai 2095	18^h20^m	22^h05^m	1 50
10. Nov. 2098	5^h35^m	8^h16^m	10 57
12. Mai 2108	2^h40^m	5^h16^m	7 52
14./15. Nov. 2111	23^h15^m	1^h53^m	4 30
15. Nov. 2124	17^h49^m	19^h28^m	21 07
9. Nov 2131	17^h14^m	19^h22^m	21 31
10. Mai 2141	0^h46^m	4^h43^m	8 39
11. Nov. 2144	10^h18^m	13^h02^m	15 46
13. Mai 2154	11^h03^m	11^h58^m	12 53
14. Nov. 2157	4^h08^m	6^h40^m	9 11
16./17. Nov. 2170	23^h05^m	0^h15^m	1 34
8. Mai 2174	3^h24^m	4^h26^m	5 27
9./10. Nov. 2177	21^h48	0^h09^m	2 30
11. Mai 2187	7^h27	11^h24^m	15 21
12. Nov. 2190	15^h03^m	17^h48^m	20 33
16. Nov. 2203	9^h04^m	11^h27^m	13 49

MERKURTRANSIT VOM 11. NOVEMBER 2019 IN EUROPA

Ort	Nördliche Breite	Östliche Länge	t_1	P_1	t_2	t_m	d	t_3	t_4	P_4
Geozentrisch	–	–	$13^h35^m27^s$	109,°8	$13^h37^m09^s$	$16^h19^m48^s$	1′16″	$19^h02^m33^s$	$19^h04^m15^s$	298,°7
										Sonnenuntergang
Mitteleuropa	+50°00′	+10°00′	$13^h35^m29^s$	110,°1	$13^h37^m10^s$	$16^h19^m39^s$	1′12″			16^h42^m
Amsterdam	+52°22′	+ 4°54′	$13^h35^m33^s$	110,°1	$13^h37^m14^s$	$16^h19^m43^s$	1′12″	–	–	16^h54^m
Athen	+37°58′	+23°43′	$13^h35^m18^s$	110,°1	$13^h36^m59^s$	–	–	–	–	16^h17^m
Berlin	+52°31′	+13°25′	$13^h35^m28^s$	110,°1	$13^h37^m09^s$	–	–	–	–	16^h20^m
Budapest	+47°28′	+19°03′	$13^h35^m24^s$	110,°1	$13^h37^m05^s$	–	–	–	–	16^h13^m
Düsseldorf	+51°14′	+ 6°47′	$13^h35^m32^s$	110,°1	$13^h37^m13^s$	$16^h19^m42^s$	1′12″	–	–	16^h51^m
Helsinki	+60°10′	+24°56′	$13^h35^m27^s$	110,°1	$13^h37^m08^s$	–	–	–	–	15^h00^m
Kopenhagen	+55°41′	+12°34′	$13^h35^m29^s$	110,°1	$13^h37^m11^s$	–	–	–	–	16^h11^m
London	+51°31′	– 0°08′	$13^h35^m35^s$	110,°1	$13^h37^m16^s$	$16^h19^m44^s$	1′12″	–	–	17^h17^m
Madrid	+40°24′	– 3°41′	$13^h35^m33^s$	110,°1	$13^h37^m16^s$	$16^h19^m39^s$	1′12″	–	–	18^h02^m
Mailand	+45°28′	+ 9°11′	$13^h35^m28^s$	110,°1	$13^h37^m11^s$	$16^h19^m38^s$	1′12″	–	–	16^h58^m
München	+48°08′	+11°34′	$13^h35^m29^s$	110,°1	$13^h37^m10^s$	$16^h19^m39^s$	1′12″	–	–	16^h41^m
Oslo	+59°57′	+10°45′	$13^h35^m31^s$	110,°1	$13^h37^m13^s$	–		–	–	16^h00^m
Paris	+48°51′	+ 2°21′	$13^h35^m32^s$	110,°1	$13^h37^m13^s$	$16^h19^m40^s$	1′12″	–	–	17^h16^m
Rom	+41°54′	+12°30′	$13^h35^m27^s$	110,°1	$13^h37^m08^s$	$16^h19^m35^s$	1′12″	–	–	16^h53^m
Stockholm	+59°21′	+18°04′	$13^h35^m29^s$	110,°1	$13^h37^m10^s$	–	–	–	–	15^h32^m
Stuttgart	+48°47′	+ 9°11′	$13^h35^m30^s$	110,°1	$13^h37^m12^s$	$16^h19^m40^s$	1′12″	–	–	16^h49^m
Warschau	+52°14′	+21°01′	$13^h35^m25^s$	110,°1	$13^h37^m06^s$	–	–	–	–	15^h50^m
Wien	+48°13′	+16°22′	$13^h35^m27^s$	110,°1	$13^h37^m08^s$	$16^h19^m38^s$	1′12″	–	–	16^h22^m
Zürich	+47°22′	+ 8°33′	$13^h35^m30^s$	110,°1	$13^h37^m11^s$	$16^h19^m39^s$	1′12″	–	–	16^h55^m

Alle Zeiten in MEZ (= Mitteleuropäische Zeit)

t_1, t_2, t_3, t_4 – Zeitpunkte des ersten, zweiten, dritten und vierten Kontakts
P_1, P_4 – Positionswinkel des ersten und vierten Kontakts
t_m – Zeitpunkt der maximalen Phase – geringster Abstand Merkurs vom Sonnenscheibenmittelpunkt
d – Minimumsdistanz (geringster Abstand des Merkur von der Mitte der Sonnenscheibe)
$\Delta T = +69,^s0$ (extrapolierter Wert)

Dezember 2019

- Merkur kann zu Monatsbeginn am Morgenhimmel gesichtet werden.
- Venus ist am frühen Abendhimmel zu sehen.
- Mars kann am Morgenhimmel aufgefunden werden.
- Jupiter steht am 27. in Konjunktion mit der Sonne und bleibt unsichtbar.
- Saturn zieht sich vom Abendhimmel zurück und wird um die Monatsmitte unbeobachtbar.
- Am 22. Dezember erreicht die Sonne um 5^h19^m MEZ den tiefsten Punkt ihrer Jahresbahn, der astronomische Winter beginnt.

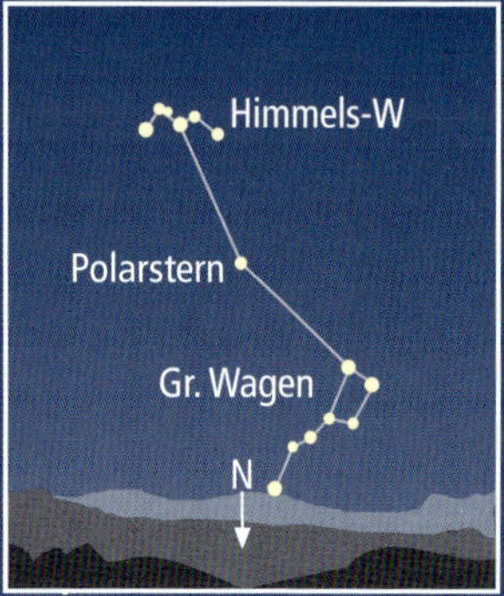

Großer Wagen und Himmels-W Anfang Dezember um 22 Uhr

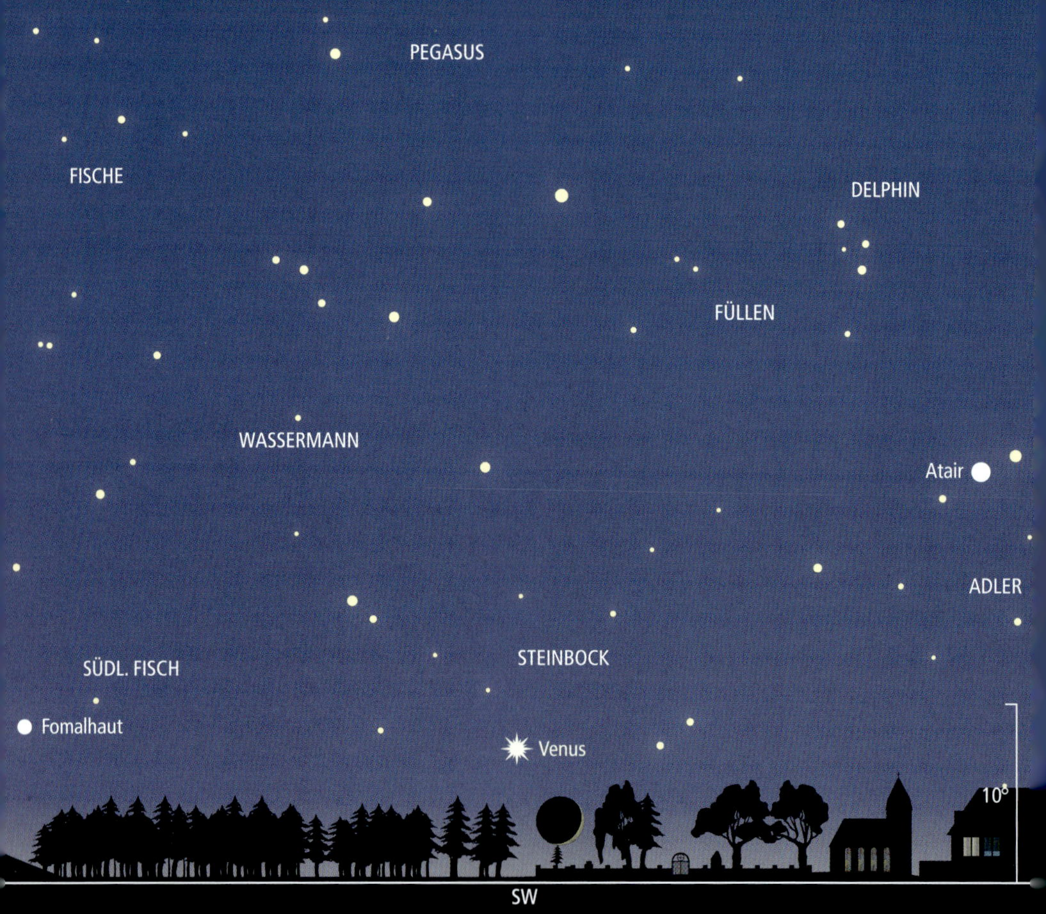

12.1 Anblick des Südwesthimmels gegen 18^h MEZ. Knapp über dem Horizont strahlt Venus, zu der sich am 28. Dezember die schmale Sichel des zunehmenden Mondes gesellt.

1 So 1. Advent	17 Di
2 Mo	18 Mi
3 Di	19 Do Mond im letzten Viertel
4 Mi Mond im ersten Viertel	20 Fr
5 Do	21 Sa
6 Fr	22 So 4. Advent , Winterbeginn
7 Sa	23 Mo Mond bei Mars (Morgenhimmel)
8 So 2. Advent	24 Di Heiliger Abend
9 Mo	25 Mi 1. Weihnachtstag
10 Di	26 Do 2. Weihnachtstag, **Neumond**
11 Mi	27 Fr
12 Do **Vollmond**	28 Sa
13 Fr	29 So Mond bei Venus (Abendhimmel)
14 Sa	30 Mo
15 So 3. Advent	31 Di Silvester
16 Mo	

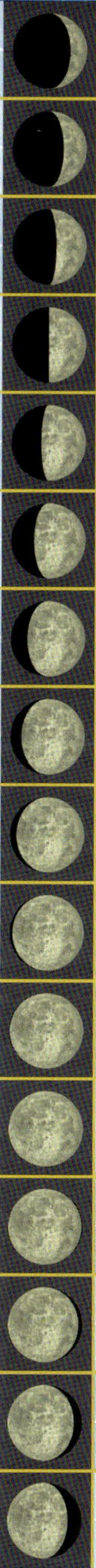

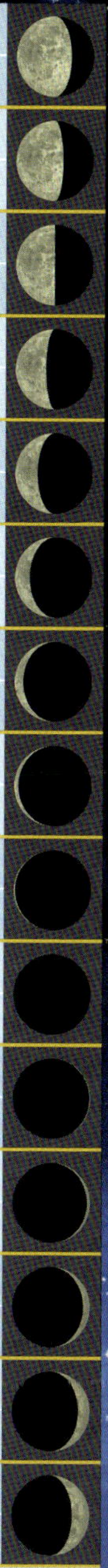

SONNE – STERNBILDER

18. 12. 19ʰ:
Sonne tritt in das Sternbild Schütze

22. 12. 5ʰ19ᵐ:
Sonne tritt in das Tierkreiszeichen Steinbock

Julianisches Datum am
1. Dezember, 1ʰ MEZ: 2 458 818,5

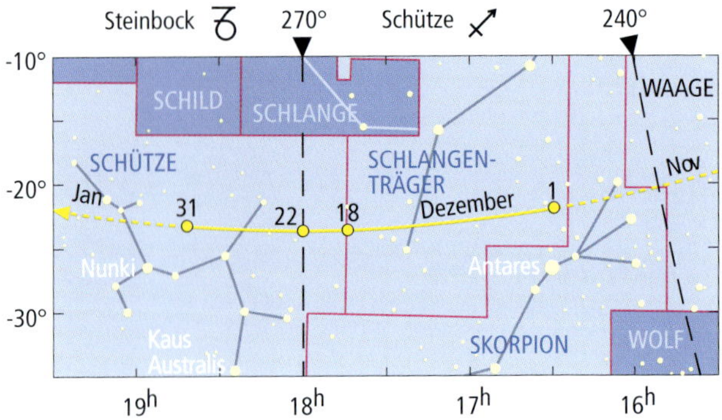

TABELLE SONNENLAUF

Tag	Dämmerg. Anfang	Aufgang MEZ	Kulmi-nation	Untergang MEZ	Dämmerg. Ende	Mittags-höhe	Zeit-gleichg.	Rektas-zension	Dekli-nation
	h m	h m	h m	h m	h m	°	m	h m	°
1.	6 38	7 56	12 09	16 21	17 39	18,2	+11	16 26	–21,7
5.	6 43	8 01	12 10	16 19	17 38	17,6	+10	16 43	–22,3
10.	6 48	8 07	12 13	16 18	17 38	17,1	+ 7	17 05	–22,8
15.	6 52	8 12	12 15	16 18	17 38	16,7	+ 5	17 27	–23,2
20.	6 55	8 15	12 17	16 20	17 40	16,6	+ 3	17 49	–23,4
25.	6 57	8 18	12 20	16 22	17 42	16,6	0	18 11	–23,4
31.	6 59	8 19	12 23	16 27	17 47	16,9	– 3	18 38	–23,2

TAGES- UND NACHTSTUNDEN

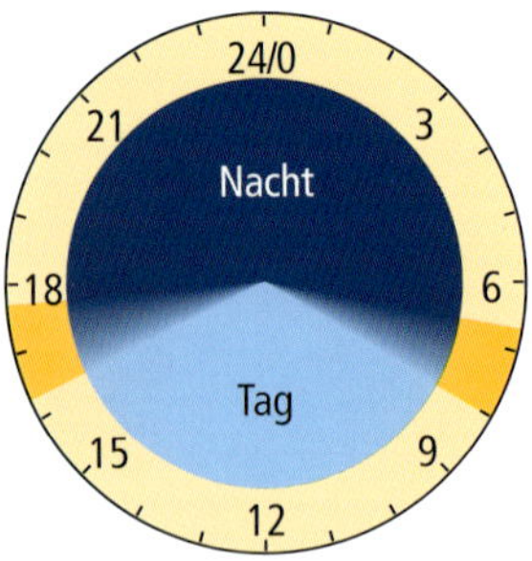

5. Dezember

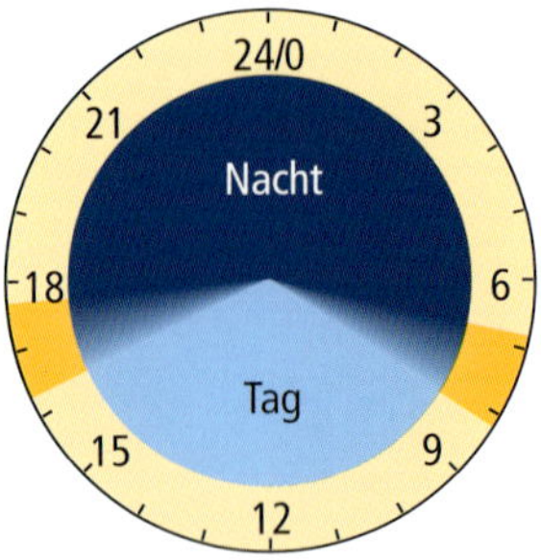

15. Dezember

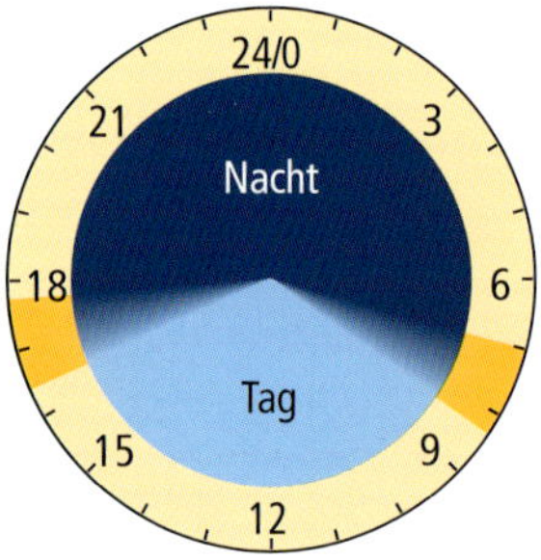

25. Dezember

TABELLE MONDLAUF

Datum	Aufg. MEZ	Kulmination	Unterg. MEZ	Rektaszension	Deklination		Sterne und Sternbilder	Phase	MEZ
	h m	h m	h m	h m	o				
So 1.	12 12	16 32	20 58	20 18	–21,8		Steinbock		
Mo 2.	12 43	17 20	22 04	21 10	–19,5		Steinbock		
Di 3.	13 09	18 05	23 09	21 59	–16,5		Wassermann		
Mi 4.	13 30	18 47	–	22 46	–12,7		Wassermann	**Erstes Viertel**	$7^h\,58^m$
Do 5.	13 49	19 29	0 15	23 31	– 8,5	*	Wassermann	Erdferne 404/29′,5	5^h
Fr 6.	14 07	20 10	1 19	0 15	– 4,0		Fische	Größte Südbreite	
Sa 7.	14 25	20 51	2 25	0 59	+ 0,6		Walfisch		
So 8.	14 44	21 34	3 31	1 43	+ 5,3		Fische		
Mo 9.	15 05	22 20	4 38	2 29	+ 9,9	*	Walfisch		
Di 10.	15 31	23 08	5 48	3 18	+14,2		Widder		
Mi 11.	16 02	–	6 59	4 09	+17,9		Stier, Hyaden	Libration Ost	
Do 12.	16 42	0 00	8 10	5 03	+20,9		Aldebaran	**Vollmond**	$6^h\,12^m$
Fr 13.	17 32	0 56	9 16	6 00	+22,7		Zwillinge	Aufsteigender Knoten	
Sa 14.	18 34	1 53	10 14	7 00	+23,2		Zwillinge		
So 15.	19 45	2 52	11 02	7 59	+22,4		Pollux		
Mo 16.	21 01	3 49	11 40	8 59	+20,1		Krebs, Krippe		
Di 17.	22 21	4 44	12 12	9 56	+16,7		Löwe, Regulus		
Mi 18.	23 40	5 37	12 38	10 52	+12,3		Löwe	Erdnähe 370/32′,3	21^h
Do 19.	–	6 28	13 01	11 45	+ 7,2	*	Jungfrau	**Letztes Viertel**	$5^h\,57^m$
Fr 20.	0 59	7 18	13 23	12 38	+ 1,7		Jungfrau	Größte Nordbreite	
Sa 21.	2 17	8 08	13 45	13 29	– 3,8		Spica		
So 22.	3 36	8 58	14 09	14 22	– 9,2		Waage		
Mo 23.	4 54	9 50	14 37	15 15	–14,0		Waage		
Di 24.	6 10	10 44	15 10	16 10	–18,0		Skorpion		
Mi 25.	7 23	11 39	15 50	17 07	–21,0		Schlangenträger		
Do 26.	8 28	12 34	16 39	18 04	–22,8		Schütze	**Neumond Nr. 1200** Absteigender Knoten Libration West	$6^h\,13^m$
Fr 27.	9 23	13 29	17 37	19 01	–23,2		Schütze, Nunki		
Sa 28.	10 07	14 22	18 40	19 57	–22,5		Schütze		
So 29.	10 43	15 11	19 46	20 51	–20,5		Steinbock		
Mo 30.	11 11	15 58	20 53	21 42	–17,7	*	Steinbock		
Di 31.	11 34	16 42	21 59	22 30	–14,2		Wassermann		

DER MOND NÄHERT SICH DEN HYADEN

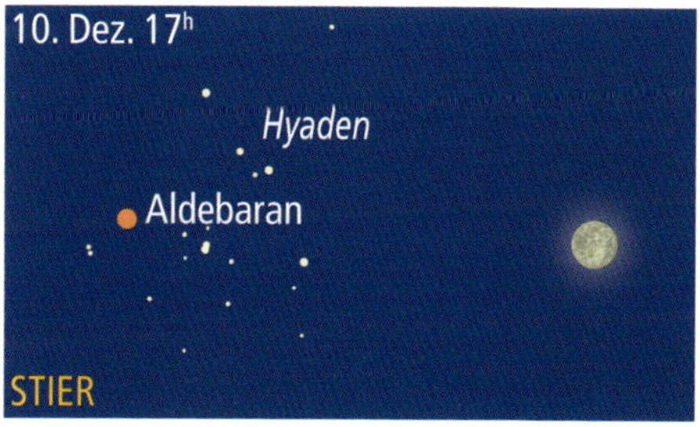

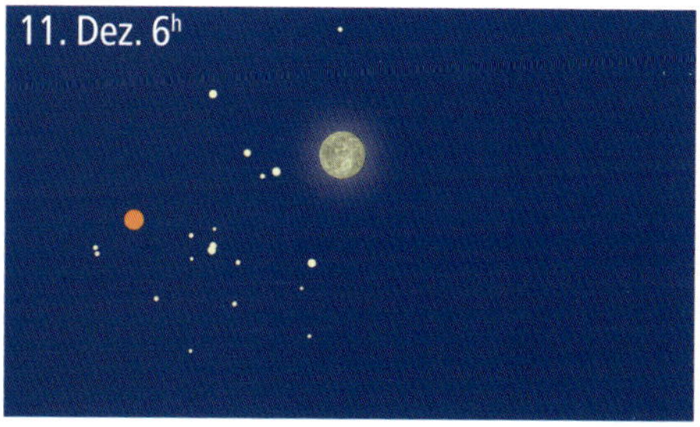

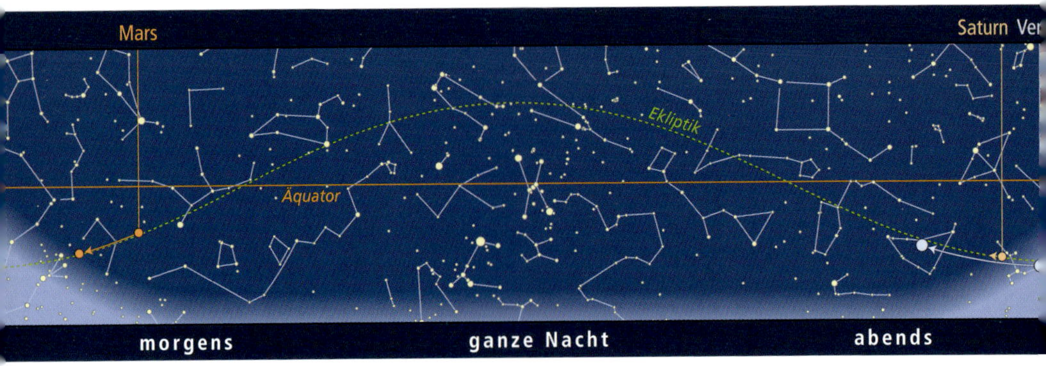

MERKUR stand am 28. des Vormonats in größter westlicher Elongation von der Sonne und kann im ersten Monatsdrittel am Morgenhimmel gesehen werden. Der $-0\overset{m}{,}6$ helle Merkur geht am 1. um 6^h02^m auf. Etwa zwanzig Minuten später wird er horizontnah sichtbar. Bis 20. bleibt seine scheinbare Helligkeit unverändert bei $-0\overset{m}{,}6$. Allerdings verspäten sich seine Aufgänge. Am 5. geht der sonnennahe Planet um 6^h16^m, am 12. erst um 6^h46^m auf. Nach dem 12. wird man vergeblich nach Merkur Ausschau halten – er hat sich vom Morgenhimmel zurückgezogen (siehe auch Abb. 11.2 und 11.3 auf Seite 234). Am 11. steht Merkur etwa $0\overset{\circ}{,}5$ nordwestlich von Acrab (β Sco). Um Acrab zu sehen, ist ein lichtstarkes Fernglas erforderlich.

Am 30. passiert Merkur seinen sonnenfernsten Bahnpunkt (Aphel). In obere Konjunktion kommt er am 10. Januar 20**20**.

VENUS baut ihre Stellung als Abendstern nur zögerlich aus. Noch immer ist sie kein spektakuläres Gestirn. Langsam gewinnt sie wieder nördlichere Deklinationen. Am 19. verlässt sie den Schützen und wechselt in das Sternbild Steinbock (siehe Abb. 12.4 auf Seite 258). Am 11. zieht Venus 1°49′ südlich am Ringplaneten Saturn vorbei (siehe Abb. 12.2 unten). Um den wesentlich lichtschwächeren Saturn tief am Südwesthimmel in der Abenddämmerung zu erkennen, hilft ein gutes Fernglas. Am 28. erhält Venus Besuch vom zunehmenden Mond, der gegen 18^h noch knapp über dem Horizont zu sehen ist (siehe Abb. 12.1 auf Seite 252).

12.2 Venus zieht vom 9. bis 12. Dezember am Ringplaneten vorbei. Fernglasanblick gegen 17^h bei 5° Gesichtsfelddurchmesser.

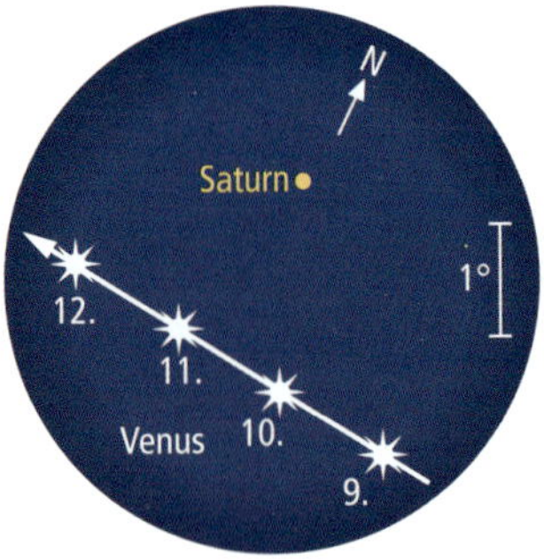

Die Venusuntergänge verspäten sich von 18^h01^m zu Monatsbeginn auf 19^h20^m zu Silvester, wobei die Venushelligkeit leicht auf $-4\overset{m}{,}0$ zunimmt.

Im Teleskop sieht man eine leichte Phase des Venusscheibchens. Der Beleuchtungsgrad geht auf 82 % zurück, der scheinbare Venusdurchmesser nimmt kaum merkbar auf 13″ zu. Am letzten Tag des Jahres ist Venus 191 Millionen Kilometer (= 1,28 AE) von der Erde entfernt.

MARS kann am Morgenhimmel aufgefunden werden. Zu Monatsbeginn überschreitet er rechtläufig die Grenze von der Jungfrau zur Waage. Am 12. hält er sich morgens $0\overset{\circ}{,}3$ nordwestlich von Zubenelgenubi ($\alpha_{1,2}$ Lib, $2\overset{m}{,}6$) auf (siehe Abb. 11.7 auf Seite 236 und Abb. 12.3 auf Seite 257). Am 1. geht Mars um 5^h07^m auf, am letzten Tag des Jahres nur sieben Minuten früher. Seine Helligkeit nimmt leicht um $0\overset{m}{,}1$ auf $1\overset{m}{,}6$ zu.

Zum roten Planeten gesellt sich am 23. die schmale Sichel des abnehmenden Mondes.

Für Fernrohrbeobachter ist der rote Planet noch kein attraktives Objekt. Bis Jahresende wächst das Planetenscheibchen nur auf 4,″3 scheinbaren Durchmesser an. Damit sind noch keine Strukturen auf Mars auszumachen. Im Herbst 20**20** wird Mars wieder zu einem auffälligen Himmelsobjekt werden, das an Glanz dem Riesenplaneten Jupiter gleichkommt.

JUPITER, rechtläufig im Sternbild Schütze, hat sich vom Abendhimmel verabschiedet und bleibt unsichtbar. Die Sonne läuft Jupiter nach und holt ihn gegen Jahresende ein. Am 27. kommt er in Konjunktion mit der Sonne. Von der Erde aus betrachtet bedeckt die Sonne den Riesenplaneten, da er sich nahe der Ekliptik aufhält (ekliptikale Breite von Jupiter am 27.: $\beta = 5'47''$). Am 26. Februar 20**20** wird Jupiter durch seinen absteigenden Bahnknoten wandern und auf die Südseite der Erdbahnebene wechseln.
Am 2. passiert der Riesenplanet 0,°1 nördlich den Winterpunkt. Seinen südlichsten Bahnpunkt erreicht er am 7. mit einer Deklination von $\delta = -23°18'15''$. Noch südlicher war er letztmals im Jahr 1972 am 10. Oktober mit $\delta = -23°28'51''$.
Zur Konjunktion trennen uns 929 Millionen Kilometer (= 6,21 AE) vom Riesenplaneten. Seine Sonnendistanz beträgt zu diesem Zeitpunkt 782 Millionen Kilometer (= 5,23 AE).
Jupiter nähert sich langsam dem Ringplaneten, den er Ende des nächsten Jahres einholen wird.

Am 21. Dezember 20**20** wird Jupiter nur sechs Bogenminuten südlich an Saturn vorbeiziehen – eine außerordentlich enge „Große Konjunktion".

SATURN im Schützen strebt seiner Konjunktion mit der Sonne zu, die er am 13. Januar 20**20** erreicht. Der Ringplanet zieht sich vom Abendhimmel zurück und wird um die Monatsmitte unbeobachtbar. Die Saturnuntergänge erfolgen am 1. um 19^h05^m, am 10. um 18^h35^m, am 20. um 18^h01^m und zu Silvester bereits um 17^h24^m, also eine knappe Stunde nach Sonnenuntergang. Nach dem 20. wird man vergeblich nach dem Ringplaneten Ausschau halten. Am 11. zieht die helle Venus 1°49′ südlich an Saturn vorbei (siehe Abb. 12.2 auf Seite 256). Venus ist dann beim

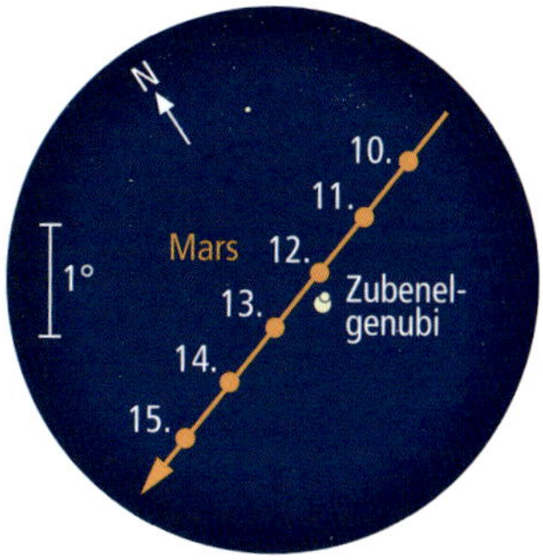

12.3 Der rote Planet passiert vom 12. bis 13. Dezember Zubenelgenubi im Sternbild Waage (α Librae). Fernglasanblick gegen 6^h MEZ.

Aufsuchen von Saturn behilflich. Um den Ringplaneten zu erkennen, benutze man ein Fernglas.

URANUS, noch rückläufig im Sternbild Widder, kann in der ersten Nachthälfte aufgefunden werden (siehe Abb. 10.6 auf

KONSTELLATIONEN UND EREIGNISSE

Datum	MEZ	Ereignis
4.	13^h	Mond bei Neptun, Mond 4,°1 südlich
8.	12	Mond bei Uranus, Mond 4,°6 südlich
11.	6	**Venus bei Saturn**, Venus 1,°8 südlich, **Abstand 1,°8 um 17^h**
22.	5^h19^m	**Sonne im Winterpunkt, Wintersonnenwende**
23.	3	**Mond bei Mars**, Mond 3,°5 nördlich, **Abstand 3,°1 um 6^h**
25.	12	Mond bei Merkur, Mond 1,°9 nördlich
26.	6	Ringförmige Sonnenfinsternis (siehe Seite 28)
26.	9	Mond bei Jupiter, Mond 0,°2 nördlich
27.	13	Mond bei Saturn, Mond 1,°2 südlich
27.	16	Mond bei Pluto, Mond 0,°6 südlich
27.	19	Jupiter in Konjunktion mit der Sonne
29.	3	**Mond bei Venus**, Mond 1,°0 südlich, **Abstand 4,°7 um 19^h am 28.**
30.	6	Merkur im Aphel
31.	22	Mond bei Neptun, Mond 4,°1 südlich

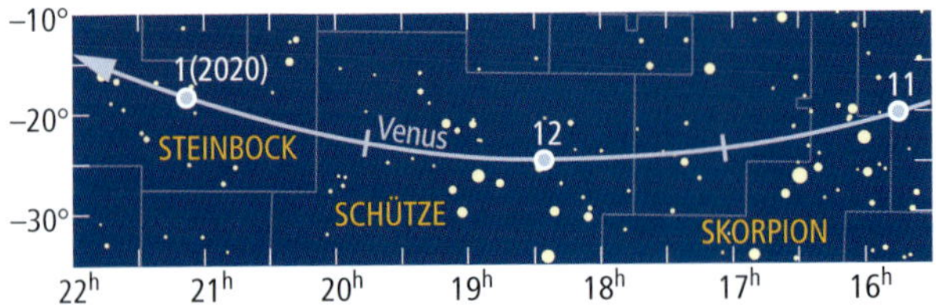

12.4 Scheinbare Bahn des Planeten Venus von November 2019 bis Januar 2020.

Seite 219). Am 1. sinkt der grünliche Planet um 4^h49^m unter die westliche Horizontlinie, am 15. um 3^h52^m und am 31. schon um 2^h48^m. Spätestens eine Stunde vor seinem Untergang wird Uranus unbeobachtbar.

Die günstigste Beobachtungszeit für den sonnenfernen Planeten fällt in die Abendstunden, wenn er in Kulmination seine höchste Stellung einnimmt. Am 1. passiert Uranus um 21^h43^m den Meridian und am 15. um 20^h47^m. Zu Silvester kulminiert der $5{,}^m7$ helle Uranus bereits um 19^h43^m. Dann ist der grünliche Planet auch ein beliebtes Beobachtungsobjekt bei Sternführungen.

NEPTUN, wieder rechtläufig im Wassermann, kann noch am Abendhimmel nach Einbruch der Dunkelheit mit lichtstarker Optik aufgefunden werden. Der bläuliche Planet verlagert seine Untergänge in die Zeit weit vor Mitternacht. Am 1. geht er um 0^h24^m unter, zu Silvester bereits um 22^h24^m. Seine Kulminationen verfrühen sich von 18^h49^m am 1. auf 17^h54^m am 15. und schließlich auf 16^h52^m am Monatsende.

Erst rund eine Stunde später ist dann am 31. die nautische Dämmerung zu Ende.

Die Aufsuchkarte Abb. 9.2 auf Seite 199 soll helfen, den lichtschwachen Planeten im Gewimmel der Sterne zu identifizieren.

PLANETOIDEN UND ZWERGPLANETEN

PALLAS (2) steht am 3. in Konjunktion mit der Sonne. Frühmorgens überholt sie die Sonne. Von der Sonne ist sie dabei 460 Millionen Kilometer (= 3,07 AE) entfernt. Ihre Erddistanz beträgt an diesem Tag 588 Millionen Kilometer (= 3,93 AE).

VESTA (4) hat ihre Opposition zur Sonne hinter sich. Sie bremst ihre rückläufige Wanderung durch den Walfisch ab und wird Anfang 2020 stationär (siehe Abb. 11.8 auf Seite 238). Ihre Helligkeit sinkt von $6{,}^m8$ auf $7{,}^m4$ ab. Damit ist sie noch leicht auffindbar. Am 1. kulminiert Vesta um 22^h38^m, am 15. um 21^h34^m und am 31. um 20^h27^m. Zu Silvester geht sie um 3^h18^m unter.

PERIODISCHE STERNSCHNUPPENSTRÖME

Vom 7. bis 17. Dezember macht sich der ekliptikale Strom der **GEMINIDEN** bemerkbar. Ihr Ausstrahlungspunkt liegt in den Zwillingen, rund 1° südwestlich von Kastor. Das Maximum tritt in der Nacht vom 13. auf 14. Dezember ein, wo stündlich bis zu 120 Meteore, mitunter auch sehr helle Objekte, über den Himmel huschen. Da der Radiant morgens hoch über dem Horizont steht, sind die Geminiden am Morgenhimmel gut zu verfolgen. Leider wird die Beobachtung in diesem Jahr durch helles Mondlicht gestört. Die Geschwindigkeiten liegen um 35 Kilometer pro Sekunde. Die günstigste Beobachtungszeit liegt zwischen 21^h und 6^h morgens.

Im Jahr 2009 gab es zwei deutliche Maxima mit je 140 Geminiden-Meteore pro Stunde. Das erste fiel auf 19^h MEZ am 13. und das zweite stellte sich um 3^h morgens am 14. Dezember ein. Neuerdings vermutet man den Planetoiden (3200) Phaeton als Quelle für die Geminiden. Vermutlich ist Phaeton ein inaktiv gewordener Komet.

Wenig ergiebig ist der Strom der **MONOCEROTIDEN**, dessen Radiant zwischen Beteigeuze und Prokyon liegt. Es handelt sich um mittelschnelle Objekte (um 40 Kilometer pro Sekunde). Das Maximum soll am 8. Dezember eintreten, lediglich ein bis drei Meteore pro Stunde sind zu erwarten.

Ein paar mehr Sternschnuppen liefern die **SIGMA-HYDRIDEN** im Maximum, das am 11. Dezember zu erwarten ist. Man rechnet mit drei bis fünf Objekten pro Stunde, die mit rund 60 Kilometer pro Sekunde in unsere Lufthülle eindringen. Der Radiant

liegt im Kopf der Wasserschlange (Hydra).
Vom 17. bis 26. Dezember tauchen die **URSIDEN** auf, deren Radiant im Sternbild Kleiner Bär zu finden ist. Ihr scharfes Maximum erreichen die Ursiden-Meteore in der Nacht vom 22. auf 23. Dezember gegen Mitternacht. Da der Radiant zirkumpolar ist, können die Ursiden die ganze Nacht beobachtet werden. Der Ursprung der Ursiden wird auf den Kometen 8P/Tuttle zurückgeführt. Die Sternschnuppen haben mittlere Geschwindigkeiten von 35 Kilometer pro Sekunde. In den letzten Jahren wurden rund zehn bis 20, 2016 und 2017 auch mehr Objekte pro Stunde im Maximum registriert.

Der Fixsternhimmel

Die Herbstbilder bereiten nun ihren Abschied vor. Sie sind alle schon in die westliche Himmelshälfte gewechselt. Nur der Perseus steht noch im Meridian, und zwar fast genau im Zenit. Jetzt ist die Gelegenheit günstig, dieses nicht allzu auffällige Sternbild einmal genau zu studieren. Auch der veränderliche Stern Algol im Perseus kann jetzt leicht gefunden werden.
Tief im Nordwesten leuchtet die bei uns fast zirkumpolare Wega. Der Schwan mit Deneb ist ebenfalls noch im Westen zu finden. Der dritte Stern des Sommerdreiecks, Atair, ist allerdings schon untergegangen. Das Sommerdreieck hat sich somit aufgelöst.
Im Südwesten und im Süden befinden sich ausgedehnte, aber lichtschwache Sternbilder. Von Westen her gesehen sind es Wassermann, Fische, Walfisch und Fluss Eridanus. Fomalhaut im Südlichen Fisch ist bereits untergegangen.
Hoch im Süden hat der Widder mit seinem Hauptstern Hamal (α Arietis) die Mittagslinie passiert. Der Widder gehört zu den Tierkreisbildern. Vor über 2000 Jahren lag der Frühlingspunkt noch im Sternbild Widder. Deshalb bezeichnet man den Frühlingspunkt immer noch als „Widderpunkt" (engl.: First Point of Aries – FPA).
Die gesamte östliche Himmelshälfte ist nun reich an hellen Sternen. Während im Westen das Pegasusquadrat und die Sternenkette der Andromeda noch als Herbstbilder zu sehen sind, hat am Osthimmel der Aufmarsch der Wintersternbilder begonnen. Das Wintersechseck ist komplett erschienen. Es setzt sich aus den hellsten Sternen der sechs bekanntesten Wintersternbilder zusammen: Hoch im Südosten, fast im Zenit, steht die helle Kapella und bildet die Spitze des Wintersechsecks. Es folgen Aldebaran im Stier, Rigel im Orion, Sirius im Großen und Prokyon im Kleinen Hund sowie Pollux in den Zwillingen.
Obwohl Sirius noch tief im Südosten steht, funkelt er dennoch auffällig in einem bläulich-weißen Licht. Sirius ist nämlich der hellste Fixstern des Firmaments überhaupt. Seine scheinbare Helligkeit beträgt –1,5 Größenklassen. Mit knapp neun Lichtjahren Entfernung ist Sirius der nächste der 20 hellsten Fixsterne des irdischen Firmaments, sieht man einmal von Toliman ab, der nur 4,4 Lichtjahre entfernt ist aber von Mitteleuropa wegen seiner südlichen Stellung nie über den Horizont tritt.
Ein wenig westlich vom Orion scheint eine sternleere Gegend zu sein. Hier schlängelt sich der

VERÄNDERLICHE STERNE IM DEZEMBER

Algol-Minima	5. 5^h19^m	8. 2^h08^m	10. 22^h57^m	13. 19^h45^m	28. 3^h52^m	31. 0^h41^m
β-Lyrae-Minima	4. 8^hH	10. 20^hN	17. 7^hH	23. 19^hN	30. 7^hH	
δ-Cepheï-Maxima	5. 21^h	11. 5^h	16. 14^h	21. 23^h	27. 8^h	
Mira-Helligkeit	1. 3^m	10. 3^m	20. 3^m	31. 4^m		

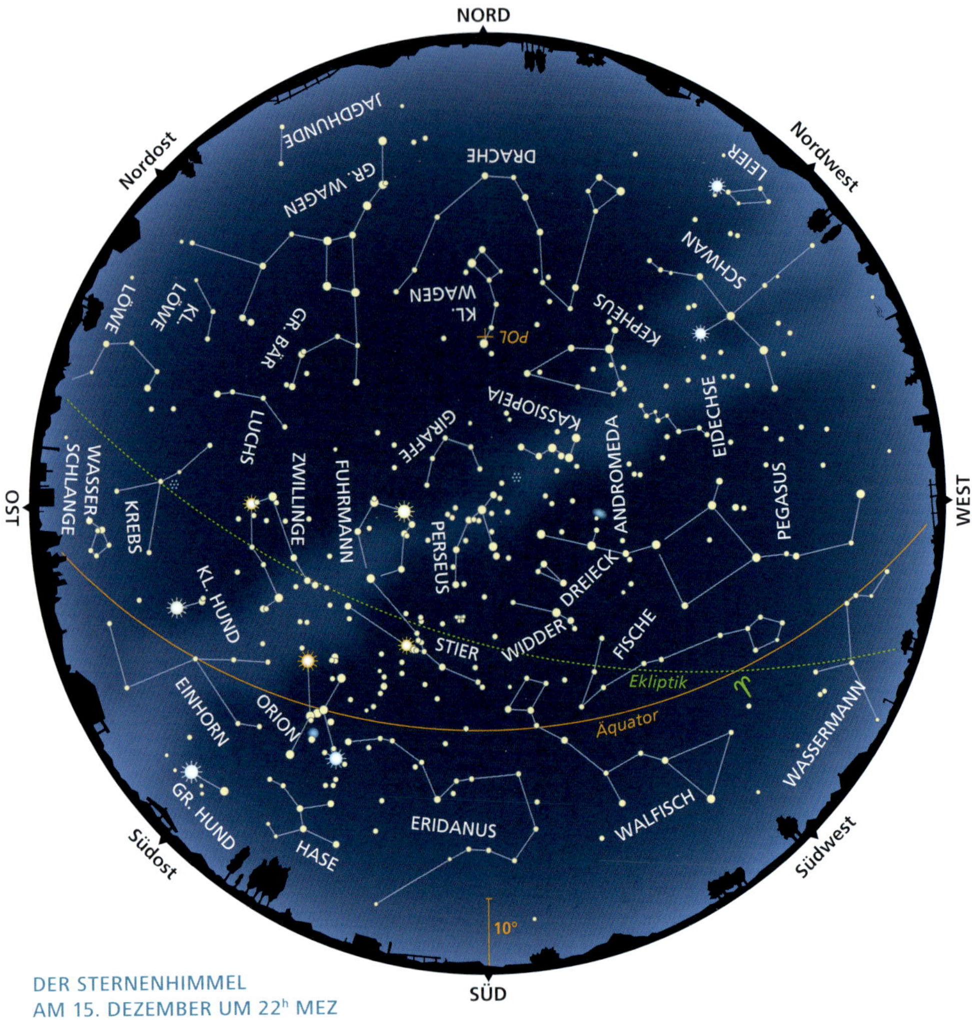

DER STERNENHIMMEL AM 15. DEZEMBER UM 22^h MEZ

Die Sternkarte ist auch gültig für:

	MEZ	MESZ
15. 9.	4^h	5^h
1.10.	3	4
15.10.	2	3
1.11.	1	
15.11.	0	
1.12.	**23**	
15.12.	**22**	
31.12.	**21**	
15. 1.	20	
31. 1.	19	

Fluss Eridanus entlang. An unserem durch grelle irdische Lichter aufgehellten Himmel ist der Fluss Eridanus fast nicht zu erkennen. Von Mitteleuropa ist auch nur der nördliche Teil des Fluss Eridanus zu sehen.

Der Hauptstern Achernar (α Eridani) gehört mit $0\overset{m}{,}5$ zu den zehn hellsten Sternen des irdischen Firmaments. Mit –57° Deklination steht er aber so weit südlich, dass er in unseren Breiten nie aufgeht. Mit 143 Lichtjahren ist Achernar relativ weit von uns entfernt.

Der Fluss Eridanus entspringt bei Rigel im Orion. Er schlängelt sich zunächst westwärts in Richtung Cetus (Walfisch), windet sich dann in zwei großen Bögen südwärts und verschwindet anschließend bei uns unter dem Horizont.

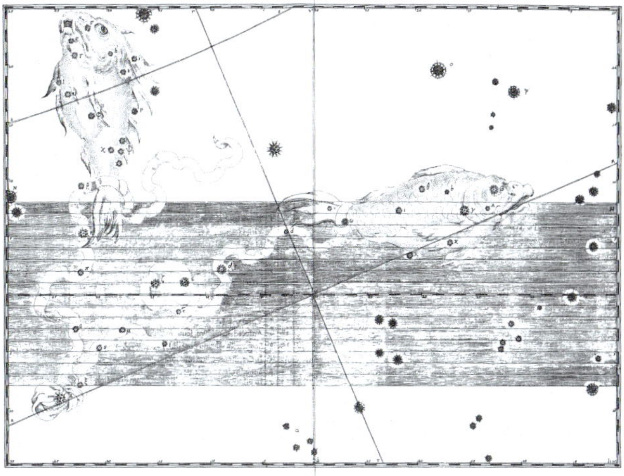

12.5 Das Sternbild Fische in einer figürlichen Darstellung im Sternatlas *Uranometria* von Johannes Bayer aus dem Jahre 1603.

Die alten Ägypter sahen in dem Eridanus den Totenfluss, über den die Verstorbenen von einem Fährmann ins Jenseits übergesetzt wurden.

DAS STERNBILD FISCHE (PISCES)

Das Sternbild Fische ist allgemein gut bekannt, denn dieses Sternbild gehört zum Tierkreis (Zodiacus). Aber nur wenige werden das Sternbild Fische am Himmel ohne Hilfe selbst finden. Dieses Sternbild setzt sich nur aus lichtschwachen Sternen zusammen und ist daher schwierig zu erkennen. Im Dezember passieren die Fische am frühen Abend den Meridian.

Weil dieses Sternbild so lichtschwach und außerdem in unseren Breiten nur horizontnah zu sehen ist, hat man es fast immer mit den Mächten der Finsternis oder der Erdmutter Gaia in Zusammenhang gebracht.

Die griechische Mythologie berichtet: Das Grauen erregende Monster Typhon, Spross der Gaia mit Schlangenfüßen und mit Hunderten giftspeiender Drachenköpfe ausgestattet, rast vor Wut über die Lande. Es hatte sich durch eine List die göttlichen Waffen und die Rüstung des mächtigen Zeus angeeignet, um damit den Olymp zu erobern und die übrigen Götter zu beherrschen. Doch war ihm seine Beute wieder durch Kadmos und Zeus abgeluchst worden.

Kadmos, ein Bruder der Europa, spielt so wunderschön auf einer Schalmei, dass der musikbegeisterte Typhon den Klängen folgt und einen Augenblick seine unrechtmäßig erworbenen Waffen beiseitelegt. Zeus nutzt die Gelegenheit, um sich seine Blitze und Donnerkeile zurückzuholen.

Kaum hat Typhon dies entdeckt, überfällt ihn eine unbändige Wut. Schäumend vor ohnmächtigem Zorn rast er durch das Land, um seine Wut an dem nächstbesten Opfer auszulassen. Er trifft auf die göttliche Aphrodite, die mit ihrem kleinen Sohn Eros vor ihm flieht. Allerdings versperrt ihr der Fluss Euphrat den Weg. Voll Verzweiflung stürzt sie sich in die Fluten und fleht die Nymphen um Errettung an. Diese schicken zwei Fische, verbunden durch einen Strick, an den sich Aphrodite klammert. Die Fische ziehen sie wie ein Pferdegespann sicher zum anderen Ufer. Zum Dank für diese gute Tat werden sie unter die Sterne versetzt.

Im chinesischen Tierkreis symbolisiert dieses Himmelsareal einen dunklen Krieger, später im neuen zwölfteiligen Tierkreis ein Schwein, „Tsiu Tsze“ genannt.

In unserer Zeit liegt der Frühlingspunkt im Sternbild Fische. Manche sprechen daher vom „Zeitalter der Fische“, auf das im Jahr 2610 das Zeitalter des Wassermanns folgen wird. Dann nämlich wird infolge der Präzession der Frühlingspunkt in das Sternbild Aquarius (lat., Wassermann) eintreten.

Im Jahre –6 astronomischer Zeitrechnung fand in den Fischen eine dreifache Konjunktion (Begegnung) der Planeten Jupiter und Saturn statt. Sie wurde als „Stern von Bethlehem“ gedeutet. Man geht davon aus, dass diese dreifache Konjunktion von Jupiter und Saturn die babylonischen Magier veranlasst hatte, von ihrem Marduk-Tempel nach Jerusalem, der Hauptstadt Paläs-

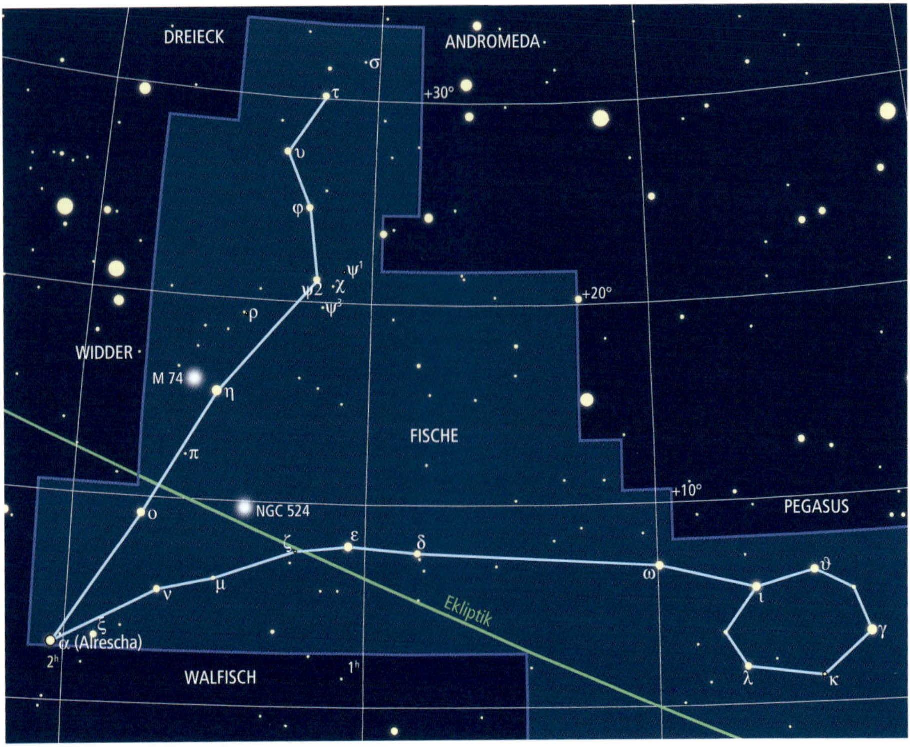

12.6 Skelettkarte des Sternbildes Fische.

tinas, zu ziehen, um dem neugeborenen König der Juden zu huldigen. Am 2. September 1804 wurde in den Fischen der Planetoid Juno von Karl Ludwig Harding entdeckt.

Der Hauptstern der Fische (α Piscium) wird Al Rischa genannt. Diese Bezeichnung kommt aus dem Arabischen und bedeutet schlicht „Strick". Ein anderer Name, Okda, stammt vom arabischen Ukd al Haitan. Dies bedeutet „Knoten des Seils". Es handelt sich um den Knoten des Seils, an dem die Fische angebunden sind. α Piscium ist rund 130 Lichtjahre entfernt und ein Doppelstern. Die beiden weißen Komponenten sind $4{,}^{m}2$ und $5{,}^{m}2$ hell. Ihre Umlaufzeit beträgt 720 Jahre. α Psc wurde im Jahre 1831 als Doppelstern entdeckt. Damals betrug die Distanz noch $3{,}''6$, heute beträgt sie nur noch $1{,}''7$. Das Objekt wird immer schwieriger. Der kleinste Abstand (Periastron) wird im Jahre 2060 erreicht. Beide Komponenten werden dann nur eine Distanz $1{,}''1$ voneinander haben. 1917 entdeckte der Astronom Adrian van Maanen etwa 2° südlich von δ Piscium einen inzwischen nach ihm benannten Weißen Zwerg. Er fiel ihm durch seine große Eigenbewegung von fast 3″ pro Jahr auf. Van Maanens Stern ist 13,8 Lichtjahre entfernt, aber nur $12{,}^{m}4$ hell. Sein Durchmesser gleicht mit 12 600 Kilometer dem unserer Erde. Seine Leuchtkraft beträgt nur ein Sechstausendstel dem unserer Sonne. Seine Dichte ist noch zehnmal höher als die des Siriusbegleiter (Sirius B)! Mit 6000 Kelvin Oberflächentemperatur ist er eigentlich ein gelber „Weißer Zwerg" (Spektraltyp: G). Van Maanens Stern gehört zu den ältesten Sternen im Universum, die man kennt.

Sind Raumflüge zu den Sternen realisierbar?

Noch in der ersten Hälfte des 20. Jahrhunderts wurde eine Reise zum Mond von vielen als völlig utopisch und nicht durchführbar angesehen. Doch am 21. Juli 1969 landeten zwei Astronauten auf unserem Nachbarn im All und kehrten heil zur Erde zurück. Unbemannte Raumsonden erforschten bald unser gesamtes Sonnensystem. Mitte Juli 1965 flog Mariner 4 knapp am Mars vorbei und sandte erstmals Aufnahmen von seiner kraterbestückten Oberfläche zur Erde. Inzwischen haben alle Planeten Besuch von irdischen Raumsonden erhalten, die an ihnen vorbeiflogen, in Umlaufbahnen um sie einschwenkten oder sanft auf ihnen landeten. Auch die Zwergplaneten Ceres und Pluto waren Ziele der Raumfahrt, ebenso Planetoiden wie Vesta, Gaspra und Ida. Auf dem Kleinplaneten Eros landete die Raumsonde Near, den Halleyschen Kometen passierte die Raumsonde Giotto. Die Mission Rosetta ließ die Raumsonde Philae weich auf dem Kern des Kometen Tschurjumow-Gerasimenko aufsetzen. Kurz, unser Sonnensystem ist der Schau- und Tummelplatz irdischer Raumflugkörper.

Fünf Raumsonden, Pioneer 10 und Pioneer 11, Voyager 1 und Voyager 2 sowie die Plutosonde New Horizons verlassen das Sonnensystem auf immer und dringen in die unvorstellbaren Weiten des interstellaren Raumes vor. Ihre Forschungsaufgaben haben sie in unserem Planetensystem erledigt. Sie sind daher keine interstellaren Raumflugmissionen im eigentlichen Sinne.

Doch gibt es eine Möglichkeit, zu den Sternen zu reisen? Lassen sich interstellare Raumflüge durchführen? Bisher haben wir es noch nicht geschafft, auf unserem Nachbarplaneten, dem Mars, Astronauten landen zu lassen. Inzwischen spekuliert man aber schon, wie man Menschen auf eine interstellare Reise zu den Nachbarsonnen schicken kann.

Interstellare Raumflüge zu unternehmen, stellt eine gigantische Herausforderung dar. Drei

NASA

12.7 Ein Ramjet – möglicher Antrieb für ein interstellares Raumschiff?

schwerwiegende Hindernisse scheinen schier unüberwindlich. Die riesigen Entfernungen, der Energiebedarf und die Reisezeiten.

Um unser Planetensystem zu durchqueren, benötigt ein Lichtstrahl rund zwölf Stunden. Selbst von den nächsten Sternen ist das Licht jedoch schon jahrelang zu uns unterwegs. Die allernächsten Sonnen, das Alpha-Centauri-System, sind gut vier Lichtjahre entfernt, die beiden Siriussonnen knapp neun Lichtjahre. Der Radius unseres Sonnensystems bis zum inneren Rand des Kuiper-Gürtels misst 50 AE. Der allernächste Stern, Proxima Centauri, ist jedoch fast 270000 AE entfernt, eine für die Raumfahrt schier unüberbrückbare Distanz.

Nachdem nun um den allernächsten Stern auch noch ein Planet entdeckt wurde, ist Proxima im Zentauren das bevorzugte Ziel einer ersten interstellaren Mission (siehe auch Monatsthema Januar im ***Kosmos Himmelsjahr 2018***, Seite 46: „Der allernächste Stern und sein Planet“).

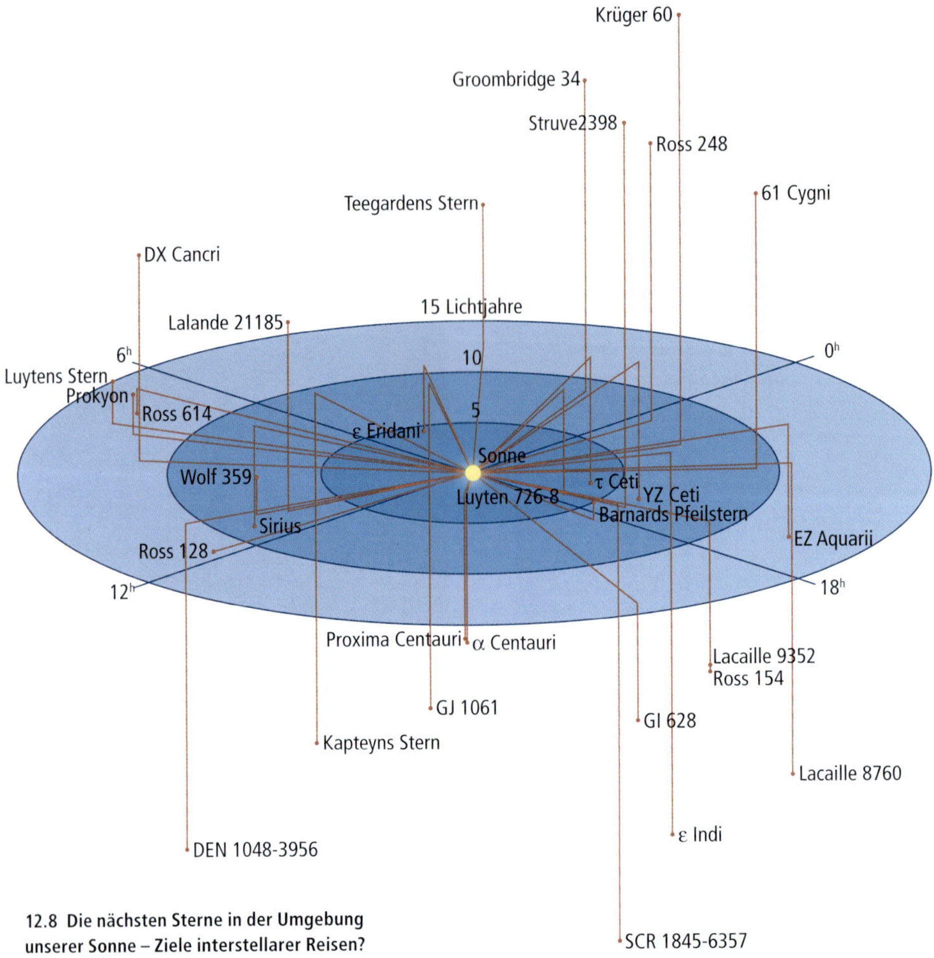

12.8 Die nächsten Sterne in der Umgebung unserer Sonne – Ziele interstellarer Reisen?

Neuer Raketenantrieb gesucht

Die Raumfahrtstrategen haben folgende Rechnung aufgemacht: Vom Start an beschleunige man permanent mit 0,2 m/s², dies ist nur ein Fünfzigstel der Schwerebeschleunigung auf der Erdoberfläche. Nach zehn Jahren hat die Raumsonde 20 % der Lichtgeschwindigkeit (c) erreicht. Die Triebwerke werden abgeschaltet und der Flug wird mit 0,2 · c knapp elf Jahre fortgesetzt. Dann heißt es abbremsen, wieder zehn Jahre lang mit 0,2 m/s² negativer Beschleunigung. Nach etwas mehr als 30 Jahren ist das Ziel, Proxima Centauri, erreicht. Die interstellare Sonde sieht sich um und sendet Bilder und Daten von Proxima und seinem Planeten zur Erde. Nach gut 4,25 Jahren treffen diese auf der Erde ein. Somit dauert es etwa 35 Jahre nach Start der interstellaren Sonde, bis die Astronomen die ersten Informationen von Proxima erhalten. Dabei werden eventuell noch weitere Planeten dieser roten Zwergsonne aufgespürt.

Doch woher die Energie nehmen, um 20 Jahre permanent mit 0,2 m/s² zu beschleunigen? Konventionelle chemische Raketenantriebe scheiden aus. Nach der klassischen Ziolkowski-Raketenformel – so benannt nach dem russischen Raumfahrtpionier Konstantin Eduardowitsch Ziolkowski (1857–1935) müsste man mehr Treibstoff aufbringen, als das überschaubare Universum an Masse bietet (siehe Kasten „Ziolkowskis Raketengleichung" auf Seite 269).

Auch Ionentriebwerke (elektrische Antriebe) können eine interstellare Reise nicht ermöglichen, denn ihre Beschleunigungen sind viel zu gering. Eine Reise zu Proxima Centauri dauerte damit mehrere Tausend Jahre.

Nukleare Pulsantriebe wurden ebenso vorgeschlagen, um zu den Sternen zu reisen. Mit an der Rückseite des Raumschiffes ausgelösten nuklearen Explosionen (Treibstoff Deuterium [^2H] und Helium-3 [^3He]) soll die nötige Beschleunigung erreicht werden. Dieses sieben Jahre lang unter der Bezeichnung „Orion" untersuchte Projekt wurde allerdings wieder aufgegeben.

Auch der theoretisch effektivste Antrieb, die Zerstrahlung von Materie und Antimaterie bietet leider keine Lösung. Berühren Materie und Antimaterie einander, so zerstrahlen sie völlig. Ihre gesamte Masse wird gemäß der Einstein-Gleichung $E = mc^2$ vollständig in Strahlungsenergie umgewandelt. Mehr Energie kann man aus Materie nicht freisetzen. Um zu Proxima zu fliegen, benötigt man aber einige zehntausend Tonnen an Antimaterie. Bisher ist es in den Kernforschungslaboratorien lediglich gelungen, einzelne einfache Atome aus Antimaterie zu erzeugen – und dies zu immensen Kosten. Auch weiß niemand, wie man Antimaterie aufbewahren beziehungsweise lagern könnte. Denn Kontakt mit Materie lässt sie sofort zerstrahlen (siehe Monatsthema Oktober „Sieg über die Antimaterie" auf Seite 224).

Sogenannte Ramjets wurden ebenfalls diskutiert. Das Konzept stammt von Robert W. Bussard, der es 1960 entwickelte. Der benötigte Treibstoff Wasserstoff soll dabei mit riesigen Schirmen aus dem interstellaren Gas eingesammelt werden. Niemand weiß bisher, ob dies funktionieren kann.

Weltraumsegler mit Laserlicht

Eine völlig andere Lösung sieht das Projekt „Breakthrough Starshot" vor, in das der in den USA lebende Milliardär Yuri Milner inzwischen mehr als 100 Millionen Dollar investiert hat. Dabei kommt die Nanotechnologie ins Spiel. Darunter versteht man eine Technik auf winzig kleinen Maßstäben (1 Nanometer = 1 Millionstel Millimeter), wie sie

DIE SONNENNÄCHSTEN STERNE ZIELE INTERSTELLARER RAUMFAHRT

Name/Bezeichnung	α (J2000.0)	δ	H [m]	Spkl.	Entf. [LJ]	Bemerkungen
Proxima Centauri	14^h30^m	−62°41	11,1	M5 V	4,24	Ein Exoplanet erdähnlicher Größe
α Centauri A/B	14^h40^m	−60°50	−0,3	G2 V K0 V	4,36	
Barnards Pfeilstern	17^h58^m	+04°42	9,5	M4 V	5,98	
Wolf 359	10^h56^m	+07°01	13,6	M6 V	7,87	
Lalande 21 185 (BD+36°2147)	11^h03^m	+35°58	7,5	M2 V	8,29	
Sirius A/B (α CMa)	06^h45^m	−16°43	−1,4	A1 V	8,58	Begleiter Weißer Zwerg ($8^m,4$)
UV Ceti	01^h39^m	−17°57	13,1	M6 V	8,73	
Ross 154	18^h50^m	−23°50	10,5	M4 V	9,67	
Ross 248	23^h42^m	+44°11	12,3	M6 V	10,31	
ε Eridani	03^h33^m	−09°27	3,7	K2 V	10,48	Staubscheibe in 50 AE
Lacaille 9352 (CD-36°15693)	23^h06^m	−35°51	7,3	M1 V	10,69	
Ross 128	11^h48^m	+00°48	11,2	M4 V	10,94	Ein Exoplanet erdähnlicher Größe
τ Ceti	01^h44^m	−15°56	3,5	G9 V	11,91	sonnenähnlicher Stern

auch in der Medizin inzwischen angewandt wird. Wie der Name „Starshot" erahnen lässt, sollen Raumsonden mit Laserstrahlen auf die Reise zu Proxima Centauri geschossen werden. Sie sollen dabei auf ein Fünftel der Lichtgeschwindigkeit beschleunigt werden und somit bereits nach 20 Jahren ihr Ziel erreichen. Um die Raumsonden auf diese hohen Geschwindigkeiten zu bringen, sollen sie extrem klein und leicht gefertigt werden. So eine Nanosonde hat die Größe eines Computerchips, auf den ein Prozessor montiert ist. Diese „Starchips" haben nur ein bis wenige Gramm Masse bei einer Größe von 15 × 15 Millimeter. Auf einem Starchip sind unterzubringen ein Minicomputer, eine Kamera, ein Spektrograph, ein Magnetometer, Batterien zur Stromversorgung und ein Sender, um Daten und Bilder zur Erde zu funken. Jeder Starchip hängt an einem 4 × 4 Meter großen, extrem dünnen Segel mit sehr hohem Reflexionsgrad von 99,9 %.
Angetrieben werden die Starchips von einem bodengebundenen Cluster (Anhäufung) von 100 Millionen kleiner Laser, deren gebündelte Strahlen auf das Segel treffen und die Nanoraumsonde innerhalb weniger Minuten mit ihrem Strahlungsdruck auf 20 % Lichtgeschwindigkeit beschleunigen. Die Starchips werden in einer konventionellen Raumsonde in einen Erdorbit transportiert. Von hier aus wird täglich drei Jahre lang ein Starchip auf den Weg gebracht. Mehr als 1000 dieser Minisonden fliegen dann zur roten Zwergsonne Proxima.
Niemand weiß allerdings bisher, wie stark der Widerstand der interstellaren Materie wirkt. Auch muss damit gerechnet werden, dass interstellare Staubkörnchen Starchips treffen und zerstören oder funktionsunfähig machen. Man hofft, dass wenigstens einige aus der Wolke von Starchips ihr Ziel unbeschädigt erreichen.

Ein Antrieb aus dem Nichts?

Für größere Raumschiffe, die auch Menschen transportieren können, eignen sich lasergestützte Antriebe nicht. Was benötigt wird, ist ein Antrieb, bei dem möglichst keine Treibstoffmasse zu transportieren ist und der es ermöglicht, eine Reisegeschwindigkeit von nahezu Lichtgeschwindigkeit zu erreichen. Die kühnsten Raumfahrtträumer erhoffen sich sogar eine vielfache Lichtgeschwin-

12.9 Projekt „Breakthrough Starshot" – Bündel von Laserstrahlen schießen winzige Nanosonden zu Proxima Centauri.

Breakthrough Starshot

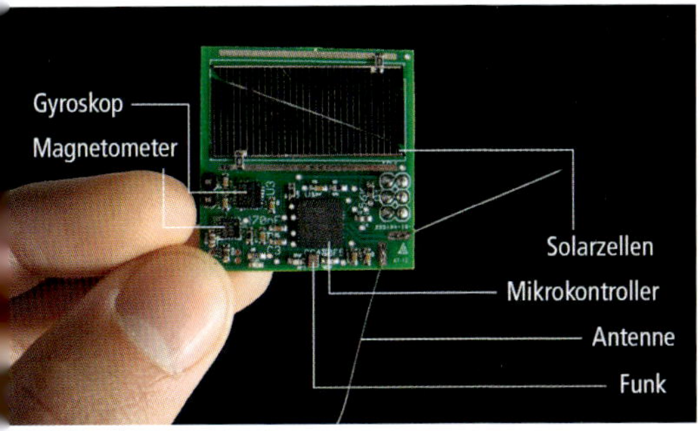

Breakthrough Starshot

12.10 „Starchip" – Nanosonden von 15 mm × 15 mm und nur wenigen Gramm Masse enthalten Computer, Kamera, Spektrograph, Magnetometer und Sender.

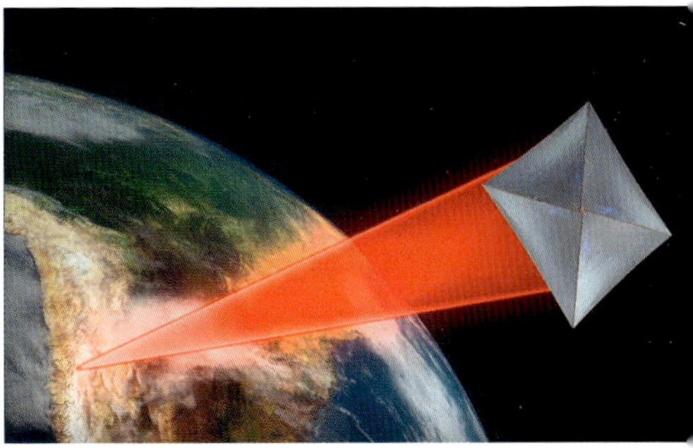

12.11 Jeder Starchip hängt an einem 4 m × 4 m großen, dünnen Segel, das durch gebündelte Laserstrahlen auf den interstellaren Raumflug geschossen wird.

digkeit. Aber selbst wenn man mit lediglich fast Lichtgeschwindigkeit fliegt, so benötigt man einen Antrieb, der zehn Jahre ununterbrochen störungsfrei funktioniert. Zuerst wird das Raumschiff beschleunigt, dann abgebremst, um Proxima zu umrunden, dann wieder für die Rückreise beschleunigt und schließlich folgt die erneute Abbremsung. Würde man das Raumschiff ständig mit 1 g, also dem Wert der irdischen Schwerebeschleunigung, antreiben, so dauert es fast ein Jahr, bis man knapp an die Lichtgeschwindigkeit herankäme. Das wäre der ideale Beschleunigungswert, da die Raumfahrer statt Schwerelosigkeit die gleiche Schwere wie auf der Erde spüren würden. Der Hin- und Rückflug zu Proxima könnte dann in knapp zwölf Jahren erfolgen. Diese Zeitspanne gilt für die auf der Erde zurückgebliebenen Beobachter. Die Raumfahrer selber würden wegen des Zwillingsparadoxons der Speziellen Relativitätstheorie nur um etwa sechs Jahre älter werden.

Die Grundidee für einen Antrieb ohne mitgeschleppte Treibstoffmassen lautet: Man nutze die Vakuumenergie. Sie ist im Weltall an jedem Ort vorhanden. Nach der Quantentheorie gibt es kein Vakuum im Sinne der klassischen Physik. Vielmehr ist das Vakuum ein Zustand, in dem alle Kraftfelder ihr niedrigstes Energieniveau einnehmen. Das bedeutet, die potentielle Energie eines Feldes wird relativ zum Vakuum angegeben und somit *relativ* zu einem Grundniveau. Dies kann aber immer noch eine hohe Energiedichte besitzen, die man als Vakuum- oder Nullpunktsenergie bezeichnet. Gelingt es, einen Antrieb zu konstruieren und zu fertigen, der die Vakuumenergie anzapfen kann, dann verfügt man über schier unbegrenzte Energiereserven. Ein solcher Antrieb könnte die submikroskopischen Wurmlöcher (engl.: wormholes) und Raumverwerfungen (engl.: spacewarps) nutzen.

Der renommierte Physiker und Nachfolger von Albert Einstein auf dem Lehrstuhl für Physik in Princeton, John Archibald Wheeler, hat den Begriff „wormhole" schon 1957 postuliert: Wurmlöcher sind eine Art Löcher im Quantenvakuum, das ein dynamisches Eigenleben führt und gerne mit Seifenschaum auf Badewasser verglichen wird. Das Quantenvakuum besteht aus unzähligen, winzigen Bläschen, die ständig vergehen, verschmelzen und neu auftauchen. Es blubbert ständig, und zwar mit einer ungeheuren Frequenz bis zu etlichen Septillionen Mal in der Sekunde (etwa 10^{37} MHz). Da man das Weltraumvakuum als Nullniveau definiert, würde ein solcher „Vakuumenergiemotor" gewissermaßen von negativer Energie gespeist werden, die in jedem Raumpunkt des Universums vorhanden ist.

Noch zahlreiche weitere Spekulationen füllen die Seiten von Fachjournalen, wie eine Reise in den interstellaren Raum möglich wäre. Von „Warp"-

12.12 O'Neill-Kolonien können mit Tausenden Menschen Jahrhunderte lang durch das Weltall reisen.

Antrieben bis zu makroskopischen Wurmlöcher-Tunnels durch andere Raumdimensionen reichen die fantasievollen Überlegungen.
Das Konzept eines Warp-Antriebes geht auf den Physiker Miguel Alcubierre zurück, der es 1994 entwickelte. Es soll Reisen mit Überlichtgeschwindigkeit ermöglichen. Das Raumschiff befindet sich in einer Art Raumzeitblase, innerhalb derer bewegt es sich mit geringerer Geschwindigkeit als Lichtgeschwindigkeit. Die Raumzeitblase selbst bewegt sich als Welle durch das All – mit Lichtgeschwindigkeit –, wobei die Maßstäbe relativistisch verkürzt werden (Lorentz-Kontraktion). Doch was genau ist eine solche „Raumzeitblase", und kann man sie künstlich erzeugen?

Im Winterschlaf durchs Weltall?

Zurück zur Realität! Nicht nur das Antriebs- und Energieproblem ist zu lösen. Zahlreiche weitere Herausforderungen stehen an. Unbemannte interstellare Raumsonden müssen völlig autark arbeiten beziehungsweise funktionieren. Niemand kann mehr von der Erde aus eingreifen, wenn der Start erfolgt ist. Sie müssen perfekt navigieren können und zahlreiche Entscheidungen autonom treffen. Dies erfordert neben einer hochkomplexen Hardware eine perfekte Software. Auch muss der Bordcomputer über eine enorme Speicherkapazität verfügen. Die Energieversorgung für die Bordsysteme muss durch Radionuklidbatterien sichergestellt werden. Im stockdunklen Weltall sind Solarzellen unbrauchbar.
Bemannte interstellare Raumschiffe müssen mit lebenserhaltenden Systemen ausgestattet sein, die über Jahrzehnte das Überleben der Besatzung ermöglichen. Lebensmittel für solch lange Zeiträume sind nur in sehr großen Raumtransportern unterzubringen, was den Energiebedarf für die Antriebe enorm steigert. Zudem kennt man nicht die psychische Belastung für Menschen, die einen Großteil ihres Lebens völlig isoliert auf engstem Raum verbringen müssen, ohne Kontakt zu anderen Menschen, ohne Sonnenlicht, ohne Vegetation, ohne Landschaften, kurz ohne den vertrauten Lebensraum.
Um dieses Problem zu lösen, hat man die Hibernation vorgeschlagen. Die Reisenden werden in

12.13 Sind „Warp"-Antriebe die Lösung für bemannte interstellare Raumflüge?

einen künstlichen Winterschlaf versetzt und bei Ankunft am Zielstern aufgeweckt. Ob dies gelingt, bleibt fraglich.
Unbemannte Raumsonden mögen in einigen Jahrzehnten zu den sonnennächsten Sternen ihre interstellare Reise antreten. Ob je Menschen zu fremden Sonnen reisen werden, bleibt ungewiss. Möglicherweise wird es vielleicht in 1000 Jahren riesige künstliche „Weltrauminseln" mit Tausenden Bewohnern geben, wie sie einst der Astrophysiker Gerard O'Neill (1927–1992) vorgeschlagen hat. Solche O'Neill-Kolonien könnten Jahrhunderte lang von Stern zu Stern reisen, völlig auf sich gestellt sein und eines fernen Tages sogar Tochterkolonien gründen. Wir können nicht einmal ahnen, wie sich unsere technische Zivilisation in den nächsten 1000 Jahren entwickelt. Die Wirklichkeit ist noch viel überraschender als unsere kühnsten Fantasien.

NASA

ZIOLKOWSKIS RAKETENGLEICHUNG

Die Raketengleichung von Konstantin E. Ziolkowski lässt berechnen, um wie viel sich die Geschwindigkeit einer Rakete (Raumfahrzeug) ändert, wenn ein bestimmter Anteil der Gesamtmasse als Treibstoff verbraucht wird.

$$\Delta v = w_A \cdot \ln (m_0/m_1)$$

Δv – Geschwindigkeitsdifferenz nach Brennschluss
w_A – Ausströmgeschwindigkeit der Triebwerksgase
m_0 – Gesamtmasse beim Start
m_1 – Masse nach Brennschluss
$(m_0 - m_1)$ – Treibstoffmasse

Beispiele: $w_A = 5{,}2$ km/s
1. $m_0 = 1/m_1 = 0{,}9$ ergibt: $\Delta v = 0{,}548$ km/s
2. $m_0 = 1/m_1 = 0{,}09$ ergibt: $\Delta v = 12{,}521$ km/s
3. $m_0 = 1/m_1 = 0{,}009$ ergibt: $\Delta v = 24{,}495$ km/s
Um eine Rakete auf ein Fünftel der Lichtgeschwindigkeit ($\Delta v = 0{,}2 \cdot c = 60\,000$ km/s) zu beschleunigen, ergibt sich ein Verhältnis von Nutzlast zu Treibstoff von $1:10^{26057}$ (!).
Um eine Tonne Nutzlast auf 20 % Lichtgeschwindigkeit zu beschleunigen, müsste man somit 10^{26057} Tonnen Treibstoff aufwenden. Dies ist ein Vielfaches der Gesamtmasse der Materie im überschaubaren Universum von etwa 10^{51} Tonnen.
Bei hohen Geschwindigkeiten (v) darf die Ziolkowski-Raketengleichung nicht mehr angewandt werden, da dann die Impulsmasse gemäß der Speziellen Relativitätstheorie zunimmt:

$$m = m_0/(1 - \beta^2)^{0{,}5} \text{ mit } \beta = v/c \text{ (c: Lichtgeschwindigkeit)}$$

KOSMOS
GOVERT SCHILLING
GALAXIEN
Geburt und Schicksal
unseres Universums
DER
TIEFSTE
BLICK
INS ALL

KOSMOS
KOSMOS
PLANET
ERDE
KARTEN – BILDER – FAKTEN
ILLUSTRIERTER WELTATLAS

Für alle — Entdecker

Mouriaux/Rouillac
MEIN SONNENSYSTEM
ab 6 Jahren
ca. €/D 14,99

Astronomie spielend entdecken – anschaulicher geht es nicht: Dieses Buch enthält einen Bausatz für ein 30 cm hohes 3D-Modell unseres Sonnensystems. Zudem bietet dieser Band Kurzinformationen zu allen Planeten unseres Sonnensystems.

ASTRO-TELESKOP
ab 12 Jahren

Mondkrater, Planeten und Sterne – all das rückt zum Greifen nah, wenn Kinder- und Jugendliche mit dem Linsenteleskop auf Entdeckungsreise gehen. Mit der beiliegenden Bildumkehrlinse können zusätzlich Beobachtungen auf der Erde gemacht werden.

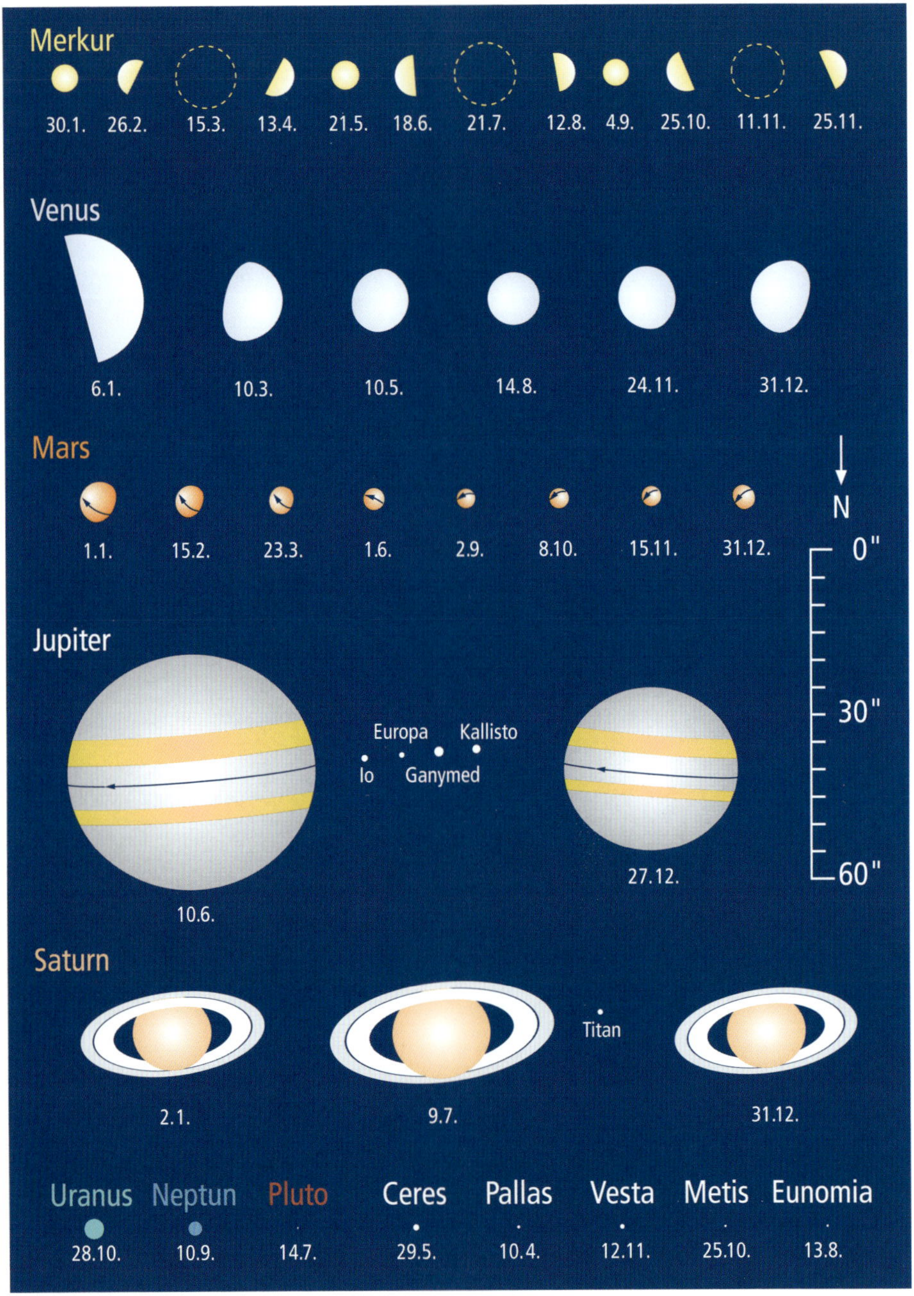

T.1 Die Größe der Planetenscheibchen im Jahre 2019. Man beachte den eingetragenen Maßstab in Bogensekunden. Anblick im umkehrenden Fernrohr (Norden unten, Osten rechts).

Planetensichtbarkeit

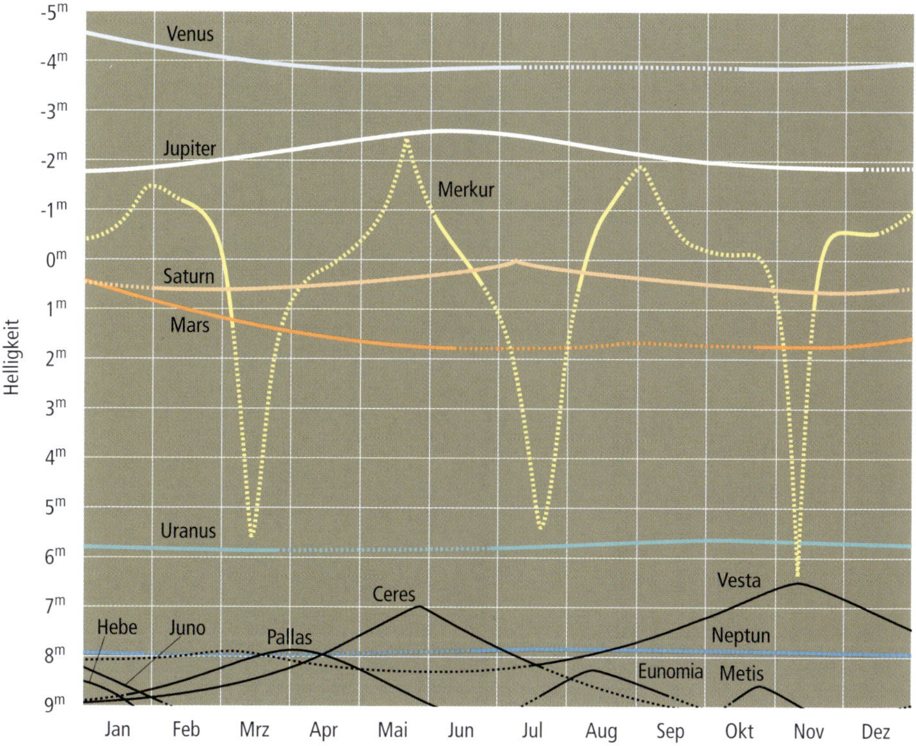

T.2 Die Helligkeiten der Planeten 2019.

T.3 Die Sichtbarkeiten der Planeten im Jahr 2019. M bedeutet Morgensichtbarkeit, A Abendsichtbarkeit.

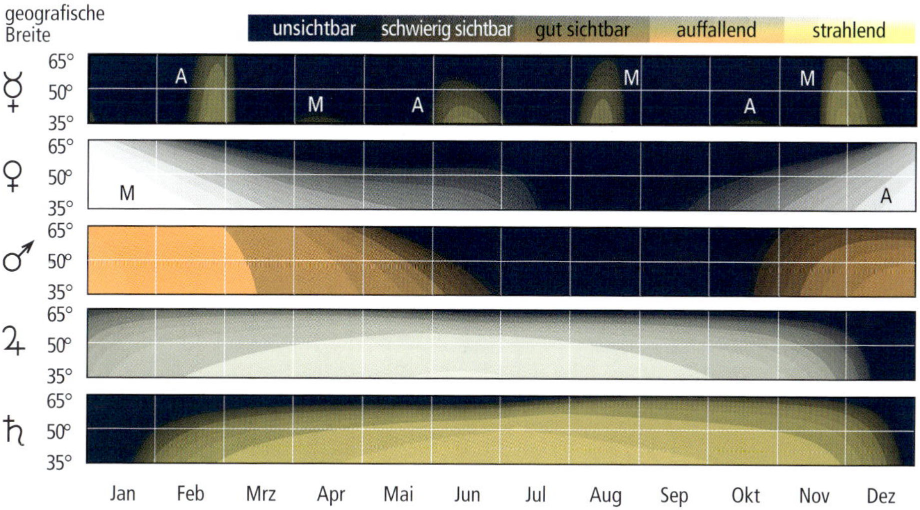

EKLIPTIKALE KOORDINATEN DES MONDES 2019

Tag	JANUAR Länge	JANUAR Breite	FEBRUAR Länge	FEBRUAR Breite	MÄRZ Länge	MÄRZ Breite	APRIL Länge	APRIL Breite	MAI Länge	MAI Breite	JUNI Länge	JUNI Breite
	°	°	°	°	°	°	°	°	°	°	°	°
2.	235,0	+4,6	281,4	+1,4	290,3	+0,5	334,3	−3,3	6,6	−4,9	53,2	−4,2
4.	260,1	+3,1	305,1	−0,8	313,9	−1,6	358,2	−4,6	31,7	−4,9	80,3	−2,4
6.	284,4	+1,1	328,7	−2,8	337,5	−3,4	22,9	−5,0	57,7	−4,0	108,3	+0,1
8.	308,2	−1,1	352,5	−4,4	1,5	−4,7	48,2	−4,5	84,6	−2,1	136,8	+2,6
10.	331,8	−3,1	16,6	−5,2	26,0	−5,1	74,4	−3,1	112,0	+0,3	165,3	+4,4
12.	355,6	−4,6	41,6	−5,1	51,2	−4,6	101,3	−0,9	140,1	+2,6	193,5	+5,2
14.	20,0	−5,3	67,8	−3,9	77,4	−3,1	129,2	+1,5	168,5	+4,4	221,1	+4,8
16.	45,7	−5,0	95,6	−1,8	104,9	−0,9	158,1	+3,6	197,1	+5,1	248,0	+3,3
18.	73,1	−3,6	125,1	+0,8	133,8	+1,7	187,5	+4,9	225,2	+4,6	273,8	+1,2
20.	102,2	−1,3	155,6	+3,3	163,7	+3,8	216,5	+4,8	252,4	+3,0	298,7	−1,0
22.	132,4	+1,5	185,7	+4,9	193,7	+5,0	244,2	+3,6	278,2	+0,9	322,8	−3,1
24.	162,6	+3,8	214,4	+5,1	222,6	+4,8	270,3	+1,7	302,8	−1,3	346,5	−4,5
26.	191,6	+5,1	241,2	+4,2	249,6	+3,5	295,0	−0,4	326,7	−3,2	10,5	−5,2
28.	218,9	+5,2	266,3	+2,6	274,8	+1,6	318,8	−2,4	350,4	−4,6	35,2	−5,0
30.	244,7	+4,2	–	–	298,9	−0,5	342,5	−4,0	14,7	−5,2	61,3	−3,8

Tag	JULI Länge	JULI Breite	AUGUST Länge	AUGUST Breite	SEPTEMBER Länge	SEPTEMBER Breite	OKTOBER Länge	OKTOBER Breite	NOVEMBER Länge	NOVEMBER Breite	DEZEMBER Länge	DEZEMBER Breite
	°	°	°	°	°	°	°	°	°	°	°	°
2.	88,9	−1,7	141,3	+2,9	195,3	+5,1	232,9	+3,9	281,3	−0,1	314,0	−3,1
4.	117,7	+1,0	171,4	+4,7	224,2	+4,5	260,1	+2,0	306,2	−2,3	338,1	−4,5
6.	147,0	+3,4	200,6	+5,2	251,2	+2,9	285,6	−0,2	330,1	−3,9	1,8	−5,2
8.	176,1	+4,9	228,3	+4,5	276,7	+0,8	309,9	−2,3	353,9	−4,9	25,9	−5,0
10.	204,3	+5,2	254,5	+2,8	301,0	−1,3	333,6	−3,9	17,9	−5,0	50,8	−3,9
12.	231,4	+4,4	279,6	+0,7	324,8	−3,2	357,3	−4,8	42,5	−4,3	76,7	−1,9
14.	257,5	+2,6	303,9	−1,5	348,6	−4,5	21,4	−4,9	67,9	−2,7	103,7	+0,5
16.	282,7	+0,4	327,8	−3,4	12,4	−5,0	45,9	−4,1	94,0	−0,4	131,4	+2,9
18.	307,1	−1,8	351,5	−4,7	36,6	−4,7	71,1	−2,5	120,9	+1,9	159,6	+4,6
20.	331,0	−3,6	15,3	−5,2	61,3	−3,4	97,0	−0,4	148,6	+3,9	187,9	+5,3
22.	354,8	−4,9	39,6	−4,7	87,0	−1,5	124,0	+2,0	177,1	+5,1	216,2	+4,7
24.	18,7	−5,3	64,8	−3,4	114,2	+0,9	152,4	+3,9	206,1	+4,9	244,0	+3,0
26.	43,4	−4,7	91,4	−1,3	143,1	+3,2	182,0	+5,0	234,9	+3,6	270,9	+0,7
28.	69,4	−3,2	119,8	+1,2	173,3	+4,7	211,9	+4,7	262,7	+1,4	296,9	−1,7
30.	97,1	−0,9	149,8	+3,5	203,7	+4,9	240,9	+3,2	289,0	−1,0	321,8	−3,7

Koordinaten gelten für 1^h MEZ und sind geozentrische Werte.
Von Mitteleuropa aus steht der Mond etwa 0°,7 südlicher.
Abstand der Mondbahn relativ zu helleren Sternen 2019:

Stern:	Aldebaran	Al Nath	Alhena	Pollux	Regulus	Spica	Antares	Nunki
Mond:	2° nördl.	8° südl.	6° nördl.	7° südl.	2° nördl.	6° nördl.	7° nördl.	3° nördl.

T.4 Lage der Mondbahn im Tierkreis relativ zur Ekliptik von 180° bis 360° ekliptikaler Länge.

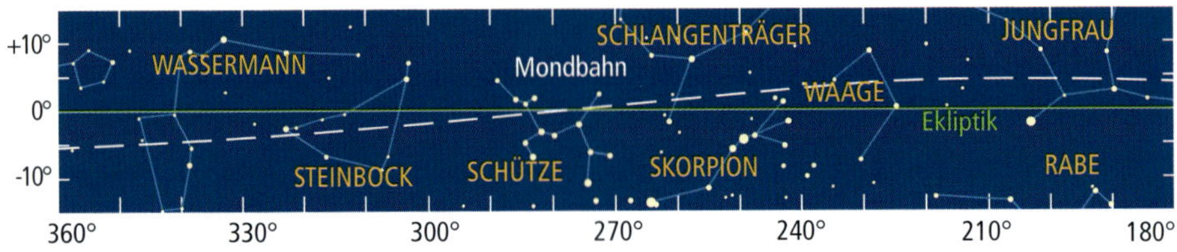

EKLIPTIKALE KOORDINATEN DER SONNE UND DER GROSSEN PLANETEN 2019

Datum		SONNE	MERKUR		VENUS		MARS		JUPITER		SATURN	
		Länge °	Länge °	Breite °	Länge °	Breite °	Länge °	Breite °	Länge °	Breite °	Länge °	Breite °
Jan	1.	280,0	263,6	+0,1	233,2	+3,4	359,7	−0,3	251,5	+0,6	281,1	+0,5
	10.	289,2	277,1	−0,9	242,4	+3,4	5,7	−0,1	253,4	+0,6	282,2	+0,5
	20.	299,4	292,8	−1,7	253,0	+3,1	12,5	+0,1	255,3	+0,6	283,3	+0,5
	31.	310,5	311,2	−2,1	265,3	+2,6	20,0	+0,3	257,3	+0,6	284,6	+0,5
Feb	10.	320,7	328,9	−1,6	276,7	+2,1	26,7	+0,4	259,0	+0,6	285,7	+0,4
	20.	330,8	346,5	−0,1	288,3	+1,4	33,5	+0,6	260,5	+0,6	286,7	+0,4
	28.	338,8	356,8	+1,7	297,7	+0,9	38,9	+0,6	261,5	+0,6	287,4	+0,4
Mrz	10.	348,9	358,1	+3,6	309,6	+0,3	45,6	+0,7	262,6	+0,6	288,2	+0,4
	20.	358,8	349,4	+2,7	321,5	−0,3	52,3	+0,8	263,4	+0,6	288,9	+0,4
	31.	9,7	346,1	0,0	334,8	−0,9	59,6	+0,9	263,9	+0,6	289,5	+0,4
Apr	10.	19,6	352,0	−1,8	346,8	−1,2	66,2	+1,0	264,1	+0,6	289,9	+0,4
	20.	29,4	3,2	−2,7	358,9	−1,5	72,7	+1,0	264,0	+0,6	290,2	+0,4
	30.	39,1	18,0	−2,6	11,0	−1,6	79,3	+1,1	263,5	+0,6	290,3	+0,4
Mai	10.	48,8	35,8	−1,6	23,2	−1,7	85,8	+1,1	262,8	+0,6	290,2	+0,4
	20.	58,5	56,6	+0,1	35,3	−1,5	92,2	+1,1	261,8	+0,6	289,9	+0,4
	31.	69,0	80,3	+1,7	48,7	−1,3	99,3	+1,2	260,6	+0,6	289,5	+0,4
Jun	10.	78,6	98,8	+2,1	60,9	−1,0	105,7	+1,2	259,3	+0,6	289,0	+0,4
	20.	88,2	112,9	+1,2	73,1	−0,6	112,1	+1,2	258,0	+0,6	288,4	+0,3
	30.	97,7	121,8	−0,7	85,3	−0,2	118,5	+1,2	256,8	+0,5	287,7	+0,3
Jul	10.	107,2	124,0	−3,2	97,5	+0,2	124,8	+1,2	255,8	+0,5	286,9	+0,3
	20.	116,8	119,3	−4,9	109,8	+0,6	131,2	+1,2	255,0	+0,5	286,2	+0,3
	31.	127,3	113,8	−4,0	123,3	+0,9	138,2	+1,2	254,4	+0,4	285,4	+0,3
Aug	10.	136,8	117,8	−1,4	135,7	+1,2	144,5	+1,1	254,2	+0,4	284,8	+0,3
	20.	146,5	131,8	+0,9	148,0	+1,4	150,9	+1,1	254,3	+0,4	284,3	+0,3
	31.	157,1	153,1	+1,8	161,7	+1,4	157,9	+1,1	254,8	+0,3	283,9	+0,2
Sep	10.	166,8	172,1	+1,4	174,1	+1,4	164,2	+1,1	255,5	+0,3	283,7	+0,2
	20.	176,5	189,3	+0,3	186,5	+1,2	170,6	+1,0	256,5	+0,3	283,6	+0,2
	30.	186,3	204,9	−0,9	198,9	+0,9	177,0	+1,0	257,8	+0,3	283,7	+0,2
Okt	10.	196,1	218,8	−2,0	211,3	+0,6	183,5	+0,9	259,2	+0,2	284,0	+0,2
	20.	206,0	230,5	−2,9	223,8	+0,2	189,9	+0,9	260,9	+0,2	284,4	+0,2
	31.	217,0	237,3	−2,8	237,4	−0,3	197,1	+0,8	262,9	+0,2	285,1	+0,1
Nov	10.	227,0	230,8	−0,5	249,8	−0,7	203,6	+0,8	264,9	+0,2	285,8	+0,1
	20.	237,1	221,4	+2,2	262,3	−1,1	210,2	+0,7	266,9	+0,2	286,7	+0,1
	30.	247,2	227,3	+2,3	274,7	−1,4	216,8	+0,6	269,1	+0,1	287,6	+0,1
Dez	10.	257,3	240,6	+1,2	287,0	−1,7	223,4	+0,6	271,4	+0,1	288,6	+0,1
	20.	267,5	255,5	0,0	299,4	−1,8	230,1	+0,5	273,6	+0,1	289,7	+0,1
	31.	278,7	272,5	−1,2	312,9	−1,8	237,4	+0,4	276,2	+0,1	291,0	+0,1

Länge:	Jan 1.	Mrz 1.	Mai 1.	Jul 1.	Sep 1.	Nov 1.	Dez 31.	Breite
URANUS	28°,4	29°,5	32°,7	35°,6	36°,2	34°,2	32°,4	−0°,5
NEPTUN	343,8	345,7	347,8	348,4	347,3	345,8	346,0	−1°,1 bis −1°,0
PLUTO	290,3	292,2	292,9	291,9	290,6	290,6	292,1	−0°,6 bis −0°,1

T.4 Lage der Mondbahn im Tierkreis relativ zur Ekliptik von 0° bis 180° ekliptikaler Länge.

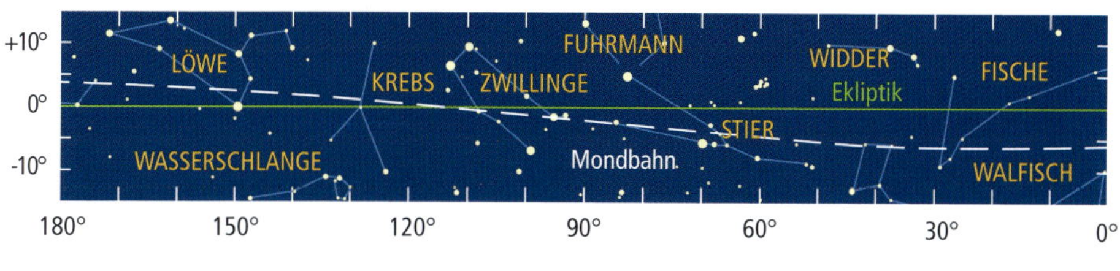

EPHEMERIDEN DER GROSSEN PLANETEN JANUAR–JUNI 2019

	MERKUR						VENUS					
Datum	Rektas. h m	Deklin. °	Kulmin. h m	Aufg. h m	Du. ″	bel. %	Rektas. h m	Deklin. °	Kulmin. h m	Aufg. h m	Du. ″	bel. %
Jan 1.	17 32	−23,2	11 13	7 11	5,2	89	15 27	−15,3	9 07	4 19	26,5	47
5.	17 58	−23,8	11 23	7 25	5,0	92	15 43	−16,2	9 07	4 24	25,3	50
10.	18 31	−24,2	11 37	7 41	4,9	95	16 04	−17,3	9 08	4 32	23,9	52
15.	19 05	−24,0	11 51	7 54	4,8	97	16 26	−18,3	9 10	4 40	22,7	55
20.	19 40	−23,2	12 06		4,7	98	16 48	−19,3	9 13	4 48	21,6	57
25.	20 15	−21,9	12 21	Unterg.	4,7	99	17 11	−20,0	9 17	4 56	20,6	59
31.	20 57	−19,4	12 40	17 07	4,8	100	17 40	−20,7	9 22	5 05	19,5	62
Feb 5.	21 32	−16,7	12 55	17 39	4,9	99	18 04	−21,1	9 26	5 11	18,7	64
10.	22 07	−13,4	13 10	18 12	5,1	96	18 29	−21,2	9 31	5 17	18,0	66
15.	22 40	−9,5	13 23	18 45	5,5	89	18 54	−21,1	9 36	5 21	17,3	67
20.	23 10	−5,5	13 34	19 15	6,0	77	19 19	−20,8	9 42	5 24	16,7	69
25.	23 35	−1,6	13 38	19 37	6,8	57	19 44	−20,2	9 47	5 26	16,1	71
28.	23 46	+0,3	13 36	19 43	7,4	44	19 58	−19,7	9 50	5 26	15,8	72
Mrz 5.	23 53	+2,4	13 22	19 37	8,7	22	20 23	−18,8	9 55	5 26	15,3	73
10.	23 47	+2,5	12 56	19 09	10,0	6	20 48	−17,6	10 00	5 24	14,9	75
15.	23 32	+0,8	12 21	18 25	10,9	1	21 12	−16,2	10 04	5 21	14,4	76
20.	23 17	−1,7	11 46		11,0	5	21 36	−14,6	10 09	5 16	14,0	78
25.	23 08	−4,0	11 18	Aufg.	10,5	14	22 00	−12,9	10 12	5 11	13,7	79
31.	23 09	−5,5	10 56	5 19	9,5	27	22 28	−10,6	10 17	5 03	13,3	81
Apr 5.	23 18	−5,6	10 47	5 10	8,7	37	22 51	−8,5	10 20	4 56	13,0	82
10.	23 34	−4,9	10 43	5 02	8,0	45	23 13	−6,4	10 23	4 49	12,7	83
15.	23 53	−3,3	10 43	4 54	7,3	53	23 36	−4,1	10 26	4 41	12,4	85
20.	0 16	−1,2	10 46	4 47	6,8	60	23 58	−1,8	10 28	4 33	12,1	86
25.	0 42	+1,5	10 53	4 40	6,3	67	0 21	+0,5	10 31	4 24	11,9	87
30.	1 10	+4,7	11 02	4 34	5,9	74	0 43	+2,9	10 34	4 16	11,7	88
Mai 5.	1 42	+8,2	11 13	4 28	5,6	81	1 06	+5,2	10 37	4 07	11,5	89
10.	2 16	+12,0	11 29	4 24	5,3	89	1 28	+7,5	10 39	3 59	11,3	90
15.	2 55	+15,8	11 48		5,2	96	1 51	+9,7	10 43	3 51	11,1	91
20.	3 37	+19,4	12 11	Unterg.	5,1	100	2 14	+11,8	10 46	3 44	10,9	92
25.	4 22	+22,5	12 37	20 44	5,1	98	2 38	+13,9	10 50	3 37	10,8	93
31.	5 17	+24,8	13 08	21 29	5,4	89	3 06	+16,1	10 55	3 30	10,6	94
Jun 5.	6 00	+25,5	13 31	21 56	5,8	78	3 31	+17,8	11 00	3 25	10,5	94
10.	6 39	+25,2	13 50	22 11	6,3	67	3 56	+19,4	11 05	3 21	10,4	95
15.	7 12	+24,2	14 02	22 16	6,8	56	4 21	+20,7	11 11	3 19	10,3	96
20.	7 40	+22,7	14 10	22 12	7,5	46	4 47	+21,7	11 17	3 18	10,2	97
25.	8 01	+20,9	14 10	22 01	8,3	37	5 13	+22,6	11 23	3 20	10,1	97
30.	8 16	+19,1	14 05	21 43	9,2	29	5 39	+23,1	11 30	3 23	10,0	98

	SATURN						RING				
Datum	Rektas. h m	Deklin. °	Kulmin. h m	Aufg. h m	Äqu. ″	Pol. ″	gr. A. ″	kl. A. ″	Öffn. °	hel. Ö. °	Leucht.
Jan 1.	18 48	−22,5	12 26	8 20	15,0	13,7	34,2	14,7	25,5	25,4	1,67
15.	18 55	−22,4	11 38	7 32	15,1	13,7	34,2	14,5	25,1	25,3	1,34
31.	19 03	−22,2	10 43	6 36	15,2	13,8	34,5	14,4	24,8	25,2	1,28
Feb 15.	19 10	−22,0	9 51	5 42	15,4	14,0	34,9	14,4	24,4	25,2	1,24
28.	19 15	−21,9	9 05	4 55	15,6	14,2	35,4	14,5	24,1	25,1	1,21
Mrz 15.	19 20	−21,7	8 11	4 01	15,9	14,5	36,2	14,6	23,9	25,0	1,18
31.	19 24	−21,6	7 12	3 01	16,3	14,9	37,1	14,9	23,6	25,0	1,17
Apr 15.	19 27	−21,5	6 15	2 04	16,7	15,2	38,0	15,1	23,5	24,9	1,17
30.	19 27	−21,5	5 17	1 06	17,2	15,6	38,9	15,5	23,5	24,8	1,17
Mai 15.	19 27	−21,6	4 17	0 06	17,6	16,0	39,9	15,9	23,5	24,7	1,19
31.	19 24	−21,7	3 12	22 57	17,9	16,3	40,7	16,4	23,7	24,6	1,21
Jun 15.	19 21	−21,8	2 10	21 56	18,2	16,6	41,3	16,8	23,9	24,5	1,25
30.	19 16	−21,9	1 06	20 53	18,4	16,7	41,7	17,1	24,2	24,5	1,34

MARS						JUPITER						Datum	
Rektas.	Deklin.	Kulmin.	Unterg.	Du.	bel.	Rektas.	Deklin.	Kulmin.	Aufg.	Äqu.	Pol		
h m	°	h m	h m	″	%	h m	°	h m	h m	″	″		
23 59	−0,4	17 38	23 41	7,4	87	16 40	−21,5	10 19	6 08	31,8	29,8	1.	Jan
0 09	+0,8	17 32	23 40	7,2	88	16 44	−21,7	10 07	5 56	32,0	29,9	5.	
0 21	+2,2	17 24	23 40	7,0	88	16 48	−21,8	9 51	5 42	32,3	30,2	10.	
0 34	+3,6	17 17	23 39	6,8	88	16 52	−21,9	9 36	5 27	32,5	30,4	15.	
0 46	+5,0	17 10	23 39	6,6	89	16 57	−22,0	9 20	5 12	32,8	30,7	20.	
0 58	+6,4	17 02	23 38	6,4	89	17 01	−22,1	9 05	4 57	33,1	31,0	25.	
1 13	+8,1	16 54	23 37	6,2	89	17 05	−22,2	8 46	4 39	33,6	31,4	31.	
1 26	+9,4	16 47	23 37	6,0	90	17 09	−22,3	8 30	4 23	34,0	31,8	5.	Feb
1 39	+10,7	16 40	23 37	5,8	90	17 12	−22,4	8 13	4 07	34,4	32,2	10.	
1 51	+12,0	16 33	23 36	5,7	90	17 16	−22,4	7 57	3 51	34,8	32,6	15.	
2 04	+13,2	16 26	23 36	5,5	91	17 19	−22,5	7 40	3 35	35,3	33,0	20.	
2 17	+14,4	16 19	23 35	5,4	91	17 22	−22,5	7 24	3 18	35,8	33,5	25.	
2 25	+15,1	16 15	23 35	5,3	91	17 23	−22,5	7 13	3 08	36,1	33,8	28.	
2 38	+16,2	16 09	23 35	5,2	92	17 26	−22,6	6 56	2 51	36,6	34,3	5.	Mrz
2 52	+17,2	16 02	23 34	5,1	92	17 28	−22,6	6 39	2 34	37,2	34,8	10.	
3 05	+18,2	15 56	23 34	5,0	92	17 30	−22,6	6 21	2 16	37,8	35,3	15.	
3 19	+19,1	15 50	23 33	4,9	93	17 31	−22,6	6 03	1 58	38,4	35,9	20.	
3 32	+20,0	15 44	23 32	4,8	93	17 32	−22,7	5 44	1 40	39,0	36,5	25.	
3 49	+20,9	15 37	23 30	4,7	94	17 34	−22,7	5 22	1 17	39,7	37,2	31.	
4 03	+21,7	15 31	23 29	4,6	94	17 34	−22,7	5 03	0 58	40,4	37,7	5.	Apr
4 16	+22,3	15 25	23 27	4,5	94	17 34	−22,7	4 43	0 39	41,0	38,3	10.	
4 31	+22,9	15 20	23 25	4,4	95	17 34	−22,7	4 23	0 19	41,6	38,9	15.	
4 45	+23,3	15 14	23 23	4,3	95	17 34	−22,7	4 03	23 55	42,2	39,5	20.	
4 59	+23,7	15 08	23 20	4,3	95	17 33	−22,7	3 43	23 34	42,8	40,0	25.	
5 13	+24,1	15 03	23 16	4,2	96	17 32	−22,6	3 22	23 14	43,4	40,6	30.	
5 27	+24,3	14 57	23 12	4,1	96	17 30	−22,6	3 01	22 52	43,9	41,1	5.	Mai
5 41	+24,5	14 52	23 08	4,1	96	17 29	−22,6	2 40	22 31	44,4	41,5	10.	
5 56	+24,6	14 46	23 03	4,0	97	17 27	−22,6	2 18	22 09	44,8	41,9	15.	
6 10	+24,6	14 41	22 57	4,0	97	17 25	−22,6	1 56	21 47	45,2	42,3	20.	
6 24	+24,5	14 35	22 51	3,9	97	17 22	−22,5	1 34	21 25	45,5	42,6	25.	
6 41	+24,3	14 29	22 42	3,9	97	17 19	−22,5	1 07	20 58	45,8	42,8	31.	
6 55	+24,0	14 23	22 35	3,8	98	17 16	−22,5	0 45	20 35	45,9	43,0	5.	Jun
7 09	+23,7	14 17	22 27	3,8	98	17 14	−22,4	0 23		46,0	43,0	10.	
7 23	+23,3	14 11	22 18	3,8	98	17 11	−22,4	0 00	Unterg.	46,0	43,0	15.	
7 36	+22,8	14 05	22 09	3,7	98	17 08	−22,3	23 33	3 44	45,9	43,0	20.	
7 50	+22,2	13 59	21 59	3,7	99	17 06	−22,3	23 11	3 22	45,8	42,8	25.	
8 03	+21,6	13 53	21 48	3,7	99	17 03	−22,3	22 49	3 00	45,5	42,6	30.	

URANUS					NEPTUN					PLUTO		Datum	
Rektas.	Deklin.	Kulmin.	Unterg.	Du.	Rektas.	Deklin.	Kulmin.	Unterg.	Du.	Rektas.	Deklin.		
h m	°	h m	h m	″	h m	°	h m	h m	″	h m	°		
1 46	+10,4	19 23	2 20	3,6	23 01	−7,4	16 39	22 07	2,2	19 27	−22,0	1.	Jan
1 46	+10,4	18 28	1 25	3,6	23 02	−7,2	15 45	21 14	2,2	19 29	−22,0	15.	
1 47	+10,5	17 26	0 24	3,5	23 04	−7,0	14 44	20 14	2,2	19 31	−21,9	31.	
1 49	+10,6	16 28	23 23	3,5	23 06	−6,8	13 47	19 18	2,2	19 33	−21,9	15.	Feb
1 50	+10,8	15 39	22 35	3,4	23 08	−6,7	12 58	18 29	2,2	19 35	−21,9	28.	
1 53	+11,1	14 43	21 40	3,4	23 10	−6,4	12 01		2,2	19 36	−21,8	15.	Mrz
1 56	+11,3	13 43	20 41	3,4	23 12	−6,2	11 00	Aufg.	2,2	19 37	−21,8	31.	
1 59	+11,6	12 47	19 47	3,4	23 14	−6,0	10 03	4 28	2,2	19 38	−21,8	15.	Apr
2 03	+11,9	11 51		3,4	23 15	−5,9	9 06	3 30	2,2	19 38	−21,8	30.	
2 06	+12,2	10 56	Aufg.	3,4	23 17	−5,7	8 08	2 32	2,2	19 37	−21,9	15.	Mai
2 09	+12,5	9 56	2 51	3,4	23 18	−5,6	7 06	1 29	2,3	19 37	−21,9	31.	
2 12	+12,7	9 00	1 54	3,4	23 18	−5,6	6 07	0 31	2,3	19 35	−22,0	15.	Jun
2 14	+12,9	8 03	0 56	3,5	23 18	−5,6	5 08	23 28	2,3	19 34	−22,1	30.	

EPHEMERIDEN DER GROSSEN PLANETEN JULI–DEZEMBER 2019

Datum		MERKUR Rektas. h m	Deklin. °	Kulmin. h m	Unterg. h m	Du. ″	bel. %	VENUS Rektas. h m	Deklin. °	Kulmin. h m	Aufg. h m	Du. ″	bel. %
Jul	1.	8 18	+18,7	14 03	21 39	9,4	27	5 45	+23,2	11 32	3 24	10,0	98
	5.	8 23	+17,4	13 51	21 20	10,1	20	6 06	+23,4	11 37	3 28	9,9	98
	10.	8 22	+16,2	13 30	20 52	10,9	12	6 33	+23,4	11 44	3 35	9,9	99
	15.	8 14	+15,5	13 02		11,5	5	7 00	+23,1	11 51	3 44	9,8	99
	20.	8 01	+15,5	12 29	Aufg.	11,6	1	7 26	+22,5	11 58	3 55	9,8	99
	25.	7 48	+16,2	11 57	4 34	11,1	2	7 52	+21,7	12 04	4 07	9,8	100
	31.	7 40	+17,4	11 26	3 55	9,9	11	8 23	+20,3	12 12	4 23	9,7	100
Aug	5.	7 43	+18,5	11 11	3 33	8,7	24	8 49	+18,9	12 18	4 37	9,7	100
	10.	7 59	+19,2	11 07	3 25	7,5	40	9 14	+17,3	12 23	4 52	9,7	100
	15.	8 24	+19,2	11 14	3 32	6,6	59	9 39	+15,4	12 28		9,7	100
	20.	8 58	+18,1	11 29	3 53	5,9	78	10 03	+13,4	12 32	Unterg.	9,7	100
	25.	9 36	+15,8	11 47	4 24	5,4	91	10 26	+11,3	12 36	19 33	9,7	100
	31.	10 23	+12,0	12 10	5 07	5,0	99	10 54	+8,5	12 40	19 23	9,8	100
Sep	5.	10 59	+8,3	12 26		4,9	100	11 18	+6,1	12 44	19 14	9,8	99
	10.	11 33	+4,4	12 40	Unterg.	4,9	98	11 40	+3,6	12 47	19 05	9,9	99
	15.	12 05	+0,4	12 52	18 55	4,9	96	12 03	+1,1	12 50	18 56	9,9	99
	20.	12 35	−3,4	13 02	18 47	4,9	93	12 26	−1,5	12 53	18 47	10,0	99
	25.	13 03	−7,0	13 11	18 38	5,1	90	12 48	−4,0	12 56	18 38	10,0	98
	30.	13 31	−10,5	13 19	18 29	5,2	86	13 11	−6,5	12 59	18 29	10,1	98
Okt	5.	13 57	−13,6	13 26	18 20	5,5	82	13 34	−9,0	13 02	18 20	10,2	97
	10.	14 23	−16,4	13 31	18 11	5,7	77	13 58	−11,4	13 06	18 12	10,3	97
	15.	14 47	−18,8	13 36	18 02	6,1	71	14 21	−13,6	13 10	18 05	10,4	96
	20.	15 09	−20,7	13 37	17 53	6,6	63	14 45	−15,8	13 14	17 58	10,5	95
	25.	15 27	−21,9	13 35	17 43	7,3	51	15 10	−17,7	13 19	17 52	10,6	95
	31.	15 37	−22,3	13 21	17 27	8,4	33	15 40	−19,8	13 26	17 47	10,7	94
Nov	5.	15 32	−21,2	12 55		9,4	15	16 06	−21,3	13 32	17 44	10,9	93
	10.	15 13	−18,5	12 14	Aufg.	10,0	1	16 32	−22,6	13 39	17 43	11,0	92
	15.	14 50	−15,1	11 32	6 45	9,6	5	16 59	−23,6	13 46	17 44	11,1	92
	20.	14 39	−13,2	11 03	6 05	8,5	25	17 26	−24,3	13 53	17 47	11,3	91
	25.	14 44	−13,3	10 50	5 53	7,3	48	17 53	−24,7	14 01	17 52	11,5	90
	30.	15 02	−14,8	10 49	6 00	6,5	66	18 21	−24,8	14 08	18 00	11,7	89
Dez	5.	15 27	−16,9	10 54	6 16	5,8	78	18 48	−24,6	14 16	18 09	11,9	88
	10.	15 55	−19,1	11 03	6 37	5,4	86	19 15	−24,0	14 23	18 20	12,1	87
	15.	16 25	−21,1	11 14	6 59	5,1	91	19 42	−23,2	14 30	18 33	12,3	86
	20.	16 57	−22,7	11 26	7 22	4,9	95	20 08	−22,1	14 37	18 47	12,5	85
	25.	17 30	−23,8	11 40	7 42	4,8	97	20 34	−20,7	14 42	19 02	12,8	84
	31.	18 11	−24,6	11 57	8 04	4,7	99	21 04	−18,7	14 49	19 20	13,1	82

Datum		SATURN Rektas. h m	Deklin. °	Kulmin. h m	Unterg. h m	Äqu. ″	Pol. ″	RING gr. A. ″	kl. A. ″	Öffn. °	hel. Ö. °	Leucht.
Jul	1.	19 16	−22,0	1 02	5 10	18,4	16,7	41,7	17,1	24,2	24,4	1,34
	15.	19 12	−22,1	0 03	4 11	18,4	16,7	41,7	17,3	24,5	24,4	1,38
	31.	19 07	−22,3	22 51	3 02	18,3	16,6	41,5	17,4	24,7	24,3	1,27
Aug	15.	19 03	−22,4	21 48	1 59	18,0	16,4	40,9	17,3	25,0	24,2	1,23
	31.	19 00	−22,5	20 43	0 52	17,7	16,1	40,1	17,0	25,1	24,1	1,20
Sep	15.	18 59	−22,5	19 43	23 48	17,3	15,7	39,2	16,7	25,2	24,0	1,19
	30.	19 00	−22,5	18 44	22 49	16,8	15,4	38,2	16,3	25,2	23,9	1,18
Okt	15.	19 02	−22,5	17 47	21 53	16,4	15,0	37,3	15,8	25,1	23,8	1,17
	31.	19 05	−22,4	16 48	20 54	16,0	14,6	36,4	15,4	25,0	23,7	1,18
Nov	15.	19 10	−22,3	15 54	20 01	15,7	14,3	35,6	14,9	24,7	23,6	1,19
	30.	19 16	−22,2	15 01	19 09	15,4	14,1	35,0	14,5	24,4	23,5	1,21
Dez	15.	19 23	−22,0	14 09	18 18	15,2	13,9	34,6	14,1	24,0	23,4	1,23
	31.	19 31	−21,7	13 14	17 24	15,1	13,7	34,3	13,7	23,6	23,3	1,28

MARS						JUPITER							
Rektas. h m	Deklin. °	Kulmin. h m	Unterg. h m	Du. ″	bel. %	Rektas. h m	Deklin. °	Kulmin. h m	Unterg. h m	Äqu. ″	Pol ″	Datum	
8 06	+21,5	13 52	21 46	3,7	99	17 03	−22,2	22 45	2 56	45,5	42,5	1.	Jul
8 17	+20,9	13 46	21 38	3,6	99	17 01	−22,2	22 27	2 39	45,2	42,3	5.	
8 30	+20,2	13 40	21 26	3,6	99	16 59	−22,2	22 05	2 17	44,9	42,0	10.	
8 43	+19,4	13 33	21 15	3,6	99	16 57	−22,1	21 44	1 56	44,4	41,6	15.	
8 56	+18,5	13 26	21 03	3,6	99	16 55	−22,1	21 23	1 35	44,0	41,1	20.	
9 09	+17,6	13 19	20 51	3,6	100	16 54	−22,1	21 02	1 14	43,5	40,6	25.	
9 24	+16,5	13 11	20 36	3,5	100	16 53	−22,1	20 37	0 49	42,8	40,0	31.	
9 36	+15,5	13 04	20 23	3,5	100	16 52	−22,1	20 17	0 29	42,2	39,5	5.	Aug
9 49	+14,4	12 56	20 10	3,5	100	16 52	−22,1	19 57	0 09	41,6	38,9	10.	
10 01	+13,3	12 49	19 57	3,5	100	16 52	−22,1	19 38	23 45	41,0	38,4	15.	
10 13	+12,2	12 41	19 43	3,5	100	16 52	−22,1	19 18	23 26	40,4	37,8	20.	
10 25	+11,1	12 34		3,5	100	16 53	−22,2	18 59	23 07	39,8	37,3	25.	
10 40	+9,6	12 25	Aufg.	3,5	100	16 54	−22,2	18 37	22 44	39,1	36,6	31.	
10 52	+8,4	12 17	5 34	3,5	100	16 56	−22,3	18 19	22 26	38,5	36,0	5.	Sep
11 04	+7,2	12 09	5 32	3,5	100	16 57	−22,3	18 01	22 07	38,0	35,5	10.	
11 15	+5,9	12 01	5 30	3,5	100	16 59	−22,4	17 43	21 49	37,4	35,0	15.	
11 27	+4,7	11 53	5 28	3,5	100	17 02	−22,5	17 26	21 32	36,9	34,5	20.	
11 39	+3,4	11 45	5 27	3,5	100	17 04	−22,5	17 09	21 14	36,4	34,0	25.	
11 51	+2,1	11 37	5 25	3,6	100	17 07	−22,6	16 52	20 57	35,9	33,6	30.	
12 02	+0,8	11 29	5 23	3,6	100	17 10	−22,7	16 36	20 40	35,4	33,1	5.	Okt
12 14	−0,5	11 21	5 21	3,6	100	17 13	−22,8	16 19	20 23	35,0	32,7	10.	
12 26	−1,8	11 13	5 20	3,6	99	17 17	−22,8	16 03	20 06	34,6	32,3	15.	
12 38	−3,1	11 06	5 18	3,6	99	17 20	−22,9	15 47	19 50	34,2	32,0	20.	
12 50	−4,4	10 58	5 17	3,7	99	17 24	−23,0	15 31	19 34	33,9	31,7	25.	
13 04	−5,9	10 49	5 15	3,7	99	17 29	−23,0	15 12	19 14	33,5	31,3	31.	
13 16	−7,2	10 41	5 13	3,7	99	17 33	−23,1	14 57	18 58	33,2	31,0	5.	Nov
13 29	−8,4	10 34	5 12	3,8	99	17 38	−23,2	14 42	18 43	32,9	30,8	10.	
13 41	−9,7	10 26	5 10	3,8	98	17 42	−23,2	14 26	18 27	32,7	30,5	15.	
13 53	−10,9	10 19	5 09	3,8	98	17 47	−23,2	14 11	18 12	32,4	30,3	20.	
14 06	−12,0	10 12	5 08	3,9	98	17 51	−23,3	13 56	17 57	32,3	30,2	25.	
14 19	−13,2	10 05	5 07	3,9	98	17 56	−23,3	13 41	17 42	32,1	30,0	30.	
14 31	−14,3	9 58	5 06	4,0	97	18 01	−23,3	13 27	17 27	32,0	29,9	5.	Dez
14 44	−15,3	9 51	5 05	4,0	97	18 06	−23,3	13 12	17 12	31,9	29,8	10.	
14 58	−16,3	9 45	5 04	4,1	97	18 11	−23,3	12 57	16 58	31,8	29,7	15.	
15 11	−17,3	9 39	5 03	4,1	96	18 16	−23,3	12 42	16 43	31,8	29,7	20.	
15 25	−18,2	9 32	5 01	4,2	96	18 21	−23,3	12 28	16 29	31,7	29,7	25.	
15 41	−19,2	9 25	5 00	4,3	96	18 27	−23,2	12 10	16 11	31,7	29,7	31.	

URANUS					NEPTUN					PLUTO			
Rektas. h m	Deklin. °	Kulmin. h m	Aufg. h m	Du. ″	Rektas. h m	Deklin. °	Kulmin. h m	Aufg. h m	Du. ″	Rektas. h m	Deklin. °	Datum	
2 14	+12,9	7 59	0 52	3,5	23 18	−5,6	5 04	23 24	2,3	19 34	−22,1	1.	Jul
2 16	+13,1	7 05	23 54	3,5	23 18	−5,7	4 09	22 29	2,3	19 33	−22,2	15.	
2 17	+13,1	6 03	22 52	3,6	23 17	−5,8	3 05	21 25	2,3	19 31	−22,2	31.	
2 17	+13,2	5 05	21 53	3,6	23 16	−5,9	2 05	20 26	2,4	19 30	−22,3	15.	Aug
2 16	+13,1	4 01	20 50	3,7	23 14	−6,1	1 00	19 22	2,4	19 28	−22,4	31.	
2 15	+13,0	3 01	19 50	3,7	23 12	−6,3	0 00		2,4	19 28	−22,4	15.	Sep
2 13	+12,8	2 00	18 50	3,7	23 11	−6,4	22 56	Unterg.	2,4	19 27	−22,5	30.	
2 11	+12,7	0 59	17 50	3,7	23 10	−6,5	21 55	3 32	2,3	19 27	−22,5	15.	Okt
2 09	+12,4	23 50		3,7	23 09	−6,7	20 51	2 27	2,3	19 28	−22,5	31.	
2 06	+12,2	22 48	Unterg.	3,7	23 08	−6,7	19 52	1 27	2,3	19 29	−22,4	15.	Nov
2 04	+12,1	21 47	4 54	3,7	23 08	−6,7	18 53	0 28	2,3	19 31	−22,4	30.	
2 03	+11,9	20 47	3 52	3,7	23 08	−6,7	17 54	23 26	2,3	19 32	−22,4	15.	Dez
2 02	+11,8	19 43	2 48	3,6	23 09	−6,6	16 52	22 24	2,3	19 35	−22,3	31.	

EPHEMERIDEN HELLERER KLEINPLANETEN 2019

CERES (1)

Datum		Rektas. h m	Deklin. °	Kulmin. h m
Mrz	20.	16 47	−16,3	5 20
	25.	16 49	−16,4	5 02
	31.	16 51	−16,5	4 41
Apr	5.	16 52	−16,6	4 22
	10.	16 52	−16,7	4 02
	15.	16 52	−16,8	3 42
	20.	16 51	−16,9	3 21
	25.	16 49	−16,9	3 00
	30.	16 46	−17,0	2 38
Mai	**5.**	16 43	−17,1	2 15
	10.	16 40	−17,2	1 52
	15.	16 35	−17,3	1 28
	20.	16 31	−17,4	1 04
	25.	16 26	−17,5	0 39
	31.	16 20	−17,7	0 10
Jun	**5.**	16 16	−17,8	23 41
	10.	16 11	−17,9	23 17
	15.	16 07	−18,1	22 53
	20.	16 03	−18,2	22 29
	25.	16 00	−18,4	22 06
	30.	15 57	−18,6	21 44
Jul	**5.**	15 55	−18,8	21 22
	10.	15 53	−19,0	21 01
	15.	15 52	−19,3	20 41

JUNO (3)

Datum		Rektas. h m	Deklin. °	Kulmin. h m
Jan	**1.**	3 32	−2,5	21 10
	5.	3 33	−2,0	20 55
	10.	3 35	−1,2	20 37
	15.	3 37	−0,4	20 20
	20.	3 41	+0,5	20 04
	25.	3 45	+1,4	19 48
	31.	3 50	+2,5	19 30

HEBE (6)

Datum		Rektas. h m	Deklin. °	Kulmin. h m
Jan	**1.**	6 18	+5,9	23 54
	5.	6 14	+6,5	23 34
	10.	6 09	+7,2	23 10
	15.	6 05	+8,0	22 46
	20.	6 01	+8,9	22 23
	25.	5 59	+9,7	22 01
	31.	5 56	+10,8	21 35

PALLAS (2)

Datum		Rektas. h m	Deklin. °	Kulmin. h m
Jan	20.	13 45	−4,0	6 10
	25.	13 50	−3,3	5 55
	31.	13 55	−2,2	5 37
Feb	5.	13 59	−1,3	5 21
	10.	14 03	−0,1	5 05
	15.	14 06	+1,1	4 48
	20.	14 08	+2,4	4 31
	25.	14 09	+3,9	4 13
	28.	14 10	+4,8	4 01
Mrz	**5.**	14 10	+6,4	3 42
	10.	14 10	+8,1	3 22
	15.	14 09	+9,8	3 01
	20.	14 07	+11,5	2 40
	25.	14 05	+13,2	2 18
	31.	14 02	+15,2	1 51
Apr	**5.**	13 58	+16,8	1 28
	10.	13 55	+18,2	1 05
	15.	13 51	+19,6	0 41
	20.	13 47	+20,7	0 18
	25.	13 43	+21,7	23 49
	30.	13 39	+22,6	23 26
Mai	**5.**	13 36	+23,2	23 03
	10.	13 33	+23,7	22 41
	15.	13 31	+24,0	22 19
	20.	13 29	+24,2	21 58
	25.	13 28	+24,2	21 37
	31.	13 27	+24,1	21 12
Jun	5.	13 27	+23,9	20 53
	10.	13 27	+23,6	20 34

EUNOMIA (15)

Datum		Rektas. h m	Deklin. °	Kulmin. h m
Jul	15.	21 42	−7,2	2 33
	20.	21 39	−6,9	2 10
	25.	21 35	−6,6	1 47
	31.	21 30	−6,4	1 18
Aug	**5.**	21 25	−6,2	0 54
	10.	21 20	−6,1	0 30
	15.	21 15	−6,0	0 05
	20.	21 10	−6,0	23 35
	25.	21 05	−6,0	23 11
	31.	21 00	−6,0	22 42
Sep	**5.**	20 56	−6,1	22 19
	10.	20 53	−6,1	21 56
	15.	20 51	−6,1	21 34

VESTA (4)

Datum		Rektas. h m	Deklin. °	Kulmin. h m
Jul	25.	3 03	+10,1	7 15
	31.	3 10	+10,4	6 58
Aug	**5.**	3 16	+10,6	6 44
	10.	3 21	+10,8	6 30
	15.	3 26	+11,0	6 15
	20.	3 31	+11,1	6 00
	25.	3 35	+11,1	5 44
	31.	3 39	+11,2	5 25
Sep	**5.**	3 42	+11,1	5 08
	10.	3 44	+11,1	4 51
	15.	3 46	+11,0	4 33
	20.	3 47	+10,9	4 14
	25.	3 48	+10,7	3 55
	30.	3 47	+10,5	3 35
Okt	**5.**	3 46	+10,3	3 14
	10.	3 44	+10,1	2 53
	15.	3 42	+9,8	2 31
	20.	3 39	+9,5	2 08
	25.	3 35	+9,3	1 44
	31.	3 29	+8,9	1 15
Nov	**5.**	3 25	+8,7	0 51
	10.	3 19	+8,4	0 26
	15.	3 14	+8,2	0 01
	20.	3 09	+8,1	23 32
	25.	3 04	+8,0	23 07
	30.	3 00	+7,9	22 43
Dez	**5.**	2 56	+8,0	22 19
	10.	2 52	+8,0	21 56
	15.	2 49	+8,2	21 34
	20.	2 47	+8,3	21 12
	25.	2 45	+8,6	20 51
	31.	2 45	+9,0	20 27

METIS (9)

Datum		Rektas. h m	Deklin. °	Kulmin. h m
Okt	1.	2 27	+7,3	2 11
	5.	2 25	+7,1	1 53
	10.	2 21	+6,9	1 30
	15.	2 17	+6,7	1 06
	20.	2 12	+6,4	0 42
	25.	2 07	+6,2	0 17
	31.	2 01	+6,0	23 42
Nov	5.	1 56	+5,8	23 18
	10.	1 51	+5,7	22 54
	15.	1 47	+5,7	22 30
	20.	1 44	+5,7	22 07

In den **halbfett** gedruckten Tagesintervallen sind die Kleinplaneten einfacher aufzufinden.
Spaltenüberschriften: Rektaszension und Deklination für 1^h MEZ
Kulmination = Meridiandurchgang: MEZ für 10° östliche Länge
Aufgang und Untergang: MEZ für 10° östliche Länge und 50° nördliche Breite
Scheinbarer Durchmesser für 1^h MEZ, Äqu.: Äquatordurchmesser, Pol: Poldurchmesser
Beleuchteter Teil des Planetenscheibchens für 1^h MEZ
Saturnring: große und kleine Ringachse, Öffnung, heliozentrische Öffnung, Leuchtkraft relativ zur Leuchtkraft der Saturnkugel

ZENTRALMERIDIANE JUPITER 2019 (1^h MEZ = 2^h MESZ)

	JUPITER SYSTEM I											JUPITER SYSTEM II										
Datum	Jan	Feb	Mrz	Apr	Mai	Jun	Jul	Aug	Sep	Okt	Nov	Jan	Feb	Mrz	Apr	Mai	Jun	Jul	Aug	Sep	Okt	Nov
1.	230°	81°	180°	35°	95°	314°	14°	230°	82°	134°	342°	178°	152°	38°	16°	207°	190°	21°	0°	336°	159°	130°
2.	28	238	338	193	253	112	172	28	240	292	139	328	302	188	167	357	340	172	151	126	309	280
3.	186	36	136	351	51	270	330	186	38	89	297	118	93	338	317	148	130	322	301	276	99	70
4.	343	194	293	149	209	68	128	344	195	247	95	268	243	128	107	298	281	112	91	67	249	220
5.	141	352	91	307	7	226	286	141	353	45	252	59	33	279	258	89	71	263	241	217	39	10
6.	299	150	249	105	165	24	84	299	151	202	50	209	183	69	48	239	222	53	32	7	189	160
7.	96	307	47	263	323	182	242	97	309	360	207	359	333	219	198	29	12	203	182	157	339	310
8.	254	105	205	61	121	340	40	255	106	158	5	149	123	9	349	180	162	354	332	307	129	100
9.	52	263	3	219	279	138	198	53	264	315	163	299	274	160	139	330	313	144	122	97	279	250
10.	210	61	161	17	77	296	356	211	62	113	320	89	64	310	289	121	103	294	272	247	69	40
11.	7	219	319	175	235	94	154	8	220	271	118	239	214	100	80	271	254	85	63	37	219	190
12.	165	17	117	333	33	252	312	166	17	68	276	29	4	250	230	61	44	235	213	187	9	340
13.	323	174	274	131	191	50	110	324	175	226	73	179	154	41	20	212	194	25	3	338	160	130
14.	121	332	72	288	349	208	268	122	333	24	231	330	305	191	171	2	345	175	153	128	310	280
15.	278	130	230	86	147	6	66	280	131	181	29	120	95	341	321	153	135	326	303	278	100	70
16.	76	288	28	244	305	164	224	78	288	339	186	270	245	132	111	303	286	116	94	68	250	220
17.	234	86	186	42	103	322	21	235	86	137	344	60	35	282	262	93	76	266	244	218	40	10
18.	32	243	344	200	261	120	179	33	244	294	142	210	185	72	52	244	226	57	34	8	190	160
19.	190	41	142	358	59	278	337	191	41	92	299	0	336	222	202	34	17	207	184	158	340	310
20.	347	199	300	156	217	76	135	349	199	250	97	150	126	13	353	185	167	357	334	308	130	101
21.	145	357	98	314	15	234	293	147	357	47	255	301	276	163	143	335	317	148	124	98	280	251
22.	303	155	256	112	173	32	91	304	155	205	52	91	66	313	294	125	108	298	275	248	70	41
23.	101	313	54	270	331	190	249	102	312	3	210	241	216	104	84	276	258	88	65	38	220	191
24.	258	111	211	68	129	348	47	260	110	160	8	31	7	254	234	66	49	238	215	188	10	341
25.	56	268	9	226	287	146	205	58	268	318	165	181	157	44	25	217	199	29	5	339	160	131
26.	214	66	167	24	85	304	3	216	65	116	323	331	307	194	175	7	349	179	155	129	310	281
27.	12	224	325	182	243	102	161	13	223	273	120	121	97	345	325	157	140	329	305	279	100	71
28.	169	22	123	340	41	260	318	171	21	71	278	272	248	135	116	308	290	119	96	69	250	221
29.	327		281	138	200	58	116	329	178	229	76	62		285	266	98	80	270	246	219	40	11
30.	125		79	297	358	216	274	127	336	26	233	212		76	57	249	231	60	36	9	190	161
31.	283		237		156		72	284		184		2		226		39		210	186		340	
D	−2,8	−2,8	−2,8	−2,8	−2,8	−2,7	−2,7	−2,6	−2,5	−2,4	−2,3	D = Neigung der Planetenachse zur Erde										

Korrektur für MEZ	0^h	1^h	2^h	3^h	4^h	5^h	6^h	7^h	17^h	18^h	19^h	20^h	21^h	22^h	23^h	24^h	Änderung
Jupiter System I	−37°	0°	+37°	+73°	+110°	+146°	+183°	+219°	−135°	− 98°	−62°	−25°	+12°	+48°	+85°	+121°	+36°,6/Stunde
Jupiter System II	−36°	0°	+36°	+73°	+109°	+145°	+181°	+218°	−140°	−104°	−67°	−31°	+ 5°	+41°	+78°	+114°	+36°,3/Stunde

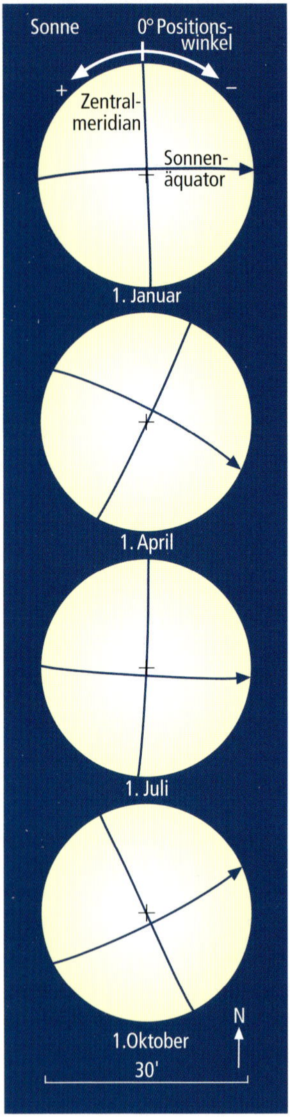

T.5 Lage des Zentralmeridians und des Äquators der Sonne im Verlauf des Jahres relativ zum Beobachter auf der Erde.

EPHEMERIDE DER SONNENSCHEIBE 2019 (1^h MEZ)

Datum		Entferng. AE	Du. ′	Z.M. °	B_0 °	P °	Sternzeit h m
Jan	1.	0,983	32,5	208,5	−3,0	+2,3	6 41
	10.	0,983	32,5	89,9	−4,0	−2,0	7 17
	20.	0,984	32,5	318,2	−5,0	−6,7	7 56
	31.	0,985	32,5	173,4	−5,9	−11,5	8 40
Feb	10.	0,987	32,4	41,8	−6,5	−15,4	9 19
	20.	0,989	32,4	270,1	−7,0	−18,8	9 59
	28.	0,990	32,3	164,7	−7,2	−21,1	10 30
Mrz	10.	0,993	32,2	33,0	−7,2	−23,4	11 10
	20.	0,996	32,1	261,2	−7,0	−25,1	11 49
	31.	0,999	32,0	116,1	−6,6	−26,1	12 32
Apr	10.	1,002	31,9	344,1	−6,0	−26,3	13 12
	20.	1,004	31,8	212,1	−5,2	−25,7	13 51
	30.	1,007	31,8	80,0	−4,3	−24,4	14 31
Mai	10.	1,010	31,7	307,8	−3,3	−22,4	15 10
	20.	1,012	31,6	175,6	−2,2	−19,7	15 49
	31.	1,014	31,6	30,0	−0,9	−16,0	16 33
Jun	10.	1,015	31,5	257,7	+0,4	−12,2	17 12
	20.	1,016	31,5	125,3	+1,5	−7,9	17 52
	30.	1,017	31,5	353,0	+2,7	−3,4	18 31
Jul	10.	1,017	31,5	220,6	+3,8	+1,1	19 11
	20.	1,016	31,5	88,3	+4,7	+5,5	19 50
	31.	1,015	31,5	302,8	+5,7	+10,2	20 33
Aug	10.	1,014	31,6	170,5	+6,3	+14,0	21 13
	20.	1,012	31,6	38,3	+6,8	+17,4	21 52
	31.	1,010	31,7	253,0	+7,2	+20,6	22 36
Sep	10.	1,007	31,8	120,9	+7,2	+23,0	23 15
	20.	1,004	31,8	348,9	+7,1	+24,7	23 54
	30.	1,002	31,9	216,9	+6,8	+25,9	0 34
Okt	10.	0,999	32,0	84,9	+6,2	+26,3	1 13
	20.	0,996	32,1	313,0	+5,5	+26,0	1 53
	31.	0,993	32,2	168,0	+4,5	+24,8	2 36
Nov	10.	0,990	32,3	36,1	+3,5	+22,8	3 15
	20.	0,988	32,4	264,3	+2,3	+20,1	3 55
	30.	0,986	32,4	132,5	+1,1	+16,7	4 34
Dez	10.	0,985	32,5	0,7	−0,2	+12,7	5 14
	20.	0,984	32,5	228,9	−1,5	+8,2	5 53
	31.	0,983	32,5	84,0	−2,8	+3,0	6 37

Z.M. Zentralmeridian (Abnahme 13°,2/Tag), B_0 Neigung der Sonnenachse zur Erde, P Positionswinkel des Sonnen-Nordpols, Sternzeit Greenwich

BEGINN DER SYNODISCHEN SONNENROTATION NACH CARRINGTON 2019

Rot. Nr.	Datum	MEZ h m	Rot. Nr.	Datum	MEZ h m
2213	Jan 16.	20 54	2220	Jul 26.	17 09
2214	Feb 13.	5 06	2221	Aug 22.	22 37
2215	Mrz 12.	13 02	2222	Sep 19.	4 48
2216	Apr 8.	20 12	2223	Okt 16.	11 33
2217	Mai 6.	2 18	2224	Nov 12.	18 44
2218	Jun 2.	7 28	2225	Dez 10.	2 17
2219	Jun 29.	12 14			

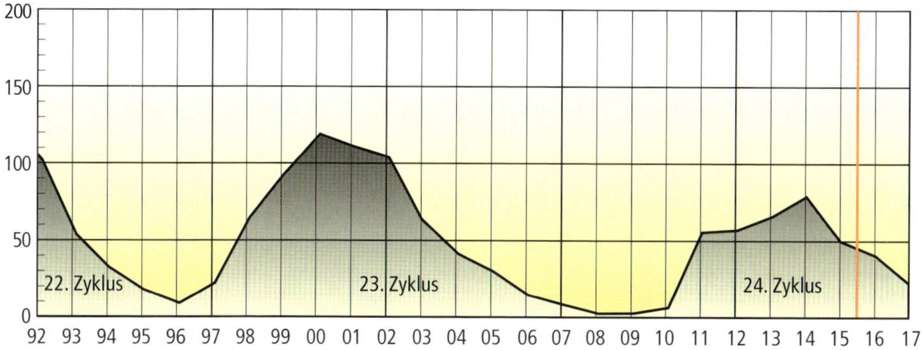

T.6 Jahresmittel der Sonnenfleckenrelativzahlen von 1992 bis 2017. Hinweis: Seit 1. Juli 2015 hat das internationale Sunspot Index Data Center (Brüssel) die Bestimmung der Relativzahlen neu festgelegt (rote Linie).

T.7 Monatsmittel der Sonnenfleckenrelativzahlen von Januar 2012 bis März 2018.

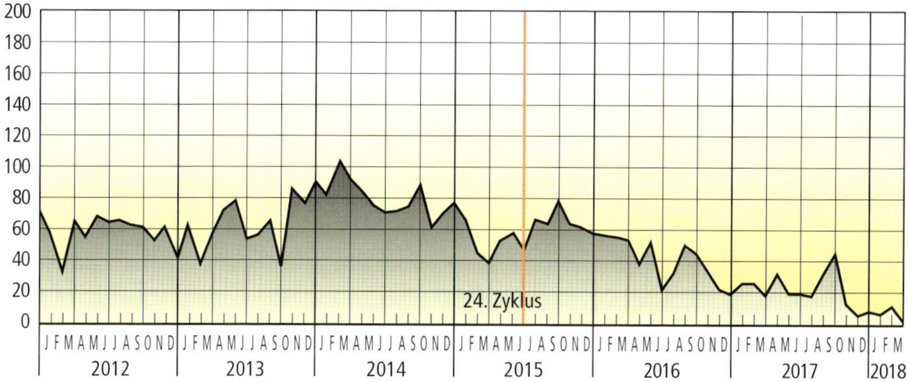

T.8 Stellung und relative Lage der zunehmenden Mondsichel zum Westhorizont jeweils am ersten Sichtbarkeitsabend nach Neumond eine halbe Stunde nach Sonnenuntergang im Jahre 2019.

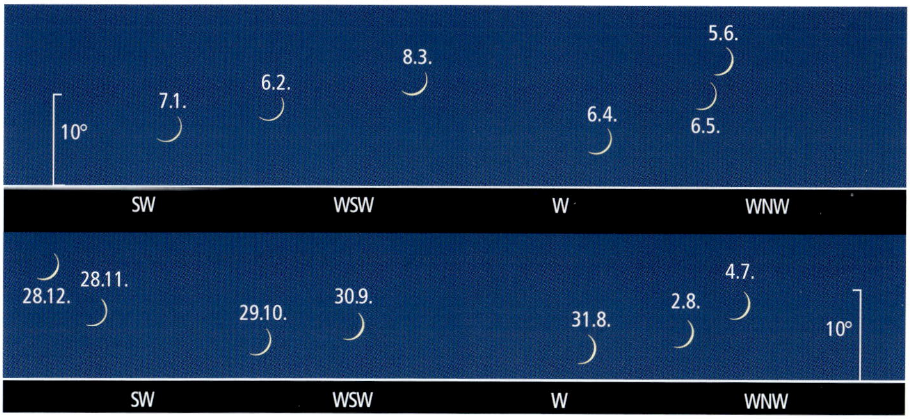

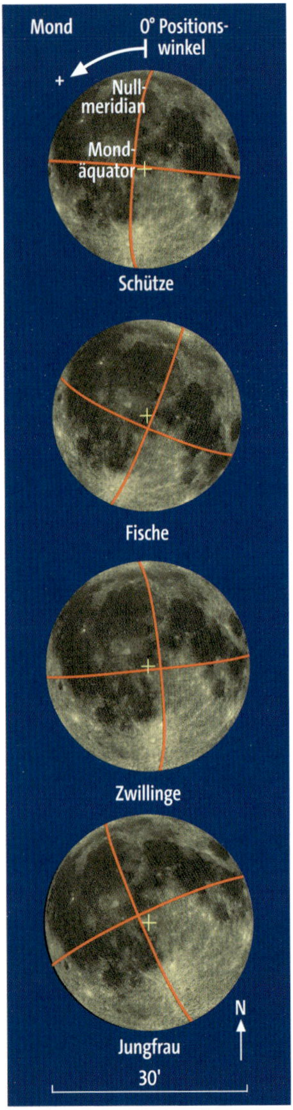

T.9 Lage des Nullmeridians und des Mondäquators relativ zum Beobachter auf der Erde in Abhängigkeit von der Position des Mondes im Tierkreis (siehe auch monatliche Rubrik „Der Mondlauf").

STERNBEDECKUNGEN DURCH DEN MOND 2019

Datum		MEZ h m	Stern	Hell. m	bel. %	E/A	P °
Jan	10.	18 55	74 Aqr	5,8:	18	E	60
	14.	20 30	SAO 110264	7,1:	55	E	70
	15.	17 50	**µ Cet**	4,3:	64	E	15
	19.	3 35	χ_1 Ori	4,4:	93	E	95
	20.	6 00	ζ Gem	3,8:	98	E	135
	30.	5 55	χ Oph	4,2	27	E	105
	30.	7 10	χ Oph	4,2	26	A	295
	31.	7 50	ξ Oph	4,4:	18	E	175
	31.	8 15	ξ Oph	4,4:	18	A	210
Feb	2.	6 40	**Saturn**	0,6	6	E	55
	2.	7 35	**Saturn**	0,6	6	A	320
	11.	17 05	ξ_2 Cet	4,3	37	E	100
	11.	18 10	ξ_2 Cet	4,3	37	A	205
	14.	0 20	63 Tau	5,6:	60	E	145
Mrz	10.	19 25	SAO 110464	6,8	15	E	45
	13.	18 20	97 Tau	5,1	42	E	35
	15.	21 05	SAO 78852	6,7:	65	E	120
	17.	20 55	SAO 98265	6,6	85	E	80
	17.	21 25	FZ Cnc	6,3	85	E	105
Apr	9.	22 35	HR 1517	6,0	20	E	30
	13.	19 15	35 Cnc	6,6	61	E	70
	13.	20 35	SAO 97976	6,8	61	E	110
	13.	22 05	SAO 98019	6,8:	62	E	45
	14.	20 25	8 Leo	5,7:	72	E	65
Mai	6.	19 45	δ_3 Tau	4,3:	4	E	20
	8.	21 45	14 Gem	6,5:	17	E	45
	9.	22 20	HR 2835	6,5:	26	E	35
	9.	22 35	**63 Gem**	5,2:	26	E	55
Jun	7.	22 20	80 Cnc	6,9:	24	E	50
	25.	2 10	33 Psc	4,6:	53	A	270
	26.	3 30	20 Cet	4,8	43	A	190
	28.	4 10	ξ_2 Cet	4,3	24	E	90
Aug	24.	3 50	δ_1 Tau	3,8:	45	E	90
	24.	5 00	**δ_1 Tau**	3,8:	44	A	230
	24.	5 10	δ_2 Tau	4,8	44	A	180
	24.	5 30	δ_3 Tau	4,3:	44	E	55
	27.	4 55	δ Gem	3,5:	15	E	40
	27.	5 40	δ Gem	3,5:	14	A	315
Okt	19.	1 40	ζ Tau	3,0	75	E	140
	19.	2 15	**ζ Tau**	3,0	75	A	195
	22.	2 35	η Cnc	5,3	43	A	280
Nov	1.	18 50	24 Sgr	5,5	24	E	130
	15.	22 45	η Gem	3,3:	88	E	35
	15.	23 30	η Gem	3,3:	88	A	305
	16.	2 50	µ Gem	2,9	87	E	100
	16.	4 05	**µ Gem**	2,9	87	A	255
	28.	10 30	**Jupiter**	–1,9	4	E	80
	28.	11 35	**Jupiter**	–1,9	4	A	305
Dez	5.	17 15	**30 Psc**	4,3	63	E	355
	5.	19 15	**33 Psc**	4,6:	63	E	45
	5.	22 55	HR 29	5,8	65	E	110
	9.	21 05	HR 952	6,1	94	E	80
	19.	0 35	ν Vir	4,0	52	A	275
	30.	17 55	SAO 164949	6,5	19	E	5

Hell. = Helligkeit („:" = Doppelstern), E/A = Eintritt/Austritt, bel. = beleuchteter Teil der Mondscheibe, P = Positionswinkel, **halbfett**: Ereignis bereits im Fernglas sichtbar

Datum		MEZ h	Hamburg m	Hannover m	Berlin m	Dresden m	Leipzig m	Düsseldorf m	Frankfurt m	Nürnberg m	Stuttgart m	München m	Zürich m	Wien m
Jan	10.	18/19	53,0	53,2	55,6	56,6	55,5	51,3	53,1	55,4	54,2	56,6	54,2	00,5
	14.	20	28,5	28,1	32,5	33,3	31,5	24,3	26,7	30,2	27,7	31,5	27,1	38,4
	15.	17	58,0	54,1	55,6	51,8	51,9	50,0	46,9	46,1	43,3	43,0	39,1	46,7
	19.	3	30,5	32,1	32,7	34,8	34,1	33,1	35,2	36,7	37,5	38,8	39,7	39,1
	20.	5/6	52,9	55,2	53,5	56,0	56,0	58,7	00,2	00,3	02,7	02,6	06,1	59,8
	30.	5	55,3	53,9	58,4	57,7	56,2	49,7	50,8	53,1	50,4	52,9	48,8	59,2
	30.	7	10,0	09,6	14,3	14,9	13,0	05,6	07,9	11,2	08,5	12,0	07,3	19,3
	31.	7	43,4	44,6	–	–	47,0	47,4	49,8	–	56,2	–	–	–
	31.	8	–	–	–	–	–	07,4	09,7	15,4	04,5	12,3	–	27,6
Feb	2.	6	–	–	50,6	47,2	46,1	–	–	39,8	36,0	37,4	32,2	43,9
	2.	7	36,1	35,7	37,6	37,7	36,9	33,8	34,3	35,7	34,3	35,7	33,3	39,5
	11.	16/17	04,9	04,3	10,8	11,9	09,1	58,8	02,0	07,0	03,2	08,8	02,2	20,5
	11.	18	15,1	13,2	17,1	15,0	14,3	08,4	08,5	09,5	06,3	07,0	02,5	10,7
	14.	0	11,0	14,7	14,0	18,5	17,7	18,9	23,2	25,2	30,4	32,2	–	27,8
Mrz	10.	19	26,8	26,4	28,6	28,8	27,9	24,1	25,5	27,3	26,0	27,9	25,9	30,9
	13.	18	28,2	24,3	29,0	26,1	25,0	17,8	17,5	19,4	15,5	17,9	12,0	25,1
	15.	20/21	58,6	59,9	04,2	06,9	04,8	57,8	02,0	06,3	05,2	09,5	07,3	15,1
	17.	20/21	57,7	56,1	01,8	01,2	59,2	50,6	52,5	55,9	52,5	56,1	50,9	04,1
	17.	21	23,1	22,9	28,0	28,9	26,9	18,9	21,9	25,8	23,4	27,4	23,4	34,4
Apr	9.	22	37,8	36,5	38,8	37,4	37,0	34,6	35,0	35,7	35,0	35,6	35,0	36,7
	13.	19	15,0	12,9	19,2	18,1	16,0	–	08,4	12,0	08,2	12,0	06,2	20,6
	13.	20	29,6	30,2	34,9	36,8	34,7	27,4	31,0	35,0	33,4	37,4	34,4	43,6
	13.	21/22	08,1	04,2	16,0	11,3	08,5	56,6	59,4	03,6	59,8	04,0	58,3	13,1
	14.	20	25,4	22,8	30,3	28,8	26,4	15,8	17,9	21,8	17,7	21,8	15,5	31,2
Mai	6.	19	–	–	–	–	54,6	–	46,0	46,9	44,9	45,9	43,6	49,1
	8.	21	42,7	42,9	44,6	45,0	44,3	42,0	43,3	44,5	44,2	45,3	44,8	46,7
	9.	22	22,9	20,0	–	24,1	22,4	16,4	18,0	20,0	18,5	20,2	18,4	24,0
	9.	22	32,3	32,9	34,3	35,3	34,6	32,6	34,1	35,4	35,3	36,5	36,3	37,6
Jun	7.	22	17,9	18,3	20,5	21,1	20,3	17,3	19,0	20,6	20,2	21,6	20,9	23,3
	25.	2	13,1	11,0	14,1	12,0	11,3	07,0	06,5	07,2	04,6	05,5	01,9	09,7
	26.	3	38,5	35,5	37,1	33,3	33,7	31,5	29,2	28,1	25,7	24,4	21,4	25,1
	28.	4	–	–	–	–	–	10,7	10,0	10,6	08,3	09,0	05,7	–
Aug	24.	3	54,5	52,5	56,7	55,3	54,0	47,9	48,2	50,1	47,1	49,3	44,5	56,3
	24.	4/5	06,0	03,8	07,9	05,7	04,8	58,6	58,5	59,7	56,4	57,5	52,7	02,6
	24.	5	18,6	12,9	09,1	–	–	07,8	–	–	–	–	–	–
	24.	5	36,1	33,6	37,9	36,0	34,7	28,3	28,2	30,1	26,6	28,8	23,4	35,8
	27.	4/5	07,7	03,4	03,6	59,1	59,8	00,0	56,3	54,4	52,5	51,1	48,9	52,3
	27.	5	36,1	37,2	41,9	43,0	41,2	34,2	37,0	40,0	37,8	40,7	37,1	46,5
Okt	19.	1	37,3	37,5	44,5	48,4	44,3	32,8	37,9	46,6	43,1	–	–	–
	19.	2	23,9	19,5	21,8	14,3	15,9	14,0	09,6	04,4	01,0	–	–	–
	22.	2	38,2	36,9	39,5	38,1	37,5	33,9	33,7	34,5	32,5	33,1	30,3	36,5
Nov	1.	18/19	43,3	45,0	50,0	53,6	50,9	42,5	47,4	52,8	51,0	56,5	52,8	04,9
	15.	22	53,3	49,4	49,4	45,1	45,8	46,4	42,6	40,5	38,7	37,1	35,0	38,0
	15.	23	27,5	27,6	32,7	33,2	31,3	23,6	26,1	29,3	26,6	29,5	25,3	35,9
	16.	2	46,2	45,6	51,1	51,9	49,7	40,8	43,8	48,1	45,1	49,6	44,6	57,9
	16.	3/4	03,0	03,0	08,3	09,2	07,1	58,5	01,3	05,1	01,9	05,7	00,1	13,6
	28.	10	33,9	31,8	36,0	34,2	33,1	27,2	27,3	28,8	25,9	27,5	23,4	33,3
	28.	11	37,7	37,0	40,3	40,2	39,0	33,8	34,9	37,0	34,7	37,0	33,4	42,4
Dez	5.	17	–	22,4	20,5	15,8	16,9	–	13,8	10,8	08,6	06,7	03,7	08,6
	5.	19	17,6	15,9	20,1	19,1	17,8	11,2	11,9	14,0	10,8	13,3	08,2	20,1
	5.	22/23	45,2	47,1	51,1	55,2	52,7	45,6	50,6	56,2	55,3	01,6	59,1	09,7
	9.	21	09,1	07,4	12,6	11,8	10,1	02,1	03,3	06,2	02,6	06,0	00,2	14,7
	19.	0	39,8	38,3	39,1	37,3	37,5	36,7	35,4	34,7	33,5	32,8	31,4	33,7
	30.	17/18	–	01,2	57,9	54,8	55,7	–	54,6	52,3	51,3	50,2	48,6	51,5

Unter jeder Stadt sind die Minuten und Zehntelminuten der Sternbedeckungszeit angegeben.

STERNZEIT UM 20^h MEZ = 21^h MESZ AUF 10° ÖSTLICHER LÄNGE

Tag	JAN h m	FEB h m	MRZ h m	APR h m	MAI h m	JUN h m	JUL h m	AUG h m	SEP h m	OKT h m	NOV h m	DEZ h m
1.	2 25	4 27	6 17	8 19	10 18	12 20	14 18	16 20	18 23	20 21	22 23	0 21
2.	2 29	4 31	6 21	8 23	10 22	12 24	14 22	16 24	18 27	20 25	22 27	0 25
3.	2 32	4 35	6 25	8 27	10 26	12 28	14 26	16 28	18 30	20 29	22 31	0 29
4.	2 36	4 39	6 29	8 31	10 30	12 32	14 30	16 32	18 34	20 33	22 35	0 33
5.	2 40	4 43	6 33	8 35	10 33	12 36	14 34	16 36	18 38	20 37	22 39	0 37
6.	2 44	4 46	6 37	8 39	10 37	12 40	14 38	16 40	18 42	20 41	22 43	0 41
7.	2 48	4 50	6 41	8 43	10 41	12 44	14 42	16 44	18 46	20 45	22 47	0 45
8.	2 52	4 54	6 45	8 47	10 45	12 47	14 46	16 48	18 50	20 48	22 51	0 49
9.	2 56	4 58	6 49	8 51	10 49	12 51	14 50	16 52	18 54	20 52	22 55	0 53
10.	3 00	5 02	6 53	8 55	10 53	12 55	14 54	16 56	18 58	20 56	22 59	0 57
11.	3 04	5 06	6 57	8 59	10 57	12 59	14 58	17 00	19 02	21 00	23 03	1 01
12.	3 08	5 10	7 01	9 03	11 01	13 03	15 02	17 04	19 06	21 04	23 06	1 05
13.	3 12	5 14	7 04	9 07	11 05	13 07	15 05	17 08	19 10	21 08	23 10	1 09
14.	3 16	5 18	7 08	9 11	11 09	13 11	15 09	17 12	19 14	21 12	23 14	1 13
15.	3 20	5 22	7 12	9 15	11 13	13 15	15 13	17 16	19 18	21 16	23 18	1 17
16.	3 24	5 26	7 16	9 19	11 17	13 19	15 17	17 20	19 22	21 20	23 22	1 21
17.	3 28	5 30	7 20	9 22	11 21	13 23	15 21	17 23	19 26	21 24	23 26	1 24
18.	3 32	5 34	7 24	9 26	11 25	13 27	15 25	17 27	19 30	21 28	23 30	1 28
19.	3 36	5 38	7 28	9 30	11 29	13 31	15 29	17 31	19 34	21 32	23 34	1 32
20.	3 39	5 42	7 32	9 34	11 33	13 35	15 33	17 35	19 38	21 36	23 38	1 36
21.	3 43	5 46	7 36	9 38	11 37	13 39	15 37	17 39	19 41	21 40	23 42	1 40
22.	3 47	5 50	7 40	9 42	11 40	13 43	15 41	17 43	19 45	21 44	23 46	1 44
23.	3 51	5 54	7 44	9 46	11 44	13 47	15 45	17 47	19 49	21 48	23 50	1 48
24.	3 55	5 57	7 48	9 50	11 48	13 51	15 49	17 51	19 53	21 52	23 54	1 52
25.	3 59	6 01	7 52	9 54	11 52	13 55	15 53	17 55	19 57	21 56	23 58	1 56
26.	4 03	6 05	7 56	9 58	11 56	13 58	15 57	17 59	20 01	21 59	0 02	2 00
27.	4 07	6 09	8 00	10 02	12 00	14 02	16 01	18 03	20 05	22 03	0 06	2 04
28.	4 11	6 13	8 04	10 06	12 04	14 06	16 05	18 07	20 09	22 07	0 10	2 08
29.	4 15	–	8 08	10 10	12 08	14 10	16 09	18 11	20 13	22 11	0 14	2 12
30.	4 19	–	8 12	10 14	12 12	14 14	16 13	18 15	20 17	22 15	0 17	2 16
31.	4 23	–	8 15	–	12 16	–	16 16	18 19	–	22 19	–	2 20

Korrektur für andere östliche geografische Längen

Länge	4°	5°	6°	7°	8°	9°	11°	12°	13°	14°	15°	16°
Korr.	-24^m	-20^m	-16^m	-12^m	-8^m	-4^m	$+4^m$	$+8^m$	$+12^m$	$+16^m$	$+20^m$	$+24^m$

Korrektur für andere Uhrzeiten derselben Nacht (Datumswechsel um Mitternacht)

MEZ	18^h	19^h	21^h	22^h	23^h	0^h	1^h	2^h	3^h	4^h	5^h	6^h
MESZ	19^h	20^h	22^h	23^h	0^h	1^h	2^h	3^h	4^h	5^h	6^h	7^h
Korr.	-2^h00^m	-1^h00^m	$+1^h00^m$	$+2^h00^m$	$+3^h00^m$	$+4^h01^m$	$+5^h01^m$	$+6^h01^m$	$+7^h01^m$	$+8^h01^m$	$+9^h01^m$	$+10^h02^m$

Erläuterungen siehe auch Seite 14 unter „Sternzeit".

Die obige Tabelle gibt für jeden Tag des Jahres die Sternzeit um 20^h MEZ (= 21^h Sommerzeit) am Meridian 10° östlicher Länge an. Für den Ortsmeridian des Beobachters ist eine Korrektur entsprechend der geografischen Längendifferenz zu 10° östlicher Länge anzubringen. Pro Längengrad beträgt diese Korrektur vier Minuten. Für Orte westlich des Meridians ist die Korrektur abzuziehen, für Orte östlich hingegen zu addieren. Auf der rechten Seite findet man in der Tabelle „Geografische Koordinaten größerer Städte" in der letzten Spalte die Zeitkorrektur vermerkt. Wer zu einer anderen Zeit als 20^h beobachtet, muss noch die Zeitkorrektur gemäß der obigen Tabelle anbringen. Beispiel: Wieviel Uhr Sternzeit ist es am 25. März um 23^h in München? Aus der Tabelle entnimmt man: Sternzeit am 25. März um $20^h = 7^h52^m$. Dies gilt für 10° östlicher Länge. Die Zeitkorrektur für München beträgt laut Tabelle rechts sechs Minuten. Da München östlich vom 10°-Meridian liegt, sind diese sechs Minuten zu addieren, und man erhält 7^h58^m (Achtung: Das Vorzeichen in der Spalte Zeitkorrektur der rechten Tabelle gilt für die Korrektur der Kulminationszeiten! Für die Sternzeitberechnung kehren sich die Vorzeichen um!). Am 25. März ist es also um 20^h MEZ 7^h58^m Sternzeit. Für 23^h MEZ ist gemäß obiger Tabelle die Korrektur von 3^h00^m anzubringen; um 23^h MEZ ist es also am 25. März in München 10^h58^m Sternzeit.

GEOGRAFISCHE KOORDINATEN GRÖSSERER STÄDTE MIT ZEITKORREKTUR

Stadt	östl. Länge	nördl. Breite	Zeitkorrektur gegen 10° östl. Länge	Stadt	östl. Länge	nördl. Breite	Zeitkorrektur gegen 10° östl. Länge
Aachen	6°,1	50°,8	+16^{m}	Kiel	10°,1	54°,3	− 1^{m}
Amsterdam	4°,9	52°,4	+20^{m}	Klagenfurt	14°,3	46°,6	−17^{m}
Antwerpen	4°,4	51°,2	+22^{m}	Koblenz	7°,6	50°,4	+10^{m}
Augsburg	10°,9	48°,4	− 4^{m}	Köln	7°,0	50°,9	+12^{m}
Baden-Baden	8°,2	48°,8	+ 7^{m}	Konstanz	9°,2	47°,7	+ 3^{m}
Basel	7°,6	47°,6	+ 9^{m}	Krefeld	6°,6	51°,3	+14^{m}
Berlin	13°,4	52°,5	− 14^{m}	Leipzig	12°,4	51°,3	−10^{m}
Bern	7°,4	46°,9	+10^{m}	Linz (Donau)	14°,3	48°,3	−17^{m}
Bielefeld	8°,5	52°,0	+ 6^{m}	Ludwigshafen (Rh.)	8°,4	49°,5	+ 6^{m}
Bochum	7°,2	51°,5	+11^{m}	Lübeck	10°,7	53°,9	− 3^{m}
Bonn	7°,1	50°,7	+12^{m}	Lüttich	5°,5	50°,6	+18^{m}
Bozen	11°,3	46°,5	− 5^{m}	Luxemburg	6°,1	49°,6	+15^{m}
Braunschweig	10°,5	52°,3	− 2^{m}	Magdeburg	11°,6	52°,1	− 7^{m}
Bregenz	9°,8	47°,5	+ 1^{m}	Mailand	9°,2	45°,5	+ 3^{m}
Bremen	8°,8	53°,1	+ 5^{m}	Mainz	8°,3	50°,0	+ 7^{m}
Brünn	16°,6	49°,2	−26^{m}	Mannheim	8°,5	49°,5	+ 6^{m}
Brüssel	4°,3	50°,8	+23^{m}	Mönchengladbach	6°,4	51°,2	+14^{m}
Chemnitz	12°,9	50°,8	−12^{m}	München	11°,6	48°,1	− 6^{m}
Coburg	11°,0	50°,3	− 4^{m}	Münster	7°,6	52°,0	+10^{m}
Darmstadt	8°,7	49°,9	+ 5^{m}	Nürnberg	11°,1	49°,5	− 4^{m}
Dortmund	7°,5	51°,5	+10^{m}	Osnabrück	8°,0	52°,3	+ 8^{m}
Dresden	13°,7	51°,1	−15^{m}	Potsdam	13°,1	52°,4	−12^{m}
Düsseldorf	6°,8	51°,2	+13^{m}	Prag	14°,4	50°,1	−18^{m}
Duisburg	6°,8	51°,4	+13^{m}	Regensburg	12°,1	49°,0	− 8^{m}
Eisenach	10°,3	51°,0	− 1^{m}	Reutlingen	9°,2	48°,5	+ 3^{m}
Emden	7°,2	53°,4	+11^{m}	Rostock	12°,1	54°,1	− 8^{m}
Erfurt	11°,0	51°,0	− 4^{m}	Rotterdam	4°,5	51°,9	+22^{m}
Essen	7°,0	51°,5	+12^{m}	Saarbrücken	7°,0	49°,2	+12^{m}
Frankfurt (Main)	8°,7	50°,1	+ 5^{m}	Salzburg	13°,1	47°,8	−12^{m}
Frankfurt (Oder)	14°,6	52°,3	−18^{m}	Schwerin	11°,4	53°,6	− 6^{m}
Freiburg (Breisgau)	7°,9	48°,0	+ 9^{m}	Stralsund	13°,1	54°,3	−12^{m}
Genf	6°,2	46°,2	+15^{m}	Straßburg	7°,7	48°,6	+ 9^{m}
Görlitz	15°,0	51°,2	−20^{m}	Stuttgart	9°,2	48°,8	+ 3^{m}
Graz	15°,5	47°,1	−22^{m}	Trier	6°,6	49°,8	+13^{m}
Halle	12°,0	51°,5	− 8^{m}	Tübingen	9°,1	48°,5	+ 4^{m}
Hamburg	10°,0	53°,6	0^{m}	Ulm	10°,0	48°,4	0^{m}
Hannover	9°,7	52°,4	+ 1^{m}	Wien	16°,4	48°,2	−25^{m}
Heidelberg	8°,7	49°,4	+ 5^{m}	Wiesbaden	8°,2	50°,1	+ 7^{m}
Heilbronn	9°,2	49°,1	+ 3^{m}	Wilhelmshaven	8°,1	53°,5	+ 8^{m}
Innsbruck	11°,4	47°,3	− 6^{m}	Worms	8°,4	49°,6	+ 7^{m}
Kaiserslautern	7°,8	49°,4	+ 9^{m}	Würzburg	9°,9	49°,8	0^{m}
Karlsruhe	8°,4	49°,0	+ 6^{m}	Wuppertal	7°,1	51°,3	+11^{m}
Kassel	9°,5	51°,3	+ 2^{m}	Zürich	8°,6	47°,4	+ 6^{m}

Erläuterungen siehe auch Seite 13 unter „Auf- und Untergangszeiten".
Die Tabelle enthält die geografischen Koordinaten einiger größerer Städte in Mitteleuropa. In der vierten Spalte ist der Zeitunterschied der Ortszeit zum Meridian 10° östlicher Länge in Minuten angegeben. Um diesen Betrag kulminieren die Gestirne in der jeweiligen Stadt früher (negativer Wert) oder später (positiver Wert). Beispiel: Für Stuttgart findet man +3^{m}, für München −6^{m}. In Stuttgart gehen die Gestirne jeweils drei Minuten später durch den Meridian als im Himmelsjahr angegeben, in München dagegen um sechs Minuten früher.
Die Auf- und Untergangszeiten sind außer von der geografischen Länge auch noch von der geografischen Breite abhängig. Um sie für einen bestimmten Ort zu korrigieren, benutze man das Nomogramm auf Seite 292.

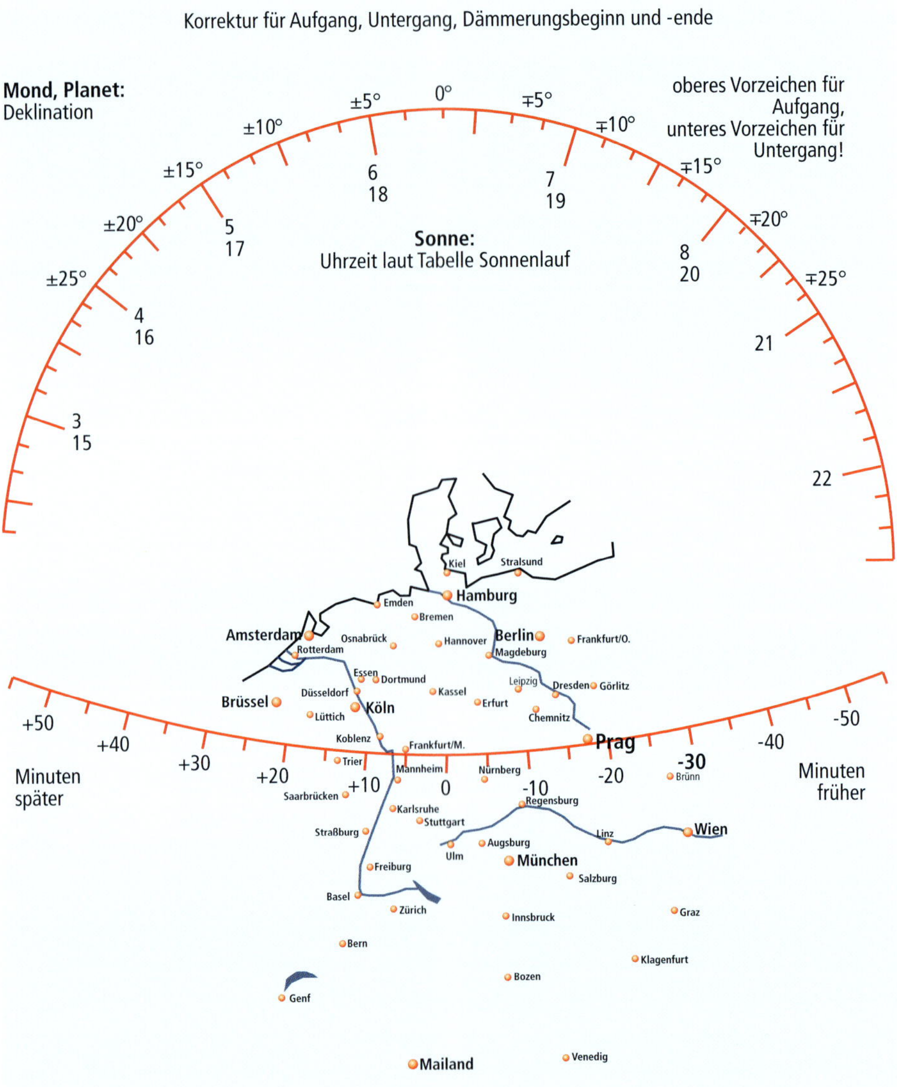

T.10 **Nomogramm zur Bestimmung der Auf- und Untergangszeiten (Erläuterungen siehe Seite 13).**

KORREKTUR FÜR AUF- UND UNTERGANGSZEITEN

Sonne: Datum:			Jan. 21.	Febr. 8.	Febr. 23.	März 8.	März 20.	April 2.	April 16.	Mai 1.	Mai 20.	Juni 21.
		Dez. 22.	Nov. 22.	Nov. 3.	Okt. 19.	Okt. 6.	Sept. 23.	Sept. 10.	Aug. 27.	Aug. 12.	Juli 24.	
Mond, Planet:												
Deklination		−25°	−20°	−15°	−10°	− 5°	0°	+ 5°	+10°	+15°	+20°	+25°
Hamburg	Aufgang	$+21^{m}$	$+15^{m}$	$+10^{m}$	$+ 6^{m}$	$+ 3^{m}$	$+ 1^{m}$	$- 4^{m}$	$- 7^{m}$	-11^{m}	-16^{m}	-22^{m}
	Unterg.	−21	−15	−10	− 6	− 3	+ 1	+ 4	+ 7	+11	+16	+22
Hannover	Aufgang	+14	+11	+ 8	+ 5	+ 3	+ 1	− 1	− 4	− 6	− 9	−13
	Unterg.	−12	− 9	− 6	− 3	− 1	+ 1	+ 3	+ 6	+ 8	+11	+15
Berlin	Aufgang	+ 1	− 3	− 6	− 9	−12	−14	−16	−19	−21	−25	−29
	Unterg.	−28	−24	−21	−18	−16	−14	−11	− 9	− 6	− 3	+ 1
Dresden	Aufgang	− 9	−11	−12	−13	−14	−15	−16	−17	−18	−19	−21
	Unterg.	−20	−19	−18	−17	−16	−15	−14	−13	−12	−11	− 9
Leipzig	Aufgang	− 2	− 4	− 6	− 7	− 8	−10	−11	−12	−13	−15	−17
	Unterg.	−17	−15	−13	−12	−11	−10	− 8	− 7	− 6	− 4	− 2
Düsseldorf	Aufgang	+19	+18	+16	+15	+14	+13	+12	+11	+10	+ 8	+ 6
	Unterg.	+ 7	+ 8	+10	+11	+12	+13	+14	+15	+16	+18	+20
Frankfurt	Aufgang	+ 6	+ 6	+ 6	+ 5	+ 5	+ 5	+ 5	+ 5	+ 5	+ 5	+ 4
	Unterg.	+ 4	+ 5	+ 5	+ 5	+ 5	+ 5	+ 5	+ 5	+ 6	+ 6	+ 6
Nürnberg	Aufgang	− 6	− 6	− 5	− 5	− 4	− 4	− 3	− 3	− 2	− 2	− 1
	Unterg.	− 1	− 2	− 2	− 3	− 3	− 4	− 4	− 5	− 5	− 6	− 6
Stuttgart	Aufgang	− 3	− 1	0	+ 1	+ 2	+ 3	+ 4	+ 5	+ 6	+ 7	+ 9
	Unterg.	+ 9	+ 7	+ 6	+ 5	+ 4	+ 3	+ 2	+ 1	0	− 1	− 3
München	Aufgang	−15	−13	−11	− 9	− 8	− 6	− 5	− 3	− 1	+ 1	+ 3
	Unterg.	+ 3	0	− 2	− 3	− 5	− 6	− 8	− 9	−11	−13	−16
Zürich	Aufgang	− 7	− 3	0	+ 2	+ 4	+ 6	+ 8	+11	+13	+16	+20
	Unterg.	+19	+15	+12	+10	+ 8	+ 6	+ 4	+ 1	− 1	−4	− 8
Wien	Aufgang	−34	−32	−30	−28	−27	−25	−24	−22	−21	−19	−16
	Unterg.	−17	−19	−21	−22	−24	−25	−27	−28	−30	−32	−35
Halber Tagbogen												
53° nördl. Breite		$3^{h}32^{m}$	$4^{h}09^{m}$	$4^{h}41^{m}$	$5^{h}10^{m}$	$5^{h}37^{m}$	$6^{h}04^{m}$	$6^{h}31^{m}$	$6^{h}58^{m}$	$7^{h}28^{m}$	$8^{h}00^{m}$	$8^{h}38^{m}$
50° nördl. Breite		3 50	4 21	4 50	5 15	5 40	6 04	6 28	6 52	7 19	7 47	8 20
47° nördl. Breite		4 04	4 32	4 57	5 20	5 42	6 03	6 25	6 47	7 11	7 36	8 04

\+ positiv: Korrektur addieren, Auf- oder Untergang findet später statt
− negativ: Korrektur subtrahieren, Auf- oder Untergang findet früher statt
Beispiel: Auf- und Untergang der Sonne am 20. März in Stuttgart.
Laut Tabelle „Sonnenlauf" auf Seite 76 lauten die Werte $6^{h}24^{m}$ und $18^{h}32^{m}$ für 50° Nord und 10° Ost.
Korrektur +3 und +3. Also geht die Sonne in Stuttgart um $6^{h}27^{m}$ auf und um $18^{h}35^{m}$ unter.
Für Daten und Deklinationen, die nicht in obiger Tabelle aufgeführt sind, nimmt man den nächstliegenden Wert, ohne einen großen Fehler zu begehen.

2020

Januar					
Mo		6	13	20	27
Di		7	14	21	28
Mi	1	8	15	22	29
Do	2	9	16	23	30
Fr	3☽	10○	17☾	24●	31
Sa	4	11	18	25	
So	5	12	19	26	

Februar					
Mo		3	10	17	24
Di		4	11	18	25
Mi		5	12	19	26
Do		6	13	20	27
Fr		7	14	21	28
Sa	1	8	15☾	22	29
So	2☽	9○	16	23●	

März						
Mo		2☽	9○	16☾	23	30
Di		3	10	17	24●	31
Mi		4	11	18	25	
Do		5	12	19	26	
Fr		6	13	20	27	
Sa		7	14	21	28	
So	1	8	15	22	29	

April					
Mo		6	13	20	27
Di		7	14☾	21	28
Mi	1☽	8○	15	22	29
Do	2	9	16	23●	30☽
Fr	3	10	17	24	
Sa	4	11	18	25	
So	5	12	19	26	

Mai					
Mo		4	11	18	25
Di		5	12	19	26
Mi		6	13	20	27
Do		7○	14☾	21	28
Fr	1	8	15	22●	29
Sa	2	9	16	23	30☽
So	3	10	17	24	31

Juni					
Mo	1	8	15	22	29
Di	2	9	16	13	30
Mi	3	10	17	14	
Do	4	11	18	15	
Fr	5○	12	19	16	
Sa	6	13☾	20	27	
So	7	14	21●	28☽	

Juli					
Mo		6	13☾	20●	27☽
Di		7	14	21	28
Mi	1	8	15	22	29
Do	2	9	16	23	30
Fr	3	10	17	24	31
Sa	4	11	18	25	
So	5○	12	19	26	

August						
Mo		3○	10	17	24	31
Di		4	11☾	18	25☽	
Mi		5	12	19●	26	
Do		6	13	20	27	
Fr		7	14	21	28	
Sa	1	8	15	22	29	
So	2	9	16	23	30	

September					
Mo		7	14	21	28
Di	1	8	15	22	29
Mi	2○	9	16	23	30
Do	3	10☾	17●	24☽	
Fr	4	11	18	25	
Sa	5	12	19	26	
So	6	13	20	27	

Oktober					
Mo		5	12	19	26
Di		6	13	20	27
Mi		7	14	21	28
Do	1○	8	15	22	29
Fr	2	9	16●	23☽	30
Sa	3	10☾	17	24	31○
So	4	11	18	25	

November						
Mo		2	9	16	23	30○
Di		3	10	17	24	
Mi		4	11	18	25	
Do		5	12	19	26	
Fr		6	13	20	27	
Sa		7	14	21	28	
So	1	8☾	15●	22☽	29	

Dezember					
Mo		7	14●	21	28
Di	1	8☾	15	22☽	29
Mi	2	9	16	23	30○
Do	3	10	17	24	31
Fr	4	11	18	25	
Sa	5	12	19	26	
So	6	13	20	27	

Feiertage:

Aschermittwoch:	26. Februar	Pfingstsonntag:	31. Mai	Totensonntag:	22. November
Ostersonntag:	12. April	Fronleichnam:	11. Juni	1. Advent:	29. November
Chr. Himmelfahrt:	21. Mai	Buß- und Bettag:	18. November		

Das Jahr 2020 ist ein **Schaltjahr** zu 366 Tagen.

Beginn der Jahreszeiten:

Frühling: 20. März 4^h51^m
Sommer: 20. Juni 22^h45^m
Herbst: 22. September 14^h32^m
Winter: 21. Dezember 11^h03^m
Erde in Sonnennähe: 5. Januar 9^h
Erde in Sonnenferne: 4. Juli 13^h

Finsternisse:

10. Januar: *Halbschattenfinsternis des Mondes*
5. Juni: Halbschattenfinsternis des Mondes
21. Juni: Ringförmige Sonnenfinsternis
5. Juli: Halbschattenfinsternis des Mondes
30. November: Halbschattenfinsternis des Mondes
14. Dezember: Totale Sonnenfinsternis

Planeten:

Innere Planeten

Merkur: Größte östliche Elongation: **10. Feb.** (18°) *4. Juni* (24°) 1. Okt. (26°)
Größte westliche Elongation: 24. März (28°) 22. Juli (20°) **10. Nov.** (19°)
Venus: Größte östliche Elongation: 24. März (46°) Größte westliche Elongation: 13. August (46°)
Untere Konjunktion: 3. Juni

Äußere Planeten	Opposition	(Mio. km)	im Sternbild	Konjunktion
Mars:	14. Oktober	62,1	Fische	–
Jupiter:	14. Juli	619	Schütze	–
Saturn:	20. Juli	1346	Schütze	13. Januar
Uranus:	31. Oktober	2811	Widder	26. April
Neptun:	11. September	4328	Wassermann	8. März
Pluto:	15. Juli	4946	Schütze	13. Januar

Kalendarium 2021

2021

Januar

Mo		4	11	18	25
Di		5	12	19	26
Mi		6☾	13●	20☽	27
Do		7	14	21	28○
Fr	1	8	15	22	29
Sa	2	9	16	23	30
So	3	10	17	24	31

Februar

Mo	1	8	15	22
Di	2	9	16	13
Mi	3	10	17	14
Do	4☾	11●	18	15
Fr	5	12	19☽	16
Sa	6	13	20	27○
So	7	14	21	28

März

Mo	1	8	15	22	29
Di	2	9	16	13	30
Mi	3	10	17	14	31
Do	4	11	18	15	
Fr	5	12	19	16	
Sa	6☾	13●	20	27	
So	7	14	21☽	28○	

April

Mo		5	12●	19	26
Di		6	13	20☽	27○
Mi		7	14	21	28
Do	1	8	15	22	29
Fr	2	9	16	23	30
Sa	3	10	17	24	
So	4☾	11	18	25	

Mai

Mo		3☾	10	17	24	31
Di		4	11●	18	25	
Mi		5	12	19☽	26○	
Do		6	13	20	27	
Fr		7	14	21	28	
Sa	1	8	15	22	29	
So	2	9	16	23	30	

Juni

Mo		7	14	21	28
Di	1	8	15	22	29
Mi	2☾	9	16	23	30
Do	3	10●	17	24○	
Fr	4	11	18☽	25	
Sa	5	12	19	26	
So	6	13	20	27	

Juli

Mo		5	12	19	26
Di		6	13	20	27
Mi		7	14	21	28
Do	1☾	8	15	22	29
Fr	2	9	16	23	30
Sa	3	10●	17☽	24○	31☾
So	4	11	18	25	

August

Mo		2	9	16	23	30☾
Di		3	10	17	24	31
Mi		4	11	18	25	
Do		5	12	19	26	
Fr		6	13	20	27	
Sa		7	14	21	28	
So	1	8●	15☽	22○	29	

September

Mo		6	13☽	20	27
Di		7●	14	21○	28
Mi	1	8	15	22	29☾
Do	2	9	16	23	30
Fr	3	10	17	24	
Sa	4	11	18	25	
So	5	12	19	26	

Oktober

Mo		4	11	18	25
Di		5	12	19	26
Mi		6●	13☽	20○	27
Do		7	14	21	28☾
Fr	1	8	15	22	29
Sa	2	9	16	23	30
So	3	10	17	24	31

November

Mo	1	8	15	22	29
Di	2	9	16	13	30
Mi	3	10	17	14	
Do	4●	11☽	18	15	
Fr	5	12	19○	16	
Sa	6	13	20	27☾	
So	7	14	21	28	

Dezember

Mo		6	13	20	27☾
Di		7	14	21	28
Mi	1	8	15	22	29
Do	2	9	16	23	30
Fr	3	10	17	24	
Sa	4●	11☽	18	25	
So	5	12	19○	26	

Feiertage:

Aschermittwoch:	17. Februar	Pfingstsonntag:	23. Mai	Totensonntag:	21. November
Ostersonntag:	4. April	Fronleichnam:	3. Juni	1. Advent:	28. November
Chr. Himmelfahrt:	13. Mai	Buß- und Bettag:	17. November		

Das Jahr 2021 ist ein **Gemeinjahr** zu 365 Tagen.

Beginn der Jahreszeiten:

Frühling: 20. März 11^h37^m	Herbst: 22. September 21^h21^m	Erde in Sonnennähe: 2. Januar 16^h
Sommer: 21. Juni 5^h32^m	Winter: 21. Dezember 17^h59^m	Erde in Sonnenferne: 6. Juli 0^h

Finsternisse:

26. Mai:	Totale Mondfinsternis	19. November:	Partielle Mondfinsternis
10. Juni:	*Ringförmige Sonnenfinsternis*	4. Dezember:	Totale Sonnenfinsternis

Planeten:

Innere Planeten

Merkur:	Größte östliche Elongation:	24. Jan.	(19°)	**17. Mai**	(22°)	14. Sept.	(27°)
	Größte westliche Elongation:	6. März	(27°)	4. Juli	(22°)	**25. Okt.**	(18°)
Venus:	Obere Konjunktion:	26. März					
	Größte ostliche Elongation:	29. Okt.	(47°)				

Äußere Planeten	Opposition	(Mio. km)	im Sternbild	Konjunktion
Mars:	–	–	–	8. Oktober
Jupiter:	20. August	600	Steinbock	29. Januar
Saturn:	2. August	1337	Steinbock	24. Januar
Uranus:	5. November	2803	Widder	30. April
Neptun:	14. September	4326	Wassermann	11. März
Pluto:	18. Juli	4983	Schütze	14. Januar

ASTRONOMISCHE INSTITUTE, PLANETARIEN UND STERNWARTEN

Augsburg
ś-Planetarium
Im Thäle 3
86152 Augsburg
Tel.: (08 21) 3 24 67 62

Bamberg
Dr.-Remeis-Sternwarte Bamberg
Astronomisches Institut der Universität Erlangen-Nürnberg
Sternwartstraße 7
96049 Bamberg
Tel.: (09 51) 9 52 22 0
www.sternwarte.uni-erlangen.de

Berlin
Zentrum für Astron. und Astrophysik
Technische Universität Berlin
Hardenbergstraße 36
10623 Berlin
Tel.: (0 30) 31 42 37 34
www-astro.physik.TU-Berlin.de

Archenhold-Sternwarte
Alt-Treptow 1
12435 Berlin
Tel.: (0 30) 5 34 80 80
www.astw.de

Planetarium am Insulaner
Wilhelm-Foerster-Sternwarte
Munsterdamm 90
12169 Berlin
Tel.: (0 30) 7 90 09 30
www.planetarium.berlin

Zeiss-Großplanetarium Berlin
Prenzlauer Allee 80
10405 Berlin
Tel.: (0 30) 4 21 84 50
www.planetarium.berlin

Bochum
Astronomisches Institut
der Ruhr-Universität
Universitätsstr. 150/NA7
44780 Bochum
Tel.: (02 34) 32 2 34 54
www.astro.ruhr-uni-bochum.de

Planetarium
Castroper Straße 67
44777 Bochum
Tel.: (02 34) 51 60 60
www.planetarium-bochum.de

Bonn
Argelander Institut
Auf dem Hügel 71
53121 Bonn
Tel. Sternwarte: (02 28) 73 36 55, 56
Tel. Radioastronomie: (02 28) 73 36 57, 58
Tel. Astrophysik: (02 28) 73 36 71, 76
www.astro.uni-bonn.de

Radioobservatorium Effelsberg
53902 Bad Münstereifel
Tel.: (0 22 57) 30 11 01

Max-Planck-Institut für Radioastronomie
Auf dem Hügel 69
53121 Bonn
Tel.: (02 28) 52 50
www.mpifr-bonn.mpg.de

Cottbus
Raumflugplanetarium Juri Gagarin
Lindenplatz 21
03044 Cottbus
Tel.: (03 55) 71 31 09
www.planetarium-cottbus.de

Freiburg im Breisgau
Kiepenheuer-Institut für Sonnenphysik
Schöneckstraße 6
79104 Freiburg
Tel.: (07 61) 31 98 0
www.kis.uni-freiburg.de

Planetarium Freiburg
Bismarckallee 7 g
79098 Freiburg
Tel.: (07 61) 3 89 06 30
www.planetarium-freiburg.de

Garching siehe **München**

Göttingen
Institut für Astrophysik;
Georg-August-Universität Göttingen
Friedrich-Hund-Platz 1
37077 Göttingen
Tel.: (05 51) 39 50 42/39 50 53
www.astro.physik.uni-goettingen.de

Max-Planck-Institut
für Sonnensystemforschung
Justus-von-Liebig-Weg 3
37077 Göttingen
Tel.: 0551 384 979-0
www.mps.mpg.de

Graz
Sektion Astrophysik des Instituts für Geophysik, Astrophysik und Meteorologie der Universität Graz
Universitätsplatz 5
A-8010 Graz
Tel.: ++43 (0) 316 380 52 70
www.kfunigraz.ac.at/igam

Hamburg
Hamburger Sternwarte
Gojenbergsweg 112
21029 Hamburg
Tel.: (0 40) 4 28 91-41 42
www.hs.uni-hamburg.de

Planetarium
Linnering 1
22303 Hamburg
Tel.: (0 40) 4 28 86 52 52
www.planetarium-hamburg.de

Hannover
Astronomische Station am Institut für Erdmessung der Universität
Schneiderberg 50
30167 Hannover
Tel.: (05 11) 7 62 24 75

Heidelberg
Astronomisches Rechen-Institut
Mönchhofstraße 12–14
69120 Heidelberg
Tel.: (0 62 21) 40 50
www.ari.uni-heidelberg.de

Institut für Theoretische Astrophysik
Albert-Überle-Str. 2
69120 Heidelberg
Tel.: (0 62 21) 54 48 37
www.ita.uni-heidelberg.de

Max-Planck-Institut für Astronomie
Königstuhl 17
69117 Heidelberg
Tel.: (0 62 21) 52 80
www.mpia.de

Landessternwarte Königstuhl 12
69117 Heidelberg
Tel.: (0 62 21) 50 90
www.lsw.uni-heidelberg.de

Innsbruck
Institut für Astro- und Teilchenphysik
Technikerstraße 25
A-6020 Innsbruck
Tel.: ++43 (0) 512 5 07 60 31
http://astro.uibk.ac.at/

Jena
Universitäts-Sternwarte
Schillergäßchen 2
07745 Jena
Tel.: (0 36 41) 94 75 01
www.astro.uni-jena.de

Planetarium
Am Planetarium 5
07743 Jena
Tel: (036 41) 94 75 01
www.planetarium-jena.de

Kassel
Planetarium im Museum für Astronomie und Technikgeschichte
Orangerie
An der Karlsaue 20 c
34121 Kassel
www.astronomie-kassel.de

Kiel
Institut für Theoretische Physik und Astrophysik
Leibnizstr. 15
24118 Kiel
www.astrophysik.uni-kiel.de

Kieler Planetarium e.V.
Fachhochschule Kiel
Sokratesplatz 6
24149 Kiel
Tel: (04 31) 2 10 17 41
www.Kieler-planetarium.de

Laupheim
Volkssternwarte und Planetarium
Milchstraße 1
88471 Laupheim
Tel.: (0 73 92) 9 10 59
www.planetarium-laupheim.de

Luzern
Planetarium im Verkehrshaus der Schweiz
Lidostraße 5
CH-6006 Luzern
Tel.: ++41 (0 41) 3 70 44 44
www.verkehrshaus.ch

Mannheim
Planetarium
Wilhelm-Varnholt-Allee 1
68165 Mannheim
Tel.: (06 21) 41 56 92
www.planetarium-mannheim.de

München
Europäische Südsternwarte (ESO)
Karl-Schwarzschild-Straße 2
85748 Garching
Tel.: (0 89) 32 00 62 76
www.eso.org

Institut für Astronomie und Astrophysik der Universität München
Scheinerstraße 1
81679 München
Tel.: (0 89) 21 80 60 01
www.usm.uni-muenchen.de

Max-Planck-Institut für Astrophysik
Karl-Schwarzschild-Str. 1
85741 Garching
Tel.: (0 89) 3 00 00 0
www.mpa-garching.mpg.de

Max-Planck-Institut für extraterrestrische Physik
Giessenbachstraße 1
85748 Garching
Tel.: (0 89) 3 00 00 0
www.mpe.mpg.de

Planetarium und Bayerische Volkssternwarte
Rosenheimer Str. 145 h
81671 München
Tel.: (0 89) 40 62 39
www.sternwarte-muenchen.de

Planetarium Deutsches Museum
Museumsinsel 1
80538 München
www.deutsches-museum.de

Münster
Planetarium im Westfälischen Landesmuseum für Naturkunde
Sentruper Straße 285
48161 Münster
Tel.: (02 51) 5 91 05
www.lwl-planetarium-muenster.de

Nürnberg
Nicolaus-Copernicus-Planetarium
Am Plärrer 41
90429 Nürnberg
Tel.: (09 11) 9 29 65 53
www.planetarium-nuernberg.de

Osnabrück
Museum am Schölerberg/Planetarium
Klaus-Strick-Weg 10
49082 Osnabrück
Tel.: (05 41) 5 60 03 26
www.planetarium-osnabrueck.de

Potsdam
Leibniz-Institut für Astrophysik
Sternwarte Babelsberg
An der Sternwarte 16
14482 Potsdam
Tel.: (03 31) 7 49 90
www.aip.de

Leibniz-Institut für Astrophysik
Sonnenobservatorium Einsteinturm
Telegrafenberg A22
14473 Potsdam
Tel.: (03 31) 2 88 23 04/23 03

Observatorium für Solare Radioastronomie Tremsdorf
14552 Tremsdorf
Tel.: (03 31) 7 49 92 92

URANIA-Planetarium und „Bruno H. Bürgel-Gedenkstätte"
Gutenbergstr. 71/72
14467 Potsdam
Tel.: (03 31) 7 49 90
www.urania-potsdam.de

Recklinghausen
Westf. Volkssternwarte/Planetarium
Stadtgarten 6
45657 Recklinghausen
Tel: (023 61) 2 3 1 34
www.sternwarte-recklinghausen.de

Schwaz
Zeiss-Planetarium Schwaz
Alte Landstr. 15
A-6130 Schwaz/Tirol
Tel.: ++43 (0 52 42) 7 21 29
www.planetarium-schwaz.at

Siegen
Sternwarte der Universität
Adolf-Reichwein-Straße
57068 Siegen
Tel.: (02 71) 7 40 46 13
www.uni-siegen.de/fb7/didaktik/sternwarte

Stuttgart
Carl-Zeiss-Planetarium mit Sternwarte Welzheim
Mittlerer Schlossgarten
70173 Stuttgart
Tel.: (07 11) 1 62 92 15
www.planetarium-stuttgart.de

Sternwarte Welzheim
www.sternwarte-welzheim.de

ASTRONOMISCHE INSTITUTE, PLANETARIEN UND STERNWARTEN

Tautenburg
Thüringer Landessternwarte Tautenburg
Karl-Schwarzschild-Observatorium
Sternwarte 5
07778 Tautenburg
Tel.: (03 64 27) 86 30
www.tls-tautenburg.de

Tübingen
Institut für Astronomie und Astrophysik
Abteilung Astronomie
Sand 1
72076 Tübingen
Tel.: (0 70 71) 29 7 24 86
www.astro.uni-tuebingen.de

Abt. Theoretische Astrophysik
Auf der Morgenstelle 10
72076 Tübingen
Tel.: (0 70 71) 29 7 40 07
www.tat.physik.uni-tuebingen.de

Welzheim
Tel: (0 71 82) 42 84
www.sternwarte-welzheim.de

Wien
Astronomisches Büro und Freiluft-planetarium Sterngarten Georgenberg
Hasenwartgasse 32
A-1230 Wien
www.astronomisches-buero-wien.or.at

Digitales Planetarium im Natur-historischen Museum Wien
Burgring 7
A-1010 Wien
Tel.: ++43 (0) 1 52 17 70
www.nhm-wien.ac.at/planetarium

Institut für Astronomie der Universität Wien, Universitäts-Sternwarte
Türkenschanzstraße 17
A-1180 Wien
Tel.: ++43 (0) 14 27 75 18 01
www.astro.univie.ac.at

Kuffner-Sternwarte
Johann Staud-Straße 10
A-1160 Wien
Tel.: ++43 (0) 1 89 174 150 000
www.planetarium-wien.at

URANIA-Sternwarte
Uraniastraße 1
A-1010 Wien
Tel.: ++43 (0) 1 89 174 150 000
www.planetarium-wien.at

Wien (Forts.)
Zeiss-Planetarium
Oswald Thomas-Platz 1
A-1020 Wien
Tel.: ++43 (0) 1 89 174 150 000
www.planetarium-wien.at

Wolfsburg
Planetarium
Uhlandweg 2
38440 Wolfsburg
Tel.: (0 53 61) 89 02 55 10
www.planetarium-wolfsburg.de

Würzburg
Institut für Theoretische Physik und Astrophysik
Am Hubland
97074 Würzburg
Tel: (09 31) 8 88 50 31
www.astro.uni-wuerzburg.de

Zürich
Institut für Astronomie
ETH-Zentrum
CH-8092 Zürich
Tel.: ++41 (0) 44 6 33 76 08
www.astro.phys.ethz.ch

URANIA-Sternwarte Zürich AG
Uraniastraße 9
CH-8001 Zürich
Tel.: ++41 (0) 44 2 11 65 23
www.urania-sternwarte.ch

AMATEURASTRONOMISCHE VEREINIGUNGEN UND PRIVATSTERNWARTEN

Aalen
Astronomische AG Aalen e.V.
Sonnenbergstr. 23
73447 Oberkochen
www.sternwarte-aalen.de

Aachen
Volkshochschule Aachen/Sternwarte
Am Hangeweiher 23
52068 Aachen
www.sternwarte-aachen.de

Aichwald
Schurwaldsternwarte e.V.
Im Lutzen 21
73773 Aichwald
www.schurwaldsternwarte.de

Albstadt
Sternwarte und Planetarium
Hartmannstraße 140
72458 Albstadt-Ebingen
www.sternwarte-zollern-alb.de

Alzey
Interessengemeinschaft der Hobby-astronomen Alzey u. Umland e.V.
Theodor-Heuss-Ring 34
55232 Alzey

Augsburg siehe Diedorf

Bad Driburg
Sternwarte der F.-W.-Weber-Realschule
Elsterweg 13
33014 Bad Driburg

Bad Dürkheim
Astronomischer Arbeitskreis
Pfalzmuseum für Naturkunde
Hermann-Schäfer-Str. 17
67098 Bad Dürkheim

Bad Homburg
Astronomische Gesellschaft Orion Bad Homburg e. V.
Ricarda-Huch-Str. 5
61350 Bad Homburg
www.agorion.de

Bad Münstereifel
Astropeiler Stockert e. V.
Astropeiler 2 – 4
53902 Bad Münstereifel
www.astropeiler.de

Bad Zwesten
Sternwarte der Hardtwaldklinik I
Hardtstr. 31
34596 Bad Zwesten

Baindt s. **Waldburg-Weingarten**

Bautzen
Sternwarte Bautzen
Schulsternwarte und Planetarium
Czornebohstraße 82 (Naturpark)
02625 Bautzen

Beelitz
Sternfreunde Beelitz e.V.
Jahnstr. 9
14547 Beelitz
www.sternwarte-beelitz.de

Berg
Christian-Jutz-Volkssternwarte Berg e.V.
Lindenallee
82335 Berg-Aufkirchen
www.sternwarte-berg.de

Bittenfeld
Privatsternwarte Bittenfeld
Ofengasse 8
71336 Waiblingen
www.allbert.de

Bochum
Institut für Umwelt- und Zukunftsforschung e.V.
Blankensteiner Str. 200 a
44797 Bochum
www.sternwarte-bochum.de

Bonn
Volkssternwarte Bonn e.V.
Poppelsdorfer Allee 47
53115 Bonn

Bozen
Amateurastronomen „Max Valier"
Neustifterweg 5
I-39100 Bozen
www.maxvalier.org

Braunschweig
Sternwarte Braunschweig
In den Heistern 5 B
38108 Braunschweig
www.sternwarte-braunschweig.de

Bremen
Olbers-Planetarium der Hochschule Bremen
Werderstr. 73
28199 Bremen
www.planetarium-bremen.de

Sternwarte der Olbers-Gesellschaft e.V.
Werderstr. 73
28199 Bremen
www.olbers-gesellschaft.de

Bremerhaven
Bremerhavener Sternfreunde e.V.
Buschkämpen 29
27576 Bremerhaven
www.bremerhavener-sternfreunde.de

Planetarium Bremerhaven
Bussestr. 24
27570 Bremerhaven
www.bremerhafener-sternfreunde.de

Brittheim
Sternwarte Zollern-Alb
Am Wasserturm 4
72348 Rosenfeld
www.sternwarte-zollern-alb.de

Buchloe
Astronomische Gesellschaft Buchloe e.V.
Alois-Reiner-Str. 15 b
86807 Buchloe
www.astronomie-buchloe.de

Bülach
Schul- und Volkssternwarte Bülach
Rotzibüch bei Eschenmosen
CH-8180 Bülach

Burgsolms
Sternwarte Burgsolms
Lindenstr. 11
35606 Solms
www.sternwarte-burgsolms.de

Casablanca
Sahara Sky
Dunes de Tinfou
45900 Zagora Marokko
www. saharasky.com

Darmstadt
Volkssternwarte Darmstadt e.V.
Karlstr. 41
64347 Griesheim
www.vsda.de

Diedorf
Astronomische Vereinigung Augsburg e. V.
Sternwarte Diedorf
Pestalozzistr. 17a
86420 Diedorf
www.sternwarte-diedorf.de

Drebach
Volkssternwarte und Zeiss-Planetarium
Straße der Jugend 14
09430 Drebach
www.sternwarte-drebach.de
www.planetarium-drebach.de

AMATEURASTRONOMISCHE VEREINIGUNGEN UND PRIVATSTERNWARTEN

Eberfing
Sternwarte Eberfing
Escherstr. 12
82390 Eberfing
www.sternwarte-eberfing.de

Ennepetal
Volkssternwarte Ennepetal e.V.
Hinnenberg 80
58256 Ennepetal
www.volkssternwarte-ennepetal.de

Erkrath
Sternwarte Neanderhöhe Hochdahl und Planetarium
Sedentaler Str. 105
40699 Erkrath

Essen
Walter-Hohmann-Sternwarte Essen e.V.
Wallneyer Str. 159
45133 Essen
www.sternwarte-essen.de

Frankfurt/Main
Volkssternwarte des Phys. Vereins
Robert-Mayer-Straße 2–4
60054 Frankfurt/Main
www.physikalischer-verein.de

Astro-AG der Liebigschule
Frankfurt a. M.
Kollwitzstr. 3
60488 Frankfurt/Main
www.astro.junetz.de

Freiburg
Sternfreunde Freiburg e.V.
Rosenstr. 1 a
79108 Freiburg
www.sternfreunde-breisgau.de

Fulda
Hans-Nüchter-Sternwarte
Freiherr-von-Stein-Schule
Domänenweg 2
36037 Fulda
www.hans-nuechter-sternwarte.de

Planetarium im Vonderau-Museum
Jesuitenplatz 2
36037 Fulda
www.museum-fulda.de

Gilching
Volkssternwarte Gilching in der VHS
Landsberger Str. 17 a
82205 Gilching
www.astrogilde.de

Gmunden
Sternwarte Gmunden
Kalvarienbergweg
A-4810 Gmunden
www.sternwarte-gmunden.at

Gondelsheim
Kraichgau-Sternwarte Gondelsheim e.V.
Lilienstraße 25
76669 Bad Schönborn
www.mhm-ka.de

Görlitz
Scultetus-Sternwarte Görlitz
An der Sternwarte 1
02827 Görlitz
www.goerlitzer-sternfreunde.de

Göttingen
Amateurastronomische Vereinigung Göttingen e.V.
Schlesierring 8
37085 Göttingen
www.avgoe.de

Förderkreis Planetarium Göttingen e.V.
Nordhäuser Weg 18
37085 Göttingen
www.planetarium-goettingen.de

Grafschaft
Astronomische Vereinigung Vulkaneifel am Hohen List e. V.
Franz-Wolf-Str. 14
53501 Grafschaft-Bölingen
www.hoher-list.de

Greifswald
Greifswalder Sternwarte e. V.
Altes Physikalisches Institut
Domstr. 10a
17489 Greifswald
www.sternwarte-greifswald.de

Hagen
Volkssternwarte
Eugen-Richter-Turm
58135 Hagen
www.sternwarte-hagen.de

Halle
Astronomische Station Kanena e.V.
Schkeuditzer Str. 4 B
06116 Halle-Kanena
www.sternwarte-halle.de

Gesellschaft für astron. Bildung e.V.
Von-Seckendorff-Platz 3
06120 Halle/Saale
www.astroverein-halle.de

Hamburg
Gesellschaft für volkstümliche Astronomie e.V.
Eiffestraße 426
20537 Hamburg
www.gva-hamburg.de

Handeloh
Arbeitskreis Astronomie in Handeloh und Umgebung e. V.
Häschenstieg 16
21256 Handeloh
www.astronomie-handeloh.de

Hechingen
Astronomical Observatory Aurora
Friedrich-Wolf-Weg 23
72379 Hechingen
aoa@rdoelling.de

Heilbronn
Robert-Mayer-Volks- und Schulsternwarte
Bismarckstraße 10
74072 Heilbronn
www.sternwarte.org

Herzberg
Planetarium und Volkssternwarte
Lugstr. 3
04916 Herzberg
www.herzberger-sternfreunde-eV.de

Hofheim
Volkssternwarte
Ahornstr. 11
65719 Hofheim
www.sternwarte-hofheim.de

Ilsede
Privatsternwarte
Alter Weg 4 B
31241 Ilsede
http://Astro-Stammtisch.Korn-Deele.de

Ingolstadt
Sternwarte Ingolstadt AAI e.V.
Lilienthalstr. 137
85077 Manching
www.aai-Ingolstadt.de

Kelheim
Sternfreunde Kelheim e.V.
Eschenstr. 5
93326 Abensberg
www.sternfreunde-kelheim.de

Kiel
GvA Gruppe Kiel
Hofbrook 64
24119 Kronshagen
www.gva-kiel.de

Kiel (Forts.)
Volkssternwarte Kronshagen
Suchsdorfer Weg 33
24119 Kronshagen

Klagenfurt
Sternwarte Klagenfurt
Villacher Str. 239
A-9020 Klagenfurt
www.avk.at

Köln
Planetarium
Blücherstr. 15 17
50733 Köln
www.koelner-planetarium.de

Volkssternwarte Köln
Nikolausstr. 55
50937 Köln
www.volkssternwarte-koeln.de

Königsdorf
Isartalsternwarte
Rothemühle 9
82549 Königsdorf
www.isartalsternwarte.de

Krefeld
Vereinigung Krefelder Sternfreunde e.V.
Yorckstr. 42
47800 Krefeld
www.vks-krefeld.de

Kreuzlingen
Planetarium und Sternwarte Kreuzlingen
Breitenrainstraße 21
CH-8280 Kreuzlingen
www.avk.ch

Lilienthal
Astronomische Vereinigung
Lilienthal e.V.
Ottersteiner Vorweide 10
28879 Grasberg
www.avl-lilienthal.de

Limburg
Sternwarte Limburg e.V.
Am Stefanshügel, Industriestr. 1
65549 Limburg a. d. Lahn
www.sternwarte-limburg.de

Lübeck
Sternwarte Lübeck
Am Ährenfeld 2
23564 Lübeck
www.sternwarte-luebeck.de

Luxembourg
Astronomes Amateurs du Luxembourg
16 B, Rue Emile Mayrisch
L 3522 Dudelange
www.aal.lu

Magdeburg
Astronomische Gesellschaft Magdeburg e.V.
Rötgertstr. 8
39104 Magdeburg
www.astronomie-magdeburg.de

Marburg
Volkssternwarte Marburg e.V.
Dresdener Str. 18 (Schulzentrum)
35274 Kirchhain
www.volkssternwarte-marburg.de

March
Sternwarte March
Am Hölgacker 1
79232 March
www.vhsmarch.de

Meiningen
Sternwarte Henfling-Gymnasium
Röntgenstr. 12
98617 Meiningen

Merseburg
Sternfreunde Planetarium Merseburg e.V.
Teichstr. 2
06217 Merseburg
www.planetarium-merseburg.de

Monschau
Eifelastronomen e.V.
Görgesstr. 42
52156 Monschau
www.eifelastronomen.de

Münster
Sternfreunde Münster e.V.
Sentruper Straße 285
48161 Münster
www.sternfreunde-muenster.de

Neumarkt i.d. OPf.
Bayerische Volkssternwarte Neumarkt
Am Höhenberg 31
92318 Neumarkt i.d. OPf.
www.sternwarte-neumarkt.de

Neumünster
VHS-Sternwarte Neumünster
Hahnknüll 58
24537 Neumünster
www.sternwarte-nms.de

Neustadt/Weinstraße
s. **Bad Dürkheim**

Neuzeug
Sternfreunde-Steyr
Hoheneckerstr. 4
A-4523 Neuzeug
www.sternfreunde-steyr.at

Nordenham
Planetarium
Bahnhofstraße 52
26954 Nordenham
www.sternfreunde.nordenham.de

Norderney
Astronomischer Arbeitskreis Norderney
„Wilhelm Dorenbusch Sternwarte"
Birkenweg 22
26548 Norderney
www.sternwarte-norderney.de

Nürnberg
Regiomontanus-Sternwarte
Nürnberger Astronomische Arbeitsgemeinschaft e.V.
Regiomontanusweg 1
90491 Nürnberg
www.naa.net

Oberwallis
Astronomische Gesellschaft Oberwallis
Ebnetstr. 12
CH-3982 Bitsch

Oldenburg
Oldenburger Sternfreunde e.V.
Herbartstr. 15
26122 Oldenburg
www.oldenburger-sternfreunde.de

Osnabrück
Astronomische Arbeitsgemeinschaft/
Naturwissenschaftlicher Verein
Museum am Schölerberg
Am Schölerberg 8
49082 Osnabrück
www.naturwissenschaftlicher-verein-os.de

Paderborn
Volkssternwarte Paderborn e.V.
Im Schlosspark 13
33104 Paderborn
www.vspb.de

Papenburg
Astronomischer Verein der Volkssternwarte Papenburg e.V.
Wilhelm-Leuschner-Str. 48
26871 Papenburg
www.astronomie-papenburg.de

AMATEURASTRONOMISCHE VEREINIGUNGEN UND PRIVATSTERNWARTEN

Papenburg (Forts.)
Papenburger Sternwarte e.V.
Bethlehem rechts 51 b
26871 Papenburg
www.sternwarte-papenburg.de

Passau
Volkssternwarte
Veste Oberhaus 125
94034 Passau
www.Sternwarte-Passau.de

Pfarrkirchen
Sternfreunde Pfarrkirchen-Zeilarn
Johanniskirchen (Sternwarte)
Mahlgassinger Weg 52 c
84347 Pfarrkirchen
www.cosmopan.de

Prince Albert, South Africa
Starfriends of Prince Albert for Celestial Enjoyment
Astro Tours
Klipstr. 17
6930 Prince Albert
South Africa
www.astrotours.co.za

Regensburg
Verein der Freunde der Volkssternwarte Regensburg
Ägidienplatz 2
93047 Regensburg
www.sternwarte-regensburg.de

Remscheid
Dr. Hans-Schäfer-Sternwarte
Schützenplatz 2
42853 Remscheid
www.sternwarte-remscheid.de

Riesa
Sternwarte Riesa e.V.
Greizer Str. 2
01587 Riesa
SternwarteRiesa@web.de

Rodewisch
Schulsternwarte und Planetarium „Sigmund Jähn"
Rützengrüner Str. 41 a
08228 Rodewisch (Vogtland)
www.sternwarte-rodewisch.de

Rostock
Astronomische Station „Tycho Brahe"
Astronomischer Verein Rostock e.V.
Nelkenweg 6
18057 Rostock
www.sternwarte-rostock.de

Rümlang
Sternwarte Rotgrueb Rümlang
Obermattenstr. 9
CH-8153 Rümlang
http://ruemlang.astronomie.ch

Rüsselsheim
Rüsselsheimer Sternfreunde e. V. 1975
Staudenweg 3
65428 Rüsselsheim
www.ruesselsheimer-sternfreunde.de

Saar
Verein der Amateurastronomen des Saarlandes e.V. (VAS)
Sternwarte Peterberg
66625 Nohfelden-Eiweiler
www.sternwarte-peterberg.de

Saarlouis
Verein der Astronomiefreunde Cassiopeia Saarlouis e.V.
Großstr. 37
66740 Saarlouis
www.cassiopeia-saarlouis.de

Salzburg
Salzburger Volkssternwarte
Auer von Welsbach-Str. 22
84489 Burghausen
www.hausdernatur.at/astronomie

Schwanden ob Sigriswil
Sternwarte Planetarium SIRIUS
CH-3657 Schwanden/Sigriswil
www.sternwarte-planetarium.ch

Seewalchen
Astronomischer Arbeitskreis Salzkammergut +
Sternwarte Gahberg
Sachsenstraße 2
A-4863 Seewalchen
www.astronomie.at

Sohland
Volks- und Schulsternwarte „Bruno H. Bürgel" Sohland e.V.
Zöllnerweg 12
02689 Sohland
www.sternwarte-sohland.de

Solingen
Galileum Solingen
Walter-Horn-Weg 1
42697 Solingen
www.galileum-solingen.de

Walter-Horn-Ges. e.V. Sternwarte
Sternstraße 5
42719 Solingen
www.sternwarte-solingen.de

Stuttgart
Schwäbische Sternwarte
Zur Uhlandshöhe 41
70188 Stuttgart
www.sternwarte.de

Suhl
Volks- und Schulsternwarte
Auf dem Hoheloh 1
98527 Suhl
www.suhler-sternfreunde.de

Tirschenreuth
Gerhard Franz Volkssternwarte
Marienstraße 49
95643 Tirschenreuth
www.sternwarte-tirschenreuth.de

Tornesch
Regionale Volks- und Schulsternwarte Tornesch e.V.
Klaus Groth-Str. 11
25436 Tornesch
www.sternwarte-tornesch.de

Trebur
Michael Adrian Observatorium
Fichtenstr. 7
65468 Trebur
www.tlt-trebur.de

Trier
Verein Sternwarte Trier e.V.
Laurentius-Zeller-Str. 11
54294 Trier
www.sternwarte-trier.de

Überlingen
Sternwarte Überlingen e. V.
Obere St. Leonhardstr. 45
88662 Überlingen
www.sternwarte-ueberlingen.de

Uitikon
Stiftung Sternwarte Uitikon
Zürcherstr. 59
CH-8142 Uitikon
inderbitzin.a@bluewin.ch

Waghäusel
Astronomiefreunde Waghäusel e.V.
Kettelerstr. 19
68753 Waghäusel
www.afw2000.de.vu

Weikersheim
Astronomische Vereinigung Weikersheim e.V.
Sternwarte Am Karlsberg
97990 Weikersheim
www.sternwarte-weikersheim.de

Weil der Stadt
Johannes-Kepler-Sternwarte
Max-Caspar-Str. 47
71263 Weil der Stadt
www.kepler-sternwarte.de

Wertheim
Johann-Kern-Sternwarte Wertheim e.V.
Am Galgengraben
97877 Wertheim-Reicholzheim

Wien
Astronomischer Jugendclub
Richard Wagner-Platz 2/8
A-1160 Wien

Winterthur
Sternwarte Eschenberg
der AG Winterthur
Breitenstraße 2
CH-8542 Wiesendangen

Wuppertal siehe **Remscheid**

Zollern-Alb siehe **Brittheim**

Zweibrücken
Sternwarte des Naturwissensch. Vereins
FH Campus
Amerikastr. 1
66482 Zweibrücken
www.nawi-zw.de

Zwickau
Förderverein der Schulsternwarte Zwickau
Gartenanlage „Am Kreuzberg"
08064 Zwickau
www.sternwartezwickau.de

Überregionale astronomische Amateur-Vereinigungen

Arbeitskreis Meteore e.V.
Mehlbeerenweg 5
14469 Potsdam

Bundesdeutsche Arbeitsgemeinschaft für Veränderliche Sterne e.V. (BAV)
Munsterdamm 90
12169 Berlin
www.bav-astro.de

Überregionale astronomische Amateur-Vereinigungen (Forts.)

Österreichischer Astronomischer Verein
Baumgartenstraße 23/4
A-1140 Wien

Schweizerische Astronomische Gesellschaft (SAG)
CH-8200 Schaffhausen
http://sag-sas.ch/

Vereinigung der Sternfreunde e.V. (VdS)
Postfach 1169
64629 Heppenheim
www.sternfreunde.de

Das Verzeichnis erhebt keinen Anspruch auf Vollständigkeit. Weitere Vereinigungen nimmt der Herausgeber gerne auf. Entsprechende Hinweise sende man bitte an:

PLANETARIUM STUTTGART
Willy-Brandt-Straße 25
70173 Stuttgart

IMPRESSUM

Umschlaggestaltung von Büro Jorge Schmidt, München, unter Verwendung einer Illustration von Detlev van Ravenswaay (Science Photo Library) und einer Aufnahme von Martin Gertz/Sternwarte Welzheim.

Mit 57 Farb- und Schwarzweißfotos, 6 historischen Abbildungen, 215 Illustrationen von Gerhard Weiland sowie zwölf Planetenlauf- und zwölf Monatssternkarten von Wil Tirion.

Unser gesamtes Programm finden Sie unter **kosmos.de**.
Über Neuigkeiten informieren Sie regelmäßig unsere Newsletter, einfach anmelden unter **kosmos.de/newsletter**

Gedruckt auf chlorfrei gebleichtem Papier

ISSN: 1438-3306
ISBN: 978-3-440-15840-1
Redaktion: Sven Melchert
Produktion: Ralf Paucke, Siegfried Fischer
Druck und Bindung: Print Consult GmbH, München
Printed in Slovenia/Imprimé en Slovénie

FSC www.fsc.org MIX Papier aus verantwortungsvollen Quellen FSC® C084279

Anschrift des Herausgebers:
Prof. Dr. Hans-Ulrich Keller
Planetarium Stuttgart
Willy-Brandt-Straße 25
D-70173 Stuttgart

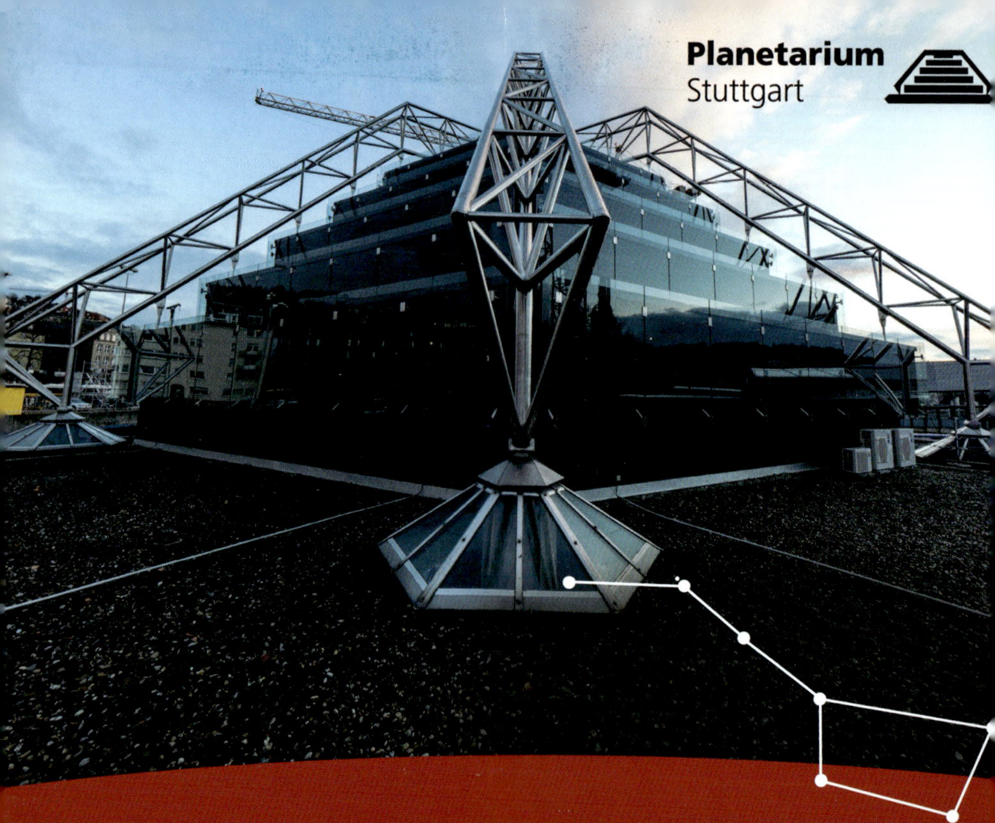
Planetarium
Stuttgart